iCourse · 教材

U0185219

模拟电子技术基础

第3版

刘波粒　刘彩霞　主　编

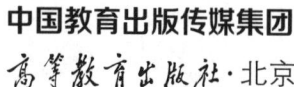

中国教育出版传媒集团
高等教育出版社·北京

内容简介

本书是中国大学 MOOC 平台"模拟电子技术基础"慕课的同步教材，该慕课 2017 年被教育部认定为首批国家精品在线开放课程。本书是在第 2 版以 100 个"教学点"形式所呈现的新形态教材的基础上，结合教学实践和平台的答疑情况进行的再次修订。

全书共分 10 章，包括半导体二极管及其基本电路、双极型晶体管及其基本放大电路、场效应管及其基本放大电路、多级放大电路与频率响应、放大电路中的反馈、功率放大电路、集成运算放大电路、集成运算放大电路的基本应用、信号发生电路、直流电源。

书中的"导学"可使学习者带着"问题"学习本书，扫描书中二维码可学习相关知识点的微视频，并通过 MOOC 平台上的随堂测验、单元测验和单元作业、讨论题、结课考试等环节内化所学知识；也可通过 MOOC 平台上的"讨论区"发帖寻求慕课老师帮助。书中采用"双色字体"，其中蓝色字体在回答"导学"内容的同时突出课程要点。建议学习者在"导学"的引导下进行学习，将"痛点"变成"通点"，让"模电"不再是"魔电"。

本书可作为高等院校电气类、自动化类、电子信息类各专业和部分非电类专业模拟电子技术相关课程的教材，也可作为工程技术人员的参考书。

图书在版编目(CIP)数据

模拟电子技术基础 / 刘波粒，刘彩霞主编. --3 版.--北京：高等教育出版社，2022.11（2023.11重印）
ISBN 978-7-04-058552-0

Ⅰ. ①模… Ⅱ. ①刘… ②刘… Ⅲ. ①模拟电路-电子技术-高等学校-教材 Ⅳ. ①TN710

中国版本图书馆 CIP 数据核字(2022)第 061639 号

Moni Dianzi Jishu Jichu (Di-san Ban)

策划编辑 王　康　　责任编辑 王　康　　封面设计 马天驰　　版式设计 杨　树
责任绘图 杜晓丹　　责任校对 高　歌　　责任印制 刘思涵

出版发行	高等教育出版社	网　　址	http://www.hep.edu.cn
社　　址	北京市西城区德外大街 4 号		http://www.hep.com.cn
邮政编码	100120	网上订购	http://www.hepmall.com.cn
印　　刷	三河市骏杰印刷有限公司		http://www.hepmall.com
开　　本	787mm×1092mm　1/16		http://www.hepmall.cn
印　　张	21.75	版　　次	2013 年 7 月第 1 版
字　　数	520 千字		2022 年 11 月第 3 版
购书热线	010-58581118	印　　次	2023 年 11 月第 4 次印刷
咨询电话	400-810-0598	定　　价	45.50 元

物 料 号　58552-00

第3版前言

本书是以2011年教育部高等学校电子电气基础课程教学指导分委员会制定的“模拟电子技术基础”课程教学基本要求为依据，结合中国大学MOOC平台国家精品在线开放课程“模拟电子技术基础”，在上一版新形态教材的基础上修订而成的。

本书自2006年出版至今已历时16个年头。每次修订皆源于对经典教材的研读和电子技术的发展，并在教学实践和交流中逐步认识到哪些方式有效，何处需要调整、强调，并不断提出一些创新点。

1. 本版修订特点

了解学习者疑难问题，专注于解决问题，“疏痛点、唤学趣”是此次修订的主旨。

(1) 以学生为中心的修订

“难学”出于课程，“规律”需探索。例如，在“瞬时极性法”的基础上提出定性考虑信号的大小，将使反馈判断更为直观；依据理想集成运放工作在线性和非线性的特点，提出3个方程的求解思路；展现电路形成的“设计思想”，强调“局部电路”，以解决电路多的难题。

“难懂”源于抽象，“形象”是抓手。例如，很多初学者总是分不清静态和动态之间的相互关系，这时不妨以文艺演出时舞台(可视为静态)搭建的过高或过低都会影响观众观看演员(可视为动态)表演效果作为比喻，学习者自然就明了为什么静态是基础、为什么先计算静态、为什么静态工作点的变化会产生截止或饱和失真等。此外，在慕课上设计了几十个动画，以直观的画面解读书中抽象的文字。

“难记”疏于提炼，“技巧”为保证。例如，每章知识小结直接提供“记识技巧”，还可借助“导学”“倒读”“对比”“知识结构”“典型例题解读”等方法加强记忆。

(2) 面向教学内容的修订

本版在保留以前创新点的同时，又进行了一些教学尝试：一是依据电路中各点瞬时信号的极性和大小写出正、反向传输过程，再现反馈放大电路的组成框图；二是列出差分放大电路两管集电极输出电压的表达式，明确零点、漂移和有用信号三者的关系；三是通过共射分压式稳定工作点电路和共集电极放大电路的两个例题，理解电路元件的作用；四是列举增强型MOS的特性参数，解读其工作原理；五是利用反相和同相输入的滞回比较器电压传输特性曲线，分析方波和三角波的输出波形。

2. 本书使用说明

“导学”内容可使学习者带着“问题”学习书中内容，扫描书中二维码可学习相关知识点的微视频，并通过MOOC平台上的随堂测验、单元测验和单元作业、讨论题、结课考试等环节内化所学知识。如果任课教师采用“线上线下混合式教学”，那么课前学习者就需要按照教学进度在“线上”进行知识学习和测验、遇到困难记疑并通过平台上的“讨论区”发帖寻求慕课老师帮助，实现线上师生、生生互动交流。“线下”教师可依据不同的教学内容采取“串讲、精讲、选讲”方式引导学生进行不同程度的“提问、记疑、设疑、探究”讨论，通过课上“组内帮学、组间问答、设疑抢答、选人查学、全班测试”五个教学环节，呈现出“以学生为中心”的教与学。上述教学流程是自2015年“模拟电子技术基础”慕课上线后，历时4年多逐步形成的“两线、三讲、四讨论、五环节”的教学思想。

本书由刘波粒、刘彩霞任主编，主要负责教材修订。赵增荣、郭要军、孙军英、赵佳、黄战华任副主编，主要负责各章自测题、习题及答案的修订以及部分教材的修订。此外，刘波粒、刘彩霞、赵增荣3位教授对全书进行多次校对。

在新版出版之际，感谢高等教育出版社对本书出版的关注和支持，感谢曾为本书做出贡献的所有老师和审阅专家，特别感谢哈尔滨工业大学王淑娟教授和西安交通大学赵进全教授在第1版和第3版中提出的宝贵建议和对本书多年的关注。

由于编者水平有限，书中难免有不妥、疏漏和错误之处，恳请广大读者批评指正（联系方式 827671669@ qq.com）。

编者

2022年6月

第 2 版前言

“模拟电子技术基础”是电子电气信息类专业和部分非电类专业本科生在电子技术方面入门的必修课程。它以放大、信号运算与处理、振荡和直流电源为主要学习内容,是基础理论课程向专业工程类课程过渡的桥梁。

正当人们为如何学好“模拟电子技术基础”课程而担忧的时候,一种新的在线学习模式浮出水面,它就是“慕课(massive open online course,MOOC)”。目前,“微视频+学习体验”的这种新型学习模式 MOOC 已成为大学生和社会人士汲取知识、拓宽视野的重要途径之一。

为了使学习者尽快从以往的难学、难懂、难会、难用中解脱出来,“模拟电子技术基础”率先推出教材、慕课和其他网上配套资源三种同步学习载体,可满足不同学习者的需求,以适应新的教学模式之需。

1. 对于“模拟电子技术基础”教材

只有将教材建设与 MOOC 建设有机结合,才能焕发出传统教学的生命力,这也是第 2 版教材重点解决的问题。为此,第 2 版在第 1 版基础上结合“爱课程”网上的“中国大学 MOOC”数字资源进行了如下修订。

在教材内容上:

- 在放大电路中的反馈、功率放大电路和差分放大电路章节中,进一步提出局部电路的模块思想,揭示了电路组成的本质,在一定程度上解决了“电路多”的问题。
- 为了突出重点,教材采用了双色字体,并对部分内容进行了优化。
- 教材增加了场效应管的图解分析法,以便读者在比对中进一步理解双极型晶体管和场效应管组成的放大电路。

在教材编排上:

- 实现了教材内容与 MOOC 的一对一。学习者可按照课本中标注的微视频、随堂测验、PPT 课件、单元测验和作业、讨论题等内容,登录“爱课程”网,在“中国大学 MOOC”上免费学习河北师范大学刘波粒教授主讲的“模拟电子技术基础”同步课程。
- 增加了“导学”环节,旨在引导读者在问题引领下进行有效学习,提高自学效率。
- 将“中国大学 MOOC”中的“随堂测验”“单元测验”“讨论题”等内容搬到教材中,这样不仅便于读者进行单元学习,而且易于读者把握本课程知识的完整性。

2. 对于“模拟电子技术基础”慕课

与教材同步的数字化资源于 2015 年 9 月 1 日在教育部、财政部支持建设的中国大学精品开放课程平台——“爱课程”网“中国大学MOOC”上开课，是本课程在该平台的首发课程。它为学习者提供了丰盛的学习套餐。

在“微视频”方面：

微视频包含100个教学视频（即“百集模电”）和3个知识回顾视频，103个微视频共计11.5小时。它将引领您在电路多、公式多、理解难、记忆难、应用难的知识长河中，感受MOOC给您带来的新视角、新感觉和新体验。

在教与学方面：

“爱课程”平台为学习者设置了随堂测验、教学PPT、单元测验和作业、讨论题和在线答疑等互动环节。

相信您通过我们推出的“百集模电，学习体验”教学资源，必定会有较大的收获，同时也会从中感受“指尖上学习”的乐趣。

您可通过扫描书中二维码观看部分重点难点讲解。其余资源可在爱课程上观看。

3. 对于与“模拟电子技术基础”配套的其他网上资源

其他网上配套资源包括：各章习题详解和教学课件（Authorware版和中文PPT）。

本教材由刘波粒、刘彩霞任主编，赵增荣、孙军英任副主编，分工情况与第1版相同。郭际负责EWB实验仿真，郭要军负责Flash动画制作。可通过出版社或作者获取资源。

在此特别感谢华北电力大学的刘向军老师对第2版教材进行了仔细的审阅并提出了宝贵的修改意见。并对所有帮助过我们的编辑、专家表示深深的感谢，特别是作为第1版教材主审的哈尔滨工业大学的王淑娟教授。

尽管我们倾注了极大的心血，但由于编者的能力和水平有限，且作为国内电类方面的首推慕课教材，无论是对慕课的认识、课程的理解，还是多年教学经验的积累方面，难免存在一定的局限性和不妥之处，甚至存在某些错误，敬请读者及时指出。编者联系方式 liuboli@126.com。

编者

2016年3月

第1版前言

模拟电子技术基础是电气类、电子信息类专业和部分非电类专业学生在电子技术方面入门性质的必修课程，具有自身的体系和很强的实践性，是基础理论课程向专业工程类课程过渡的桥梁。然而，该课程却因其概念抽象、内容庞杂、难于理解、记忆困难、不会应用、学时有限等缘故表现出“教与学”的困难，2006年编者在国防工业出版社出版了《模拟电子技术》教材，尝试解决教与学的难点并初见成效。六年来，编者认真对待教材使用者的反馈信息，不断深入课程改革，在借鉴同类教材特别是经典教材的基础上，本着“精选内容、服务教学、力图创新”的原则，对原教材及课件进行了较大篇幅地改编，主要工作如下：

1. 教材

（1）调整章节结构——便于教学

为了更好地服务教学，将“放大电路中的反馈”一章前移，可使初学者从反馈的角度理解功放电路、差放电路等课程内容。

（2）突出设计思想——电路形成

在共射放大电路、功放电路、差放电路、有源滤波电路、整流电路等课程内容的编写上，本教材以电路形成的设计思想为线索，把看似庞杂的电路和知识有机地串接起来，使初学者感受到“创新”就在自己身边。

（3）探求知识本源——理论归真

在课程改革中，编者提出了一些自己的见解。例如：① 在原有“瞬时极性法”的基础上又定性地考虑了信号的大小，使正、负反馈的判断更为直观。② 依据理想集成运放工作在线性和非线性的特点，探索出3个方程的求解思路，从而揭示了集成运放应用的规律。

（4）分析典型题型——深化概念

所选的典型题型尽可能涵盖前面讲述的课程内容。

（5）构建知识结构——梳理归纳

在“本章小结”的“本章知识结构”中，以框架的形式呈现课程脉络。

（6）浓缩教学经验——记识技巧

在“本章小结”的“本章知识要点及技巧”中，为初学者指出了应掌握的知识要点以及如何记忆。其中，电量符号“倒读”方式表达其物理含义，场效应管放大电路动态指标的巧记，深度负反馈放大倍数的估算和反馈深度对负反馈放大电路性能的影响，差放电路的组合方式，三角波周期计算公式等，都源于编者多年的教学经验。

（7）附带习题详解——适于自学

为了便于自学,编者提供了教材中的自测题和习题详细的参考答案。

2. 课件

(1) 板书演示——展现教学精华

为了展现本课程知识要点,编者以多媒体的形式将课程内容高度概括。在一定程度上缓解了目前课程内容多与学时少之间的矛盾。

(2) 动画演示——体现形象教学

依据课程特点,编者精心制作了配有解说词的30多个动画。

(3) 仿真演示——模拟实践教学

EWB仿真软件实现了理论与实践教学的同步,为初学者理解和掌握电路参数设定、动态波形观察、电路性能分析开辟了广阔的空间。

本教材由刘波粒、刘彩霞任主编;赵增荣、孙军英、玄金红、杨丽坤任副主编,具体分工如下:刘波粒编写1~7章,统稿,课件创意;刘彩霞编写8~10章,全书校对,制作Authorware版和中文版PPT课件;赵增荣编写1~7章习题及答案,动画解说词;孙军英编写8~10章习题及答案,制作英文版PPT课件;玄金红和杨丽坤分别编写1~7章和8~10章自测题及答案;郭际负责EWB实验仿真;郭要军和吴立勋负责Flash动画制作。

随书光盘将提供3个课件以及教材中自测题和习题的详解。EWB仿真获北京掌宇金仪科教仪器设备有限公司的正式授权。

在此特别感谢高教社高等教育理工出版事业部李慧老师对本教材出版的关注和支持。特别感谢北京联合大学王传新教授、长安大学林涛教授、哈尔滨工业大学王淑娟教授分别对本教材的推荐、初审和复审,以及他们提出的宝贵意见。

由于编者的能力和水平有限,本教材难免有错误和不妥之处,恳请读者批评指正,以便今后不断改进。编者联系方式:liuboli@126.com。

编者

2012年12月

本书常用符号说明

一、符号规定

1. 电流和电压(以双极型晶体管为例,其他电流、电压可类比)

I_B、I_C、I_E、U_{BE}、U_{CE}　大写字母、大写下标,表示直流量

i_b、i_c、i_e、u_{be}、u_{ce}　小写字母、小写下标,表示交流瞬时值

i_B、i_C、i_E、u_{BE}、u_{CE}　小写字母、大写下标,表示总瞬时值

I_b、I_c、I_e、U_{be}、U_{ce}　大写字母、小写下标,表示交流有效值

$\dot{I}_b$、$\dot{I}_c$、$\dot{I}_e$、$\dot{U}_{be}$、$\dot{U}_{ce}$　大写字母上面加点、小写下标,表示正弦相量

2. 电阻

R　大写字母表示电路中的电阻或等效电阻

r　小写字母表示器件的等效电阻

二、基本符号

符号	含义	符号	含义
A	集成运放	C_B	势垒电容
A_f	反馈放大器的闭环放大倍数	C_D	扩散电容
A_i	放大器的电流放大倍数	C_j	PN 结结电容
A_u	放大器的电压放大倍数	C_π	BJT 发射结等效电容
A_{uc}	放大器的共模电压放大倍数	C_μ	BJT 集电结等效电容
A_{ud}	放大器的差模电压放大倍数	c	BJT 的集电极
A_{uf}	反馈放大器的电压放大倍数	D	二极管
A_{um}	放大器的中频电压放大倍数	d	FET 的漏极
A_{uo}	放大器的开环电压放大倍数	e	BJT 的发射极
A_{us}	放大器的源电压放大倍数	F	反馈系数
BJT	双极型晶体管	f	频率
BW	频带宽度、通频带	FET	场效应管
b	BJT 的基极	f_H	上限频率
C	电容	f_L	下限频率

续表

符号	含义	符号	含义
f_o	谐振频率,中心或转折频率	r_{ds}	FET 的输出电阻
f_T	特征频率	R_i	放大电路交流输入电阻
G	增益,电导	R_o	放大电路交流输出电阻
g	FET 的栅极	R_P	滑动变阻器
g_m	跨导	R_+、R_-	运放同相、反相输入电阻
I、i	电流	S	输出电压的脉动系数
I_{CBO}	e 开路,c-b 间的反向饱和电流	s	FET 的源极,西门子
I_{CEO}	b 开路,c-e 间的穿透电流	T	BJT 或 FET
I_{CM}	BJT 最大集电极电流	T	周期,热力学温度
I_{DSS}	FET 的饱和漏电流	Tr	变压器
I_F	正向电流	U_D	二极管导通压降
I_i	输入电流	U_i、u_i	输入电压
I_R	反向电流	U_R	参考电压,基准电压
I_S	反向饱和电流,信号源电流	U_P	FET 的夹断电压
I_o	输出电流	U_T	FET 的开启电压
i_+、i_-	运放同相、反相输入电流	U_{on}、U_{TH}	开启电压、阈值电压
$\mathrm{J_e}$、$\mathrm{J_c}$	BJT 的发射结和集电结	U、u	电压
K_{CMR}	差放电路的共模抑制比	$U_{(BR)CEO}$	b 开路时 c-e 间的反向击穿电压
k	玻尔兹曼常数	u_{ic}、u_{id}	共模、差模输入电压
L	电感、电感系数	u_X、u_Y	模拟乘法器 X、Y 端输入电压
M	互感、互感系数	u_+、u_-	运放同相、反相输入电压
N	绕组匝数	V_{BB}	BJT 放大器的基极电源
n、n_i	电子浓度、本征半导体电子浓度	V_{CC}	BJT 放大器的集电极电源
P	功率	V_{EE}	BJT 放大器的发射极电源
P_c	损耗功率	V_{DD}	FET 放大器的漏极电源
P_{CM}	最大集电极耗散功率	V_{GG}	FET 放大器的栅极电源
P_o	输出功率	V_{SS}	FET 放大器的源极电源
P_{VCC}	电源功率	X	电抗,反馈框图中的信号量
p、p_i	空穴浓度、本征半导体空穴浓度	Z	阻抗
Q	静态工作点,品质因数	α	共基极电流放大倍数
q	电子的电荷量	β	共发射极电流放大倍数
R	电阻	η	效率
$r_{bb'}$	BJT 基区体电阻	φ	相位差
r_{be}	BJT 的输入电阻	ω	角频率
r_{ce}	BJT 的输出电阻		

课程简介

目　录

第1章 半导体二极管及其基本电路

电子技术是一门研究电子器件、电子线路及其应用的科学技术，其中电子器件包括半导体二极管、半导体三极管、集成电路等。

PN结是组成各种半导体器件的基础，由一个PN结组成的器件称为半导体二极管。为此，本章首先介绍半导体的基本概念、PN结的形成等基础知识；其次讨论半导体二极管的结构、特性及等效电路，并分析由二极管组成的限幅电路等；最后介绍特殊类型的半导体二极管。

1.1 半导体的基础知识

1.1.1 半导体和本征半导体

导学

半导体的概念及其特性。

本征半导体的定义及结构。

本征激发所体现的半导体特性。

微视频

1. 半导体是电子技术的主要角色

根据物质导电能力的强弱，可以把物质分为导体、半导体和绝缘体三大类。例如日常使用的电线，其线芯使用了易导电的铜或铝等金属，称为导体；为了安全起见，电线的包层常使用不导电的聚氯乙烯(PVC)材料等，称之为绝缘体。除上述两类物质外，还有一种是导电能力介于导体和绝缘体之间的物质，常称之为半导体(semiconductor)，如硅(Si)、锗(Ge)和砷化镓(GaAs)等。其中硅是目前最常用的一种半导体材料。

半导体之所以得到广泛的应用，是因为它具有独特的光敏性、热敏性和掺杂性。例如，利用其光敏性可以制成光敏电阻、光电二极管和光电晶体管等，利用其热敏性可以制成热敏电阻传感器等;利用其掺杂性可以制成二极管、三极管和集成电路等。

那么半导体为什么具有这些奇妙的特性呢?这就需要进一步认识半导体。

2. 本征半导体及其特性

(1) 本征半导体的概念

从元素周期表可知,常用的半导体材料硅和锗的原子序号分别为14和32,电子形成若干层的轨道围绕原子核旋转,把最外层轨道上的电子称为价电子,对应的原子结构示意图如图1.1.1(a)所示。为了便于表示原子的内部结构并突出价电子,常把原子核和内层电子看作一个整体,称为惯性核,如图1.1.1(b)所示。图中,惯性核带4个正电荷,位于中心;外层4个价电子位于以惯性核为中心的等径球面上。显然,用硅和锗的简化模型讨论问题时,不必提及是硅还是锗,这样可以使问题简化。

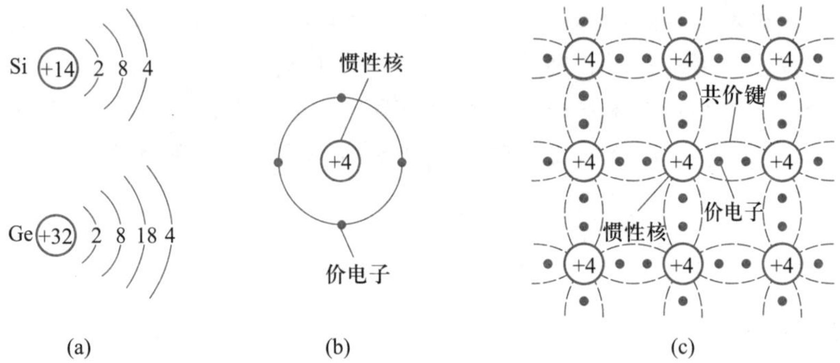

图 1.1.1 半导体内部结构示意图

(a) 原子结构 (b) 简化模型 (c) 单晶体共价键结构

当硅或锗原子形成晶体时,原子在空间形成排列整齐的点阵,称为晶格。各原子之间靠得很近,相邻的原子相互影响,使原来分属于每个原子的价电子为两个原子所共有,形成共价键。为了直观起见,通常用简化模型绘出单晶体共价键结构的二维平面图,如图1.1.1(c)所示,实际上半导体晶体结构是三维的。由于半导体材料必须制成单晶体才可用来制作半导体器件,故半导体器件又称为晶体器件,如晶体二极管、晶体三极管等。

图1.1.1(c)所示的这种只含单一原子,不含杂质而且结构完整的单晶体,即纯净的具有单晶体结构的半导体称为本征(intrinsic)半导体,也称I型半导体。

(2) 本征半导体的特性

① 两种载流子

在图1.1.2(a)中,共价键好似“锁链”一样将两个价电子牢牢地束缚其中,因此,在常温下仅有极少数的价电子由于热激发获得足够的随机能量,从而挣脱共价键束缚变为自由电子;同时,失去电子的原子便在原共价键处留下带一个单位正电荷的空位,称为空穴。人们常将半导体在热激发下产生成对的自由电子和空穴的现象称为本征激发,即产生电子-空穴对。体现了半导体的热(或光)敏特性。当某一原子共价键上的价电子成为自由电子填补某空穴时(即电子和空穴成对消失——“复合”),又在该原子价电子处产生新的空穴,相当于带正电的空穴在移动。人们把运载正、负电荷的可移动的空穴和电子统称为载流子。可见,在电场作用下,半导体中将有自由电子和空穴两种载流子参与导电。这与导体导电不同,空穴的出现是半导体区别于导体的一个重要特点。

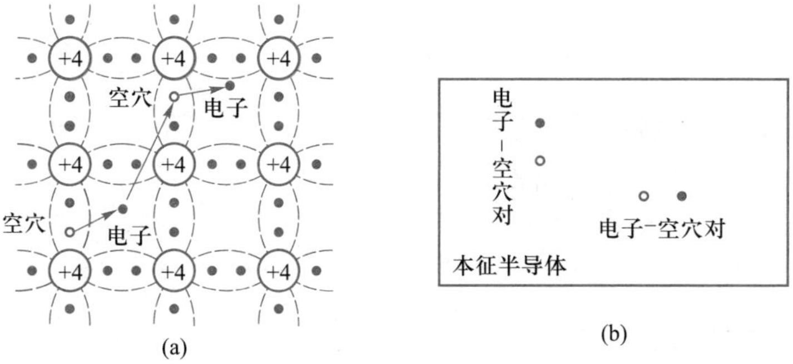

图 1.1.2　本征半导体中的自由电子和空穴

（a）电子和空穴的移动　（b）本征激发产生的电子-空穴对

载流子的移动方式就好像大家坐在剧场里看演出，如果坐在前排的人因事离开便出现了空位，那么坐在后排的人可依次递补前面的空位，形成空位向后移动的现象。显然这种移动和没有座位的人到处走动是不一样的，前者类似于空穴移动，后者好像自由电子在移动。

② 载流子浓度

在一定温度下，当载流子的产生和复合达到动态平衡时，电子-空穴对达到一定浓度，如图 1.1.2(b)所示，其中电子用“点”表示，空穴用“小圆圈”表示。本征半导体中载流子的浓度为

$$n_i = p_i = AT^{3/2}e^{-E_g/2kT} \tag{1.1.1}$$

式中，n_i中的 n 表示自由电子（negative，阴性的）的浓度，n_i中的下标 i 表示本征半导体，n_i合起来则表示为“本征半导体自由电子的浓度”，显然，它是按照从右向左的“倒读”方式表示其物理含义。由此推知，p_i表示“本征半导体空穴（positive，阳性的）的浓度。本教材大多数用字母表示的物理量之含义皆可按“倒读”的方式理解。A 是与半导体材料有关的常数，T 为热力学温度（K），k 为玻耳兹曼常数，E_g为价电子摆脱共价键束缚成为自由电子时所需要的电离能。下面对式（1.1.1）进行分析：

a. 当 $T=0$ K（即热力学零度，对应于-273℃）时，$n_i=p_i=0$。表明半导体中无载流子，如同绝缘体。

b. 当 $T>0$ K，即温度升高时，n_i、p_i增大，导电能力增强。

可见，在本征半导体中，载流子的浓度对温度十分敏感，这正是半导体的热（或光）敏特性。但在室温时，由于载流子数目极少，致使本征半导体的导电能力很差，无法用于制作电子器件，即无实用价值。

1.1.2　杂质半导体

导学

本征半导体与杂质半导体的差别。
P型半导体和N型半导体的特点。
杂质半导体中载流子的浓度。

微视频

1. 杂质半导体的概念

本征半导体之所以导电能力很差是因为它“太纯净”了，如果在本征半导体中掺入适量杂质，即人为地添加载流子，其效果势必增大半导体的导电能力，因此将掺杂后的半导体形象地称为杂质半导体。所谓掺杂是将可控数量的杂质掺入到本征半导体中，它体现了半导体的掺杂特性。

2. 杂质半导体的类型

按所掺入杂质性质的不同，杂质半导体可分为P型半导体和N型半导体两种。

(1) P型半导体

在本征半导体中掺入适量的三价杂质元素(如硼、铟)，它将会取代晶格中的某些四价本征原子(硅或锗)的位置。图1.1.3(a)给出了三价杂质原子在晶格中分布的平面示意图。

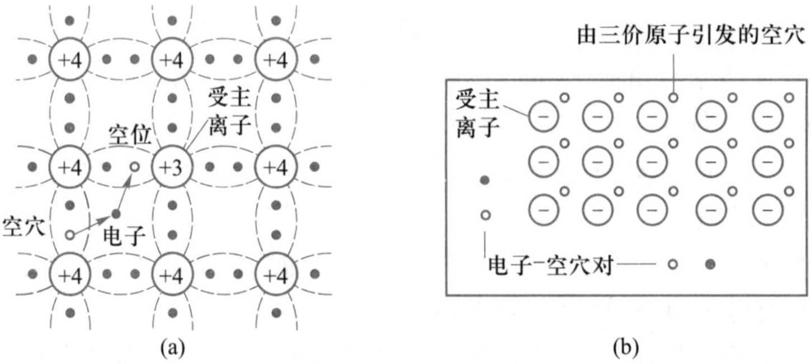

图1.1.3　P型半导体的原子结构及其示意图
(a) P型半导体原子结构　(b) P型半导体示意图

由于掺入的三价杂质原子只有三个价电子，当每个三价杂质原子与周围的四价本征原子形成共价键时，因缺少一个价电子而出现一个空位(空位为电中性)。在常温下，本征原子共价键中的价电子很容易填补此空位，使杂质原子获得电子而成为不能移动的带负电的受主离子；同时失去电子的共价键中因缺少一个电子而产生一个带正电的空穴。显见，每掺入一个三价杂质原子都能引发一个空穴的产生。这样，杂质引发的空穴和本征激发产生的空穴成为参与导电的多数载流子(简称多子)，故称为P型半导体；而少数载流子(简称少子)只是本征激发产生的电子。为了直观地描述P型半导体的特点，可用图1.1.3(b)加以表示。

(2) N 型半导体

在本征半导体中掺入适量的五价杂质元素(如磷、砷),它将会取代晶格中的某些四价本征原子(硅或锗)的位置。图 1.1.4(a)给出了五价杂质原子在晶格中分布的平面示意图。

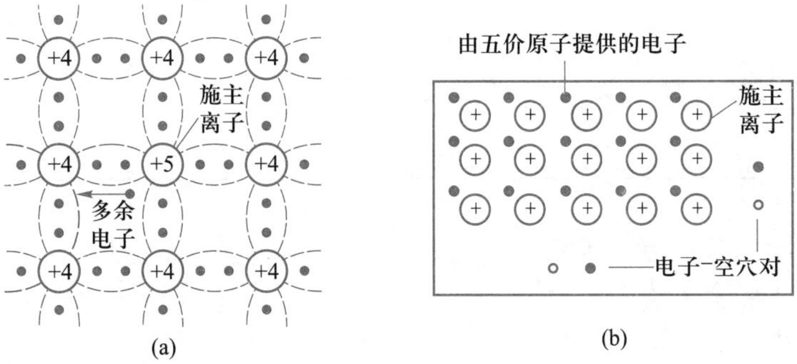

图 1.1.4 N 型半导体的原子结构及其示意图
(a) N 型半导体原子结构 (b) N 型半导体示意图

在图 1.1.4(a)中,由于掺入的五价原子有五个价电子,当每个五价杂质原子和周围的四价本征原子组成共价键时便出现了一个多余的不受共价键束缚的电子。该电子只要得到很少的能量,就能挣脱五价原子核的吸引而成为自由电子,此时晶格中的五价杂质原子会因失去一个价电子而变成不能移动的带正电的施主离子,而且每掺入一个五价杂质原子就可以提供一个自由电子。这样,杂质提供的电子和本征激发产生的自由电子成为参与导电的多数载流子,故称 N 型半导体;而少数载流子只是本征激发产生的空穴。为了直观地描述 N 型半导体的特点,可用图 1.1.4(b)表示。

(3) 杂质半导体的电中性

从图 1.1.3(b)和图 1.1.4(b)中可以看出,对于 P 型半导体,空穴数(本征激发产生的+杂质引发的)= 自由电子数 + 负离子数;对于 N 型半导体,自由电子数(本征激发产生的+杂质提供的)= 空穴数 + 正离子数。可见,杂质半导体呈现电中性。

3. 杂质半导体的特性

(1) 载流子的浓度

在杂质半导体中,多子浓度主要取决于杂质浓度。多子浓度越大,导电能力越强;少子由本征激发产生,其浓度与温度有关。在一定温度下,多子和少子的浓度是不变的。

(2) 体电阻

通常把杂质半导体的电阻称为体电阻。集成电路中的电阻是硅片的体电阻。

(3) 转型

若在 N 型半导体中掺入比原有的五价杂质更多的三价杂质原子,不但可复合原先掺入的五价杂质所产生的自由电子,而且因更多三价杂质的掺入可使空穴成为多数载流子,即转型为 P 型半导体;同理,P 型半导体中掺入足够多的五价杂质原子也可转型为 N 型半导体。

集成电路工艺中常用“扩散(diffusion)”工艺实现半导体的转型。

1.2　PN 结的形成及特性

1.2.1　PN 结的形成及其单向导电性

导学

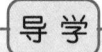

扩散运动和漂移运动对 PN 结的影响。

非对称 PN 结的结构。

PN 结的特性。

微视频

1. PN 结的形成

从前面的介绍中不难发现，P 型半导体和 N 型半导体充其量只能作为电阻使用，其阻值可以通过控制掺杂浓度而定，显然这不是研究的初衷。如果能够通过一定的工艺，在同一块本征半导体上形成 P 型半导体和 N 型半导体，这时在它们的交界面附近将形成 PN 结(junction)，它是构成半导体器件的基础。

为了便于说明 PN 结的形成过程，在此不妨将图 1.1.3(b)和图 1.1.4(b)直接对接在一起(实际上是采用扩散工艺完成的)，如图 1.2.1 所示。

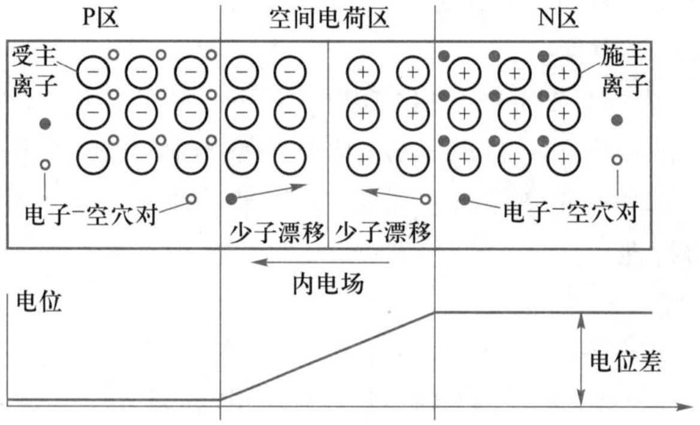

图 1.2.1　平衡 PN 结

当 P、N 两种类型的半导体结合时，在交界面两侧存在明显的空穴和电子浓度差，这样势必引起 P 区的多子空穴和 N 区的多子电子向对方扩散，这种由于浓度差而产生的运动称为扩散运动。两侧相向扩散的结果是，P(N)区的多子空穴(电子)扩散到交界面右(左)侧遇到 N(P)区部分电子(空穴)很快复合，在交界面附近裸露出被束缚在晶格上不能移动的正离子(负离子)区域,这些正、负离子形成很薄的空间电荷区。鉴于此区域内多数载流子扩散到对方并复合掉了,或者说被消耗尽了,故又称为耗尽层。由于交界面左侧P区为负离子、右侧N区为正离子,由此产生了电位差,形成了一个由N区指向P区方向的内电场。这个电位差与半导体材料有关,一般为零点几伏。

扩散运动使空间电荷区变宽,正、负离子形成的内电场对P区空穴和N区电子扩散运动的阻挡作用逐渐增强,故有时也将空间电荷区称为阻挡层。同时,位于P、N两区中的少子在内电场的吸引下将向对方运动,通常将载流子在内电场作用下的定向运动称为漂移运动。在内电场作用下,P区的少子电子漂移到N区并补充了交界面附近失去的电子,与此同时,N区的少子空穴将漂移到P区并补充了交界面附近失去的空穴。显然,漂移运动将使空间电荷区变窄,其作用正好与扩散运动相反。

由于空间电荷区的宽、窄分别取决于扩散运动和漂移运动,因此当扩散运动和漂移运动达到动态平衡时,便形成了稳定的空间电荷区,即PN结。

根据空间电荷区中正、负电荷相等的原则,若P、N两区掺杂浓度相同,称PN结为对称结,可表示为PN,如图1.2.1所示。若P、N两区掺杂浓度不同,势必出现重掺杂一侧离子区域窄、浓度低的一侧宽,形成交界面两侧的离子区域宽度不对称,故形象地称PN结为非对称结。当P区为重掺杂区域时,可表示为P^+N;当N区为重掺杂区域时,可表示为PN^+。此概念将在第3章场效应管的管内结构中有所涉及。

2. PN结的单向导电性

外加电压后的PN结称为非平衡结。

(1) PN结外加正向电压——正向导通

外加正向电压,即P区与N区分别接电源的正、负极,也称正向(forward)偏置,简称正偏,如图1.2.2(a)所示。由于外加的正向电压U_F与PN结的内电场方向正好相反,这样就会削弱内电场,从而扩散运动加强,P区的多子空穴和N区的多子电子都会向空间电荷区移动,这时空间电荷区变窄。其结果一是使PN结呈现一个较小的电阻,二是由于多子的扩散形成了较大的正向电流I_F,其方向由P区流向N区,此时PN结处于导通状态。为了防止较大的正向电流把PN结烧毁,实际电路中都要串接限流电阻R。

(2) PN结外加反向电压——反向截止

外加反向电压,即P区与N区分别接电源的负、正极,也称反向(reverse)偏置,简称反偏,如图1.2.2(b)所示。由于外加的反向电压U_R与PN结的内电场方向相同,所以加强了内电场,使P区和N区中的多子都将进一步地远离空间电荷区,使空间电荷区变宽。从而阻碍了多子的扩散,促使了少子的漂移。其结果一是使空间电荷区呈现一个很大的电阻,二是流过PN结的电流主要是由少子的漂移形成很小的反向电流I_R,其方向由N区流向P区。当温度一定时,少子的浓度不变,因此反向电流I_R与反偏电压的大小基本无关,故又称为反向饱和(saturation)电流I_S。由于常温下I_S很小,故近似认为PN结处于截止状态。

可见,PN结在正偏时呈现的电阻很小,通过的正向电流较大,为导通状态;反偏时呈高阻性,虽存在反向电流,但很小,为截止状态。这就是PN结的单向导电性。

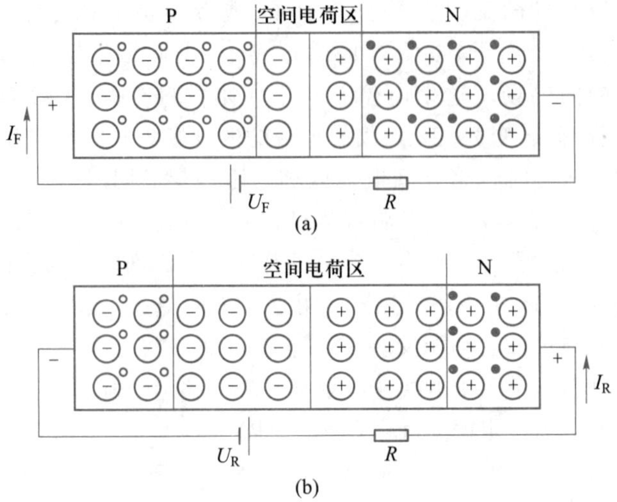

图 1.2.2 非平衡 PN 结

(a) 外加正向电压 (b) 外加反向电压

1.2.2 PN 结的伏安特性和电容效应

导学

PN 结的伏安特性。
反向击穿及其特点。
PN 结的电容效应及其高频等效电路。

1. PN 结的伏安特性

(1) 正、反向特性

由半导体物理的理论分析可知,PN 结的伏安特性方程可表示为

$$i=I_S(e^{u/U_T}-1) \tag{1.2.1}$$

式中,i 为通过 PN 结的电流,I_S 为 PN 结的反向饱和电流,u 为加在 PN 结两端的电压;$U_T=\frac{kT}{q}$为温度的电压当量,其中 k 为波耳兹曼常数(1.38×10^{-23} J/K),T 为热力学温度(K),q 为电子的电量(1.6×10^{-19} C)。在常温($T=300$ K 时)下,$U_T\approx26$ mV。

下面对式(1.2.1)进行讨论:

① 零偏($u=0$)时,$e^{u/U_T}=1$,$i=0$,表明该曲线过图 1.2.3 中的坐标原点。

② 正偏($u>0$)时,很容易满足 $u\gg U_T$,则 $e^{u/U_T}\gg1$,$i\approx I_Se^{u/U_T}$。说明正向电流随正向电压按指数规律变化(对应于图 1.2.3 中的 $O-a$ 曲线段)。

③ 反偏($u<0$)时,同样很容易满足 $|u|\gg U_T$,则 $e^{u/U_T}\ll1$,有 $i\approx -I_S$。说明反向电流不随外加电压变化而变化(对应于图 1.2.3 中的 $O-b$ 曲线段)。

(2) 反向击穿特性

当加于 PN 结的反向电压增大到一定数值 U_{BR} 时,反向电流突然急剧增加,这种现象称为 PN 结的反向击穿(reverse breakdown)(对应于图 1.2.3 中的 $b-c$ 曲线段)。

PN 结的反向击穿分为热击穿和电击穿。当 PN 结发生反向击穿时,如果不采取措施限制反向电流的增长,PN 结会因电流太大而烧毁,这种击穿称为热击穿;如果不超过 PN 结允许功耗,则当反向电压减小时,PN 结特性仍可恢复,称为电击穿。热击穿是不可逆击穿,应在 PN 结的应用中加以避免;电击穿是可逆的,PN 结不会损坏。

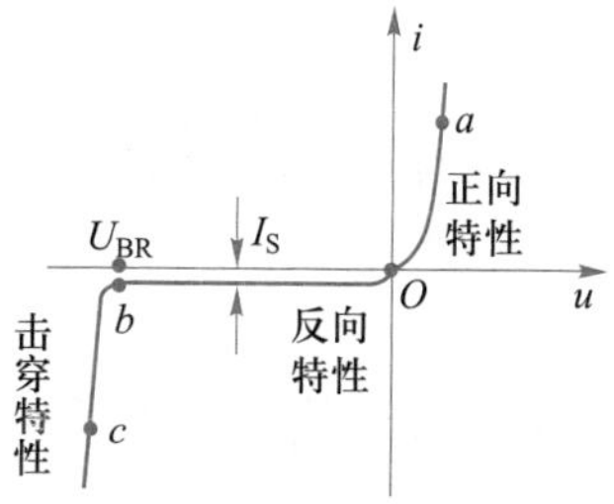

图 1.2.3　PN 结的伏安特性

电击穿按产生机理可分为以下两种情况。一是在高掺杂时,因耗尽层较窄,较小的反向电压就可在耗尽层形成很强的电场,以致把结内共价键上的价电子强行拉出来,产生大量的电子-空穴对,这种击穿称为齐纳击穿(Zener breakdown);二是在低掺杂时,耗尽层较宽,因此只有当反向电压较大时,才会使耗尽层的电场对少子漂移加速,使少子动能增大以致把共价键内的价电子撞击出来,并引起连锁反应而产生大量的电子-空穴对,这种击穿称为雪崩击穿(avalanche breakdown)。当然,无论是哪种电击穿,只要击穿电流不超过额定范围,就可以被人们所利用,如稳压管。

2. PN 结的电容效应

(1) 势垒电容 C_B

当 PN 结外加变化的反向电压时,空间电荷区的宽度随之变化,其间的电荷量也随之变化。这种现象好似电容器的充放电过程一样。空间电荷区的宽度随反偏电压变化的等效电容称为势垒(barrier)电容,用 C_B 表示。它与半导体的介电常数、结面积、空间电荷区的宽度以及外加电压有关。利用 C_B 随外加反向电压变化的特性,可制成各种变容二极管。

(2) 扩散电容 C_D

扩散电容是由多数载流子在扩散过程中的积累引起的。当 PN 结正偏时,多数载流子的扩散运动加强,P 区的多子空穴到达 N 区后将继续在 N 区内扩散,并在扩散过程中不断与 N 区电子复合,于是空穴在 N 区内就形成一定的浓度分布,PN 结边缘处浓度大,离 PN 结较远处浓度小,即在 PN 结边缘处有空穴的积累。同理,在 P 区内的 PN 结边缘处也有电子的积累。当正向电压增大时,载流子的积累也增多,相当于 P 区和 N 区被充电;反之,相当于从 P 区和 N 区放电,因此呈现出电容效应,这种电容称为扩散(diffusion)电容,用 C_D 表示。

(3) PN 结的高频等效电路

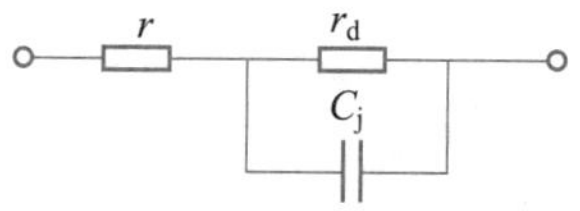

图 1.2.4　PN 结的高频等效电路

由于 PN 结的结电容(即 C_B 和 C_D)较小,在高频电路中要考虑其对电路的影响,相应的高频等效电路如图 1.2.4 所示,图中 r 为 P 型半导体和 N 型半导体的等效体电阻,r_d 为 PN 结的结电阻,C_j 为 PN 结的结电容,可表示为 $C_j=C_B+C_D$,一般结电容在几 pF 到几百 pF 之间。当 PN 结正偏时,r_d 为很小的正偏电阻,且 $C_D \gg C_B$;反偏时,r_d 为很大的反偏电阻,且 $C_D \ll C_B$,当频率(frequency)f 很高时,$X_C \ll r_d$,

此时 PN 结的单向导电性变差。

1.3 半导体二极管

1.3.1 认识二极管

导学

二极管的组成。
不同结构的二极管所具有的特点。
二极管的图形符号。

1. 组成

半导体二极管由一个 PN 结及其所在的半导体再加上电极引线和管壳而构成,简称二极管(diode)。二极管按其结构可分为点接触型、面接触型和平面型。

2. 结构特点

(1) 点接触型

点接触型二极管采用烧结工艺制成,如图 1.3.1(a)所示。它由一根含三价元素的金属触丝压在 N 型硅或锗的晶片上,经过电处理使触丝尖端附近的 N 型材料转型为 P 型,形成 PN 结。由于金属丝很细,形成的 PN 结面积小,不能通过较大的电流;又因结电容小,一般在 1 pF 以下,工作频率可达 100 MHz 以上。因此适用于小电流、高频率的场合,如作为高频检波元件、数字电路中的开关元件等。

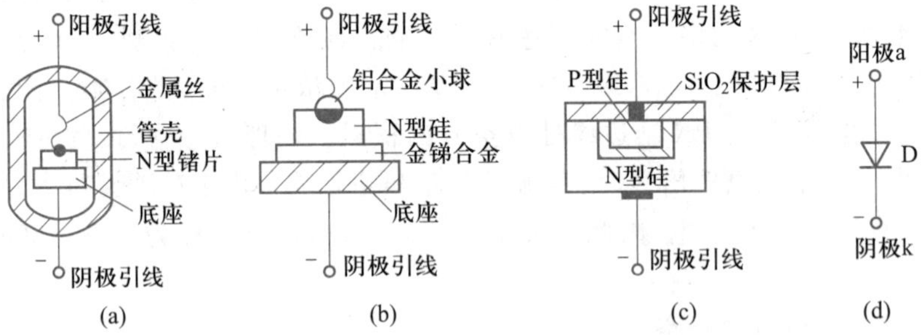

图 1.3.1 半导体二极管的管芯结构及图形符号

(a) 点接触型 (b) 面接触型 (c) 平面型 (d) 图形符号

(2) 面接触型

面接触型二极管采用合金法工艺制成,如图 1.3.1(b)所示。它是将三价元素铝合金球置于 N 型硅片上,加热使铝球与硅片互相融合和渗透,从而使接触部位的 N 型硅片转型为 P

型，形成 PN 结。由于 PN 结面积大，结电容也大，因此适用于大电流、低频率的场合，常用于低频整流电路中。

（3）平面型

平面型二极管采用扩散法工艺制成，如图 1.3.1(c)所示。它是在 N 型硅片上生成一层氧化膜，再应用光刻技术打开一个窗口，通过窗口进行浓硼扩散，将 N 型硅转型为 P 型，从而形成 PN 结。这类管子一般为硅管，目前的集成电路均采用此工艺。结面积的大小可以控制，结面积较大的二极管可用于整流等低频电路；结面积小的二极管，结电容小，可用于高频电路和脉冲数字电路。

3. 图形符号

在上述三种结构中，从 P 区引出的电极称为阳极（正极 a），N 区引出的电极称为阴极（负极 k），相应的图形符号如图 1.3.1(d)所示，用字母 D 表示。图形符号中的三角形箭头所指方向为正向电流流动的方向，即电流从阳极经过二极管流向阴极。从管子内部看是由 P 指向 N。

1.3.2 二极管的特性及主要参数

导学

二极管与 PN 结伏安特性的最大区别。

二极管的开启电压和导通电压。

温度对二极管伏安特性曲线的影响。

二极管的主要参数。

1. 二极管的特性

如果考虑 P、N 两区的体电阻、电极引线电阻的影响，那么这些因素将使二极管的伏安特性与单纯的 PN 结伏安特性略有不同，如图 1.3.2 所示。

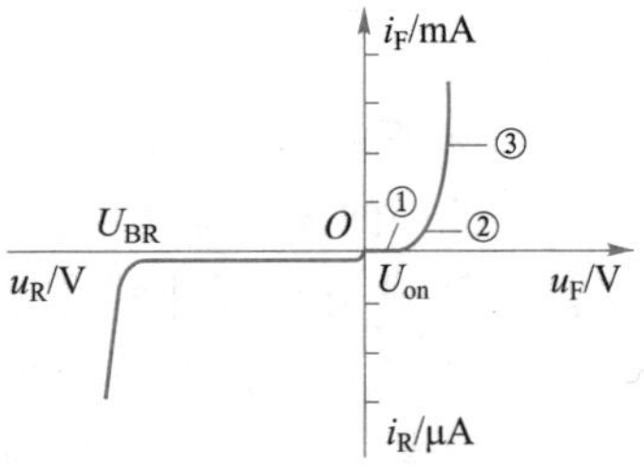

图 1.3.2 二极管的伏安特性曲线

（1）二极管的伏安特性

① 正向特性和反向特性

图 1.3.2 中的第一象限示出了二极管的正向特性，它与 PN 结正向特性曲线的最大区别是不通过坐标原点，存在"死区"。

为了便于理论分析，将正向特性曲线划分成三个区域：

a. 正向电压很小时——死区

如图 1.3.2 中①所示。当外加很小的正向偏置时，由于此时外电场远不足以克服内电场对载流子扩散运动造成的阻力，致使多数载流子不能通过空间电荷区，正向电流几乎为零，为此形象地将该区域称为死区。

b. 正向电压稍大于 U_{on} 时——非线性区

如图 1.3.2 中②所示。当正向电压增大到一定值（U_{on}）时，外电场大大削弱了内电场，正向电流从零随端电压按指数规律增大，体现了二极管正向伏安特性按指数变化的规律。

通常把二极管开始导通时的临界电压称为开启电压（又称为门槛电压或死区电压），用 U_{on} 表示。一般来说，硅管 $U_{on}=0.5\ V$，锗管 $U_{on}=0.1\ V$。

c. 正向电压较大时——准线性区

如图 1.3.2 中③所示。当正向电压再进一步增加时，由于电极引线电阻，P、N 两区体电阻等因素的影响，实际特性曲线比理论特性曲线更接近于线性，表明正向电流与正向电压近似呈线性关系，此区域可称为准线性区。

二极管正向导通后，正向电压稍有增加正向电流将迅速增大（即伏安特性曲线很陡），因此，二极管的正向电压变化范围很小，一般来说，硅管的正向导通电压 U_D 为 0.6～0.8 V，工程估算值习惯取 0.7 V；锗管的正向导通电压 U_D 为 0.2～0.3 V。

图 1.3.2 中的第三象限示出了二极管的反向特性。实际上二极管的反向电流比 PN 结的反向饱和电流 I_S 略大些，这是由二极管的表面漏电流引起的。硅管比锗管的反向饱和电流要小些，温度稳定性更好。

在近似分析时，仍然可以用式（1.2.1）来描述二极管的正、反向特性。

② 反向击穿特性

图 1.3.2 中的第三象限除了反向特性外，还示出了二极管的反向击穿特性。实际二极管的反向击穿电压 U_{BR} 的绝对值要比 PN 结的低。U_{BR} 视不同二极管而不同。

（2）二极管的温度特性

由于半导体材料的热敏性，使二极管的参数与温度有关。

① 温度对正向特性的影响

实验证明，当温度升高时，二极管正向导通电压减小，表现为正向特性曲线向左移动。

② 温度对反向特性的影响

实验证明，在室温附近，温度每升高 10°C，反向饱和电流约增大一倍，表现为反向特性曲线向下移动。

当 $T=300\ K$ 时，锗管 I_S 要比硅管 I_S 大 3～6 个数量级，故集成电路多用硅管。

2. 二极管的主要参数

电子器件的参数是其特性的定量描述，也是合理选择和正常使用器件的依据。由于制造工艺所限，半导体器件的参数具有分散性，即使是同一型号管子的参数值也会有一些差别，因此手册上给出的参数往往是器件参数的上限值、下限值或范围。下面将要介绍的四个二极管主要参数都可以采用前面介绍的“倒读”方式加以记忆。

（1）最大正向电流 I_{FM}

它是二极管长期工作时允许通过的最大正向平均电流。由于二极管常作为整流元件使用，故又称之为最大整流电流，其大小取决于 PN 结的面积、材料和散热条件。因电流通过管子时，PN 结要消耗一定的功率而发热，电流过大将使 PN 结过热而烧毁，因此使用时不要超过此值。

（2）最大反向电压 U_{RM}

它是二极管反向工作时允许施加的最大反向电压。实际应用时，当反向电压增加到 U_{BR} 时，二极管有可能因反向击穿而损坏。因此，U_{RM} 通常取（1/3～1/2）U_{BR}，留有一定的余量，以保证管子安全工作。

（3）反向电流 I_R

它是二极管未反向击穿时的电流，其值越小，表明二极管的单向导电性越好，但 I_R 受环境温度影响很大。

（4）最高工作频率 f_M

它是二极管具有单向导电性时的上限工作频率，主要取决于二极管结电容的大小。在电路中，如果信号频率超过此值，二极管的单向导电性将显著减弱。

1.4 非线性电路的分析方法

导学

分析非线性电路常采用的方法及特点。

用等效电路法分析二极管电路时常采用的模型。

用等效电路法分析二极管电路。

由二极管的伏安特性可知，二极管为非线性半导体器件，由其组成的电路属于非线性电路。除二极管外，后面将要介绍的三极管也属于非线性半导体器件。为此，我们先介绍非线性电路常用的三种分析方法，并在此基础上分析二极管电路。

1. 非线性电路的三种分析方法

对于非线性电路，一般可采用解析分析法、图解分析法和等效电路分析法三种方法进行分析。

（1）解析分析法

解析法是根据电路特点，将其划分为线性和非线性两部分，再分别列出线性电路方程和非线性器件方程，并求解方程组，得出待求的电流和电压值。

对于半导体二极管和双极型晶体管（第 2 章介绍），鉴于其特性参数的分散性和外界各种因素的影响等，要想准确地表示非线性器件的方程是很难的，即便能够表述出来，也将面临求解超越方程的困难，故一般不采用解析法。

对于场效应管（第 3 章介绍），因其转移特性为二次函数，容易求解联立方程组，故常用解析法。

（2）图解分析法

在非线性器件的伏安特性曲线上，通过作图分析非线性电路工作情况的方法称为图解分析法。与“解析法”相比，不同的是非线性器件的伏安特性曲线代替了非线性器件方程，在伏安特性曲线上画出线性电路方程所表示的直线，此时两者的交点便是“解析法”求解时得到的电流和电压值。

由于非线性器件的伏安特性曲线有较大的离散性，分析精度有限，只有实测出来的曲线才有意义,可是人们总不能针对每一个非线性器件测量一套曲线,这也是不现实的,为此只能利用一套典型的曲线作为依据,这是图解分析法的不足。因此,图解分析法常用于定性分析或大信号电路中。

图解分析法的最大特点是“直观”和“近似”。

(3) 等效电路分析法

它是从工程观点出发,只要在精度允许的范围内,常将非线性器件的伏安特性分段线性化处理,即用线性电路来描述非线性器件,建立线性模型,常用的模型有以下几种。

① 直流等效模型

它是为解决半导体二极管、双极型晶体管不能采用“解析法”,又需要进行定量分析而提出来的。通过直流等效模型,可以计算出电压和电流的直流量。在非线性器件的伏安特性曲线上,反映该电压和电流值的点常称为静态工作点(quiescent point),用 Q 表示。可见,利用直流等效模型可以确定静态工作点的坐标,以弥补“图解法”近似的不足。

② 微变等效模型

它是为了计算一些交流指标问题而提出的,如通过微变等效模型可以估算放大电路的电压放大倍数、输入电阻和输出电阻等。

2. 二极管电路的分析方法

二极管电路一般采用“图解法”和“等效电路法”进行分析。

(1) 图解法

由图 1.4.1(a)可列出回路电压方程

$$U_D = V_{DD} - I_D R \tag{1.4.1}$$

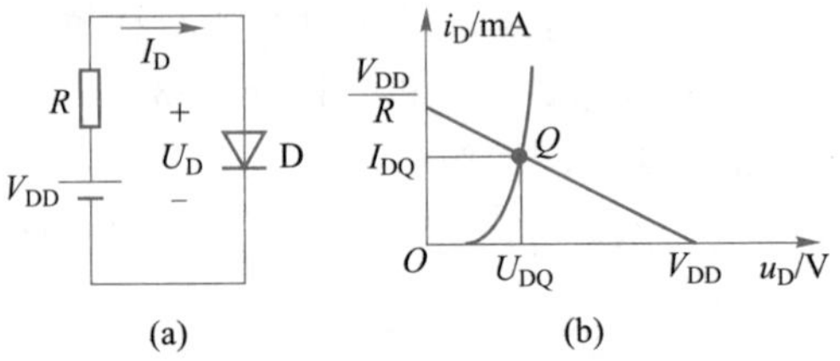

图 1.4.1 二极管电路及其图解分析

(a) 二极管电路 (b) 图解分析

该式通过在坐标轴上取两个特殊点可确定一条直线,它与二极管的伏安特性曲线的交点叫静态工作点,用 Q 表示,如图 1.4.1(b)所示。如果采用“解析法”,应是式(1.4.1)与伏安特性曲线的近似方程 $i=I_S(e^{u/U_T}-1)$ 联立求解 Q 点坐标。显见,图解法避免了“解析法”中求解超越方程的困难。

(2) 等效电路法

由于二极管的伏安特性具有非线性,因此给二极管电路的分析和设计带来一定的困难。为了简化对二极管电路的分析计算,可用等效的线性电路模拟二极管,并将能够模拟二极管特性的电路称为二极管的等效模型。常用的二极管等效模型有直流等效模型和微变等效模型两种。

① 直流等效模型

a. 理想二极管模型

理想二极管模型如图 1.4.2(a)所示。

特点：正向导通时，二极管两端电压 U_D 为零；反向截止时，$I_S=0$，相当于一个理想开关。

模型：可用空心的二极管符号来表示。

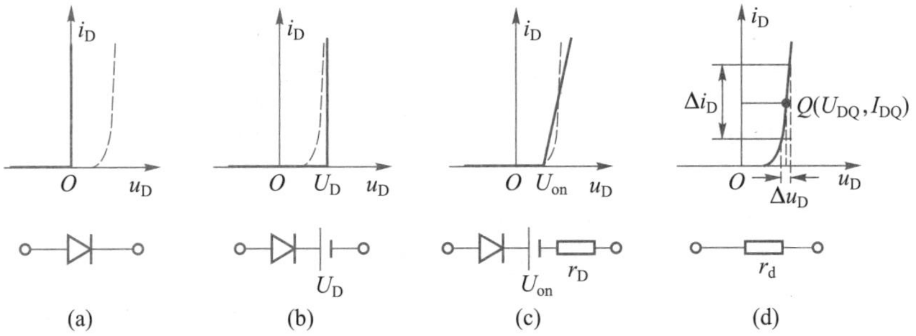

图 1.4.2 二极管等效电路模型

(a) 理想模型 (b) 恒压源模型 (c) 折线模型 (d) 小信号模型

b. 二极管恒压源模型

二极管恒压源模型如图 1.4.2(b)所示。它比理想模型更接近于实际二极管的特性。

特点：正向导通时，硅管两端的电压 U_D 取 0.7 V，锗管两端的电压 U_D 取 0.2 V 或 0.3 V；反向截止时，$I_S\approx 0$。

模型：可用理想二极管模型串联电压源 U_D 来表示。

c. 二极管折线模型

二极管折线模型如图 1.4.2(c)所示。它比恒压源模型的精度更高。

特点：当二极管正向电压 u_D 大于 U_{on} 后，其电流 i_D 与 u_D 呈线性关系，直线斜率为 $1/r_D$；反向截止时，$I_S\approx 0$。

模型：可用理想二极管模型串联 U_{on} 和 r_D 来表示。

② 微变等效模型

特点：如果在二极管电路中，除了直流电源外，还有幅度较小的交流信号时，则二极管两端的电压与通过它的电流将在某一固定值(即直流量)附近作微小变化。研究这一电压微变量和电流微变量之间的关系时，可以用伏安特性曲线在 Q 点处的切线近似表示实际的二极管伏安特性曲线。

模型：可用一个动态电阻 $r_d=\dfrac{\Delta u_D}{\Delta i_D}$ 来等效，如图 1.4.2(d)所示。

因为 $\dfrac{1}{r_d}=\dfrac{\Delta i_D}{\Delta u_D}\approx\dfrac{di_D}{du_D}=\dfrac{d[I_S(e^{u_D/U_T}-1)]}{du_D}=\dfrac{I_S}{U_T}e^{u_D/U_T}\approx\dfrac{I_{DQ}}{U_T}$，所以

$$r_d\approx\frac{U_T}{I_{DQ}} \tag{1.4.2}$$

式中，通常取 $U_T=kT/q\approx 26\ \text{mV}(T=300\ \text{K})$，$I_{DQ}$ 为图 1.4.2(d) Q 点处的静态电流值，Q 点越高，r_d 的数值越小。

3. 二极管的基本应用电路

利用二极管的单向导电性可以进行整流、检波、限幅等；利用它的反向击穿特性，可以组

成稳压电路。

例 1.4.1 二极管电路如图 1.4.3(a)所示。设二极管正向导通电压为 0.7 V,$R=10\ \mathrm{k\Omega}$,$V_{DD}=5$ V,输入电压 $u_i=10\sin\omega t$ V,试绘出输出电压 u_O的波形。

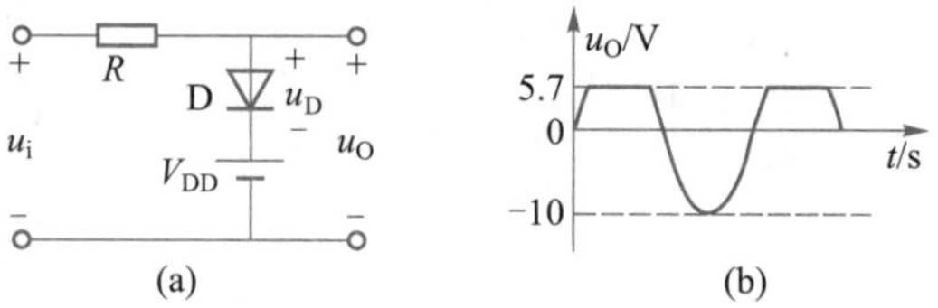

图 1.4.3 例 1.4.1
(a) 电路 (b) 波形图

解:对于这类电路,一般是先写出该电路的 u_i与 u_D(或 i_D)之间的关系式,进而得到二极管的导通或截止的条件;再由二极管的工作状态写出 u_O与 u_i之间的关系式,最后绘出相应的波形图或电压传输特性。

当二极管断开时,由图 1.4.3(a)得 $u_D=u_i-V_{DD}$。

当 $u_D=u_i-V_{DD}>0.7$ V,即 $u_i>5.7$ V 时二极管 D 导通,$u_O=0.7\ \mathrm{V}+V_{DD}=5.7$ V;

当 $u_D=u_i-V_{DD}\leqslant 0.7$ V,即 $u_i\leqslant 5.7$ V 时二极管 D 截止,$u_O=u_i$。

由此可画出输出电压 u_O的波形,如图 1.4.3(b)所示。

例 1.4.2 试求图 1.4.4(a)二极管电路中的 i_D和 u_D。设电路中的 $C=100\ \mathrm{\mu F}$,$R=5\ \mathrm{k\Omega}$,$V_{DD}=6$ V;输入电压 $u_i=0.02\sin\omega t$ V,频率 $f=1$ kHz,二极管为硅管(选用恒压源模型)。

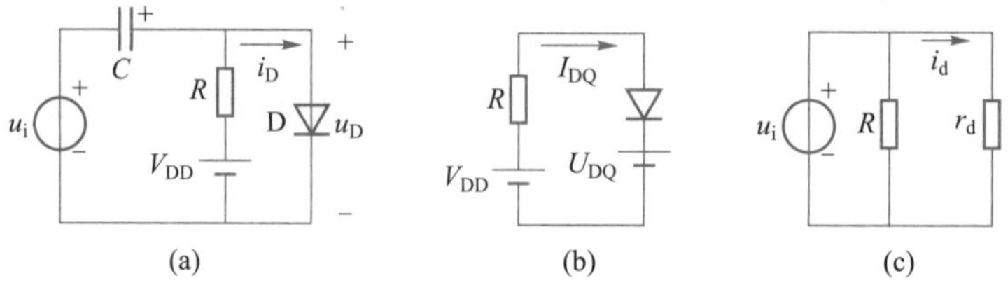

图 1.4.4 例 1.4.2
(a) 电路 (b) 直流等效电路 (c) 微变等效电路

解:图 1.4.4(a)所示电路中既有直流量又有交流量,对于这样的电路,一般是首先分析直流(常称静态分析),其次分析交流(常称动态分析),最后再进行直流和交流的综合。

(1) 静态分析

在讨论只有直流电源作用时,设 $u_i=0$,电容 C 对直流视为开路,且二极管选用了图 1.4.2(b)所示的"恒压源模型",故可得到图 1.4.4(a)所对应的直流等效电路图如图 1.4.4(b)所示,由此可列出 KVL 方程:$V_{DD}=I_{DQ}R+U_{DQ}$,即

$$I_{DQ}=\frac{V_{DD}-U_{DQ}}{R}=\frac{(6-0.7)\ \mathrm{V}}{5\times10^3\ \Omega}=1.06\ \mathrm{mA}$$

(2) 动态分析

当研究电路中的交流分量时,应注意进行下列处理:

① 将"理想直流电源(忽略内阻)"V_{DD}视为短路;

② 对于电容 C，其容量 $X_C=\dfrac{1}{\omega C}=\dfrac{1}{2\pi\times10^3\times100\times10^{-6}}\ \Omega\approx1.59\ \Omega$，远小于电阻 R，故可把电容 C 视为短路；

③ 对于二极管，可用图 1.4.2(d) 所示的等效电阻 r_d 来等效。

综上所述，可得图 1.4.4(a) 所对应的微变等效电路，如图 1.4.4(c) 所示。根据式 (1.4.2) 得

$$r_d\approx\frac{U_T}{I_{DQ}}\approx\frac{26\ \text{mV}}{1.06\ \text{mA}}\approx24.53\ \Omega$$

又从图 1.4.4(c) 不难求得

$$i_d=\frac{u_i}{r_d}=\frac{20\sin\omega t\ \text{mV}}{24.53\ \Omega}\approx0.82\sin\omega t\ \text{mA}$$

(3) 直流、交流叠加

在图 1.4.4(a) 中，由于加在二极管两端的瞬时电压和电流为直流量与交流量的叠加，所以，

$$u_D=U_{DQ}+u_i=(0.7+0.02\sin\omega t)\ \text{V}$$
$$i_D=I_{DQ}+i_d=(1.06+0.82\sin\omega t)\ \text{mA}$$

例 1.4.3 电路如图 1.4.5 所示，求输出电压 U_O。设二极管的正向导通电压为 0.7 V。

解：判断二极管在电路中的工作状态，常用的方法是：首先假设被判断的二极管开路，然后求得该二极管阳极与阴极之间承受的电压，若此电压大于二极管的正向导通电压则二极管导通，反之则截止。具体分析如下。

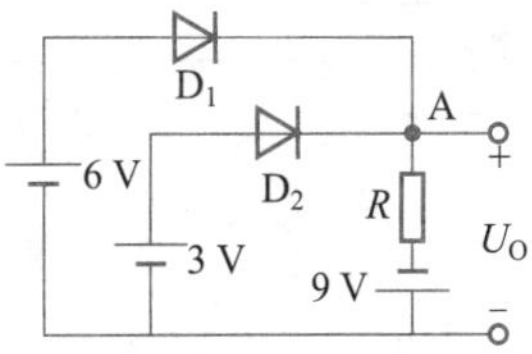

图 1.4.5 例 1.4.3

假设两二极管开路，两管所承受的正向电压分别为

D_1：$U_{D1}=[6-(-9)]\ \text{V}=15\ \text{V}$

D_2：$U_{D2}=[3-(-9)]\ \text{V}=12\ \text{V}$

因 D_1 承受的正向电压比 D_2 高，将优先导通，此时 A 点电位 $U_A=(6-0.7)\ \text{V}=5.3\ \text{V}$，使 $U_{D2}=(3-5.3)\ \text{V}=-2.3\ \text{V}$，即迫使 D_2 截止。故

$$U_O=U_A=5.3\ \text{V}$$

例 1.4.4 设图 1.4.6(a) 所示电路中各二极管性能理想，$R=5\ \text{k}\Omega$，输入信号 u_i 的变化范围为 0~30 V，试画出该电路的电压传输特性 (u_O-u_i) 曲线。

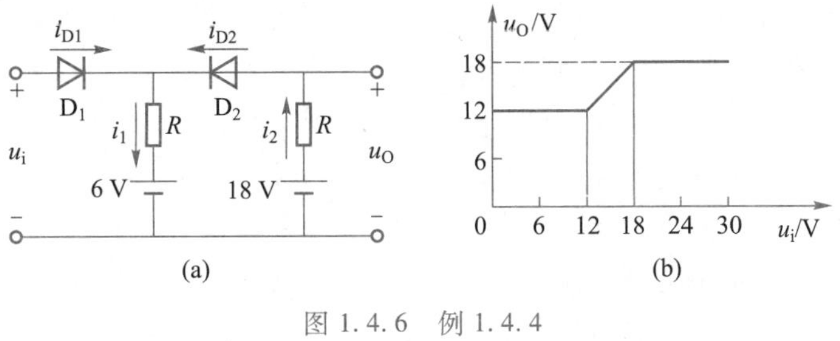

图 1.4.6 例 1.4.4

(a) 电路 (b) 电压传输特性曲线

解：(1) 设 D_1、D_2 均导通，则由 $u_i-18\ \text{V}+i_2R=0$ 得 $i_{D2}=i_2=\dfrac{18\ \text{V}-u_i}{5\ \text{k}\Omega}$，显见 D_2 导通的条件

是 $u_i<18\ \mathrm{V}$。再由 $-u_i+i_1R+6\ \mathrm{V}=0$ 得 $i_1=\dfrac{u_i-6\ \mathrm{V}}{5\ \mathrm{k\Omega}}$，进而得 $i_{D1}=i_1-i_{D2}=\dfrac{2u_i-24\ \mathrm{V}}{5\ \mathrm{k\Omega}}$，可见 D_1 导通的条件是 $u_i>12\ \mathrm{V}$。

(2) 当 $u_i\leqslant 12\ \mathrm{V}$ 时，D_1 截止、D_2 导通，此时回路电流 $i_{D2}=\dfrac{(18-6)\ \mathrm{V}}{2R}=\dfrac{18-6}{2\times 5}\ \mathrm{mA}=1.2\ \mathrm{mA}$，则 $u_O=18\ \mathrm{V}-i_{D2}R=(18-1.2\times 5)\ \mathrm{V}=12\ \mathrm{V}$；

当 $12\ \mathrm{V}<u_i<18\ \mathrm{V}$ 时，D_1、D_2 均导通，$u_O=u_i$；

当 $u_i\geqslant 18\ \mathrm{V}$ 时，D_1 导通、D_2 截止，$u_O=18\ \mathrm{V}$。

由此可画出图 1.4.6(b) 所示的电压传输特性曲线。

以上分析了几种二极管常用模型的应用，可见模型分析法简单明了。它虽然存在一定的近似性，但只要模型选择合理，分析结果所带来的误差在工程上还是允许的。

1.5　特殊二极管

导学

稳压二极管正常工作时所处的状态。
硅稳压管组成的稳压电路的特点。
变容二极管、发光二极管和光电二极管正常工作时的条件。

除了前面介绍的普通二极管外，还有许多特殊二极管，例如稳压二极管、变容二极管、发光二极管和光电二极管。本节重点介绍稳压二极管。

1. 稳压二极管及其稳压电路

(1) 稳压二极管的特性

稳压二极管又称齐纳二极管，简称稳压管，它是一种特殊的面接触型硅二极管。其图形符号和伏安特性曲线如图 1.5.1 所示。

从伏安特性曲线来看，它的正、反向特性与普通二极管相似，区别在于当外加反向电压使稳压管击穿时，由于制造工艺的特点而使反向击穿特性曲线（如图 1.5.1 中的 bc 段）很陡，几乎平行于纵轴，即在一定的电流范围内（$I_{Zmin}\sim I_{Zmax}$），其端电压基本不变，表现出稳压特性，此时的击穿电压称为稳压管的稳定工作电压（或稳压值）U_Z。显然，稳压管正常工作时应处在 PN 结的反向击穿区。只要控制反向电流不超

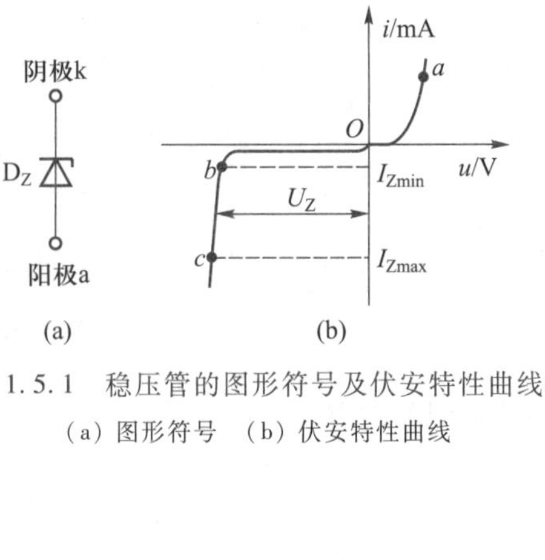

图 1.5.1　稳压管的图形符号及伏安特性曲线
(a) 图形符号　(b) 伏安特性曲线

过允许值，管子就不会因过热而损坏。稳压二极管的典型应用有稳压和限幅。

如果稳压管的阳极和阴极分别接电源正、负极，那么在正向偏置下稳压管将作为一个普通二极管使用。由于稳压管成本较高，所以电路中一般不用稳压二极管充当普通二极管使用。

(2) 稳压二极管的主要参数

① 稳定电压 U_Z

U_Z表示在规定电流值下稳压管正常工作时的反向击穿电压。不同类型的稳压管 U_Z值不同；即使同一类型的稳压管，由于制造工艺的分散性，各管的 U_Z也存在差异。例如，型号 2CW55 稳压管，$U_Z=6\sim7.5$ V。但对某一只管子而言，U_Z为确定值。

② 工作电流 I_Z和额定功耗 P_{ZM}

I_Z是稳压管正常工作时的参考电流值，应使 $I_{Zmin}<I_Z<I_{Zmax}$，以避免电流过小，管子不能工作在稳压区，或电流过大，使管子过热而烧坏。

额定功率 $P_{ZM}=U_Z I_{Zmax}$，当管子功耗超过此值时，会因结温过高而损坏。对于某一只管子，可以通过 P_{ZM}求出 I_{Zmax}值。

③ 动态电阻 r_Z

r_Z是衡量稳压管稳压性能好坏的一个重要指标。

$$r_Z=\frac{\Delta U_Z}{\Delta I_Z} \tag{1.5.1}$$

r_Z越小，表明电流变化时 U_Z的变化越小，稳压特性越好。

④ 温度系数 α

α 表示温度每变化 1℃ 稳压值的变化量，即 $\Delta U_Z/\Delta T$。$U_Z<4$ V 时属于齐纳击穿，具有负温度系数($\Delta T\uparrow\rightarrow\Delta U_Z\downarrow$)；$U_Z>7$ V 时属于雪崩击穿，具有正温度系数($\Delta T\uparrow\rightarrow\Delta U_Z\uparrow$)；4 V$<U_Z<$7 V 时齐纳击穿与雪崩击穿均有，温度系数很小，近似为零。

(3) 硅稳压管组成的稳压电路

硅稳压二极管组成的稳压电路如图 1.5.2 所示。它由稳压二极管 D_Z、限流电阻 R 和负载电阻 R_L组成。

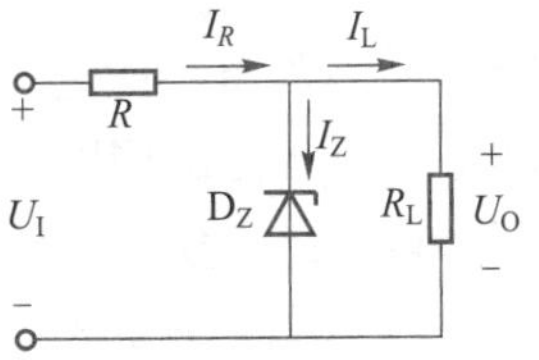

图 1.5.2 稳压管组成的电路

在电路中，输入信号 U_I为不稳定的直流电压，为了使负载 R_L得到稳定的直流电压，稳压管必须工作在反向击穿区；限流电阻 R 用于调节通过稳压管的电流，使其满足 $I_{Zmin}<I_Z<I_{Zmax}$，以保护稳压管不会过流而损坏。因负载与稳压管并联，故称为并联型稳压电路。

例 1.5.1 在图 1.5.2 所示的稳压电路中，限流电阻 $R=500\ \Omega$，稳压管的稳压值 $U_Z=6$ V，$I_{Zmin}=10$ mA，$I_{Zmax}=30$ mA。求 $U_I=20$ V，$R_L=1$ kΩ 或 100 Ω 时的输出电压值。

解：先判断稳压管两端电压是否大于 U_Z，若大于 U_Z，再判断通过管子的电流是否满足 $I_{Zmin}<I_Z<I_{Zmax}$；若小于 U_Z，表明稳压管不具备稳压条件。

(1) 当 $R_L=1$ kΩ 时

$$\frac{R_L}{R_L+R}U_I=\left(\frac{1}{1+0.5}\times20\right)\ \text{V}\approx13.33\ \text{V}>U_Z$$

$$I_R=\frac{U_I-U_Z}{R}=\left(\frac{20-6}{0.5}\right)\ \text{mA}=28\ \text{mA}$$

$$I_Z=I_R-I_L=28\ \text{mA}-\frac{U_Z}{R_L}=\left(28-\frac{6}{1}\right)\ \text{mA}=22\ \text{mA}$$

由于 $I_{Zmin}<I_Z<I_{Zmax}$，所以能实现稳压，此时的输出电压为 6 V。

(2) 当 $R_L=100\ \Omega$ 时

$$\frac{R_L}{R_L+R}U_I=\left(\frac{100}{100+500}\times 20\right)\ \text{V}\approx 3.33\ \text{V}<U_Z$$

稳压管不能工作在反向击穿状态，故不能稳压，所以输出电压为 3.33 V。

2. 其他类型二极管

(1) 变容二极管

变容二极管具有二极管的一般特性，只是在应用中主要运用了它的结电容随反向偏置电压大小可变的特性。图形符号如图 1.5.3(a)所示。为了获得较大的结电容，变容二极管做成面接触型。变容二极管在高频调谐、通信等电路中作为可变电容器使用。

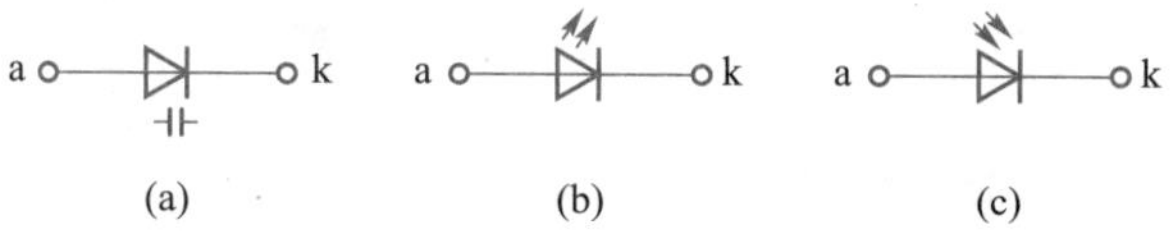

图 1.5.3 几种特殊类型的二极管

(a) 变容二极管 (b) 发光二极管 (c) 光电二极管

(2) 发光二极管

顾名思义，发光二极管(light emitting diode，LED)是一种将电能转换成光能的半导体器件。它由镓的化合物砷化镓、磷化镓等具有容易发光性质的材料做成 PN 结而构成的，图形符号形象地用图 1.5.3(b)来表示。

由于其内部结构是一个 PN 结，因此也具有单向导电性。只有当外加正向电压使得正向电流足够大时才发光，光的颜色由制成二极管的材料决定。发光二极管的开启电压比普通二极管大，其亮度与正向电流成正比，一般需要几毫安以上的电流。对于发红光、黄光、绿光的发光二极管，引脚引线以较长者为正极，较短者为负极；如果管帽上有凸起标志，那么靠近凸起标志的引脚为正极。使用时，不要超过发光二极管的最大功耗、最大正向电流和反向击穿电压等极限参数。

发光二极管因其驱动电压低、功耗小、寿命长、可靠性高等优点广泛用于显示电路中，如数字和字符的显示，信号指示灯等。

(3) 光电二极管

光电二极管又叫光敏二极管，是一种将光能转换成电能的半导体器件。其结构与普通二极管相似，只是管壳上留有一个接收光照的窗口。图形符号如图 1.5.3(c)所示。

无光照时，它与普通二极管一样，具有单向导电性。正常工作时，光电二极管的 PN 结处于反向偏置状态。光电二极管在反偏电压下受到光照而产生的电流称为光电流，光电流随光照强度的增加而增大。这种特性可广泛用于遥控、报警及光电传感器中。因此，光电二极管可用来测量光照的强度，也可用作光电池。

发光二极管和光电二极管可构成红外线遥控电路。图 1.5.4 为红外线遥控电路示意图。当按下发射电路中的按钮时，编码器产生调制的脉冲信号，由发光二极管将电信号转换成光信号发射出来。接收电路中的光电二极管将光脉冲信号转换为电信号，经放大解码后，由驱动电路驱动负载工作。当按下不同按钮时，编码器产生不同的脉冲信号，以示区别，接收电路中的解码器可以解调出这些信号,并控制负载做出不同的动作。

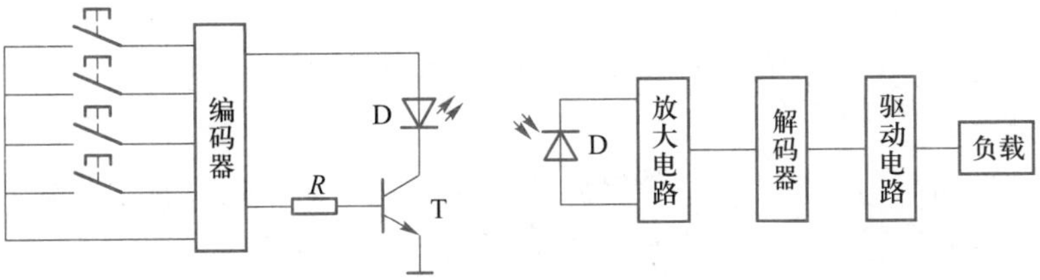

(a) (b)

图 1.5.4 红外线遥控电路

(a) 发射电路 (b) 接收电路

本章小结

本章知识结构

- 半导体二极管及其基本电路
  - 半导体二极管
    - I 型半导体
    - P 型半导体、N 型半导体 → PN 结——二极管
      - 特性:单向导电性
      - 类型
        - 普通二极管
        - 其他类型二极管
  - 二极管电路
    - 分析方法:图解法、等效电路法
    - 应用电路:限幅电路、稳压电路

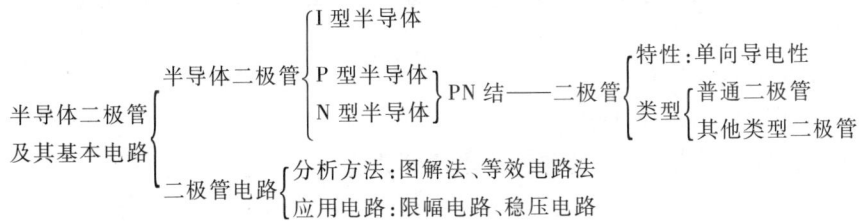

1. 本征半导体与杂质半导体

为了突出重点,在此以表格的形式加以比较,见表 1.1。

表 1.1 三种半导体特性的比较

	I 型(本征)半导体	P 型半导体	N 型半导体
杂质原子	无	三价原子(受主)	五价原子(施主)
载流子	电子-空穴对	空穴是多子,电子是少子	电子是多子,空穴是少子
电中性	$n_i=p_i$	$p=n+$负离子浓度	$n=p+$正离子浓度
导电率	小,与温度有关	大,由杂质浓度决定	大,由杂质浓度决定

2. PN 结与半导体二极管

采用一定的掺杂工艺,使 P、N 型半导体结合在一起,就会在两者结合处形成空间电荷区,即 PN 结。

利用 PN 结的单向导电性可制成普通二极管。由于二极管引线、体电阻和表面漏电流等因素的影响,使其伏安特性与 PN 结的最大区别是存在死区,硅管和锗管开启电压分别为 0.5 V 和 0.1 V。二极管的主要参数有最大正向电流、最大反向电压、反向电流和最高工作频率。

3. 二极管电路的分析方法

在分析由二极管组成的电路时，常采用“图解法”和“等效电路法”，一般不采用“解析法”来直接求解方程。

对于“等效电路法”，分析的关键是根据具体情况选择合理的二极管模型。对于直流和大信号工作电路，应采用直流等效电路中的理想模型或恒流源模型，当二极管回路的电源电压远大于正向导通电压 U_D时，理想模型较简便；电源电压较低时，恒压源模型较合理。对同时含有直流电源和交流小信号源的电路，一般先利用恒压源模型进行静态分析，求二极管静态工作点以及小信号模型动态电阻 r_d，然后利用微变等效电路对电路进行动态分析，最后进行综合。

4. 特殊二极管

利用 PN 结的反向击穿特性可制成稳压二极管；利用 PN 结的结电容，可制成变容二极管；利用发光材料，可制成发光二极管；利用 PN 结的光敏特性，可制成光电二极管。

稳压二极管在电路中应加反偏电压使其工作在反向击穿区，并给稳压管串接适当大小的限流电阻，使稳压管电流满足 $I_{Zmin}<I_Z<I_{Zmax}$。变容二极管在电路中应加反偏电压，以便使其结电容的大小能灵活地随反偏电压而变化。发光二极管在电路中应加正偏电压，并串接合适的限流电阻。光电二极管在电路中应加反偏电压，工作于截止状态，这样其电流将随光照强度变化而变化。

5. 本章记识要点及技巧

（1）理解 PN 结和二极管的特性。

（2）熟记二极管开启电压和正常工作电压的数值。

（3）掌握二极管的等效模型及其分析方法。

（4）大多数用字母表示的电量符号皆可按“倒读”的方式表达其含义，如 U_{BR} 的含义为“反向击穿电压”。

参考答案

自测题

1.1 填空题

1. 在杂质半导体中，多数载流子的浓度主要取决于________，而少数载流子的浓度则与________有很大关系。

2. 半导体中的漂移电流是在________作用下形成的，扩散电流是在________作用下形成的。

3. 当温度升高时，二极管的正向压降将________，反向电流将________。

4. 面接触型二极管由于它的 PN 结结电容________，适用于________等低频电路中。

5. 二极管最主要的特性是________，它有两个主要参数，一个是反映正向特性的______

____________,另一个是反映反向特性的____________________。

6. 在常温下,硅二极管的开启电压约为________ V,导通后在较大电流下的正向压降约为________ V;锗二极管的开启电压约为________ V,导通后在较大电流下的正向压降约为________ V。

7. 硅稳压管稳压电路正常工作时,稳压管工作在________状态。

8. 两只硅稳压管的稳压值分别为 $U_{Z1}=6$ V,$U_{Z2}=9$V。把它们串联相接可得到________、________、________和________的稳压值。把它们并联可得到________和________的稳压值。

9. 光照强度加强,PN 结呈现的电阻会变____。

1.2 选择题

1. 在本征半导体中,本征激发产生的载流子是________。

A. 自由电子　B. 空穴　C. 正负离子　D. 自由电子和空穴

2. 在________中掺入适量的杂质元素称为杂质半导体。

A. P 型半导体　B. N 型半导体　C. I 型半导体　D. 半导体

3. PN 结外加正向电压时,扩散电流________漂移电流。

A. 大于　B. 小于　C. 等于　D. 无法确定

4. 当 PN 结外加反向电压时,耗尽层________。

A. 变窄　B. 变宽　C. 不变　D. 无法确定

5. 下列关于 PN 结伏安特性方程中,正确的是________。

A. $i=I_F(e^{u/U_T}-1)$　B. $i=I_S(e^{u/U_T}-1)$

C. $i=I_S(e^{U_T/u}-1)$　D. $i=I_S(1-e^{u/U_T})$

6. 二极管的最大反向工作电压是 100 V,它的击穿电压约为________。

A. 50 V　B. 100 V　C. 150 V　D. 200 V

7. 在常温下测得流过某二极管的电流为 10 mA,此时二极管的动态电阻为________。

A. 2.6 kΩ　B. 1.3 kΩ　C. 2.6 Ω　D. 条件不足,无法计算

8. 在自测题 1.2.8 图所示的稳压管电路中,两稳压管的稳压值 U_Z 均为 6.3 V,正向导通电压 $U_D=0.7$ V,其输出电压为________。

A. 6.3 V　B. 0.7 V　C. 7 V　D. 14 V

9. 在自测题 1.2.9 图所示的稳压管电路中,$U_{Z1}=6$ V,$U_{Z2}=7$ V,且具有理想的特性。由此可知输出电压 U_o 为________。

A. 6 V　B. 7 V　C. 1 V　D. 0 V

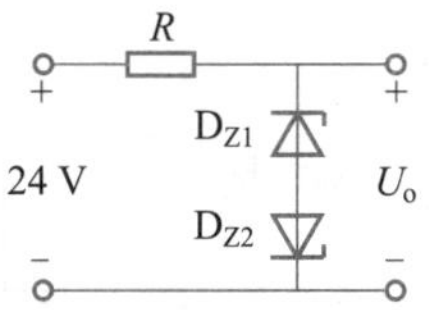

自测题 1.2.8 图

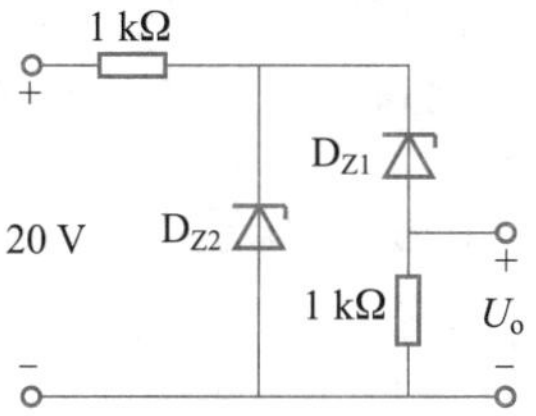

自测题 1.2.9 图

1.3　判断题

1. 在N型半导体内掺入足够的三价元素，可以将其改型为P型半导体。（　）

2. 因为P型半导体的多子是空穴，所以它带正电。（　）

3. 漂移电流是少数载流子在内电场作用下形成的。（　）

4. PN结交界面两边存在电位差，当把PN结两端短路时就有电流通过。（　）

5. PN结方程可以描述PN结的正、反向特性，也可以描述其反向击穿特性。（　）

6. 二极管的反向饱和电流与外加反向饱和电压有关，但与温度无关。（　）

7. 型号为2CW14的稳压管稳压值是6~7.5 V，说明该稳压管的稳压值在6~7.5V之间可变。（　）

8. 二极管的动态电阻 r_d 随静态工作点电流的增大而减小。（　）

9. 发光二极管要正向偏置，光电二极管要反向偏置。（　）

参考答案

习题

1.1　二极管电路如习题1.1图所示。设二极管为硅管，输入信号 $u_i = 10\sin\omega t$ mV，$V_{DD} = 10$ V，电容器 C 对交流信号的容抗可以忽略不计，试计算输出电压 u_o 的交流分量。

1.2　在习题1.2图所示电路中，设二极管性能均为理想情况，试求电路中的电压 U_{AB}。

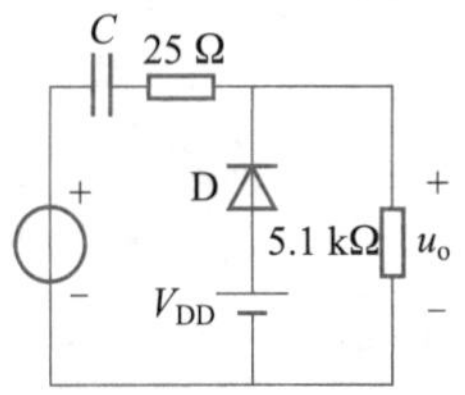

习题1.1图

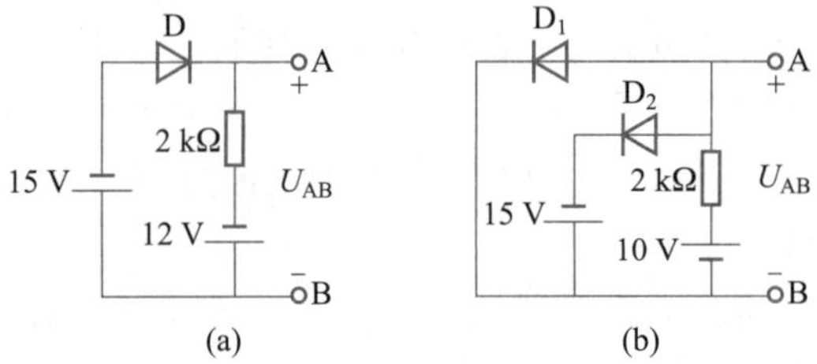

习题1.2图

1.3　在习题1.3图所示电路中，已知输入电压 $u_i = 6\sin\omega t$ V，若二极管的正向压降为0.7 V，试绘出 u_o 的变化规律。

1.4*　硅二极管电路如习题1.4图所示。已知 $R = 1$ kΩ，输入电压 $u_i = 6\sin\omega t$ V。试用折线模型（$U_{on} = 0.5$ V，$r_D = 200$ Ω）分析 u_o 的变化规律。

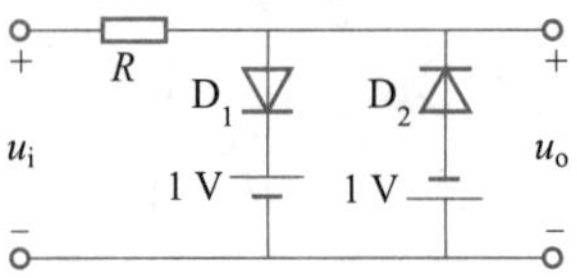

习题1.3图

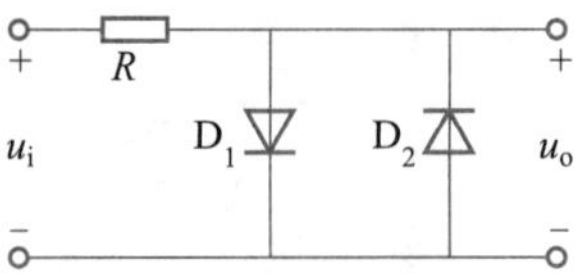

习题1.4图

1.5 在锗二极管构成的习题 1.5 图所示电路中,已知 $E_1=10$ V,$E_2=15$ V,$R_1=R_2=R_6=$ 5 kΩ, $R_3=7$ kΩ,$R_4=8$ kΩ,$R_5=10$ kΩ,试判断二极管是导通还是截止。

1.6 在习题 1.6 图所示的电路中。已知稳压二极管 $U_Z=8$ V,限流电阻 $R=3$ kΩ,输入电压 $u_i=12\sin\omega t$ V,试画出 u_o 的波形。

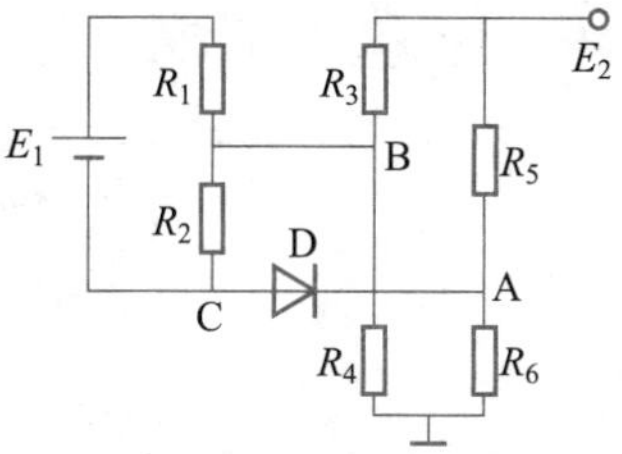

习题 1.5 图

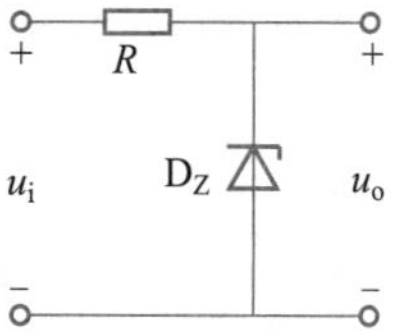

习题 1.6 图

1.7 在图 1.5.2 所示的稳压管电路中,$U_I=30$ V,限流电阻 $R=1.5$ kΩ,稳压管的稳压值为 12 V,$I_{Zmax}=20$ mA,$I_{Zmin}=4$ mA。试求:(1) 当 $R_L=2$ kΩ 时的电流 I_L、I_R 和 I_Z;(2) 当负载 $R_L=\infty$ 时的电流 I_Z;(3) 当输入电压 U_I 由原来的 30 V 升高到 33 V,且负载 $R_L=500$ Ω 时,电流 I_L、I_R 和 I_Z。

第2章 双极型晶体管及其基本放大电路

放大电路是电子设备中使用最广泛的一种电路，也是现代通信、自动控制、电子测量等设备中不可缺少的组成部分。其主要功能是将微弱的电信号进行放大，以便在实际电路中加以利用。

放大电路的核心器件是晶体管，它分为两大类，一是双极型晶体管，二是场效应管（在第3章介绍）。

本章先介绍双极型晶体管的结构、类型及特性，然后分析由双极型晶体管组成的三种组态的基本放大电路。基本放大电路是组成多级放大电路和其他模拟电子线路的基本单元电路，各种实际电路都是由它演变派生并进一步组合而成。放大电路的许多重要概念和常用的分析方法也将在本章引出。

2.1 晶体管及其特性

双极型晶体管又称为半导体三极管、晶体三极管等，以下简称晶体管（transistor）。它是由三层杂质半导体和两个PN结构成的有源器件。由于两个PN结的相互影响，晶体管具有二极管所没有的电流放大功能。本节在介绍晶体管结构和类型的基础上，进一步讨论它的工作原理和特性曲线。

2.1.1 认识晶体管

导学

晶体管的内部结构。

NPN管和PNP管在图形符号上的区别。

晶体管在放大电路中的几种接法。

目前最常见的晶体管结构有硅平面管和锗合金管两种类型，而且生产的硅管多为 NPN 型，锗管多为 PNP 型。

1. NPN 型晶体管

硅平面管的管芯结构如图 2.1.1(a)所示。它是先将 N 型硅片在高温下氧化，在其表面形成一层二氧化硅保护膜，再在 N 型硅片(集电区)的氧化膜上利用光刻工艺刻出一个窗口，在高温下进行三价杂质扩散，此时下面的 N 型半导体就被杂质渗透转化为 P 型半导体，形成一个 PN 结(集电结)。然后再氧化、光刻，进行高浓度的五价杂质扩散，使 P 型半导体上边的一部分区域又转型为 N 型区(发射区，其掺杂浓度比原来集电区的 N 型硅要高)，又形成了一个新的 PN 结(发射结)，此次扩散的结果使中间的 P 型区(基区)很薄。若在各自的区域引出相应的电极，分别称之为发射极(emitter)、基极(base)和集电极(collector)，用字母 e、b、c 表示，故也将晶体管称为三极管。

图 2.1.1(b)为 NPN 型晶体管的结构示意图。它由两层 N 型半导体中间夹着一层 P 型半导体构成，故形象地称为 NPN 型晶体管。它有三个区、两个结，其中发射区和基区之间的 PN 结称为发射结(J_e)，集电区和基区之间的 PN 结称为集电结(J_c)。

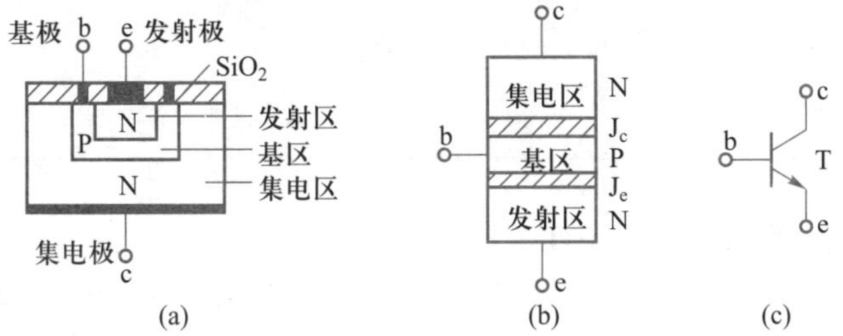

图 2.1.1 NPN 型晶体管

(a) 管芯结构 (b) 结构示意图 (c) 图形符号

NPN 型晶体管的图形符号如图 2.1.1(c)所示，用字母 T 表示。图中，箭头方向表示由 P(基区)指向 N(发射区)，即发射结正偏时电流的实际方向。

2. PNP 型晶体管

锗合金管的管芯结构如图 2.1.2(a)所示。它是在一块 N 型锗薄片两边分置两个铟球，再行烧结，形成两个 P 型区。其中发射区掺杂浓度较高，中间很薄的 N 型区(厚度约 50 μm)为基区，集电区与基区的接触面积大。在各自的区域引出相应的电极，用字母 e、b、c 表示。

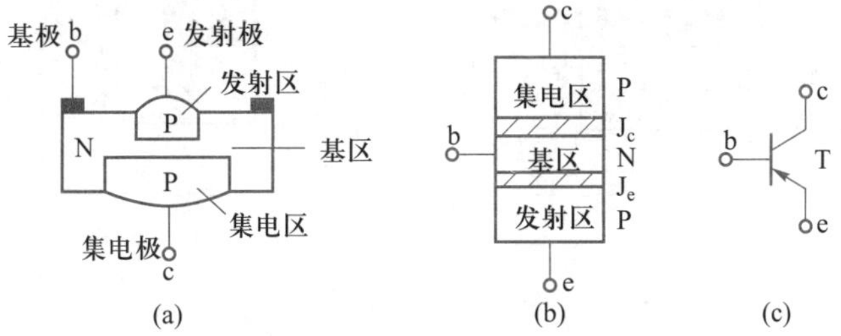

图 2.1.2 PNP 型晶体管

(a) 管芯结构 (b) 结构示意图 (c) 图形符号

图2.1.2(b)为PNP型晶体管的结构示意图。它仍由三个区、两个结构成。图形符号如图2.1.2(c)所示。图中,箭头方向表示由P(发射区)指向N(基区),表明基区为N型半导体。

3. 晶体管的三种组态

由前述可知,晶体管有三个电极。在放大电路中若一个电极作为信号的输入端,一个电极作为信号的输出端,那么剩下的那个电极将作为输入、输出回路的公共端。因此,依据输入端、输出端和公共端的不同,将有三种连接方式,又称三种组态。若以基极为输入端,集电极为输出端,发射极为输入回路和输出回路的公共端时,称为共发射极接法,简称共射(common emitter,CE)组态。除此之外还有共集(common collector,CC)组态和共基(common base,CB)组态。

2.1.2　放大状态下晶体管内部载流子的传输过程

导学

晶体管处于放大状态时应满足的条件。

处于放大状态下晶体管内部载流子的运动。

用BJT表示晶体管的物理意义。

1. 晶体管工作在放大状态的条件

晶体管的内部结构是针对三个区而言的。基区很薄,且掺杂浓度最低;发射区掺杂浓度很高,与基区接触面积较小;集电区掺杂浓度较高,与基区接触面积较大。虽说发射区与集电区均为同类型半导体,但由于两区结构不同,因此发射极与集电极不能互换。

晶体管工作在放大状态的条件是针对两个结而言的。晶体管处于何种工作状态完全取决于发射结和集电结的偏置状态。当外加电源的极性使发射结正偏且大于开启电压,集电结处于反偏状态时,晶体管将工作在放大状态。对于NPN管,要求 $U_{BE} > U_{on}$,$U_{BC} < 0$,如图2.1.3所示。

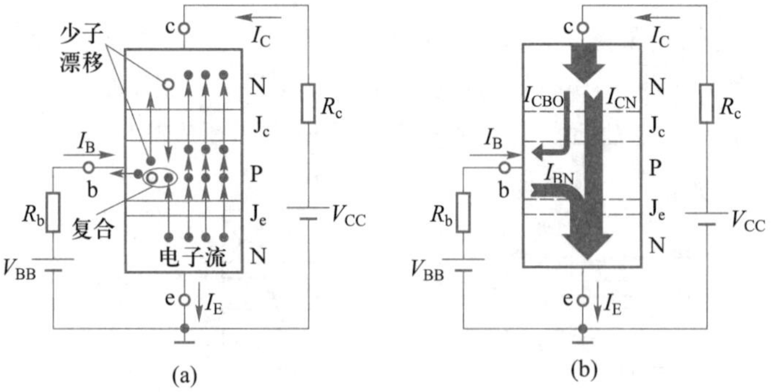

图2.1.3　晶体管内部载流子的运动规律

(a) 管内载流子的运动过程　(b) 管内各极电流分配

2. 晶体管内部载流子的运动

无论是 NPN 型还是 PNP 型晶体管,其内部载流子的运动规律都相同。在此不妨以 NPN 型晶体管为例进行讨论。

若晶体管外加如图 2.1.3(a)所示的电压,管内载流子的运动规律如下:

(1) 发射区向基区注入电子

在 V_{BB}的作用下发射结正偏,发射区和基区中的多子向对方扩散。由于发射区电子浓度远大于基区空穴浓度,故常忽略空穴电流,近似认为发射区向基区发射出大量的电子。V_{BB}的负极不断向发射区补充电子,形成发射极电流 I_E。

(2) 电子在基区中的复合和传输

注入基区的电子一小部分和基区空穴复合,V_{BB}的正极不断从基区拉走电子,这相当于不断补充基区中被复合掉的空穴,形成基区复合电流 I_{BN};又由于基区很薄、空穴浓度很低,因而电子被复合的机会很少,致使绝大多数电子传输到集电结的边缘。

(3) 集电区收集电子

由于 V_{BB}和 V_{CC}的共同作用使集电结反偏,一方面吸引基区中扩散到集电结边缘的大量电子,将其收集到集电区形成电流 I_{CN};另一方面在阻止集电结两边多子向对方扩散的同时促使了少子的漂移,主要是集电区空穴形成的基极反向饱和电流 I_{CBO},其值很小 。

可见,发射区的作用是发射载流子;集电区收集载流子;基区作为控制区,控制从发射区移动到集电区的载流子数量。因为晶体管内参与导电的有多数载流子和少数载流子,故形象地称之为双极型晶体管(bipolar junction transistor,BJT)。

2.1.3 晶体管的电流分配关系

导学

晶体管发射极、基极和集电极电流之间的关系。

在共基和共射接法中,电流的控制关系。

$\overline{\alpha}$与$\overline{\beta}$两者之间的关系。

在图 2.1.3(a)所示的管内载流子运动规律的基础上,可画出图 2.1.3(b)所示的各极电流分配示意图。由图 2.1.3(b)可得出晶体管各电极的电流分配关系为

集电极 $$I_C = I_{CN} + I_{CBO} \tag{2.1.1}$$

基　极 $$I_B = I_{BN} - I_{CBO} \tag{2.1.2}$$

发射极 $$I_E = I_{CN} + I_{BN} = I_{CN} + I_{CBO} + I_{BN} - I_{CBO} = I_C + I_B \tag{2.1.3}$$

可见,晶体管好似电流分配器,它把发射极电流按一定比例分配给集电极和基极。

1. 共基直流电流放大系数

通常将 I_{CN}与 I_E之比定义为共基直流电流放大系数,用 $\overline{\alpha}$ 表示,即

$$\overline{\alpha} = \frac{I_{CN}}{I_E} \tag{2.1.4}$$

由于发射区发射的电子绝大部分能够到达集电极形成 I_{CN},而只有很少一部分与基区中

的空穴复合形成 I_{BN}，因此晶体管的 $\bar{\alpha}\approx0.95\sim0.99$。若将式(2.1.4)代入式(2.1.1)，则有

$$I_C=\bar{\alpha}I_E+I_{CBO} \tag{2.1.5}$$

当忽略少数载流子形成的 I_{CBO} 时，可近似得

$$I_C\approx\bar{\alpha}I_E \tag{2.1.6}$$

可见，在共基接法的电路中，改变输入电流 I_E 可以控制输出电流 I_C，体现了晶体管的电流控制作用。

2. 共射直流电流放大系数

通常将 I_{CN} 与 I_{BN} 之比定义为共射直流电流放大系数，用 $\bar{\beta}$ 表示，即

$$\bar{\beta}=\frac{I_{CN}}{I_{BN}}=\frac{I_C-I_{CBO}}{I_B+I_{CBO}} \tag{2.1.7}$$

此分式经整理得

$$I_C=\bar{\beta}I_B+(1+\bar{\beta})I_{CBO}=\bar{\beta}I_B+I_{CEO} \tag{2.1.8}$$

式中，

$$I_{CEO}=(1+\bar{\beta})I_{CBO} \tag{2.1.9}$$

称为晶体管的穿透电流。由于在常温下少数载流子形成的 I_{CBO} 很小，因此穿透电流也很小，当忽略其影响时可得

$$I_C\approx\bar{\beta}I_B \tag{2.1.10}$$

一般晶体管的 $\bar{\beta}$ 值约为几十到几百。显见，在共射接法的电路中，只要稍微改变输入电流 I_B 就可以使输出电流 I_C 有很大的变化，实现了电流控制和放大作用。

3. $\bar{\alpha}$ 与 $\bar{\beta}$ 的关系

由 $\bar{\alpha}$ 与 $\bar{\beta}$ 的定义可分别得出

$$\bar{\beta}=\frac{I_{CN}}{I_{BN}}=\frac{I_{CN}}{I_E-I_{CN}}=\frac{\bar{\alpha}I_E}{I_E-\bar{\alpha}I_E}=\frac{\bar{\alpha}}{1-\bar{\alpha}} \tag{2.1.11}$$

$$\bar{\alpha}=\frac{I_{CN}}{I_E}=\frac{I_{CN}}{I_{BN}+I_{CN}}=\frac{\bar{\beta}I_{BN}}{I_{BN}+\bar{\beta}I_{BN}}=\frac{\bar{\beta}}{1+\bar{\beta}} \tag{2.1.12}$$

2.1.4 晶体管的共射特性曲线

导学

晶体管输入特性曲线的特点。

晶体管输出特性曲线划分的区域及其特点。

晶体管的工作状态、类型、电极和半导体材料的判定方法。

晶体管的特性曲线是描述其各电极之间电压、电流的关系曲线，是晶体管内部载流子运动的外部表现。

从图2.1.4(a)中不难看出，信号自晶体管的b-e极间输入，形成输入回路；从c-e极间

输出,形成输出回路;公共端为 e 极,故称为共射组态。由于晶体管电路有输入和输出两个回路,因此晶体管特性曲线包括输入和输出特性曲线。这两组曲线可以由晶体管特性图示仪测得,也可以通过图 2.1.4(b)的测试电路逐点绘出。

下面重点分析由 NPN 管构成的共射电路的特性曲线,共集电路可用共射特性曲线来分析,共基特性曲线可参见相关文献。

根据图 2.1.4(a)所示的共射组态的接法,可以得到图 2.1.4(b)所示的测量 NPN 型晶体管特性曲线的实验电路。通过分别改变图 2.1.4(b)测试电路中滑动变阻器的大小,可得到共射电路的特性曲线。

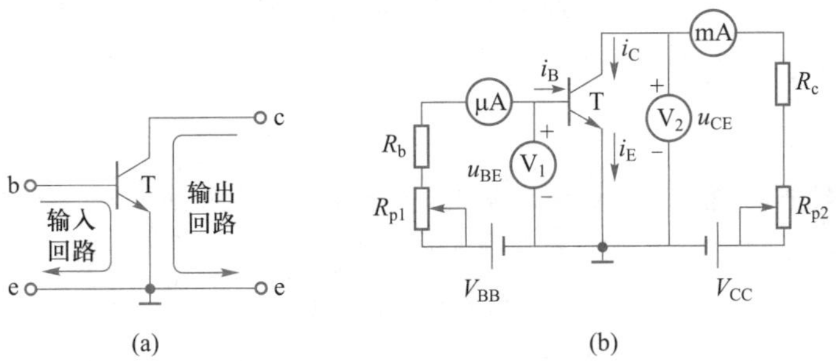

图 2.1.4 晶体管共射接法

(a) 晶体管共射组态 (b) 晶体管共射特性曲线测试电路

1. 输入特性曲线

在测试电路中,首先调节 R_{P2},使得 u_{CE} 为某一个值时,然后再改变 R_{P1} 的大小,即可由电流、电压表得到 i_B 与 u_{BE} 的若干组数据,通过描点可绘出图 2.1.5(a)所示的输入特性曲线。其函数关系可表示为

$$i_B = f(u_{BE})\big|_{u_{CE}=\text{常数}} \tag{2.1.13}$$

它是以 u_{CE} 为参变量的 i_B 与 u_{BE} 之间的关系,即每对应一个 u_{CE},就有一条曲线。可见,输入特性曲线是一簇曲线。

(1) 当 $u_{CE}=0$ V 时,即 c-e 两极短接,此时 J_e、J_c 正向并联,输入特性曲线与二极管正向特性曲线相似。

(2) 当 $u_{CE}>0$ V 时,输入特性曲线相对 $u_{CE}=0$ V 的曲线向右移动。这是由于 u_{CE} 增加使集电结的耗尽层变宽,减小了基区的有效宽度,使载流子在基区的复合机会减小,致使在同样的 u_{BE} 作用下 i_B 减小。

(3) 当 $u_{CE}>1$ V 以后,集电结反偏电压增大,使基区中的绝大多数自由电子已被集电极收集,再增加 u_{CE},i_B 也不再明显减小,致使 $u_{CE}>1$ V 以后的特性曲线基本重合。

由于晶体管工作在放大状态时,u_{CE} 总是大于 1 V 的,所以工程上常用 $u_{CE}=1$ V 时的曲线近似代替 $u_{CE}>1$ V 的任何一条输入特性曲线。

2. 输出特性曲线

同理,每当在测试电路中设定一个 i_B 值时,改变 R_{P2} 的大小,将得到 i_C 与 u_{CE} 数据组,进而绘出图 2.1.5(b)所示的伏安曲线,称之为输出特性曲线,可表示为

$$i_C = f(u_{CE})\big|_{i_B=\text{常数}} \tag{2.1.14}$$

它是以 i_B 为参变量的 i_C 与 u_{CE} 的函数关系。可见,输出特性曲线也是一簇曲线,它可分

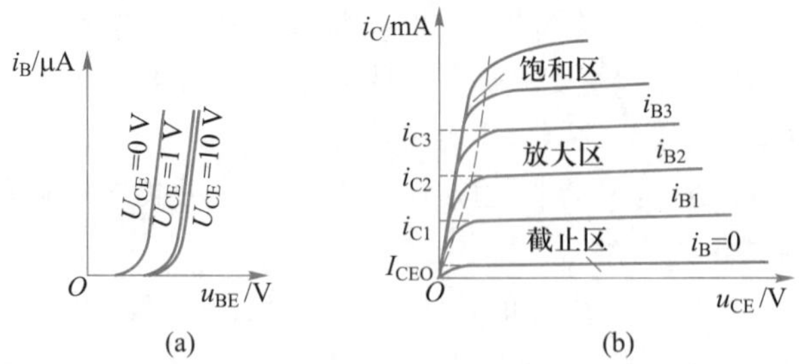

图 2.1.5　NPN 型晶体管的输入、输出特性曲线

(a) 输入特性曲线　(b) 输出特性曲线

为以下三个区域。

(1) 饱和区

① 范围：一般把 u_{CE} 很小、靠近纵轴附近、各条输出特性曲线上升的区域称为饱和区。

② 特点：i_C 随 u_{CE} 增加而迅速上升。在该区域 u_{CE} 很小。对于小功率管，可以认为当 $u_{CE}=u_{BE}$（即 $u_{BC}=0$）时，晶体管处于临界饱和（或临界放大）状态。图 2.1.5(b) 中的虚线为临界饱和线，它是放大区和饱和区的分界线，其所对应的电压 u_{CE} 称为饱和管压降，用 U_{CES} 表示。

③ 条件：发射结正偏且大于开启电压，集电结正偏。如 NPN 管，$u_{BE}>U_{on}$ 且 $u_{CE}<u_{BE}$。

(2) 放大区

① 范围：一般把 $u_{CE}>1$ V 和 $i_B>0$，且曲线近似水平的区域称为放大区。

② 特点：a. 各条输出特性曲线几乎与横轴平行，满足电流分配关系 $i_C\approx\bar{\beta}i_B$。在理想情况下，当 i_B 按等差变化时，输出特性曲线是一簇与横轴平行的等距平行线。b. 随着 u_{CE} 的增加，i_C 稍有增大，曲线上翘，它是由基区宽度调制效应引起的。因为 u_{CE} 增加时，集电结宽度随其反偏电压的增大而变宽，因而使基区的有效宽度变窄，载流子在基区的复合机会减少，在 i_B（或 u_{BE}）保持不变的情况下，i_C 将随 u_{CE} 的增加而略有增加。

③ 条件：发射结正偏且大于开启电压，集电结反偏。如 NPN 管，$u_{BE}>U_{on}$ 且 $u_{CE}\geqslant u_{BE}$。

(3) 截止区

① 范围：一般把 $i_B=0$ 的那条输出特性曲线以下的区域称为截止区。

② 特点：当 $i_B=0$ 时，仍有一个很小的穿透电流 I_{CEO}。

③ 条件：发射结电压小于开启电压，集电结反偏。如 NPN 管，$u_{BE}\leqslant U_{on}$ 且 $u_{CE}>u_{BE}$。

在模拟电路中，绝大多数情况下应保证晶体管工作在放大状态。

以上介绍的是 NPN 型晶体管共射接法下的特性曲线。如果是 PNP 型晶体管，其电压极性和电流方向都与 NPN 型晶体管相反。若以 NPN 型晶体管的电压极性和电流方向为参考方向，则 PNP 型晶体管的输入特性曲线和输出特性曲线都将处于第三象限。

例 2.1.1　晶体管各电极对地电位如图 2.1.6 所示，问各管处于何种工作状态？

解：由晶体管工作在三种状态的条件可知：

T_1 管处于截止状态，T_2 管处于放大状态，T_3 管处于饱和状态。

例 2.1.2　测得放大电路中三个晶体管各电极电位如下，试判断它们的类型、电极和材料。

T_1：$U_1=7$ V，$U_2=1.8$ V，$U_3=2.5$ V；

T_2：$U_1=-2.9$ V，$U_2=-3.1$ V，$U_3=-8.2$ V；

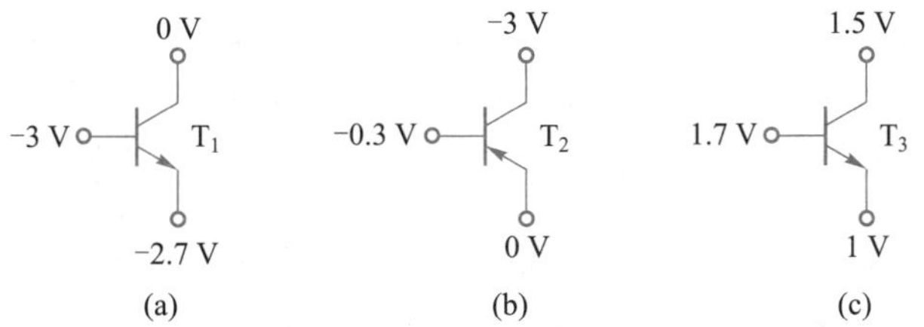

图 2.1.6 例 2.1.1

T_3：$U_1=6.7$ V，$U_2=1.8$ V，$U_3=6$ V。

解：判断的方法是：三个电极电位居中的为基极；与基极电位相差 0.7 V 或 0.2 V 左右的电极为发射极，且相差 0.7 V 的为硅管，相差 0.2 V 的为锗管；剩下的电极为集电极。当晶体管处于放大状态时，NPN 管三个电极的电位满足 $U_C>U_B>U_E$ 的关系；PNP 管三个电极的电位满足 $U_E>U_B>U_C$ 的关系。由此可判断出：

T_1 是 NPN 型硅管，U_1 是 c 极，U_2 是 e 极，U_3 是 b 极；

T_2 是 PNP 型锗管，U_1 是 e 极，U_2 是 b 极，U_3 是 c 极；

T_3 是 PNP 型硅管，U_1 是 e 极，U_2 是 c 极，U_3 是 b 极。

2.1.5 晶体管的主要参数及温度对特性曲线的影响

导学

晶体管的主要参数及安全工作的极限参数。
温度对晶体管输入特性曲线的影响。
温度对晶体管输出特性曲线的影响。

1. 晶体管的主要特性

(1) 电流放大系数

由式(2.1.10)可知，共射直流电流放大系数 $\bar{\beta}\approx I_C/I_B$。共射交流电流放大系数是指共射电路在 u_{CE} 一定的条件下，Δi_C 与 Δi_B 的比值，即 $\beta=\Delta i_C/\Delta i_B$，在手册中用 h_{fe} 表示。在实际中，β 不是常数，当 i_C 很小或很大时 β 会变小。若输出特性曲线比较平坦，且各条曲线间隔相等，即理想情况下，可认为 $\beta\approx\bar{\beta}$。同理，也可得到共基极电流放大系数 $\alpha\approx\bar{\alpha}$ 的结论。

可见，在数值上 $\beta\approx\bar{\beta}$，$\alpha\approx\bar{\alpha}$，以后不再严格区分 β 与 $\bar{\beta}$，α 与 $\bar{\alpha}$。

(2) 极间反向电流

I_{CBO} 表示发射极开路(open)时，集电极与基极之间的反向饱和电流，其值很小。

I_{CEO} 是指基极开路时，集电极与发射极之间产生的电流，通常形象地称之为穿透电流，$I_{CEO}=(1+\beta)I_{CBO}$。

实际工作中，由于 I_{CBO}、I_{CEO} 受温度影响较大，故在选择管子时要求它们尽量小些，其值越小表明晶体管的质量越高。硅管的反向饱和电流比锗管小 2~3 个数量级。

(3) 极限参数

① 最大集电极电流 I_{CM}

当 i_C 的数值增大到一定程度时 β 值将减小。使 β 值明显减小的 i_C 即为 I_{CM}。当工作电流 i_C 大于 I_{CM} 时，晶体管不一定损坏，但 β 值明显减小，放大能力太差。I_{CM} 上方称为过流区，如图 2.1.7 所示。

② 最大集电极耗散功率 P_{CM}

P_{CM} 表示集电结上允许损耗功率的最大值。若集电结耗散功率 $P_C = i_C u_{CE}$ 超过 P_{CM} 值，集电结过热使管子性能变坏或烧毁。$P_C = i_C u_{CE}$ 在输出特性曲线上可以用一条双曲线来表示，如图 2.1.7 所示。当 $P_C > P_{CM}$，在 P_{CM} 曲线右上方，称为过损区。

③ 反向击穿电压 $U_{(BR)\times\times\times}$

晶体管手册上给出一系列反向击穿电压值，如 $U_{(BR)CEO}$、$U_{(BR)EBO}$、$U_{(BR)CBO}$。其中，$U_{(BR)CEO}$ 表示基极开路时，集电极与发射极之间的反向击穿电压，其右侧称为过压区，如图 2.1.7所示。

由图 2.1.7 可见，晶体管的安全工作区是由 I_{CM}、P_{CM} 和 $U_{(BR)CEO}$ 共同确定的。

2. 温度对晶体管特性曲线的影响

（1）温度对输入特性曲线的影响

实验表明，发射结正向压降 u_{BE} 的温度系数为 $-(2\sim2.5)$ mV/℃，即 u_{BE} 随温度的升高而减小，输入特性曲线向左移动，如图 2.1.8(a) 中的虚线部分。当基极电流不变时，温度升高 u_{BE} 必然减小；若 u_{BE} 保持不变，温度升高 i_B 将增大。

（2）温度对输出特性曲线的影响

实验表明，温度每升高 1℃，β 增加 0.5%～1%，表现为输出特性曲线的间距增大；温度每升高 10℃，I_{CBO} 约增加一倍，$I_{CEO}=(1+\beta)I_{CBO}$ 也随之增大，表现为输出特性曲线上移。

可见，当温度升高时，I_{CEO} 和 β 两参数的增大将使输出特性曲线上移，如图 2.1.8(b) 中的虚线部分。

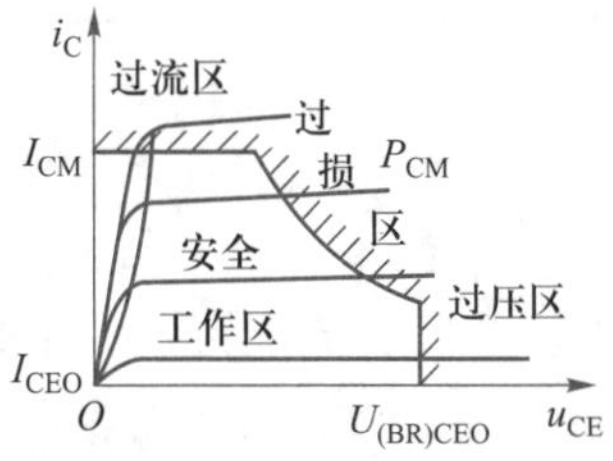

图 2.1.7 晶体管的安全工作区

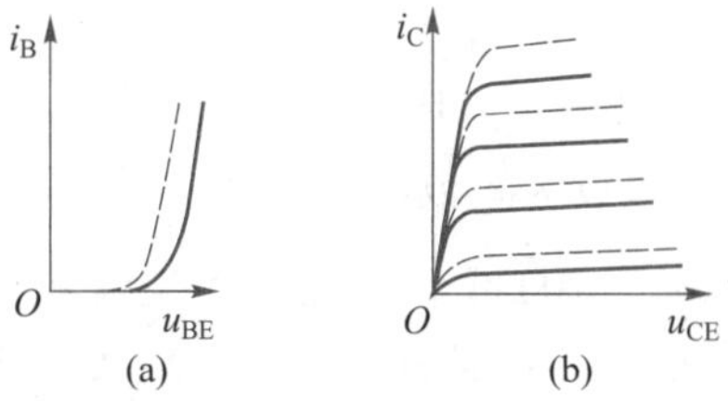

图 2.1.8 温度对输入输出特性曲线的影响
（a）输入特性曲线 （b）输出特性曲线

2.2 放大电路的主要性能指标及组成原则

放大电路(amplifier)的基本功能是将小信号加以放大。根据能量守恒原理，能量只能转换,不能凭空产生,当然也不能放大。放大电路放大的本质是能量的控制和转换:在交流输入信号的作用下,将直流电源供给的能量转化为按输入信号变化的交流能量供给负载,使负载获得的能量大于输入信号的能量。而前已述及的晶体管则是能够控制能量和转换的有源器件。

2.2.1 放大电路的主要性能指标

导学

放大电路的模型。
衡量放大电路的性能指标。
源电压放大倍数与电压放大倍数之间的关系。

放大电路是用来放大和传输信号的,它有信号输入、输出两个端口,即双端口网络。对于信号源,放大电路相当于负载,这个等效负载电阻就是放大电路输入端口的输入电阻 R_i,如图 2.2.1(a)、(b)中点画线框内所示。对于负载电阻 R_L,放大电路的输出就是它的信号源,一是用戴维南定理将输出端口等效为一个输出电阻 R_o 与受控电压源 $\dot{A}_{uo}\dot{U}_i$ 的串联,$\dot{A}_{uo}$ 为输出端开路(open circuit)电压放大倍数("倒读"方式命名),如图 2.2.1(a)中点画线框内所示;二是用诺顿定理将输出端口等效为一个输出电阻 R_o 与受控电流源 $\dot{A}_{is}\dot{I}_i$ 的并联,$\dot{A}_{is}$为输出端短路(short circuit)电流放大倍数,如图 2.2.1(b)中点画线框内所示。

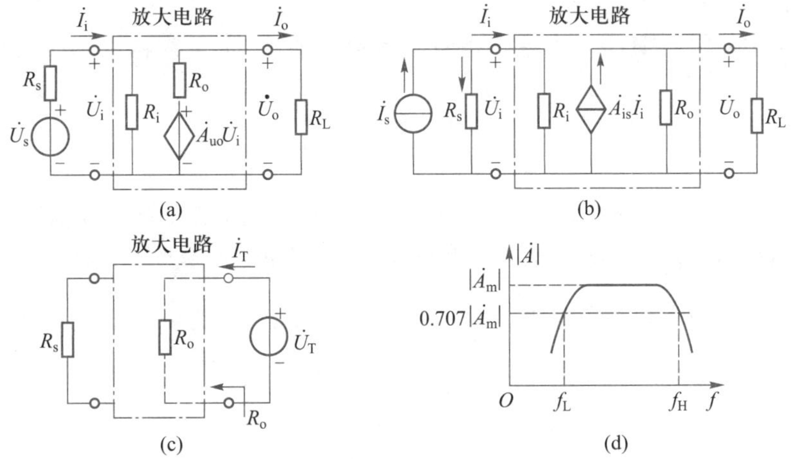

图 2.2.1 放大电路性能指标示意图

(a) 电压放大的放大电路模型 (b) 电流放大的放大电路模型
(c) 放大电路输出电阻的求法 (d) 阻容耦合放大电路的幅频曲线

为了衡量放大电路的性能质量,需要用以下几个性能指标来评价。

1. 放大倍数或增益

放大电路的基本任务是不失真地放大信号,因此,放大倍数成为讨论的焦点。放大倍数定义为输出量与输入量之比，其值越大，表明放大电路的放大能力越强，用 $\dot{A}$ 表示。根据输出量（电压、电流）与输入量（电压、电流）的不同，放大倍数有以下四种：

输出电压 $\dot{U}_o$ 与输入电压 $\dot{U}_i$ 之比为电压放大倍数，如图 2.2.1(a)所示，即

$$\dot{A}_u = \frac{\dot{U}_o}{\dot{U}_i} \tag{2.2.1a}$$

输出电流 $\dot{I}_o$ 与输入电流 $\dot{I}_i$ 之比为电流放大倍数，如图 2.2.1(b)所示，即

$$\dot{A}_i = \frac{\dot{I}_o}{\dot{I}_i} \tag{2.2.1b}$$

输出电压 $\dot{U}_o$ 与输入电流 $\dot{I}_i$ 之比为互阻放大倍数（量纲为电阻），即

$$\dot{A}_r = \frac{\dot{U}_o}{\dot{I}_i} \tag{2.2.1c}$$

输出电流 $\dot{I}_o$ 与输入电压 $\dot{U}_i$ 之比为互导放大倍数（量纲为电导），即

$$\dot{A}_g = \frac{\dot{I}_o}{\dot{U}_i} \tag{2.2.1d}$$

上式中的 $\dot{U}$ 和 $\dot{I}$ 为交流有效值相量。

在工程中常使用功率放大倍数来衡量功率放大能力，定义为输出功率与输入功率之比，即

$$A_p = \frac{P_o}{P_i} = \frac{U_o I_o}{U_i I_i} = A_u A_i \tag{2.2.1e}$$

式中的 U_o、I_o 和 U_i、I_i 均为有效值。实际上，只有具备了功率放大能力，才称得上“放大器”。

虽然前面介绍了多种放大倍数，但对于小功率放大电路，本章重点研究电压放大倍数 $\dot{A}_u$。有时需要考虑放大电路直接对信号源 $\dot{U}_s$ 的放大倍数，称为源电压放大倍数 $\dot{A}_{us}$。由图 2.2.1(a)可知

$$\dot{A}_{us} = \frac{\dot{U}_o}{\dot{U}_s} \tag{2.2.1f}$$

应当指出，在实测放大倍数时，必须用示波器观察输出端的波形，只有在不失真的情况下，测试数据才有意义。当然，测试其他指标也应如此。

在实际工作中常将放大倍数的比值换算为分贝，称为增益，用 G 表示。其优点是：可避免很大的数字；把乘法运算转化成加法运算，简化了计算；用分贝表示声音强度十分合适，因为声波对人耳的影响与声波强度的对数值成正比。电压、电流增益定义如下：

$$G_u = 20\lg A_u \tag{2.2.2a}$$

$$G_i = 20\lg A_i \tag{2.2.2b}$$

2. 输入电阻

它是从放大电路输入端看进去的交流等效电阻,它是反映放大电路从信号源索取电流大小的技术指标。用 R_i 表示,即 $R_i = \dfrac{\dot{U}_i}{\dot{I}_i}$。

利用 R_i 可以写出 $\dot{A}_u$ 与 $\dot{A}_{us}$、$\dot{A}_i$ 与 $\dot{A}_{is}$的关系,由图 2.2.1(a)和(b)不难得出

$$\dot{A}_{us} = \frac{\dot{U}_o}{\dot{U}_s} = \frac{\dot{U}_o}{\dot{I}_i R_s + \dot{U}_i} = \frac{\dot{U}_o}{(\dot{U}_i / R_i) R_s + \dot{U}_i} = \frac{R_i}{R_i + R_s} \dot{A}_u \tag{2.2.3}$$

$$\dot{A}_{is} = \frac{\dot{I}_o}{\dot{I}_s} = \frac{\dot{I}_o}{\dot{U}_i / R_s + \dot{I}_i} = \frac{\dot{I}_o}{\dot{I}_i R_i / R_s + \dot{I}_i} = \frac{R_s}{R_s + R_i} \dot{A}_i \tag{2.2.4}$$

放大电路输入端的信号源有两种情况:

一是内阻 R_s 很小的电压源,输入量是电压,如图 2.2.1(a)所示的输入回路。由于电压源的输入电流流过内阻 R_s 时会产生压降,此时放大电路得到的实际输入电压为

$$\dot{U}_i = \frac{R_i}{R_i + R_s} \dot{U}_s \tag{2.2.5}$$

R_i 越大,放大电路从电压源索取的电流越小,$\dot{U}_i$ 越接近于 $\dot{U}_s$,表明电压源的电压尽可能多地加至放大电路得到放大。

二是内阻 R_s 很大的电流源,输入量是电流,如图 2.2.1(b)所示的输入回路。对于 R_s 很大且常量的实际电流源而言,R_i 越小必使 R_s 上的分流越小,才会有更多的信号电流流入放大电路。

可见,放大电路输入电阻的大小要视放大电路对信号类型的需要而设计。

3. 输出电阻

从放大电路输出端口向放大电路看进去,放大电路等效成有内阻的受控源,如图 2.2.1(a)和(b)所示,这个内阻就是输出电阻,用 R_o 表示。它是反映放大电路带负载能力强弱的技术指标。

放大电路的输出量有两种:输出电压和输出电流。

对于图 2.2.1(a)所示的输出电压而言,受控电压源 $\dot{A}_{uo}\dot{U}_i$ 常用输出开路时的输出电压 $\dot{U}_{oo}$表示。此时 $\dot{U}_o$ 与 $\dot{U}_{oo}$的关系可由分压公式表示为

$$\dot{U}_o = \frac{R_L}{R_o + R_L} \dot{U}_{oo} \tag{2.2.6}$$

R_o 越小,R_L 的变化对 $\dot{U}_o$ 的影响越小,表明放大电路带负载能力越强。

对于图 2.2.1(b)所示的输出电流而言,R_o 越大,受控电流源输出的信号电流的分流越小,流过负载的电流就越多,受负载变化的影响越小。

可见,放大电路输出电阻的大小要视负载的需要而设计。

求 R_o的方法有两种。

(1) 加载实验法

在图 2.2.1(a)中,先后测出负载 R_L开路时的输出电压 $\dot{U}_{oo}$和接入负载 R_L后的输出电压 $\dot{U}_o$。再由式(2.2.6)得

$$R_o=\left(\frac{\dot{U}_{oo}}{\dot{U}_o}-1\right)R_L \tag{2.2.7}$$

(2) 加压求流法

在图 2.2.1(a)或(b)中,令输入端信号源为零(电压源短路,电流源开路),保留内阻 R_s;在输出端将负载 R_L去掉,并加一测试电压 $\dot{U}_T$,相应地产生一测试电流 $\dot{I}_T$,如图 2.2.1(c)所示。则有

$$R_o=\left.\frac{\dot{U}_T}{\dot{I}_T}\right|_{\text{信号源为零,保留内阻,负载开路}} \tag{2.2.8}$$

4. 通频带

它是衡量放大电路对不同频率信号的放大能力。由于放大电路的输入信号往往不是单一频率的正弦信号,而是由许多频率成分组合而成的复杂信号。而放大电路中存在电抗元件和管子的极间电容,使放大电路对频率不同的正弦分量所呈现的幅度放大和相位偏移各不相同。图 2.2.1(d)仅示出了阻容耦合放大电路的幅频曲线,它表现为中频放大倍数 $\dot{A}_m$基本不变,而在频率较低或较高时放大倍数会下降。所谓通频带是指放大电路的放大倍数 $|\dot{A}|$下降到中频放大倍数 $|\dot{A}_m|$的 0.707 倍所对应的上限频率与下限频率之差,即 $BW=f_H-f_L$。通频带越宽,表明放大电路对信号频率的适应能力越强。当信号频率低于 f_L的频率范围为低频区;高于 f_H的频率范围为高频区;介于 f_L和 f_H的频率范围为中频区。

通频带的物理意义是,在通频带以内,传输的信号虽然在接近 f_L 和 f_H 时有一定的失真,但这种程度的失真是允许的;而在通频带以外,将会出现较大的信号失真。这就如同人们外出照镜子一样,肯定选用平面镜而不是哈哈镜,因为哈哈镜里看到的自己不是偏瘦就是偏胖,不能看到真实的自己。

5. 最大不失真输出幅值

放大电路所能提供的最大不失真输出电压 U_{om}或电流 I_{om}。

2.2.2　基本放大电路的组成原则

导学

基本共射放大电路的组成。

基本共射放大电路的习惯画法。

放大电路的组成原则。

微视频

对于放大电路,首先要求晶体管处于放大状态,由图 2.1.3 可知,欲使晶体管工作于放大区,直流电源 V_{BB}和 V_{CC}的设置应满足发射结正偏且大于开启电压、集电结反偏;其次是根据要求在晶体管电极上连接上信号源和负载。

1. 电路组成

图 2.2.2(a)示出了一个基本放大电路。图中,输入信号 u_i 从晶体管的基极与发射极之间输入,输出信号 u_o 从集电极与发射极之间输出,公共端为发射极,故该电路称为共射(CE)放大电路。

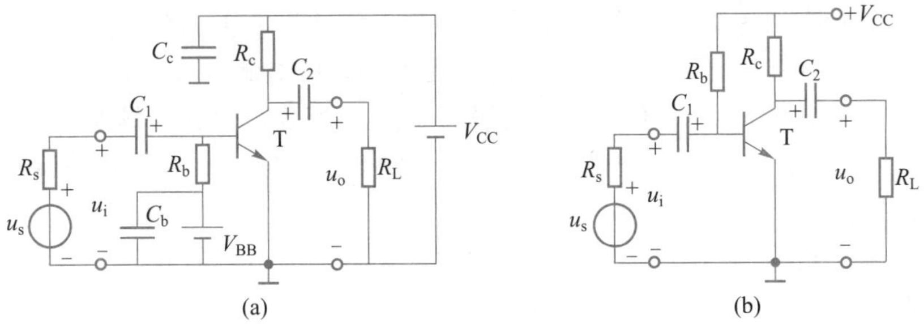

图 2.2.2 基本放大电路原理图及其习惯画法

(a) 电路原理图 (b) 习惯画法

(1) 晶体管 T

它起控制与放大作用,是整个电路的核心。晶体管的电流放大作用使电路获得放大了的集电极电流。输出的较大能量来自直流电源 V_{CC},它是经过晶体管的控制作用,将直流电源的能量转换为输出信号的能量。

(2) 直流电源 V_{BB}、V_{CC} 和滤波电容 C_b、C_c

直流电源 V_{BB} 和 V_{CC} 的设置应保证 $U_C>U_B>U_E$。此外,为了防止交流信号通过直流电源 V_{BB} 和 V_{CC}(因为带有内阻)时引起电压的波动,常在实际电路中接入滤波电容 C_b 和 C_c,人们又习惯地将其称为"去耦电容"。

(3) 基极偏置电阻 R_b

起限流和防止输入交流信号被短路的作用。如果将 R_b 短路,一方面会产生很大的 I_B 而使管子烧坏;另一方面输入的交流信号通过直流电源被短路(实际被滤波电容 C_b 短路),不能有效地加至晶体管的发射结上。

(4) 集电极负载电阻 R_c

一方面 R_c 可把放大的集电极电流转化为电压输出,从而使放大电路具有放大电压的能力;另一方面 R_c 可以防止输出的交流信号被短路(实际被滤波电容 C_c 短路)。

(5) 负载电阻 R_L

R_L 为放大电路的外接负载(load)电阻。

(6) 耦合电容 C_1、C_2

输入电容 C_1 的作用是隔离 V_{BB} 对信号源的影响,且能有效地将信号源提供的信号传送到基极;输出电容 C_2 的作用是隔离 V_{CC} 对负载 R_L 的影响,且能把放大的交流信号有效地传送到负载。实际上体现了电容"隔离直流、传送交流"的作用。一般在实际电路中,选择大容量的电解电容作为耦合电容,这样输入交流信号通过耦合电容 C_1 将无损耗地加至晶体管的发射结上,经放大后的输出交流信号通过耦合电容 C_2 也将无损耗地输送到负载上。

对于很多实用电路,还需要"共地",也就是信号源、放大电路和负载之间的公共端是相通的。"共地"的目的一是对输入端来说,可防止空中电磁波干扰;二是对输出端来说,可以提高安全系数。

2. 习惯画法

原理图 2.2.2(a)只有说明性的意义，应用较少。因为双电源的作用无非是使晶体管处于放大状态，这完全可以用单电源来实现；而且在实际电路中，放大电路往往由多级组成，若用双电源势必造成电路中有许多交叉线，很不方便。为此省去 V_{BB}，将 R_b 改接到电源 V_{CC} 的正极端，因为 V_{CC} 的负极端总是与“地”连接，因此不再画出电源符号，而只是标出它对“地”的电压值和极性。此外，为了简化对放大电路的分析，常将实际直流电源视为忽略内阻的理想直流电源，于是可省去 C_b、C_c，进而有如图 2.2.2(b)所示的放大电路的习惯画法。

3. 组成原则

对于一个放大电路，必须要求它不失真地放大和传输信号。因此，“能放大、不失真、能传输”便是放大电路的组成原则。

例 2.2.1　试分析图 2.2.3 所示电路是否具有放大作用。如果不能放大，如何改正？

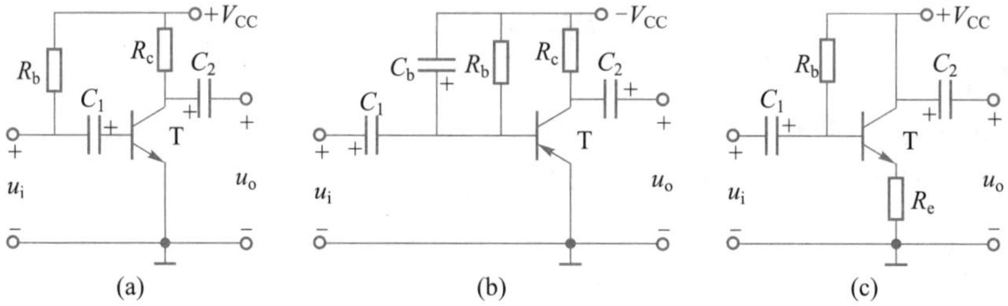

图 2.2.3　例 2.2.1

解：判断的原则有二：(1) 检查直流偏置。电源极性必须使发射结正偏，且大于开启电压，集电结反偏，即“能放大”。(2) 检查交流信号能否顺利进出，即是否“能传输”。至于“不失真”的问题将在后面介绍。

在图 2.2.3(a)中，由于 C_1 的隔直作用而使发射结零偏，即放大管“不放大”，因此该电路不具有放大作用。改正的方法是将电容 C_1 移至输入端与 R_b 下端连接点的左侧即可。

在图 2.2.3(b)中，输入信号 u_i 被 C_b 和直流电源 V_{CC} 短接，无法加到晶体管的发射结上，即“无输入”。改正的方法是将电容 C_b 断开。

在图 2.2.3(c)中，因 $R_c=0$，集电极交流接地，“无输出”。改正的方法是在晶体管的集电极与直流电源 V_{CC} 之间加一集电极电阻 R_c，以便把放大的集电极电流转化为电压输出。

2.3　放大电路的特点

导学

放大电路的主要特点。
画直流通路和交流通路的原则。
分析晶体管放大电路时采用的方法。

为了更有效地分析放大电路，最好是在了解放大电路特点的前提下再具体分析，这样可以达到事半功倍的效果。

从晶体管放大电路图 2.2.2(b)不难看出，其突出特点是“直流与交流共存”和“非线性”。

1. 放大电路的特点之一——直流与交流共存

就图 2.2.2(b)所示的基本共射放大电路来说，既有直流电源 V_{CC}(使晶体管处于放大状态)，又有交流信号源 u_s，显然电路中的电压、电流是“直流与交流共存”的。为了研究问题方便，常把直流电源对电路的作用和交流信号对电路的作用区分开来，并且先分析直流后分析交流。

(1) 静态分析

当输入信号 $u_i=0$ 时，放大电路的工作状态在电子学中称为静态。

在直流电源作用下，直流电流流经的通路称为直流通路，它用于研究静态工作点。对于直流通路，电容视为开路，电感视为短路。于是可画出图 2.2.2(b)对应的直流通路，如图 2.3.1(a)所示。由图可见，它实际上就是将图 2.2.2(b)中的 C_1、C_2 断开，所剩下的中间部分的电路。

依据直流通路来分析静态的方法称为静态(或直流)分析法。

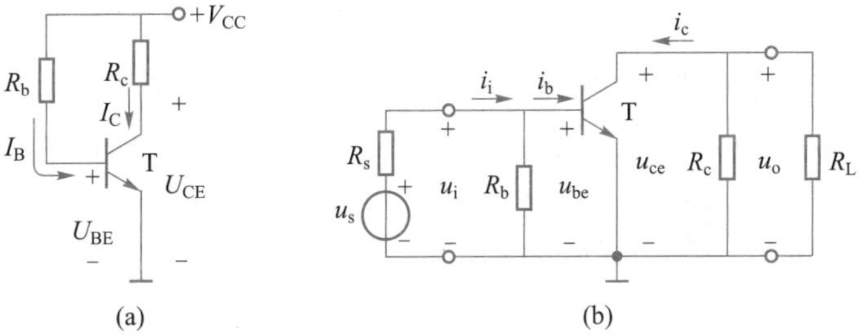

图 2.3.1 基本放大电路的直流通路与交流通路
(a) 直流通路 (b) 交流通路

(2) 动态分析

放大电路加上交流输入信号时的工作状态称为动态。

在输入信号作用下，交流电流流经的通路称为交流通路，用于研究动态参数。对于交流通路，理想直流电源和大容量电容(如耦合电容)皆短路。于是图 2.2.2(b)对应的交流通路如图 2.3.1(b)所示。此时

$$u_o=u_{ce}=-i_c(R_c/\!/R_L)=-i_cR'_L \tag{2.3.1}$$

$R'_L=R_c/\!/R_L$ 称为放大电路的交流负载电阻。

依据交流通路来分析动态的方法称为动态(交流)分析法。

(3) 电流、电压的统一表示方法

从图 2.3.1 中可看出，图(a)的电流与电压均为直流量，图(b)的电流与电压均为交流量。显然图 2.2.2(b)所示的放大电路中各量是“直流量+交流量=总瞬时量”，即用电压和电流的总瞬时量来表示。

为了书写统一，应严格按照“本书常用符号说明”进行书写，这就如同秦始皇统一度量衡

一样。例如,图 2.2.2(b)的晶体管发射结瞬时电压可写为 $u_{BE}=U_{BE}+u_{be}=U_{BE}+u_{i}$,式中 U_{BE} 表示晶体管发射结直流电压,u_{be}表示晶体管发射结交流电压。

2. 放大电路的特点之二——非线性

从晶体管的输入和输出特性曲线可以看出,晶体管放大电路是非线性电路。在分析电路时常采用如下方法:

(1) 图解分析法

用作图的方法确定 Q 点的位置;分析动态失真,估算最大不失真输出电压 U_{om}。

(2) 等效电路分析法

利用直流等效电路法中的恒压源模型估算静态工作点,采用微变等效电路法估算放大电路的动态指标 $\dot{A}_{u}$、R_{i}、R_{o}。

2.4 放大电路的图解分析法

图解分析法是指在晶体管的特性曲线上用作图的方法分析放大电路的工作情况。它可以通过直流负载线确定静态工作点;借助交流负载线来观察波形是否产生失真,并由此估算出放大电路的最大不失真输出电压幅值 U_{om},其特点是直观、近似。

下面以图 2.2.2(b)为例加以分析。

2.4.1 放大电路的静态分析

导学

在输出特性曲线上画直流负载线。
在输出特性曲线上确定静态工作点。
静态工作点与放大电路元件参数的关系。

1. 确定静态工作点

为便于分析,可将共射基本放大电路的直流通路图 2.3.1(a)改画成图 2.4.1(a)的形式。

(1) 输入回路

在图 2.4.1(a)中,输入回路可分为两部分。其中,虚线左侧的电路可由方程 $V_{CC}=I_{B}R_{b}+U_{BE}$表示,即

$$I_{B}=-\frac{1}{R_{b}}U_{BE}+\frac{1}{R_{b}}V_{CC} \tag{2.4.1}$$

利用两点确定一条直线的方法,可画出式(2.4.1)所对应的直线,如图 2.4.1(b)所示。

由于该直线的斜率与偏置电阻 R_b 有关，故称之为输入回路直流负载线。虚线右侧的电路可由输入特性曲线方程 $I_B = f(U_{BE})|_{U_{CE} \geqslant 1}$ 表示，如图 2.4.1(c)所示。

将图 2.4.1(b)和 2.4.1(c)合并，可确定出图 2.4.1(f)所示的两图的交点——静态工作点 Q。但在实际中，由于 $U_{BE} \approx$ 常数，因此通常不必用图解法确定 Q 点。

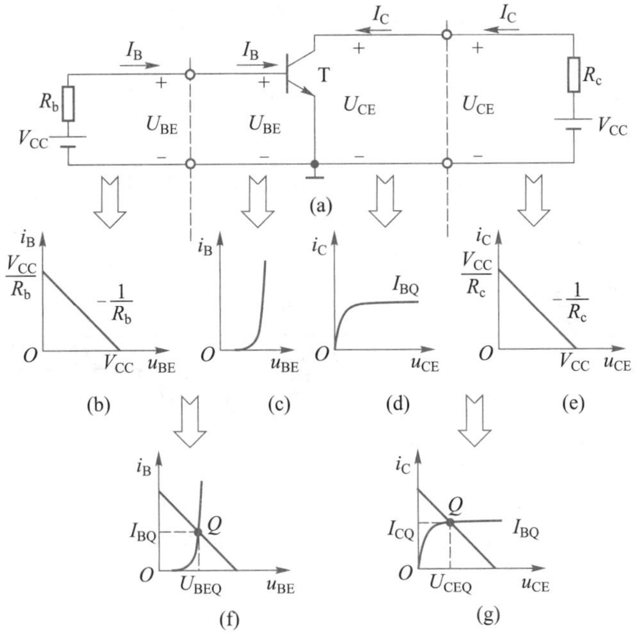

图 2.4.1　基本放大电路的静态分析

(a) 直流通路　(b)、(c)、(d)、(e)、(f)、(g) 图解分析

(2) 输出回路

在图 2.4.1(a)中，输出回路也分为两部分。其中，虚线左侧电路可由输出特性曲线方程 $I_C = f(U_{CE})|_{I_B = I_{BQ}}$ 表示。由图 2.1.5(b)可知，虽然输出特性曲线是一簇曲线，但是 $I_B = I_{BQ}$ 已确定。因此，在图 2.4.1(d)中只画了 $I_B = I_{BQ}$ 一条曲线。应当指出的是，如果在已知的输出特性曲线上没有 $I_B = I_{BQ}$ 所对应的那条特性曲线，则应当将其填补上。虚线右侧电路可用方程表示为 $V_{CC} = I_C R_c + U_{CE}$，即

$$I_C = -\frac{1}{R_c} U_{CE} + \frac{1}{R_c} V_{CC} \tag{2.4.2}$$

由两点确定一条直线的方法可画出图 2.4.1(e)，因直线的斜率与负载电阻 R_c 有关，故称之为输出回路直流负载线。

将图 2.4.1(d)和(e)合并，可确定直流负载线与 $I_B = I_{BQ}$ 对应的那条输出特性曲线的交点 Q，如图 2.4.1(g)所示。

可见，“图解法”所画出的 Q 点虽有误差，但却摆脱了“解析法”求解方程的困境，实际上 $I_B = f(U_{BE})|_{U_{CE} \geqslant 1}$、$I_C = f(U_{CE})|_{I_B = I_{BQ}}$ 的具体表达式也很难表示出来。

2. 电路参数对静态工作点的影响

通过上述静态工作点的确定可以看出，影响静态工作点的参数有 V_{CC}、R_b、R_c。

(1) 改变 R_b：由图 2.4.1(e)可见，由于直流负载线的坐标仅与 V_{CC}、R_c有关，因此直流负载线不变；再由式(2.4.1)可知，I_{BQ}随 R_b改变。可见，改变 R_b时 Q 点将沿直流负载线上下移动，如图 2.4.2(a)所示。

(2) 改变 R_c：由式(2.4.1)可知，I_{BQ}不随 R_c改变，即 I_{BQ}不变；而直流负载线的斜率随 R_c而改变。可见，改变 R_c时 Q 点在 I_{BQ}所对应的那条输出特性曲线上左右移动，如图 2.4.2(b)所示。

(3) 改变 V_{CC}：由图 2.4.1(e)可见，由于直流负载线的斜率不变，当 V_{CC}改变时直流负载线产生平移；再由式(2.4.1)可知，I_{BQ}也随 V_{CC}改变。因此，改变 V_{CC}时直流负载线和 I_{BQ}所对应的那条输出特性曲线均发生变化，如图 2.4.2(c)所示，故一般对 V_{CC}的改变要慎重。

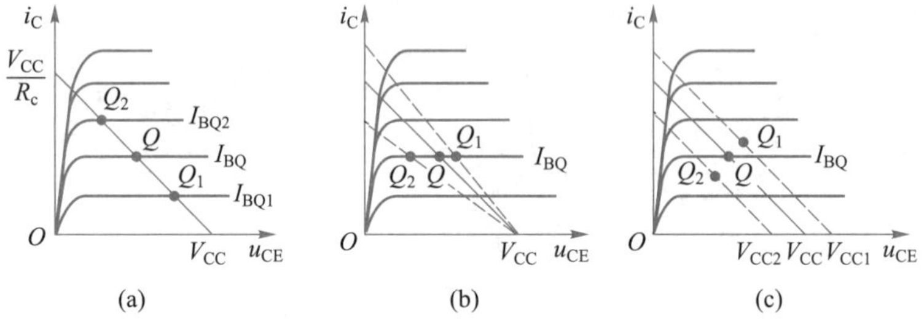

图 2.4.2 电路参数对静态工作点的影响
(a) 改变 R_b (b) 改变 R_c (c) 改变 V_{CC}

2.4.2 放大电路的动态分析

导学

在输出特性曲线上画交流负载线。
空载时的直流负载线与交流负载线的关系。
输出波形与输入波形的关系。

1. 在输入特性曲线上画出 i_B的波形

设放大电路输入的交流小信号为 $u_i = U_{im}\sin\omega t$，从图 2.2.2(b)可看出，此时加在晶体管发射结上的瞬时电压为静态偏压 U_{BEQ}和输入信号 u_i的叠加，可表示为

$$u_{BE} = U_{BEQ} + u_i = U_{BEQ} + U_{im}\sin\omega t \tag{2.4.3}$$

其波形如图 2.4.3(a)所示。

将图 2.4.3(a)顺时针旋转 90°得到图 2.4.3(b)，旨在使图(b)的横坐标 u_{BE}与输入特性曲线图 2.4.3(c)的横坐标 u_{BE}对齐。由于输入信号 u_i叠加在静态偏压 U_{BEQ}上，从而避开了输入特性曲线的死区和非线性区域。当输入信号 u_i变化时，则由输入特性曲线图 2.4.3(c)得到随之变化的电流 i_b，此时 i_B的表达式为

$$i_B = I_{BQ} + i_b = I_{BQ} + I_{bm}\sin\omega t \tag{2.4.4}$$

其波形如图 2.4.3(d)所示。

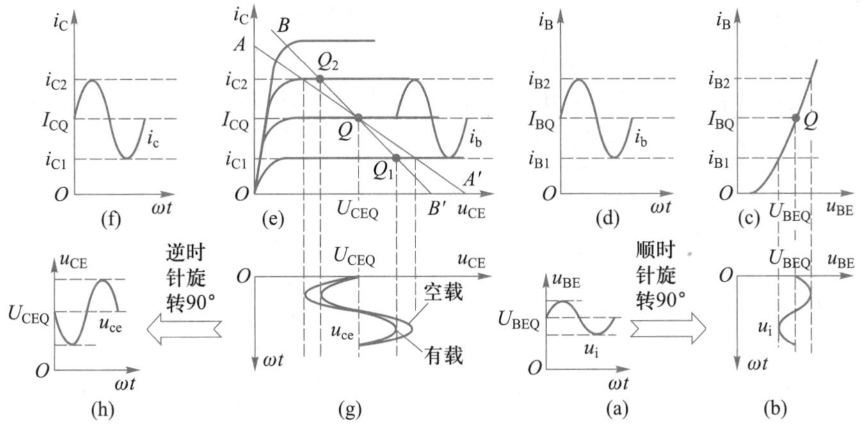

图 2.4.3 动态图解分析

(a)、(b)、(g)、(h) 电压波形 (c)、(e) 特性曲线 (d)、(f) 电流波形

2. 在输出特性曲线上画出交流负载线

由于 i_C 受 i_B 的控制，此时的 i_C 可表示为

$$i_C \approx \beta i_B = \beta(I_{BQ}+I_{bm}\sin\omega t) = I_{CQ}+i_c \tag{2.4.5}$$

显然，集电极电流的瞬时值 i_C 也是在静态值 I_{CQ} 的基础上叠加了一个按正弦规律变化的交流量 i_c。由此推之，晶体管集电极-发射极间的电压也将产生相应的变化，即

$$u_{CE} = U_{CEQ}+u_{ce} \tag{2.4.6}$$

若将式(2.3.1)和式(2.4.5)分别代入式(2.4.6)，经整理得一直线方程：

$$i_C = -\frac{1}{R'_L}u_{CE}+\left(I_{CQ}+\frac{U_{CEQ}}{R'_L}\right) \tag{2.4.7}$$

显然，该直线的斜率为 $-\frac{1}{R'_L}$，由于 $R'_L = R_c /\!/ R_L$ 为交流负载电阻，因此该直线称为交流负载线。

讨论：

① 当 $i_C = I_{CQ}$ 时，有 $u_{CE} = U_{CEQ}$，说明此直线过 Q 点；

② 当 $i_C = 0$ 时，有 $u_{CE} = U_{CEQ}+I_{CQ}R'_L$。

在图 2.4.3(e)中，Q 点坐标已由直流负载线 AA' 和 I_{BQ} 确定，连接 Q 和 $(U_{CEQ}+I_{CQ}R'_L, 0)$ 两点，便可画出交流负载线 BB'。可见，交流负载线是一条经过 Q 点和 B' 点，且斜率为 $-\frac{1}{R'_L}$ 的直线。

3. 由交流负载线和输出特性曲线画出 i_C 波形

在图 2.4.3(e)中，当 i_b 在 I_{BQ} 的基础上做正弦规律变化时，动态工作点将在交流负载线 BB' 上移动。即当 i_b 由 I_{BQ} 变化到 i_{B2} 时，动态工作点沿交流负载线由 Q 点移动到 Q_2 点；当 i_b 变化到 i_{B1} 时，动态工作点沿交流负载线移动到 Q_1 点 。根据动态工作点的移动轨迹，可画出对应的 i_C 波形，如图 2.4.3(f)所示，且表示为

$$i_C = I_{CQ}+i_c = I_{CQ}+I_{cm}\sin\omega t \tag{2.4.8}$$

4. 由交流负载线和输出特性曲线画出 u_{CE} 波形

当图 2.4.3(f)中的 i_C 在 I_{CQ} 的基础上做正弦规律变化时，图 2.4.3(e)中的动态工作点将在交流负载线 BB' 上移动。即当 i_C 由 I_{CQ} 变化到 i_{C2} 时，对应的 u_{ce} 波形图 2.4.3(g)将由 U_{CEQ} 减小到最小值；当 i_C 变化到 i_{C1} 时，对应的 u_{ce} 波形图 2.4.3(g)将由最小值经过 U_{CEQ} 变到最大值。为了便于观察 u_{CE} 的波形，将图 2.4.3(g)逆时针旋转 90°得到图 2.4.3(h)，其数学表达式为

$$u_{CE}=U_{CEQ}+u_{ce}=U_{CEQ}+U_{cem}\sin(\omega t-180°) \tag{2.4.9}$$

由于图 2.2.2(b)中 C_2 的隔直作用，使得 $u_o=u_{ce}=U_{cem}\sin(\omega t-180°)$，表明 u_o 与 u_i 的相位相差 180°，这种现象称为"倒相"。具有"倒相"和"放大"作用是共射放大电路的主要特征，从图 2.4.3(a)和(h)中可以一目了然。

值得注意的是：① 利用输出特性曲线画 i_c、u_{ce} 波形时，交流信号变化的轨迹始终在交流负载线 BB' 上移动。直流负载线 AA' 只是用于确定静态工作点 Q。② 当负载开路（$R_L\to\infty$，称为"空载"）时，交流负载线与直流负载线重合，此时动态工作点将在共同的负载线 AA' 上移动，所得到的输出波形 u_{ce} 的动态范围将变大，如图 2.4.3(g)所示。

2.4.3 放大电路的非线性失真

导学

共射放大电路中 R_b 开路后产生失真的原因。

产生截止和饱和失真的原因及消除失真的方法。

最大不失真输出电压幅值的确定。

1. 设置静态工作点的必要性

假设将图 2.2.2(b)中的 R_b 开路，在静态（$u_i=0$）时，$I_{BQ}=0$，$U_{BEQ}=0$，$I_{CQ}=I_{CEO}\approx 0$。动态（$u_i\neq 0$）时，若图 2.4.4(a)中输入信号 u_{i1} 幅度小于开启电压，则 $i_B=0$。若 u_{i2} 幅度较大将出现图 2.4.4(c)中的严重失真现象，原因是晶体管输入特性曲线存在死区和非线性区所致。接入 R_b 后，晶体管发射结电压将由 $u_{BE}=u_i$ 变为 $u_{BE}=U_{BEQ}+u_i$，即输入信号 u_i 叠加在静态偏压 U_{BEQ} 上，如图 2.4.3 中的(a)~(d)所示，当满足 $u_{BE}=U_{BEQ}-U_{im}>U_{on}$ 时，基极电流 i_B 是交直流叠加的，它们的大小变化，但方向不变，以满足发射结单向导电的条件。可见，不仅要接上 R_b，而且还要使 Q 点位于输入特性曲线的准线性区。

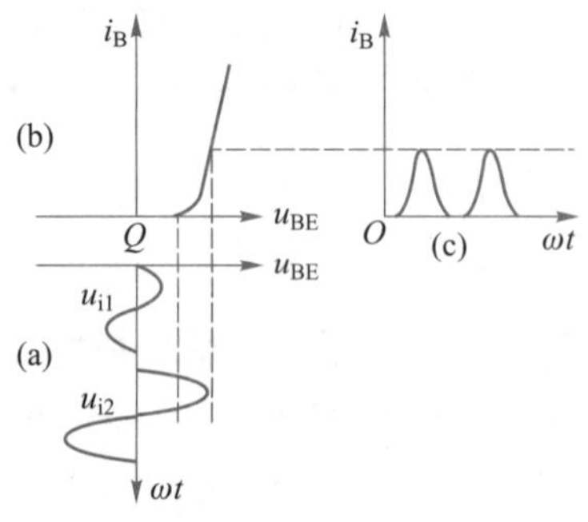

图 2.4.4 设置 Q 点对 i_B 的影响

(a) 输入电压 (b) 输入曲线 (c) 基极电流

2. 用图解法分析放大电路的非线性失真

由晶体管特性的非线性引起的失真叫非线性失真。这类失真产生的根本原因在于晶体管的非线性（表现为晶体管输入特性曲线的弯曲和输出特性曲线的间距不均）以及 Q 点设置不当和输入信号较大所致。

(1) 截止失真

① 产生原因：当静态工作点 Q_1 设置过低，由图 2.4.5(a) 看出，u_{be1} 负半周的一部分进入晶体管输入特性曲线的死区，导致 i_{b1} 的负半周被削底，进而图 2.4.5(b) 中的 i_{c1} 和 u_{ce1} 的一部分进入到晶体管输出特性曲线的截止区而被削去相应的部分，产生截止失真。

② 失真现象：对于 NPN 管，若将图 2.4.5(b) 中的 u_{ce1} 逆时针旋转 90°（使横坐标轴 u_{CE} 的正方向竖直向上），此时的输出波形 u_{ce1} 为削顶失真；对于 PNP 管，与之相反，输出波形 u_{ce1} 削底。

③ 消除方法：一般是通过减小 R_b，增大 I_{BQ} 来提高 Q 点。

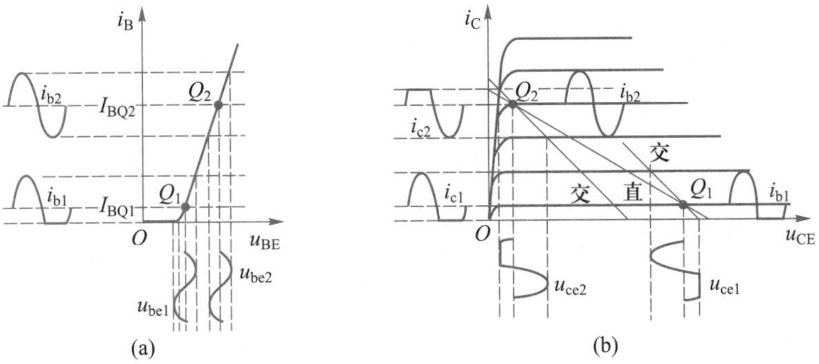

图 2.4.5　Q 点选择不当引起的失真
（a）输入特性图解法　（b）输出特性图解法

（2）饱和失真

① 产生原因：当静态工作点 Q_2 设置过高，由图 2.4.5(a) 看出，尽管 i_{b2} 的波形完好，但图 2.4.5(b) 中的 i_{b2} 的摆动范围有一部分进入晶体管输出特性曲线的饱和区而使 i_{c2} 和 u_{ce2} 被削去相应的部分，产生饱和失真。

② 失真现象：对于 NPN 管，将输出波形 u_{ce2} 逆时针旋转 90°看是削底；对于 PNP 管，输出波形 u_{ce2} 削顶。

③ 消除方法：一般是增大 R_b 来降低 Q 点，也可以减小 R_c 或增大 V_{CC} 来解决。但是无论采取哪种方法，都不能超过管子允许的耐压和管耗。

在放大电路中，交流信号总是叠加在直流量之上，且只有在信号的整个周期内晶体管始终工作在放大区，输出信号才不会失真。其实，这就如同举办文艺演出一样，演员在舞台上表演好似交流信号在静态工作点附近瞬时变化，如果舞台高度设置的过高或过低，必将会直接影响观众观看表演的效果。显然，直流是基础，交流是对象。

3. 放大电路的动态范围

放大电路的动态范围是指放大电路最大不失真输出电压的峰峰值——U_{opp}。

从图 2.4.6 中不难看出，若忽略 I_{CEO} 的影响，则 $I_{CQ}R'_L$ 是 U_{CEQ} 到交流负载线与横轴交点的长度。求解最大不失真输出电压，就是取 U_{CEQ} 左侧的饱和极限值（$U_{CEQ}-U_{CES}$）与右侧的截止极限值 $I_{CQ}R'_L$ 的较小者。

例如，图 2.4.6(a) 中 U_{CEQ} 右侧的截止极限值小于左侧的饱和极限值，表明放大电路的输出电压先受截止失真的限制，此时的最大不失真输出电压的峰峰值为 $U_{opp}=2I_{CQ}R'_L$；而图 2.4.6(b) 中的截止极限值等于饱和极限值，则 $U_{opp}=2(U_{CEQ}-U_{CES})$ 或 $U_{opp}=2I_{CQ}R'_L$；同理可知图 2.4.6(c) 的 $U_{opp}=2(U_{CEQ}-U_{CES})$。

在设计电路时，并不是工作点处在交流负载线的中点为最佳，应以不出现截止或饱和失真

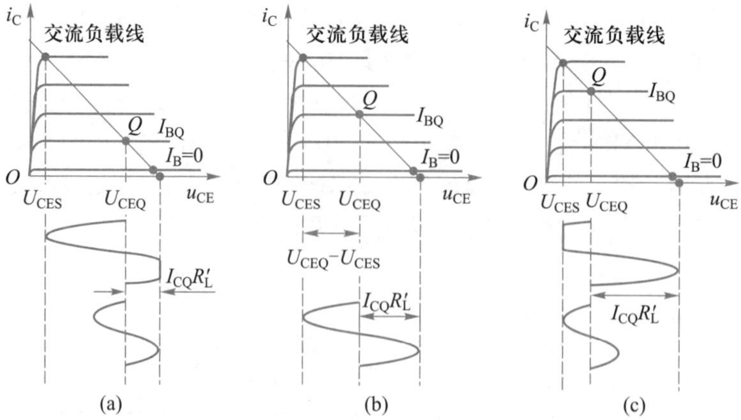

图 2.4.6 放大电路最大不失真输出电压的三种情况

(a) 受截止失真的限制 (b) 输出电压最大 (c) 受饱和失真的限制

又有较好的线性工作范围为标准，即在保证不失真且满足电路增益的前提下，工作点应尽可能低一些。因为工作点低，不仅可以减小电源消耗，而且还可以减小放大电路热噪声的输出。

2.5 放大电路的等效电路法

图解法虽然可以方便地观察静态工作点的位置，Q 点对动态波形的影响，估算出最大不失真输出电压的峰峰值 U_{opp}，但 Q 点位置具有近似性，而且也不能求解 R_i、R_o的动态指标。为了弥补图解法定性分析的不足，可以采用等效电路分析法，其中直流等效电路法用于求解静态工作点，微变等效电路法用于求解动态参数。下面仍以图 2.2.2(b)为例，对其进行定量分析。

2.5.1 固定偏置共射放大电路的静态分析

导学

估算放大电路静态工作点的电路模型。

静态分析所依据的电路。

估算静态工作点所需要计算的物理量及其表达式。

1. 静态工作点的近似估算

为了估算静态工作点的坐标，常采用 1.4.1 节中的“直流等效模型——恒压源模型”，对于硅管，U_{BE}一般取 0.7 V；对于锗管，U_{BE}一般取 0.2 V 或 0.3 V。

静态分析的基础是直流通路。由直流通路图 2.3.1(a)可知,输入回路电流流通的路径为:$V_{CC}(+)\to R_b\to T(b-e)\to$地$\to V_{CC}(-)$,用 KVL 方程可表示为 $V_{CC}=I_{BQ}R_b+U_{BEQ}$,即

$$I_{BQ}=\frac{V_{CC}-U_{BEQ}}{R_b} \tag{2.5.1}$$

从式(2.5.1)可知,当 V_{CC} 和 R_b 确定后,晶体管基极电流 I_{BQ}(称为偏流)的大小固定不变,故图 2.2.2(b)所示的电路也常称为固定偏置共射放大电路。

再根据式(2.1.10),有

$$I_{CQ}\approx\beta I_{BQ} \tag{2.5.2}$$

输出回路的路径为:$V_{CC}(+)\to R_c\to T(c-e)\to$地$\to V_{CC}(-)$,其 KVL 方程为

$$U_{CEQ}=V_{CC}-I_{CQ}R_c \tag{2.5.3}$$

这样,由以上三式就可以得到输入、输出特性曲线上 Q 点的坐标值 I_{BQ}、I_{CQ} 和 U_{CEQ}。显然,静态工作点的估算与图解[图 2.4.1 中的(f)和(g)]两种方法的互补,既能观察到 Q 点的位置,又能得到 Q 点的数值,这样才有助于更好地理解和认识放大电路的静态特性。

2. Q 点在放大区的条件

由式(2.5.1)可近似得到 $I_{BQ}\approx\frac{V_{CC}}{R_b}$;再由直流通路图 2.3.1(a)可知临界饱和(设此时的 $U_{CES}\approx0$)时的集电极电流 $I_{CS}\approx\frac{V_{CC}}{R_c}$,进而可得基极电流 $I_{BS}=\frac{I_{CS}}{\beta}\approx\frac{V_{CC}}{\beta R_c}$。欲使 Q 点不进入饱和区,应满足 $I_{BQ}<I_{BS}$,即$\frac{V_{CC}}{R_b}<\frac{V_{CC}}{\beta R_c}$,故可得 $R_b>\beta R_c$。

可见,表达式 $R_b>\beta R_c$ 将是今后判断固定偏置共射放大电路是否处于放大区的量化条件。

2.5.2 晶体管 h 参数等效模型

导学

建立晶体管 h 参数等效模型的意义。

晶体管简化的 h 参数等效模型。

晶体管 h 参数等效模型中 r_{be} 的表达式。

晶体管虽是一个非线性器件,但从图 2.4.3 不难看出,当输入信号较小(微变)时,各极的动态电压、电流在 Q 点附近线性变化,也就是可将输入、输出特性曲线近似视为直线。此时,可用一个线性电路来等效非线性的晶体管,建立一个低频小信号条件下 Q 点附近局部线性的模型。

1. 表示晶体管特性的 h 参数方程组

若把图 2.5.1(a)共射接法的晶体管视为一双端口网络,并选 i_B、u_{CE} 为自变量,u_{BE}、i_C 为因变量。由输入、输出特性曲线可知:$u_{BE}=f_1(i_B,u_{CE})$,$i_C=f_2(i_B,u_{CE})$。

为取得 Q 点附近各增量间的关系,下面求函数在 Q 点的全微分,并引入 h 参数:

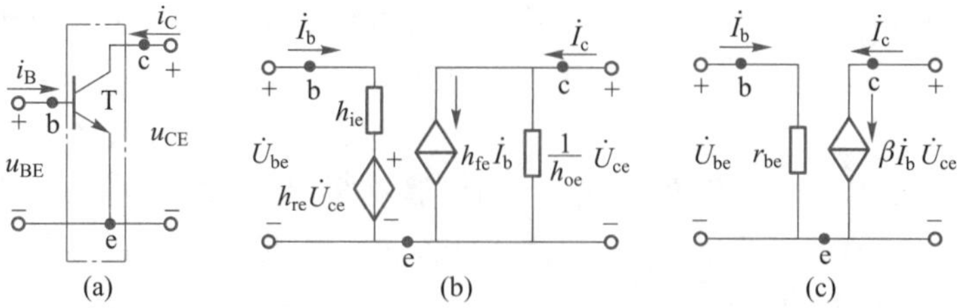

图 2.5.1 晶体管双端网络及 h 参数等效模型

（a）双端口网络 （b）完整的 h 参数等效模型 （c）简化的 h 参数等效模型

$$du_{BE}=\left.\frac{\partial u_{BE}}{\partial i_B}\right|_{U_{CEQ}}di_B+\left.\frac{\partial u_{BE}}{\partial u_{CE}}\right|_{I_{BQ}}du_{CE}=h_{ie}di_B+h_{re}du_{CE}$$

$$di_C=\left.\frac{\partial i_C}{\partial i_B}\right|_{U_{CEQ}}di_B+\left.\frac{\partial i_C}{\partial u_{CE}}\right|_{I_{BQ}}du_{CE}=h_{fe}di_B+h_{oe}du_{CE}$$

对于正弦小信号,无限小的信号增量可用正弦量有效值的相量来表示。

输入回路方程：$\dot{U}_{be}=h_{ie}\dot{I}_b+h_{re}\dot{U}_{ce}$

输出回路方程：$\dot{I}_c=h_{fe}\dot{I}_b+h_{oe}\dot{U}_{ce}$

由上述输入、输出回路方程不难画出图 2.5.1(b)所示的完整的 h 参数等效模型。

2. 四个 h 参数的意义

晶体管小信号线性方程组中四个 h 参数的物理意义：

$h_{ie}=\left.\frac{\partial u_{BE}}{\partial i_B}\right|_{U_{CEQ}}$ 为 BJT 输出端交流短路($u_{ce}=0,u_{CE}=U_{CEQ}$)时的输入电阻,常用 r_{be} 表示;

$h_{fe}=\left.\frac{\partial i_C}{\partial i_B}\right|_{U_{CEQ}}$ 为 BJT 输出端交流短路时的正向电流传输比,常用 β 表示;

$h_{re}=\left.\frac{\partial u_{BE}}{\partial u_{CE}}\right|_{I_{BQ}}$ 为 BJT 输入端交流开路($i_b=0,i_B=I_{BQ}$)时的内部反向电压传输比,其值为 $10^{-3}\sim10^{-4}$;

$h_{oe}=\left.\frac{\partial i_C}{\partial u_{CE}}\right|_{I_{BQ}}$ 为 BJT 输入端交流开路时的输出电导,其值约为 10^{-5} S,且 $r_{ce}=\frac{1}{h_{oe}}$。

由于各参数具有不同的量纲,故称为混合(hybrid)参数,简称为 h 参数。

3. 简化的 h 参数等效模型

鉴于 h_{re} 和 h_{oe} 很小,可将受控电流源 $h_{re}\dot{U}_{ce}$ 视为短路,输出电阻 $r_{ce}=1/h_{oe}$ 视为开路,为此得到图 2.5.1(c)所示的简化 h 参数等效模型。

提醒读者的是,若晶体管输出回路所接负载与 $1/h_{oe}$(即 r_{ce})可比,还应考虑 $1/h_{oe}$ 的影响。

4. 等效模型中 r_{be} 的估算

在图 2.5.2(a)所示的晶体管低频结构示意图中,b′点是基区内的一个等效点。因基区掺杂浓度很低,故基区体电阻远大于发射区和集电区的体电阻,故忽略 r_c、r_e,此时

$r_{b'e'} \approx r_{b'e}$。

根据 PN 结方程，写出发射结电流方程，求出发射结的动态电阻

$$r_{b'e} = \frac{du_{B'E}}{di_E} = \frac{U_T}{I_S e^{u_{B'E}/U_T}} \approx \frac{U_T}{I_{EQ}}$$

由图 2.5.2(b)得到

$$\dot{U}_{be} \approx \dot{I}_b r_{bb'} + \dot{I}_e r_{b'e} = \dot{I}_b r_{bb'} + (1+\beta)\dot{I}_b r_{b'e}$$
$$= \dot{I}_b [r_{bb'} + (1+\beta) r_{b'e}]$$

则晶体管的输入电阻

$$r_{be} = \frac{\dot{U}_{be}}{\dot{I}_b} = r_{bb'} + (1+\beta)\frac{U_T}{I_{EQ}}$$

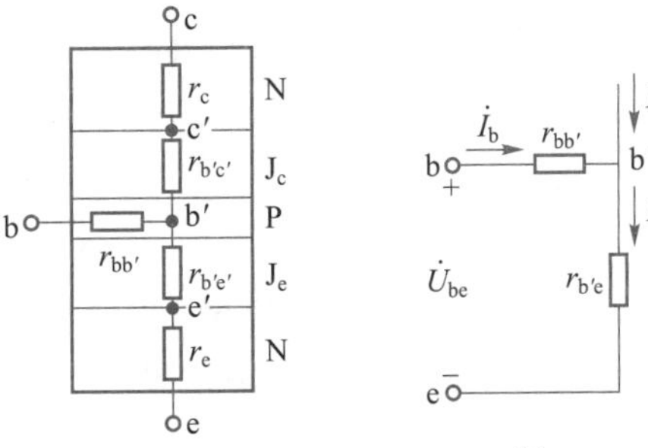

(a) (b)

图 2.5.2 r_{be}估算的示意图

(a) 管内电阻示意图 (b) b-e 间等效电路

为了方便计算，工程上通常取常温(T=300 K)值 $U_T = kT/q \approx 26$ mV，于是

$$r_{be} = r_{bb'} + (1+\beta)\frac{26(\text{mV})}{I_{EQ}(\text{mA})} \tag{2.5.4}$$

式中，对于低频小功率管，$r_{bb'}$为几百欧，通常取 $r_{bb'}$ = 300 Ω。

5. 使用 h 参数等效模型的注意事项

(1) 四个 h 参数都是在 Q 点处求偏导数得到的，并且模型没有考虑结电容的影响，所以 h 参数模型是一个低频小信号条件下 Q 点附近局部线性的模型，也称为“微变等效模型”。

(2) h 参数模型中的电压、电流不含有直流量，并不反映 BJT 中 PN 结的偏置情况，为此无论是 NPN 管还是 PNP 管，其 h 参数模型是一致的。鉴于 BJT 三个电极的电压、电流关系并不随 BJT 外接方式不同而改变，h 参数模型还适用于晶体管组成的三种组态的放大电路。

2.5.3 固定偏置共射放大电路的动态分析

导学

固定偏置共射放大电路的微变等效电路。

放大电路电压放大倍数和源电压放大倍数的表达式。

放大电路输入电阻和输出电阻的表达式。

图 2.2.2(b)所示的放大电路的静态 Q 值可由式(2.5.1)、(2.5.2)、(2.5.3)进行估算，下面在静态工作点合适的基础上，讨论共射放大电路中频段的动态指标。

采用微变等效电路法分析放大电路时，一般是先依据放大电路图 2.2.2(b)绘出交流通路图 2.3.1(b)，然后用晶体管简化的 h 参数等效模型图 2.5.1(c)代替图 2.3.1(b)中的晶体管，最终得到微变等效电路图 2.5.3(a)。图中的 r_{be}可用式(2.5.4)进行计算。可见，交流通路是画微变等效电路的基础。但要注意的是，交流通路的电流和电压皆为纯交流量，而微变等效电路的电流和电压皆为有效值的相量。

1. 求电压放大倍数

在图 2.5.3(a)中，因输出回路 $\dot{U}_o=-\dot{I}_c(R_c/\!/R_L)=-\beta\dot{I}_bR'_L$，输入回路 $\dot{U}_i=\dot{I}_br_{be}$，故

$$\dot{A}_u=\frac{\dot{U}_o}{\dot{U}_i}=-\frac{\beta R'_L}{r_{be}} \tag{2.5.5a}$$

式中，“-”表示共射电路 $\dot{U}_o$ 与 $\dot{U}_i$ 反相，且分母 r_{be}一般很小，说明共射放大电路具有“反相电压放大”之特点，这与图 2.4.3(a)和(h)中 u_i与 u_o的波形“倒相”和“放大”是一致的。

若写出电路的源电压放大倍数 $\dot{A}_{us}$，由式(2.2.3)可得

$$\dot{A}_{us}=\frac{\dot{U}_o}{\dot{U}_s}=\frac{R_i}{R_i+R_s}\dot{A}_u=-\frac{R_i}{R_i+R_s}\cdot\frac{\beta R'_L}{r_{be}} \tag{2.5.5b}$$

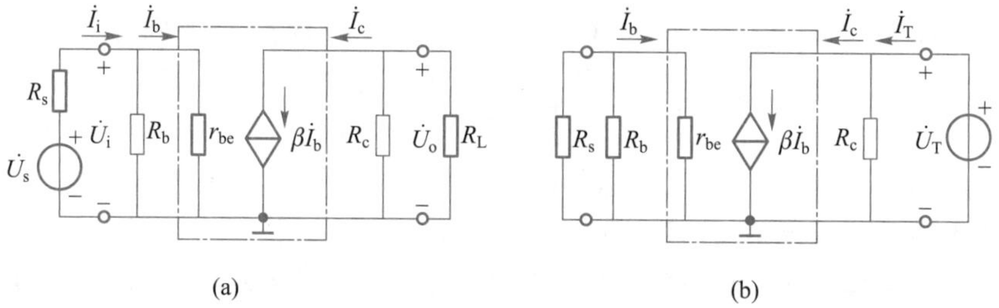

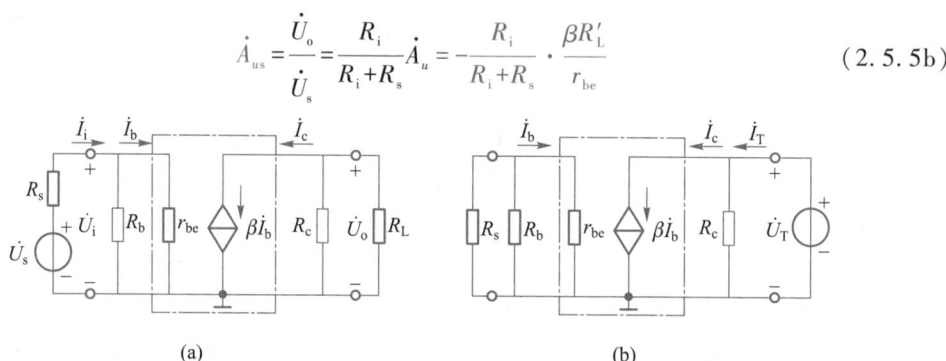

图 2.5.3　固定偏置共射放大电路的动态分析
(a) 微变等效电路　(b) 求输出电阻的等效电路

2. 求输入电阻

根据 R_i的定义和图 2.5.3(a)可得

$$R_i=\frac{\dot{U}_i}{\dot{I}_i}=\frac{\dot{U}_i}{\dot{U}_i/R_b+\dot{U}_i/r_{be}}=R_b/\!/r_{be} \tag{2.5.6}$$

3. 求输出电阻

计算输出电阻采用的是“加压求流法”。如图 2.5.3(b)所示。因为 $\dot{U}_s=0$ 时将有 $\dot{I}_b=0$，于是 $\beta\dot{I}_b=0$，受控源相当于开路。如果不考虑晶体管 c、e 之间的等效内阻 r_{ce}，此时由 $\dot{U}_T$产生的测试电流 $\dot{I}_T\approx\frac{\dot{U}_T}{R_c}$，则

$$R_o=\frac{\dot{U}_T}{\dot{I}_T}\approx R_c \tag{2.5.7}$$

例 2.5.1　固定偏置共射放大电路如图 2.5.4(a)所示。设晶体管 $r_{bb'}=100\ \Omega$，$\beta=50$，$U_{CES}=0.3\ \text{V}$；且 $V_{CC}=10\ \text{V}$，$R_b=470\ \text{k}\Omega$，$R_c=3.6\ \text{k}\Omega$，$R_L=4.7\ \text{k}\Omega$。

(1) 画出该电路的直流通路，并估算电路的静态工作点；

(2) 画出该电路的微变等效电路，并估算电路的中频电压放大倍数 $\dot{A}_u$、输入电阻 R_i 和输出电阻 R_o；

(3) 在忽略 I_{CEO} 的条件下，求电路的最大不失真输出电压的有效值，并分析当 u_i 由零逐渐增大时，u_o 先出现什么失真，应如何消除。

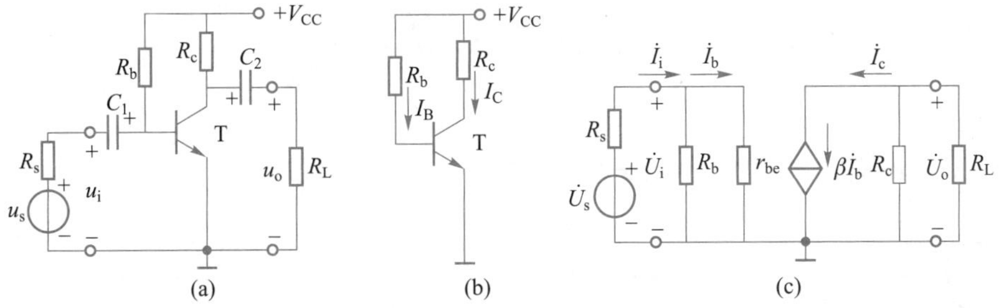

图 2.5.4 例 2.5.1

解：此题可以说是对上述知识要点的浓缩，有助于初学者进一步认识放大电路的组成，掌握放大电路静态及动态性能指标的估算。

(1) 图 2.5.4(a)的直流通路如图 2.5.4(b)所示。由于晶体管采用的是 NPN 型，故一般按照硅管($U_{BEQ}\approx 0.7$ V)进行估算。由式(2.5.1)、(2.5.2)、(2.5.3)分别可得

$$I_{BQ}=\frac{V_{CC}-U_{BEQ}}{R_b}\approx\frac{(10-0.7)\ \text{V}}{470\ \text{k}\Omega}\approx 0.02\ \text{mA}$$

$$I_{CQ}\approx\beta I_{BQ}=50\times 0.02\ \text{mA}=1\ \text{mA}$$

$$U_{CEQ}=V_{CC}-I_{CQ}R_c=10\ \text{V}-1\ \text{mA}\times 3.6\ \text{k}\Omega=6.4\ \text{V}$$

(2) 图 2.5.4(a)的微变等效电路如图 2.5.4(c)所示。由式(2.5.4)、(2.5.5a)、(2.5.6)、(2.5.7)分别得：

$$r_{be}=r_{bb'}+(1+\beta)\frac{26\ \text{mV}}{I_{EQ}}=100\ \Omega+51\times\frac{26\ \text{mV}}{1\ \text{mA}}\approx 1.43\ \text{k}\Omega$$

$$\dot{A}_u=-\beta\frac{R_c/\!/R_L}{r_{be}}=-50\times\frac{3.6\times 4.7}{3.6\times 4.7\times 1.43}\approx -71.28$$

$$R_i=R_b/\!/r_{be}=\frac{470\times 1.43}{470+1.43}\ \text{k}\Omega\approx 1.43\ \text{k}\Omega$$

$$R_o\approx R_c=3.6\ \text{k}\Omega$$

从上述计算过程不难看出，r_{be} 起到了承上(静态)启下(动态)的桥梁作用，表现静态参数的改变也将影响动态参数的变化。可见，在分析放大电路时，只有静态工作点设置的合适，讨论动态参数才有意义。这就是为什么先分析静态，后分析动态的原因。

(3) 因 $U_{CEQ}-U_{CES}=(6.4-0.3)\ \text{V}=6.1\ \text{V}$，$I_{CQ}R'_L=1\times\frac{3.6\times 4.7}{3.6+4.7}\ \text{V}\approx 2.04\ \text{V}$。显然 $(U_{CEQ}-U_{CES})>I_{CQ}R'_L$，所以最大不失真输出电压的有效值

$$U_o=\frac{I_{CQ}R'_L}{\sqrt{2}}=\frac{2.04\ \text{V}}{\sqrt{2}}\approx 1.44\ \text{V}$$

当正弦输入信号 u_i 由零逐渐增大时，u_o 首先出现截止失真。在示波器上所显示的波形

为削顶失真。消除失真的方法是减小 R_b，直至正、负半周对称为止。

2.6　分压式工作点稳定共射放大电路

2.6.1　分压式共射放大电路的形成

导学

固定偏置共射放大电路存在的缺点。
分压式共射放大电路的设计思想。
分压式共射放大电路稳定 Q 点的条件。

微视频

常见的基本共射放大电路有两种，一种是图 2.2.2(b)所示的固定偏置共射放大电路，一种是将要介绍的分压式静态工作点稳定共射放大电路。

1. 温度对固定偏置共射放大电路的影响

对于图 2.2.2(b)所示的放大电路，其直流状态最易受 I_{CBO}、β 和 U_{BE}三个参数的影响。

温度升高时 I_{CBO}增大，从而引起 I_{CEO}的增大，输出特性曲线上移；β 增大，输出特性曲线间隔变宽；输入特性曲线左移(由曲线 1 左移至曲线 2)。由于图 2.2.2(b)电路中的 U_{BE}(即 U_{BE1})不变，致使基极电流由原来的 I_B增大至 I_{B1}，如图 2.6.1(a)所示。可见，三个参数随温度变化的结果，都集中反映在输出特性曲线上静态工作点电流 I_C的增大，表现为 Q 点沿着直流负载线向上移动，并且温度越高，Q 点越靠近饱和区。当输入信号幅度一定时，将有可能出现饱和失真，而图 2.2.2(b)所示的固定偏置共射放大电路对此又无能为力。这样，就有必要设计一个自身能够稳定 Q 点的电路。

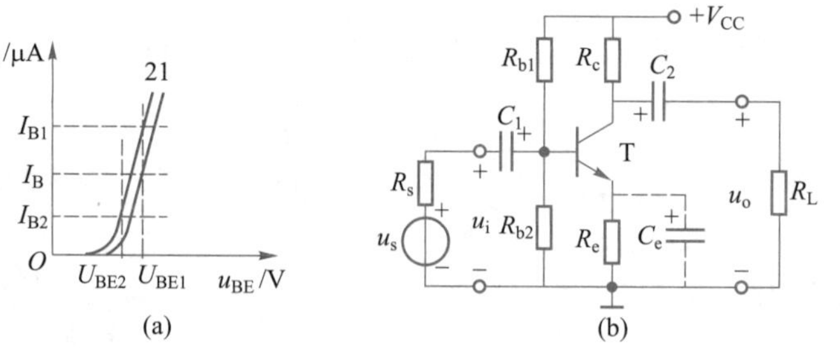

图 2.6.1　工作点稳定共射放大电路的形成
(a) 输入特性曲线　(b) 工作点稳定共射放大电路

2. 分压式静态工作点稳定共射放大电路的设计思想与电路形成

(1) 理论设想

其实，I_{CBO}、β 和 U_{BE} 三个参数随温度变化的结果，可用 $I_C=\beta I_B+(1+\beta)I_{CBO}$ 来加以描述。如果设计一个电路，使 I_B 有较大的减小，这样就可以在一定程度上抑制 I_C 的增大，进而稳定了 Q 点。理论设想是，只要使晶体管发射结电压 U_{BE} 减小，也就是图 2.6.1(a) 中原来的 U_{BE1} 减小到 U_{BE2}，这样 U_{BE2} 对应升温后的输入特性曲线 2 所产生的基流 I_{B2} 将远小于 I_{B1}，从而可以实现稳定 Q 点的目的。

(2) 电路设计

为了实现上述设想，可在图 2.2.2(b) 所示的固定偏置共射放大电路的基础上增设两个电阻。

① 增设一个基极下偏置电阻 R_{b2}

使其与原来的基极偏置电阻 R_b 构成分压形式，以确定晶体管基极电位 U_B。为了方便起见，可将原来的基极偏置电阻 R_b 表示为 R_{b1}，如图 2.6.1(b) 所示。由于基极电流很小，因此通过 R_{b1} 与 R_{b2} 的电流近似相等，此时 $U_B\approx\dfrac{R_{b2}}{R_{b1}+R_{b2}}V_{CC}$，且 R_{b1}、R_{b2} 基本不随温度而变，即 U_B 基本不受温度变化的影响。

② 增设一个射极偏置电阻 R_e

在图 2.6.1(b) 中，因为 $U_{BE}=U_B-U_E=U_B-I_ER_e$，此时当温度升高时，$I_C$ 增大，I_E 也随之增大，$U_E=I_ER_e$ 增大，而 U_B 不变，最终使 U_{BE} 减小，从而实现了理论设想，稳定了 Q 点。

由于图 2.6.1(b) 所示电路是以分压的形式固定 U_B，射极偏置电阻 R_e 为反馈电阻（反馈的概念将在第 5 章介绍），最终使 Q 点稳定，故常将此电路命名为“分压式工作点稳定电路”或“射极偏置电路”。

(3) 稳定条件

① $I_{Rb1}\gg I_{BQ}$

实际上 R_{b1} 和 R_{b2} 不是串联，只有当满足 $I_{Rb1}\gg I_{BQ}$，即 $I_{Rb1}\approx I_{Rb2}$ 时，基极电位 U_B 才可近似为：$U_B\approx\dfrac{R_{b2}}{R_{b1}+R_{b2}}V_{CC}$。经验数据为：硅管，$I_{Rb1}=(5\sim10)I_{BQ}$；锗管，$I_{Rb1}=(10\sim20)I_{BQ}$。

② $U_B\gg U_{BEQ}$

因为 $I_{EQ}=\dfrac{U_B-U_{BEQ}}{R_e}$，故当 $U_B>>U_{BEQ}$ 时，尽管 U_{BEQ} 随温度变化，但对 I_{EQ} 的影响并不大。又因为 $I_{CQ}\approx I_{EQ}$，所以 I_{CQ} 也几乎不变，这样就达到了工作点稳定的目的。经验数据为：硅管，$U_B=3\sim5$ V；锗管，$U_B=1\sim3$ V。

2.6.2 分压式共射放大电路的等效电路法

导学

采用估算法分析分压式共射放大电路静态的条件。

电压放大倍数、输入电阻和输出电阻的表达式。

提高放大电路电压放大倍数采取的措施。

微视频

以图 2.6.1(b)所示的电路形式为例进行分析。

1. 静态分析

(1) 静态工作点的估算

静态分析的基础是直流通路，而直流通路的画法实际上就是将图 2.6.1(b)中的 C_1、C_2 断开，所剩下中间部分的电路，如图 2.6.2(a)所示。一般按下列步骤进行计算：

$$U_B \approx \frac{R_{b2}}{R_{b1}+R_{b2}} V_{CC} \tag{2.6.1}$$

$$I_{CQ} \approx I_{EQ} = \frac{U_B - U_{BEQ}}{R_e};\ I_{BQ} \approx \frac{I_{CQ}}{\beta} \tag{2.6.2}$$

$$U_{CEQ} = V_{CC} - I_{CQ}R_c - I_{EQ}R_e \approx V_{CC} - I_{CQ}(R_c + R_e) \tag{2.6.3}$$

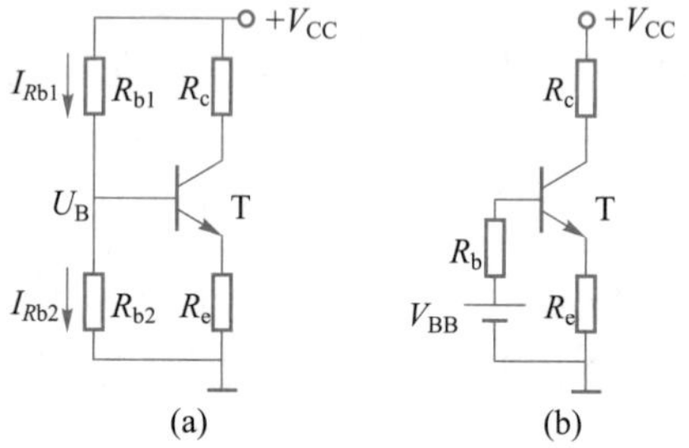

图 2.6.2 分压式共射放大电路的静态分析

(a) 直流通路 (b) 戴维南等效电路

(2) 采用戴维南定理计算

采用戴维南定理将图 2.6.2(a)等效为图 2.6.2(b)。其中，$V_{BB} = \frac{R_{b2}}{R_{b1}+R_{b2}} V_{CC}$，$R_b = R_{b1} /\!/ R_{b2}$。

输入回路方程：$V_{BB} = I_{BQ}R_b + U_{BEQ} + I_{EQ}R_e = U_{BEQ} + I_{BQ}[R_b + (1+\beta)R_e]$，则 $I_{BQ} = \frac{V_{BB} - U_{BEQ}}{R_b + (1+\beta)R_e}$，此式两边同乘以$(1+\beta)$得

$$I_{EQ} = \frac{V_{BB} - U_{BEQ}}{R_b/(1+\beta) + R_e} \tag{2.6.4}$$

可见，当 $R_e \gg \frac{R_b}{1+\beta}$时，$I_{EQ} \approx \frac{V_{BB} - U_{BEQ}}{R_e}$，与式(2.6.2)相同。显然，利用戴维南定理计算 Q 值较为严格。一般来说，在满足 $R_e \gg \frac{R_b}{1+\beta}$的条件下，采用估算法。

2. 动态分析

如果静态工作点设置的合适，那么就可以估算放大电路的动态性能指标。

由图 2.6.1(b)可分别画出交流等效电路图 2.6.3(a)和微变等效电路图 2.6.3(b)。其中，图 2.6.3(b)中的 $r_{be} = r_{bb'} + (1+\beta)\frac{26\ \text{mV}}{I_{EQ}}$。

(1) 求电压放大倍数

在图 2.6.3(b)中，输出回路方程 $\dot{U}_o = -\beta \dot{I}_b (R_c /\!/ R_L) = -\beta \dot{I}_b R_L'$，输入回路方程 $\dot{U}_i = \dot{I}_b r_{be} +$

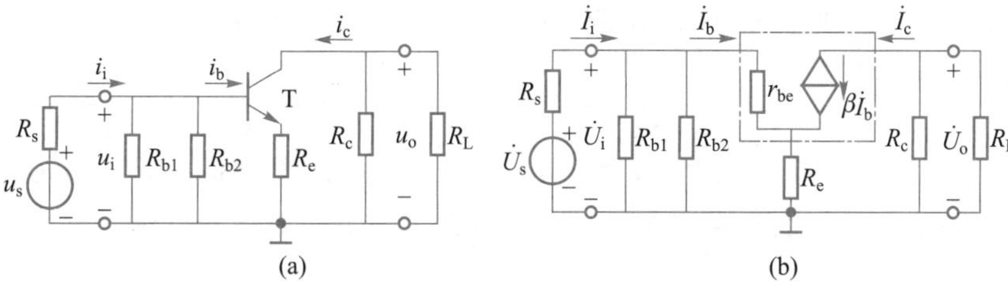

图 2.6.3 分压式共射放大电路的动态分析

(a) 交流通路 (b) 微变等效电路

$(1+\beta)\dot{I}_bR_e=\dot{I}_b[r_{be}+(1+\beta)R_e]$，则

$$\dot{A}_u=\frac{\dot{U}_o}{\dot{U}_i}=-\frac{\beta R_L'}{r_{be}+(1+\beta)R_e} \tag{2.6.5a}$$

通过上式可看出，电压放大倍数由于 R_e 的存在而降低了。欲提高电压放大倍数，可在 R_e 两端并联一大容量的电解电容 C_e，如图 2.6.1(b)中的虚线所示。由于 R_e 被 C_e 交流短路，则电压放大倍数

$$\dot{A}_u=-\frac{\beta R_L'}{r_{be}} \tag{2.6.5b}$$

此时，上式与固定偏置共射放大电路电压放大倍数一致。可见，在 R_e 两端并联一电解电容 C_e 后，对于直流，R_e 能稳定 I_{CQ}；对于交流，R_e 被 C_e 短路，保持了较高的电压放大倍数。因此，在实际放大电路中，常在发射极电阻 R_e 两端接有 C_e。

由式(2.2.3)还可写出源电压放大倍数

$$\dot{A}_{us}=\frac{R_i}{R_i+R_s}\dot{A}_u \tag{2.6.5c}$$

(2) 求输入电阻

由输入电阻的定义和图 2.6.3(b)可得 $R_i=\dfrac{\dot{U}_i}{\dot{I}_i}=\dfrac{\dot{U}_i}{\dot{U}_i/R_{b1}+\dot{U}_i/R_{b2}+\dot{U}_i/[r_{be}+(1+\beta)R_e]}$

$$R_i=R_{b1}/\!/R_{b2}/\!/[r_{be}+(1+\beta)R_e] \tag{2.6.6a}$$

若放大电路射极电阻 R_e 两端并联一电解电容 C_e，则

$$R_i=R_{b1}/\!/R_{b2}/\!/r_{be} \tag{2.6.6b}$$

(3) 求输出电阻

与固定偏置基本放大电路分析方法一样，仍采用“加压求流法”。经理论推导(可参见相关文献)可得

$$R_o\approx R_c \tag{2.6.7}$$

3. 电路特点

综上所述，共射放大电路具有以下特点：

(1) 共射放大电路不仅有“反相电压放大”的特点，而且还有“电流放大”的作用。电流放大的作用可从电流放大倍数 $\dot{A}_i\approx\dfrac{\dot{I}_c}{\dot{I}_b}=\beta$ 得之。

(2) 由于共射放大电路的电压、电流、功率增益都比较大,因此应用广泛,适用于一般放大或多级放大电路的中间级。

(3) 输入电阻和输出电阻大小适中。

例 2.6.1 共射放大电路如图 2.6.4 所示,已知 $\beta=100$,$r_{bb'}=300\ \Omega$,$U_{BE}=0.7\ V$,$U_{CES}=0.3\ V$;$V_{CC}=18\ V$,$R_s=1\ k\Omega$,$R_{b1}=75\ k\Omega$,$R_{b2}=30\ k\Omega$,$R_c=2.5\ k\Omega$,$R_{e1}=150\ \Omega$,$R_{e2}=2\ k\Omega$,$R_L=10\ k\Omega$。

(1) 确定静态工作点;

(2) 计算中频 $\dot{A}_u$ 和 $\dot{A}_{us}$、R_i 和 R_o;

(3) 画出直流、交流负载线,求不失真输出电压的有效值 U_o。

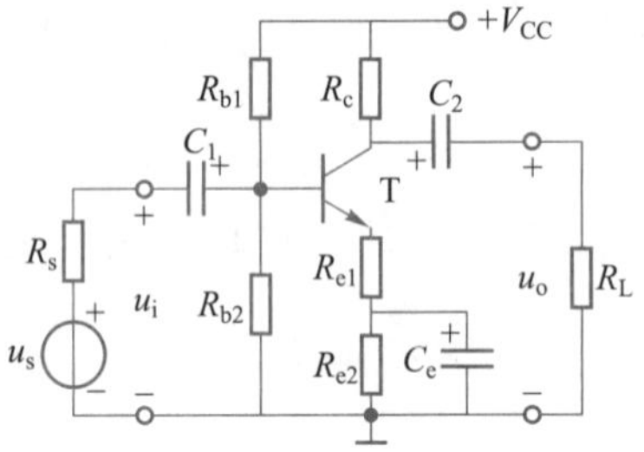

图 2.6.4 例 2.6.1

解:(1) 由直流通路可知,满足 $R_e \gg \dfrac{R_b}{1+\beta}$ 的条件,可采用估算法。

$$U_B \approx \frac{R_{b2}}{R_{b1}+R_{b2}}V_{CC}=\frac{30}{30+75}\times 18\ V=5.14\ V$$

$$I_{CQ}\approx I_{EQ}=\frac{U_B-U_{BE}}{R_{e1}+R_{e2}}=\frac{(5.14-0.7)\ V}{(0.15+2)\ k\Omega}=2.07\ mA,\ I_{BQ}\approx\frac{I_{CQ}}{\beta}=\frac{2.07\ mA}{100}\approx 20.7\ \mu A,$$

$$U_{CEQ}\approx V_{CC}-I_{CQ}(R_c+R_{e1}+R_{e2})=18\ V-2.07\times(2.5+0.15+2)\ V=8.37\ V。$$

(2) $r_{be}=r_{bb'}+(1+\beta)\dfrac{26\ mV}{I_{EQ}}=300\ \Omega+101\times\dfrac{26\ mV}{2.07\ mA}\approx 1.57\ k\Omega$

$$\dot{A}_u=-\beta\frac{R_c /\!/ R_L}{r_{be}+(1+\beta)R_{e1}}=-100\times\frac{\dfrac{2.5\times 10}{2.5+10}}{1.57+101\times 0.15}\approx -11.96$$

$$R_i=R_{b1} /\!/ R_{b2} /\!/ [r_{be}+(1+\beta)R_{e1}]\approx 9.39\ k\Omega$$

$$\dot{A}_{us}=\frac{R_i}{R_i+R_s}\dot{A}_u=\frac{9.39}{9.39+1}\times(-11.96)\approx -10.81$$

$$R_o\approx R_c=2.5\ k\Omega$$

(3) 由 $U_{CEQ}=V_{CC}-I_{CQ}(R_c+R_{e1}+R_{e2})$ 取 $A(0,3.87\ mA)$、$A'(18\ V,0)$ 两点可画出直流负载线 AA'。Q 点坐标由上述计算可知(8.37 V,2.07 mA),如图 2.6.5(a)所示。

由图 2.6.4 可画出图 2.6.5(b)所示的交流通路,且 $u_{ce}=-i_c(R_c /\!/ R_L)-i_cR_{e1}=-i_c(R'_L+R_{e1})$。将此式和 $i_C=I_{CQ}+i_c$ 先后代入式 $u_{CE}=U_{CEQ}+u_{ce}$,经整理得到交流负载线直线方程

$$i_C=-\frac{1}{R'_L+R_{e1}}u_{CE}+\left(I_{CQ}+\frac{U_{CEQ}}{R'_L+R_{e1}}\right)$$

讨论:① 当 $i_C=I_{CQ}$ 时,$u_{CE}=U_{CEQ}$;② 当 $i_C=0$ 时,$u_{CE}=U_{CEQ}+I_{CQ}(R'_L+R_{e1})$,说明交流负载线过 $Q(U_{CEQ},I_{CQ})$ 和 $[U_{CEQ}+I_{CQ}(R'_L+R_{e1}),0]$ 两点。在图 2.6.5(a)中,连接 Q(8.37 V,2.07 mA)和 B'(12.82 V,0) 两点可画出交流负载线 BB'。

因 $U_{CEQ}-U_{CES}=8.07\ V$,$U_{cem}=I_{CQ}(R'_L+R_{e1})=4.45\ V$,显然 $U_{CEQ}-U_{CES}>I_{CQ}(R'_L+R_{e1})$,输出交流信号幅度受截止失真限制。虽然 R_{e1} 的存在能拓展输出电压的幅值,但 R_{e1} 又不能太大,否则放大电路的电压放大倍数将会减小很多。在后面第 5 章的学习中将会发现,R_{e1} 还可以

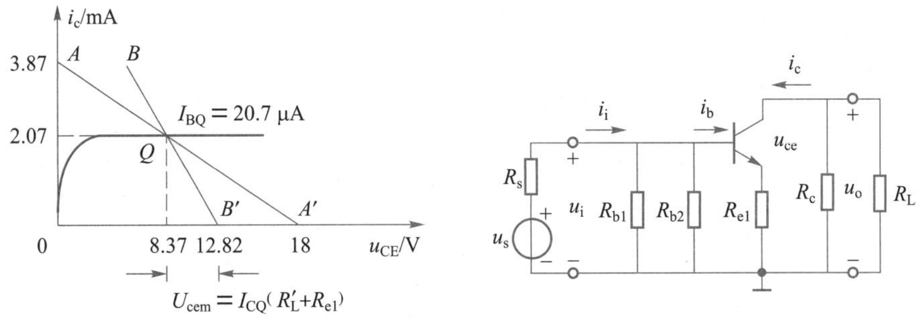

(a)　　　　　　　　(b)

图 2.6.5　例 2.6.1 解

(a) 直流、交流负载线　(b) 交流通路

改善放大电路的动态性能。

再由图 2.6.5(b)可知，$U_{om}=\dfrac{R'_L}{R_{e1}+R'_L}U_{cem}=\dfrac{2}{0.15+2}\times 4.45\ \text{V}\approx 4.14\ \text{V}$，故最大不失真输出电压的有效值 $U_o=\dfrac{U_{om}}{\sqrt{2}}\approx 2.93\ \text{V}$。

2.7　基本共集放大电路

导学

共集放大电路的组成。

共集放大电路的静态工作点和动态性能指标的计算。

共集放大电路的特点。

微视频

1. 电路组成

电路形式如图 2.7.1(a)所示。由于该电路以晶体管的基极输入信号、发射极输出信号，理想直流电源对交流信号相当于对地短路，此时集电极作为输入、输出回路的公共端，故称为基本共集(CC)放大电路。电路中各元器件作用如下：

(1) R_b 是 T 的偏置电阻，为 T 提供基极静态工作电流。

(2) R_e 是 T 的发射极电阻，它的作用有两个：一是构成发射极直流通路，二是将发射极交流电流的变化转换成发射极交流电压的变化，使放大电路以信号电压的形式输出到下一级电路中。

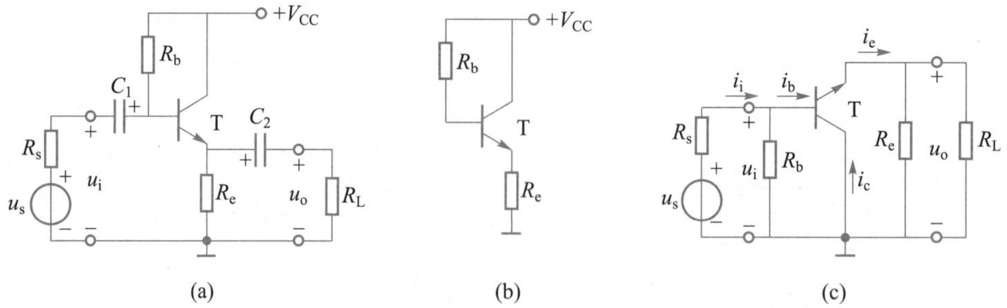

图 2.7.1　基本共集放大电路及其直流、交流通路

(a) 基本共集放大电路　(b) 直流通路　(c) 交流通路

(3) C_1、C_2分别为输入端和输出端的耦合电容。

2. 电路分析

(1) 静态分析

从图 2.7.1(b)可见,直流通路实际上就是将图(a)中的 C_1、C_2断开后剩下的中间部分电路。图中,输入回路的路径为:$V_{CC}(+)\rightarrow R_b\rightarrow T(b-e)\rightarrow R_e\rightarrow$地$\rightarrow V_{CC}(-)$,其 KVL 方程为 $V_{CC}=I_{BQ}R_b+U_{BEQ}+(1+\beta)I_{BQ}R_e$,整理得

$$I_{BQ}=\frac{V_{CC}-U_{BEQ}}{R_b+(1+\beta)R_e} \tag{2.7.1}$$

再根据晶体管载流子的运动规律,有

$$I_{CQ}\approx\beta I_{BQ} \tag{2.7.2}$$

输出回路的路径为:$V_{CC}(+)\rightarrow T(c-e)\rightarrow R_e\rightarrow$地$\rightarrow V_{CC}(-)$,其 KVL 方程为

$$U_{CEQ}=V_{CC}-I_{EQ}R_e\approx V_{CC}-I_{CQ}R_e \tag{2.7.3}$$

显然,由以上三式就可以得到输入、输出特性曲线上 Q 点的坐标值 I_{BQ}、I_{CQ}和 U_{CEQ}。

(2) 动态分析

① 求电压放大倍数和输入电阻

按照交流通路的画法,共集放大电路的交流通路如图 2.7.1(c)所示,如果用晶体管的 h 参数等效模型替代交流通路中的晶体管,则可得到如图 2.7.2(a)所示的微变等效电路,且 $r_{be}=r_{bb'}+(1+\beta)\dfrac{26\ \text{mV}}{I_{EQ}}$。

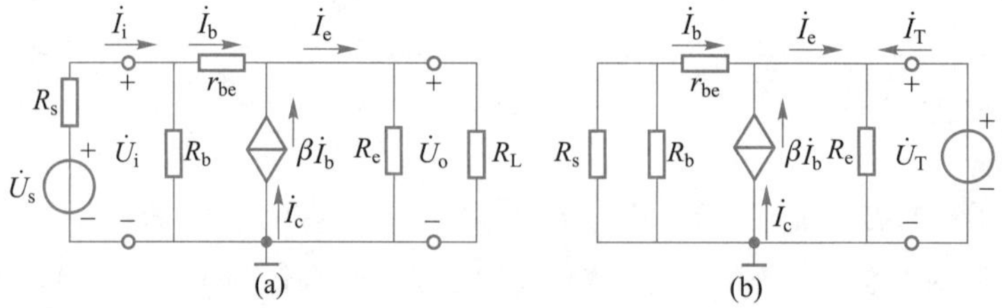

图 2.7.2　共集放大电路的动态分析

(a) 微变等效电路　(b) 求输出电阻的等效电路

在图 2.7.2(a)所示电路中,由于 $\dot U_o=\dot I_e(R_e/\!/R_L)=(1+\beta)\dot I_b(R_e/\!/R_L)$,

$\dot U_i=\dot I_b r_{be}+\dot I_e(R_e/\!/R_L)=\dot I_b[r_{be}+(1+\beta)(R_e/\!/R_L)]$。所以

$$\dot{A}_u=\frac{\dot{U}_o}{\dot{U}_i}=\frac{(1+\beta)(R_e /\!/ R_L)}{r_{be}+(1+\beta)(R_e /\!/ R_L)}=\frac{(1+\beta)R_L'}{r_{be}+(1+\beta)R_L'} \tag{2.7.4}$$

上式表明,共集放大电路的电压放大倍数小于 1,且输出电压与输入电压同相。在实际电路中,通常满足$(1+\beta)R_L' \gg r_{be}$,故放大倍数又接近于 1。

在图 2.7.2(a)中,因 $\dot{I}_i=\frac{\dot{U}_i}{R_b}+\dot{I}_b=\frac{\dot{U}_i}{R_b}+\frac{\dot{U}_i}{r_{be}+(1+\beta)(R_e /\!/ R_L)}$,所以输入电阻为

$$R_i=\frac{\dot{U}_i}{\dot{I}_i}=R_b /\!/ [r_{be}+(1+\beta)(R_e /\!/ R_L)]=R_b /\!/ [r_{be}+(1+\beta)R_L'] \tag{2.7.5}$$

② 求输出电阻

采用加压求流法。根据输出电阻的定义可画出图 2.7.2(b)的等效电路,图中忽略了晶体管电阻 r_{ce}。因为 $\dot{I}_T=\frac{\dot{U}_T}{R_e}+(-\dot{I}_e)=\frac{\dot{U}_T}{R_e}-(1+\beta)\frac{-\dot{U}_T}{R_s /\!/ R_b+r_{be}}=\dot{U}_T\left(\frac{1}{R_e}+\frac{1+\beta}{r_{be}+R_{sb}}\right)$,故

$$R_o=\frac{\dot{U}_T}{\dot{I}_T}=R_e /\!/ \frac{r_{be}+R_{sb}}{1+\beta} \tag{2.7.6}$$

式中,$R_{sb}=R_s /\!/ R_b$。

3. 电路特点

通过上面的分析可以看出,共集电路具有以下特点:

(1) $\dot{A}_u$ 为正且略小于 1,表现为“同相电压跟随”的特点,由于 u_o 从发射极输出,所以共集电路又称为射极电压跟随器,简称为射随器。

(2) 由理论推导可得到电流放大倍数 $\dot{A}_i\approx 1+\beta$,说明具有“电流放大”作用。由于具有足够的电流放大能力,所以可实现功率放大。

(3) 输入电阻大,从信号源索取的电流小;输出电阻很小,带负载能力强。为此共集电路常用作多级放大电路的输入级、输出级或中间缓冲级。

例 2.7.1 放大电路如图 2.7.1(a)所示,已知晶体管的 $U_{BE}=0.7\ \text{V}$,$\beta=50$,$r_{bb'}=300\ \Omega$,$U_{CES}=0.7\ \text{V}$;且 $V_{CC}=12\ \text{V}$,$R_b=200\ \text{k}\Omega$,$R_s=1\ \text{k}\Omega$,$R_e=4\ \text{k}\Omega$,$R_L=6\ \text{k}\Omega$。

(1) 确定静态工作点;

(2) 计算输入电阻 R_i和输出电阻 R_o;

(3) 求中频电压放大倍数 $\dot{A}_u$ 和源电压放大倍数 $\dot{A}_{us}$;

(4) 如果在图 2.7.1(a)中加上集电极电阻 R_c,此电路又称什么电路?它对静态和动态指标产生什么影响?

解:(1) $I_{BQ}=\frac{V_{CC}-U_{BEQ}}{R_b+(1+\beta)R_e}=\frac{(12-0.7)\ \text{V}}{[200+(50+1)\times 4]\ \text{k}\Omega}\approx 28\ \mu\text{A}$

$$I_{CQ}\approx\beta I_{BQ}=50\times 0.028\ \text{mA}=1.4\ \text{mA}$$

$$U_{CEQ}\approx V_{CC}-I_{CQ}R_e=(12-1.4\times 4)\ \text{V}=6.4\ \text{V}$$

(2) $r_{\mathrm{be}}=r_{\mathrm{bb'}}+(1+\beta)\dfrac{26\ \mathrm{mV}}{I_{\mathrm{EQ}}}=300\ \Omega+51\times\dfrac{26\ \mathrm{mV}}{1.4\ \mathrm{mA}}\approx1.25\ \mathrm{k}\Omega$，则有

$$R_{\mathrm{i}}=R_{\mathrm{b}}/\!/[r_{\mathrm{be}}+(1+\beta)(R_{\mathrm{e}}/\!/R_{\mathrm{L}})]\approx76.4\ \mathrm{k}\Omega$$

$$R_{\mathrm{o}}\approx R_{\mathrm{e}}/\!/\frac{r_{\mathrm{be}}+R_{\mathrm{s}}/\!/R_{\mathrm{b}}}{1+\beta}\approx43.6\ \Omega$$

(3) $$\dot{A}_u=\frac{(1+\beta)(R_{\mathrm{e}}/\!/R_{\mathrm{L}})}{r_{\mathrm{be}}+(1+\beta)(R_{\mathrm{e}}/\!/R_{\mathrm{L}})}=\frac{(1+50)\times\dfrac{4\times6}{4+6}}{1.25+(1+50)\times\dfrac{4\times6}{4+6}}\approx0.99$$

$$\dot{A}_{us}=\frac{R_{\mathrm{i}}}{R_{\mathrm{i}}+R_{\mathrm{s}}}\dot{A}_u=\frac{76.4\ \mathrm{k}\Omega}{(76.4+1)\ \mathrm{k}\Omega}\times0.99\approx0.977$$

(4) 如果在图 2.7.1(a)中加上集电极电阻 R_{c}，因它并没有改变输入端和输出端，故电路仍然是共集放大电路。若在图 2.7.1(b)加上 R_{c}，此时 I_{BQ} 和 I_{CQ} 并没有受其影响，只是 U_{CEQ} 减小了；若在图 2.7.1(c)加上 R_{c}，从微变等效电路图 2.7.2(a)可见，由于 R_{c} 与电流源 $\beta\dot{I}_{\mathrm{b}}$ 串联，也不会影响 $\dot{A}_u$、R_{i}、R_{o} 的计算。显见，在图 2.7.1(a)所示的基本电路中，为了避免 U_{CEQ} 的减小而使输出电压幅度受饱和失真限制，常将 R_{c} 去掉。

2.8 基本共基放大电路

导学

共基放大电路的组成。

共基放大电路静态工作点的计算方法。

共基放大电路动态性能指标的计算。

微视频

1. 电路组成

基本共基放大电路如图 2.8.1(a)所示。该电路从晶体管发射极输入信号、集电极输出信号，晶体管基极通过电容 C_{b} 接地，则基极作为输入、输出回路的公共端，故称为共基(CB)放大电路。电路中各元器件作用如下：

(1) R_{e} 是发射极电阻，它的作用有两个：一是构成晶体管发射极的直流通路，二是防止发射结交流短路，因为晶体管的基极是交流接地的，若发射极也直接接地，输入信号无法加到晶体管的发射结上。

(2) R_{b1} 和 R_{b2} 构成晶体管的分压式偏置电路。

(3) R_{c} 是集电极负载电阻，它的作用同前面共射放大电路中的集电极负载电阻一样。

(4) C_1、C_2分别是放大电路的输入端和输出端耦合电容。

(5) C_b是晶体管的基极旁路电容,将基极交流接地。

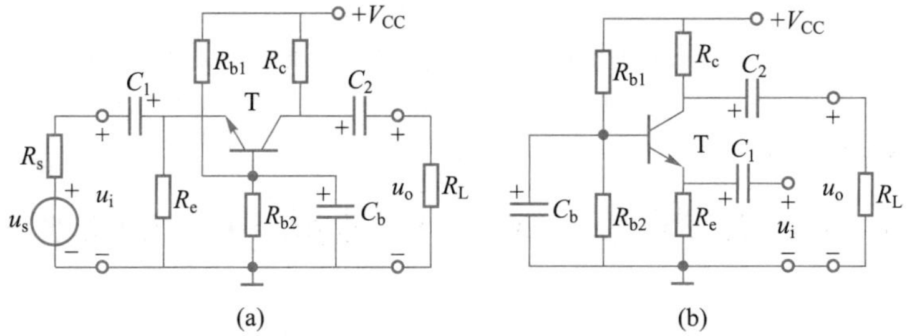

图 2.8.1 基本共基放大电路

(a) 原理电路图 (b) 改画电路

2. 电路分析

(1) 静态分析

为了便于分析,将图 2.8.1(a)改画为图 2.8.1(b)的形式。从图 2.8.1(b)可见,直流通路实际上仍是将图中的 C_1、C_2、C_b断开后剩下的中间部分电路,显然,共基直流通路与分压式工作点稳定共射电路的直流通路完全相同。注意,在满足 $R_e \gg \frac{R_b}{1+\beta}$的条件下,可采用估算法。

(2) 动态分析

首先根据图 2.8.1(a)画出图 2.8.2(a)所示的交流通路,然后再用晶体管 h 参数等效模型替代交流通路中的晶体管,得到图 2.8.2(b)所示的微变等效电路,且 $r_{be}=r_{bb'}+(1+\beta)\frac{26\ \text{mV}}{I_{EQ}}$。

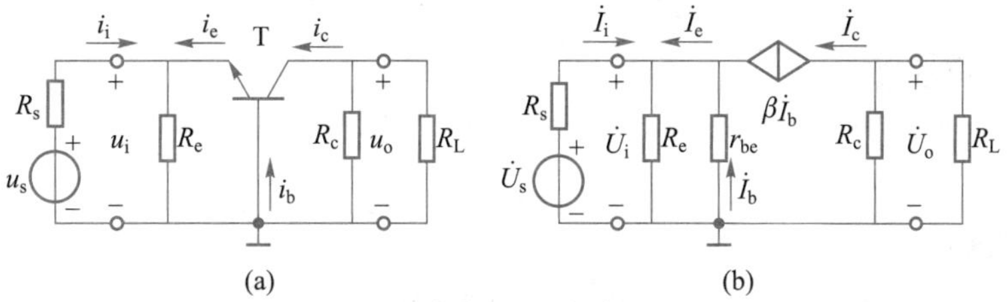

图 2.8.2 共基放大电路的动态分析

(a) 交流通路 (b) 微变等效电路

① 求电压放大倍数

在图 2.8.2(b)电路中,因为 $\dot{U}_o=-\dot{I}_c(R_c /\!/ R_L)=-\beta\dot{I}_bR_L'$,$\dot{U}_i=-\dot{I}_br_{be}$。则

$$\dot{A}_u=\frac{\dot{U}_o}{\dot{U}_i}=\frac{\beta R_L'}{r_{be}} \tag{2.8.1}$$

上式表明,共基放大电路的电压放大倍数在数值上与固定偏置共射电路一致,所不同的是输出电压与输入电压同相。

② 求输入电阻

在图 2.8.2(b)中,因为 $\dot{I}_i=\frac{\dot{U}_i}{R_e}+(-\dot{I}_e)=\frac{\dot{U}_i}{R_e}-(1+\beta)\left(-\frac{\dot{U}_i}{r_{be}}\right)=\dot{U}_i\left(\frac{1}{R_e}+\frac{1+\beta}{r_{be}}\right)$,则

$$R_i=\frac{\dot{U}_i}{\dot{I}_i}=R_e//\frac{r_{be}}{1+\beta} \tag{2.8.2}$$

显然,共基放大电路的输入电阻远小于共射和共集放大电路的输入电阻。当输入信号为电流源时,输入电阻小反而成为共基放大电路的优点。

③ 求输出电阻

从图 2.8.2(b)不难看出,将 $\dot{U}_s$ 短路则 $\dot{I}_b=0$,于是 $\beta\dot{I}_b=0$,受控源相当于开路。又因为 $r_{cb}\gg R_c$,所以

$$R_o\approx R_c \tag{2.8.3}$$

3. 电路特点

通过上面的分析可以看出,共基放大电路具有以下特点:

(1) $\dot{A}_u$ 为正且远大于 1,表现为“同相电压放大”之特点。

(2) 理论推导可得电流放大倍数 $\dot{A}_i\approx\alpha$。由于 α 小于且接近于 1,故无电流放大作用。由于具有足够大的电压放大能力,自然可实现功率放大。

(3) 输入电阻很小,使晶体管结电容的影响不显著,因而频率响应得到很大改善,常用于宽频带放大;当输入信号为电流源时,体现出输入电阻小的优点。输出电阻与共射电路一样,均为 R_c。由于共基放大电路的最大优点是高频特性好、频带宽,故常用于高频或宽带场合。

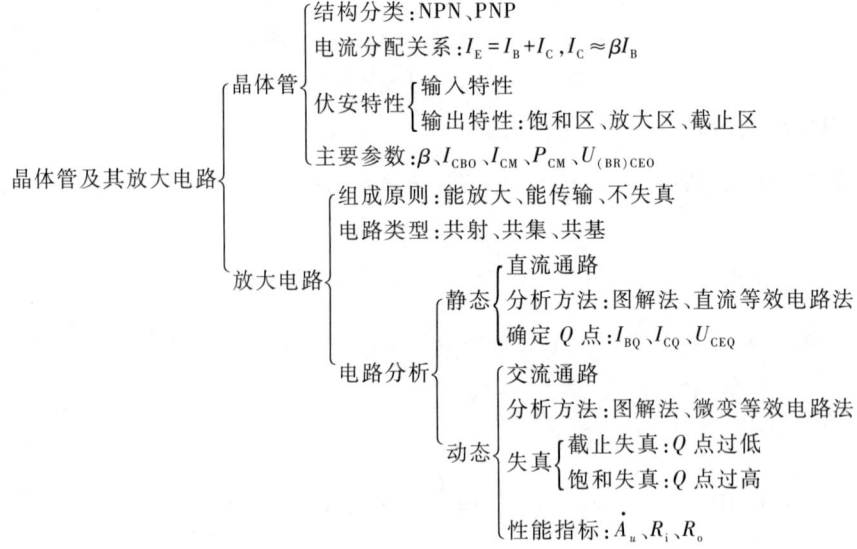

本章小结

本章知识结构

- 晶体管及其放大电路
  - 晶体管
    - 结构分类:NPN、PNP
    - 电流分配关系:$I_E=I_B+I_C$,$I_C\approx\beta I_B$
    - 伏安特性
      - 输入特性
      - 输出特性:饱和区、放大区、截止区
    - 主要参数:β、I_{CBO}、I_{CM}、P_{CM}、$U_{(BR)CEO}$
  - 放大电路
    - 组成原则:能放大、能传输、不失真
    - 电路类型:共射、共集、共基
    - 电路分析
      - 静态
        - 直流通路
        - 分析方法:图解法、直流等效电路法
        - 确定 Q 点:I_{BQ}、I_{CQ}、U_{CEQ}
      - 动态
        - 交流通路
        - 分析方法:图解法、微变等效电路法
        - 失真
          - 截止失真:Q 点过低
          - 饱和失真:Q 点过高
        - 性能指标:$\dot{A}_u$、R_i、R_o

1. 晶体管

从结构上看，晶体管由三个区和两个 PN 结组成。对于三个区而言，发射区掺杂浓度较高，作用是发射载流子；集电区收集载流子；基区作为控制区，控制从发射区移动到集电区的载流子数量。由于三个区结构不同，发射极与集电极不能互换。对于两个 PN 结而言，当发射结正偏且大于开启电压，集电结反偏时，晶体管处于放大状态。

2. 放大电路的作用及其组态

放大电路的作用是把微弱的电信号放大到负载所需的数值。放大的对象是变化量，本质是能量的控制和转换，前提是不失真。

在交流通路中，输入回路与输出回路的公共端接到发射极为共射电路，接到集电极为共集电路，接到基极为共基电路。

3. 放大电路的特点、分析方法及主要分析内容

放大电路的“交、直流共存”可分别采用静态分析和动态分析的方法来解决（遵循先静态、后动态的原则）；对于晶体管组成的“非线性电路”常采用图解法和等效电路法。

（1）静态分析：图解法确定 Q 点位置，直流等效电路法估算 Q 值。具体地说，固定偏置共射电路和共集电路都是由一个电阻 R_b 提供偏置，从计算 I_B 入手；分压式共射电路和共基电路都是由 R_{b1}、R_{b2} 分压提供偏置，应从计算 U_B 入手。见表 2.1。

（2）动态分析：图解法分析动态失真，估算最大不失真输出电压 U_{om} 值；微变等效电路法计算 r_{be} 和动态指标 $\dot{A}_u$、R_i、R_o。

为了便于理解和记忆，下面通过列表的形式将前面学过的三种基本放大电路的静态与动态指标列于表 2.1 中。这是分析和计算三种晶体管基本放大电路的基础。

表 2.1　三种晶体管基本放大电路的比较

比较	共射（CE）放大电路		共集（CC）放大电路	共基（CB）放大电路
电路	图 2.2.2(b)	图 2.6.1(b)	图 2.7.1(a)	图 2.8.1
静态	$I_B=(V_{CC}-U_{BE})/R_b$ $I_C\approx\beta I_B$ $U_{CE}=V_{CC}-I_CR_c$	$U_B\approx R_{b2}V_{CC}/(R_{b1}+R_{b2})$ $I_C\approx I_E=(U_B-U_{BE})/R_e$ $U_{CE}\approx V_{CC}-I_C(R_c+R_e)$	$I_B=(V_{CC}-U_{BE})/[R_b+(1+\beta)R_e]$ $I_C\approx\beta I_B$ $U_{CE}\approx V_{CC}-I_CR_e$	$U_B\approx R_{b2}V_{CC}/(R_{b1}+R_{b2})$ $I_C\approx I_E=(U_B-U_{BE})/R_e$ $U_{CE}\approx V_{CC}-I_C(R_c+R_e)$
r_{be}	$r_{be}=r_{bb'}+(1+\beta)26\ \text{mV}/I_{EQ}$，它是联系静态与动态的“桥梁”			
$\dot{A}_u$	$\dot{A}_u=-\beta R'_L/r_{be}$	$\dot{A}_u=-\beta R'_L/[r_{be}+(1+\beta)R_e]$	$\dot{A}_u=(1+\beta)R'_L/[r_{be}+(1+\beta)R'_L]$	$\dot{A}_u=\beta R'_L/r_{be}$
R_i	$R_i=R_b/\!/r_{be}$	$R_i=R_{b1}/\!/R_{b2}/\!/[r_{be}+(1+\beta)R_e]$	$R_i=R_b/\!/[r_{be}+(1+\beta)R'_L]$	$R_i=R_e/\!/[r_{be}/(1+\beta)]$
R_o	$R_o\approx R_c$	$R_o\approx R_c$	$R_o=R_e/\!/[(r_{be}+R_{sb})/(1+\beta)]$	$R_o\approx R_c$

4. 三种基本放大电路的特点比较

（1）输出与输入电压相位相反的是 CE 放大电路，相位相同的是 CC 和 CB 放大电路。

（2）输入电阻最大的是 CC 放大电路，最小的是 CB 放大电路。

(3) 输出电阻最小的是 CC 放大电路，而 CB 和 CE 放大电路的输出电阻较大。

(4) 电压放大倍数最大的是 CE、CB 放大电路，CC 放大电路的电压放大倍数小于 1。

在放大电路中，负载上获得的能量总是大于信号源提供的能量。因此，任何放大电路都有功率放大作用。

(5) CE 放大电路适于作中间级；CC 放大电路适于作输入级、输出级和缓冲级；CB 放大电路高频特性好，适用于高频、宽带放大。

5. 本章记识要点及技巧

(1) 掌握晶体管的三种工作状态，特性曲线。

(2) 从设计思想的角度熟练掌握三种基本放大电路。

(3) 熟练计算静态和动态指标。

静态工作点的计算可通过基尔霍夫定律来解决。对于动态公式，可采用如下方法巧妙记忆：

① "归算法"的规律

可根据 $I_e=(1+\beta)I_b$ 之间的关系来归算，其规律是：若将射极回路的电阻折算到基极回路，显然是以基极电流 I_b 为基准，此时有 $I_e=(1+\beta)I_b$，归算结果是乘以 $(1+\beta)$；若将电阻从基极回路折算到射极回路，显然是以射极电流 I_e 为基准，此时有 $I_b=I_e/(1+\beta)$，归算结果是除以 $(1+\beta)$。

例如对于表 2.1 中的共集电路，求输入电阻应以 I_b 为基准，归算结果是 $(1+\beta)(R_e /\!/ R_L)$；求输出电阻应以 I_e 为基准，归算结果是 $(r_{be}+R_{sb})/(1+\beta)$。读者不妨一试。

② 对于集电极输出的电路（指共射、共基），其输出电阻近似为 R_c。

可见，电子器件的性能、特点和各种模型，以及各种单元电路的结构参数的记忆、理解与综合应用，是学习模拟电子技术过程中的重要环节。

自测题

参考答案

2.1 填空题

1. 晶体管的穿透电流 I_{CEO} 是反向饱和电流 I_{CBO} 的______倍。在选用管子时，一般希望 I_{CEO} 尽量______。若晶体管的 I_{CEO} 大，说明其______。

2. 晶体管的电流放大作用是用较小的______电流控制较大的______电流，所以，晶体管是一种______控制器件。

3. 某晶体管的极限参数 $P_{CM}=150\ \text{mW}$，$I_{CM}=100\ \text{mA}$，$U_{(BR)CEO}=30\ \text{V}$，若它的工作电压 $U_{CE}=10\ \text{V}$，则工作电流 I_C 不得超过______mA；若工作电压 $U_{CE}=1\ \text{V}$，则工作电流不得超过______mA；若工作电流 $I_C=1\ \text{mA}$，则工作电压不得超过______V。

4. 根据自测题 2.1.4 图中各晶体管的电位，分别填写出它们所处的状态。（从左到右）______、______、______、______、______、______、______、______。

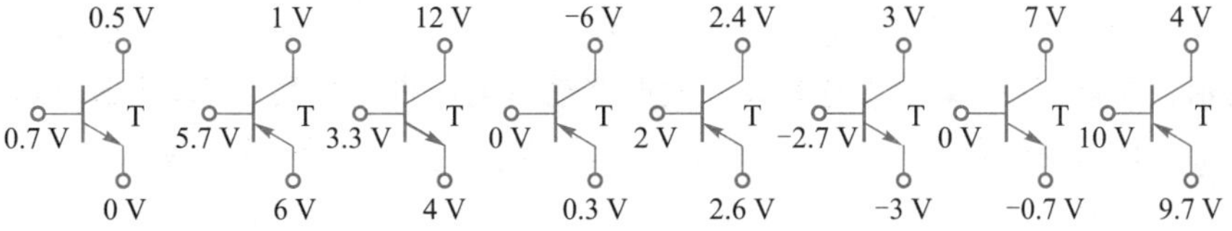

自测题 2.1.4 图

5. 自测题 2.1.5 图画出了固定偏置共射放大电路中晶体管的输出特性曲线和直流、交流负载线。由此可得：① 电源电压 V_{CC} = ________；② 静态集电极电流 I_{CQ} = ________，管压降 U_{CEQ} = ________；③ 晶体管的电流放大系数 β = ________，进一步计算可得电压放大倍数 $\dot{A}_u$ = ________（$r_{bb'}$ = 200 Ω）；④ 放大电路的最大不失真输出正弦电压的有效值约为________；⑤ 要使放大电路不失真，基极正弦电流的振幅应小于________；⑥ 不产生失真时的最大输入电压的峰值为________。

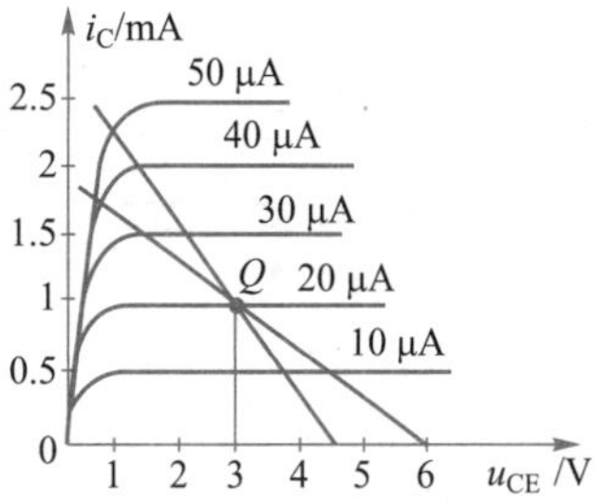

自测题 2.1.5 图

6. 在不带 C_e 的分压式稳定工作点放大电路中，已知晶体管 $\beta = 100$，$r_{bb'} = 300\ \Omega$，$U_{BE} = 0.6$ V。电容 C_1、C_2 足够大，$V_{CC} = 12$ V，上偏置电阻 $R_{b1} = 60\ \text{k}\Omega$，下偏置电阻 $R_{b2} = 20\ \text{k}\Omega$，$R_c = 3.6\ \text{k}\Omega$，$R_e = 2.4\ \text{k}\Omega$。① 静态工作点 $I_{CQ} \approx$ ________，$U_{CEQ} \approx$ ________；② 输入电阻 $R_i \approx$ ________，输出电阻 $R_o \approx$ ________；③ 空载时的电压放大倍数 $\dot{A}_u \approx$ ________。

7. 如果 PNP 管共射单级放大电路发生截止失真，且假定输入电压为正弦信号，则基极电流 i_b 的波形________，集电极电流 i_c 的波形________，输出电压 u_o 的波形________。

8. 从电压、电流放大的角度来看，基本共射放大电路具有________________特点；基本共集放大电路具有________________特点；基本共基放大电路具有________________特点。

9. 比较三种组态的放大电路，其中输入电阻较大的是________电路；输出电阻较小的是________电路；输出信号与输入信号同相位的是________电路；带负载能力强的是________电路；既有电流放大能力又有电压放大能力的是________电路。

2.2 选择题

1. 工作在放大区的某晶体管，测得 $I_B = 30\ \mu\text{A}$ 时 $I_C = 2.4$ mA；$I_B = 40\ \mu\text{A}$ 时 $I_C = 3$ mA，则该管的交流电流放大系数为________。

A. 80　　B. 60　　C. 75　　D. 100

2. 如果信号源分别是接近于理想的电流源和电压源，那么希望放大电路的输入电阻分别是________。

A. 大，小　　B. 大，大　　C. 小，小　　D. 小，大

3. 某放大电路在负载开路时的输出电压为 4 V，接入 3 kΩ 的负载后输出电压降为 3 V。这说明放大电路的输出电阻为________。

A. 10 kΩ　　B. 2 kΩ　　C. 1 kΩ　　D. 0.5 kΩ

4. 阻容耦合放大电路的直流负载线与交流负载线的关系为________。

A. 不会重合　　B. 一定会重合　　C. 平行　　D. 有时会重合

5. 用示波器观察 NPN 管共射单级放大电路输出电压得到自测题 2.2.5 图所示三种削波失真的波形，请分别写出失真的类型：图（a）为________；图（b）为________；图（c）为________。

A. 饱和失真　　B. 截止失真

C. 交越失真　　D. u_i 过大出现双向失真

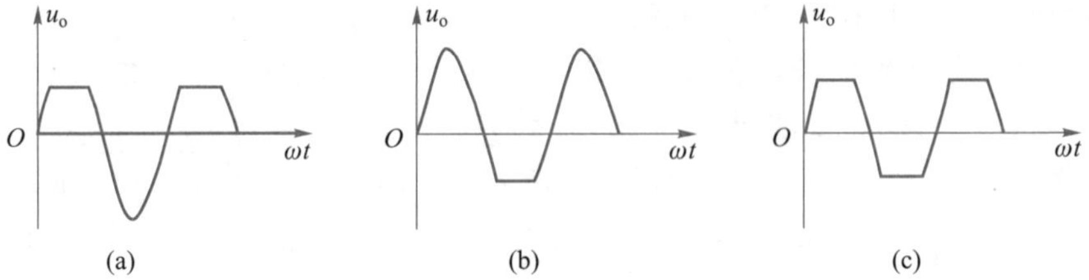

自测题 2.2.5 图

6. 在固定偏置共射放大电路中，基极电阻 R_b 的作用是________。

A. 放大电流　　B. 调节偏流 I_{BQ}

C. 把放大了的电流转换成电压　　D. 防止输入的交流信号被短路

7. 在分压式工作点稳定共射放大电路中，当 $\beta=50$ 时，$I_B=20\ \mu A$，$I_C=1\ mA$。若只更换 $\beta=100$ 的晶体管，而其他参数不变，则 I_B 和 I_C 分别为________。

A. 10 μA，1 mA　　B. 20 μA，2 mA

C. 30 μA，3 mA　　D. 40 μA，4 mA

8. 某射极跟随器的 $V_{CC}=12\ V$，$R_L=2\ k\Omega$，静态工作点为 $I_{EQ}=3\ mA$，$U_{CEQ}=6\ V$，若晶体管的临界饱和压降 $U_{CES}=0.7\ V$，则该电路跟随输入电压的最大不失真输出电压的幅值为________。

A. 5.3 V　　B. 6 V　　C. 3 V　　D. 1.5 V

9. 下列选项中，共基放大电路不具有________的特点。

A. 高频电压放大　　B. 同相电压放大

C. 电流放大作用　　D. 功率放大作用

2.3　判断题

1. 今测得电路晶体管管脚电位分别为−9 V、−6 V 和−6.2 V，说明是 PNP 锗管。（　）

2. 若晶体管发射结处于正向偏置，其一定工作在放大状态。（　）

3. 晶体管由两个 PN 结构成，因此可以用两个二极管反向串联来构成一个晶体管。（　）

4. 无论何种组态的放大电路都具有功率放大作用。（　）

5. r_{be} 和 R_i 是同一概念的两种不同写法。（　）

6. 有人说既然要放大，那么放大电路的电压和电流放大倍数一定都大于 1。（　）

7. 双极型晶体管的输入电阻是一个动态电阻，故它与静态工作点无关。（　）

8. 放大电路不带负载时的增益比带负载时的增益小。（　）

9. 只要是共射放大电路，输出电压的底部失真都是饱和失真。 （ ）

参考答案

习题

2.1 在双极型晶体管放大电路中，测得三只管子各电极电位如习题2.1图所示。试判断各晶体管的类型、材料和电极。

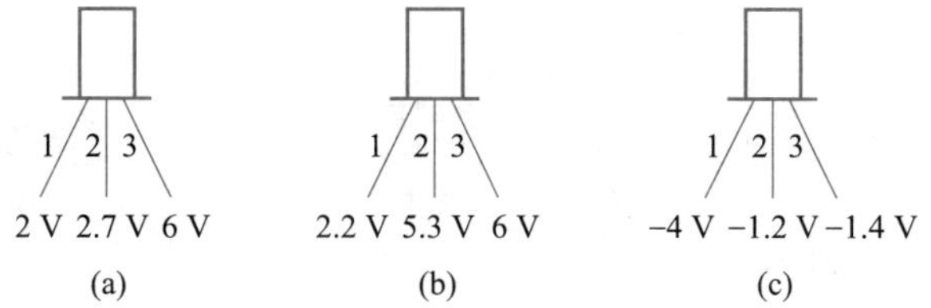

习题 2.1 图

2.2 用万用表直流电压挡测得电路中晶体管各电极对地电位如习题2.2图所示。试判断这些晶体管分别处于何种工作状态（饱和、放大、截止或已损坏）。

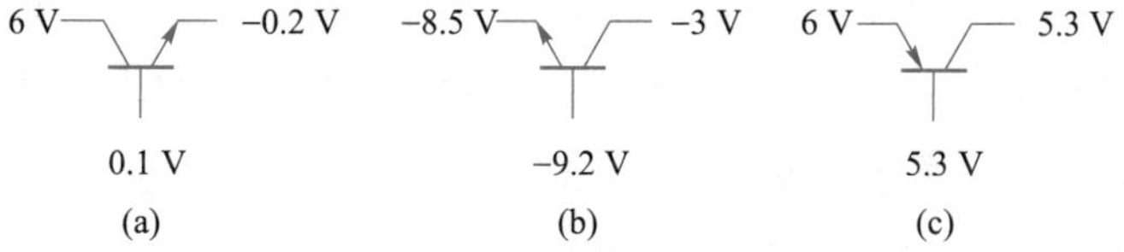

习题 2.2 图

2.3 在固定偏置放大电路中，晶体管的 $U_{BE}=0.7\ \mathrm{V}$，$r_{bb'}=300\ \Omega$，且输出特性曲线及放大电路的交流、直流负载线如习题2.3图所示。(1) R_b、R_c、R_L 各为多少？(2) 不产生失真时最大输入电压的幅值为多少？(3) 如继续加大输入信号的幅度，会产生什么失真？应如何消除这种失真？

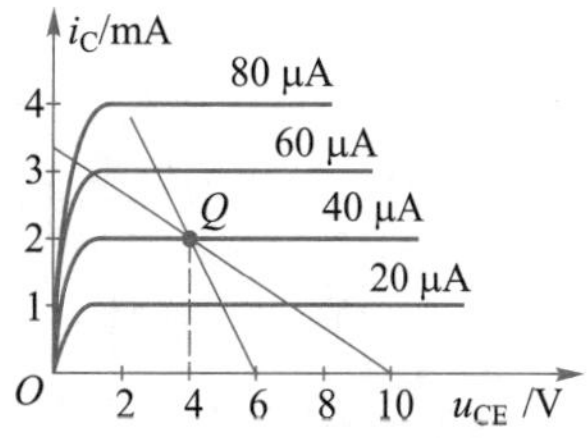

习题 2.3 图

2.4 放大电路及其输出特性曲线如习题2.4图所示，设 $U_{BE}=0.7\ \mathrm{V}$，$R_L=12\ \mathrm{k\Omega}$。试由图解法确定电路参数 V_{CC}、R_b、R_c 及 R_e。

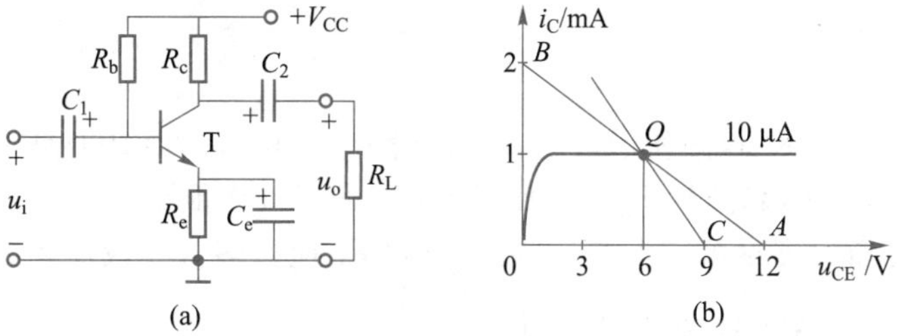

习题 2.4 图

2.5 电路如习题 2.5 图所示，已知 T 为 3AX21A 型锗管（其极限参数 $I_{CM}=30$ mA，$U_{(BR)CEO}=9$ V，$P_{CM}=100$ mW），$\beta=20$，取 $U_{BE}=-0.3$ V。$R_b=24$ kΩ，$R_c=0.5$ kΩ，$-V_{CC}=-12$ V。试分析：(1) 电路中的晶体管是否会超过极限参数？(2) 若不慎将晶体管基极开路，可能会出现何种情况？

2.6 电路如习题 2.6 图所示，设电容 C_1、C_2、C_3 对交流信号视为短路。(1) 写出 I_{CQ} 及 U_{CEQ} 的表达式；(2) 写出 $\dot{A}_u$ 及 R_i、R_o 的表达式；(3) 若将电容 C_3 开路，对电路将会产生什么影响？

2.7 在习题 2.7 图所示电路中，C_1、C_2、C_3 足够大，已知 β，r_{be}，$U_{BE}=0.7$ V。试写出 (1) I_{CQ}、U_{CEQ} 的表达式；(2) $\dot{A}_u$ 及 R_i、R_o 的表达式。

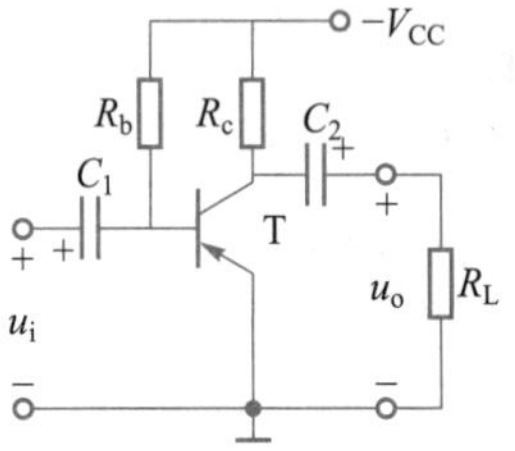

习题 2.5 图

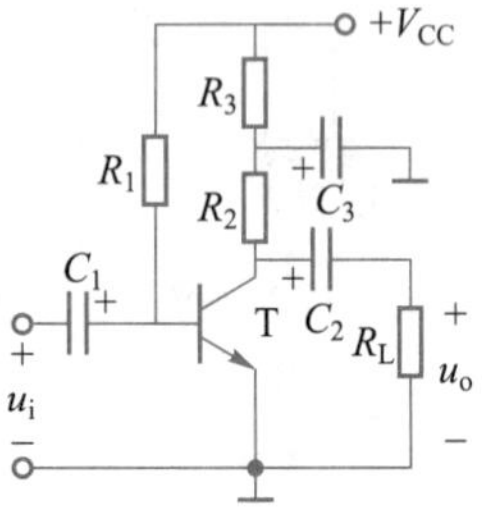

习题 2.6 图

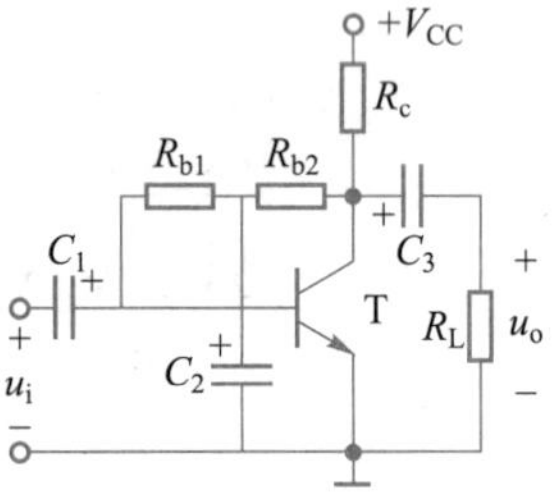

习题 2.7 图

2.8 已知习题 2.8(a)图中 C_1、C_2、C_e 足够大，$U_{CES}=0.5$ V，$r_{bb'}=200$ Ω，$R_{b2}=10$ kΩ，$R_c=3$ kΩ。习题 2.8(b)图为晶体管的输出特性曲线。(1) 分析该电路工作点的稳定过程，并确定电路中的 V_{CC}、R_e、R_L、R_{b1} 和 β 的值；(2) 计算该电路的中频电压放大倍数 $\dot{A}_u$、输入电阻 R_i 和输出电阻 R_o；(3) 在忽略 I_{CEO} 的条件下，当 u_i 逐渐增大时，u_o 先出现什么失真？为保证不失真，输入信号的最大峰值电压应为何值？

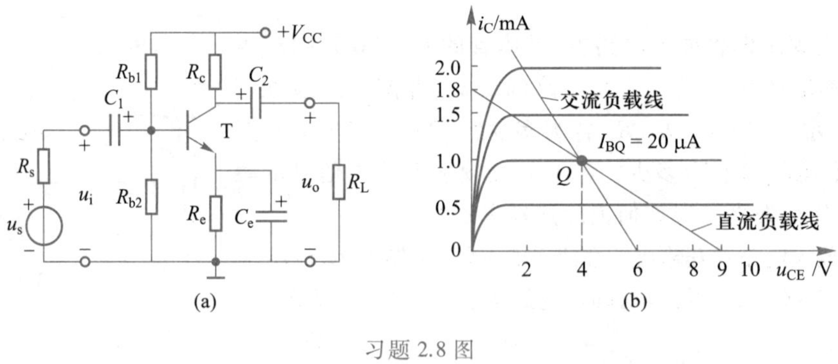

习题 2.8 图

2.9 电路如习题 2.8(a)图所示。已知晶体管 $r_{bb'}=100$ Ω，$\beta=100$；且 $V_{CC}=12$ V，下偏置电阻 $R_{b2}=5.1$ kΩ，$R_e=2$ kΩ，$R_c=R_L=4$ kΩ。各电容的容抗均很小。(1) 若要求放大电路的最大不失真输出电压幅度尽可能大，则上偏置电阻 R_{b1} 应为多大？设晶体管的 I_{CEO} 和 U_{CES} 皆为零，$U_{BE}=0.7$ V；(2) 在上述条件下，求 $\dot{A}_u$。

2.10 放大电路如图 2.6.4 所示。已知晶体管的 $U_{BE}=0.7$ V，$\beta=60$，$r_{bb'}=80$ Ω。$R_{b1}=$

30 kΩ, $R_{b2}=12$ kΩ, $R_c=3.3$ kΩ, $R_{e1}=200$ Ω, $R_{e2}=1.3$ kΩ, $V_{CC}=12$ V, $R_s=1$ kΩ, $R_L=5.1$ kΩ。求$\dot{A}_u$、$\dot{A}_{us}$、R_i 和 R_o；若 $R_e(R_e=R_{e1}+R_{e2})$ 并联一个大电容，重求$\dot{A}_u$、R_i。

2.11　共射放大电路如习题 2.11 图所示，已知 $U_{BE}=-0.2$ V, $\beta=50$, $r_{bb'}=300$ Ω; $R_s=0.6$ kΩ, $R_{b1}=33$ kΩ, $R_{b2}=10$ kΩ, $R_c=3.3$ kΩ, $R_{e1}=200$ Ω, $R_{e2}=1.3$ kΩ, $R_L=5.1$ kΩ, $-V_{CC}=-10$ V, C_1、C_2、C_e 足够大。(1) 确定静态工作点；(2) 画出微变等效电路；(3) 求中频源电压放大倍数$\dot{A}_{us}$、输入电阻 R_i 和输出电阻 R_o。

2.12　共射放大电路如习题 2.11 图所示，已知 $\beta=100$, $r_{bb'}=300$ Ω, $U_{BE}=-0.2$ V, $U_{CES}=-0.2$ V; $-V_{CC}=-18$ V, $R_s=1$ kΩ, $R_{b1}=75$ kΩ, $R_{b2}=25$ kΩ, $R_c=2.5$ kΩ, $R_{e1}=150$ Ω, $R_{e2}=2$ kΩ, $R_L=10$ kΩ。(1) 确定静态工作点；(2) 计算中频$\dot{A}_u$ 和$\dot{A}_{us}$、R_i 和 R_o；(3) 画出直流、交流负载线，求最大不失真输出电压的有效值 U_{om}。

2.13　放大电路如习题 2.13 图所示，已知 $\beta=50$, $U_{BE}=-0.3$ V, $R_{b1}=10$ kΩ, $R_{b2}=33$ kΩ, $R_c=3.3$ kΩ, $R_{e1}=200$ Ω, $R_{e2}=1.3$ kΩ, $V_{CC}=10$ V, $R_s=0.6$ kΩ。(1) 估算静态工作点 I_{CQ}, U_{CEQ}；(2) 画出放大电路的交流小信号等效电路；(3) 求$\dot{A}_u$、R_i 和 R_o；(4) 若放大电路接上负载$R_L=5.1$ kΩ，试求此时的源电压放大倍数$\dot{A}_{us}$。

2.14　放大电路如习题 2.14 图所示。已知晶体管 $r_{bb'}=200$ Ω, $\beta=100$；且 $V_{CC}=10$ V, $R_{b1}=20$ kΩ, $R_{b2}=15$ kΩ, $R_c=2$ kΩ, $R_e=2$ kΩ, $R_s=2$ kΩ，各电容容量都很大。试求：(1) 电路的静态工作点；(2) R_i；(3) $\dot{A}_{us1}$、$\dot{A}_{us2}$；(4) R_{o1}、R_{o2}。

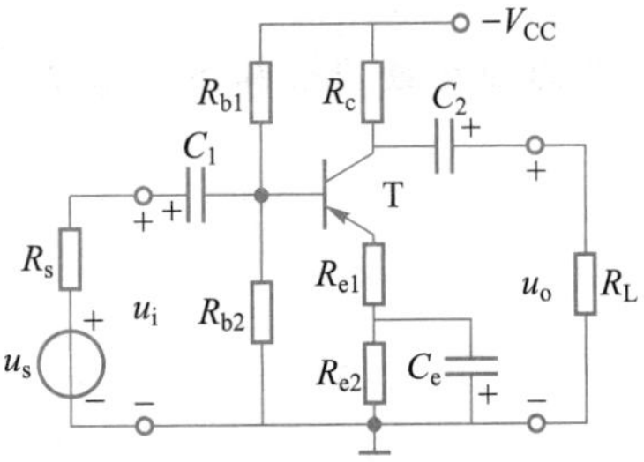

习题 2.11 图

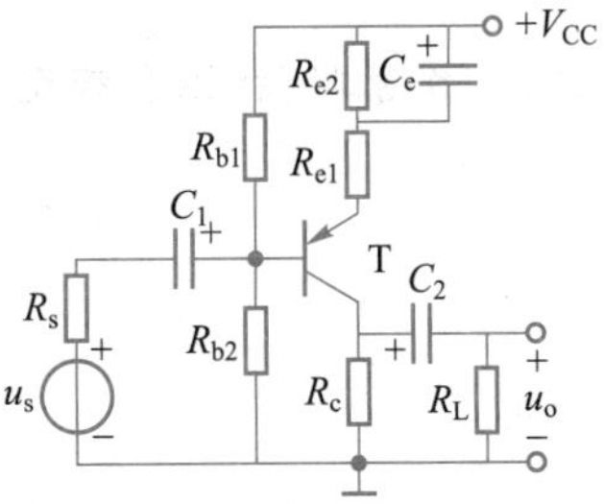

习题 2.13 图

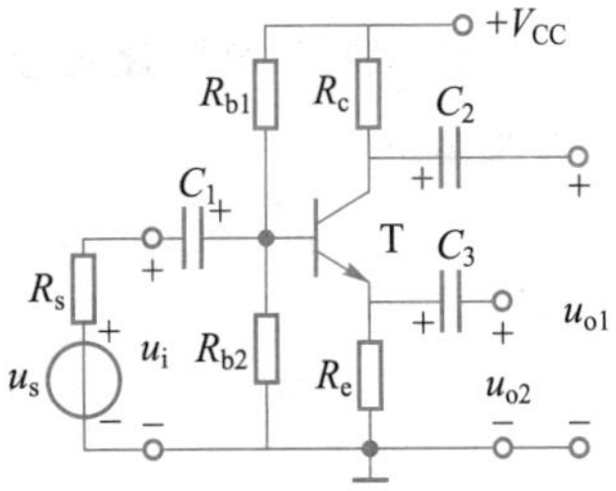

习题 2.14 图

2.15　共集放大电路如图 2.7.1(a)所示。已知 $\beta=50$, $r_{bb'}=300$ Ω, $U_{BE}=0.7$ V, $R_b=200$ kΩ, $R_e=4$ kΩ, $R_L=6$ kΩ, $V_{CC}=12$ V。试求：(1) 静态工作点 Q；(2) $\dot{A}_u$、R_i 和 R_o。

2.16　共基放大电路如图 2.8.1(b)所示。已知 $\beta=20$, $r_{bb'}=80$ Ω, $U_{BE}=0.7$ V, $V_{CC}=24$ V, $R_{b1}=90$ kΩ, $R_{b2}=48$ kΩ, $R_c=R_e=2.4$ kΩ, $R_L=2.2$ kΩ，各电容容量都很大。(1) 估算静态工作点 I_{CQ}, U_{CEQ}；(2) 计算$\dot{A}_u$、R_i 和 R_o。

第 3 章　场效应管及其基本放大电路

由第 2 章介绍的晶体管及其组成的基本放大电路可知，由于晶体管输入电阻 r_{be} 较小和管内少数载流子参与导电的原因，致使放大电路不仅输入电阻比较小，而且还易受温度的影响。为此常采用另外一种具有放大功能的场效应管来解决上述问题。

场效应管(field effect transistor,FET)是利用输入回路的电场效应来控制输出回路电流的一种半导体器件，本质上是电压控制电流源。由于它仅靠半导体中的电子或空穴一种载流子导电，又称为单极型晶体管。场效应管不仅具有晶体管体积小、重量轻、耗电省和寿命长等优点，而且还具有输入电阻高($10^7 \sim 10^{15}\ \Omega$)、噪声低、热稳定性好、抗辐射能力强和制作工艺简单、便于集成等优点。由场效应管组成的电路也相应地称为场效应管放大电路。场效应管放大电路和双极型晶体管放大电路的组成原则相同，也有与之对应的三种基本接法(组态)：共源、共漏、共栅。

本章先介绍场效应管的结构、工作原理、特性和模型，然后介绍由场效应管构成的基本放大电路。

3.1　场效应管的类型与结型场效应管

3.1.1　场效应管简介/认识结型场效应管

导学

场效应管的类型。

结型场效应管的结构。

结型场效应管的图形符号。

1. 场效应管简介

场效应管也是一种由 PN 结组成的半导体器件。从场效应管的结构来划分，可分为结型场效应管(juction type FET,JFET)和绝缘栅型场效应管(insulated gate FET,IGFET),其中绝缘栅型场效应管又包括增强型和耗尽型两类;从参与导电的载流子来划分,它有电子导电的 N 沟道器件和空穴导电的 P 沟道器件。可见,场效应管有如下类型:

- 场效应管(FET)
  - 结型场效应管(JFET)
    - N 沟道
    - P 沟道
  - 绝缘栅型场效应管(IGFET)
    - 增强型
      - N 沟道
      - P 沟道
    - 耗尽型
      - N 沟道
      - P 沟道

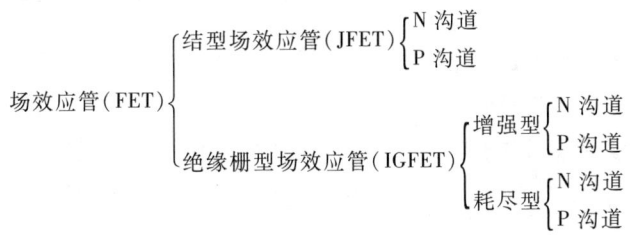

2. 结型场效应管的结构与符号

结型场效应管按导电沟道分为 N 沟道和 P 沟道两种。其中 N 沟道结型场效应管可表示为 N-JFET,P 沟道结型场效应管可表示为 P-JFET。

图 3.1.1(a)为 N 沟道结型场效应管的结构示意图。它是在一块 N 型半导体上制作两个高掺杂浓度的 P^+ 型区,把两个 P^+ 区连接在一起,引出一个电极,称为栅极 g(gate);而在 N 型半导体的两端所引出的两个电极分别称为漏极 d(drain)和源极 s(source)。由于 P^+ 区的掺杂浓度远高于 N 区,此时非对称 P^+N 结的耗尽层主要在 N 型区内,如图中的阴影部分。显然,导电的区域为两个耗尽层之间的 N 型区,故称为 N 型导电沟道。

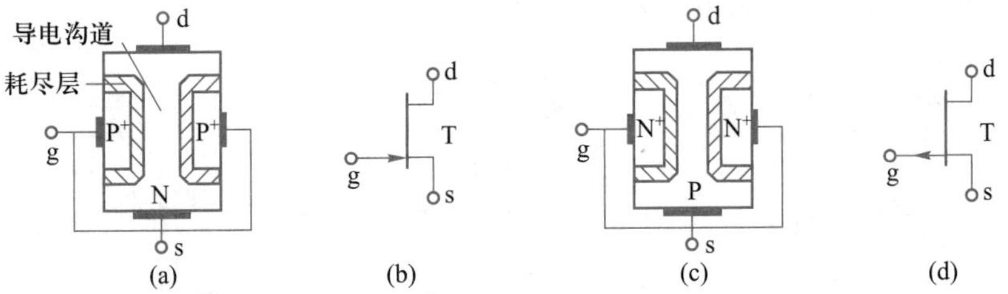

图 3.1.1 结型场效应管的结构及其图形符号

(a) N 沟道结型场效应管结构 (b) N 沟道结型场效应管图形符号

(c) P 沟道结型场效应管结构 (d) P 沟道结型场效应管图形符号

同理,若在 P 型半导体两侧分别形成两个高掺杂浓度的 N^+ 型区,并引出相应的电极,则可形成 P 沟道 JFET,其结构如图 3.1.1(c)所示。

图 3.1.1(b)、(d)分别为 N 沟道结型场效应管和 P 沟道结型场效应管的图形符号,并用字母 T 表示。符号中,竖直线段表示漏源之间的导电沟道。箭头表示由 P 指向 N:对于图 3.1.1(b)中的箭头方向表示由 P^+ 区指向 N 沟道,图 3.1.1(d)中的箭头方向表示由 P 沟道指向 N^+ 区。

从结构上看,结型场效应管的漏极 d 和源极 s 是可以互换的。

3.1.2　N 沟道结型场效应管的工作原理

导学

结型场效应管外加电压 u_{GS} 和 u_{DS} 的极性。

结型场效应管导电沟道呈楔形的条件。

结型场效应管导电沟道出现预夹断、全夹断的条件。

从结型场效应管的结构来看，通过改变两个 PN 结外加反偏电压的大小，可以改变耗尽层的宽度，从而控制导电沟道的宽度。因此，为了确保两个 PN 结都加反偏电压，对于 N 沟道结型场效应管，要求 $u_{GS}<0$、$u_{DS}>0$；对于 P 沟道结型场效应管，要求 $u_{GS}>0$、$u_{DS}<0$。

为了讨论 u_{GS} 和 u_{DS} 对导电沟道的影响，下面以 N 沟道结型场效应管为例，说明其工作原理。

1. 当 $u_{DS}=0$（即 d、s 间短路）时，反偏电压 u_{GS} 对导电沟道的控制作用

当 $u_{GS}=0$ 时，耗尽层较窄，致使导电沟道较宽，如图 3.1.2(a) 所示。

当 $u_{GS}<0$ 时，表明栅源之间加上一个反偏电压，使两侧（呈平行等宽状的）耗尽层随之加宽，迫使导电沟道逐渐变窄，如图 3.1.2(b) 所示。随着反偏电压 u_{GS} 继续增大，最终使两侧耗尽区相接，沟道夹断，使沟道电阻无穷大，如图 3.1.2(c) 所示。

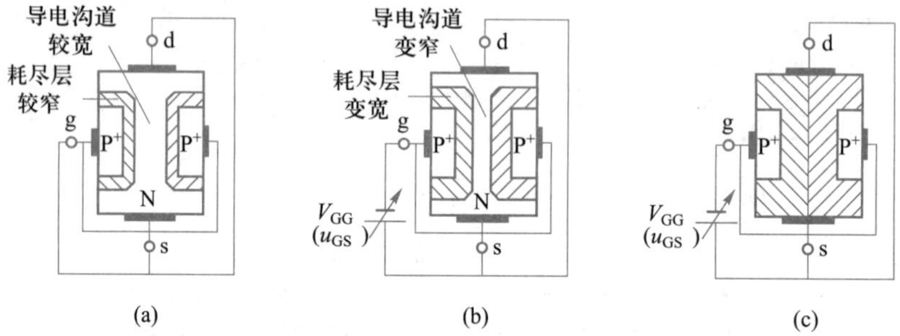

图 3.1.2　栅源电压对沟道的控制作用

（a）g-s 间零偏　（b）g-s 间反偏　（c）g-s 间反偏时的全夹断

通常把沟道刚好夹断时的栅源电压 u_{GS} 称为“夹断（pinch-off）电压”，用 U_P 表示（有的教材用 $U_{GS(off)}$ 表示）。此时不仅 $u_{GS}=U_P$（源极端被夹断），而且 $u_{GD}=U_P$（表明漏极端也被夹断）。

在图 3.1.2 中，虽然导电沟道的宽度随 u_{GS} 改变而变化，但由于 $u_{DS}=0$，所以漏极电流 $i_D=0$。

2. 当 $u_{GS}\leqslant 0$ 时，u_{DS} 对导电沟道和漏极电流 i_D 的影响

下面以图 3.1.3 所示的 N 沟道结型场效应管内部导电沟道的变化过程为例，从 $u_{GS}=0$ 和 $u_{GS}<0$ 两种情况进行分述。

（1）$u_{GS}=0$，u_{DS} 对导电沟道和 i_D 的影响

$u_{GS}=0$，是指图 3.1.3(a)～3.1.3(c) 中的 g、s 间短路。

当 $u_{DS}>0$，将产生一个从漏极流向源极的电流 i_D，从而使沟道中各点电位从漏极到源极逐点降低，造成近漏端 P^+N 结耗尽层的宽度大于近源端，迫使近漏端沟道变窄，整个导电沟

道呈现“楔形”，如图 3.1.3(a)所示。

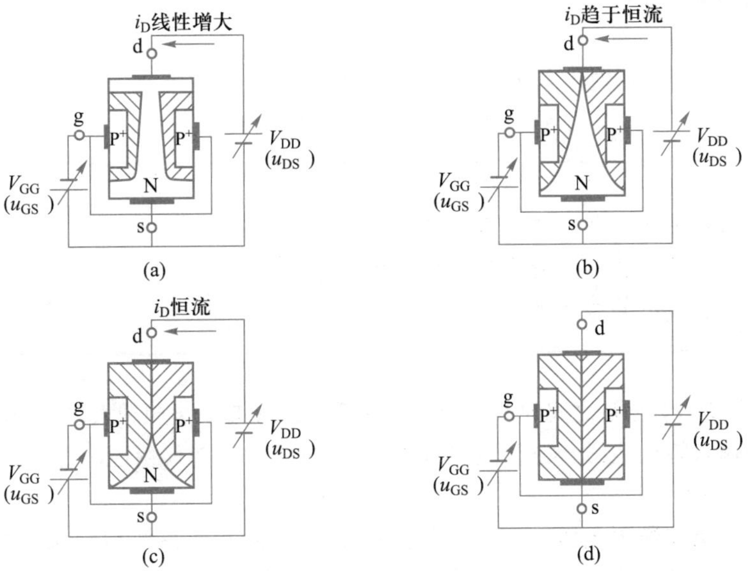

图 3.1.3 g-s 间零偏或反偏、d-s 间正偏时的工作原理

(a) 预夹断前的情况 (b) 预夹断时的情况

(c) 预夹断后的情况 (d) 全夹断时的情况

当 u_{DS}增大但数值很小时，“楔形”导电沟道变化不明显，沟道电阻基本不变，因而漏极电流 i_D随 u_{DS}几乎成正比增大，如图 3.1.3(a)所示。随着 u_{DS}的逐渐增大，“楔形”导电沟道变化明显，沟道在漏极附近越来越窄，沟道电阻越来越大，i_D增大渐趋缓慢。当 u_{DS}增至使漏极端处 P^+N 结的反向电压 $u_{GD}=u_{GS}-u_{DS}=U_P$时，沟道左右两侧耗尽层刚好相遇，沟道在漏极处出现夹断点，称为预夹断，如图 3.1.3(b)所示，此时 i_D最大且 $i_D=I_{DSS}$(饱和漏极电流)，称为临界饱和。若 u_{DS}继续增大，沟道夹断点将向源极延伸，形成夹断区，如图 3.1.3(c)所示。值得注意的是预夹断后漏极电流 i_D并不为零。因为夹断区呈高阻性，u_{DS}的增加量主要降落在夹断区上，降落在导电沟道(非夹断区)上的电压基本不变，于是沟道中的电子在非夹断区和夹断区电场下，由导电区穿过耗尽层到达漏极，即沟道预夹断后的 i_D近似为常数。由于栅漏极间的 P^+N 结反偏电压大于栅源极间的反偏电压，当 u_{DS}再继续增大到一定程度时，漏极端附近的 P^+N 结将出现反向击穿现象，i_D急剧增大。

(2) 在 $u_{GS}<0$ 的条件下，u_{DS}对导电沟道和 i_D的影响

$u_{GS}<0$ 的情况如图 3.1.3 所示，其工作原理与 $u_{GS}=0$ 时基本相同。不同的是$|u_{GS}|$越大，沟道越窄，电阻越大，对应同一个 u_{DS}值时的 i_D越小。

3. 当 u_{DS}一定时，u_{GS}对导电沟道和漏极电流 i_D的影响

当 u_{DS}一定时，漏极电流 i_D的大小由沟道电阻决定，而沟道电阻的大小又受 u_{GS}的控制。显然，当 $u_{GS}=0$，沟道电阻较小，i_D较大；随着$|u_{GS}|$增加，沟道电阻增大，i_D减小；当 $u_{GS}=U_P$时，导电沟道源极端被夹断，如图 3.1.3(d)所示，称为全夹断。此时沟道电阻趋于无穷大，$i_D\approx 0$，管子处于截止状态。

可见，场效应管的漏极电流 i_D是通过栅源电压 u_{GS}来控制的，是一种电压控制器件。需

要注意的是栅源之间的 P^+N 结必须为反偏，否则上述控制原理将不再存在。由于场效应管是多子在导电沟道中做漂移运动形成的电流，因此温度稳定性较好。

3.1.3 N 沟道结型场效应管的特性曲线

导学

预夹断轨迹的意义及其电压表达式。
结型场效应管工作在可变电阻区和恒流区的条件。
结型场效应管的转移特性曲线及方程。

由于结型场效应管栅源之间的 P^+N 结工作在反偏状态，输入电阻很大，栅极输入电流 $i_G\approx 0$，因此很少应用输入特性曲线，常用的特性曲线为输出特性和转移特性两种曲线。

1. 输出特性曲线

输出特性是指在栅源电压 u_{GS} 为一常量时，漏极电流 i_D 与漏源电压 u_{DS} 之间的关系，即 $i_D=f(u_{DS})|_{u_{GS}=常数}$。对应于一个 u_{GS}，就有一条曲线，因此输出特性是一簇曲线。图 3.1.4(a)示出了 N 沟道结型场效应管的输出特性曲线。

由上述工作原理可知，当 $u_{GS}=0$ 时，随着 u_{DS} 的增大，电流 i_D 从“线性增大”到“趋于恒流”，再到“恒流”，对应的曲线如图 3.1.4(a)中的 $u_{GS}=0$ 的那条曲线。在 $u_{GS}<0$ 时的曲线同样会经历上述几个过程，即通过取不同的负电压 u_{GS}，可画出图 3.1.4(a)所示的一簇曲线。当 $u_{GS}=U_P$(对应图中的 $u_{GS}=-4$ V)时，这时导电沟道被全夹断，$i_D\approx 0$。

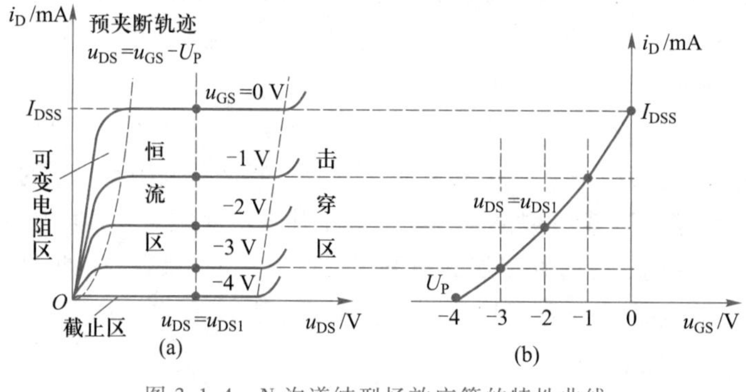

图 3.1.4 N 沟道结型场效应管的特性曲线

(a) 输出特性曲线 (b) 转移特性曲线

$u_{DS}=u_{GS}-U_P$(即 $u_{GD}=U_P$)是预夹断的临界条件，由此式把对应不同的 u_{GS} 值所确定的 u_{DS} 连接起来，即可得到预夹断轨迹，如图 3.1.4(a)中的虚线所示。输出特性可分成以下几个区域，下面分别进行介绍。

(1) 可变电阻区

① 范围：u_{DS} 较小，曲线靠近纵轴的部分，或者说位于预夹断轨迹左侧的区域。

② 特点：在预夹断前电压与电流间呈线性关系。当 u_{GS} 一定时，i_D 随 u_{DS} 的增大近似线性上升，可视为一个线性电阻。当 u_{GS} 不同时，直线的斜率不同，相当于电阻的阻值不同。显

见,场效应管在该区域可等效为一个受 u_{GS} 控制的可变漏源电阻,故形象地将此区域称为可变电阻区。

③ 条件:$U_P<u_{GS}\leq 0$(反偏状态),$0<u_{DS}<u_{GS}-U_P$(即 $|u_{GD}|<|U_P|$,预夹断前)。

(2) 恒流区(放大区或饱和区)

① 范围:u_{DS} 较大,曲线近似水平的部分,或者说位于预夹断轨迹右侧的区域。

② 特点:它是预夹断后所对应的工作区域。表现为:当 u_{DS} 增大时,i_D 增加极少,趋于饱和,曲线呈现恒流特性,故称饱和区或恒流区。为了避免与双极型晶体管输出特性曲线中的饱和区相混淆,同时场效应管用作放大管时总是工作在该区域,因此也称为放大区。当 u_{DS} 增加到一定程度,P^+N 结因反偏电压过高而被击穿,i_D 将急剧增大。为了保证器件的安全,场效应管的 u_{DS} 不能超过规定的极限值。

③ 条件:$U_P<u_{GS}\leq 0$(反偏状态),$u_{DS}\geq u_{GS}-U_P$(即 $|u_{GD}|\geq|U_P|$,预夹断后)。

(3) 截止区

① 范围:曲线靠近横轴的很狭窄的区域。

② 特点:导电沟道从漏极端到源极端全部夹断,$i_D\approx 0$,管子处于截止状态。

③ 条件:$u_{GS}\leq U_P$(全夹断)。

2. 转移特性曲线与电流方程

转移特性是指漏源电压 u_{DS} 为常数时,漏极电流 i_D 与栅源电压 u_{GS} 之间的关系,即 $i_D=f(u_{GS})\big|_{u_{DS}=\text{常数}}$。与输出特性曲线一样,转移特性也是一簇曲线。

由于输出特性曲线与转移特性曲线都是反映场效应管工作的同一物理过程,所以转移特性曲线可直接从输出特性曲线上用作图法绘出。例如在图 3.1.4(a)输出特性曲线的恒流区作一条 $u_{DS}=u_{DS1}$ 的垂线,读出其与各条曲线交点的 i_D 和 u_{GS} 值,建立 $i_D=f(u_{GS})$ 坐标系,再通过描点、连线,即可得到转移特性曲线 $i_D=f(u_{GS})\big|_{u_{DS}=u_{DS1}}$。由于饱和区的输出特性曲线比较平坦,该区域中各转移特性曲线基本重叠,所以常以一条为代表,如图 3.1.4(b)所示。

图中 I_{DSS} 是对应于 $u_{GS}=0$ 时的那条输出特性曲线的电流值。$i_D=0$ 对应于 $u_{GS}=U_P$ 时的最下面那条输出特性曲线(全夹断)。此转移特性曲线可用方程近似表示为

$$i_D=I_{DSS}\left(1-\frac{u_{GS}}{U_P}\right)^2 \tag{3.1.1}$$

上式的条件是 $U_P<u_{GS}\leq 0$,且管子工作在恒流区。显然,场效应管转移特性曲线是二次函数,比双极型晶体管的指数方程简单得多。

3.2 绝缘栅型场效应管

结型场效应管是利用反向偏置的 PN 结来提高输入电阻,由于 PN 结反向偏置时总有一定的反向电流流通,从而又限制了输入电阻的进一步提高。此外,结型场效应管制造工艺较

复杂,不利于大规模集成。这些原因都促进了绝缘栅型场效应管的发展。

3.2.1 认识绝缘栅型场效应管

导学

"绝缘栅"或"MOS管"的含义。
增强型和耗尽型场效应管在结构上的区别。
增强型和耗尽型场效应管在图形符号上的区别。

图3.2.1(a)、(c)分别示出了N沟道增强型(enhancement-mode)和耗尽型(depletion-mode)绝缘栅型场效应管的结构。它是用一块掺杂浓度较低的P型硅片作为衬底,在其表面氧化一层SiO_2绝缘层,再在SiO_2层上光刻两个窗口,通过扩散形成两个高掺杂浓度的N^+区,分别引出源极(s)和漏极(d)。然后在漏源之间的绝缘层上再制作一层金属铝,引出电极称为栅极(g)。在衬底上也引出一根引线,用b表示,通常情况下将衬底与源极在管子内部连接在一起。由于栅极与其他电极和衬底之间有一个绝缘层,故有绝缘栅之称;从纵向看,它们是由金属(metal)、氧化物(oxide)和半导体(semiconductor)组成,也简称MOS管。图3.2.1(a)、(c)可分别表示为N-EMOSFET和N-DMOSFET。

同理,对于P沟道也可表示为P-EMOSFET和P-DMOSFET。

从图3.2.1(a)所示的增强型场效应管的结构看,它在$u_{GS}=0$时没有导电沟道,为此与其相应的图形符号形象地用竖直虚线表示漏源间没有导电沟道,如图3.2.1(b)所示。

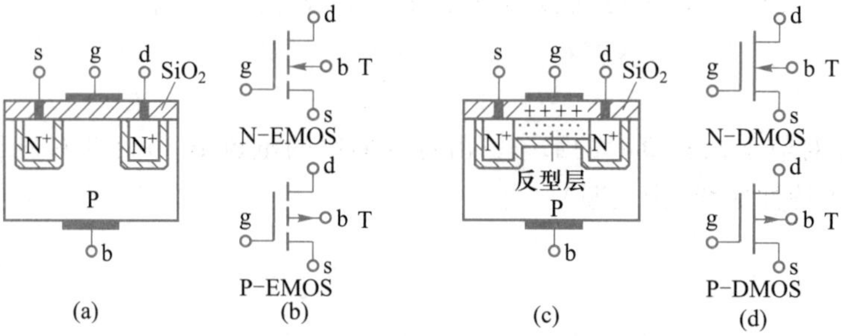

图3.2.1 绝缘栅型场效应管结构及其图形符号
(a)、(c) 结构 (b)、(d) 图形符号

N沟道耗尽型MOS管与增强型MOS管不同,它预先在SiO_2绝缘层中掺入了大量正离子(P沟道耗尽型MOS管掺入负离子),这样即使在$u_{GS}=0$时由于正离子的吸引作用,已在P型衬底靠近绝缘层的表面感应出较多的自由电子,形成了以电子搭建漏源之间导电的反型层(inversion layer),即有原始的导电沟道,如图3.2.1(c)所示,为此其相应的图形符号形象地用竖直实线加以表示,如图3.2.1(d)所示。

在图3.2.1(b)、(d)所示的图形符号中,衬底引线b上的箭头表示由P指向N:对于N沟道MOS管,箭头方向表示由P(衬底)指向N(沟道);对于P沟道MOS管,箭头方向表示由P(沟道)指向N(衬底)。

3.2.2 N沟道MOS管的工作原理

导学

EMOS管内形成导电沟道的条件。

MOS管的导电沟道呈楔形的原因。

MOS管出现预夹断的条件。

1. N沟道增强型MOS管的工作原理

(1) 形成导电沟道前

从图3.2.1(a)可以看出,连接源极和漏极的两个N^+区之间被P区隔开,形成两个背靠背的PN结。当$u_{GS}=0$时;无论u_{DS}的极性如何,总有一个PN结反偏而使$i_D=0$。

(2) 建立导电沟道

当$u_{DS}=0$且$u_{GS}>0$时,由于源极s与衬底b通常连接在一起,即u_{GS}实际上加在栅极g与衬底b之间,如图3.2.2(a)所示。虽然SiO_2的存在使栅极电流为零,但是栅极金属层将聚集正电荷,它们排斥P型衬底靠近SiO_2一侧的空穴,形成了由负离子构成的耗尽层。当u_{GS}增大时,一方面使耗尽层变宽,另一方面将衬底中足够多的少子自由电子吸引到绝缘层和耗尽层之间,形成一个N型薄层,称为反型层,这个反型层将原来P型衬底隔开的两个N^+区连通,如图3.2.2(a)所示。通常将刚刚形成沟道时所需的栅源电压称为开启(threshold)电压,用U_T表示,或用$U_{GS(th)}$表示(本教材用前者)。可见刚刚形成导电沟道时,$u_{GS}=U_T$,随着正向电压u_{GS}越大,感生沟道就越宽,沟道电阻也就越小。

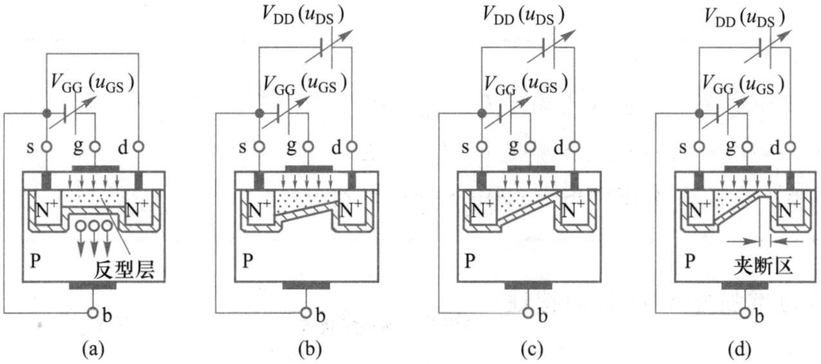

图3.2.2 N沟道增强型MOS管工作原理示意图

(a) 当$u_{GS}\geqslant U_T$时形成导电沟道 (b) $u_{DS}>0$时沟道呈楔形 (c) 预夹断状态 (d) 预夹断后的情况

(3) 形成导电沟道后,u_{DS}对i_D的影响

为便于理解,在此不妨假设$U_T=2$ V,欲形成导电沟道,应满足$u_{GS}\geqslant U_T$,例如$u_{GS}=3$ V。

① 当$u_{DS}=0(I_D=0)$时,形成一定厚度的等宽导电沟道,如图3.2.2(a)所示。

② 当$0<u_{DS}<1$ V时,在u_{DS}的作用下,靠近漏端电压$u_{GD}(=u_{GS}-u_{DS})$小于靠近源端电压u_{GS},从而使源极吸引电子的能力变强,漏极吸引电子的数目减少,致使沟道呈现源端厚、漏

端薄的"楔形",如图 3.2.2(b)所示。

③ 当 $u_{DS}=1\ V$ 时,$u_{GD}=u_{GS}-u_{DS}=3\ V-1\ V=2\ V=U_T$,沟道在漏极端刚好出现夹断点,称为预夹断状态,如图 3.2.2(c)所示。

④ 当 $u_{DS}>1\ V$ 时,则 $u_{GD}<U_T$,夹断点朝源极方向延伸,近漏端出现夹断区,如图 3.2.2(d)所示。此时漏极电流 i_D 基本上保持预夹断时的大小,即 i_D 几乎不随 u_{DS} 增大而增加,趋于恒流,其原理与结型场效应管相似。

显见,增强型 MOS 管在 $u_{GS}=0$ 时没有导电沟道,而必须外加一个至少等于 U_T 的栅源电压 u_{GS} 后才能形成感生沟道。

2. N 沟道耗尽型 MOS 管的工作原理

(1) 原始的导电沟道

当 $u_{GS}=0$ 时,由于 SiO_2 绝缘层中预先掺入正离子,已在绝缘层和耗尽层之间形成反型层,具有导电沟道。如图 3.2.1(c)所示。

(2) 电压对 i_D 的影响

在 $u_{DS}>0$ 的条件下,若 u_{GS} 增大,反型层沟道变宽,沟道电阻变小,i_D 增大。若 u_{GS} 减小,沟道变窄,i_D 减小;当 u_{GS} 减小到一定值时,反型层消失,漏源间导电沟道被夹断,此时 $i_D=0$,对应的栅源电压为夹断电压 U_P。

(3) 预夹断前后的导电情况

对于 N 沟道耗尽型 MOS 管,预夹断前后的工作情况与 N 沟道增强型 MOS 管相同。

通过上面的分析可以看出,绝缘栅型场效应管是通过控制由表面场效应所产生的感应电荷的数量来改变沟道的导电能力,从而控制漏极电流。

3.2.3 N 沟道 MOS 管的特性曲线

导学

在 N-EMOS 管特性曲线上确定 U_T、I_{DO} 的值。

在 N-DMOS 管特性曲线上确定 U_P、I_{DSS} 的值。

由特性曲线区分 N-EMOS、N-DMOS 管的类型。

1. N 沟道增强型 MOS 管的特性曲线

(1) 输出特性曲线

与结型场效应管相似,MOS 管的输出特性曲线也分为可变电阻区、恒流区(也称放大区或饱和区)和截止区三个区域。但对于 N 沟道增强型 MOS 管,要求栅源电压 $u_{GS}>U_T$,如图 3.2.3(a)所示。当 $u_{GS}>U_T$,$u_{DS}<$

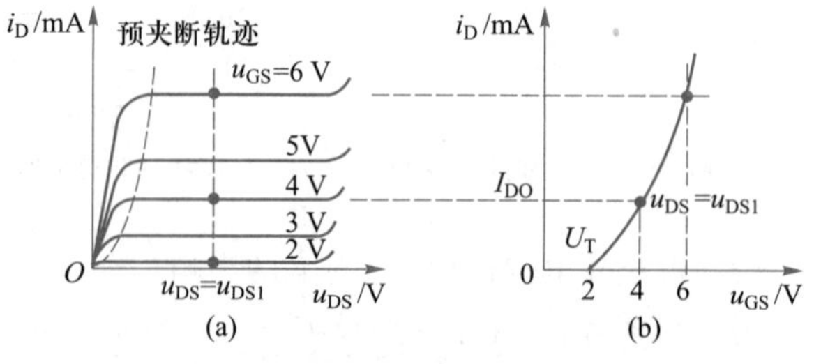

图 3.2.3 N 沟道增强型 MOS 管的特性曲线
(a) 输出特性曲线 (b) 转移特性曲线

$u_{GS}-U_T$时，即预夹断之前，管子工作在可变电阻区；当 $u_{GS}>U_T$，$u_{DS}\geqslant u_{GS}-U_T$时，即预夹断后，管子工作在恒流区；当 $u_{GS}<U_T$时，管子工作在截止区，$i_D\approx0$。

（2）转移特性曲线与电流方程

由于在恒流区，对于不同的 u_{DS}，所得到的转移特性曲线基本重合，因此常用一条曲线表示，如图 3.2.3(b)所示。在转移特性曲线上 $i_D\approx0$ 处的 u_{GS}值就是开启电压 U_T，此曲线可近似表示为

$$i_D=I_{DO}\left(\frac{u_{GS}}{U_T}-1\right)^2 \tag{3.2.1}$$

式中，I_{DO}是 $u_{GS}=2U_T$时所对应的 i_D值，如图 3.2.3(b)所示。注意上式的条件是 $u_{GS}\geqslant U_T$，且管子工作在恒流区。

2. N 沟道耗尽型 MOS 管的特性曲线

N 沟道耗尽型 MOS 管的特性曲线如图 3.2.4 所示。

从特性曲线不难看出，它与 N 沟道结型场效应管特性曲线较相似，不同之处仅在于 N-DMOS 栅源电压 u_{GS}还可以取正值。由于两者在 $i_D=0$ 处的 u_{GS}值皆为夹断电压 U_P，$u_{GS}=0$ 处对应的 i_D皆为 I_{DSS}，因此耗尽型 MOS 管的转移特性曲线方程与结型场效应管相同，皆可用式(3.1.1)表示(只是两管的 u_{GS}范围不同)。

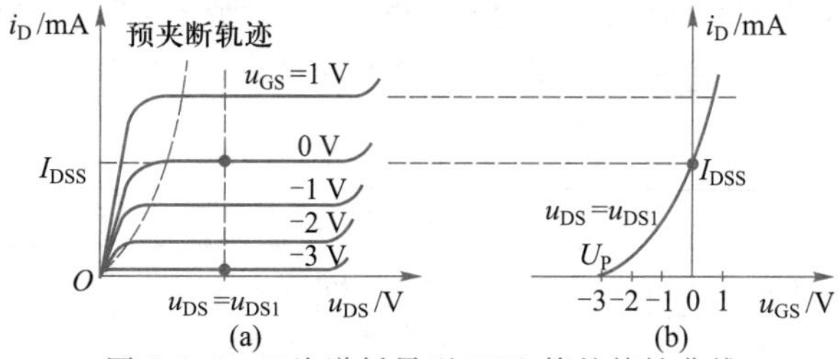

图 3.2.4　N 沟道耗尽型 MOS 管的特性曲线

（a）输出特性曲线　（b）转移特性曲线

由于耗尽型 MOS 管栅源电压可以取负值、零或正值，这一特点使其在应用中具有更大的灵活性。

3.3　各种场效应管的特性比较

导学

N 沟道与 P 沟道场效应管中参与导电的载流子类型。

由 u_{DS}与 u_{GS}的大小及极性判断场效应管的类型。

由场效应管的特性曲线判断管子的类型并确定其参数。

上面以 N 沟道场效应管为例，讨论了它们的工作原理及特性，这些分析基本上适用于 P 沟道场效应管。但是由于后者参与导电的载流子是空穴，故衬底材料及各电极电源的极性都要改变。下面以对比的方式进行归纳。

1. u_{DS}的极性取决于导电沟道的类型

凡是 N 沟道，参与导电的载流子是电子，欲使电子向漏极漂移运动，u_{DS}必为正值；凡是 P 沟道，参与导电的载流子是空穴，欲使空穴向漏极漂移运动，u_{DS}必为负值。

2. u_{GS}的极性取决于管子类型和导电沟道类型两方面

对于结型场效应管，栅源极间必须反偏。若是 N 沟道，为使 PN 结反偏，要求 u_{GS}为负值；若是 P 沟道，要求 u_{GS}为正值。

对于 MOS 管，若是增强型 N 沟道，为了吸引电子形成导电沟道，要求 u_{GS}为正值；若是 P 沟道，要求 u_{GS}为负值。若是耗尽型，由于它本身具有原始的导电沟道，因此 u_{GS}任意，应视沟道加宽还是变窄而定其极性。

可见，结型场效应管中的 u_{DS}和 u_{GS}为反极性；增强型 MOS 管中的 u_{DS}和 u_{GS}为同极性；耗尽型 MOS 管中的 u_{DS}，N 沟道为正、P 沟道为负，而 u_{GS}任意。

为了便于区别和记忆，在此以表格对比的方式加以说明，见表 3.3.1。从表中看出，对于结型、耗尽型和增强型三种类型的场效应管，N 沟道的特性曲线只有一种，而 P 沟道的特性曲线可有三种表示形式。显然，与晶体管相比，场效应管更为复杂，致使初学者畏学场效应管。其实只要牢记 N 沟道场效应管的特点，凡是与其不同者皆按 P 沟道场效应管处理也是一种学习方法。

表 3.3.1 场效应管特性曲线的比较

	结型场效应管	耗尽型绝缘栅场效应管	增强型绝缘栅场效应管
N 沟道	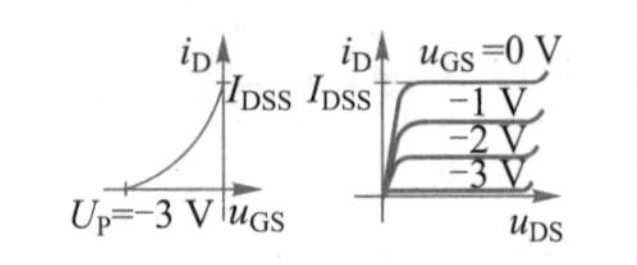	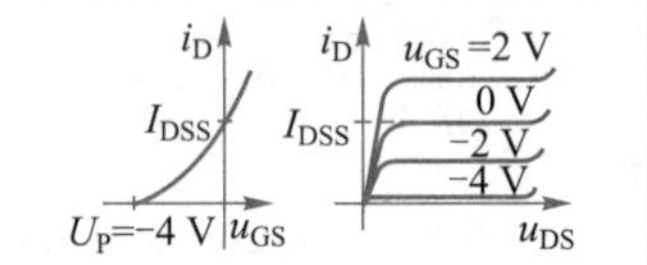	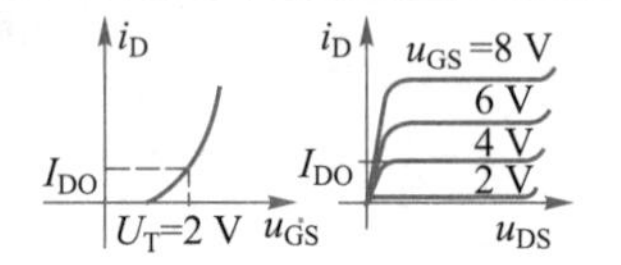
P 沟道的三种形式	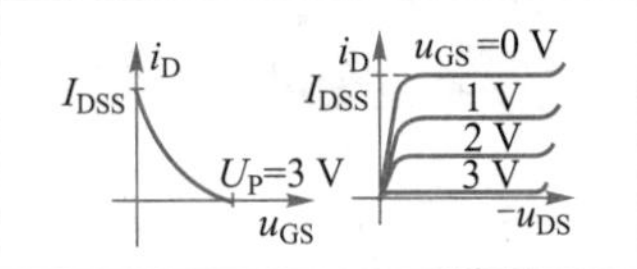	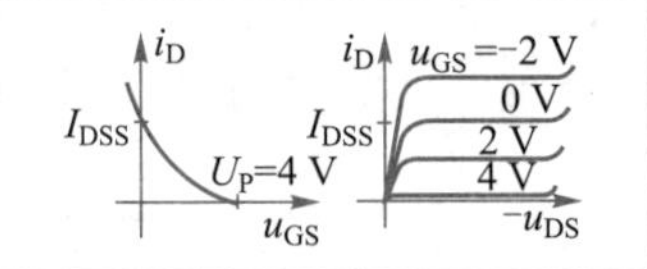	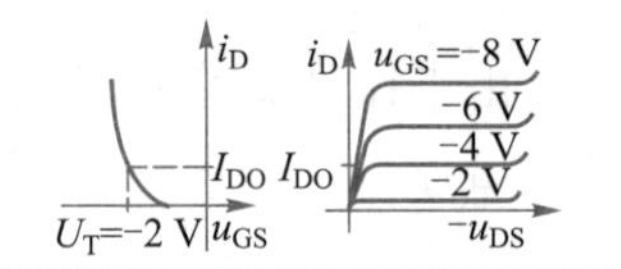
	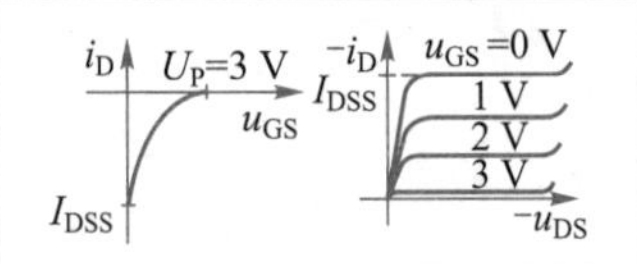	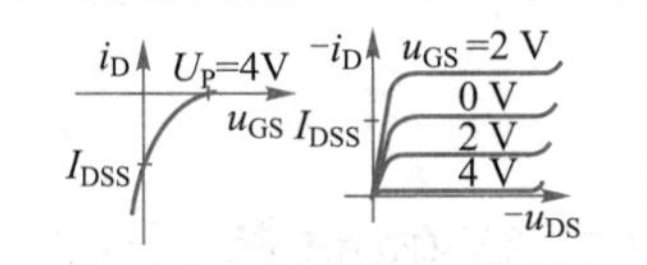	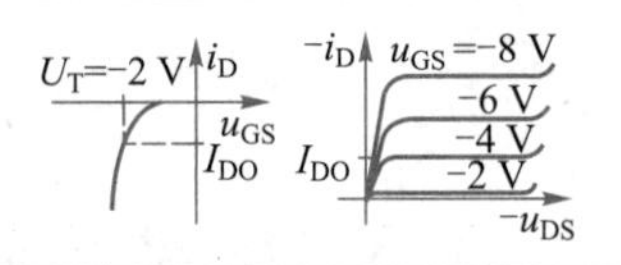
	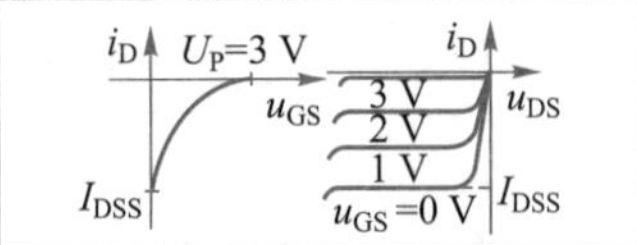	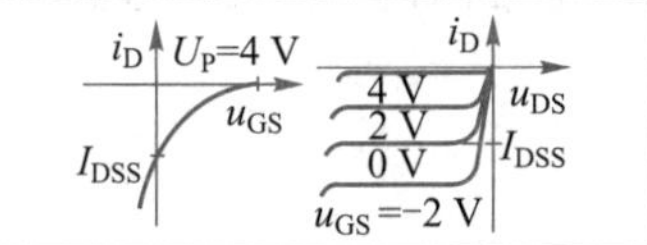	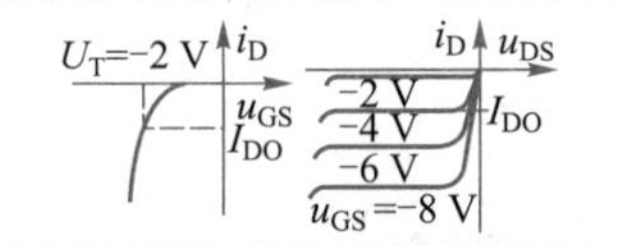

例 3.3.1 从图 3.3.1 所示的特性曲线中判断场效应管的类型，并根据图中的参数确定 U_P、I_{DSS}和 U_T的数值。

解：对于场效应管的特性曲线，了解表 3.3.1 很有必要。技巧是牢记表中第一行 N 沟道三种类型场效应管特性曲线的特点（如所在象限和主要参数等），只要遇到与 N 沟道场效应管不同的形式，便是相应类型的 P 沟道特性曲线。

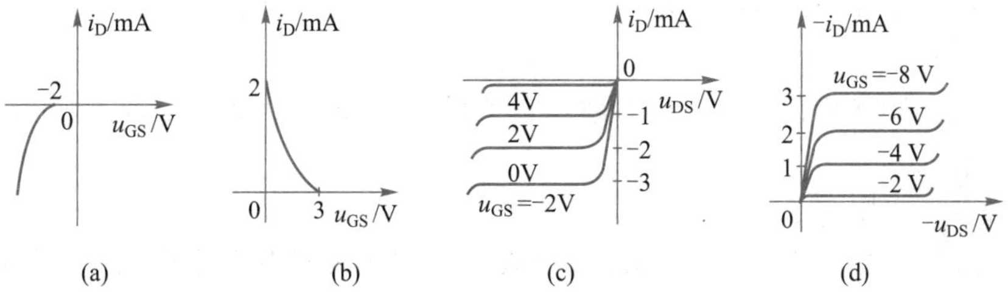

图 3.3.1 例 3.3.1

对于图 3.3.1(a)所示的转移特性曲线,由于曲线在纵轴上没有交点,且位于第三象限(或 u_{GS}只能为负值),那么该曲线一定为 P 沟道增强型 MOS 管。对应 $i_D\approx0$ 时的 u_{GS}值是开启电压 $U_T=-2$ V。

对于图 3.3.1(b)所示的转移特性曲线,由于曲线与纵轴有交点,且位于第一象限(或 u_{GS}只能为正值),那么该曲线一定为 P 沟道结型场效应管。对应 $i_D\approx0$ 时的 u_{GS}值是夹断电压 $U_P=3$ V;对应 $u_{GS}=0$ 时的 i_D值是饱和漏极电流 $I_{DSS}=2$ mA。

对于图 3.3.1(c)所示的输出特性曲线,由于曲线中 u_{GS}任意,且位于第三象限,那么该曲线一定为 P 沟道耗尽型 MOS 管。对应 $i_D\approx0$ 时的 u_{GS}值是夹断电压 $U_P=4$ V,对应 $u_{GS}=0$ 时的 i_D值是饱和漏极电流 $I_{DSS}=-2$ mA。

对于图 3.3.1(d)所示的输出特性曲线,由于曲线中没有出现 $u_{GS}=0$ 的那条输出曲线,u_{GS}只能为负值(或曲线虽位于第一象限,但坐标轴上的 i_D和 u_{DS}皆为负),故该曲线一定为 P 沟道增强型 MOS 管。对应 $i_D\approx0$ 时的 u_{GS}值是开启电压 $U_T=-2$ V。

3.4 场效应管的主要参数及小信号等效模型

导学

场效应管的主要参数。

比较双极型晶体管与场效应管的极限参数。

场效应管微变等效模型及 g_m 的表达式。

1. 场效应管的主要参数

(1) 性能参数

① 饱和漏极电流 I_{DSS}

它是耗尽型场效应管的一个重要参数。它是在 $u_{GS}=0$ V 时的漏极电流。

② 夹断电压 U_P

它是耗尽型场效应管的一个重要参数。它是在 u_{DS}为某一常数的情况下 i_D减小到某一微小电流(如 5 μA)时所需的 u_{GS} 值。

③ 开启电压 U_T

它是增强型 MOS 管的一个重要参数。它是指 u_{DS} 为某一常数的情况下,使 i_D 大于零所需的最小 $|u_{GS}|$ 值。

④ 直流输入电阻 R_{GS}

它等于栅源电压与栅极电流之比。由于场效应管的栅极几乎不取电流,因此其输入电阻很高。一般结型场效应管的 $R_{GS}>10^7\ \Omega$,MOS 管的 $R_{GS}>10^9\ \Omega$。

⑤ 低频跨导 g_m

当 u_{DS} 为恒流区某一定值时,漏极电流的微小变化量与栅源电压的微小变化量之比称为低频跨导,即 $g_m=\left.\dfrac{\partial i_D}{\partial u_{GS}}\right|_{U_{DS}=\text{定值}}$。$g_m$ 反映了栅源电压对漏极电流的控制能力。

(2) 极限参数

① 最大漏极电流 I_{DM}

它是指管子正常工作时允许的最大漏极电流。

② 漏源击穿电压 $U_{(BR)DS}$

当 u_{DS} 值超过 $U_{(BR)DS}$ 时,栅漏间发生反向击穿,i_D 开始急剧增大,会使管子损坏。

③ 最大耗散功率 P_{DM}

最大耗散功率 $P_{DM}=u_{DS}i_D$,它受管子的最大工作温度的限制。一个管子的 P_{DM} 确定后,可以在输出特性曲线上画出它的临界损耗线。

与晶体管相似,场效应管的三个极限参数 P_{DM}、I_{DM}、$U_{(BR)DS}$ 构成了管子的安全工作区。

2. 场效应管的小信号等效模型

与晶体管一样,场效应管也是非线性器件。当场效应管在低频小信号作用下工作在恒流区(放大区或饱和区)时,也需要建立一个 Q 点附近低频小信号条件下的局部线性模型,也称为微变等效模型。

(1) 表示场效应管特性的方程

场效应管的非线性特性可由下面方程表示:

$$i_D=f(u_{GS},u_{DS})$$

仿照对晶体管讨论的方法,对上式求全微分可得

$$\mathrm{d}i_D=\left.\frac{\partial i_D}{\partial u_{GS}}\right|_{U_{DS}}\mathrm{d}u_{GS}+\left.\frac{\partial i_D}{\partial u_{DS}}\right|_{U_{GS}}\mathrm{d}u_{DS}$$

令 $\left.\dfrac{\partial i_D}{\partial u_{GS}}\right|_{U_{DS}}=g_m$,$\left.\dfrac{\partial i_D}{\partial u_{DS}}\right|_{U_{GS}}=\dfrac{1}{r_{ds}}$,且 Q 点附近 g_m、r_{ds} 为常数。上式用正弦量的有效值相量可表示为

$$\dot{I}_d=g_m\dot{U}_{gs}+\frac{\dot{U}_{ds}}{r_{ds}} \tag{3.4.1}$$

(2) 场效应管微变等效模型

由式(3.4.1)可画出场效应管的微变等效模型,如图 3.4.1(a)所示。图中,输入回路的栅极与源极之间虽有一个电压 $\dot{U}_{gs}$,但没有栅极电流,所以栅极是悬空的;输出回路等效为

一个压控($\dot{U}_{gs}$)电流源 $g_m\dot{U}_{gs}$与一个电阻 r_{ds}的并联;由于 r_{ds}很大,可视为开路,于是得到了常用的简化 FET 微变等效模型,如图 3.4.1(b)所示。

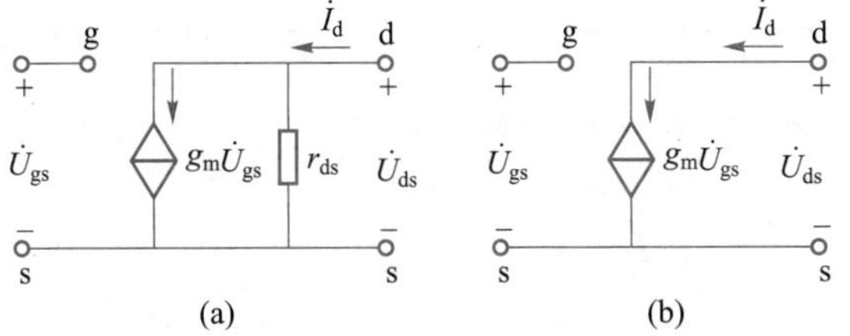

图 3.4.1 场效应管微变等效模型
(a) FET 微变等效模型 (b) 简化 FET 微变等效模型

(3) 工作点处跨导 g_m 的估算

① 结型场效应管或耗尽型 MOS 管

由 g_m 的定义及式(3.1.1)有 $g_m=\dfrac{\mathrm{d}\left[I_{DSS}\left(1-\dfrac{u_{GS}}{U_P}\right)^2\right]}{\mathrm{d}u_{GS}}=-\dfrac{2I_{DSS}}{U_P}\left(1-\dfrac{u_{GS}}{U_P}\right)$,故工作点处的跨导为

$$g_m=-\frac{2I_{DSS}}{U_P}\left(1-\frac{U_{GSQ}}{U_P}\right)=-\frac{2}{U_P}\sqrt{I_{DQ}\cdot I_{DSS}} \tag{3.4.2}$$

② 增强型 MOS 管

同理,由 g_m 的定义及式(3.2.1)得

$$g_m=\frac{2I_{DO}}{U_T}\left(\frac{U_{GSQ}}{U_T}-1\right)=\frac{2}{U_T}\sqrt{I_{DQ}\cdot I_{DO}} \tag{3.4.3}$$

由式(3.4.2)、式(3.4.3)可以看出,g_m与静态工作点有关,与 BJT 中的 r_{be}一样起承上(静态)启下(动态)的桥梁作用。

3.5 基本共源放大电路

由场效应管组成的放大电路称为场效应管放大电路。由于场效应管具有输入阻抗大、噪声低等优点,很适合微弱信号的放大,因此多用于前置输入级。从双极型晶体管三种基本接法(组态)中不难想到,场效应管放大电路也有对应的三种基本接法(组态):共源(CS)、共漏(CD)、共栅(CG),其中共栅电路很少使用。

从场效应管的特性曲线不难看出,它虽属于非线性器件,但其转移特性曲线为二次函数。因此,在分析场效应管放大电路时,可采用解析法、微变等效电路法和图解法。

3.5.1 自偏压式共源放大电路

导学

自偏压偏置电路所适合的场效应管类型。

自偏压式共源放大电路的静态和动态指标的计算。

用图解法确定静态工作点和分析动态波形与失真。

微视频

1. 电路组成

场效应管放大电路如图 3.5.1(a)所示。图中,输入信号从场效应管的栅极与源极之间输入,输出信号从场效应管的漏极与源极之间输出,公共端为源极,故称为共源(CS)基本放大电路。

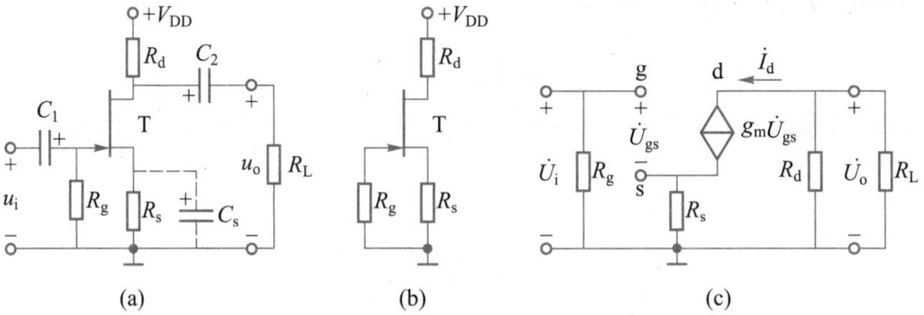

图 3.5.1 自偏压式共源放大电路

(a) 原理电路 (b) 直流通路 (c) 微变等效电路

与晶体管共射放大电路相比较,该放大电路采用了 N 沟道结型场效应管,R_g为栅极电阻;C_1、C_2分别为输入和输出耦合电容,R_d(与 R_c相对应)为漏极电阻,作用是将漏极电流的变化转换为电压的变化,R_s(与 R_e相对应)为源极电阻,C_s(与 C_e相对应)为 R_s的旁路电容,以提高电压放大倍数;R_L为外接负载电阻。

2. 静态分析

场效应管组成的放大电路与晶体管一样,必须建立合适的静态工作点,保证场效应管始终工作在放大区(或饱和区、恒流区)。对于电压控制器件,场效应管需要合适的栅源电压。分析静态的基础是直流通路,它是将图 3.5.1(a)中的 C_1、C_2断开,所剩下中间部分的电路,如图 3.5.1(b)所示。

(1) 解析法

此偏置电路是在 V_{DD}作用下,利用 N 沟道结型场效应管在 $u_{GS}=0$ 时漏极电流 $I_{DQ}\neq 0$ 的特点,使漏极电流流过 R_s产生源极电位 $U_{SQ}=I_{DQ}R_s$。而栅极经 R_g(因 $I_{GQ}\approx 0$,电阻 R_g上没有电压降)接地,栅极电位 $U_{GQ}\approx 0$。因此栅、源间的静态偏压

$$U_{GSQ}=U_{GQ}-U_{SQ}\approx -I_{DQ}R_s \tag{3.5.1}$$

显见,上述负偏压是由源极电阻 R_s提供,它刚好满足 N 沟道结型场效应管工作在放大区时对 u_{GS}的要求,故称为自偏压电路。

当 N 沟道结型场效应管工作在放大区时，由式(3.1.1)可得

$$I_{DQ}=I_{DSS}\left(1-\frac{U_{GSQ}}{U_P}\right)^2 \tag{3.5.2}$$

求解式(3.5.1)、式(3.5.2)联立的方程组得 I_{DQ} 和 U_{GSQ}，然后由直流通路图 3.5.1(b)求得

$$U_{DSQ}=V_{DD}-I_{DQ}(R_d+R_s) \tag{3.5.3}$$

进而得到转移、输出特性曲线上 Q 点的坐标值 I_{DQ}、U_{GSQ} 和 U_{DSQ}。

需要注意以下两点：

① 对于图 3.5.1 所示电路，由于自偏压电路是通过漏极电流产生的偏压，所以它只适用于耗尽型场效应管(包括结型场效应管和耗尽型 MOS 管)，而不适应于增强型 MOS 管。因为增强型 MOS 管的栅源电压只有达到开启电压后才有漏极电流产生。

② 由于式(3.5.2)是二次方程，会有两个解，需要从中确定一个满足 FET 工作在恒流区(即放大区或饱和区)条件的合理解。如 N 沟道结型场效应管应满足 $U_P<u_{GS}\leqslant 0$、漏源电压是否进入放大区($u_{DSQ}\geqslant u_{GSQ}-U_P$)等情况而定。

例 3.5.1 在如图 3.5.2(a)所示的场效应管放大电路中，已知 N 沟道耗尽型 MOS 管的特性曲线如图 3.5.2(b)所示；$V_{DD}=16$ V，$R_g=200$ kΩ，$R_d=15$ kΩ，$R_s=8$ kΩ，$R_L=60$ kΩ。试计算该电路的静态工作点。

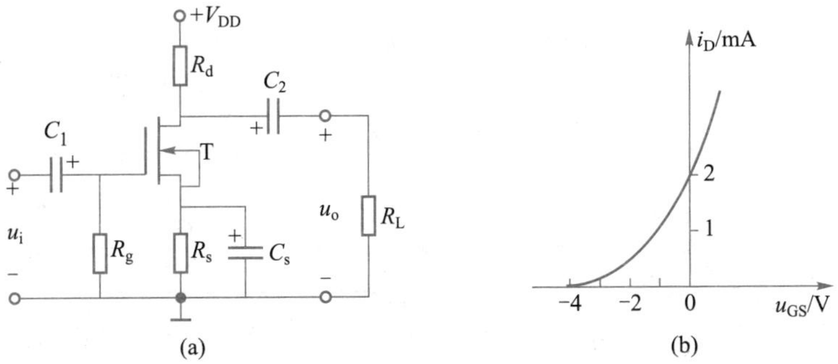

图 3.5.2 例 3.5.1

解：从图 3.5.2(b)可看出，夹断电压 $U_P=-4$ V，饱和漏极电流 $I_{DSS}=2$ mA。由式(3.5.1)、式(3.5.2)代入数据得

$$U_{GSQ}=-I_{DQ}R_s=-8\ \text{k}\Omega\cdot I_{DQ}$$

$$I_{DQ}=I_{DSS}\left(1-\frac{U_{GSQ}}{U_P}\right)^2=2\ \text{mA}\cdot\left(1-\frac{U_{GSQ}}{-4}\right)^2$$

【方法一】若将下式代入上式，解得 $U_{GSQ1}=-6.56$ V，$U_{GSQ2}=-2.44$ V，再由图 3.5.2(b)可知，$U_{GSQ1}=-6.56\ \text{V}<U_p$，超出了夹断电压，不符合题意，舍去。应取 $U_{GSQ2}=-2.44$ V，并将其代入上式得 $I_{DQ2}\approx 0.31$ mA。

【方法二】若将上式代入下式，解得 $I_{DQ1}\approx 0.82$ mA，$I_{DQ2}\approx 0.31$ mA，这两个漏极电流值从图 3.5.2(b)所示的耗尽型 MOS 转移特性曲线中是无法判断出哪个是合理值，必须再通过 $U_{GSQ}=-8\ \text{k}\Omega\cdot I_{DQ}$ 计算 U_{GSQ} 加以判断。两值代入后分别得 $U_{GSQ1}=-6.56$ V，$U_{GSQ2}=$

$-2.48\ \text{V}$。由图 3.5.2(b)可知，$U_{GSQ1}=-6.56\ \text{V}<U_p$，不符合题意，应取合理值 $I_{DQ}\approx 0.31\ \text{mA}$，$U_{GSQ}=-2.48\ \text{V}$。

显见，虽然两种方法的结果相同，但【方法一】更为快捷。

再由 $I_{DQ}\approx 0.31\ \text{mA}$ 得 $U_{DSQ}=V_{DD}-I_{DQ}(R_d+R_s)=16\ \text{V}-0.31\ \text{mA}\times(15+8)\text{k}\Omega=8.87\ \text{V}$，也满足管子工作在放大区 $u_{DSQ}\geqslant u_{GSQ}-U_p$ 的条件。

由上述计算可得静态工作点为：$I_{DQ}\approx 0.31\ \text{mA}$，$U_{GSQ}=-2.48\ \text{V}$，$U_{DSQ}=8.87\ \text{V}$。

(2) 图解法

与晶体管放大电路图解分析法相似，也是在场效应管的伏安特性曲线上，通过作图确定放大电路的静态工作点。下面仍以图 3.5.1(a)为例加以说明，并假设 N 沟道结型场效应管工作在放大区。

首先，由输出特性曲线画出一条转移特性曲线，如图 3.5.3(a)所示，该曲线可用式(3.5.2)表示。再据式(3.5.1)在转移特性曲线上作出一条过原点，且斜率为 $-1/R_s$ 的偏置线，它与转移特性曲线的交点即为静态工作点 Q，对应的坐标为 U_{GSQ} 和 I_{DQ}，见图 3.5.3(a)。

其次，虽然输出特性曲线是一簇曲线，但是只有 $U_{GS}=U_{GSQ}$ 对应的那条曲线与输入回路有关。然后依据式(3.5.3)，通过两点法在输出特性曲线上画出该方程所对应的直线 AA'，它与 $u_{GS}=U_{GSQ}$ 的那条输出特性曲线的交点即为 Q 点，对应的坐标为 U_{DSQ} 和 I_{DQ}，如图 3.5.3(b)所示。

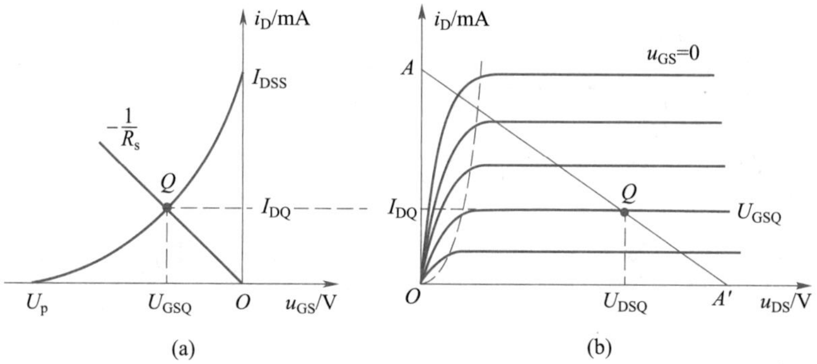

图 3.5.3 自偏压共源放大电路的静态图解分析

(a) 在转移特性曲线上确定 Q 点 (b) 在输出特性曲线上确定 Q 点

3. 动态分析

(1) 微变等效电路法

当静态工作点设置合适时，就可以估算场效应管放大电路的动态性能指标了。

首先依据图 3.5.1(a)画出交流通路，当放大电路的漏极电阻 R_d 远小于 r_{ds} 时，再用简化 FET 微变等效模型图 3.4.1(b)替代 T，便可画出图 3.5.1(c)所示的微变等效电路。图中的低频跨导 g_m 可由式(3.4.2)得之，它是联系静态和动态的桥梁。

① 电压放大倍数

因 $\dot{U}_o=-g_m\dot{U}_{gs}(R_d/\!/R_L)=-g_m\dot{U}_{gs}R'_L$，$\dot{U}_i=\dot{U}_{gs}+g_m\dot{U}_{gs}R_s$，则

$$\dot{A}_u=\frac{\dot{U}_o}{\dot{U}_i}=\frac{-g_m R_L'}{1+g_m R_s} \tag{3.5.4a}$$

上式中的"-"号表示共源放大电路的输出电压与输入电压反相。这一特点与共射放大电路是一致的。

若在放大电路源极电阻 R_s 两端接有 C_s（图 3.5.1(a)中用虚线表示），则

$$\dot{A}_u=-g_m R_L' \tag{3.5.4b}$$

可见，欲提高场效应管放大电路的放大倍数，可采用带有源极旁路电容 C_s 的放大电路。因此，在实际电路中，常在源极电阻 R_s 两端并接旁路电容 C_s。由于场效应管的 g_m 较小，所以场效应管放大电路的电压放大倍数也较小。

② 输入电阻

从图 3.5.1(c)的微变等效电路中可直接看出

$$R_i=R_g \tag{3.5.5}$$

需要注意的是，电路中的 R_g 可取值至兆欧数量级，以增大放大电路的输入电阻，较好地体现场效应管本身输入电阻高的优势。

③ 输出电阻

采用的方法与第 2 章共射放大电路求输出电阻 R_o 的方法相同，即"加压求流法"。当外接旁路电容 C_s 时，此时所对应的等效电路图 3.5.1(c)中的源极电阻 R_s 被短路，当 $\dot{U}_i=0$ 时，$\dot{U}_{gs}=0$，$g_m\dot{U}_{gs}=0$，受控源相当于开路。若认为微变等效模型中的 r_{ds} 开路，且在输出端加上测试电压 $\dot{U}_T$，则产生的测试电流 $\dot{I}_T\approx\frac{\dot{U}_T}{R_d}$，于是

$$R_o=\frac{\dot{U}_T}{\dot{I}_T}\approx R_d \tag{3.5.6}$$

从动态指标上看，共源与共射放大电路类似，具有"反相电压放大"的特点。只是共源放大电路的输入电阻较高，电压放大倍数较小。

(2) 图解法

可以仿照第 2 章的图解分析法理解场效应管放大电路的相关内容。鉴于实际电路中放大电路源极电阻 R_s 两端常接有 C_s，故以接有 C_s 的情况进行分析。

① 静态工作点设置合适的工作情况

首先，在输出特性曲线上画出交流负载线。

由第 2 章的图解分析法可知，放大电路是直流、交流共存的，即信号的瞬时量是在直流量的基础上叠加交流量。具体表示为：$i_D=I_{DQ}+i_d$，$u_{DS}=U_{DSQ}+u_{ds}$。源极电阻 R_s 被 C_s 短路，有 $u_{ds}=u_o=-i_d(R_d/\!/R_L)=-i_d R_L'$，由此三式可得

$$u_{DS}=U_{DSQ}+u_{ds}=U_{DSQ}-i_d R_L'=U_{DSQ}-(i_D-I_{DQ})R_L'=U_{DSQ}-i_D R_L'+I_{DQ}R_L'$$

经整理得一直线方程：

$$i_D=-\frac{1}{R_L'}u_{DS}+\left(I_{DQ}+\frac{U_{DSQ}}{R_L'}\right)$$

讨论：当 $i_D=I_{DQ}$ 时，有 $u_{DS}=U_{DSQ}$，说明此直线过 Q 点；当 $i_D=0$ 时，有 $u_{DS}=U_{DSQ}+I_{DQ}R'_L$，过图中的 B' 点，即 U_{DSQ} 到 B' 点的间距为 $I_{DQ}R'_L$。在图 3.5.4 中，Q 点坐标已由直流负载线 AA' 和 U_{GSQ} 确定，如图 3.5.3(b)所示。连接 Q 和 B' 两点，便可画出交流负载线 BB'。

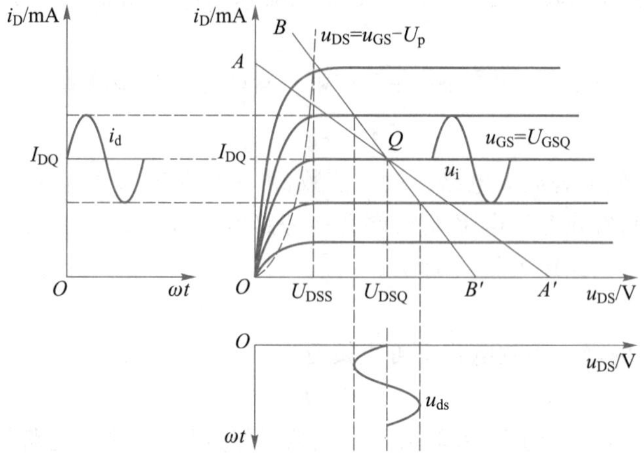

图 3.5.4 自偏压共源放大电路的动态图解分析

其次，分析交流信号的变化情况。

设放大电路输入的交流小信号为 $u_i=U_{im}\sin\omega t$，从图 3.5.1(a)可看出，此时加在结型场效应管的瞬时栅源电压为静态偏压 U_{GSQ} 和输入信号 u_i 的叠加，可表示为 $u_{GS}=U_{GSQ}+u_{gs}=U_{GSQ}+u_i$。由图 3.5.4 可见，当 u_i 在 U_{GSQ} 所在的输出特性曲线上变化时，动态工作点将沿着交流负载线 BB′上下移动，相应的 $i_D=I_{DQ}+i_d$，$u_{DS}=U_{DSQ}+u_{ds}$。

可见，场效应管放大电路的图解法与晶体管放大电路图解法非常相近，输出电压 $u_o(u_{ds})$ 与 u_i 同样具有“倒相”现象，且与式(3.5.4)中的“−”号相对应。

图中，U_{DSS} 为负载线与预夹断轨迹相交点对应的 u_{DS} 值。

② 静态工作点对输出波形的影响

a. 截止失真

在图 3.5.5 中，当静态工作点 Q_1 设置过低时，I_{DQ1}、U_{GSQ1} 过小，场效应管会在交流信号 u_{i1} 负半周的峰值附近进入截止区，造成 i_{d1}、u_{ds1} 波形失真。此时最大不失真输出电压的幅值 $U_{om}=I_{DQ1}R'_L$。

b. 饱和失真

当静态工作点 Q_2 设置过高时，I_{DQ2}、U_{GSQ2} 过大，场效应管会在交流信号 u_{i2} 正半周的峰值附近进入可变电阻区，引起 i_{d2}、u_{ds2} 波形失真，如图 3.5.5 所示。此时，最大不失真输出电压的幅值 $U_{om}=U_{DSQ2}-U_{DSS}$。

可见，共源放大电路用图解法分析波形失真的方法与第 2 章共射放大电路相似。

为了减小或避免非线性失真，当输入信号较大时，应把静态工作点设置在交流负载线的中点附近；当输入信号较小时，为减小电路的静态功率损耗，在不产生截止失真和保证一定的电压增益的前提下，静态工作点 Q 尽量设置得低些。

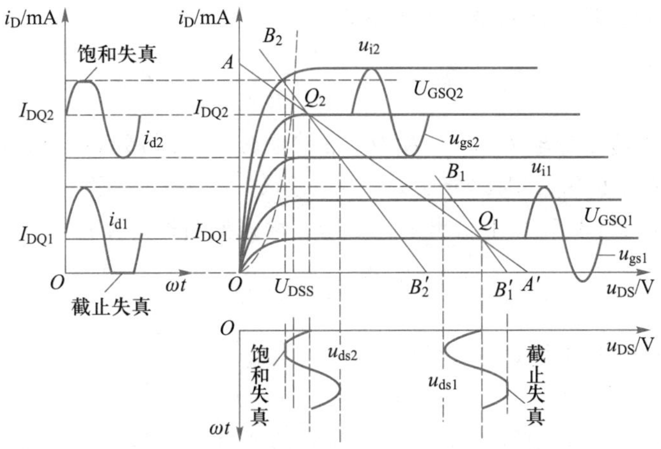

图 3.5.5　自偏压共源放大电路的截止失真和饱和失真图解分析

3.5.2　分压式共源放大电路

导学

分压式偏置电路所适合的场效应管类型。

分压式共源放大电路的静态和动态的计算。

栅极电阻 R_g、源极电容 C_s 在电路中的作用。

微视频

1. 电路组成

电路如图 3.5.6(a)所示。此电路从场效应管的栅极输入信号，漏极输出信号，源极通过源极电阻 R_s作为输入、输出回路的公共端，故属于共源组态。

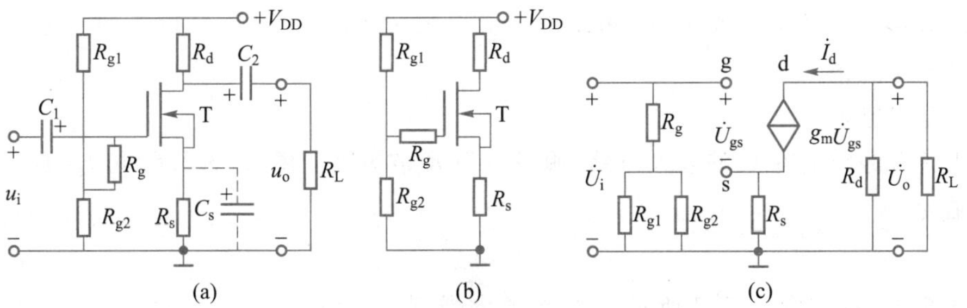

图 3.5.6　分压式偏置共源放大电路

(a) 原理电路　(b) 直流通路　(c) 微变等效电路

2. 静态分析

直流通路就是将图 3.5.6(a)中的 C_1、C_2断开，所剩下的中间部分即为直流通路，如图 3.5.6(b)所示。由于栅极电流为零，R_g两端的电压等于 0，则栅极电位是由 R_{g1}、R_{g2}对电源 V_{DD}分压后，在 R_{g2}两端产生的电压提供的；源极电位仍由漏极电流流过电阻 R_s时产生一个自偏压。因此，场效应管的栅源电压由分压和自偏压两种方式共同决定，故称为分压-自偏压

式偏置电路,简称分压式偏置电路。可表示为

$$U_{GSQ}=U_{GQ}-U_{SQ}=\frac{R_{g2}}{R_{g1}+R_{g2}}V_{DD}-I_{DQ}R_s \tag{3.5.7}$$

从上式可见,当适当选取 R_{g1}、R_{g2}、R_s 及 V_{DD} 的值时,就可得到各类场效应管工作在放大状态时所需的栅源电压 U_{GSQ},因此分压式偏置电路适用于各种类型场效应管组成的放大电路。鉴于上述原因,式(3.5.8)中给出了耗尽型和增强型两种情况:

$$I_{DQ}=I_{DSS}\left(1-\frac{U_{GSQ}}{U_P}\right)^2 \text{ 或 } I_{DQ}=I_{DO}\left(\frac{U_{GSQ}}{U_T}-1\right)^2 \tag{3.5.8}$$

再由图 3.5.6(b)写出场效应管的管压降为

$$U_{DSQ}=V_{DD}-I_{DQ}(R_d+R_s) \tag{3.5.9}$$

由式(3.5.7)、(3.5.8)、(3.5.9)联立方程组可解出 Q 点坐标 U_{GSQ}、I_{DQ}以及 U_{DSQ}的值。

3. 动态分析

(1) 电压放大倍数和输入电阻

由图 3.5.6(a)可画出其微变等效电路,如图 3.5.6(c)所示,且低频跨导 g_m 由式(3.4.2)或式(3.4.3)得之。

因 $\dot{U}_o=-g_m\dot{U}_{gs}(R_d/\!/R_L)=-g_m\dot{U}_{gs}R'_L$,$\dot{U}_i=\dot{U}_{gs}+g_m\dot{U}_{gs}R_s$,则

$$\dot{A}_u=\frac{\dot{U}_o}{\dot{U}_i}=-\frac{g_mR'_L}{1+g_mR_s} \tag{3.5.10a}$$

式中"-"号表示共源电路的输出电压与输入电压反相。在实际电路中,为了提高电压放大倍数,常在源极电阻 R_s两端接有 C_s[图 3.5.6(a)中用虚线表示],则

$$\dot{A}_u=-g_mR'_L \tag{3.5.10b}$$

从图 3.5.6(c)不难看出,放大电路的输入电阻为

$$R_i=R_g+R_{g1}/\!/R_{g2} \tag{3.5.11}$$

通常 $R_g \gg R_{g1}/\!/R_{g2}$,一般在 10 MΩ 以上。可见 R_g的存在可以保持场效应管本身的优势——输入电阻很大。

(2) 输出电阻

对于带有旁路电容 C_s的放大电路,源极电阻 R_s被短路。由式(3.5.6)可知,放大电路的输出电阻为

$$R_o\approx R_d \tag{3.5.12}$$

例 3.5.2 在如图 3.5.7 所示的 N 沟道增强型场效应管放大电路中,设 $U_T=4\ \text{V}$,$I_{DO}=10\ \text{mA}$。$V_{DD}=18\ \text{V}$,$R_g=2\ \text{M}\Omega$,$R_{g1}=150\ \text{k}\Omega$,$R_{g2}=160\ \text{k}\Omega$,$R_d=10\ \text{k}\Omega$,$R_{s1}=1\ \text{k}\Omega$,$R_{s2}=10\ \text{k}\Omega$,$R_L=10\ \text{k}\Omega$。试计算(1) 静态工作点;(2) 输入电阻 R_i和输出电阻 R_o;(3) 电压放大倍数 $\dot{A}_u$。

解:(1) 由电路可得下列两式

$$U_{GSQ}=\frac{R_{g2}}{R_{g1}+R_{g2}}V_{DD}-I_{DQ}(R_{s1}+R_{s2})$$

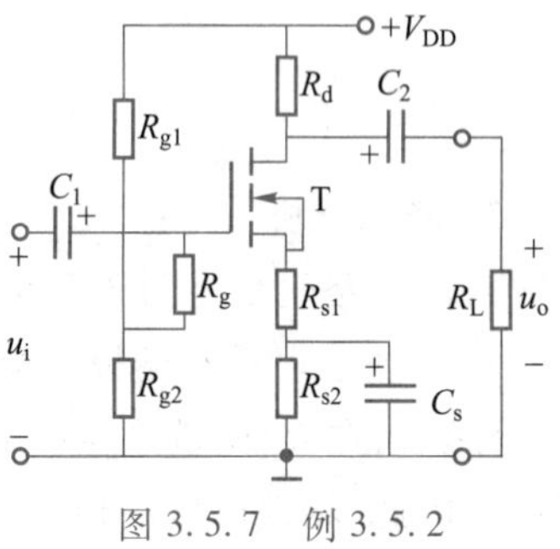

图 3.5.7 例 3.5.2

$$I_{DQ}=I_{DO}\left(\frac{U_{GSQ}}{U_T}-1\right)^2$$

代入数据得 $U_{GSQ}\approx 9.29-11I_{DQ}$ 和 $8I_{DQ}=5U_{GSQ}^2-40U_{GSQ}+80$，求解方程组得：$U_{GSQ1}\approx 4.81$ V，$U_{GSQ2}\approx 3.05$ V。因为 $U_{GSQ2}<U_T$，舍去，应取大于开启电压的 $U_{GSQ}\approx 4.81$ V。此时 $I_{DQ}\approx 0.41$ mA；$U_{DSQ}=V_{DD}-I_{DQ}(R_d+R_{s1}+R_{s2})=[18-0.41\times(10+1+10)]$ V=9.39 V，也满足管子工作在放大区 $u_{DSQ}\geqslant u_{GSQ}-U_T$ 的条件。

由上述计算可得静态工作点为：$I_{DQ}\approx 0.41$ mA，$U_{GSQ}\approx 4.81$ V，$U_{DSQ}=9.39$ V。

(2) $R_i=R_g+R_{g1}/\!/R_{g2}=\left(2+\dfrac{150\times160}{150+160}\times10^{-3}\right)$ MΩ ≈ 2.08 MΩ

$$R_o\approx R_d=10\ \text{k}\Omega$$

(3) $g_m=\dfrac{2}{U_T}\sqrt{I_{DO}\cdot I_{DQ}}=\dfrac{2}{4\ \text{V}}\sqrt{10\ \text{mA}\cdot 0.41\ \text{mA}}\approx 1.01$ mA/V

$$\dot{A}_u=-\frac{g_m(R_d/\!/R_L)}{1+g_mR_{s1}}=-\frac{1.01\times\dfrac{10\times10}{10+10}}{1+1.01\times1}\approx -2.51$$

由上述分析可知，要提高实际电路的电压放大能力，最有效的方法是增大漏极静态电流 I_{DQ} 以增大跨导 g_m。

3.6 基本共漏放大电路

导学

共漏放大电路的组成。

用解析法计算共漏放大电路的静态工作点。

共漏放大电路动态指标的计算。

微视频

1. 电路组成

电路如图 3.6.1(a) 所示。该电路从场效应管的栅极输入信号，源极输出信号，直流电源对交流信号相当于对地短路，漏极作为输入、输出回路的公共端，故称为基本共漏(CD)放大电路。

2. 静态分析

虽然图 3.6.1(a) 中的管子采用的是 N 沟道耗尽型 MOS 管，但对于分压式偏置电路而言，适用于各种类型的场效应管，故在下面的分析中兼顾耗尽型和增强型两种类型。

将图 3.6.1(a) 中的 C_1、C_2 断开，所剩下中间部分的电路为直流通路，如图 3.6.1(b) 所示。由此可得：

$$U_{GSQ}=U_{GQ}-U_{SQ}=\frac{R_{g2}}{R_{g1}+R_{g2}}V_{DD}-I_{DQ}R_s \tag{3.6.1}$$

$$I_{DQ}=I_{DSS}\left(1-\frac{U_{GSQ}}{U_P}\right)^2 \text{ 或 } I_{DQ}=I_{DO}\left(\frac{U_{GSQ}}{U_T}-1\right)^2 \tag{3.6.2}$$

$$U_{DSQ}=V_{DD}-I_{DQ}R_s \tag{3.6.3}$$

由式(3.6.1)、式(3.6.2)、式(3.6.3)联立方程组可解出 Q 点坐标 U_{GSQ}、I_{DQ} 以及 U_{DSQ} 值。

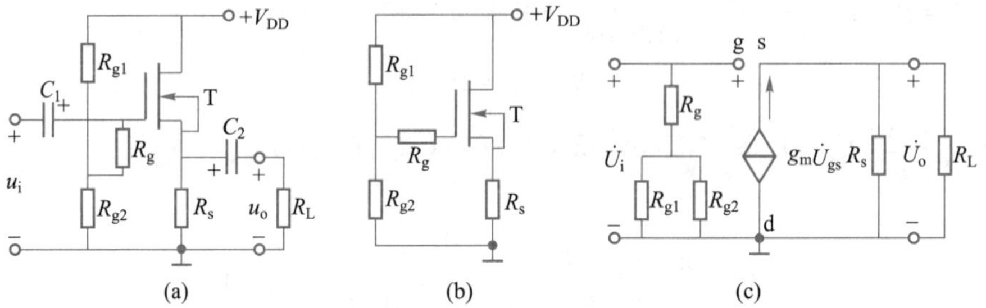

图 3.6.1 基本共漏放大电路

(a) 原理电路 (b) 直流通路 (c) 微变等效电路

3. 动态分析

(1) 电压放大倍数和输入电阻

首先依据基本共漏放大电路图 3.6.1(a)画出交流通路,然后用场效应管的微变等效模型图 3.4.1(b)替代 T,便可得到微变等效电路,如图 3.6.1(c)所示,且低频跨导 g_m 可由式(3.4.2)或式(3.4.3)得之。

在图 3.6.1(c)中,因 $\dot{U}_o=g_m\dot{U}_{gs}(R_s/\!/R_L)=g_m\dot{U}_{gs}R_L'$,$\dot{U}_i=\dot{U}_{gs}+g_m\dot{U}_{gs}R_L'$,则

$$\dot{A}_u=\frac{\dot{U}_o}{\dot{U}_i}=\frac{g_mR_L'}{1+g_mR_L'} \tag{3.6.4}$$

上式表明,当 $g_mR_L'\gg 1$ 时,放大倍数小于 1 又接近于 1,且输出电压与输入电压同相。显然输出电压跟随输入电压而变化,故形象地称为源极跟随器,它与射极跟随器相似。

再从图 3.6.1(c)中不难看出,基本共漏放大电路的输入电阻为

$$R_i=R_g+R_{g1}/\!/R_{g2} \tag{3.6.5}$$

(2) 输出电阻

仍采用"加压求流法",其等效电路如图 3.6.2 所示。

因 $\dot{U}_i$ 短路,故 $\dot{U}_{gs}=-\dot{U}_T$,$\dot{I}_T=\frac{\dot{U}_T}{R_s}+(-g_m\dot{U}_{gs})=\frac{\dot{U}_T}{R_s}+g_m\dot{U}_T$,则

$$R_o=\frac{\dot{U}_T}{\dot{I}_T}=\frac{1}{1/R_s+g_m}=R_s/\!/\frac{1}{g_m} \tag{3.6.6}$$

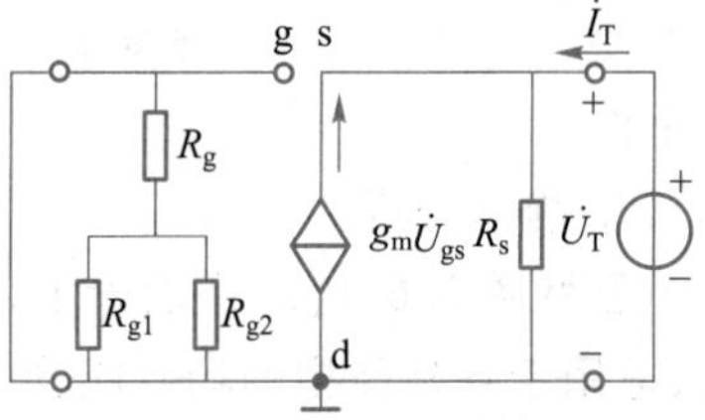

图 3.6.2 求共漏电路输出电阻的等效电路

可见,共漏放大电路与共集放大电路相比,相同点是电压放大倍数小于1,输出电压与输入电压同相,输出电阻小;不同点是共漏放大电路的输入电阻更高。

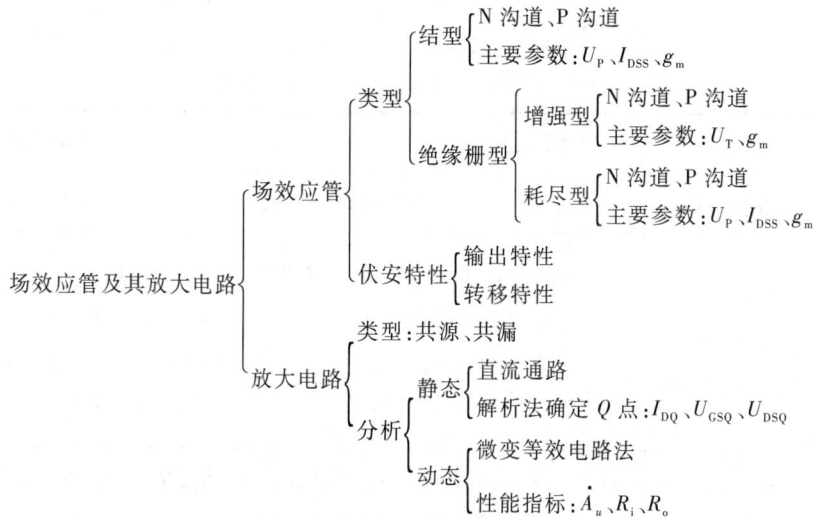

本章小结

本章知识结构

- 场效应管及其放大电路
  - 场效应管
    - 类型
      - 结型
        - N 沟道、P 沟道
        - 主要参数:U_P、I_{DSS}、g_m
      - 绝缘栅型
        - 增强型
          - N 沟道、P 沟道
          - 主要参数:U_T、g_m
        - 耗尽型
          - N 沟道、P 沟道
          - 主要参数:U_P、I_{DSS}、g_m
    - 伏安特性
      - 输出特性
      - 转移特性
  - 放大电路
    - 类型:共源、共漏
    - 分析
      - 静态
        - 直流通路
        - 解析法确定 Q 点:I_{DQ}、U_{GSQ}、U_{DSQ}
      - 动态
        - 微变等效电路法
        - 性能指标:$\dot{A}_u$、R_i、R_o

1. 场效应管

(1) 场效应管与晶体管的特点比较

场效应管与晶体管的特点比较见表 3.1。

表 3.1 场效应管与晶体管的特点比较

管子名称	双极型晶体管(BJT)	场效应管(FET)	
		结型	绝缘栅型
分类	NPN、PNP	N 沟道、P 沟道	增强型(N 沟道、P 沟道)
			耗尽型(N 沟道、P 沟道)
输入电阻	PN 结正偏,低于 $10^4\ \Omega$	PN 结反偏,$10^7\ \Omega$ 以上	有氧化层绝缘,$10^9\ \Omega$ 以上
控制方式	电流控制 ($\Delta i_B \rightarrow \Delta i_C$)	电压控制($\Delta u_{GS} \rightarrow \Delta i_D$)	
载流子	多子、少子	一种	
热稳定性	差	较好	
噪声系数	较大	较小	
放大系数	β 较大	g_m 较小	
集成工艺	不宜大规模集成	适宜大规模和超大规模集成	

(2) 场效应管特性曲线的区别

场效应管特性曲线的比较见表3.3.1。

2. 场效应管放大电路的主要内容

对于场效应管组成的“非线性电路”,常采用解析法、图解分析法和微变等效电路法。

解析法是通过耗尽型或增强型场效应管的电流方程与电路线性部分的直线方程联立进行求解,计算出 Q 值。具体计算见表3.2。

图解法是指在管子的特性曲线上用作图的方法确定 Q 点位置(当然 Q 点位置的近似可以借助解析法的计算结果加以弥补)。当输入信号电压幅值较大时,可用来分析放大电路的波形失真和输出电压的最大不失真幅值。

微变等效电路法是在输入信号幅值较小时采用。按定义计算 g_m,用微变等效电路法计算动态指标 $\dot{A}_u$、R_i、R_o,具体计算见表3.2。

表3.2 基本共源、共漏放大电路的比较

比较	共源电路		共漏电路
电路	图3.5.1(a)	图3.5.6(a)	图3.6.1(a)
静态	$U_{GS}\approx -I_DR_s$ $I_D=I_{DSS}(1-U_{GS}/U_P)^2$ $U_{DS}=V_{DD}-I_D(R_d+R_s)$	$U_{GS}=R_{g2}V_{DD}/(R_{g1}+R_{g2})-I_DR_s$ $I_D=I_{DSS}(1-U_{GS}/U_P)^2$ 或 $I_D=I_{DO}(U_{GS}/U_T-1)^2$ $U_{DS}=V_{DD}-I_D(R_d+R_s)$	$U_{GS}=R_{g2}V_{DD}/(R_{g1}+R_{g2})-I_DR_s$ $I_D=I_{DSS}(1-U_{GS}/U_P)^2$ 或 $I_D=I_{DO}(U_{GS}/U_T-1)^2$ $U_{DS}=V_{DD}-I_DR_s$
g_m	耗尽型 $g_m=-(2I_{DSS}/U_P)(1-U_{GS}/U_P)$,增强型 $g_m=(2I_{DO}/U_T)(U_{GS}/U_T-1)$ 是联系静态与动态的“桥梁”		
$\dot{A}_u$	$\dot{A}_u=-g_mR'_L/(1+g_mR_s)$	$\dot{A}_u=-g_mR'_L/(1+g_mR_s)$	$\dot{A}_u=g_mR'_L/(1+g_mR'_L)$
R_i	$R_i=R_g$	$R_i=R_g+R_{g1}//R_{g2}$	$R_i=R_g+R_{g1}//R_{g2}$
R_o	$R_o\approx R_d$	$R_o\approx R_d$	$R_o=R_s//(1/g_m)$
特点	主要用于高 R_i 的电压放大		主要用于高 R_i、低 R_o 场合

3. 本章记识要点及技巧

(1) 掌握场效应管的特性曲线

对于特性曲线,可采用如下方法巧妙记忆:

① 牢记N沟道场效应管的特性曲线(三个输出特性和三个转移特性曲线)。只要遇到与N沟道场效应管不同的,便是相应类型的P沟道特性曲线。

② N沟道场效应管特性曲线的识别(参照表3.3.1)

a. 转移特性曲线的识别——与纵轴相交的曲线一定是耗尽型场效应管(包括结型场效应管和耗尽型MOS管,其中 u_{GS} 任意的为耗尽型MOS管),且纵轴交点为 I_{DSS},横轴交点为 U_P。否则,一定是增强型MOS管,且横轴交点为 U_T,$2U_T$ 对应的电流值为 I_{DO}。

b. 输出特性曲线的识别——曲线中只要出现 $u_{GS}=0$,一定是耗尽型场效应管(包括结型场效应管和耗尽型 MOS 管,其中 u_{GS}任意的为耗尽型 MOS 管),且 $u_{GS}=0$ 时对应的纵轴电流值为 I_{DSS};否则,一定是增强型 MOS 管。注意,与横轴基本重合的那条输出曲线 U_{GS}在数值上对应 U_P或 U_T。

(2) 从设计思想的角度理解共源、共漏两种基本放大电路的构成原则。

(3) 熟练地计算静态和动态指标

静态工作点的计算可通过基尔霍夫定律和场效应管的电流方程来求解。其中,计算结果的取舍是关键。

对于动态公式,可采用如下方法巧妙记忆:

通过表 2.1 和表 3.2 的对比来记忆。除了 R_i与晶体管不同外,$\dot{A}_u$ 和 R_o皆可在晶体管相应组态公式的基础上,稍加改动即可。技巧是:用 g_m代替晶体管公式中的 β 或$(1+\beta)$;用 1 代替晶体管公式中的 r_{be},电阻 R_d和 R_s分别代替晶体管公式中的 R_c和 R_e。读者不妨一试。

自测题

参考答案

3.1 填空题

1. 按照结构,场效应管可分为________________。它属于________型器件,其最大的优点是________________。

2. 在使用场效应管时,由于结型场效应管结构是对称的,所以________极和________极可互换。MOS 管中如果衬底在管内不与________极预先接在一起,则________极和________极也可互换。

3. 当场效应管工作在恒流区时,其漏极电流 i_D 只受电压________的控制,而与电压________几乎无关。耗尽型 i_D 的表达式为________________,增强型 i_D 的表达式为________________。

4. FET 输出特性曲线可变电阻区和饱和区的分界线是________。对于 N-JFET 而言,分界线的临界条件是________。

5. 一个结型场效应管的电流方程为 $I_D=16\times\left(1-\frac{U_{GS}}{4}\right)^2$ mA,则该管的 $I_{DSS}=$________,$U_p=$________;当 $u_{GS}=0$ 时的 $g_m=$________。

6. N 沟道结型场效应管工作于放大状态时,要求 $0\geqslant u_{GS}\geqslant$________,$u_{DS}>$________;而 N 沟道增强型 MOS 管工作于放大状态时,要求 $u_{GS}>$________,$u_{DS}>$________。

7. 耗尽型场效应管可采用________偏压电路,增强型场效应管只能采用________偏置电路。

8. 在共源放大电路中,若源极电阻 R_s 增大,则该电路的漏极电流 I_D ________,跨导 g_m ________,电压放大倍数________。

9. 源极跟随器的输出电阻与________和________有关。

3.2 选择题

1. P沟道结型场效应管中的载流子是________。

A. 自由电子　B. 空穴　C. 电子和空穴　D. 带电离子

2. 对于结型场效应管,如果$|U_{GS}|>|U_p|$,那么管子一定工作于________。

A. 可变电阻区　B. 饱和区　C. 截止区　D. 击穿区

3. 与晶体管相比,场效应管________。

A. 输入电阻小　B. 制作工艺复杂　C. 不便于集成　D. 放大能力弱

4. 工作在恒流状态下的场效应管,关于其跨导g_m,下列说法正确的是________。

A. g_m与I_{DQ}成正比　B. g_m与U_{GS}^2成正比

C. g_m与U_{DS}成正比　D. g_m与$\sqrt{I_{DQ}}$成正比

5. P沟道增强型MOS管工作在恒流区的条件是________。

A. $u_{GS}<U_T, u_{DS}\geqslant u_{GS}-U_T$　B. $u_{GS}<U_T, u_{DS}\leqslant u_{GS}-U_T$

C. $u_{GS}>U_T, u_{DS}\geqslant u_{GS}-U_T$　D. $u_{GS}>U_T, u_{DS}\leqslant u_{GS}-U_T$

6. 某场效应管的I_{DSS}为6 mA,而I_{DQ}自漏极流出,大小为8 mA,则该管是________。

A. P沟道结型管　B. 耗尽型PMOS管

C. N沟道结型管　D. 耗尽型NMOS管

7. 增强型PMOS管工作在放大状态时,其栅源电压________;耗尽型PMOS管工作在放大状态时,其栅源电压________。

A. 只能为正　B. 只能为负　C. 可正可负　D. 任意

8. $U_{GS}=0$ V时,能够工作在恒流区的场效应管有________。

A. 结型管　B. 增强型MOS管　C. 耗尽型MOS管　D. 任意管子

9. 分压式偏置电路中的栅极电阻R_g一般阻值很大,这是为了________。

A. 设置静态工作点　B. 提高输入电阻

C. 提高放大倍数　D. 提高输出电阻

3.3 判断题

1. 对于结型场效应管,栅源极之间的PN结必须正偏。（　）

2. JFET外加的u_{GS}应使栅源间的耗尽层承受反向电压,才能保证其R_{GS}大的特点。（　）

3. 增强型MOSFET由于预先在SiO_2绝缘层中掺入了大量正离子,因此存在原始的导电沟道。（　）

4. 若耗尽型NMOS管的U_{GS}大于零,则其输入电阻会明显变小。（　）

5. 增强型场效应管,$|i_D|\neq 0$的必要条件是$|U_{GS}|>|U_T|$。（　）

6. 场效应管用于放大时,应工作在饱和区。（　）

7. 场效应管构成的放大电路,输出电阻约等于R_d。（　）

8. 场效应管的突出优点是具有特别高的输出电阻。（　）

9. 提高场效应管电压放大倍数的有效途径就是增大漏极电流I_{DQ}。（　）

参考答案

习题

3.1 习题 3.1 图示出了四个场效应管的转移特性，其中漏极电流的方向是它的实际方向。试判断它们各是什么类型的场效应管，并写出各曲线与坐标轴交点的名称及数值。

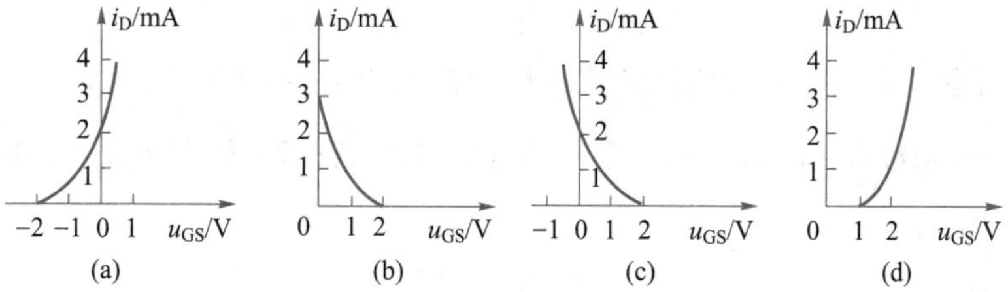

习题 3.1 图

3.2 习题 3.2 图示出了四个场效应管的输出特性。试说明曲线对应何种类型的场效应管，并根据各图中输出特性曲线上的标定值确定 U_p、U_T 及 I_{DSS} 数值。

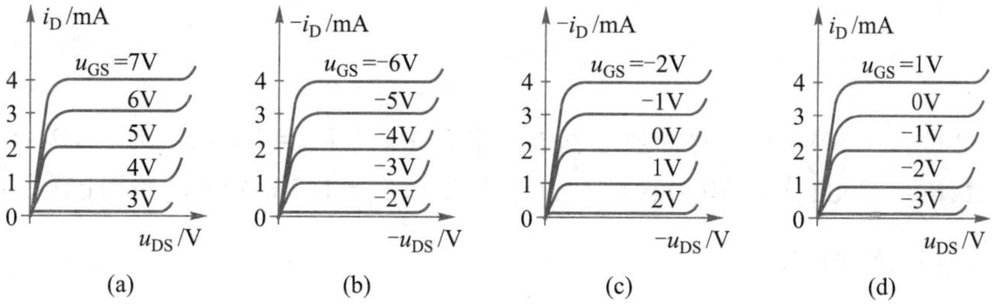

习题 3.2 图

3.3 试分别画出习题 3.2 图所示各输出特性曲线对应的转移特性曲线。

3.4 在习题 3.4 图所示的场效应管放大电路中，设 $V_{DD}=15\ \text{V}$，$R_g=100\ \text{k}\Omega$，$R_d=15\ \text{k}\Omega$，$R_s=10\ \text{k}\Omega$，$R_L=75\ \text{k}\Omega$。试计算：(1) 静态工作点；(2) R_i、R_o；(3) $\dot{A}_u$。

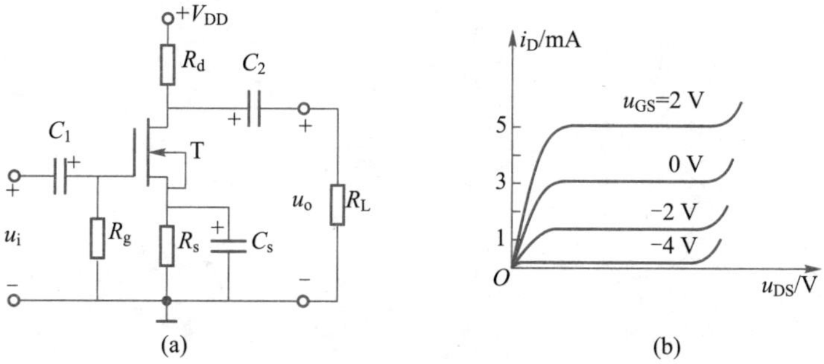

习题 3.4 图

3.5　带有源极电容的图 3.5.6(a)中，设 $U_P=-1\ V$，$I_{DSS}=0.5\ mA$。$V_{DD}=18\ V$，$R_g=10\ M\Omega$，$R_{g1}=2\ M\Omega$，$R_{g2}=47\ k\Omega$，$R_d=10\ k\Omega$，$R_s=2\ k\Omega$，$R_d=30\ k\Omega$，$R_L=10\ k\Omega$。试计算：(1) 静态工作点；(2) $\dot{A}_u$、R_i 和 R_o。

3.6　在习题 3.6 图所示的场效应管放大电路中，设 $U_{GSQ}=-2\ V$，$V_{DD}=20\ V$，$R_g=1\ M\Omega$，$R_d=10\ k\Omega$；管子参数 $I_{DSS}=4\ mA$，$U_p=-4\ V$。(1) 求电阻 R_1 和静态电流 I_{DQ}；(2) 保证静态 $U_{DSQ}=4\ V$ 时 R_2 的值；(3) 计算 $\dot{A}_u$。

3.7　在习题 3.7 图所示的场效应管放大电路中，设 $U_p=-3\ V$，$I_{DSS}=3\ mA$。$V_{DD}=20\ V$，$R_g=1\ M\Omega$，$R_d=12\ k\Omega$，$R_{s1}=R_{s2}=500\ \Omega$。试计算：(1) 静态工作点；(2) $\dot{A}_{u1}$ 和 $\dot{A}_{u2}$；(3) R_i、R_{o1} 和 R_{o2}。

3.8　在习题 3.8 图所示的场效应管放大电路中，设 $U_p=-4\ V$，$I_{DSS}=2\ mA$。$V_{DD}=15\ V$，$R_g=1\ M\Omega$，$R_s=8\ k\Omega$，$R_L=1M\Omega$。试计算：(1) 静态工作点；(2) R_i 和 R_o；(3) $\dot{A}_u$。

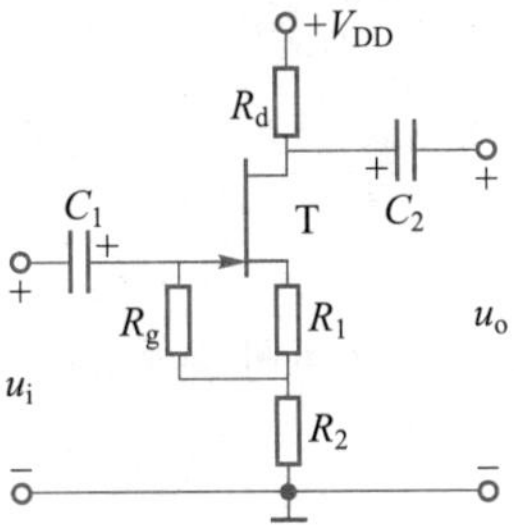

习题 3.6 图

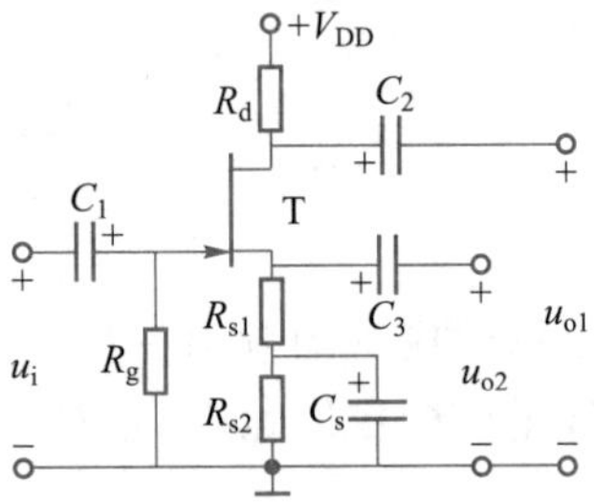

习题 3.7 图

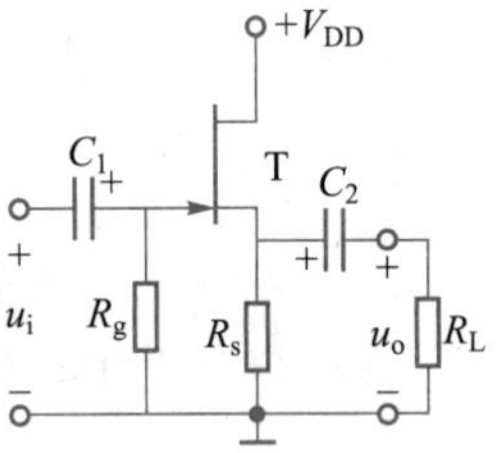

习题 3.8 图

3.9　如图 3.6.1(a)所示的场效应管放大电路中，设 $V_{DD}=20\ V$，$R_g=1\ M\Omega$，$R_{g1}=2\ M\Omega$，$R_{g2}=500\ k\Omega$，$R_s=10\ k\Omega$，$R_L=10\ k\Omega$，且 $U_{GSQ}=-0.2\ V$，$g_m=1.2\ mA/mV$。试计算：(1) 静态值 I_{DQ}、U_{DSQ}；(2) $\dot{A}_u$、R_i 和 R_o。

第 4 章 多级放大电路与频率响应

在实际应用中,常对放大电路的性能提出多方面的要求,例如较高的电压放大倍数,较大的输入电阻和较小的输出电阻等,这对于前述的任何一个基本放大电路来说都是很难实现的。为此可将若干个基本放大电路以某种方式连接起来,组成多级放大电路满足其要求。此外,放大电路放大的信号一般为多频信号,由于电路中存在电抗元件,必然对不同频率的信号呈现出不同的放大倍数和相移,这就需要引入一个衡量放大电路对信号频率适应能力的性能指标——频率响应。本章实际上是第 2 章和第 3 章的延续,体现了电路的实用性。

本章首先介绍多级放大电路的三种耦合方式及其分析方法;然后介绍集成运算放大电路的组成框图和图形符号;最后从 RC 高、低通电路入手,分析放大电路的频率响应。

4.1 多级放大电路

4.1.1 多级放大电路的级间耦合方式

导学

级间耦合方式及特点。

解决电平移动问题采取的措施。

零点漂移的现象及影响因素。

组成多级放大电路的每一个基本放大电路称为一级,级与级之间的连接方式称为“耦合方式”。耦合方式有:阻容耦合、变压器耦合、直接耦合和光电耦合(此内容请参见参考文献)。本教材仅介绍前三种。

1. 阻容耦合方式

把前一级放大电路的输出端通过一个电容器与后一级放大电路的输入端(指后一级的

输入电阻或负载)连接起来的耦合方式称为阻容耦合。如图 4.1.1 所示。

(1) 阻容耦合方式的优点

由于级间耦合电容的隔直作用,使各级静态工作点彼此独立;一般级间耦合电容为"μF"数量级,对中、高频信号可视为短路,即能有效地传输交流信号;此外,阻容耦合放大电路体积小,成本低。

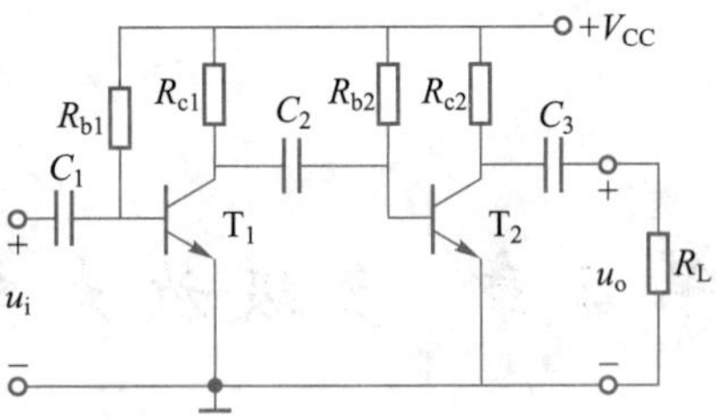

图 4.1.1 两级阻容耦合放大电路

(2) 阻容耦合方式的缺点

因为集成电路只能制造 100 pF 以下的电容,因此阻容耦合放大电路不便于集成;当交流信号频率较低时电容容抗较大,因而对信号衰减较大,所以低频特性差。

2. 变压器耦合方式

通过磁路将放大电路的前、后级连接起来的耦合方式称为变压器耦合。如图 4.1.2 所示。

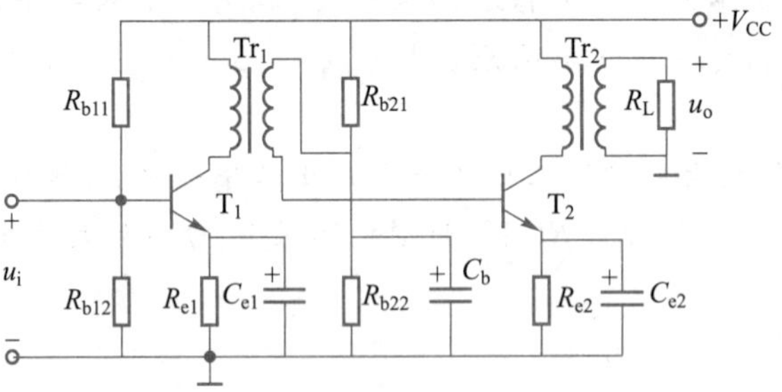

图 4.1.2 两级变压器耦合放大电路

(1) 变压器耦合方式的优点

由于级间变压器不能传输直流信号,使各级静态工作点彼此独立;通过改变变压器一次侧和二次侧匝数,可以实现阻抗变换,使负载上得到最大功率。

(2) 变压器耦合方式的缺点

因变压器需用绕组和铁心,体积大,成本高,无法采用集成工艺;不利于传输低频和高频信号。

3. 直接耦合方式

鉴于上述两种耦合方式无法实现集成和不利于传输缓慢变化信号的缺点,在实际中常采取直接耦合方式,即将前级放大电路的输出端直接或通过电阻接到后级放大电路的输入端。如图 4.1.3 所示。

(1) 直接耦合方式的优点

电路中无耦合电容和变压器,低频特性好,能放大缓慢变化的信号和直流信号;直接耦合放大电路便于集成。实际的集成运算放大电路一般都是采用直接耦合多级放大电路。

(2) 直接耦合方式的缺点

第一,各级静态工作点不独立,互相有影响,需要统筹考虑。

在图 4.1.3(a)中,由于 T_2 发射极接地,有 $U_{CE1}=U_{BE2}=0.7\ V$(对于硅管),使 T_1 因 U_{CE1}

较小而进入临界饱和状态,限制了 T_1 输出电压的变化幅值。为了抬高 T_1 管的集电极电位,可在 T_2 管的发射极上接入电阻 R_{e2},如图 4.1.3(b)所示。然而新的问题又出现了,那就是 R_{e2} 会使第二级的电压放大倍数下降。若根据设计需要用如图 4.1.3(b)和 4.1.3(c)所示的二极管或稳压管代替电阻 R_{e2},可以解决这一问题。因为直流时利用二极管的正向导通电压或稳压管的稳压值 U_Z,可以提高 T_1 的集电极电位,交流时二极管或稳压管的动态电阻又小,使第二级的电压放大倍数不至于损失太大。

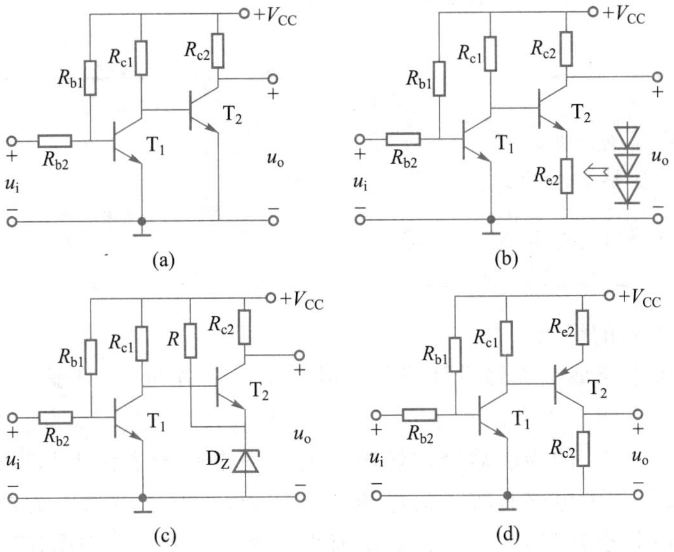

图 4.1.3 两级直接耦合放大电路

(a) 直接耦合 (b)、(c) 提高后级发射极电位的三种方法 (d) 互补管实现电平移动电路

上述三种解决方案还存在一个共同的问题,那就是当耦合电路的级数增多时,由于集电极电位逐级升高最终将因电源电压 V_{CC} 的限制而无法实现。解决的方案是采取 NPN 和 PNP 型管的组合来实现电平移动,如图 4.1.3(d)所示。由于电路中的 T_2 管采用 PNP 型晶体管,集电极电位比基极电位低,从而避免了因耦合级数较多而造成电位逐级上升的情况。

第二,存在“零点漂移”现象。

对于直接耦合放大电路而言,当输入信号为零时,其输出端应有一固定的直流(即静态工作点)电压,此直流电压(可作为参考电压,即零点)应该保持不变。但是,人们在实验中发现,输出端电压并非始终不变,而是随时间作缓慢地偏离原来起始“零点”的随机漂动,这种现象称为零点漂移,简称零漂。

影响零漂的外界因素很多,如环境温度变化、电源电压波动、器件老化和电路参数变化等,但工作温度变化引起的漂移最严重,简称“温漂”。如晶体管的 I_{CBO}、β、U_{BE} 等参数随温度变化而引起工作点的变化。值得注意的是,第一级的工作点漂移将会随信号传至后级,并被逐级放大,且级数越多零漂越严重,严重时有用信号将被零漂所“淹没”。

欲抑制零漂,就要认识到零漂就是静态工作点不稳定的问题。因此,在工程实践中通常采用下面几种方法:

① 利用温度元件等进行温度补偿。例如用热敏电阻或二极管与工作管的温度特性相

补偿,使静态工作点保持不变。

② 利用负反馈(在第 5 章介绍)的方法稳定静态工作点。如前述的分压式静态工作点稳定共射放大电路。

③ 从电路结构想办法克服零漂。如第 7 章介绍的差分放大电路。由于零点漂移在第一级所产生的影响最大,因此集成运放的输入级常采用差分放大电路。

4.1.2 多级放大电路的组成与分析方法

导学

多级放大电路的组成。

多级放大电路静态工作点的计算。

多级放大电路 $\dot{A}_u$、R_i 和 R_o 的计算。

微视频

1. 多级放大电路的组成

组成多级放大电路属于电路设计问题。但对于初学者而言,只能从前面学过的知识中加以认识。组成多级放大电路除了选择合适的耦合方式外,还要考虑每一级应选择什么类型的基本放大电路,因为前后级的影响可能会使电路失去作为基本放大电路时的优点。例如,虽然共射放大电路有较大的电压放大能力,但是若其后级为共基放大电路,则由于后级的输入电阻小到只有几十欧,致使前级共射电压放大能力明显变差,甚至根本没有放大能力。可见,在选用组成多级放大电路每一级电路类型时,要综合考虑。

根据每级基本放大电路所处位置和作用的不同,多级放大电路一般可分为三部分:输入级、中间级和输出级。

输入级是多级放大电路的第一级,对其要求与信号源的性质有关。若要求电路获得尽可能大的输入电压,则输入级应采用输入阻抗大的场效应管放大电路或共集放大电路;若要求电路获得尽可能大的输入电流,则输入级需选用共基放大电路。

中间级的主要任务是放大电压,其本身可能有几级放大电路组成。因此常采用电压放大倍数较大的共射放大电路。

输出级主要是推动负载。为适应负载变动而输出电压不变的要求,应选用输出阻抗较小的共集放大电路。当负载为扬声器或电机等执行部件时,需要输出级输出足够大的功率,常采用第 6 章介绍的功率放大电路。

2. 多级放大电路的分析方法

多级放大电路(multistage amplifier)也是直流和交流共存的电路,所以仍遵循“先直流、后交流”的分析原则。

(1) 静态分析

多级放大电路的静态分析方法与耦合方式有关。

① 阻容耦合、变压器耦合多级放大电路

由于电容和变压器有隔直作用,直流通路彼此独立,计算方法与单级放大电路一致。

② 直接耦合多级放大电路

由于直接耦合多级放大电路中的静态工作点互相影响，需要统筹考虑，计算较烦琐，也可以近似计算。如果电路中有特殊电位点(如图 4.1.3(b)和 图 4.1.3(c)中所接的二极管和稳压管)，则应以此为突破口，简化求解的过程。

(2) 动态分析

在多级放大电路的动态分析中，无论何种耦合方式，其组成框图都可用图 4.1.4 来表示。可见，多级放大电路的前后级之间是相互影响的，这种影响必然体现在电压放大倍数、输入电阻和输出电阻上。

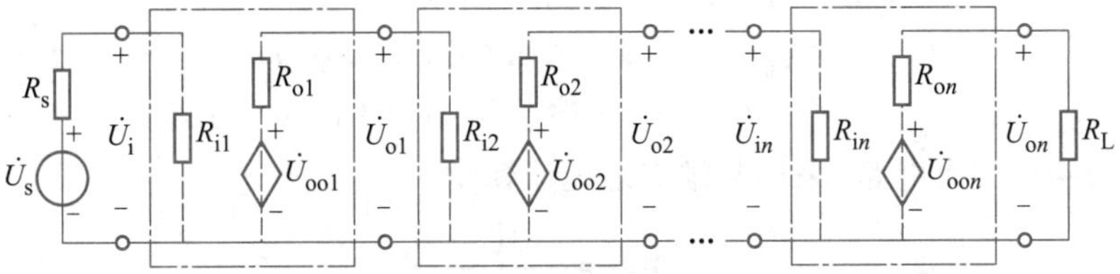

图 4.1.4 多级放大电路的组成框图

① 多级放大电路的电压放大倍数和电压增益

在多级放大电路中，若有 n 级，则总的电压放大倍数为

$$\dot{A}_u = \frac{\dot{U}_{on}}{\dot{U}_{i1}} = \frac{\dot{U}_{o1}}{\dot{U}_{i1}} \cdot \frac{\dot{U}_{o2}}{\dot{U}_{o1}} \cdots \cdot \frac{\dot{U}_{on}}{\dot{U}_{o(n-1)}} = \dot{A}_{u1} \cdot \dot{A}_{u2} \cdot \cdots \cdot \dot{A}_{un} \tag{4.1.1a}$$

式(4.1.1a)说明多级放大电路的电压放大倍数为各级电压放大倍数的乘积。在分别计算每一级的电压放大倍数时，可采用两种方法：一是把后一级的输入电阻作为前一级的负载电阻，即 $R_{L1}=R_{i2}$；二是把前一级的输出电阻作为后一级的信号源内阻(此时，前级按“空载”计算，后级相当于计算源电压放大倍数)。一般多采用第一种方法，因为这种方法比较简单，而后一种方法多用于负载比较复杂的情况。

若将上式写成电压增益的形式，则有

$$G_u = 20\lg|\dot{A}_u| = 20\lg|\dot{A}_{u1}| + 20\lg|\dot{A}_{u2}| + \cdots + 20\lg|\dot{A}_{un}| \tag{4.1.1b}$$

② 多级放大电路的输入电阻 R_i 和输出电阻 R_o

多级放大电路的输入电阻 R_i 为第一级放大电路的输入电阻，表示为

$$R_i = R_{i1} \tag{4.1.2}$$

多级放大电路的输出电阻 R_o 为最后一级(第 n 级)放大电路的输出电阻，表示为

$$R_o = R_{on} \tag{4.1.3}$$

值得注意的是，有时 R_i 和 R_o 不仅与本级参数有关，也与后级或前级的参数有关。例如，当共集放大电路作为输入级时，其输入电阻与后一级的输入电阻有关；当其作为输出级时，其输出电阻与前一级的输出电阻有关。

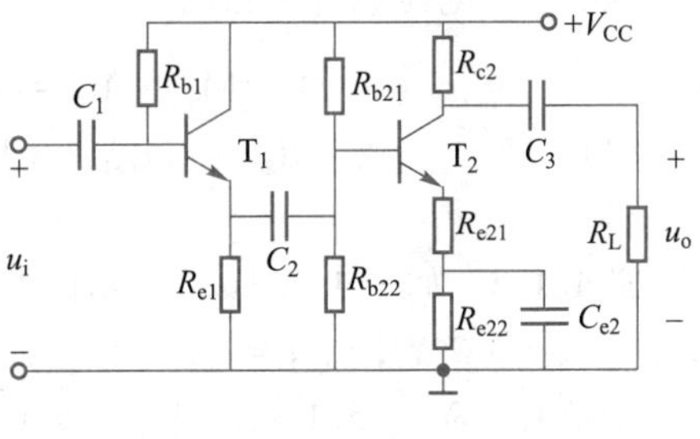

图 4.1.5 例 4.1.1

例 4.1.1 图 4.1.5 示出了共集-共射两级阻容耦合放大电路。已知晶体管的 $\beta=50$，$r_{bb'}=300\ \Omega$，$U_{BE}=0.7$ V。$R_{b1}=250\ k\Omega$，$R_{e1}=R_{b22}=R_L=$

10 kΩ, R_{b21} = 50 kΩ, R_{c2} = 5.1 kΩ, R_{e21} = 0.1 kΩ, R_{e22} = 1 kΩ, V_{CC} = 15 V，各电容的容值足够大。试求：(1) 各级的静态工作点；(2) 中频电压放大倍数 $\dot{A}_u$；(3) 放大电路的输入电阻 R_i 和输出电阻 R_o。

解：(1) 阻容耦合使各级的静态工作点互相独立，可按“单级”计算。将图 4.1.5 中各级的耦合电容及旁路电容视为开路，剩下两级中间的部分即为直流通路。

第一级为共集放大电路

$$I_{BQ1} = \frac{V_{CC} - 0.7\ \text{V}}{R_{b1} + (1 + \beta_1)R_{e1}} = \frac{(15 - 0.7)\ \text{V}}{(250 + 51 \times 10)\ \text{k}\Omega} \approx 18.82\ \mu\text{A}$$

$$I_{CQ1} \approx \beta_1 I_{BQ1} = 50 \times 0.018\ 82\ \text{mA} \approx 0.94\ \text{mA}$$

$$U_{CEQ1} \approx V_{CC} - I_{CQ1}R_{e1} = (15 - 0.94 \times 10)\ \text{V} = 5.6\ \text{V}$$

第二级为共射放大电路（采用戴维南定理计算）

$$V_{BB1} \approx \frac{R_{b22}}{R_{b21} + R_{b22}} V_{CC} = \frac{10}{50 + 10} \times 15\ \text{V} = 2.5\ \text{V}$$

$$R_{b2} = R_{b21} /\!/ R_{b22} = \frac{50 \times 10}{50 + 10}\ \text{k}\Omega \approx 8.33\ \text{k}\Omega$$

$$I_{BQ2} = \frac{V_{BB1} - U_{BE2Q}}{R_{b2} + (1 + \beta_2)(R_{e21} + R_{e22})} = \frac{(2.5 - 0.7)\ \text{V}}{(8.33 + 51 \times 1.1)\ \text{k}\Omega} \approx 0.028\ \text{mA}$$

$$I_{CQ2} \approx \beta_2 I_{BQ2} = 50 \times 0.028\ \text{mA} = 1.4\ \text{mA}$$

$$U_{CEQ2} \approx V_{CC} - I_{CQ2}(R_{c2} + R_{e21} + R_{e22}) = [15 - 1.4 \times (5.1 + 0.1 + 1)]\ \text{V} = 6.32\ \text{V}$$

(2)
$$r_{be1} = r_{bb'} + \frac{26\ \text{mV}}{I_{BQ1}} = 300\ \Omega + \frac{26\ \text{mV}}{0.018\ 8\ \text{mA}} \approx 1.68\ \text{k}\Omega$$

$$r_{be2} = r_{bb'} + \frac{26\ \text{mV}}{I_{BQ2}} = 300\ \Omega + \frac{26\ \text{mV}}{0.028\ \text{mA}} \approx 1.23\ \text{k}\Omega$$

$$R_{i2} = R_{b21} /\!/ R_{b22} /\!/ [r_{be2} + (1+\beta_2)R_{e21}] \approx 3.6\ \text{k}\Omega$$

$$\dot{A}_{u1} = \frac{(1+\beta_1)(R_{e1} /\!/ R_{i2})}{r_{be1} + (1+\beta_1)(R_{e1} /\!/ R_{i2})} = \frac{51 \times \frac{10 \times 3.6}{10 + 3.6}}{1.68 + 51 \times \frac{10 \times 3.6}{10 + 3.6}} \approx 0.99$$

$$\dot{A}_{u2} = -\frac{\beta_2(R_{c2} /\!/ R_L)}{r_{be2} + (1+\beta_2)R_{e21}} = -\frac{50 \times \frac{5.1 \times 10}{5.1 + 10}}{1.23 + 51 \times 0.1} \approx -26.68$$

所以总的电压放大倍数为

$$\dot{A}_u = \dot{A}_{u1} \cdot \dot{A}_{u2} = 0.99 \times (-26.68) \approx -26.41$$

(3)
$$R_i = R_{b1} /\!/ [r_{be1} + (1 + \beta_1)(R_{e1} /\!/ R_{i2})] \approx 88.37\ \text{k}\Omega$$

$$R_o \approx R_{c2} = 5.1\ \text{k}\Omega$$

例 4.1.2 如图 4.1.3(d) 所示的共射-共射两级直接耦合放大电路。已知 $\beta_1 = 25$, $\beta_2 = 100$, $U_{BE1} = 0.7$ V, $U_{BE2} = -0.3$ V, $r_{bb'} = 300\ \Omega$; $R_{b1} = 5.8$ kΩ, $R_{b2} = 500\ \Omega$, $R_{c1} = 1$ kΩ, $R_{e2} = 500\ \Omega$, $R_{c2} = 5.1$ kΩ, $V_{CC} = 9$ V。

(1) 当 $u_i = 0$ 时，求两管的静态工作点及输出的直流电位 U_O；

(2) 求放大电路的电压放大倍数。

解:(1) 因为是两级直接耦合,将使各级的静态工作点相互影响。由第一级放大电路可得:

$$I_{BQ1}=I_{Rb1}-I_{Rb2}=\frac{V_{CC}-U_{BE1}}{R_{b1}}-\frac{U_{BE1}}{R_{b2}}=\left(\frac{9-0.7}{5.8}-\frac{0.7}{0.5}\right)\ \mathrm{mA}\approx 0.03\ \mathrm{mA}$$

$$I_{CQ1}=\beta_1 I_{BQ1}=25\times 0.03\ \mathrm{mA}=0.75\ \mathrm{mA}$$

【方法一】采用“精确计算”

当考虑 I_{BQ2} 的影响时,由 $\left(I_{CQ1}-\frac{I_{EQ2}}{1+\beta_2}\right)R_{c1}=I_{EQ2}R_{e2}+U_{EB2}$ 得 $I_{EQ2}\approx 0.88\ \mathrm{mA}$,进而得

$$I_{BQ2}\approx\frac{I_{CQ2}}{\beta_2}=\frac{0.88\ \mathrm{mA}}{100}=8.8\ \mu\mathrm{A}$$

$$U_{CEQ1}=V_{CC}-(I_{CQ1}-I_{BQ2})R_{c1}=[9-(0.75-0.0088)\times 1]\ \mathrm{V}\approx 8.26\ \mathrm{V}$$

$U_{ECQ2}\approx V_{CC}-I_{CQ2}(R_{e2}+R_{c2})=[9-0.88\times(0.5+5.1)]\ \mathrm{V}\approx 4.07\ \mathrm{V}$,即 $U_{CEQ2}\approx -4.07\ \mathrm{V}$

进而可得输出端直流电位:$U_O=I_{CQ2}R_{c2}=0.88\times 5.1\ \mathrm{V}\approx 4.49\ \mathrm{V}$

【方法二】采用“近似计算”

当忽略 I_{BQ2} 的影响时,此时 $U_{CEQ1}\approx V_{CC}-I_{CQ1}R_{c1}=(9-0.75\times 1)\ \mathrm{V}=8.25\ \mathrm{V}$,$U_{BQ2}=U_{CQ1}=8.25\ \mathrm{V}$,$U_{EQ2}=(8.25+0.3)\ \mathrm{V}=8.55\ \mathrm{V}$

$$I_{CQ2}\approx I_{EQ2}=\frac{V_{CC}-U_{EQ2}}{R_{e2}}=\frac{(9-8.55)\ \mathrm{V}}{0.5\ \mathrm{k\Omega}}=0.9\ \mathrm{mA},\ I_{BQ2}\approx\frac{I_{CQ2}}{\beta_2}=\frac{0.9\ \mathrm{mA}}{100}=9\ \mu\mathrm{A}$$

$U_{ECQ2}\approx V_{CC}-I_{CQ2}(R_{e2}+R_{c2})=[9-0.9\times(0.5+5.1)]\ \mathrm{V}=3.96\ \mathrm{V}$,即 $U_{CEQ2}=-3.96\ \mathrm{V}$,所以

$$U_O=I_{CQ2}R_{c2}=0.9\times 5.1\ \mathrm{V}=4.59\ \mathrm{V}$$

可见,两种方法的计算结果近似相等。在以后的计算中,可以视情况而定。下面按照“精确计算”得出的数据进行计算。

(2) 微变等效电路如图 4.1.6 所示。

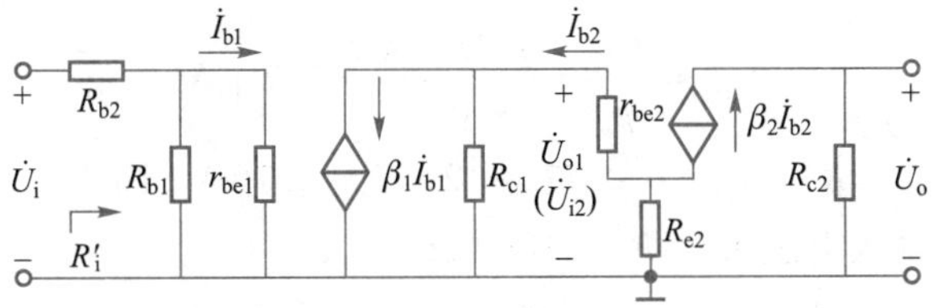

图 4.1.6 例 4.1.2 的微变等效电路

$$r_{be1}=r_{bb'}+(1+\beta_1)\frac{26\ \mathrm{mV}}{I_{EQ1}}=300\ \Omega+26\times\frac{26\ \mathrm{mV}}{0.75\ \mathrm{mA}}\approx 1.2\ \mathrm{k\Omega}$$

$$r_{be2}=r_{bb'}+(1+\beta_2)\frac{26\ \mathrm{mV}}{I_{EQ2}}=300\ \Omega+101\times\frac{26\ \mathrm{mV}}{0.88\ \mathrm{mA}}\approx 3.28\ \mathrm{k\Omega}$$

$$R_{L1}=R_{i2}=r_{be2}+(1+\beta_2)R_{e2}=(3.28+101\times 0.5)\ \mathrm{k\Omega}=53.78\ \mathrm{k\Omega}$$

$$R_i'=R_{b1}\ /\!/\ r_{be1}=\frac{5.8\times 1.2}{5.8+1.2}\ \mathrm{k\Omega}\approx 0.99\ \mathrm{k\Omega}$$

$$\dot{A}_{u1}=\frac{\dot{U}_{o1}}{\dot{U}_i}=\frac{\dot{U}_{be1}}{\dot{U}_i}\cdot\frac{\dot{U}_{o1}}{\dot{U}_{be1}}=\frac{R_i'}{R_{b2}+R_i'}\cdot\frac{-\beta_1(R_{c1}/\!/R_{L1})}{r_{be1}}=\frac{0.99}{0.5+0.99}\times\frac{-25\times\frac{1\times53.78}{1+53.78}}{1.2}\approx-13.59$$

上述计算类似于第2章介绍的源电压放大倍数的计算，此时可把 R_{b2} 看作 R_s 即可。

$$\dot{A}_{u2}=\frac{\dot{U}_o}{\dot{U}_{o1}}=-\frac{\beta_2R_{c2}}{r_{be2}+(1+\beta_2)R_{e2}}=-\frac{100\times5.1}{3.28+101\times0.5}\approx-9.48$$

$$\dot{A}_u=\dot{A}_{u1}\cdot\dot{A}_{u2}=-13.59\times(-9.48)\approx128.83$$

例 4.1.3 两级放大电路如图 4.1.7 所示。已知 T_1 管的 $I_{DSS}=10$ mA，$U_P=-4$ V；T_2 管的 $\beta=100$，$r_{bb'}=100\ \Omega$，$U_{BE}=-0.2$ V，$U_{CES}=-0.2$ V，$V_{DD}=12$ V。

(1) 估算电路的静态工作点；

(2) 求电路的输入电阻 R_i、输出电阻 R_o 及中频电压放大倍数 $\dot{A}_u$。

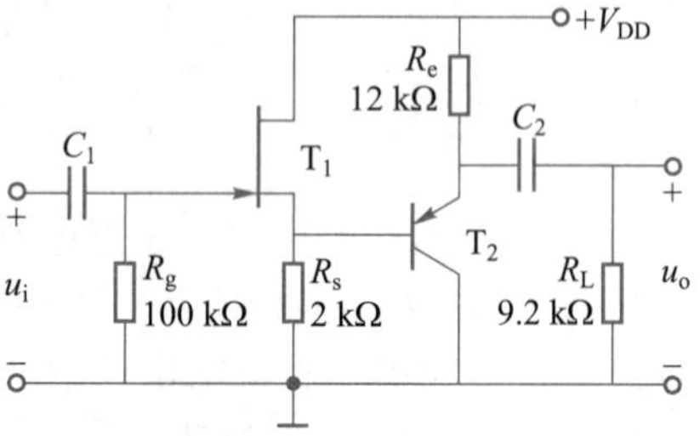

图 4.1.7 例 4.1.3

解：为了计算方便，忽略 T_2 管的基极电流。

(1) $\begin{cases}I_{DQ}=I_{DSS}\left(1-\dfrac{U_{GSQ}}{U_P}\right)^2\\U_{GSQ}\approx-I_{DQ}R_s\end{cases}$，代入数据，有 $\begin{cases}I_{DQ}=10\left(1+\dfrac{U_{GSQ}}{4}\right)^2\\U_{GSQ}\approx-2I_{DQ}\end{cases}$

将上式代入下式得 $U_{GSQ1}\approx-6.24$ V、$U_{GSQ2}\approx-2.56$ V，因 $U_{GSQ1}=-6.24\ \text{V}<U_p$，超出了夹断电压，不符合题意，此时应取合理值 $U_{GSQ}\approx-2.56$ V。再代入下式得 $I_{DQ}\approx1.28$ mA。所以

$$U_{DSQ}=V_{DD}-I_{DQ}R_s=(12-1.28\times2)\ \text{V}=9.44\ \text{V}$$

由 $U_{DSQ}=I_{EQ}R_e+U_{EBQ}$ 得

$$I_{EQ}\approx I_{CQ}=\frac{U_{DSQ}-U_{EBQ}}{R_e}=\left(\frac{9.44-0.2}{12}\right)\text{mA}=0.77\ \text{mA}$$

$$I_{BQ}\approx\frac{I_{CQ}}{\beta}=\frac{0.77\ \text{mA}}{100}=7.7\ \mu\text{A}$$

$$U_{ECQ}=V_{DD}-I_{EQ}R_e=(12-0.77\times12)\ \text{V}=2.76\ \text{V}，即\ U_{CEQ}=-2.76\ \text{V}$$

(2) 放大电路的输入电阻 $R_i=R_g=100\ \text{k}\Omega$

因为 $g_m=-\dfrac{2I_{DSS}}{U_P}\left(1-\dfrac{U_{GSQ}}{U_P}\right)=-\dfrac{2\times10}{-4}\times\left(1-\dfrac{-2.56}{-4}\right)\text{mS}=1.8\ \text{mS}$

$$r_{be}=r_{bb'}+(1+\beta)\frac{26\ \text{mV}}{I_{EQ}}=100\ \Omega+101\times\frac{26\ \text{mV}}{0.77\ \text{mA}}\approx3.51\ \text{k}\Omega$$

$$R_{o1}=R_s/\!/\frac{1}{g_m}\approx0.43\ \text{k}\Omega$$

则放大电路的输出电阻 $R_o=R_e/\!/\dfrac{r_{be}+R_{o1}}{1+\beta}\approx39\ \Omega$

又因为 $R_{i2}=r_{be}+(1+\beta)(R_e/\!/R_L)=\left(3.51+101\times\dfrac{12\times9.2}{12+9.2}\right)\text{k}\Omega\approx529.47\ \text{k}\Omega$

$$\dot{A}_{u1} = \frac{g_{\mathrm{m}}(R_{\mathrm{s}} /\!/ R_{\mathrm{i2}})}{1 + g_{\mathrm{m}}(R_{\mathrm{s}} /\!/ R_{\mathrm{i2}})} = \frac{1.8 \times \dfrac{2 \times 529.47}{2 + 529.47}}{1 + 1.8 \times \dfrac{2 \times 529.47}{2 + 529.47}} \approx 0.78$$

$$\dot{A}_{u2} = \frac{(1+\beta)(R_{\mathrm{e}} /\!/ R_{\mathrm{L}})}{r_{\mathrm{be}} + (1+\beta)(R_{\mathrm{e}} /\!/ R_{\mathrm{L}})} = \frac{101 \times \dfrac{12 \times 9.2}{12 + 9.2}}{3.51 + 101 \times \dfrac{12 \times 9.2}{12 + 9.2}} \approx 0.99$$

则放大电路的电压放大倍数

$$\dot{A}_u = \dot{A}_{u1} \cdot \dot{A}_{u2} = 0.78 \times 0.99 \approx 0.77$$

4.2 集成运放的组成框图与图形符号

导学

集成运放的组成。

组成集成运放的各级电路通常采用的形式。

集成运放的图形符号。

微视频

前面介绍了二极管无源器件和晶体管、场效应管等有源器件，由这些单个的、互相独立的器件所组成的电路称为分立电路。集成电路是20世纪60年代初期发展起来的一种新型半导体器件，它是采用微电子技术，将众多的晶体管、场效应管、电阻、小电容及连线都集成在一块半导体基片上的直接耦合多级放大电路。集成电路可分为模拟集成电路和数字集成电路两大类，集成运算放大电路(简称集成运放)属于模拟集成电路的一种，由于它最初用作运算、放大使用，故得此名。

集成运放一般由输入级、中间级、输出级和偏置电路组成，其组成框图如图4.2.1(a)所示。为了克服直接耦合电路存在的零点漂移问题，集成运放的输入级采用了能够有效抑制零漂的双端输入差分放大电路(第7章介绍)；中间级多为有源负载共射复合管放大电路；输出级多采用互补对称功率放大电路(第6章介绍)；偏置电路采用电流源电路(第7章介绍)，为各级电路提供合适的静态电流。

集成运放的图形符号如图4.2.1(b)、(c)所示。其中，图4.2.1(b)为国家标准符号，“∞”表示理想条件；图4.2.1(c)为习惯通用符号。两图中的三角形“▷”表示信号从输入端向输出端传输的方向；标“-”的输入端叫反相输入端(顾名思义，即该输入端的信号与输出端信号相位相反)，形象地用 u_- 表示；标“+”的输入端叫同相输入端(表明该输入端的信号与输出端信号同相位)，用 u_+ 表示。本教材采用图4.2.1(b)所示的国家标准符号。

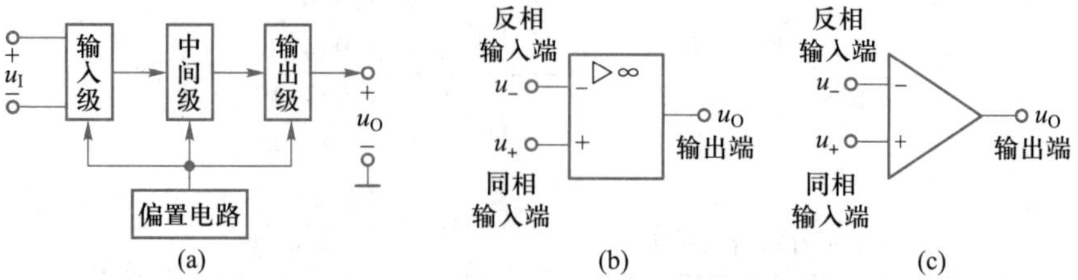

图 4.2.1 集成运放的组成框图及图形符号

(a) 组成框图 (b) 国家标准符号 (c) 习惯通用符号

在以后的学习中将会知道,集成运放可以认为是一个具有差模放大倍数高、输入电阻大、输出电阻小、能较好地抑制零漂的多级直接耦合放大电路。在实际电路中,可以把集成运放当作一个具有一定功能的器件来使用。

4.3 放大电路的频率响应

放大电路的核心元件是三极管,而三极管包括晶体管和场效应管。本节只讨论晶体管放大电路的频率响应(frequency response),简称频响。对于场效应管放大电路的频率响应可参见相关文献的内容。

4.3.1 频率响应的基本概念

导学

放大电路频率响应的概念。
引起放大电路频率失真的原因。
波特图的优点。

1. 频响概念的引出

在前面所讨论的各种放大电路中,都是假设放大电路的输入信号为单一频率的正弦信号,并且忽略了电路中所有耦合电容、旁路电容和晶体管极间电容的作用。但在实际应用中,由于所处理的信号往往不是单一频率的信号,而是频率范围较宽的多频信号(例如声音信号、图像信号等)。由于放大电路中存在着电抗性元件(耦合电容、旁路电容)及三极管的极间电容,它们的电抗随信号频率变化而变化。因此,放大电路对不同频率的信号具有不同的放大能力,其放大倍数的大小和相移均会随频率而变化,即放大倍数是信号频率的函数,这种函数关系称为放大电路的频率响应或频率特性。它可用函数式表示为

$$\dot{A}_u(f)=|\dot{A}_u(f)|\angle\varphi(f) \tag{4.3.1}$$

式中，f为信号的频率，$|\dot{A}_u(f)|$表示电压放大倍数的幅值与频率的关系，称为幅频特性；$\varphi(f)$表示电压放大倍数的相角与频率的关系，称为相频特性。两者综合起来可全面表征放大电路的频率响应。

2. 放大电路频率响应的定性分析

通常，电路中的每只电容只对频谱中的某一段影响较大，因此，在分析放大电路的频率响应时，可将信号频率划分为三个频段：低频段、中频段和高频段。下面以图 4.3.1(a)为例加以说明。

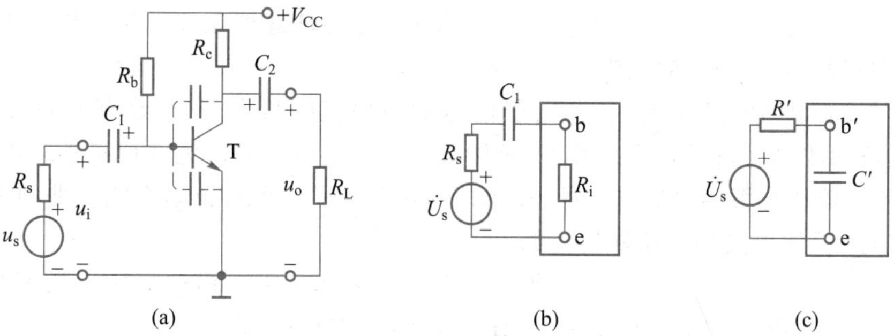

图 4.3.1 阻容耦合放大电路及输入回路低频、高频等效电路
(a) 阻容耦合放大电路 (b) 低频时的 RC 高通电路 (c) 高频时的 RC 低通电路

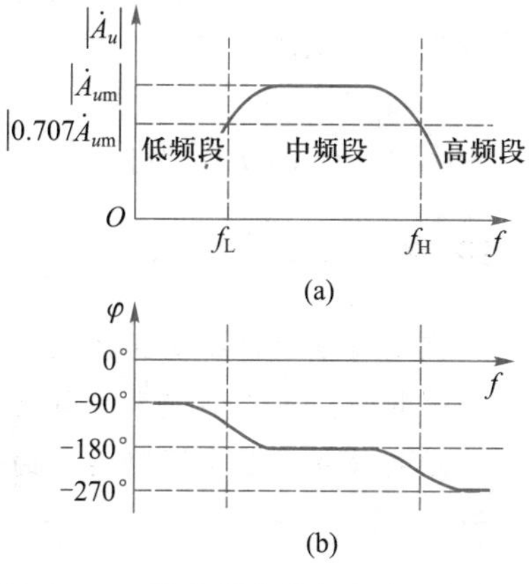

图 4.3.2 阻容耦合放大电路的频率响应
(a) 幅频特性 (b) 相频特性

在中频段，由于耦合电容的容量（μF 级）较大，可视为短路；而晶体管的极间电容的容量（pF 级）较小，可视为开路。因此，在中频范围内电路中各种容抗的影响均可忽略，此时的$|\dot{A}_u|$和φ是与频率无关的常数，即中频电压放大倍数$|\dot{A}_{um}|$和相位$\varphi=-180°$基本不随频率变化，如图 4.3.2 所示。

在低频段，随着频率的降低，晶体管极间电容所呈现的容抗比中频时更大，仍可视为开路；而耦合电容C_1、C_2的容抗增大，分压作用增大。若将C_2、R_L看成是下一级的输入耦合电容和输入电阻，在此只考虑C_1的分压作用，因而使得晶体管发射结两端的有效电压随着频率的降低而降低，$|\dot{A}_u|$也将下降，如图 4.3.2(a)所示。在耦合电容C_1的影响下，图 4.3.1(a)的输入回路可等效为图 4.3.1(b)，图中耦合电容C_1与放大电路的输入电阻R_i构成一个 RC 电路，它将产生一个 0°～90°超前的附加相移。对应图 4.3.1(a)中的共射反相，将产生-90°～-180°的超前相移，如图 4.3.2(b)所示。

在高频段，随着频率的升高，耦合电容C_1的容抗更小，可视为短路；而晶体管极间电容呈现的容抗比中频时减小，其分流作用使$|\dot{A}_u|$下降，如图 4.3.2(a)所示。如果考虑极间电容的影响，此时图 4.3.1(a)的输入回路可等效为图 4.3.1(c)，图中R'表示输入回路总的等效电阻，C'表示并联在管子发射结两端的等效电容，R'和C'构成一个 RC 电路，它将产生一个 0°～-90°的滞后附加相移。对应图 4.3.1(a)，将产生-180°～-270°的滞后相移，如图

4.3.2(b)所示。

由图 4.3.2(a)所示的幅频特性不难观察到，当信号频率下降或上升而使电压放大倍数下降到 0.707 $|\dot{A}_{um}|$ 时，所对应的频率为放大电路的下限截止频率 f_L 和上限截止频率 f_H，两者之间的频率范围称为通频带，用 BW 表示。

因此在设计电路时，必须首先了解信号的频率范围，以便使所设计的电路具有适应于该信号频率范围的通频带。如果通频带不够宽，会因为幅频或相频特性的限制，产生幅频失真或相频失真，这两种失真统称为频率失真。这种失真是由电路中的线性电抗元件（如耦合电容、旁路电容和晶体管的极间电容，引线电感等）引起的，故为线性失真，与晶体管和场效应管特性曲线的非线性产生的截止、饱和失真不同（它是由非线性元件引起的非线性失真）。

3. 对数频率响应——波特图

在研究放大电路的频率响应时，由于信号的频率范围很宽，从几赫到几百兆赫甚至更高，另外电路的放大倍数可高达百万倍，显然在等刻度坐标空间内完整地描述如图 4.3.2 所示的频率特性曲线是很困难的。为此，H. W. Bode 提出了一个对数频率响应曲线的方法，后人称为“波特图”法。波特是这样提出的：

(1) 横坐标的取法：用对数刻度，即每一个十倍频率范围在横轴上所占长度是相等的，称为十倍频（记为 dec）。例如从 1 ~ 10 Hz，从 10 ~ 100 Hz 等。

(2) 纵坐标的取法：对于幅频特性采用对数刻度，记作“$20\lg|\dot{A}_u|$”，单位为分贝；对于相频特性仍用“度”（°）表示。

显然，“波特图”的优点是，缩短坐标、扩大视野；便于表示多级放大电路的频率特性（即乘法变加法），从而解决了人们作图的困难。

4.3.2 一阶 *RC* 电路的频率响应

导学

高通与低通电路的组成以及转折频率的确定。

用折线法绘出幅频和相频特性曲线。

用折线法表示实际特性时的最大误差点和误差值。

上已述及，产生频率失真的根源在于容抗对放大电路的影响，而影响放大电路频率响应的电容总是以 *RC* 高通或低通电路的形式出现，如图 4.3.1(b)、(c)所示，它们的频率特性可分别用来模拟放大电路的低频响应和高频响应。既然在放大电路中，凡包含电容的回路都可用 *RC* 高通和低通电路来等效，那么为了使讨论具有一般性，图 4.3.1(b)、4.3.1(c)所示的高通和低通电路中的电阻和电容将用 R 和 C 取代。

1. *RC* 高通电路的频率响应

(1) 电路组成

高通电路如图 4.3.3 所示。该电路有利于传输高频信号，故取名为“高通电路”。

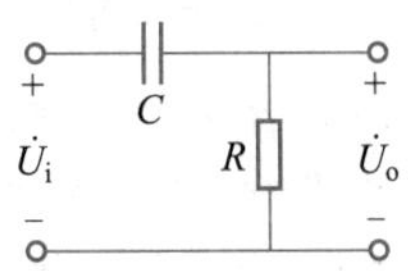

图 4.3.3 高通电路

(2) 电压传输系数的幅频和相频特性

由电路可得 $\dot{A}_u=\dfrac{\dot{U}_o}{\dot{U}_i}=\dfrac{R}{R+1/j\omega C}=\dfrac{1}{1+1/j\omega RC}=\dfrac{1}{1-j/2\pi fRC}$

令 $f_L=\dfrac{1}{2\pi RC}$，由上式得

$$\dot{A}_u=\frac{1}{1-jf_L/f} \tag{4.3.2}$$

上式用幅频和相频特性可表示为

$$|\dot{A}_u|=\frac{1}{\sqrt{1+(f_L/f)^2}} \tag{4.3.3a}$$

$$\varphi=\arctan\frac{f_L}{f} \tag{4.3.3b}$$

（3）*RC* 高通电路的波特图

为了方便地绘制出 *RC* 高通电路的波特图，将式（4.3.3a）取 20lg，并根据波特图横坐标轴的对数取法——“十倍频”，即 $f=0.01f_L$、$0.1f_L$、f_L、$10f_L$、$100f_L$ 分别代入式（4.3.3a）、（4.3.3b），可得到表 4.3.1 的相关数据；再通过描点法分别画出相应的幅频和相频特性。

① 幅频特性

由表 4.3.1 可知，当 $f=f_L$ 时，$20\lg|\dot{A}_u|=20\lg(\sqrt{2})^{-1}\approx-3$ dB，为了作图方便，忽略 $f=f_L$ 时的 -3 dB，近似认为 $f=f_L$ 时 $20\lg|\dot{A}_u|\approx0$ dB。当 $f\ll f_L$（即 $f<0.1f_L$）时，有 $20\lg|\dot{A}_u|\approx20\lg(f_L/f)^{-1}$，此时可用一条斜率为 20 dB/十倍频，记为“20 dB/dec”的直线段 *AB* 来近似。当 $f\gg f_L$（即 $f>10f_L$）时，有 $20\lg|\dot{A}_u|\approx20\lg1=0$，此时可用一条 0 dB 的直线段 *BC* 来近似。显然，图 4.3.4（a）是用 *AB* 和 *BC* 两条折线来近似的，两条折线交接处的频率 f_L 称为转折频率，也叫下限截止频率，简称下限频率。

表 4.3.1　*RC* 高通电路的幅值和相角数据

f	$20\lg\|\dot{A}_u\|$	φ
$0.01f_L$	$\approx20\lg10^{-2}=-40$ dB	90°
$0.1f_L$	$\approx20\lg10^{-1}=-20$ dB	84.29°
f_L	$=20\lg(\sqrt{2})^{-1}\approx-3$ dB	45°
$10f_L$	$\approx20\lg1=0$ dB	5.71°
$100f_L$	$\approx20\lg1=0$ dB	0°

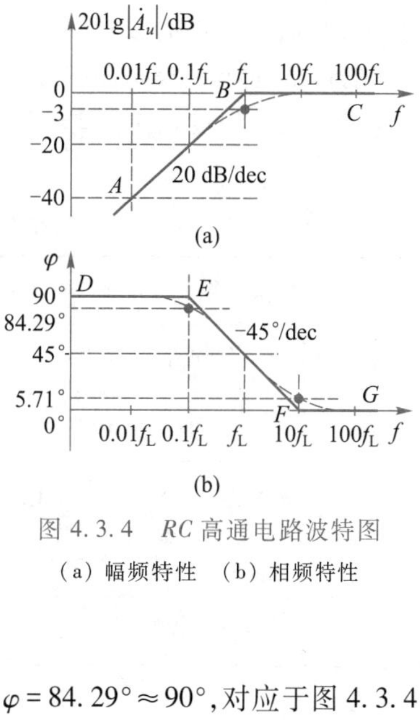

图 4.3.4　*RC* 高通电路波特图
（a）幅频特性　（b）相频特性

② 相频特性

由表 4.3.1 可知，当 $f\ll0.1f_L$ 时，$\varphi=90°$；$f=0.1f_L$ 时，$\varphi=84.29°\approx90°$，对应于图 4.3.4（b）

的 DE 线段。当 $0.1f_L<f<10f_L$ 时，是一条斜率为 $-45°$/十倍频的直线，记为“$-45°$/dec”，对应于 EF 线段；且 $f=f_L$ 时，$\varphi=45°$。当 $f=10f_L$ 时，$\varphi=5.71°\approx0°$；$f\gg f_L$ 时，$\varphi=0°$，对应于 FG 线段。显然，图 4.3.4(b)是用 DE、EF 和 FG 三条折线来近似的。

从图 4.3.4 不难看出，频率越低，幅值衰减越大，相移越大。只有当信号频率远高于 f_L 时，$\dot{U}_o$ 才约为 $\dot{U}_i$，具有“高通”特性。在 $f=f_L$ 时，$|\dot{A}_u|$ 下降 3 dB，相移为 $+45°$。

其实，上述折线近似法所表示的频率响应特性与实际特性曲线非常接近，且用折线近似法绘制电路的频率响应又极为简便，故此法得到了推广和应用。若需精确地分析，只要在折线的基础上加以修正即可，修正的部位在折线特性的转折处：对幅频特性，最大的误差在 f_L 处，误差值为 -3 dB；对相频特性，最大的误差在 $0.1f_L$ 和 $10f_L$ 处，误差值为 $\pm5.71°$。

2. *RC* 低通电路的频率响应

(1) 电路组成

低通电路如图 4.3.5 所示。该电路有利于传输低频信号，故得其名。

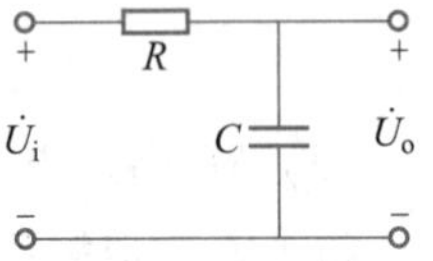

图 4.3.5 低通电路

(2) 电压传输系数的幅频和相频特性

$$\dot{A}_u=\frac{\dot{U}_o}{\dot{U}_i}=\frac{1/j\omega C}{R+1/j\omega C}=\frac{1}{1+j\omega RC}=\frac{1}{1+j2\pi fRC}$$

令 $f_H=\dfrac{1}{2\pi RC}$，则

$$\dot{A}_u=\frac{1}{1+jf/f_H} \tag{4.3.4}$$

上式用幅频和相频特性可表示为

$$|\dot{A}_u|=\frac{1}{\sqrt{1+(f/f_H)^2}} \tag{4.3.5a}$$

$$\varphi=-\arctan\frac{f}{f_H} \tag{4.3.5b}$$

(3) *RC* 低通电路的波特图

绘制 *RC* 低通电路波特图的方法与 *RC* 高通电路相似。由式(4.3.5a)、(4.3.5b)可得出表 4.3.2 中的数据。通过表 4.3.2 可分别画出相应的幅频和相频特性曲线，如图 4.3.6 所示。

表 4.3.2 *RC* 低通电路的幅值和相角数据

f	$20\lg\|\dot{A}_u\|$	φ
$0.01f_H$	$\approx20\lg1=0$ dB	$0°$
$0.1f_H$	$\approx20\lg1=0$ dB	$-5.71°$
f_H	$=20\lg(\sqrt{2})^{-1}\approx-3$ dB	$-45°$
$10f_H$	$\approx20\lg10^{-1}=-20$ dB	$-84.29°$
$100f_H$	$\approx20\lg10^{-2}=-40$ dB	$-90°$

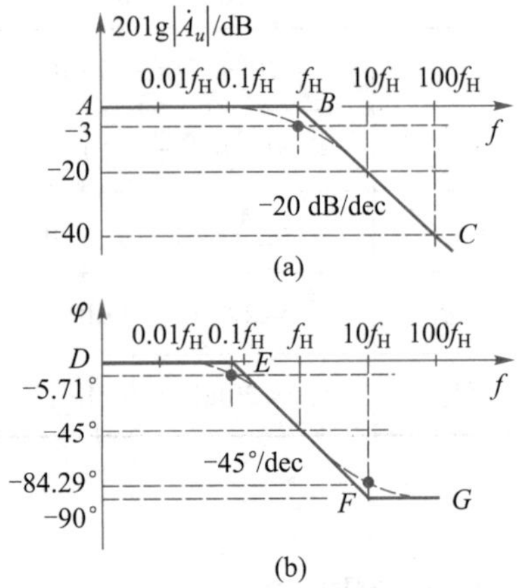

图 4.3.6 *RC* 低通电路波特图
(a) 幅频特性 (b) 相频特性

同样，折线近似的最大误差点在 $0.1f_H$、f_H、$10f_H$ 处，误差值与高通电路一样。

在幅频特性图 4.3.6(a) 中，两条折线交接处的频率 f_H 称为转折频率，也叫上限截止频率，简称上限频率。可见，在 f_H 处，$|\dot{A}_u|$ 下降 3 dB，相移为 $-45°$。从图 4.3.6 看出，频率越高，幅值衰减越大，相移越大。只有当频率远小于 f_H 时，$\dot{U}_o$ 才约为 $\dot{U}_i$，呈现“低通”特性。

4.4 晶体管高频小信号等效模型

导学

晶体管混合 π 参数与 h 参数之间的关系。

完整的单向化混合 π 参数等效模型。

f_β、f_T、f_α 的物理意义及其之间的关系。

1. 晶体管混合 π 参数模型的建立

图 2.5.2(a) 是晶体管低频小信号结构示意图。但是当信号频率较高时，由于 PN 结的电容效应使得晶体管发射结和集电结的极间电容必须加以考虑，此时应在图 2.5.2(a) 的基础上考虑结电容的影响，为此得到高频条件下晶体管的结构示意图，如图 4.4.1(a) 所示。

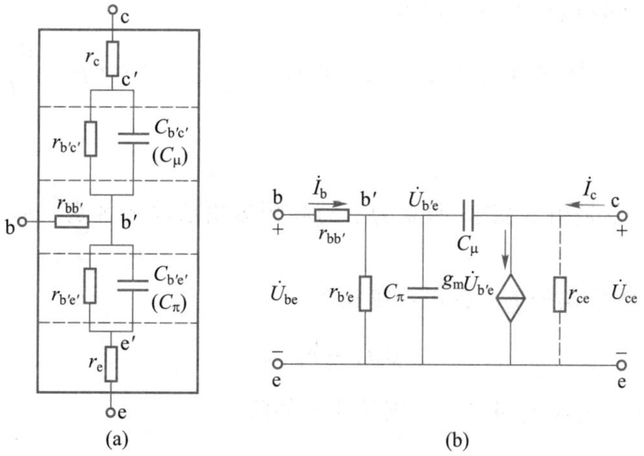

图 4.4.1 晶体管高频结构示意图及其简化混合 π 形小信号模型
(a) 晶体管高频结构示意图 (b) 简化混合 π 形小信号模型

根据晶体管内三个区的掺杂情况,结构示意图中常忽略很小的发射区电阻 r_e(此时 $r_{b'e'} \approx r_{b'e}$)和集电区电阻 r_c,并考虑到集电结反偏时其结电阻 $r_{b'c'}$ 很大常视为开路。于是便可画出图 4.4.1(b)所示的简化晶体管高频等效模型。因其形状像字母 π,且电路中各个参数具有不同的量纲,因此人们习惯将其称为“晶体管混合 π 参数等效模型”。

在图 4.4.1(b)中,因为只有流过 $r_{b'e}$ 的电流才真正被管子放大,当考虑高频时发射结电容 C_π 和集电结电容 C_μ 的分流时,实际上 $\dot{I}_c$ 应与 $\dot{U}_{b'e}$ 成正比,故用跨导 g_m 来表示它们的控制关系,受控源应写成 $g_m\dot{U}_{b'e}$ 才符合实际。r_{ce} 仍然表示晶体管的输出电阻,因为 $r_{ce} \gg R_L$,故常忽略 r_{ce},为此用虚线表示。

2. 晶体管高频小信号模型的参数获得

由于晶体管的混合 π 参数模型与图 2.5.1(c)所示的简化 h 参数等效模型在低频信号作用下具有一致性,因此利用 h 参数容易获得的特点,可通过 h 参数计算混合 π 参数等效模型中的某些参数。

在低频时,图 4.4.1(b)所示的极间电容 C_μ、C_π 可视为开路,于是便可得到如图 4.4.2(a)所示的等效模型。为了便于比较,将 π 参数与 h 参数两种等效模型画在一起,如图 4.4.2 所示,并由此得到混合 π 参数等效模型中的一些参数。

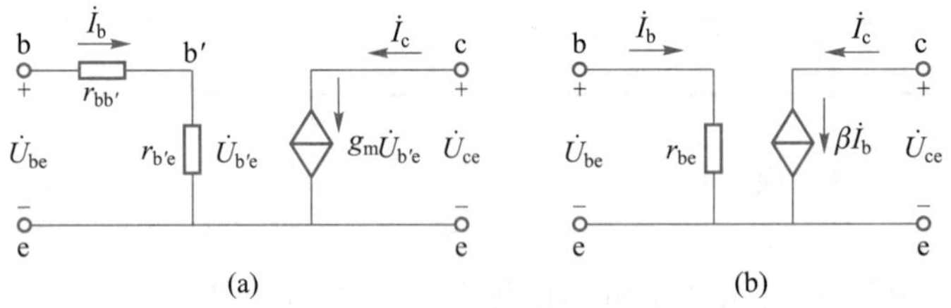

图 4.4.2 混合 π 参数与 h 参数之间的关系
(a) 低频时混合 π 参数等效模型 (b) 简化的 h 参数等效模型

(1) 两种参数等效模型的电阻相等

即 $r_{be} = r_{bb'} + r_{b'e}$,从手册上可查得 $r_{bb'}$,又因 $r_{be} = r_{bb'} + (1+\beta_0)\dfrac{26\ \text{mV}}{I_{EQ}}$,则有

$$r_{b'e} = (1+\beta_0)\frac{26\ \text{mV}}{I_{EQ}} \tag{4.4.1}$$

注意上式中的 β_0 是由 β 变来,只是为了与高频运用情况相区别。通常器件手册中所给出的参数就是 β_0。

(2) 两种参数等效模型的受控电流源相等

$$\beta_0\dot{I}_b = g_m\dot{U}_{b'e} \tag{4.4.2}$$

若将 $\dot{U}_{b'e} = \dot{I}_b r_{b'e}$ 代入式(4.4.2),则晶体管的跨导

$$g_m = \frac{\beta_0}{r_{b'e}} \approx \frac{I_{EQ}}{26\ \text{mV}} \tag{4.4.3}$$

3. 单向化的混合 π 参数等效模型

在图 4.4.1(b)中,由于 C_μ 跨接在 b′-c 之间,使输入和输出回路直接连接,这样不仅失

去了信号传输的单向性，而且还给电路计算带来不便，为此可利用密勒定理将其单向化，如图 4.4.3 所示。

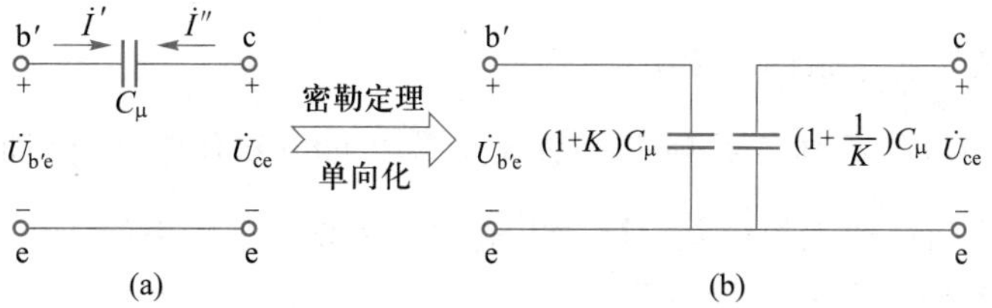

图 4.4.3 C_μ 的单向化变换

(a) 电容 C_μ 的跨接模型 (b) 电容 C_μ 的单向化等效模型

从图 4.4.3(a) b′、e 两端向右看，流入 C_μ 的电流为

$$\dot{I}'=\frac{\dot{U}_{b'e}-\dot{U}_{ce}}{1/j\omega C_\mu}=\frac{\dot{U}_{b'e}(1-\dot{U}_{ce}/\dot{U}_{b'e})}{1/j\omega C_\mu}$$

上式中 $\dot{U}_{ce}=-g_m\dot{U}_{b'e}R'_L$，其中 $R'_L=r_{ce}/\!/R_c/\!/R_L\approx R_c/\!/R_L$，故上式中的$\dfrac{\dot{U}_{ce}}{\dot{U}_{b'e}}=-g_mR'_L$，若令 $K=g_mR'_L$，则有

$$\dot{I}'=\frac{\dot{U}_{b'e}(1+K)}{1/j\omega C_\mu}=\frac{\dot{U}_{b'e}}{1/j\omega(1+K)C_\mu}$$

可见，C_μ 对输入回路的作用可用一个并联在 b′、e 两端的电容 $(1+K)C_\mu$ 来等效。

同理，从图 4.4.3(a)c、e 两端向左看，流入 C_μ 的电流为

$$\dot{I}''=\frac{\dot{U}_{ce}-\dot{U}_{b'e}}{1/j\omega C_\mu}=\frac{\dot{U}_{ce}(1+1/K)}{1/j\omega C_\mu}=\frac{\dot{U}_{ce}}{1/j\omega(1+1/K)C_\mu}$$

显然，C_μ 对输出回路的作用，可用一个并联在输出端的电容 $(1+1/K)C_\mu$ 来等效。

可见，跨接在 b′、c 之间的电容 C_μ 可利用密勒定理将其分别折合到输入和输出回路，如图 4.4.3(b)所示，该电路体现了单向化的形式。

4. 完整的单向化混合 π 参数等效模型

由图 4.4.1(b)和图 4.4.3(b)可以画出完整的晶体管单向化混合 π 参数等效模型，如图 4.4.4 所示。

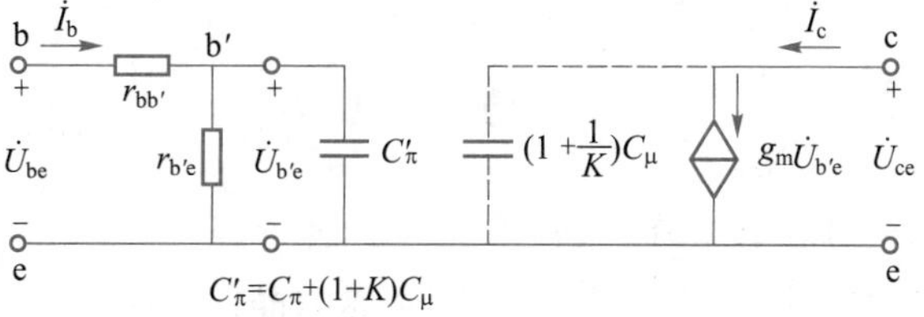

图 4.4.4 单向化混合 π 参数等效模型

由于折合到输入端的电容 $(1+K)C_{\mu}$ 与 C_{π} 恰好并联，为此常用 C'_{π} 表示两者的并联，即 $C'_{\pi}=C_{\pi}+(1+K)C_{\mu}$。又因 $(1+1/K)C_{\mu}\approx C_{\mu}$，且 C_{μ} 很小，其容抗很大，常用虚线表示。

5. 晶体管电流放大系数的频率响应

当信号频率不高时，晶体管共射电流放大系数 $\dot{\beta}$ 可以看作常数，然而在高频段 $|\dot{\beta}|$ 下降，同时 $\dot{I}_c$ 与 $\dot{I}_b$ 之间还产生相位差。因此电流放大系数 $\dot{\beta}$ 是频率的函数。

(1) 共发射极截止频率 f_{β}

由晶体管共射电流放大系数 $\dot{\beta}$ 的定义可知

$$\dot{\beta}=\left.\frac{\dot{I}_c}{\dot{I}_b}\right|_{\dot{U}_{ce}=0} \tag{4.4.4}$$

式中，$\dot{U}_{ce}=0$ 是指将图 4.4.4 的输出端 c－e 交流短路，则可得到图 4.4.5。由于输出端 c－e 交流短路，因此 $K=0$，此时 $C'_{\pi}=C_{\pi}+(1+K)C_{\mu}\approx C_{\pi}+C_{\mu}$。

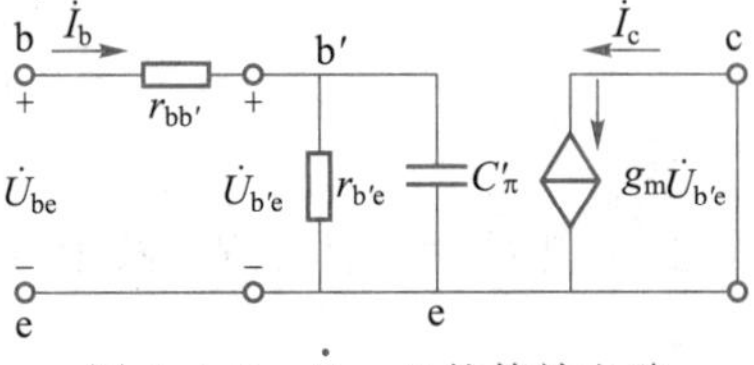

图 4.4.5　$\dot{U}_{ce}=0$ 的等效电路

由图 4.4.5 可知，$\dot{I}_c=g_m\dot{U}_{b'e}$，$\dot{I}_b=\dot{U}_{b'e}(1/r_{b'e}+j\omega C'_{\pi})$，于是

$$\dot{\beta}=\frac{g_m\dot{U}_{b'e}}{\dot{U}_{b'e}(1/r_{b'e}+j\omega C'_{\pi})}=\frac{g_m r_{b'e}}{1+j\omega r_{b'e}C'_{\pi}}$$

由式(4.4.3)可知，在频率较低时，$g_m r_{b'e}=\beta_0$，并令

$$f_{\beta}=\frac{1}{2\pi r_{b'e}C'_{\pi}} \tag{4.4.5}$$

则

$$\dot{\beta}=\frac{\beta_0}{1+jf/f_{\beta}} \tag{4.4.6}$$

此式与 RC 低通电路频响表达式(4.3.4)比较可知，f_{β} 是 $\dot{\beta}$ 的共射截止频率。其模

$$|\dot{\beta}|=\frac{\beta_0}{\sqrt{1+(f/f_{\beta})^2}} \tag{4.4.7}$$

由此可画出 $|\dot{\beta}|$ 的对数幅频特性，如图 4.4.6 所示。由图可见，当 $20\lg|\dot{\beta}|$ 由 $20\lg\beta_0$ 下降 3 dB 时对应的频率 f_{β} 称为共射截止频率。

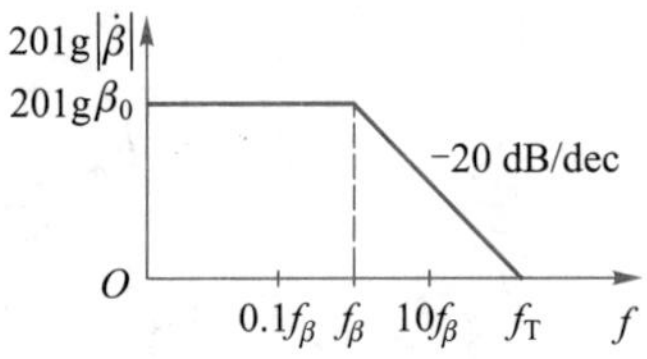

图 4.4.6　β 的幅频特性

(2) 特征频率 f_T

当信号频率 $f>f_{\beta}$ 时，β 显著下降，当 $\beta=1$（即 $20\lg|\dot{\beta}|=0$ dB）时所对应的频率称为特征频率，用 f_T 表示。这时晶体管失去放大能力。由式(4.4.7)可知，$f\gg f_{\beta}$ 时，$\beta f\approx\beta_0 f_{\beta}$。当 $\beta=1$ 时，则有

$$f_T = \beta_0 f_\beta \tag{4.4.8}$$

在产品手册中,大多用f_T作为晶体管的高频特性参数。如 3DG102,$f_T \geqslant 700$ MHz。若将式(4.4.5)代入式(4.4.8),可得$f_T \approx \beta_0 f_\beta = \dfrac{\beta_0}{2\pi r_{b'e}C'_\pi} = \dfrac{g_m}{2\pi C'_\pi}$。一般情况下,$C_\pi \gg C_\mu$,即$C'_\pi = C_\pi + C_\mu \approx C_\pi$,于是有

$$f_T \approx \frac{g_m}{2\pi C_\pi} \text{ 或 } C_\pi \approx \frac{g_m}{2\pi f_T} \tag{4.4.9}$$

(3) 共基极截止频率f_α

利用$\dot{\beta}$的表达式,可以求出共基极截止频率。

$$\dot{\alpha} = \frac{\dot{\beta}}{1+\dot{\beta}} = \frac{\dfrac{\beta_0}{1+\mathrm{j}f/f_\beta}}{1+\dfrac{\beta_0}{1+\mathrm{j}f/f_\beta}} = \frac{\beta_0}{1+\beta_0+\mathrm{j}f/f_\beta} = \frac{\dfrac{\beta_0}{1+\beta_0}}{1+\mathrm{j}\dfrac{f}{(1+\beta_0)f_\beta}} = \frac{\alpha_0}{1+\mathrm{j}\dfrac{f}{(1+\beta_0)f_\beta}}$$

式中$\alpha_0 = \dfrac{\beta_0}{1+\beta_0}$,并令$f_\alpha = (1+\beta_0)f_\beta$,则上式为

$$\dot{\alpha} = \frac{\alpha_o}{1+\mathrm{j}f/f_\alpha} \tag{4.4.10}$$

f_α是指$|\dot{\alpha}|$下降到$0.707\alpha_0$时所对应的频率,称为共基极截止频率f_α。

$$f_\alpha = (1+\beta_0)f_\beta \tag{4.4.11}$$

可见,共基极放大电路的截止频率远大于共射极的截止频率,因此共基极电路可作为宽频带放大电路。

(4) f_β、f_T、f_α三个参数之间的关系

综上所述可知,参数f_β、f_T、f_α之间的关系为$f_\beta < f_T < f_\alpha$。

6. 全频段单向化混合 π 参数等效模型的参数表达式

为了方便地利用晶体管单向化混合 π 参数等效模型分析电路,在此将图 4.4.4 等效模型中的参数归纳如下:

$$r_{be} = r_{bb'} + r_{b'e} \tag{4.4.12a}$$

$$C'_\pi = C_\pi + (1+K)C_\mu \tag{4.4.12b}$$

$$C_\pi = \frac{g_m}{2\pi f_T} \tag{4.4.12c}$$

$$K = g_m R'_L \tag{4.4.12d}$$

$$g_m = \frac{\beta_0}{r_{b'e}} \approx \frac{I_{EQ}}{26\text{ mV}} \tag{4.4.12e}$$

4.5 固定偏置共射放大电路的频率响应

4.5.1 表达式分析

导学

不同频段固定偏置共射电路混合 π 参数等效电路。

$\dot{A}_{usm}$、f_L、f_H 的数学表达式。

全频段电压放大倍数 $\dot{A}_{us}$ 的数学表达式。

微视频

以图 4.3.1(a)所示的固定偏置共射放大电路为例，从中频段、低频段和高频段三个频段定量分析其频率响应的情况。

1. 中频段

(1) 电路特点

中频时，耦合电容 C_1 看成交流短路，极间电容 C'_π 、C_μ 看成交流开路，如图 4.5.1 所示。

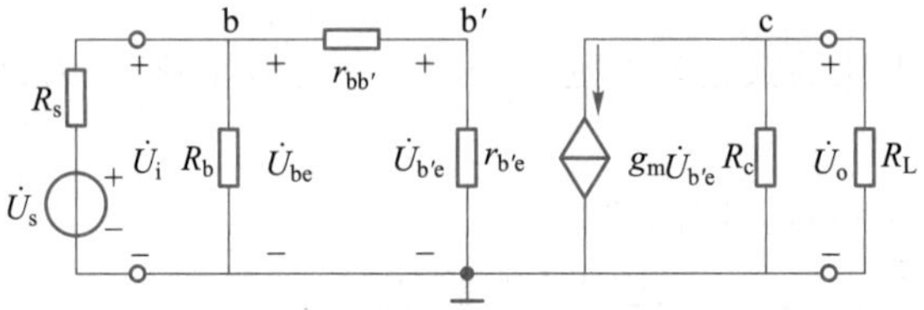

图 4.5.1 中频段混合 π 参数等效电路

(2) 电路计算

因为 $\dot{U}_o = -g_m\dot{U}_{b'e}R'_L = -g_mR'_L\dfrac{r_{b'e}}{r_{bb'}+r_{b'e}}\dot{U}_i = -g_mR'_L\dfrac{r_{b'e}}{r_{bb'}+r_{b'e}}\cdot\dfrac{R_i}{R_i+R_s}\dot{U}_s$

其中 $R_i = R_b \,//\, (r_{bb'}+r_{b'e})$，所以

$$\dot{A}_{usm} = \frac{\dot{U}_o}{\dot{U}_s} = -g_mR'_L\frac{r_{b'e}}{r_{bb'}+r_{b'e}}\cdot\frac{R_i}{R_i+R_s} \tag{4.5.1}$$

根据式(4.4.12a)和式(4.4.12e)，可将上式改写为

$$\dot{A}_{usm} = -\frac{\beta}{r_{b'e}}\cdot R'_L\cdot\frac{r_{b'e}}{r_{be}}\cdot\frac{R_i}{R_i+R_s} = -\frac{R_i}{R_i+R_s}\cdot\frac{\beta R'_L}{r_{be}} \tag{4.5.2}$$

可见，式(4.5.2)与式(2.5.5b)完全相同。

其实，在电子线路的分析中，人们总是选用一种最简便的线性模型来代替晶体管这一非线性器件，例如在低频时，h 参数容易测量，可采用 h 参数模型；在工作频率范围较宽时，宜

采用混合 π 参数模型;而在高频窄带情况下,宜采用 y 参数模型。上述参数模型是用不同形式来模拟晶体管,显然各参数之间有其内在联系,在一定条件下是可以互相转换的。式(4.5.1)、式(4.5.2)就体现了这一点。

(3) 波特图

在波特图上为一条水平直线。幅频曲线是 $20\lg|\dot{A}_{usm}|=$ 常数,相频曲线是 $\varphi=-180°$。

2. 低频段($f\leqslant f_L$)

(1) 电路特点

低频时,考虑 C_1、C_2 的分压影响,而 C'_π、C_μ 仍开路,如图 4.5.2 所示。

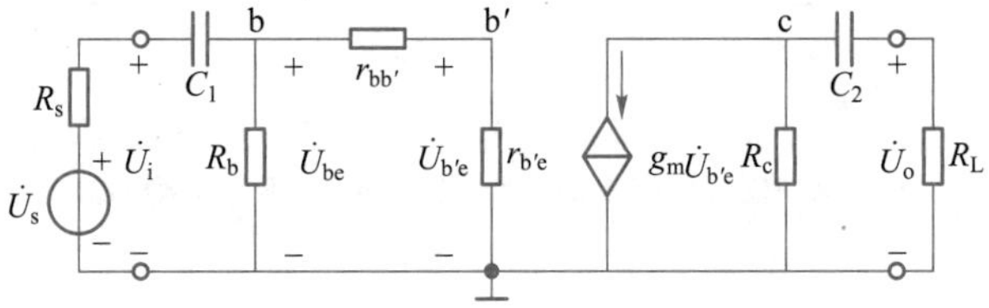

图 4.5.2 低频段混合 π 参数等效电路

(2) 电路计算

由图 4.5.2 可见,输入回路和输出回路都是 RC 高通电路,它们的时间常数分别为

$$\tau_1=[R_s+R_b/\!/(r_{bb'}+r_{b'e})]C_1,\ \tau_2=(R_c+R_L)C_2$$

则它们所引起的下限截止频率分别为

$$f_{L1}=\frac{1}{2\pi\tau_1}=\frac{1}{2\pi[R_s+R_b/\!/(r_{bb'}+r_{b'e})]C_1},\ f_{L2}=\frac{1}{2\pi\tau_2}=\frac{1}{2\pi(R_c+R_L)C_2}$$

在设计电路时,一般使其中的一个下限截止频率远大于其他的下限截止频率。现假设 $f_{L1}\gg f_{L2}$,也就是电容 C_2 对电路的影响可以忽略,只考虑电容 C_1 所在的输入回路的频率响应。

因为 $\dot{U}_o=-g_m\dot{U}_{b'e}R'_L=-g_mR'_L\dfrac{r_{b'e}}{r_{bb'}+r_{b'e}}\dot{U}_{be}=-g_mR'_L\dfrac{r_{b'e}}{r_{bb'}+r_{b'e}}\cdot\dfrac{R_i}{R_s+1/j\omega C_1+R_i}\dot{U}_s$,则

$$\dot{A}_{usl}=\frac{\dot{U}_o}{\dot{U}_s}=-g_mR'_L\frac{r_{b'e}}{r_{bb'}+r_{b'e}}\cdot\frac{R_i/(R_s+R_i)}{1+1/j\omega(R_s+R_i)C_1}=\frac{\dot{A}_{usm}}{1+1/j\omega(R_s+R_i)C_1}$$

式中,$R_i=R_b/\!/(r_{bb'}+r_{b'e})$。令

$$f_L=\frac{1}{2\pi(R_s+R_i)C_1} \tag{4.5.3}$$

则有

$$\dot{A}_{usl}=\frac{\dot{A}_{usm}}{1-jf_L/f}\ 或写成\ \dot{A}_u=\frac{\dot{A}_{usl}}{\dot{A}_{usm}}=\frac{1}{1-jf_L/f} \tag{4.5.4}$$

(3) 波特图

显见,式(4.5.4)与式(4.3.2)的形式相似,表明耦合电容以及旁路电容所在回路为高通电路,在低频段使放大倍数的数值下降,且产生超前的附加相移。即放大电路在低频段时

的波特图与 RC 高通电路的波特图也相似。

3. 高频段($f \geqslant f_H$)

(1) 电路特点

高频时,应考虑 C'_π(因 C_μ 很小,可忽略)的作用,而 C_1、C_2 视为短路,如图 4.5.3(a)所示。

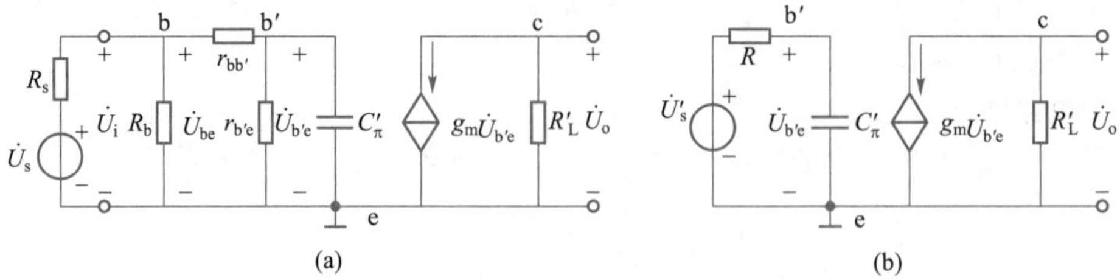

图 4.5.3 高频段混合 π 参数等效电路

(a) 高频段混合 π 参数等效电路 (b) 戴维南等效电路

(2) 电路计算

在图 4.5.3(a)中,将 C'_π 左侧电路用戴维南定理等效,如图 4.5.3(b)所示。其中信号源 $\dot{U}'_s=\frac{r_{b'e}}{r_{bb'}+r_{b'e}}\cdot\frac{R_i}{R_s+R_i}\dot{U}_s$,式中的 $R_i=R_b /\!/ (r_{bb'}+r_{b'e})$,等效内阻 $R=r_{b'e} /\!/ [r_{bb'}+(R_s /\!/ R_b)]$。

因为 $\dot{U}_o=-g_m\dot{U}_{b'e}R'_L=-g_mR'_L\frac{1/j\omega C'_\pi}{R+1/j\omega C'_\pi}\dot{U}'_s=\dot{A}_{usm}\dot{U}_s\frac{1}{1+j\omega RC'_\pi}$,所以

$$\dot{A}_{ush}=\frac{\dot{U}_o}{\dot{U}_s}=\frac{\dot{A}_{usm}}{1+j\omega RC'_\pi}$$

令

$$f_H=\frac{1}{2\pi RC'_\pi} \tag{4.5.5}$$

则有

$$\dot{A}_{ush}=\frac{\dot{A}_{usm}}{1+jf/f_H}\text{ 或写成 }\dot{A}_u=\frac{\dot{A}_{ush}}{\dot{A}_{usm}}=\frac{1}{1+jf/f_H} \tag{4.5.6}$$

(3) 波特图

显见,式(4.5.6)与式(4.3.4)的形式相似,表明晶体管极间电容所在回路为低通电路,在高频段使放大倍数的数值下降,且产生滞后的附加相移。即放大电路在高频段时的波特图与 RC 低通电路的波特图也相似。

4. 表达式

将上述分频段分析的结果加以综合,就可以得到信号频率从零到无穷大变化时,共射放大电路全频段的频率响应。由于 C_1 和 C'_π 不会同时起作用,故由式(4.5.4)、(4.5.6)可得出单管共射放大电路全频段的源电压放大倍数表达式为

$$\dot{A}_{us}=\frac{\dot{A}_{usm}}{(1-jf_L/f)(1+jf/f_H)}=\frac{jf/f_L}{(1+jf/f_L)(1+jf/f_H)}\dot{A}_{usm} \tag{4.5.7}$$

上式表明，在低频段，因 $f \ll f_H$，$f/f_H \to 0$，则 $\dot{A}_{us} \approx \dfrac{\dot{A}_{usm}}{1-\mathrm{j}f_L/f}$；在中频段，因 $f_L \ll f \ll f_H$，$f_L/f \to 0$，$f/f_H \to 0$，则 $\dot{A}_{us} \approx \dot{A}_{usm}$；在高频段，因 $f_L \ll f$，$f_L/f \to 0$，则 $\dot{A}_{us} \approx \dfrac{\dot{A}_{usm}}{1+\mathrm{j}f/f_H}$。

4.5.2　波特图分析

导学

画波特图的三要素。

固定偏置共射放大电路的幅频、相频特性曲线的画法。

微视频

画波特图的关键是要明确画波特图的三要素 $\dot{A}_{usm}$、f_L 和 f_H，它可通过式(4.5.2)、(4.5.3)、(4.5.5)来确定。按照波特图规定的坐标取法，确定幅频特性的纵坐标值 $20\lg|\dot{A}_{usm}|$，并等间距(即十倍频)地选取幅频和相频特性的横坐标值，即 $0.1f_L$、f_L、$10f_L$ 和 $0.1f_H$、f_H、$10f_H$。然后，根据上述中频段、低频段和高频段的波特图的分析，以及前面介绍的高、低通电路的折线频响曲线的画法，不难画出图 4.5.4 所示的全频段固定偏置共射放大电路的频响曲线。

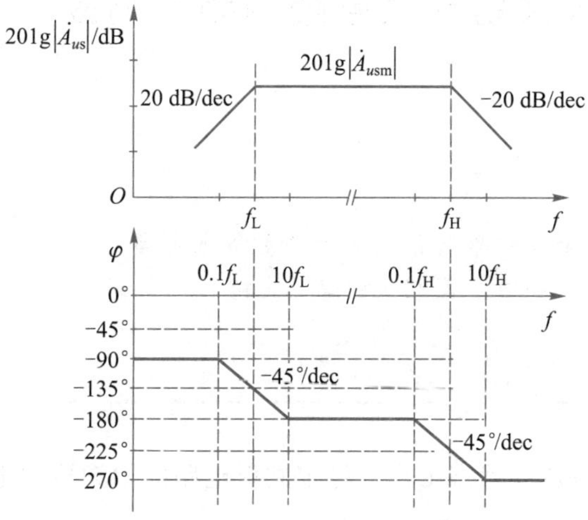

图 4.5.4　全频段共射放大电路的频响曲线

具体画法是：

① 幅频特性

中频段，在 $f_L \leqslant f \leqslant f_H$ 之间作一条高度为 $20\lg|\dot{A}_{usm}|$ 的水平直线。低频段，从 f_L 开始向左下方作一条斜率为 20 dB/dec 的直线。高频段，从 f_H 开始向右下方作一条斜率为 −20 dB/dec 的直线。

放大电路的通频带为 $BW=f_H-f_L$。

② 相频特性

中频段，在 $10f_L\leqslant f\leqslant 0.1f_H$ 之间作一条 $\varphi=-180°$ 的水平直线。低频段，当 $f<0.1f_L$ 时，$\varphi=-180°+90°=-90°$；在 $0.1f_L\leqslant f\leqslant 10f_L$ 之间作一条斜率为 $-45°$/dec 的直线。高频段，当 $f>10f_H$ 时，$\varphi=-180°-90°=-270°$；在 $0.1f_H\leqslant f\leqslant 10f_H$ 之间作一条斜率为 $-45°$/dec 的直线。

例 4.5.1 某共射放大电路的复数表达式 $\dot{A}_{us}=-\dfrac{0.5f^2}{(1+\mathrm{j}f/2)(1+\mathrm{j}f/100)(1+\mathrm{j}f/10^5)}$，频率的单位为 Hz。(1) 求中频电压放大倍数；(2) 画出 $\dot{A}_{us}$ 的幅频特性波特图；(3) 求下限和上限频率。

解：(1) 根据式(4.5.7)和已知表达式得 $\dot{A}_{us}=\dfrac{\dot{A}_{usm}(\mathrm{j}f/2)(\mathrm{j}f/100)}{(1+\mathrm{j}f/2)(1+\mathrm{j}f/100)(1+\mathrm{j}f/10^5)}$，若令 $\dot{A}_{usm}(\mathrm{j}f/2)(\mathrm{j}f/100)=-0.5f^2$，则得 $A_{usm}=100$。

(2) 低频段有两个转折点：$f=100$ Hz，$f=2$ Hz，斜率分别为 20 dB/dec、40 dB/dec；高频段有一个转折点，斜率为 -20 dB/dec。波特图可由读者自行画出。

(3) 通过上面的分析可得：$f_L=100$ Hz，$f_H=10^5$ Hz。

4.6 分压式共射放大电路的频率响应

导学

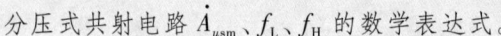

分压式共射电路全频段单向化混合 π 参数等效电路。

依据估算截止频率的方法画相应的等效电路。

分压式共射电路 $\dot{A}_{usm}$、f_L、f_H 的数学表达式。

微视频

由前述不难推出，分压式静态工作点稳定共射电路的中频段源电压放大倍数 $\dot{A}_{usm}$ 仍与式(4.5.2)一致，故在此不再讨论。

根据式(4.5.3)、式(4.5.5)可知，放大电路中任何一个电容所确定的截止频率的表达式均可写为 $f_L(f_H)=\dfrac{1}{2\pi\tau_n}$ 的形式，式中时间常数 $\tau_n=R_nC_n$。估算 $f_L(f_H)$ 的方法是：当只考虑放大电路中的某一电容 C_n 时，其他影响低频特性的电容元件均短路，影响高频特性的电容元件均开路；电压源短路，电流源开路，可画出相应的等效电路。由此求出 C_n 所在回路的等效电阻 R_n，并按此方法分别求出所有电容所在回路的时间常数，进而求出 f_L 或 f_H。

下面不妨以图 2.6.1(b)所示带 C_e 的共射放大电路为例加以说明。首先应画出该电路的交流通路,然后用晶体管单向化混合 π 参数等效模型图 4.4.4 代替交流通路中的晶体管,便可得到全频段单向化混合 π 参数等效电路图 4.6.1。

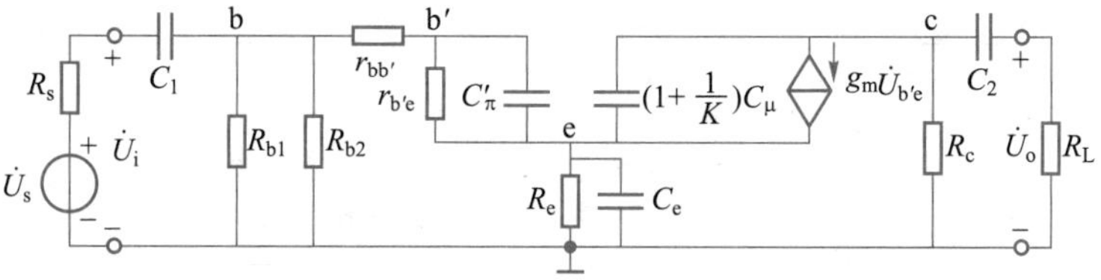

图 4.6.1　分压式单管共射电路全频段单向化混合 π 参数等效电路

1. 下限频率的估算

电路的下限频率由放大电路中的耦合电容 C_1、C_2 和旁路电容 C_e 所在回路的时间常数 τ 决定。按照上述估算截止频率的方法,可分别画出 C_1、C_2 和 C_e 所在回路的等效电路,如图 4.6.2所示。

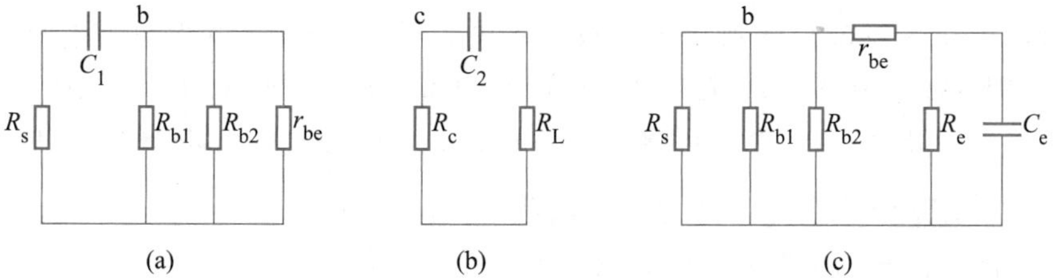

图 4.6.2　低频段三个电容所在回路的等效电路
(a) C_1 回路等效电路　(b) C_2 回路等效电路　(c) C_e 回路的等效电路

当单独考虑电容 C_1 时的等效电路如图 4.6.2(a)所示。此时回路的时间常数 $\tau_{L1}=(R_s+R_i)C_1=(R_s+R_{b1}/\!/R_{b2}/\!/r_{be})C_1$,转折点频率 $f_{L1}=\dfrac{1}{2\pi\tau_{L1}}$。

当单独考虑电容 C_2 时的等效电路如图 4.6.2(b)所示。此时回路的时间常数 $\tau_{L2}=(R_c+R_L)C_2$,转折点频率 $f_{L2}=\dfrac{1}{2\pi\tau_{L2}}$。

当单独考虑电容 C_e 时的等效电路如图 4.6.2(c)所示。此时回路的时间常数 $\tau_{L3}=r_eC_e=\left(R_e/\!/\dfrac{r_{be}+R_s/\!/R_{b1}/\!/R_{b2}}{1+\beta}\right)C_e$,转折点频率 $f_{L3}=\dfrac{1}{2\pi\tau_{L3}}$。

比较三者数值,若它们之间相差 4~5 倍以上,则取其中的最大值作下限频率,否则按下式估算:

$$f_L\approx 1.1\sqrt{f_{L1}^2+f_{L2}^2+f_{L3}^2} \tag{4.6.1}$$

2. 上限频率的估算

电路的上限频率是由放大电路中的晶体管极间电容 C'_π、C_μ 所在回路的时间常数 τ 决定的。按照估算截止频率的方法,可分别画出 C'_π、C_μ 所在回路的等效电路,如图 4.6.3 所示。

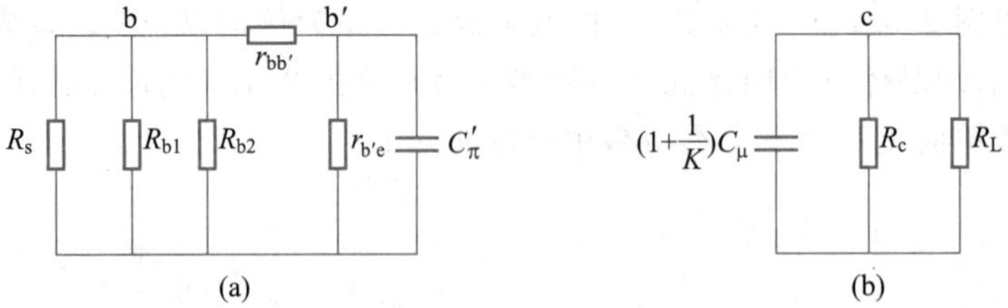

图 4.6.3 高频段两个电容所在回路的等效电路

(a) C'_π 回路等效电路 (b) C_μ 回路等效电路

输入回路：$\tau_{H1}=RC'_\pi=[r_{b'e}\,/\!/\,(r_{bb'}+R_s\,/\!/\,R_{b1}\,/\!/\,R_{b2})]C'_\pi$，$f_{H1}=\dfrac{1}{2\pi\tau_{H1}}$

输出回路：$\tau_{H2}=(R_c\,/\!/\,R_L)(1+1/K)C_\mu\approx(R_c\,/\!/\,R_L)C_\mu=R'_LC_\mu$，$f_{H2}=\dfrac{1}{2\pi\tau_{H2}}$

比较两者，若相差 4~5 倍以上，则取小者，否则按下式估算：

$$\frac{1}{f_H}\approx 1.1\sqrt{\frac{1}{f_{H1}^2}+\frac{1}{f_{H2}^2}} \tag{4.6.2}$$

例 4.6.1 在图 2.6.1(b)所示的带有射极电容 C_e 的分压式共射放大电路中，设 $R_s=240\ \Omega$，$R_{b1}=91\ k\Omega$，$R_{b2}=30\ k\Omega$，$R_c=12\ k\Omega$，$R_e=5.1\ k\Omega$，$R_L=3.9\ k\Omega$，$C_1=30\ \mu F$，$C_2=10\ \mu F$，$C_e=50\ \mu F$，$C_\mu=5\ pF$，$V_{CC}=12\ V$，$\beta=100$，$r_{be}=6\ k\Omega$，$r_{bb'}=100\ \Omega$，$f_T=100\ MHz$。(1) 试估算中频 $\dot{A}_{usm}$；(2) 估算下限频率 f_L；(3) 估算上限频率 f_H。

解：单向化混合 π 参数等效电路如图 4.6.1 所示。

(1) $R_i=R_{b1}\,/\!/\,R_{b2}\,/\!/\,r_{be}\approx 4.74\ k\Omega$，$R'_L=R_c\,/\!/\,R_L=\dfrac{12\times 3.9}{12+3.9}\ k\Omega\approx 2.94\ k\Omega$

$$\dot{A}_{usm}=-\frac{R_i}{R_i+R_s}\cdot\frac{\beta R'_L}{r_{be}}=-\frac{4.74}{4.74+0.24}\times\frac{100\times 2.94}{6}\approx -46.64$$

当然也可以用式(4.5.1)来计算。

(2) 由低频段三个电容所在回路的等效电路图 4.6.2 可得

$$f_{L1}=\frac{1}{2\pi(R_s+R_i)C_1}=\frac{1}{2\pi\times(0.24+4.74)\times 10^3\times 30\times 10^{-6}}\ Hz\approx 1.07\ Hz$$

$$f_{L2}=\frac{1}{2\pi(R_c+R_L)C_2}=\frac{1}{2\pi\times(12+3.9)\times 10^3\times 10\times 10^{-6}}\ Hz\approx 1.0\ Hz$$

$$f_{L3}=\frac{1}{2\pi\left(R_e\,/\!/\,\dfrac{r_{be}+R_s\,/\!/\,R_{b1}\,/\!/\,R_{b2}}{1+\beta}\right)C_e}$$

$$=\frac{1}{2\pi\times\left(5.1\,/\!/\,\dfrac{6+0.24\,/\!/\,91\,/\!/\,30}{101}\right)\times 10^3\times 50\times 10^{-6}}\ Hz\approx 53.08\ Hz$$

因为 f_{L3} 远大于 f_{L1}、f_{L2}，所以 $f_L\approx f_{L3}=53.08\ Hz$

(3) $C_\pi=\dfrac{g_m}{2\pi f_T}=\dfrac{\beta}{r_{b'e}\cdot 2\pi f_T}=\dfrac{100}{(6-0.1)\times 10^3\times 2\pi\times 100\times 10^6}\ pF\approx 26.99\ pF$

$$C'_\pi = C_\pi + (1+g_m R'_L)C_\mu = 26.99\ \text{pF} + \left(1+\frac{100}{6-0.1}\times 2.94\right)\times 5\ \text{pF} \approx 281.14\ \text{pF}$$

由高频段两个电容所在回路的等效电路图 4.6.3 有

图(a)：$R = r_{b'e} \mathbin{/\!/} (r_{bb'} + R_s \mathbin{/\!/} R_{b1} \mathbin{/\!/} R_{b2}) \approx 0.32\ \text{k}\Omega$

$$\tau_{H1} = RC'_\pi = 0.32\times 10^3 \times 281.14\times 10^{-12}\ \text{s} \approx 89.96\times 10^{-9}\ \text{s}$$

$$f_{H1} = \frac{1}{2\pi\tau_{H1}} = \frac{1}{2\pi\times 89.96\times 10^{-9}}\ \text{Hz} \approx 1.77\ \text{MHz}$$

图(b)：$\tau_{H2} \approx R'_L C_\mu = 2.94\times 10^3 \times 5\times 10^{-12}\ \text{s} \approx 14.7\times 10^{-9}\ \text{s}$

$$f_{H2} = \frac{1}{2\pi\tau_{H2}} = \frac{1}{2\pi\times 14.7\times 10^{-9}}\ \text{Hz} \approx 10.83\ \text{MHz}$$

因为 f_{H2} 比 f_{H1} 大 5 倍以上，所以 $f_H \approx f_{H1} = 1.77\ \text{MHz}$。

4.7 直耦共射电路和多级放大电路的频率响应

导学

单级直接耦合与阻容耦合放大电路频响曲线的区别。
具有相同参数的两级耦合放大电路频响曲线的特点。

1. 单级直接耦合共射放大电路的频率响应

因为集成电路内部不制作大容量的电容，因此集成电路中的放大电路基本上采用直接耦合方式。由于电路中不采用耦合电容，因此直接耦合放大电路在低频段时将不会因耦合电容的压降增大而造成电压放大倍数的下降和附加相移的改变。显然，直接耦合放大电路的主要特点是低频段的频率响应好，它的下限频率 $f_L = 0$。在高频段，由于晶体管极间电容的存在，其频响仍与阻容耦合放大电路一样。

基于上述分析，并参考阻容耦合放大电路的电压放大倍数表达式(4.5.7)，很容易得到单级直接耦合共射放大电路的频响表达式为

$$\dot{A}_{us} = \frac{\dot{A}_{usm}}{(1+\mathrm{j}f/f_H)} \qquad (4.7.1)$$

根据上式并参考图 4.5.4，可画出单级直接耦合共射放大电路的波特图 4.7.1。

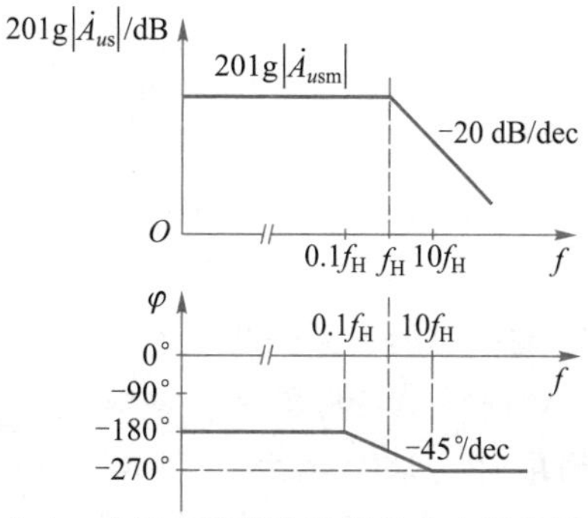

图 4.7.1 单级直接耦合共射放大电路的波特图

2. 多级放大电路的频率响应

(1) 频响表达式

对于式(4.1.1a),若考虑 $\dot{A}_u$ 是频率的函数时,则幅频和相频的数学表达式分别为

$$20\lg|\dot{A}_u| = 20\lg|\dot{A}_{u1}| + 20\lg|\dot{A}_{u2}| + \cdots + 20\lg|\dot{A}_{un}| = \sum_{k=1}^{n} 20\lg|\dot{A}_{uk}| \quad (4.7.2a)$$

$$\varphi = \varphi_1 + \varphi_2 + \cdots + \varphi_n = \sum_{k=1}^{n} \varphi_k \quad (4.7.2b)$$

可见,多级放大电路的增益为各级放大电路的增益之和,相移也为各级放大电路相移之和。

(2) 波特图

上两式表明,在绘制多级放大电路的频响曲线时,只要将各级对应于同一横坐标的幅频曲线和相频曲线上的纵坐标值相加即可。

例如,有一个两级放大电路,假设每一级的频率响应相同,由上述结论可画出总的频响曲线。

① 两级总的幅频曲线

幅频曲线就是将单级频率响应的纵坐标加大一倍,如图 4.7.2(a)所示。图中,总的中频增益为 $40\lg|\dot{A}_{um}|$;在每一级下降 3 dB 的频率点 f_{L1} 和 f_{H1} 处,将下降 3 dB×2=6 dB。可见,两级放大电路的下限和上限截止频率 f_L 和 f_H 不能再取 f_{L1} 和 f_{H1},而是电压增益 $40\lg|\dot{A}_{um}|$ 下降 3 dB 时所对应的下限和上限截止频率 f_L 和 f_H。显然,两级放大电路的下限截止频率 $f_L > f_{L1}$,上限截止频率 $f_H < f_{H1}$,即总的通频带 $BW = f_H - f_L$ 比单级 $BW_1 = f_{H1} - f_{L1}$ 要窄。

此外,在低频段和高频段时的折线斜率将由单级的 ±20 dB/dec 变为 ±40 dB/dec,如图 4.7.2(a)所示。

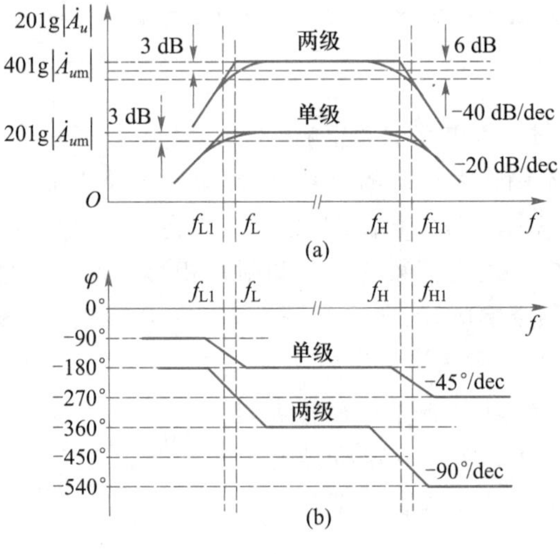

图 4.7.2 两级放大电路的对数频率响应

(a) 幅频特性 (b) 相频特性

② 两级总的相频曲线

相频曲线也是将单级频率响应的纵坐标加大一倍,如图 4.7.2(b)所示。图中,中频段的相角由 -180° 增至 (-180°)×2 = -360°,低频段和高频段的最大相移将分别增至 (-90°)×2 = -180° 和 (-270°)×2 = -540°。

此外,在低频段和高频段时的折线斜率将由单级的 - 45°/dec 变为 - 90°/dec 。

从两级放大电路的频响曲线可以推之,若将 n 级放大电路级联起来,虽然总的电压增益提高了,但通频带 BW 却变窄了。根据理论证明,多级放大电路总的下、上限截止频率 f_L 、f_H 与其组成电路的各级下、上限截止频率有下列近似关系:

$$f_L \approx 1.1\sqrt{f_{L1}^2 + f_{L2}^2 + \cdots + f_{Ln}^2}\ ,\ \frac{1}{f_H} \approx 1.1\sqrt{\frac{1}{f_{H1}^2} + \frac{1}{f_{H2}^2} + \cdots + \frac{1}{f_{Hn}^2}} \qquad (4.7.3)$$

例 4.7.1 放大电路的对数幅频特性如图 4.7.3 所示。

(1) 放大电路是由几级阻容耦合电路组成,每级的下限和上限截止频率各是多少?

(2) 总的电压放大倍数、下限和上限截止频率是多少?

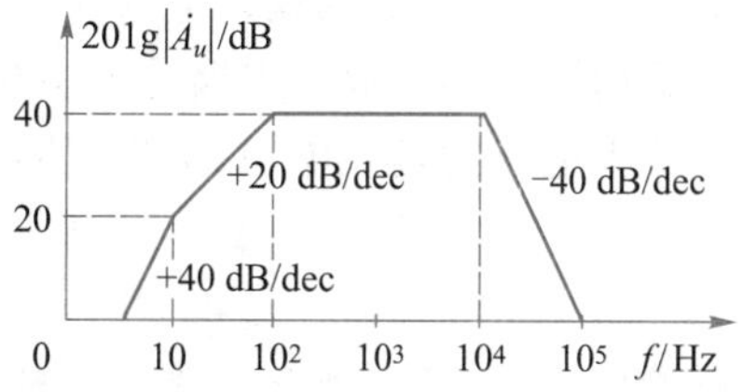

图 4.7.3 例 4.7.1

解:(1) 由单级放大电路在 f_L 和 f_H 处各有一 +20 dB/dec和 - 20 dB/dec 的转折可知,在图 4.7.3 中,低频端有两个转折,斜率达 +40 dB/dec = +20 dB/dec×2;高频端似乎只有一个转折,但实际上是在 $f_H = 10^4$ Hz 处有两个相同的 - 20 dB/dec 的转折叠加。可见该电路由两级阻容耦合放大电路组成:第一级的 $f_{L1} = 10$ Hz , $f_{H1} = 10^4$ Hz ;第二级的 $f_{L2} = 100$ Hz , $f_{H2} = 10^4$ Hz。

(2) 总的电压增益:由图中 $20\lg A_{um} = 40$ dB 可得 $A_{um} = 100$。

总的下限截止频率:因 f_{L1} 和 f_{L2} 两者相差 10 倍,故取较大者,即 $f_L = 100$ Hz 。

总的上限截止频率:因 $f_{H1} = f_{H2}$,故用近似计算公式求出 f_H ,即

$$\frac{1}{f_H} \approx 1.1\sqrt{\frac{1}{f_{H1}^2} + \frac{1}{f_{H2}^2}} = 1.1\sqrt{\frac{2}{10^8}}\ \text{s} \approx \frac{1.56}{10^4}\text{s}\ ,\ f_H \approx 0.64 \times 10^4\ \text{Hz}\ 。$$

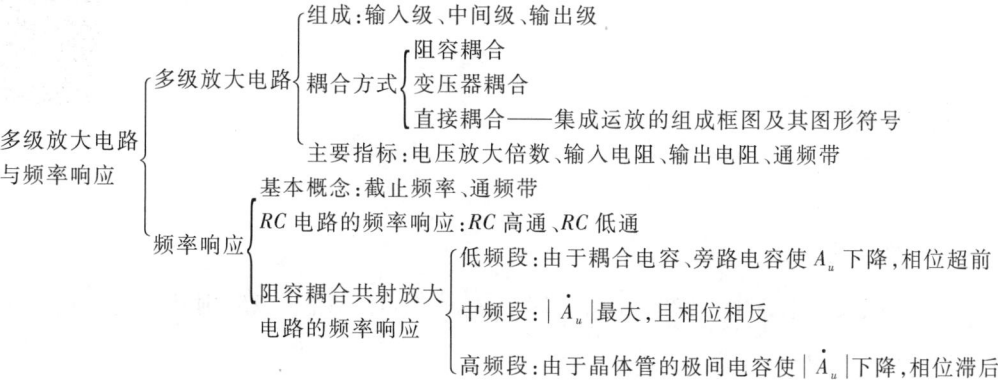

本章小结

本章知识结构

- 多级放大电路与频率响应
  - 多级放大电路
    - 组成:输入级、中间级、输出级
    - 耦合方式
      - 阻容耦合
      - 变压器耦合
      - 直接耦合——集成运放的组成框图及其图形符号
    - 主要指标:电压放大倍数、输入电阻、输出电阻、通频带
  - 频率响应
    - 基本概念:截止频率、通频带
    - RC 电路的频率响应:RC 高通、RC 低通
    - 阻容耦合共射放大电路的频率响应
      - 低频段:由于耦合电容、旁路电容使 A_u 下降,相位超前
      - 中频段:$|\dot{A}_u|$最大,且相位相反
      - 高频段:由于晶体管的极间电容使$|\dot{A}_u|$下降,相位滞后

1. 多级放大电路

多级放大电路一般由输入级、中间级和输出级组成，常用的耦合方式有阻容耦合、变压器耦合和直接耦合，三种耦合方式各有优缺点。

计算多级放大电路的静态时，阻容耦合和变压器耦合与单级放大电路计算方法一致；直接耦合由于各级间静态工作点相互影响，应统筹考虑。

计算多级放大电路的动态时，其指导思想是把多级放大电路转换为单级放大电路来计算，方法是将后一级的输入电阻作为前一级的负载；或者是前一级的输出电阻作为后一级的信号源内阻。多级放大电路总的电压放大倍数为各级电压放大倍数的乘积，输入电阻为第一级放大电路的输入电阻，输出电阻为末级放大电路的输出电阻。在计算时只要遇到"共集组态"，一定要注意前、后级间的级联问题。

集成运放是能较好地抑制零点漂移的多级直接耦合放大电路，它与分立电路最大的区别是偏置电路（为各级提供偏置电流）。从电路符号上看，它有两个输入端和一个输出端，其中与输出端同相的输入端称为同相输入端，反之称为反相输入端。

2. 放大电路的频率响应

频率响应是用来衡量放大电路对不同频率信号的适应程度。描述频响的三个指标是中频源电压放大倍数、下限截止频率和上限截止频率。对于共射电路，中频源电压放大倍数 $\dot{A}_{usm}$ 的表达式（式 4.5.2）就是源电压放大倍数 $\dot{A}_{us}$（式 2.5.5b）；求解截止频率就是求解电容所在回路的时间常数，其关键就是求解电容所在回路的等效电阻。

频响曲线的画法常用折线波特图法。多级放大电路的波特图是各单级放大电路波特图的叠加。

3. 本章记识要点及技巧

（1）理解多级放大电路三种耦合方式的特点，掌握多级直耦放大电路的静态计算，至于动态计算应在巧记单级放大电路计算公式的基础上掌握多级放大电路的分析方法。

（2）掌握混合 π 参数等效模型的画法，并牢记式（4.4.12a）~（4.4.12e）。

（3）RC 低、高通电路波特图的画法是基础。

（4）掌握 $\dot{A}_{usm}$ 的计算方法，实际上就是源电压放大倍数的计算。因为放大电路的频率响应的分析最终归结为电容所在回路等效电阻的求解，它是计算 f_L、f_H 的关键。在理解 RC 低、高通电路波特图画法的基础上牢记图 4.5.4 所示的作图要点。

自测题

参考答案

4.1 填空题

1. 在三级放大电路中，已知 $|\dot{A}_{u1}|=50$，$|\dot{A}_{u2}|=80$，$|\dot{A}_{u3}|=25$，则其总电压放大倍数 $|\dot{A}_u|=$________，折合为________ dB。

2. 一个三级放大电路,若第一级和第二级的电压增益为 30 dB,第三级的电压增益为 20 dB,则其总电压增益为________ dB,折合为________倍。

3. 在多级放大电路中,后级的输入电阻是前级的________,而前级的输出电阻则也可视为后级的________。

4. 在多级直接耦合放大电路中,对电路零点漂移影响最严重的一级是________,零点漂移最大的一级是________。

5. 集成运放的两个输入端分别为________和________输入端,前者输入信号的极性与输出端极性________,后者输入信号的极性与输出端极性________。

6. 某单级共射放大电路的对数幅频响应如自测题 4.1.6 图所示,则该放大电路的 $\dot{A}_{usl}$ 频率响应表达式为________________,$\dot{A}_{ush}$ 频率响应表达式为________________。

7. 在自测题 4.1.7 图所示放大电路中,空载时,若增大电容 C_1 的容量,则中频电压放大倍数 $|\dot{A}_{usm}|$ 将________,f_L 将________,f_H 将________;当 R_b 减小时,f_L 将________。

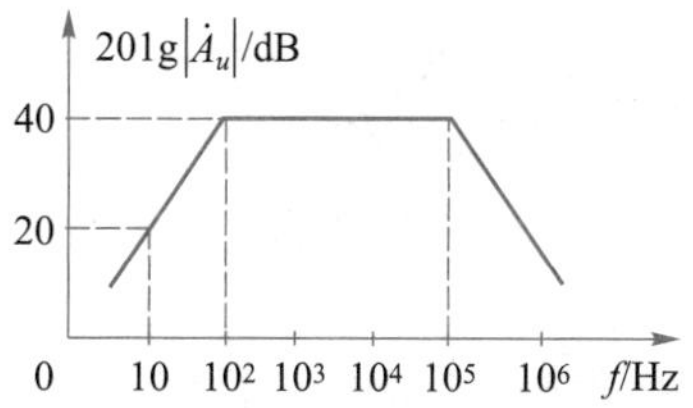

自测题 4.1.6 图

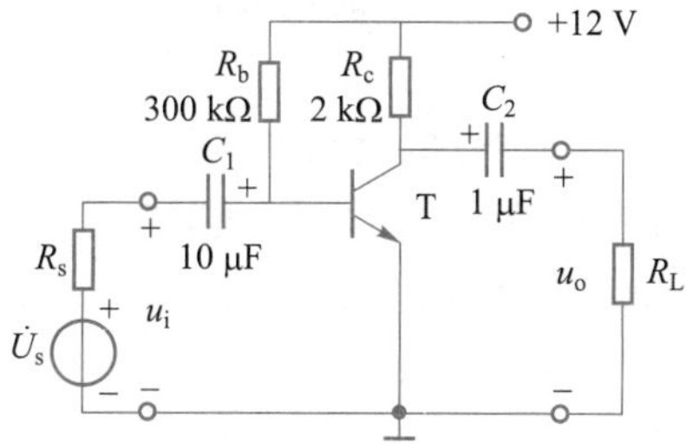

自测题 4.1.7 图

8. 多级放大电路与单级放大电路相比,总的通频带一定比它的任何一级都________;级数越多则上限频率 f_H 越________。

9. 已知 RC 耦合放大电路在 f_L 处放大倍数为 100,则在 f_H 处放大倍数为________,中频区放大倍数为________。

4.2 选择题

1. 一个由相同类型管子组成的两级阻容耦合共射放大电路,前级和后级的静态工作点均偏低,当前级输入信号幅度足够大时,后级输出电压波形将________。

A. 削顶失真　　B. 削底失真　　C. 双向失真　　D. 失真消失

2. 两个相同的单级共射放大电路,空载时电压放大倍数均为 30,现将它们级联后组成一个两级放大电路,则总的电压放大倍数________。

A. 等于 60　　B. 等于 900　　C. 小于 900　　D. 大于 900

3. 集成运放实质上是一个________。

A. 直接耦合多级放大电路　　B. 变压器耦合多级放大电路

C. 阻容耦合多级放大电路　　D. 单级放大电路

4. 一个放大电路的对数幅频响应如自测题 4.1.6 图所示。

(1) 中频放大倍数 $|\dot{A}_{usm}|$ 为________ dB。

A. 20　　B. 40　　C. 80　　D. 100

(2) 上限频率为________。

A. <100 Hz　　B. 100 Hz　　C. 100 kHz　　D. >100 kHz

(3) 下限频率为________。

A. <100 Hz　　B. 100 Hz　　C. 100 kHz　　D. >100 kHz

(4) 当信号频率恰好为上限频率或下限频率时,实际的电压增益为________ dB。

A. 40　　B. 37　　C. 20　　D. 3

5. 在自测题 4.1.7 图所示阻容耦合共射放大电路中,已知晶体管的 $\beta=100$, $r_{be}=1\ \text{k}\Omega$,负载开路。试求:

(1) 若 $|\dot{U}_i|=10\ \text{mV}$,且信号频率 $f=f_L$,则 $|\dot{U}_o|$ 的数值约为________。

A. 1 V　　B. 2 V　　C. 1.4 V　　D. 700 mV

(2) 当 $f=f_L$ 时,$\dot{U}_o$ 与 $\dot{U}_i$ 的相位关系为________。

A. 45°　　B. −45°　　C. −225°　　D. −135°

(3) 高频信号输入时放大倍数下降,主要的原因是________。

A. C_1 和 C_2　　B. 晶体管的非线性

C. 晶体管的极间电容和分布电容　　D. 静态工作点

6. 在考虑放大电路的频率失真时,若输入信号为正弦波,则输出信号________。

A. 会产生线性失真　　B. 会产生非线性失真

C. 为非正弦波　　D. 为正弦波

7. 如图 2.6.1(b)所示的放大电路,当射极旁路电容为 47 μF,晶体管的结电容为 12 pF 时,测得下限频率为 50 Hz,上限频率为 20 kHz。现将射极旁路电容换为 100 μF,管子换为结电容为 5 pF 的晶体管,此时的下限频率将________ 50 Hz,上限频率将________ 20 kHz。

A. 大于　　B. 等于　　C. 小于　　D. 无法确定

8. 具有相同参数的两级放大电路,在组成其各个单管的截止频率处,幅值下降________。

A. 3 dB　　B. 6 dB　　C. 20 dB　　D. 9 dB

9. 多级放大电路放大倍数的波特图是________。

A. 各级波特图的叠加　　B. 各级波特图的乘积

C. 各级波特图中通频带最窄者　　D. 各级波特图中通频带最宽者

4.3 判断题

1. 在多级直流放大电路中,减小每一级的零点漂移都具有同等的意义。 ( )

2. 阻容耦合放大电路只能放大交流信号,不能放大直流信号。 ( )

3. 直接耦合放大电路的温漂很小,所以应用很广泛。 ( )

4. 晶体管共射截止频率 f_β、特征频率 f_T、共基截止频率 f_α 三者满足 $f_\beta>f_T>f_\alpha$。 ( )

5. 在集成电路中制造大电容很困难,因此阻容耦合在集成电路中无法采用。 ( )

6. 阻容耦合放大电路中的耦合电容、旁路电容越多,低频特性越差,下限频率越高。 ( )

7. 阻容耦合放大电路参数确定后,其电压放大倍数是不随频率变化的固定值。 ( )

8. 在要求 f_L 很低的场合，可以采用直接耦合方式。 （ ）

9. 自测题 4.1.7 图所示的基本放大电路，增大电容 C_1、C_2 将有利于高频信号通过，即可提高上限频率 f_H。 （ ）

参考答案

习题

4.1 在习题 4.1 图所示的两级放大电路中，已知 $U_{BE}=0.7\ V$，$\beta=50$，$r_{bb'}=100\ \Omega$，$V_{CC}=15\ V$，$R_{e1}=5\ k\Omega$，$R_{b11}=33\ k\Omega$，$R_{b12}=20\ k\Omega$，$R_{c1}=5\ k\Omega$，$R_{b2}=200\ k\Omega$，$R_{e2}=R_L=2\ k\Omega$。（1）求两级的静态工作点；（2）计算输入电阻 R_i 和输出电阻 R_o；（3）计算中频电压放大倍数 $\dot{A}_{um}$。

4.2 在习题 4.2 图所示的两级放大电路中，已知场效应管的跨导 $g_m=1\ mS$，$I_{DSS}=2\ mA$；晶体管的 $\beta=60$，$r_{be}=0.5\ k\Omega$，$U_{BE}=0.7\ V$；并且 $R_1=5.1\ M\Omega$，$R_2=5\ k\Omega$，$R_3=20\ k\Omega$，$R_4=5\ k\Omega$，$R_5=0.7\ k\Omega$，$R_6=0.62\ k\Omega$，$R_L=10\ k\Omega$，$V_{DD}=28\ V$。试求：（1）两级的静态工作点；（2）中频电压放大倍数 $\dot{A}_{um}$、输入电阻 R_i 和输出电阻 R_o。

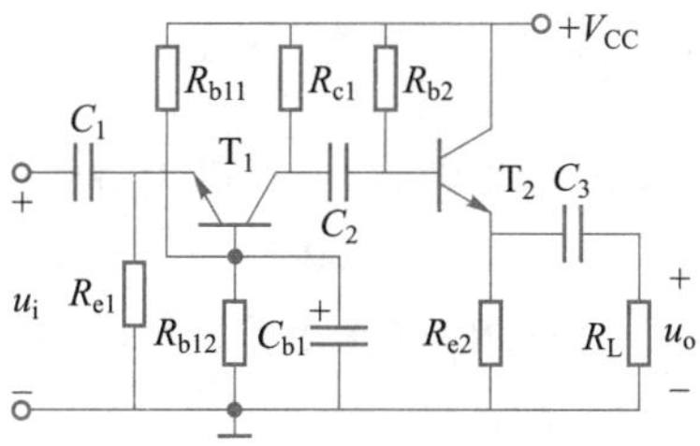

习题 4.1 图

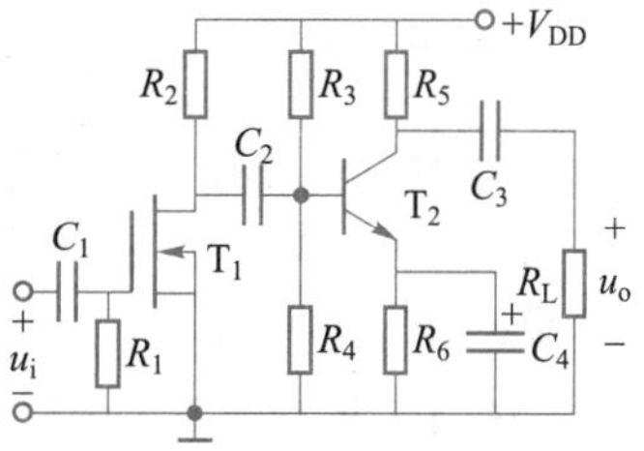

习题 4.2 图

4.3 两级放大电路如习题 4.3 图所示，已知 T_1 管的 $g_m=0.6\ mS$，T_2 管的 $r_{be}=1\ k\Omega$，$\beta=100$；$R_s=10\ k\Omega$，$R_g=1\ M\Omega$，$R_{g1}=R_{g2}=200\ k\Omega$，$R_{d1}=10\ k\Omega$，$R_f=1\ k\Omega$，$R_c=2\ k\Omega$，$R_L=20\ k\Omega$。试求：（1）电路的 R_i 和 R_o；（2）中频电压放大倍数 $\dot{A}_{um}$ 及源电压放大倍数 $\dot{A}_{usm}$。

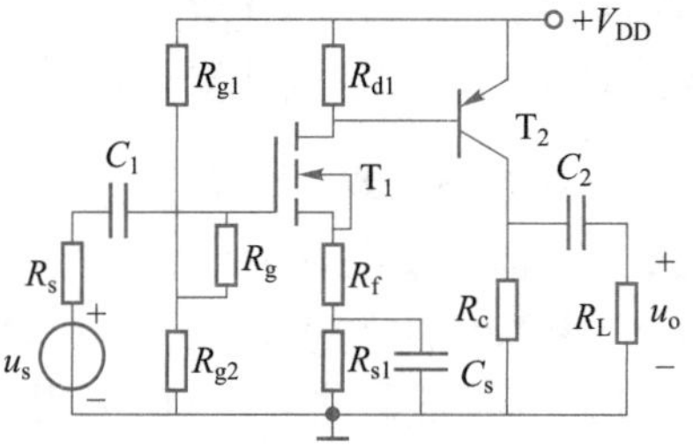

习题 4.3 图

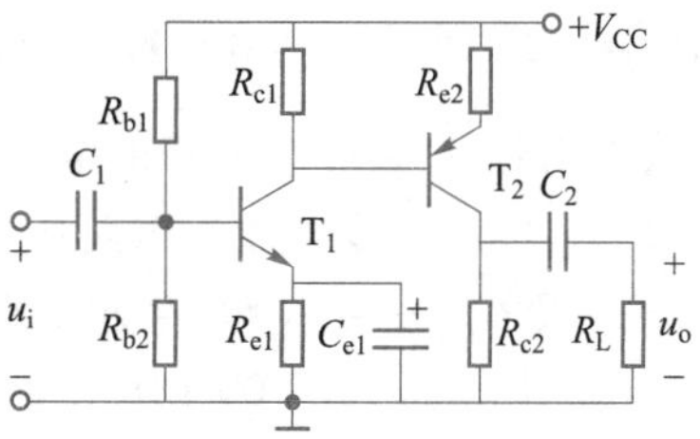

习题 4.4 图

4.4 两级放大电路如习题 4.4 图所示，已知两只晶体的 $\beta=80$，$r_{bb'}=200\ \Omega$，$U_{BE1}=$

0.7 V，$U_{BE2}=-0.2$ V；$R_{b1}=40$ kΩ，$R_{b2}=20$ kΩ，$R_{c1}=2$ kΩ，$R_{e1}=3.3$ kΩ，$R_{e2}=1$ kΩ，$R_{c2}=3$ kΩ，$R_L=6$ kΩ，$V_{CC}=12$ V。试求：(1) 两级的 I_{CQ}、U_{CEQ}；(2) 中频 $\dot{A}_{um}$ 及其增益；(3) R_i 和 R_o。

4.5 两级放大电路如习题4.5图所示，已知晶体管的 $\beta=40$，$r_{be1}=1.37$ kΩ，$r_{be2}=0.89$ kΩ，$U_{BE}=0.6$ V；$R_{b1}=33$ kΩ，$R_{b2}=8.2$ kΩ，$R_{c1}=10$ kΩ，$R_{e1}=390$ Ω，$R'_{e1}=3$ kΩ，$R_{e2}=10$ kΩ，$R_L=10$ kΩ，$V_{CC}=20$ V。试求：(1) 各级静态工作点；(2) 中频 $\dot{A}_{um}$、R_i 和 R_o。

4.6 电路如习题4.6图所示，已知两只晶体管参数相同，$\beta=100$，$r_{bb'}=100$ Ω，$U_{BE}=0.7$ V；$R_1=100$ kΩ，$R_2=50$ kΩ，$R_3=1$ kΩ，$R_4=2$ kΩ，$R_5=4.9$ kΩ，$R_6=10$ kΩ，$R_7=10$ kΩ，$V_{CC}=12$ V。(1) 求两管的静态工作点；(2) 电路为何组态？画出微变等效电路；(3) 求中频 $\dot{A}_{um}$、R_i 和 R_o。

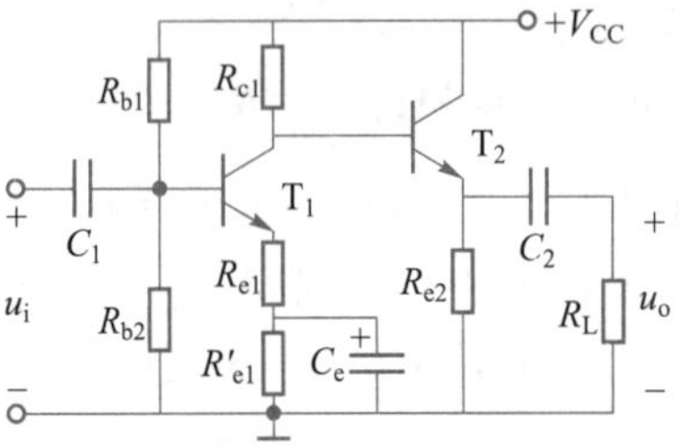

习题4.5图

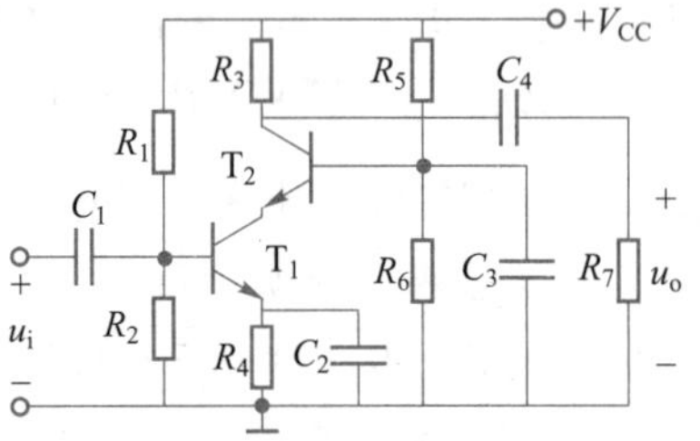

习题4.6图

4.7 某放大电路的电压放大倍数复数表达式为 $\dot{A}_u=-\dfrac{10^3(jf/10^2)}{(1+jf/10^2)(1+jf/10^5)}$，$f$ 的单位为Hz。(1) 求中频电压放大倍数及增益；(2) 求上、下限截止频率；(3) 画出波特图。

4.8 固定偏置共射电路如图2.2.2(b)所示。已知 $r_{bb'}=100$ Ω，$r_{b'e}=900$ Ω，$g_m=0.04$ S，$C'_\pi=500$ pF。并且 $R_s=1$ kΩ，$C_1=2$ μF，$R_b=377$ kΩ，$R_c=6$ kΩ，$C_2=5$ μF，$R_L=3$ kΩ。(1) 求中频电压放大倍数；(2) 求上、下限截止频率；(3) 画出波特图。

4.9 在图2.6.1(b)中，已知 $r_{bb'}=100$ Ω，$\beta=100$，$C_\mu=4$ pF，$f_T=150$ MHz。并且 $C_1=C_2=10$ μF，$C_e=30$ μF，$R_s=300$ Ω，$R_{b1}=56$ kΩ，$R_{b2}=16$ kΩ，$R_c=6$ kΩ，$R_e=3$ kΩ，$R_L=12$ kΩ，$V_{CC}=18$ V。(1) 计算静态工作点；(2) 求 R_i、R_o、$\dot{A}_{um}$ 和 $\dot{A}_{ums}$；(3) 求上、下限截止频率；(4) 画出波特图。

4.10 多级阻容耦合放大电路如习题4.10图所示。已知 T_1 管的 $g_m=2$ mS，T_2、T_3 管的 $\beta=50$，$r_{be}=1$ kΩ；$R_g=2$ MΩ，$R_d=3$ kΩ，$R_{s1}=0.2$ kΩ，$R_{s2}=1$ kΩ，$R_{b1}=90$ kΩ，$R_{b2}=30$ kΩ，$R_{c2}=2$ kΩ，$R_{e2}=1.2$ kΩ，$R_{b3}=230$ kΩ，$R_{e3}=1$ kΩ，$R_{c3}=2$ kΩ，$C_3=0.1$ μF。试计算：(1) 第一级中频电压放大倍数 $\dot{A}_{um1}$；(2) 电路的输出电阻 R_o；(3) C_3 决定的下限截止频率。

4.11 多级阻容耦合放大电路如习题4.11图所示，已知 $\beta_1=\beta_2=100$，$r_{be1}=2.5$ kΩ，$r_{be2}=0.8$ kΩ。并设 $C_1=C_2=C_3=C_4=50$ μF，$V_{CC}=12$ V，$R_s=1$ kΩ，$R_{b1}=30$ kΩ，$R_{b2}=10$ kΩ，$R_{c1}=3$ kΩ，$R_{e1}=1.8$ kΩ，$R_{b3}=100$ kΩ，$R_{e2}=2$ kΩ，$R_L=2$ kΩ。(1) 近似估算 f_L；(2) 现有一个100 μF的电容器，替换哪个电容就能明显改善电路的低频响应。

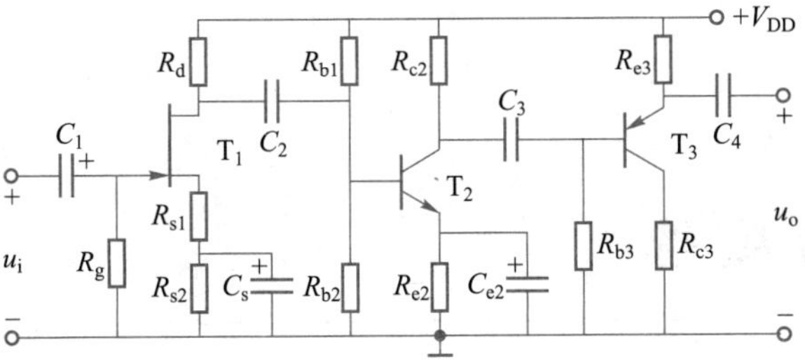

习题 4.10 图

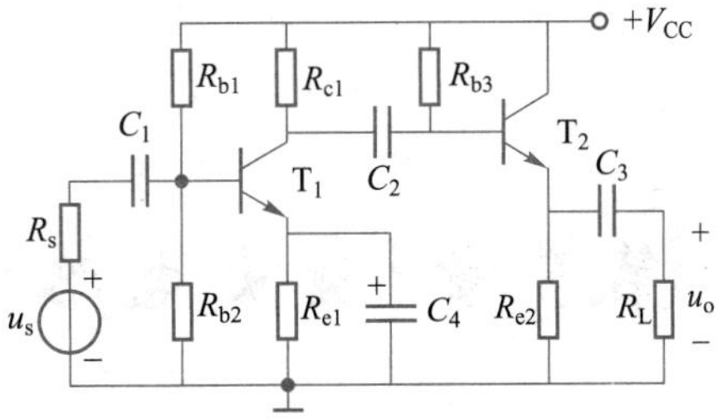

习题 4.11 图

第 5 章 放大电路中的反馈

反馈技术常用于许多实际的电子系统和电子电路中，这是因为引入适当的反馈后，不仅可以使放大电路正常地稳定工作，而且还可以使放大电路的许多性能得到改善。因此，反馈是设计放大电路的重要内容。

本章在介绍反馈的基本概念和基本类型的基础上，讨论负反馈对放大电路性能的影响，深度负反馈条件下闭环电压放大倍数的近似计算以及负反馈放大电路的自激振荡及消除方法。

5.1 反馈的基本概念

5.1.1 反馈概念的建立

导学

反馈放大电路组成框图及其各量之间的关系。
反馈放大电路框图中正向和反向传输的特点。
反馈的概念。

1. 反馈概念的引出

实际上，有关反馈的电路在前几章已经多次出现过。例如分压式静态工作点稳定共射放大电路，就是反馈(feedback)在放大电路中的应用。具体地说，当温度 T 升高时，放大电路图 2.6.1(b)中的电流、电压有如下变化过程：

$$T\uparrow \rightarrow I_{CQ}\uparrow \rightarrow U_{EQ}\approx I_{CQ}R_e\uparrow \rightarrow U_{BEQ}(=U_{BQ}-U_{EQ})\downarrow \rightarrow I_{BQ}\downarrow \rightarrow I_{CQ}\downarrow$$

显然，输出量 I_{CQ} 的变化通过“采样电阻 R_e”引起 U_{EQ} 的变化，进而使b−e结上净输入量 U_{BEQ} 减小，达到 I_{CQ} 稳定之目的。再如图 2.7.1(a)所示的共集放大电路，其晶体管的净输入量 $\dot{U}_{be}(=\dot{U}_i-\dot{U}_o)$ 受输出电压 $\dot{U}_o$ 的影响。所不同的是，前者用输出回路中的电流来影响输入量的变化,后者用输出回路中的电压来影响输入量的变化。

2. 反馈放大电路的组成框图

反馈放大电路的形式很多,为了使讨论具有一般性,将上述过程用框图 5.1.1 来加以描述。

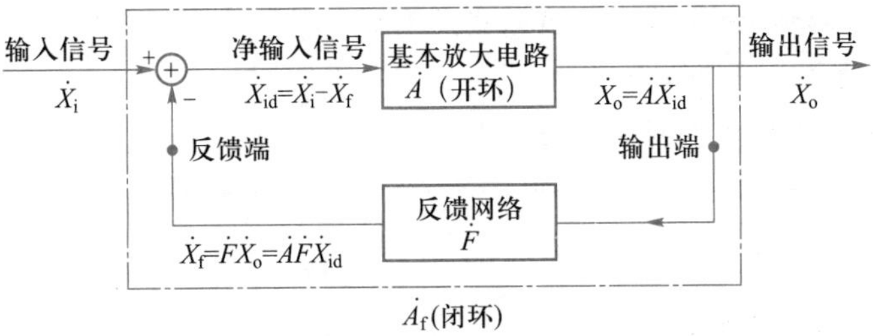

图 5.1.1 反馈放大电路组成框图

反馈放大电路由基本放大电路和反馈网络构成一个闭环系统,称为闭环放大电路,$\dot{A}_f$表示闭环放大倍数。其中,基本放大电路称为开环放大电路,$\dot{A}$ 表示开环放大倍数,就是前面各章中介绍的放大电路;反馈网络(feedback network)中的 $\dot{F}$ 表示反馈系数(feedback factor)。$\dot{X}_i$、$\dot{X}_f$、$\dot{X}_{id}$和 $\dot{X}_o$ 分别表示输入信号、反馈信号、净输入信号和输出信号,它们可能是电压量也可能是电流量。对于负反馈放大电路而言,输入端的符号⊕表示 $\dot{X}_i(+)$ 与 $\dot{X}_f(-)$ 在此叠加,表明基本放大电路的净输入量为 $\dot{X}_{id}=\dot{X}_i-\dot{X}_f$。一般来说,图中各量是信号频率的复函数。

为了简化分析,假设图 5.1.1 中信号传输是单向的,方向如图中箭头所示。图中,输入信号 $\dot{X}_i$ 的正向传输只通过基本放大电路 $\dot{A}$ 传递到输出回路,输出信号 $\dot{X}_o$ 的反向传输只经过反馈网络 $\dot{F}$ 传递到输入回路。

所谓反馈就是将放大电路输出量(电压或电流)的一部分或全部通过反馈网络,按照一定的方式(串联或并联)作用到输入回路,并影响净输入量(电压或电流)的过程或手段。它涉及以下几个关键词:

① 输出量:它是反馈网络的取样对象,包括电压和电流,由此有电压和电流反馈之分。

② 反馈网络:它是输出量通过反馈通路能够产生作用的所有元件构成的网络,其中的反馈通路是连接输出和输入回路的桥梁。因此,一个电路是否存在反馈,关键取决于反馈网络。在实际电路中,组成反馈网络的形式多种多样,可以是各种电子线路(包括放大电路),一般多由电阻和电容组成。

③ 一定方式:它是指反馈网络在输入回路的连接方式,包括串联和并联,由此有串联和并联反馈之分。

④ 净输入量:它是开环放大电路的放大对象。根据净输入量的增加或减小,有正、负反馈之分。

5.1.2 反馈及其判断

导学

反馈放大电路闭环放大倍数的表达式及意义。
反馈范围和性质的判断。
瞬时信号的极性和大小判断方法及意义。

微视频

1. 反馈的一般表达式

由图 5.1.1 所示的框图可知

$$\dot{X}_o=\dot{A}\dot{X}_{id}=\dot{A}(\dot{X}_i-\dot{X}_f)=\dot{A}(\dot{X}_i-\dot{F}\dot{X}_o)=\dot{A}\dot{X}_i-\dot{A}\dot{F}\dot{X}_o$$

所以反馈放大电路的闭环放大倍数为

$$\dot{A}_f=\frac{\dot{X}_o}{\dot{X}_i}=\frac{\dot{A}}{1+\dot{A}\dot{F}} \tag{5.1.1}$$

由反馈放大电路的表达式看出，放大电路引入反馈后放大倍数发生了变化，增加或减少的倍数为$|1+\dot{A}\dot{F}|$。因此常将衡量反馈程度的量$|1+\dot{A}\dot{F}|$称为反馈深度，并将其中的$\dot{A}\dot{F}$定义为电路的环路放大倍数。式(5.1.1)表现为以下几种情况：

（1）当环路放大倍数$\dot{A}\dot{F}>0$时，净输入量$|\dot{X}_{id}|=|\dot{X}_i-\dot{X}_f|$减小，并且$|1+\dot{A}\dot{F}|>1$，则$|\dot{A}_f|<|\dot{A}|$，表明引入反馈后使放大倍数比原来减小，这种反馈称为负反馈。负反馈多用于改善放大电路的性能，达到稳定输出量的目的。

（2）当环路放大倍数$\dot{A}\dot{F}=0$时，$|1+\dot{A}\dot{F}|=1$，则$|\dot{A}_f|=|\dot{A}|$。表明反馈效果为零。

（3）当环路放大倍数$\dot{A}\dot{F}<0$时，表明某些频率的信号会使反馈端的$\dot{X}_f$由原来的“-”变为“+”，使净输入量$|\dot{X}_{id}|=|\dot{X}_i+\dot{X}_f|$增大，并且$|1+\dot{A}\dot{F}|<1$，则$|\dot{A}_f|>|\dot{A}|$，说明引入反馈后放大倍数增大，这种反馈称为正反馈。

（4）当环路放大倍数$\dot{A}\dot{F}=-1$时，$|1+\dot{A}\dot{F}|=0$，则$\dot{A}_f=\dfrac{\dot{X}_o}{\dot{X}_i}\to\infty$。表明放大电路无输入量($\dot{X}_i=0$)时，也有输出量$\dot{X}_o$。此时，放大电路处于“自激振荡”状态。

2. 反馈的判断

反馈的判断就是对放大电路中的反馈进行定性分析，判断电路中有无反馈、反馈的范围和性质、反馈的极性。判断方法是学习反馈放大电路的基础。

（1）判断有无反馈(寻找反馈网络)

从反馈框图 5.1.1 中不难看出，首先要看有没有联系输出与输入回路的反馈元件，其次是要看反馈信号是否影响放大电路的净输入信号，若影响说明引入了反馈，否则无反馈。

（2）确定反馈范围（本级和级间反馈）

图 5.1.1 中的基本放大电路可以是单级放大电路，也可以是多级放大电路。在多级放大电路中，通常把每一级中存在的反馈称为本级或局部反馈，把级与级之间存在的反馈称为级间或整体反馈。由于级间反馈产生的效果远大于本级反馈，因此应重点讨论级间反馈。

（3）判断反馈性质（直流和交流反馈）

放大电路的特点之一是直流和交流共存，因此必然有直流反馈和交流反馈之分。如果反馈信号 $\dot{X}_f$ 中只包含直流分量称为直流反馈，只有交流分量称为交流反馈，既包含直流分量又包含交流分量称为直流、交流反馈。

直流反馈和交流反馈的判定可以通过画交、直流通路来识别，其方法是：仅在直流通路中存在的反馈为直流反馈，仅在交流通路中存在的反馈为交流反馈，直流和交流通路中都存在的反馈则为直流和交流反馈。为方便起见，人们也常采用“电容观察法”：若反馈网络有旁路电容则为直流反馈，有隔直电容则为交流反馈，若反馈网络无电容则为直流和交流反馈。除反馈网络外，还应考虑放大电路是直接耦合还是阻容耦合。

（4）判断反馈极性（负反馈和正反馈）

“瞬时极性法”是判断电路中正、负反馈的依据。其中，瞬时信号的极性为正用⊕表示，反之用⊖表示；瞬时信号的大小用⊕或⊖的个数表示（这是本教材为了更直观地判断正、负反馈而提出的定性分析方法）。

具体地说，假设输入信号 $\dot{X}_i$ 在中频段某瞬时的极性和大小为⊕，然后沿着基本放大电路从输入到输出的正向传输方向逐级推断出放大电路各相关点瞬时信号的极性和大小，再经信号反向传输的反馈网络判断出反馈信号 $\dot{X}_f$ 的瞬时极性和大小，根据 $\dot{X}_i$ 与 $\dot{X}_f$ 的瞬时极性和大小关系，确定净输入信号 $\dot{X}_{id}$ 的大小。

图 5.1.2 示出了常见的几种分立电路的反馈情况。

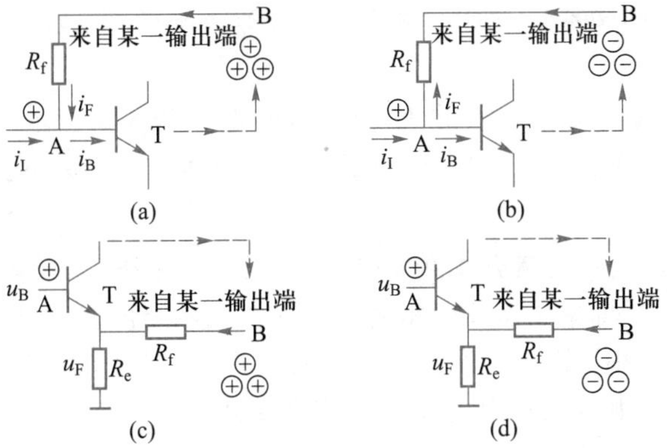

图 5.1.2　反馈极性和大小的局部电路的判断示意图
（a）、（d）正反馈　（b）、（c）负反馈

就图 5.1.2（a）而言，首先找到反馈网络 R_f 的跨接端 A、B，并假定基本放大电路输入端

A 处瞬时信号的极性和大小为⊕，则经过基本放大电路正向传输中各点瞬时信号的极性和大小变化后，若假设某一输出端 B 的瞬时极性和大小为⊕⊕⊕，此时表明 A 端(⊕)瞬时信号比 B 端(⊕⊕⊕)瞬时信号小得多，输出端 B 必将有较大的反馈电流 i_F 经 R_f 流向输入端 A，反向传输的结果致使管子的净输入电流 $i_B=i_I+i_F$ 增大很多，此反馈一定是正反馈。图 5.1.2(b)与 5.1.2(a)正好相反，则为负反馈。其实，从图中可以一目了然，图 5.1.2(a)的反馈电流 i_F 是流进管子的，一定会使管子的净输入电流增大，为正反馈。而图 5.1.2(b)中的 i_F 从 A 端流出，会使管子的净输入电流 $i_B=i_I-i_F$ 减小很多，为负反馈。

对于图 5.1.2(c)，同样是先假定基本放大电路输入端 A 处瞬时信号的极性和大小为⊕，则通过判断基本放大电路各点瞬时信号的极性和大小后，若假设某一输出端 B 的信号为⊕⊕⊕，u_F(即 u_E)也近似为⊕⊕⊕，此时管子发射结的净输入电压 $u_{BE}=u_{B\oplus}-u_{F\oplus\oplus\oplus}$ 减小很多，此反馈一定是负反馈。图 5.1.2(d)与 5.1.2(c)正好相反，由于 u_B 为⊕，而 u_F 近似为⊖⊖⊖，显然管子发射结的净输入电压 $u_{BE}=u_{B\oplus}-u_{F\ominus\ominus\ominus}$ 增大很多，此反馈一定是正反馈。

显见，用⊕或⊖及其个数所表示的瞬时信号，可使读者直观地看到净输入信号 $|\dot{X}_{id}|$ 的增大或减小，以及反馈的程度或深度。此判断方法也可形象地称为“瞬时极性大小法”。

例 5.1.1 试指出图 5.1.3 所示电路(假设电压放大倍数的数值大于 1)中的反馈类型。

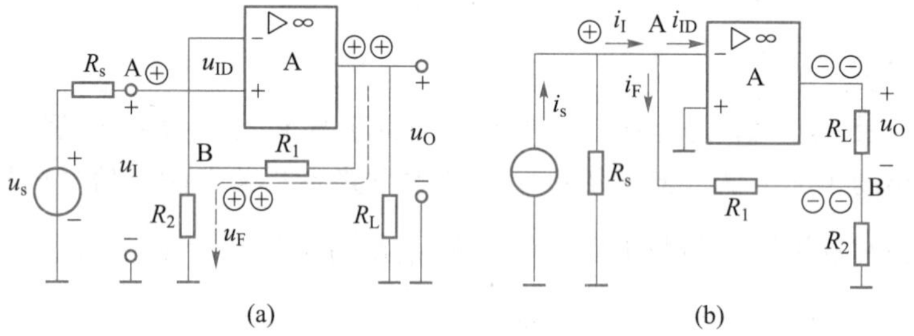

图 5.1.3 例 5.1.1
(a) 通过净输入电压判断反馈极性 (b) 通过净输入电流判断反馈极性

解：从图 4.2.1 介绍的集成运放电路符号可知，同相输入端与输出端信号极性相同，反相输入端与输出端信号极性相反。两图中的运放 A 为基本放大电路，R_1 是连接运放输出和输入回路的反馈通路。

对于图 5.1.3(a)，判断反馈极性可采用“瞬时极性大小法”。设集成运放输入端 u_I 瞬时信号的极性和大小为⊕，即集成运放同相输入端 A 点为⊕，经过运放同相输入放大后的输出端瞬时信号的极性和大小为⊕⊕，此时 u_O 在 R_1 和 R_2 回路产生电流，方向如图中虚线所示(忽略集成运放反相输入端电流)，该电流在 R_2 上形成上正下负的反馈电压 u_F，即 B 点近似为⊕⊕。于是电路中各点信号的瞬时极性和大小可表示为

$$\underbrace{\text{假设运放同相输入端 } u_I \text{ 为}\oplus\rightarrow\text{输出端 } u_O\oplus\oplus}_{\text{基本放大电路(正向传输，单级放大)}}\rightarrow\underbrace{\text{经 } R_1\rightarrow u_F(u_{R_2})\oplus\oplus}_{\text{反馈网络(反向传输)}}$$

由此导致集成运放净输入电压 $u_{ID}=u_{I\oplus}-u_{F\oplus\oplus}$ 减小很多，说明电路引入了较深的负反馈。此情形与图 5.1.2(c)相似。值得注意的是，虽然 R_1 起反馈通路的作用，但反馈电压是

u_O 通过 R_1 在 R_2 上获得的，所以构成反馈网络的应是 R_1 和 R_2，而不仅仅是 R_1。由于 R_1 和 R_2 存在于电路的直流和交流通路中，故电路引入了直流和交流负反馈。

同理，对于图 5.1.3(b)，假设运放反相输入端瞬时信号的极性和大小为⊕，则电路各点瞬时信号的极性和大小如图中所示，也可表示为

$$\underbrace{\text{假设反相输入端 A 为}\oplus\rightarrow\text{输出端 }u_O\ominus\ominus}_{\text{基本放大电路(正向传输,单级放大)}}\rightarrow\underbrace{\text{经 }R_L\rightarrow u_B(u_{R_2})\ominus\ominus\text{，使大量 }i_F\text{ 从 A 经 }R_1\text{ 流向 B}}_{\text{反馈网络(反向传输)}}$$

由此导致集成运放净输入电流 $i_{ID}=i_I-i_F$ 减小很多，说明电路引入了较深的负反馈。此情形与图 5.1.2(b)相似。由于 R_1 和 R_2 存在于电路的直流和交流通路中，故电路引入了直流和交流负反馈。

例 5.1.2 试判断多级放大电路图 5.1.4 中的本级和级间各引入了什么反馈。

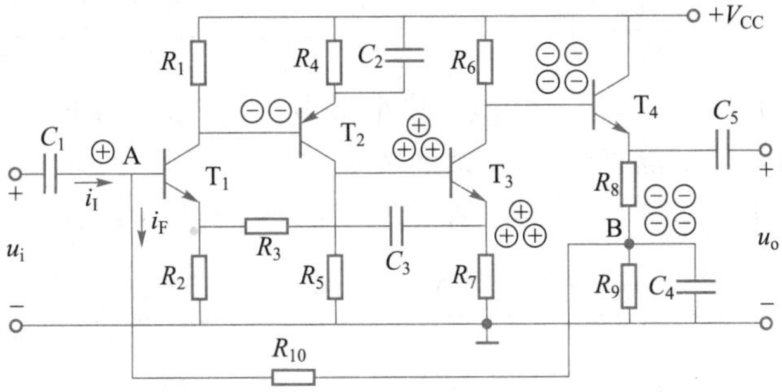

图 5.1.4 例 5.1.2

解：

① 对于本级反馈

为了总结规律，不妨以第 1 级为例。当不考虑级间反馈 R_3、C_3 对它的影响时，假设晶体管 T_1 的基极瞬时信号为⊕，基极电流 i_{B1} 增大，由此导致了 T_1 的净输入电压 $u_{BE1}=u_{B1}-(1+\beta_1)i_{B1}R_2$ 比没有反馈（即无 R_2）时的 u_{BE1} 减小了，表明发射极电阻 R_2 引入了负反馈。而 T_1 管的集电极电阻 R_1 由于不会影响 u_{BE1} 大小，故不起反馈作用。

从而得出结论：射极反馈元件引入本级负反馈。

因第 1 级的直流、交流通路中都有 T_1 发射极电阻 R_2 存在，表明 R_2 引入了第 1 级的直流和交流负反馈。由于第 2 级 T_2 的发射极电阻 R_4 被 C_2 交流短路，即不存在交流反馈，表明 R_4、C_2 仅引入第 2 级的直流负反馈。第 3 级的直流、交流通路中皆有 T_3 的发射极电阻 R_7 的存在，表明 R_7 引入了第 3 级的直流和交流负反馈。因第 4 级 T_4 的发射极元件有 R_8、R_9 和 C_4，其中，直流通路中 R_8、R_9 都存在，交流通路中 R_9 被 C_4 短路，表明 R_8 引入了第 4 级的直流和交流负反馈，而 R_9、C_4 仅引入第 4 级的直流负反馈。

② 对于级间反馈

在分析级间反馈时，首先应找到每一个由反馈元件组成的反馈网络及其跨接点（即反馈范围）；其次按照“瞬时极性大小法”判断连接反馈网络的跨接点两处瞬时信号的极性和大小，再依此断定反馈极性；最后从反馈网络中的反馈元件出发进一步确定反馈性质。

该多级放大电路有两个级间反馈通路，一个是跨接在 T_1 发射极 e_1 与 T_3 发射极 e_3 之间

的 R_3、C_3 反馈通路，另一个是跨接在 A~B 之间的 R_{10} 反馈通路。由于两者分别反馈到 T_1 管的发射极 e_1 和基极 b_1（即 A 点），为此影响 e_1 和 b_1 瞬时信号的极性和大小的关键点是 e_3 和 B。

首先，明确信号正向传输时只经过由四级直接耦合组成的基本放大电路。假设 T_1 的基极 b_1 为⊕，则基本放大电路中各点瞬时信号的极性和大小表示为

$$\underbrace{\text{假设 } u_{B1}\text{ 为}\oplus\xrightarrow{\text{共射}}u_{C1}\ominus\ominus\xrightarrow{\text{共射}}u_{C2}\oplus\oplus\oplus\xrightarrow{\text{共射}}u_{C3}\ominus\ominus\ominus\ominus\xrightarrow{\text{共集}}u_{E4}\ominus\ominus\ominus\ominus}_{\text{基本放大电路(正向传输,四级放大)}}$$

其次，判断级间反馈极性，应从输出到输入的反向传输的反馈网络入手。

对于 R_3、C_3 引入的 1-3 级间反馈通路，各点瞬时信号的极性和大小关系为

$$\underbrace{\text{假设 }u_{B1}\text{ 为}\oplus\to\cdots\to u_{C2}(u_{B3})\oplus\oplus\oplus}_{\text{基本放大电路(正向传输,两级放大)}}\xrightarrow[\text{同相跟随}]{\text{共集关系}}\underbrace{u_{E3}(u_{R_7})\oplus\oplus\oplus\to\text{经 }C_3、R_3\to u_{E1}(u_{R_2})\oplus\oplus\oplus}_{\text{反馈网络(反向传输)}}$$

此时，T_1 的净输入电压 $u_{BE1}=u_{B1\oplus}-u_{E1\oplus\oplus\oplus}$ 减小很多，引入了较深的负反馈。此情形与图 5.1.2(c) 相同。又因 C_3 的隔直作用，反馈网络 R_2、R_3、C_3 和 R_7 仅引入了交流负反馈。

对于 R_{10} 引入的 1-4 级间反馈通路，各点瞬时信号的极性和大小关系为

$$\underbrace{\text{假设 }u_{B1}(u_A)\text{ 为}\oplus\to\cdots\to u_{E4}\ominus\ominus\ominus\ominus\to\text{经 }R_8}_{\text{基本放大电路(正向传输,四级放大)}}\to\underbrace{u_B(u_{R_9}、u_{C_4})\ominus\ominus\ominus\ominus\text{，使大量 }i_F\text{ 从 A 经 }R_{10}\text{ 流向 B}}_{\text{反馈网络(反向传输)}}$$

此时，流入 T_1 的净输入电流 $i_{B1}=i_I-i_F$ 减小很多，引入了较深的负反馈。此情形与图 5.1.2(b) 相同。由于 C_4 旁路，使反馈网络 R_{10}、R_9 和 C_4 仅引入 1-4 级间的直流负反馈。

需要注意的是，判断晶体管的瞬时信号的极性和大小时，运用的是共射（反相电压放大）、共集（同相电压跟随）、共基（同相电压放大）之间的输出和输入的电压相位关系。例如 T_3 在多级放大电路中肯定是共射电路，当需要判断出 T_3 发射极 e_3 点的瞬时极性和大小时，可依据 b_3 与 e_3 之间是共集（同相电压跟随）关系得到。

例 5.1.3 在图 5.1.5 所示的放大电路中，假设各理想集成运放的电压放大倍数均大于 1。试指出电路引入的本级和级间反馈；若电阻 R_2 短路，会出现什么现象？

解：无论是判断本级反馈还是级间反馈，都需要用“瞬时极性大小法”来判断。

① 分析本级反馈。就 A_1 而言，设集成运放反相输入端瞬时信号的极性和大小为⊕，则输出端瞬时信号的极性和大小为⊖⊖，此时 A_1 反相输入端将有较大的分流经 R_3 流向 A_1 的输出端，由此导致 A_1 净输入电流减小很多，说明 R_3 引入了较深的负反馈；A_2 与 A_1 完全相同。因此，R_3、R_6 分别引入了第 1 级和第 2 级的负反馈。

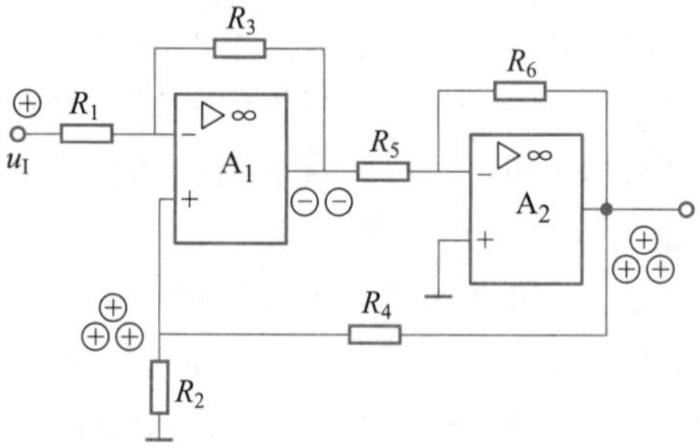

图 5.1.5 例 5.1.3

由此得出结论：跨接在集成运放反相输入端和输出端之间的反馈元件将引入本级负反馈。

② 分析级间反馈。假设运放 A_1 的反相输入端 u_I 的瞬时极性和大小为⊕，则电路各点瞬时信号的极性和大小如图中所示，也可表示为

假设运放 A_1 的反相输入端 u_I 为⊕→u_{O1}⊖⊖→u_O⊕⊕⊕→经 R_4→$u_{F1}(u_{R_2})$⊕⊕⊕

（前段：基本放大电路（正向传输，两级放大）；后段：反馈网络（反向传输））

由此导致 A_1 净输入电压 $u_{ID1}=u_{I\oplus}-u_{F1\oplus\oplus\oplus}$ 减小很多，说明反馈网络 R_2、R_4 引入了较深的负反馈。

由于图 5.1.5 电路中两个本级反馈支路和一个级间反馈支路均没有电容，因此，R_3、R_6 引入的本级反馈和 R_4、R_2 引入的级间反馈均为直流和交流负反馈。

如果电阻 R_2 短路，虽然 R_4 跨接在运放 A_2 输出端与运放 A_1 同相输入端之间，但是由于 A_1 的同相输入端接地，并没有把 u_O 作用于输入回路，此时的 R_4 只不过是运放的负载，所以电路没有引入级间反馈。

(5) 反馈判断综述（集成运放与分立电路）

依据上述三个例题的解读，可归纳如下：

① 本级反馈的判断

跨接在集成运放反相输入端和输出端之间的反馈元件引入本级负反馈。BJT 发射极（FET 源极）所连接的反馈元件引入本级负反馈。**其中的反馈元件仅限电阻和电容构成。**

② 级间瞬时信号的极性和大小判断

对于集成运放，反相输入时输出端反相电压放大，同相输入时输出端同相电压放大；而对于多级分立放大电路必须考虑输出与输入电压的相位关系，如共射（源）反相电压放大、共集（漏）同相电压跟随、共基（栅）同相电压放大。**显然，判断集成运放的瞬时信号的极性和大小要比多级分立电路简单得多。**

③ 级间反馈远大于本级反馈

瞬时信号⊕与⊖的个数定性反映出反馈的大小（深度）。随着级数的增多，⊕与⊖的个数也随之增多，反馈也就越深。可见，在反馈深度上多级反馈远大于本级反馈，这也是教材中大多重点介绍级间反馈的原因。

5.2 交流负反馈放大电路的四种组态

导学

交流负反馈的四种类型。

从局部电路的示意图判断反馈取样和反馈方式。

理解反馈框图中 $\dot{A}$、$\dot{F}$、$\dot{A}_f$ 的定义及其名称。

微视频

放大电路中所引入的反馈一般以负反馈为主。引入直流负反馈的目的在于稳定放大电路的静态工作点，这一点在图 2.6.1(b) 所示的分压式工作点稳定电路中得到了体现；引入交流负反馈的目的在于改善放大电路的动态性能。

从反馈放大电路组成框图 5.1.1 中可以看出，反馈信号取自放大电路的输出量，而输出量有电流和电压两种；反馈信号与输入信号叠加共同影响基本放大电路的净输入量，而叠加有串联和并联两种方式。这样，交流负反馈共有四种组合形式：电压串联负反馈、电压并联负反馈、电流串联负反馈、电流并联负反馈。因此，正确认识并判断各种组态的反馈，是讨论交流负反馈对放大电路性能影响的前提。

1. 反馈取样及其判断

(1) 反馈取样

根据反馈信号 $\dot{X}_f$ 从放大电路输出量取样的不同，可分为电压反馈和电流反馈。反馈信号 $\dot{X}_f$ 若取自输出电压，称为电压反馈；若取自输出电流，称为电流反馈。

(2) 判断方法

常采用“输出短路法”来判断，即假设输出端交流短路或令负载电阻为零，此时输出电压为零，若反馈信号为零则为电压反馈；若反馈信号依然存在则为电流反馈。

从电路接法上看，关键是要找到放大电路的输出端（接负载端或接下一级放大电路的输入端）。为了使初学者易于掌握，在此给出图 5.2.1 所示的判断方法示意图。从图中不难看出，反馈信号取自输出端（如图 5.2.1(a)、5.2.1(b)、5.2.1(c)所示）或输出分压端（如图 5.2.1(d)所示）的为电压反馈，取自非输出端（如图 5.2.1(a)、5.2.1(b)、5.2.1(e)所示）的为电流反馈。

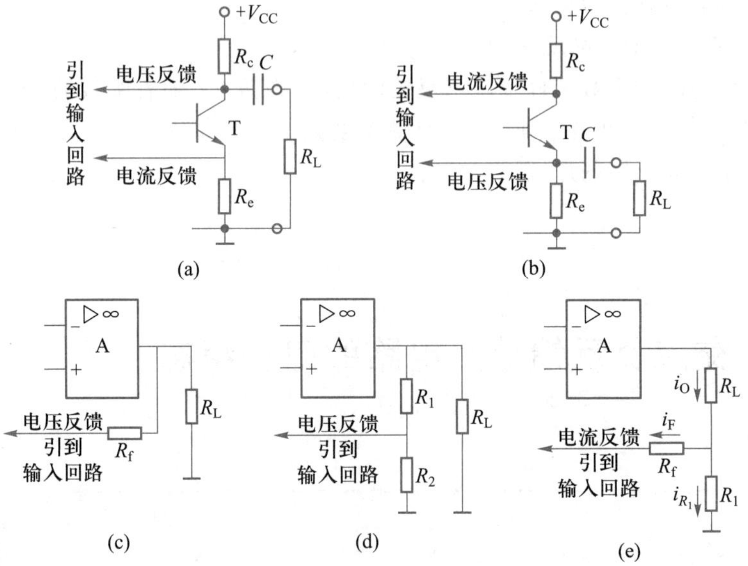

图 5.2.1　反馈取样局部电路的判断方法示意图

(a)、(b) 分立电路判断方法示意图　(c)、(d)、(e) 集成电路判断方法示意图

(3) 反馈取样对放大电路的影响

① 电压负反馈具有稳定输出电压的作用

由图 5.2.1(c)可知图 5.1.3(a)中 R_1、R_2 引入了电压负反馈。当 u_I 一定时，由于某种原

因使 u_O减小，将有如下变化过程：

$$u_O\downarrow\rightarrow u_F\downarrow\rightarrow u_{ID}\uparrow\rightarrow u_O\uparrow$$

可见，电压负反馈可使 u_O稳定。

② 电流负反馈具有稳定输出电流的作用

由图 5.2.1(e)可知图 5.1.3(b)中 R_1 引入了电流负反馈，当 i_I一定时，由于某原因使 i_O减小，将有如下变化过程：

$$i_O\downarrow\rightarrow i_F\downarrow\rightarrow i_{ID}\uparrow\rightarrow i_O\uparrow$$

可见，电流负反馈可使 i_O稳定。

注意，在上述两个变化过程中，如果 R_L不变，电压负反馈也能稳定输出电流，电流负反馈也能稳定输出电压。

2. 反馈方式及其判断

(1) 反馈方式

根据反馈信号 $\dot{X}_f$与输入信号 $\dot{X}_i$在放大电路输入回路中叠加方式的不同，可分为串联反馈和并联反馈。反馈信号 $\dot{X}_f$ 与输入信号 $\dot{X}_i$ 在输入回路中若以电压形式相叠加，称为串联反馈；若以电流形式相叠加，称为并联反馈。

实际上，在判断反馈极性的同时也就判断出是串联反馈还是并联反馈。

(2) 判断方法

从电路接法上看，关键是要找到放大电路的输入端。为了使初学者易于掌握，给出图 5.2.2 所示的判断方法示意图。在反向传输（从输出到输入）中，由 R_{f1}引回的反馈信号与输入信号接至同一输入端（以节点形式相连）时为并联反馈，由 R_{f2}引回的反馈信号与输入信号分别接至不同端时为串联反馈。

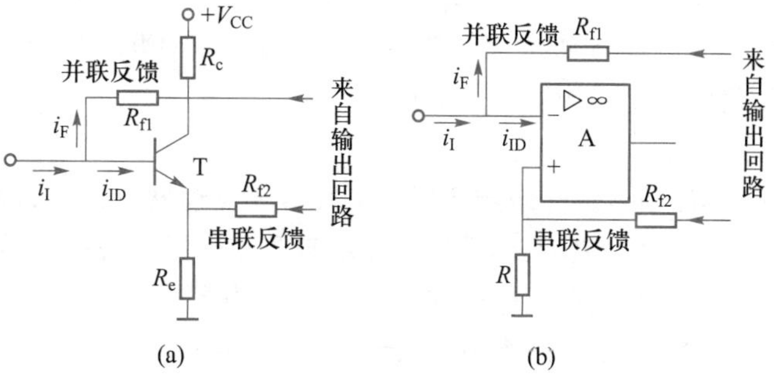

图 5.2.2 反馈方式局部电路的判断方法示意图

(a) 分立电路判断方法示意图 (b) 集成电路判断方法示意图

(3) 反馈效果与信号源内阻的关系

串联反馈：由 $u_{ID}=u_I-u_F$可知，只有当 u_I不变时才能起到更好的反馈效果。显然欲使 u_I不变，则要求信号源为理想的电压源，即 R_s越小越好。

并联反馈：由 $i_{ID}=i_I-i_F$可知，应当保持 i_I恒定才有更好的反馈效果。可见，应要求信号源为理想电流源，即 R_s越大越好。

(4) 反馈极性新解

判断反馈极性的方法除了前述的定义(即识别净输入信号的增加或减小)外,还可以通过 $\dot{X}_f$ 与 $\dot{X}_i$ 的瞬时极性及反馈方式进行判别。其本质仍是从定义出发,其实是对定义的一种细解。具体地说:对于并联反馈,$\dot{X}_f$ 与 $\dot{X}_i$ 的瞬时极性相同为正反馈,相反为负反馈;对于串联反馈,$\dot{X}_f$ 与 $\dot{X}_i$ 的瞬时极性相同为负反馈,相反为正反馈。如图 5.1.2 所示。

总之,掌握图 5.2.1 和图 5.2.2 是判断反馈类型的基础,即任何实际的反馈电路都可从这两个图中找到相应的局部电路形式。

例 5.2.1 试说明图 5.1.4 电路中本级和级间的反馈组态。

解:本题是在例 5.1.2 反馈极性和性质已经确定的基础上,探讨反馈组态的问题。

(1) 本级反馈

第一级:T_1 的射极负反馈元件为 R_2。假设 T_1 输出端集电极接地,由于 T_1 发射极电流受控于基极电流,且 R_2 上的反馈信号取自 T_1 发射极电流,表明反馈量依然存在,为电流反馈(或认为 R_2 未直接接在 T_1 的输出端 c_1);又由于反馈信号与输入信号分别接在 T_1 的 e_1 和 b_1 两个不同的端,为串联反馈(或认为 R_2 未直接接在 T_1 的输入端 b_1),由此断定 R_2 引入了第1级的直流负反馈和交流电流串联负反馈。

第二级:T_2 的射极负反馈元件 R_4、C_2 由于只存在于直流通路中,故仅引入第 2 级的直流负反馈(直流反馈不再指明反馈组态)。

第三级:T_3 的射极负反馈元件 R_7 与 T_1 的 R_2 在电路连接上完全一样,因此 R_7 引入第 3 级的直流负反馈和交流电流串联负反馈。

第四级:T_4 的射极负反馈元件 R_8 与 R_9、C_4 应分别判断。假设 T_4 输出端发射极短路,R_8 上端接地,即反馈量为零,为电压反馈(或认为 R_8 直接接在 T_4 输出端 e_4);又由于输入信号从 T_4 基极输入,反馈信号从 T_4 发射极输入,为串联反馈(或认为 R_8 未直接接在 T_4 的输入端 b_4),由此断定 R_8 引入了第 4 级的直流负反馈和交流电压串联负反馈。由于 C_4 交流旁路的作用,使得 R_9、C_4 仅引入第 4 级的直流负反馈。

(2) 级间反馈

对于 R_2、R_3、C_3 和 R_7 引入的 1 级与 3 级间的交流负反馈网络而言,假设 T_3 输出端集电极短路,即输出电压为零,由于 R_7 上的反馈信号取自 T_3 发射极电流,表明反馈量依然存在,为电流反馈(或认为 R_7 未直接接在 T_3 的输出端 c_3);又由于反馈信号与输入信号是从 T_1 的不同端输入(前者为 e_1,后者为 b_1),为串联反馈,由此断定 R_2、R_3、C_3 和 R_7 引入 1 级与 3 级间的交流电流串联负反馈。

对于 R_{10}、R_9 和 C_4 引入 1 级与 4 级间的直流负反馈网络而言,不再指明反馈组态。

例 5.2.2 试说明图 5.1.5 两级电路本级和级间的反馈组态。

解:本题是在例 5.1.3 反馈极性和性质已经确定的基础上,探讨反馈组态的问题。

(1) 本级反馈

对于 R_3,假设将运放 A_1 的输出端短路,R_3 右端接地,无法从输出端获取任何信号返回到 A_1 的反相输入端,即反馈信号为零,是电压反馈(或认为 R_3 直接接在 A_1 的输出端);R_3 在输入端是节点形式,为并联反馈,因此,R_3 引入了第 1 级的直流负反馈和交流电压并联负反馈。对于 R_6,其实与 R_3 完全相同,也可认为 R_6 直接与 A_2 输出端相连,为电压反馈,直接与 A_2 输入端相接，为并联反馈，故 R_6 引入第 2 级的直流负反馈和交流电压并联负反馈。

(2) 级间反馈

对于 R_2 和 R_4 构成的反馈网络，若令运放 A_2 的输出端短路，R_4 右端接地，反馈信号为零，是电压反馈；R_2 上的反馈信号送入同相输入端，而输入信号从反相输入端输入，为串联反馈，因此，R_2 和 R_4 引入级间的直流负反馈和交流电压串联负反馈（也可认为 R_2 和 R_4 直接与 A_2 输出端相连为电压反馈，未直接与 A_1 输入端相接为串联反馈）。

3. 反馈电路中 $\dot{A}$、$\dot{F}$、$\dot{A}_f$ 的量纲

对于放大电路四种类型的交流负反馈，$\dot{A}$、$\dot{F}$、$\dot{A}_f$ 有不同的定义和量纲。在此不妨结合反馈放大电路组成框图 5.1.1 给出表 5.2.1，以便初学者更好地掌握和应用。

表 5.2.1 反馈电路框图中 $\dot{A}$、$\dot{F}$、$\dot{A}_f$ 的定义及名称

组态	电压串联负反馈	电压并联负反馈	电流串联负反馈	电流并联负反馈
$\dot{A}=\dfrac{\dot{X}_o}{\dot{X}_{id}}$	开环电压放大倍数	开环互阻放大倍数	开环互导放大倍数	开环电流放大倍数
	$\dot{A}_u=\dfrac{\dot{U}_o}{\dot{U}_{id}}$	$\dot{A}_r=\dfrac{\dot{U}_o}{\dot{I}_{id}}(\Omega)$	$\dot{A}_g=\dfrac{\dot{I}_o}{\dot{U}_{id}}(S)$	$\dot{A}_i=\dfrac{\dot{I}_o}{\dot{I}_{id}}$
$\dot{F}=\dfrac{\dot{X}_f}{\dot{X}_o}$	电压反馈系数	互导反馈系数	互阻反馈系数	电流反馈系数
	$\dot{F}_u=\dfrac{\dot{U}_f}{\dot{U}_o}$	$\dot{F}_g=\dfrac{\dot{I}_f}{\dot{U}_o}(S)$	$\dot{F}_r=\dfrac{\dot{U}_f}{\dot{I}_o}(\Omega)$	$\dot{F}_i=\dfrac{\dot{I}_f}{\dot{I}_o}$
$\dot{A}_f=\dfrac{\dot{X}_o}{\dot{X}_i}$	闭环电压放大倍数	闭环互阻放大倍数	闭环互导放大倍数	闭环电流放大倍数
	$\dot{A}_{uf}=\dfrac{\dot{U}_o}{\dot{U}_i}$	$\dot{A}_{rf}=\dfrac{\dot{U}_o}{\dot{I}_i}(\Omega)$	$\dot{A}_{gf}=\dfrac{\dot{I}_o}{\dot{U}_i}(S)$	$\dot{A}_{if}=\dfrac{\dot{I}_o}{\dot{I}_i}$

5.3 负反馈对放大电路性能的影响

5.3.1 负反馈对放大电路性能的改善

导学

负反馈对放大电路放大倍数稳定性的影响。

负反馈对放大电路通频带、非线性失真的影响。

负反馈对放大电路输入、输出电阻的影响。

1. 提高放大倍数的稳定性

在放大电路中引入交流负反馈，虽然会降低放大倍数，但却改善了放大电路的动态性能。

在实际应用中，环境温度、器件的更换和老化、电源电压的波动，以及负载的变化等因素都会导致电路放大倍数的不稳定。引入适当的负反馈后，可以提高闭环放大倍数的稳定性。为了分析方便，限定讨论范围在中频段，则 $\dot{A}$、$\dot{F}$、$\dot{A}_f$ 均可用实数 A、F、A_f 来表示，则式(5.1.1)写为 $A_f=\dfrac{A}{1+AF}$。

若对式 $A_f=\dfrac{A}{1+AF}$ 求微分，可得 $dA_f=\dfrac{dA}{(1+AF)^2}$，将此式等号两边都除以式 A_f，则得相对变化量形式：

$$\frac{dA_f}{A_f}=\frac{1}{1+AF}\cdot\frac{dA}{A} \tag{5.3.1}$$

可见，引入负反馈后，闭环放大倍数相对变化量只有开环放大倍数相对变化量的 $\dfrac{1}{1+AF}$ 倍，即稳定性提高了 $(1+AF)$ 倍，但它是以牺牲放大倍数为代价的。

例 5.3.1 已知一放大电路的开环放大倍数 A 的相对变化量 $\dfrac{dA}{A}=1\%$，引入负反馈后要求闭环放大倍数 $A_f=150$，而且它的相对变化量 $\dfrac{dA_f}{A_f}$ 不超过 0.05%，试计算开环放大倍数 A 和反馈系数 F。

解：由式(5.3.1)可写出 $0.05\%=\dfrac{1}{1+AF}\times 1\%$，进而得到 $1+AF=20$。

再由 $A_f=\dfrac{A}{1+AF}$ 可得 $A=3\ 000$，由 $1+AF=20$ 可求出 $F=\dfrac{19}{3\ 000}\approx 0.006\ 3$。

2. 扩展频带

对于阻容耦合放大电路，当输入幅度相同而频率不同的信号时，高频段和低频段的输出信号比中频段小，因此反馈信号也小，对净输入信号的削弱作用小，所以高、低频段的放大倍数减小程度比中频段小，从而扩展了通频带。

(1) 闭环放大倍数及其带宽

以单级放大电路为例，假设反馈网络为纯电阻网络，且在放大电路波特图的低频段和高频段各仅有一个转折频率。由式(4.5.6)可推知，高频段的放大倍数与中频放大倍数的关系为

$$\dot{A}_h=\frac{A_m}{1+jf/f_H}$$

引入负反馈后，根据式(5.1.1)可得高频段的表达式为

$$\dot{A}_{hf}=\frac{\dot{A}_h}{1+\dot{A}_h F}=\frac{\dfrac{A_m}{1+jf/f_H}}{1+\dfrac{A_m}{1+jf/f_H}\cdot F}=\frac{A_m}{1+A_m F+j\dfrac{f}{f_H}}=\frac{A_{mf}}{1+j\dfrac{f}{f_{Hf}}}$$

式中

$$A_{mf}=\frac{A_m}{1+A_mF} \tag{5.3.2a}$$

$$f_{Hf}=(1+A_mF)f_H \tag{5.3.2b}$$

上两式表明，闭环中频放大倍数比开环中频放大倍数下降了$(1+A_mF)$倍，而闭环上限频率比开环上限频率提高了$(1+A_mF)$倍。

就下限频率而言，同理可证明$f_{Lf}=\frac{f_L}{1+A_mF}$。该式表明，引入负反馈后，放大电路的下限频率降低了，等于无反馈时的$1/(1+A_mF)$倍。

对于阻容耦合放大电路，通常能够满足$f_H\gg f_L$，$f_{Hf}\gg f_{Lf}$，所以通频带可以近似地用上限频率表示，即无反馈时$BW=f_H-f_L\approx f_H$，引入反馈后的通频带为

$$BW_f=f_{Hf}-f_{Lf}\approx f_{Hf}=(1+A_mF)f_H\approx(1+A_mF)BW \tag{5.3.3}$$

可见，引入负反馈后，通频带近似扩展了$(1+A_mF)$倍。

(2) 增益-带宽积

依据式(5.3.2 a)和(5.3.2 b)可得$A_{mf}\cdot f_{Hf}=A_m\cdot f_H$。若假设开环带宽$BW=f_H-f_L\approx f_H$，闭环带宽$BW_f=f_{Hf}-f_{Lf}\approx f_{Hf}$，则有

$$A_{mf}\cdot BW_f\approx A_m\cdot BW \tag{5.3.4}$$

上式表明，引入负反馈后中频放大倍数与通频带的乘积将基本不变，习惯用“增益-带宽积”近似为常数来描述。也就是说，对于一个引入了负反馈的放大电路而言，通频带的扩展是用牺牲放大倍数换来的，且放大倍数下降得越多，通频带扩展得也越大。

需要注意的是，式(5.3.4)是以$BW\approx f_H$，且只有一个上限转折频率为条件的结论。否则，“增益-带宽积”不再是常数。

例 5.3.2 已知某负反馈放大电路的反馈深度为10，开环时的上、下限频率分别为10 kHz和100 Hz，该放大电路闭环时的通频带等于多少？

解：因为$f_{Hf}=(1+A_mF)f_H=10\times10\ \text{kHz}=100\ \text{kHz}$，$f_{Lf}=\frac{f_L}{1+A_mF}=\frac{100}{10}\ \text{Hz}=10\ \text{Hz}$。故由通频带的定义得

$$BW_f=f_{Hf}-f_{Lf}=(100-0.01)\ \text{kHz}=99.99\ \text{kHz}。$$

3. 减小非线性失真及抑制干扰和噪声

由于放大电路中存在非线性器件，如果输入信号x_i为正弦波，而输出信号x_o为非正弦波，则这种失真称为非线性失真。图5.3.1(a)示出了开环时基本放大电路出现失真的示意图，解决的方法就是引入负反馈以改善上述失真。如果设法引入如图5.3.1(b)所示的负反馈，并假设F为常数的条件下，那么通过反馈网络将得到一个正半周幅度大而负半周幅度小的反馈信号x_f，此时x_f与x_i相减后，将得到正半周幅度小而负半周幅度大的净输入信号x_{id}，这一信号再经过A时，x_o波形的正负半周接近对称。可以证明，在非线性失真不太严重时，输出波形中的非线性失真程度K_f近似减小为原来的$\frac{1}{1+AF}$倍。不过，负反馈只能减小反馈环内产生的失真，如果x_i本身就存在失真，负反馈则无能为力。

同理，当放大电路内部受到干扰或噪声的影响时，引入负反馈有抑制干扰或噪声的作

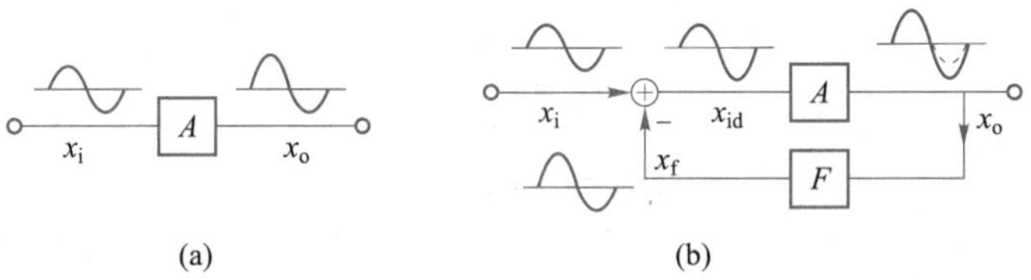

图 5.3.1 负反馈改善非线性失真的示意图
(a) 无反馈时的波形 (b) 有反馈时的波形

用。当然，如果干扰或噪声随输入信号进入放大电路时，负反馈也无能为力。

例 5.3.3 现有一放大电路的开环放大倍数 $A=10^3$，设在开环时放大电路产生非线性失真，失真系数 $K=10\%$。当加入负反馈后，要求 K_f 下降到 1% 时，电路的反馈系数 F 和闭环放大倍数 A_f 等于多少？如果输入信号本身有较大失真，闭环后能否减小？

解：引入负反馈前后，非线性失真程度的表达式为 $K_f=\dfrac{K}{1+AF}$，若将 K_f 和 K 代入该式可得 $1\%=\dfrac{10\%}{1+AF}$，由此得到反馈深度 $1+AF=10$。将 $A=10^3$ 代入可得

$$F=\frac{10-1}{A}=\frac{9}{10^3}=9\times10^{-3}$$

再根据反馈的一般表达式有

$$A_f=\frac{A}{1+AF}=\frac{10^3}{10}=100$$

4. 改变放大电路的输入、输出电阻

(1) 负反馈对输入电阻的影响

负反馈对放大电路输入电阻的影响主要取决于串、并联的反馈方式，而与取样对象无关。

① 串联负反馈使输入电阻增大

根据输入电阻的定义，开环时基本放大电路的输入电阻 $R_i=\dfrac{\dot{U}_{id}}{\dot{I}_i}$，引入串联负反馈后，

$$R_{if}=\frac{\dot{U}_i}{\dot{I}_i}=\frac{\dot{U}_{id}+\dot{U}_f}{\dot{I}_i}=\frac{\dot{U}_{id}+\dot{A}\dot{F}\dot{U}_{id}}{\dot{I}_i}=(1+\dot{A}\dot{F})\frac{\dot{U}_{id}}{\dot{I}_i}=(1+\dot{A}\dot{F})R_i\text{，即}$$

$$R_{if}=(1+\dot{A}\dot{F})R_i \tag{5.3.5}$$

可见，引入串联负反馈使输入电阻增大为原来的 $|1+\dot{A}\dot{F}|$ 倍。

② 并联负反馈使输入电阻减小

同理，引入并联负反馈后，$R_{if}=\dfrac{\dot{U}_i}{\dot{I}_i}=\dfrac{\dot{U}_i}{\dot{I}_{id}+\dot{I}_f}=\dfrac{\dot{U}_i}{\dot{I}_{id}+\dot{A}\dot{F}\dot{I}_{id}}=\dfrac{1}{1+\dot{A}\dot{F}}\cdot\dfrac{\dot{U}_i}{\dot{I}_{id}}=\dfrac{R_i}{1+\dot{A}\dot{F}}$，即

$$R_{if}=\frac{R_i}{1+\dot{A}\dot{F}} \tag{5.3.6}$$

可见,引入并联负反馈使输入电阻减小为原来的 $1/|1+\dot{A}\dot{F}|$倍。

(2) 负反馈对输出电阻的影响

按取样对象的不同,负反馈对输出电阻的影响也不同。

① 电压负反馈使输出电阻减小

电压负反馈取样于输出电压,能维持输出电压的稳定。说明在输入信号一定时,电压负反馈放大电路的输出回路趋于一恒压源,故其输出电阻必然减小。可以证明,闭环输出电阻为

$$R_{of}=\frac{R_o}{1+\dot{A}\dot{F}} \tag{5.3.7}$$

可见,引入电压负反馈使输出电阻减小为原来的 $1/|1+\dot{A}\dot{F}|$,进而增强了带负载的能力。

② 电流负反馈使输出电阻增大

电流负反馈取样于输出电流,能维持输出电流的稳定。说明在输入信号一定时,电流负反馈放大电路的输出回路趋于一恒流源,故其输出电阻必然增大。同样可以证明,闭环输出电阻为

$$R_{of}=(1+\dot{A}\dot{F})R_o \tag{5.3.8}$$

可见,引入电流负反馈使输出电阻增大为原来的 $|1+\dot{A}\dot{F}|$倍。

5.3.2 正确引入负反馈的一般原则

导学

交直流负反馈性质的确定。
交流负反馈类型的确定。
负反馈范围的确定。

前已述及,引入负反馈能够改善放大电路多方面的性能,如稳定放大倍数、展宽频带、减小非线性失真,以及抑制放大电路内部的干扰和噪声等,但它是以牺牲放大倍数为代价的。尽管如此,在实际电路中还是要引入负反馈以改善所需要的技术指标。根据不同形式负反馈对放大电路影响的不同,引入负反馈时一般考虑以下几点:

(1) 根据稳定的对象确定反馈类型

例如,要想稳定直流量,应引入直流负反馈;要想稳定交流量,应引入交流负反馈;要想稳定输出电压,应引入电压负反馈;要想稳定输出电流,应引入电流负反馈。

也就是说,要稳定放大电路的某个量,就要引入该量的负反馈。

(2) 根据信号源和负载的要求确定反馈类型

① 对于信号源而言:若是电压源,应引入串联负反馈,以增大输入电阻来减小向信号源索取的电流。若是电流源,应引入并联负反馈,以减小输入电阻使放大电路获得较大的输入电流。

② 对于负载而言:若要求低内阻输出,应引入电压负反馈,提高带负载能力。若要求高

内阻输出,应引入电流负反馈。

(3) 根据反馈效果确定反馈范围

引入级间反馈的目的是加强反馈效果。

例 5.3.4 在如图 5.3.2 所示电路中,试问:

(1) 电路中共有哪些反馈(包括本级和级间反馈)?分别说明它们的极性和组态;

(2) 如果要求级间只引入一个交流反馈和一个直流反馈,应该如何改变反馈支路?

(3) 在第(2)问情况下,上述两种反馈各对电路性能产生什么影响?

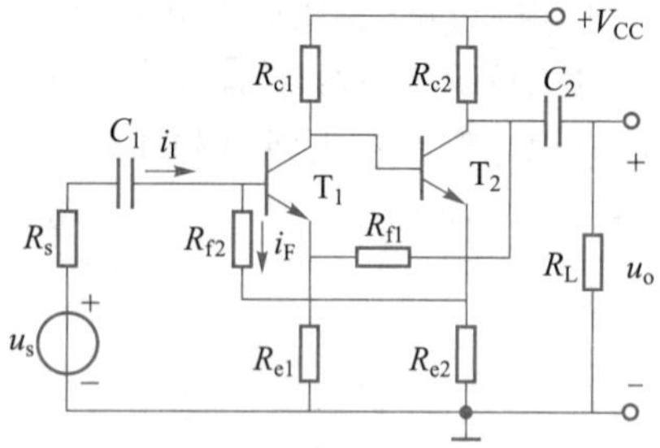

图 5.3.2 例 5.3.4

解:(1) 对于本级反馈而言,由前述分析可知 R_{e1} 和 R_{e2} 分别引入 1、2 级负反馈。因 R_{e1}、R_{e2} 均未直接接在本级的输入、输出端上,且 R_{e1}、R_{e2} 皆存在于直流和交流通路中,由此断定 R_{e1}、R_{e2} 引入了本级的直流负反馈和交流电流串联负反馈。

对于级间反馈而言,需要用"瞬时极性大小法"分别判断两路级间反馈。

对于 R_{f1}、R_{e1} 引入的级间反馈,假设 T_1 基极电位 u_{B1} 的瞬时极性和大小为⊕,可表示为

$$\underbrace{\text{假设 } u_{B1} \text{ 为} \oplus \rightarrow u_{C1} \ominus\ominus \rightarrow u_{C2} \oplus\oplus\oplus}_{\text{基本放大电路(正向传输)}} \rightarrow \underbrace{\text{经 } R_{f1} \rightarrow u_{E1}(u_{R_{e1}}) \oplus\oplus\oplus}_{\text{反馈网络(反向传输)}}$$

由此导致 T_1 净输入电压 $u_{BE1}=u_{B1\oplus}-u_{E1\oplus\oplus\oplus}$ 减小很多,引入了级间较深的串联(以电压形式相叠加)负反馈。因 R_{f1} 右端接在 T_2 的集电极输出端 c_2,为电压负反馈;并且 R_{e1}、R_{f1} 同时存在于直流和交流通路中,反馈网络 R_{e1}、R_{f1} 引入了级间直流负反馈和交流电压串联负反馈。

对于 R_{f2}、R_{e2} 引入的级间反馈,假设 T_1 基极电位 u_{B1} 瞬时极性和大小为⊕,可表示为

$$\underbrace{\text{假设 } u_{B1} \text{ 为} \oplus \rightarrow u_{C1}(u_{B2}) \ominus\ominus}_{\text{基本放大电路(正向传输)}} \xrightarrow[\text{同相跟随}]{\text{共集关系}} \underbrace{u_{E2}(u_{R_{e2}}) \ominus\ominus \rightarrow \text{使大量 } i_F \text{ 从 } b_1 \text{ 经 } R_{f2} \text{ 流向 } e_2}_{\text{反馈网络(反向传输)}}$$

由此导致 T_1 的净输入基极电流 $i_{B1}=i_I-i_F$ 减小很多,引入了级间较深的并联(以电流形式相叠加)负反馈。因 R_{e2} 未接在 T_2 的集电极输出端 c_2,为电流负反馈;并且 R_{f2}、R_{e2} 同时存在于直流和交流通路中,由此断定 R_{f2}、R_{e2} 引入了级间直流负反馈和交流电流并联负反馈。

(2) 从反馈效果看,对于电压源,需要引入交流串联负反馈;同时为了使 T_1 处于放大状态,应通过 R_{f2} 为其提供合适的直流偏置。实现的方法是在 R_{f1} 的反馈支路上串联一个电容 C_{f1},在 R_{e2} 两端并联一个电容 C_{e2}。

(3) 由"瞬时极性大小法"可知,两路级间反馈都引入了负反馈,且 R_{e1}、R_{f1} 和 C_{f1} 反馈支路引入的是级间交流电压串联负反馈,可以稳定输出电压和提高输入电阻;R_{f2}、R_{e2} 和 C_{e2} 引入的是级间直流负反馈,可稳定各级静态工作点。

5.4 深度负反馈放大电路的分析计算

导学

深度负反馈的条件及其表达式。

深度负反馈放大电路的特点。

深度负反馈闭环电压放大倍数的估算。

微视频

简单的单级反馈电路的计算可采用第 2、3 章介绍的等效电路法，而对于多级和集成运放反馈电路可采用估算法和框图法(可参见相关文献)。本节只介绍估算法。

1. 深度负反馈放大电路的特点与估算方法

(1) 深度负反馈放大电路的特点

① 深度负反馈条件及其表达式

一般来说，如果负反馈放大电路满足 $|\dot{A}\dot{F}| \gg 1$ 的条件，则认为反馈程度很深，或称为深度负反馈。此时相应的闭环放大倍数

$$\dot{A}_f = \frac{\dot{A}}{1+\dot{A}\dot{F}} \approx \frac{1}{\dot{F}} \tag{5.4.1}$$

上式表明，在深度负反馈条件下，闭环放大倍数 $\dot{A}_f$ 近似等于反馈系数 $\dot{F}$ 的倒数，而与 $\dot{A}$ 无关。

② 深度负反馈条件下的 $\dot{X}_i$、$\dot{X}_f$ 及 $\dot{X}_{id}$

根据图 5.1.1 可知，$\dot{F}=\dfrac{\dot{X}_f}{\dot{X}_o}$，由式(5.4.1)得 $\dot{A}_f \approx \dfrac{1}{\dot{F}} = \dfrac{\dot{X}_o}{\dot{X}_f}$，又因为 $\dot{A}_f = \dfrac{\dot{X}_o}{\dot{X}_i}$，可见

$$\dot{X}_i \approx \dot{X}_f \tag{5.4.2}$$

上式表明，在深度负反馈条件下，放大电路的输入量≈反馈量，并由此推知

$$\dot{X}_{id} = \dot{X}_i - \dot{X}_f \approx 0 \tag{5.4.3}$$

式(5.4.1)~式(5.4.3)说明，在深度负反馈放大电路中，闭环放大倍数主要由反馈网络决定；反馈信号 $\dot{X}_f$ 近似等于输入信号 $\dot{X}_i$；净输入信号 $\dot{X}_{id}$ 近似为零。这是深度负反馈放大电路的重要特点。

(2) 深度负反馈放大电路闭环电压放大倍数的估算

① 从深度负反馈的基本关系式 $\dot{A}_f \approx \dfrac{1}{\dot{F}}$ 出发，计算放大倍数

对于电压串联负反馈，$\dot{A}_f = \dot{A}_{uf}$。而对于电压并联负反馈、电流串联负反馈和电流并联负

反馈,由表 5.2.1 可知,$\dot{A}_f$ 分别为 $\dot{A}_{rf}$、$\dot{A}_{gf}$、$\dot{A}_{if}$,是广义放大倍数,必须经过转化才能求出 $\dot{A}_{uf}$。本教材不采用此方法。

② 从深度负反馈的特点($\dot{X}_i \approx \dot{X}_f$)出发,直接计算电压放大倍数

具体步骤为:

a. 找出级间交流反馈网络。虽有本级反馈,但决定整个反馈放大电路性能的通常总是级间反馈。

b. 分析反馈组态,并求出电压放大倍数。

对于深度串联负反馈有 $\dot{U}_i \approx \dot{U}_f$,$R_{if}=(1+\dot{A}\dot{F})R_i \to \infty$,则 $\dot{A}_{usf}=\dfrac{\dot{U}_o}{\dot{U}_s}=\dfrac{R_{if}}{R_{if}+R_s}\dot{A}_{uf} \approx \dot{A}_{uf}$,$\dot{A}_{uf}=\dfrac{\dot{U}_o}{\dot{U}_i} \approx \dfrac{\dot{U}_o}{\dot{U}_f}$。

对于深度并联负反馈有 $\dot{I}_i \approx \dot{I}_f$,$R_{if}=\dfrac{R_i}{1+\dot{A}\dot{F}} \to 0$,则 $\dot{I}_i=\dfrac{R_s}{R_{if}+R_s}\dot{I}_s \approx \dot{I}_s$,$\dot{U}_s=\dot{I}_s R_s \approx \dot{I}_i R_s \approx \dot{I}_f R_s$,$\dot{A}_{usf}=\dfrac{\dot{U}_o}{\dot{U}_s}$。式中,$R_s$是信号源与基本放大电路输入端之间的等效电阻。

2. 深度负反馈闭环电压放大倍数估算的实例分析

例 5.4.1 电路如图 5.4.1(a)所示。

(1) F 点分别接在 H、J、K 三点时,各形成何种反馈?不同反馈对电路的输入电阻、输出电阻又有何影响?

(2) 在深度负反馈的条件下,求出 F 点接在 J 点时的电压放大倍数表达式。

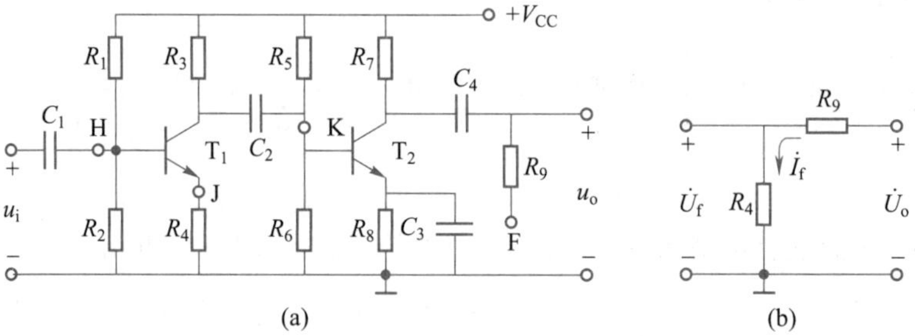

图 5.4.1 例 5.4.1

(a) 电路 (b) F 点接在 J 点时的反馈网络

解:(1) 利用“瞬时极性大小法”对图 5.4.1(a)电路进行判断。

当 F 点接在 H 点上时,电路各点瞬时信号可表示为

假设 H(u_{B1})为⊕→u_{C1}⊖⊖→u_{C2}⊕⊕⊕→经 C_4→R_9 上端⊕⊕⊕,使大量反馈电流经 R_9 流向 H

(基本放大电路(正向传输,两级放大);反馈网络(反向传输))

此时,T_1的静输入电流增大,说明引入的是级间交流正反馈。

当 F 点接在 J 点上时,电路各点瞬时信号可表示为

$$\underbrace{\text{假设 H}(u_{B1})\text{为}\oplus\to u_{C1}\ominus\ominus\to u_{C2}\oplus\oplus\oplus\to\text{经 }C_4}_{\text{基本放大电路(正向传输,两级放大)}}\to\underbrace{R_9\text{ 上端}\oplus\oplus\oplus\to\text{经 }R_9\to u_{F1}(u_{R_4})\oplus\oplus\oplus}_{\text{反馈网络(反向传输)}}$$

此时,T_1的静输入电压 $u_{BE1}=u_{B1\oplus}-u_{F1\oplus\oplus\oplus}$减小很多,表明引入级间深度交流串联负反馈;假设输出端短路,即 R_9 上端接地,反馈信号为零,引入电压负反馈。由此断定 R_9、R_4 引入了级间深度的交流电压串联负反馈,它使输入电阻增大、输出电阻减小。

当 F 点接在 K 点上时,电路各点瞬时信号可表示为

$$\underbrace{\text{假设 K}(u_{B2})\text{为}\oplus\to u_{C2}\ominus\ominus\to\text{经 }C_4}_{\text{基本放大电路(正向传输,第二级放大)}}\to\underbrace{R_9\text{ 上端}\ominus\ominus\text{,使大量反馈电流从 K 经 }R_9\text{ 流向输出端}}_{\text{反馈网络(反向传输)}}$$

此时,T_2的静输入电流减小,表明仅引入第二级的交流并联负反馈;因 R_9 上端直接接在输出端,引入电压负反馈。由此断定 R_9 引入了第 2 级的交流电压并联负反馈,它使第 2 级的输入、输出电阻皆减小。

(2) 当 F 点接在 J 点上时,R_9 和 R_4 引入的是 1-2 级间深度电压串联负反馈,且 R_4 两端的电压为反馈电压 $\dot{U}_f$,由此得到如图 5.4.1(b)所示的反馈网络。

在深度串联负反馈 $\dot{U}_i\approx\dot{U}_f$ 的条件下,可认为反馈电流 $\dot{I}_f$ 远大于 T_1 管的发射极电流 $\dot{I}_{e1}$,即 R_9 和 R_4 近似为串联,因此由分压公式 $\dot{U}_f\approx\dfrac{R_4}{R_4+R_9}\dot{U}_o$ 得出闭环电压放大倍数为

$$\dot{A}_{uf}=\frac{\dot{U}_o}{\dot{U}_i}\approx\frac{\dot{U}_o}{\dot{U}_f}\approx\frac{R_4+R_9}{R_4}=1+\frac{R_9}{R_4}$$

上式表明,在深度负反馈条件下,闭环放大倍数 $\dot{A}_f$ 的计算与 $\dot{A}$ 无关,而与图 5.4.1(b)所示的反馈网络有关。因此,正确画出电路中的反馈网络是近似计算 $\dot{A}_f$ 的关键。

例 5.4.2 电路如图 5.4.2(a)所示。

(1) 电路引入了何种级间反馈?

(2) 在电路满足深度负反馈的条件下,写出闭环源电压放大倍数的表达式。

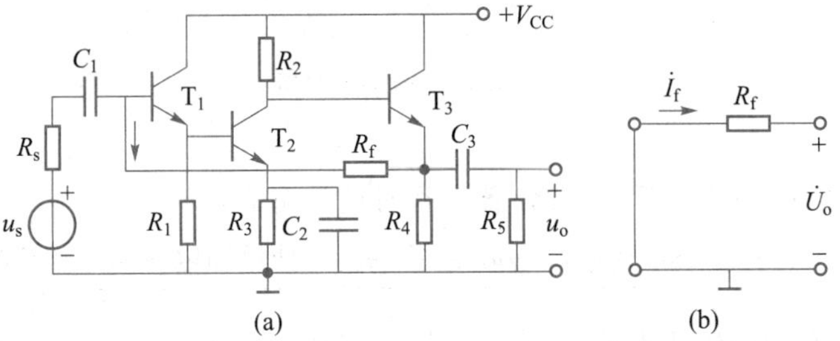

图 5.4.2 例 5.4.2
(a) 电路 (b) 反馈网络

解:(1) 利用“瞬时极性大小法”对图 5.4.2(a)电路进行判断。图(a)各点瞬时信号可表示为

$$\underbrace{\text{假设 }u_{\mathrm{B1}}\text{ 为}\oplus\to u_{\mathrm{E1}}\oplus\to u_{\mathrm{C2}}\ominus\ominus\to u_{\mathrm{E3}}\ominus\ominus}_{\text{基本放大电路(正向传输)}}\to\underbrace{\text{使反馈电流从 }\mathrm{b}_1\text{ 经 }R_{\mathrm{f}}\text{ 流向 }\mathrm{e}_3}_{\text{反馈网络(反向传输)}}$$

此时,反馈电流使静输入电流 i_{B1} 减小很多,表明引入深度的级间并联负反馈;假设输出端交流短路,即 T_3 的发射极接地,通过 R_{f} 的反馈信号为零,引入电压负反馈。又因为 R_{f} 同时存在于直流和交流通路中,由此断定 R_{f} 引入了 1 级与 3 级间的直流负反馈和交流电压并联负反馈。

(2) 因为是深度并联负反馈,一则满足 $\dot{I}_{\mathrm{i}}\approx\dot{I}_{\mathrm{f}}$,二则满足 $R_{\mathrm{if}}\to 0$,近似认为输入端短路,即 $\dot{U}_{\mathrm{b1}}\approx 0$。此时 $\dot{I}_{\mathrm{i}}=\dfrac{\dot{U}_{\mathrm{s}}-\dot{U}_{\mathrm{b1}}}{R_{\mathrm{s}}}\approx\dfrac{\dot{U}_{\mathrm{s}}}{R_{\mathrm{s}}}$,即 $\dot{U}_{\mathrm{s}}=\dot{I}_{\mathrm{i}}R_{\mathrm{s}}\approx\dot{I}_{\mathrm{f}}R_{\mathrm{s}}$。

对于 R_{f} 而言,此时可等效为图 5.4.2(b)所示的电路,$\dot{U}_{\mathrm{o}}\approx-\dot{I}_{\mathrm{f}}R_{\mathrm{f}}$。所以该电路的闭环源电压放大倍数为

$$\dot{A}_{usf}=\frac{\dot{U}_{\mathrm{o}}}{\dot{U}_{\mathrm{s}}}=\frac{-\dot{I}_{\mathrm{f}}R_{\mathrm{f}}}{\dot{I}_{\mathrm{f}}R_{\mathrm{s}}}=-\frac{R_{\mathrm{f}}}{R_{\mathrm{s}}}$$

例 5.4.3 电路如图 5.4.3(a)所示。试判断反馈的极性和组态;如果是交流负反馈,请按深度负反馈估算闭环电压放大倍数。

解:此电路将涉及两个级间反馈支路。利用"瞬时极性大小法"对图 5.4.3(a)电路进行判断。

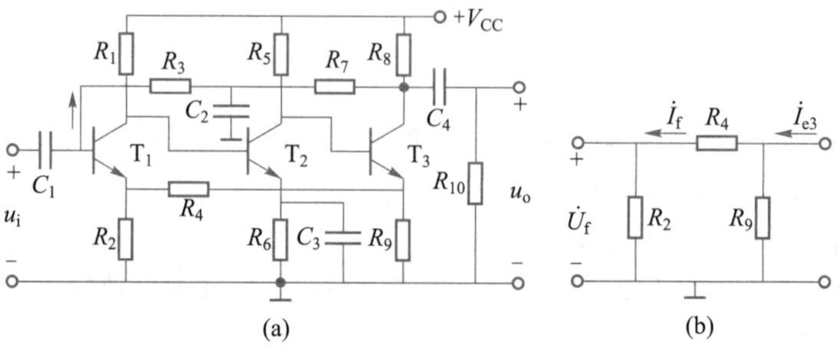

图 5.4.3 例 5.4.3

(a) 电路 (b) 反馈网络

对于 R_3、C_2 和 R_7 构成的反馈网络,各点瞬时信号可表示为

$$\underbrace{\text{假设 }u_{\mathrm{B1}}\text{ 为}\oplus\to u_{\mathrm{C1}}\ominus\ominus\to u_{\mathrm{C2}}\oplus\oplus\oplus\to u_{\mathrm{C3}}\ominus\ominus\ominus\ominus}_{\text{基本放大电路(正向传输)}}\to\underbrace{\text{使反馈电流从 }\mathrm{b}_1\text{ 经 }R_3\text{、}C_2\text{、}R_7\text{ 流向 }c_3}_{\text{反馈网络(反向传输)}}$$

此时,反馈电流使 T_1 的静输入电流 i_{B1} 减小很多,表明引入了级间负反馈。由于 C_2 的旁路使 R_3、C_2 和 R_7 构成的反馈网络仅引入了直流负反馈。

对于 R_2、R_4 和 R_9 构成的反馈网络,各点瞬时信号可表示为

$$\underbrace{\text{假设 }u_{\mathrm{B1}}\text{ 为}\oplus\to u_{\mathrm{C1}}\ominus\ominus\to u_{\mathrm{C2}}\oplus\oplus\oplus}_{\text{基本放大电路(正向传输)}}\xrightarrow[\text{同相跟随}]{\text{共集关系}}\underbrace{u_{\mathrm{E3}}(u_{R_9})\oplus\oplus\oplus\to\text{经 }R_4\to u_{\mathrm{F}}(u_{R_2})\oplus\oplus\oplus}_{\text{反馈网络(反向传输)}}$$

此时,反馈电压 u_{R_2} 使 T_1 的静输入电压 u_{BE1} 减小很多,表明引入了级间串联负反馈;假设输出

端交流短路，R_2 上的反馈电流取自 T_3 发射极电流的一部分，表明反馈量依然存在，引入电流负反馈。由于反馈网络 R_2、R_4 和 R_9 同时存在于直流和交流通路中，由此断定 R_2、R_4 和 R_9 引入了 1 级与 3 级间的直流负反馈和交流电流串联负反馈。

下面估算反馈网络 R_2、R_4 和 R_9 引入交流负反馈的闭环电压放大倍数。

由图 5.4.3(b)所示的反馈网络可知 $\dot{U}_f \approx \dot{I}_f R_2 \approx \dfrac{R_9}{R_2+R_4+R_9}\dot{I}_{e3}R_2$

根据电路可得输出电压 $\dot{U}_o = -\dot{I}_{c3}R_L' = -\dot{I}_{c3}(\mathrm{R}_7 /\!/ \mathrm{R}_8 /\!/ \mathrm{R}_{10})$

所以，在深度串联负反馈 $\dot{U}_i \approx \dot{U}_f$ 的条件下，闭环电压放大倍数

$$\dot{A}_{uf} = \frac{\dot{U}_o}{\dot{U}_i} \approx \frac{\dot{U}_o}{\dot{U}_f} = \frac{-\dot{I}_{c3}(R_7 /\!/ R_8 /\!/ R_{10})}{\dfrac{R_9}{R_2+R_4+R_9}\dot{I}_{e3}R_2} = -\frac{(R_7 /\!/ R_8 /\!/ R_{10})(R_2+R_4+R_9)}{R_2R_9}$$

例 5.4.4 判断图 5.4.4(a)电路(假设电压放大倍数的数值大于 1)的反馈组态，并在深度负反馈条件下计算其闭环源电压放大倍数。

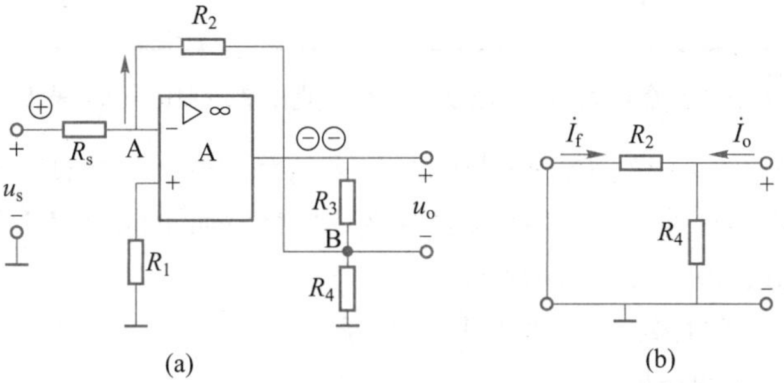

图 5.4.4 例 5.4.4

(a) 电路 (b) 反馈网络

解：用“瞬时极性大小法”对图 5.4.4(a)进行判断。电路各点瞬时极性及大小可表示为

$$\underbrace{\text{假设 A 端为}\oplus\to\text{输出端 }u_O\ominus\ominus}_{\text{基本放大电路(正向传输,单级放大)}}\to\text{经 }R_3\to\underbrace{u_B(u_{R_4})\ominus\ominus\text{,使反馈电流从 A 经 }R_2\text{ 流向 B}}_{\text{反馈网络(反向传输)}}$$

显见，反馈电流使集成运放净输入电流 i_{ID} 减小很多，说明电路引入了深度并联负反馈。假设输出电压为零，即将负载 R_3 两端短路，因为运放输出电流仅受输入信号控制，即使负载 R_3 短路输出电流依然存在，说明是电流反馈。由于 R_2、R_4 存在于电路的直流和交流通路中，故 R_2、R_4 引入的是直流负反馈和交流电流并联负反馈。

因为是深度并联负反馈，一则满足 $\dot{I}_i \approx \dot{I}_f$，二则满足 $R_{if}\to 0$，近似认为集成运放反相输入端短路，即 $\dot{U}_- \approx 0$。此时，$\dot{I}_s = \dot{I}_i = \dfrac{\dot{U}_s-\dot{U}_-}{R_s} \approx \dfrac{\dot{U}_s}{R_s}$，即 $\dot{U}_s = \dot{I}_i R_s \approx \dot{I}_f R_s$。

对于 R_2 和 R_4 支路而言，此时可等效为图 5.4.4(b)所示的电路，则 $\dot{I}_f \approx -\dfrac{R_4}{R_2+R_4}\dot{I}_o$。又因

为 $\dot{U}_o=\dot{I}_oR_3$。所以该电路的闭环源电压放大倍数为

$$\dot{A}_{usf}=\frac{\dot{U}_o}{\dot{U}_s}\approx\frac{\dot{I}_oR_3}{\dot{I}_fR_s}=\frac{\dot{I}_oR_3}{-\frac{R_4}{R_2+R_4}\dot{I}_oR_s}=-\frac{(R_2+R_4)R_3}{R_4R_s}$$

5.5　负反馈放大电路的稳定问题

导学

负反馈放大电路产生自激振荡的条件。

用波特图判断放大电路的稳定性。

消除自激振荡常用的方法。

从前面的分析可知,交流负反馈对放大电路性能的影响由反馈深度 $|1+\dot{A}\dot{F}|$ 或环路放大倍数 $|\dot{A}\dot{F}|$ 的大小决定,$|1+\dot{A}\dot{F}|$ 或 $|\dot{A}\dot{F}|$ 越大,放大电路的性能越优良。然而若反馈过深,不但不能改善放大电路的性能,反而会使放大电路产生自激而不能稳定工作。因此,在设计放大电路时,应当避免或设法消除振荡现象。

1. 负反馈放大电路自激振荡产生的原因和条件

(1) 产生自激振荡的原因

对于图 5.1.1 所示的负反馈放大电路框图,是在中频范围内净输入信号($\dot{X}_{id}=\dot{X}_i-\dot{X}_f$)减小的条件下设计的。但在低频或高频段时,由第 4 章可知,由于器件与电路中存在电抗元件,可使 $\dot{A}$、$\dot{F}$ 分别产生相对于中频段的超前或滞后相移,称为附加相移。若在低频或高频段的某一频率上,$\dot{A}$ 和 $\dot{F}$ 产生的附加相移之和为 180°时,此时反馈信号 $\dot{X}_f$ 反相,放大电路的净输入信号由中频段时的减小($\dot{X}_{id}=\dot{X}_i-\dot{X}_f$)变为增大($\dot{X}_{id}=\dot{X}_i+\dot{X}_f$),使原来设计的负反馈放大电路演变为正反馈电路。当反馈信号 $\dot{X}_f$ 幅值足够大时,即使没有输入信号 $\dot{X}_i$,电路的输出端也会有波形输出,此时放大电路已失去了正常的放大输入信号的能力,而产生了自激振荡。

可见,负反馈放大电路产生自激振荡的根本原因之一就是 $\dot{A}\dot{F}$ 在低、高频段存在的附加相移。

(2) 产生自激振荡的条件

由式(5.1.1) $\dot{A}_f=\frac{\dot{X}_o}{\dot{X}_i}=\frac{\dot{A}}{1+\dot{A}\dot{F}}$ 可知,若式中分母 $1+\dot{A}\dot{F}=0$,则 $\dot{A}_f=\frac{\dot{X}_o}{\dot{X}_i}\rightarrow\infty$,此时即使没有输

入信号（$\dot{X}_i=0$），放大电路仍有一定的输出信号（$\dot{X}_o\neq 0$），说明放大电路产生了自激振荡。可见，负反馈放大电路产生自激的条件是 $1+\dot{A}\dot{F}=0$，即

$$\dot{A}\dot{F}=-1 \tag{5.5.1}$$

上式所对应的幅频和相频为

$$|\dot{A}\dot{F}|=1 \tag{5.5.2a}$$

$$\varphi_{AF}=\varphi_A+\varphi_F=(2n+1)\pi \quad (n\text{ 为整数}) \tag{5.5.2b}$$

为了突出附加相移，相位条件也常写成

$$\Delta\varphi_{AF}=\Delta\varphi_A+\Delta\varphi_F=\pm 180° \tag{5.5.2c}$$

只有两个条件同时满足时电路才会产生自激振荡。在 $\Delta\varphi_{AF}=\pm 180°$ 且 $|\dot{A}\dot{F}|>1$ 时，更加容易产生自激振荡。

2. 负反馈放大电路的稳定性和自激振荡的消除

(1) 用波特图分析负反馈放大电路的稳定性

负反馈放大电路是不允许出现自激现象的，因为它将严重影响电路的正常放大。为了简便地判断电路是否自激振荡，常以环路放大倍数 $\dot{A}\dot{F}$ 的对数幅频特性和相频特性来分析。

负反馈放大电路在三种情况下的波特图如图 5.5.1 所示。图中，令 $20\lg|\dot{A}\dot{F}|=0$（即 $|\dot{A}\dot{F}|=1$）对应的频率为 f_o，$\Delta\varphi_{AF}=-180°$ 对应的频率为 f_π。根据振荡条件，判断方法如下：

① 由幅频特性曲线上的横轴频率 f_o 看相频特性曲线 $\Delta\varphi_{AF}$ 的大小

在图 5.5.1(a) 中，$f=f_o$ 所对应的 $|\Delta\varphi_{AF}|=180°$，为临界状态；图(b)中，$f=f_o$ 所对应的 $|\Delta\varphi_{AF}|<180°$，为稳定状态；图(c)中，$f=f_o$ 所对应的 $|\Delta\varphi_{AF}|>180°$，可能产生自激。因此，一般设计负反馈放大电路时要留有 $\varphi_m\geq 45°$ 的相位裕度（它是指当 $20\lg|\dot{A}\dot{F}|=0$ 时所对应的环路附加相移与 $-180°$ 的差值），如图 5.5.1(b) 所示。

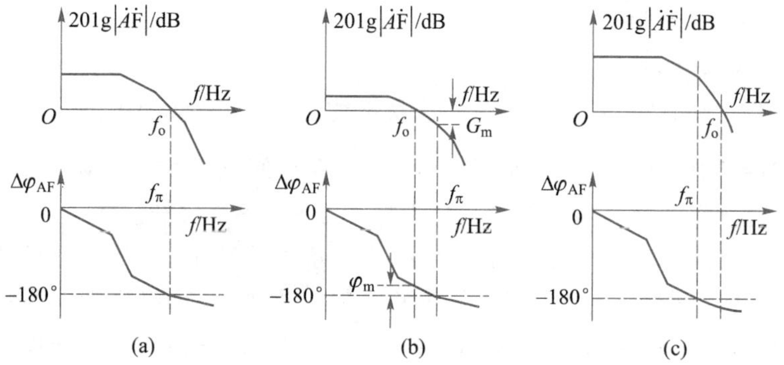

图 5.5.1 自激振荡的判据

(a) 临界状态 $f_o=f_\pi$ (b) 稳定状态 $f_o<f_\pi$ (c) 自激状态 $f_o>f_\pi$

② 由相频特性曲线上的横轴频率 f_π 看幅频特性曲线 f_o 的大小

在图 5.5.1(a) 中，$f=f_\pi$ 所对应的 $20\lg|\dot{A}\dot{F}|=0$，即 $|\dot{A}\dot{F}|=1$，为临界状态；图(b)中，$f=f_\pi$

所对应的 $20\lg|\dot{A}\dot{F}|<0$,即 $|\dot{A}\dot{F}|<1$,为稳定状态;图(c)中,$f=f_\pi$ 所对应的 $20\lg|\dot{A}\dot{F}|>0$,即 $|\dot{A}\dot{F}|>1$,则可能产生自激。因此,一般设计负反馈放大电路时要留有 $G_m\leqslant-10$ dB 的幅值裕度(它是指附加相移 $\Delta\varphi_{AF}=-180°$ 时所对应的幅值 $20\lg|\dot{A}\dot{F}|$ 与 0 的差值),如图 5.5.1(b)所示。

由上述分析不难得出如下结论:当 $f_o=f_\pi$ 时为临界状态,当 $f_o<f_\pi$ 时为稳定状态,当 $f_o>f_\pi$ 时可能产生自激。

例 5.5.1 某负反馈放大电路的波特图如图 5.5.2 所示,无反馈时的放大倍数 $A=2\ 000$,$F=0.5$,并假设 $\varphi_F=0$。试回答:① 该负反馈放大电路能否产生自激?若能,其频率为多少?② 如果用减小反馈系数的方法消除自激,$|\dot{F}|$ 应为何值?③ 若保证相角有 45°的裕度,$|\dot{F}|$ 又应为何值?

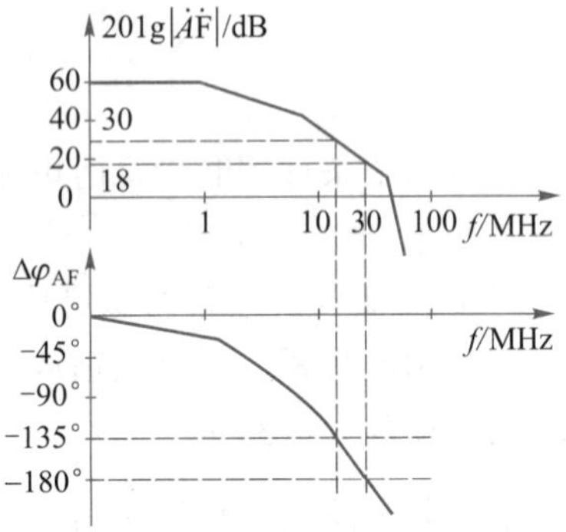

图 5.5.2 例 5.5.1

解: ① 从图上看出,对应 $\Delta\varphi_{AF}=-180°$ 的 $20\lg|\dot{A}\dot{F}|=18$ dB,也就是说 $|\dot{A}\dot{F}|>1$,因此满足自激的条件,能产生自激,自激的频率 $f_o=30$ MHz。

② 要使电路稳定,应使 $\Delta\varphi_{AF}=-180°$ 时对应的 $20\lg|\dot{A}\dot{F}|<0$。如果采用减小反馈系数的方法消除自激,那么只有对数幅频特性曲线向下平移量超过 18 dB 时电路才会稳定,即 $20\lg|\dot{A}\dot{F}|=(60-18)$ dB $=42$ dB,也就是 $20\lg A+20\lg F=20\lg 2\ 000+20\lg F\approx 66$ dB$+20\lg F=42$ dB,即 $\lg F=-1.2$,由此得出 $F\approx 0.063$。表明只要 $F<0.063$,电路就可以处于稳定状态。

③ 为使电路的稳定性可靠,必须有一定的稳定储备,通常取相位裕度为 45°。从波特图看,当 $\varphi_{AF}=-135°$ 时,欲使 $20\lg|\dot{A}\dot{F}|=0$,这就需要幅频特性下移 30 dB,此时应有 $20\lg|\dot{A}\dot{F}|=(60-30)$ dB $=30$ dB,也就是 $20\lg F=30$ dB$-20\lg A=(30-66)$ dB ≈-36 dB,进而得到 $\lg F=-1.8$,即 $F\approx 1.58\times10^{-2}$。

(2) 消除自激振荡的方法

对于负反馈放大电路,若出现自激振荡将不能正常工作,必须消除。从自激的幅值条件看,减小反馈系数可使环路放大倍数 $|\dot{A}\dot{F}|<1$,但却使反馈深度下降,不利于放大电路其他性能的改善。为了保证负反馈放大电路既有足够的稳定裕度,又有较大的反馈系数,多数情况下是使放大电路不满足产生自激的相位条件。其中,一种方法是减小负反馈跨接放大电路的级数,以减小附加相移(在每级只有一个惯性环节,且反馈系数为实数时的条件下,单级和两级是稳定的,而三级或三级以上只要达到一定的反馈深度即可产生自激振荡,因为三级附加相移可达 0~±270°),此法已在电路设计中成为考虑的因素。另一种方法是采用相位补偿法,它是一种积极有效且可行的方法,相位补偿法的形式很多,下面简述几种常见形式。

① 滞后补偿

滞后补偿是在反馈环内的基本放大电路中插入补偿网络,使开环增益的相位滞后,达到稳定负反馈放大电路的目的。

a. 电容补偿法

对于多级放大电路,可在级间接入一个电容 C,如图 5.5.3(a)所示。接入的电容相当于并联在前一级放大电路的负载上,这样将使前一级放大电路在高频时的电压放大倍数减小,则 $|\dot{A}\dot{F}|$ 也减小,以便做到 $|\Delta\varphi_{AF}|=180°$ 时 $20\lg|\dot{A}\dot{F}|<0$。但它是以降低基本放大电路上限截止频率为代价的,即通频带变窄了,故又称为窄带补偿。

b. 阻容补偿法

为了弥补电容补偿法对高频部分频带变窄的缺点,可在分立电路的级间插入 RC 补偿网络,如图 5.5.3(b)所示。该 RC 补偿网络插入的主导思想是利用 R 在高频时减小 C 的并联作用,改变放大电路的频率特性消除自激,而又不至于使带宽压缩过多。

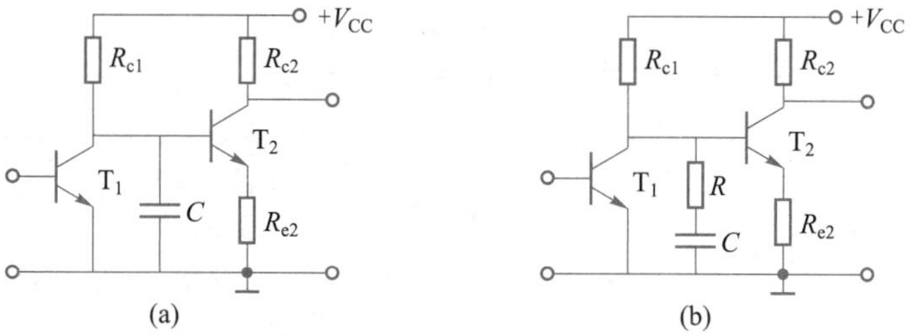

图 5.5.3 补偿网络

(a) 电容补偿网络 (b) 电阻-电容补偿网络

对于多级放大电路,为了使消振的效果更加明显,补偿网络应加在前级输出电阻和后级输入电阻都比较高的中间。

c. 密勒效应补偿法

前两种滞后补偿电路中所需电容、电阻都较大,在后面将要介绍的集成电路中难以实现。解决的方法是将补偿电容等元件跨接在集成运放的输入和输出端,或跨接在集成电路内部的晶体管基极(栅极)和集电极(漏极)之间(例如图 7.1.1 所示的集成运放 F007 的补偿电容接在中间级复合管的基极和集电极之间,补偿电容已集成在电路内部,无须外接)。其原理是利用第 4 章密勒定理将跨接电容 C 等效至输入端的值为 $(1+g_m R_L')C$,这样用较小的电容 C 同样可以获得满意的补偿效果。

② 超前补偿

滞后补偿是以牺牲频带宽度来获得负反馈放大电路的稳定性。很多情况下,要求在采用相位补偿后不仅能使放大电路工作稳定,而且还能扩展频带,这时就要采用超前补偿。

超前补偿电路常用于反馈网络中,如在反馈电阻两端并联一个电容,以改变反馈系数 $\dot{F}$ 的频率特性,即使 $\dot{F}$ 的相位超前,以达到负反馈放大电路工作稳定的目的。

无论采用滞后补偿还是超前补偿电路,其相位补偿网络中 R、C 元件的数值,一般应根据实际情况,通过实验调试最后确定。

本章小结

本章知识结构

- 放大电路中的反馈
  - 反馈
    - 正反馈
    - 负反馈
      - 直流负反馈：稳定静态工作点
      - 交流负反馈
        - 取样对象
          - 电压负反馈
          - 电流负反馈
        - 连接方式
          - 串联负反馈
          - 并联负反馈
        - （以上）四种组态
        - 对放大电路性能的影响
          - 提高放大倍数的稳定性
          - 抑制干扰和噪声
          - 扩展频带
          - 改变输入、输出电阻
  - 深度负反馈放大器
    - 特点：$\dot{X}_i \approx \dot{X}_f$
    - 闭环电压放大倍数的估算
      - 串联负反馈：$\dot{U}_i \approx \dot{U}_f$
      - 并联负反馈：$\dot{I}_i \approx \dot{I}_f$
  - 负反馈放大电路的稳定
    - 自激振荡产生的原因和条件
      - 原因：附加相移
      - 条件：幅值 $AF=1$，相位 $\varphi_{AF}=(2n+1)\pi$
    - 自激振荡的消除
      - 减少放大电路的级数
      - 相位补偿法（滞后和超前补偿）

1. 基本概念

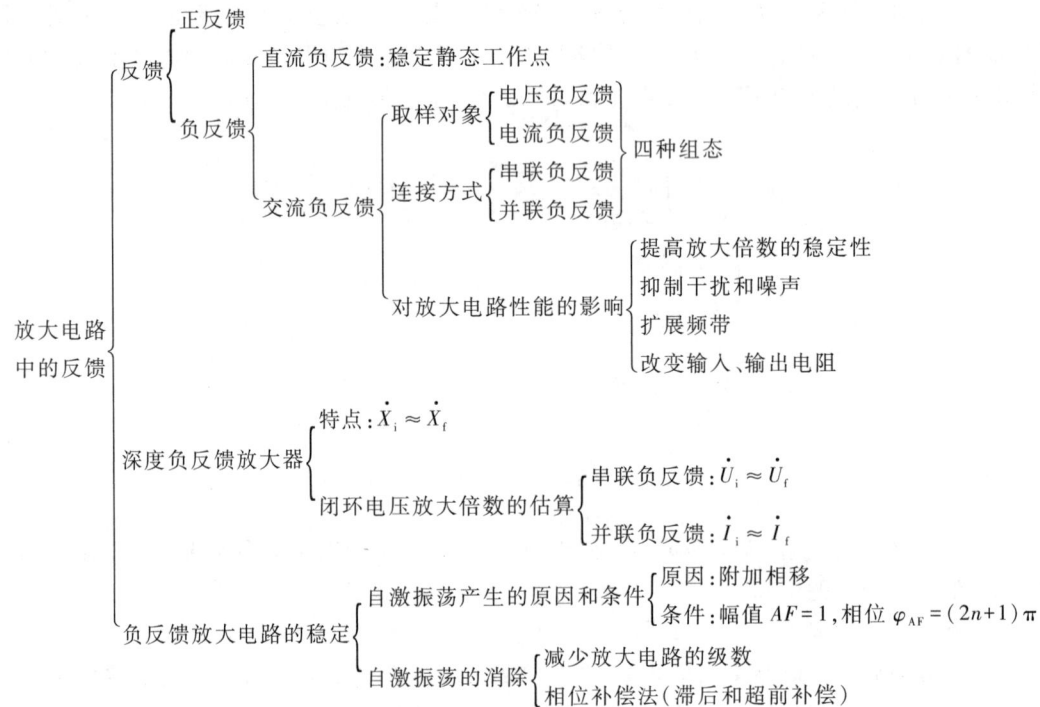

所谓反馈是将输出量（电流或电压）的一部分或全部，按照一定的方式（串联或并联）作用到输入回路，并对净输入量（电流或电压）产生影响的过程或手段。

2. 反馈类型的定义和判断方法（表 5.1）

表 5.1　反馈类型的定义和判断方法

反馈类型		定义	判断方法
反馈极性	正反馈	反馈信号使净输入信号增加	反馈与输入信号作用于同一节点且瞬时极性相同，作用于不同节点且瞬时极性相反
	负反馈	反馈信号使净输入信号减小	反馈与输入信号作用于同一节点且瞬时极性相反，作用于不同节点且瞬时极性相同
反馈性质	直流反馈	反馈信号为直流信号	反馈信号存在于直流通路中
	交流反馈	反馈信号为交流信号	反馈信号存在于交流通路中
反馈取样	电压反馈	反馈信号取自输出电压	令负载电阻短路，反馈信号消失
	电流反馈	反馈信号取自输出电流	令负载电阻短路，反馈信号依然存在

续表

反馈类型		定义	判断方法
反馈方式	串联反馈	反馈信号与输入信号以电压形式相叠加	反馈信号与输入信号由不同节点引入
	并联反馈	反馈信号与输入信号以电流形式相叠加	反馈信号与输入信号由同一节点引入

3. 负反馈对放大电路性能的影响

性能的改善程度与反馈深度 $|1+\dot{A}\dot{F}|$ 有密切关系：如稳定 A_f、减小非线性失真、抑制噪声、降低 f_{Lf}、并联负反馈减小 R_{if}、电压负反馈减小 R_{of} 等的程度，都有 $X_f=\dfrac{X}{|1+\dot{A}\dot{F}|}$ 的关系；而提高 f_{Hf}、串联负反馈增大 R_{if}、电流负反馈增大 R_{of} 等的程度，都有 $X_f=|1+\dot{A}\dot{F}|X$ 的关系。

4. 深度负反馈放大倍数的近似计算

从深度负反馈的特点（$\dot{X}_i\approx\dot{X}_f$）出发，直接计算电压放大倍数。

对于深度串联负反馈有 $\dot{U}_i\approx\dot{U}_f$，则 $\dot{A}_{uf}=\dfrac{\dot{U}_o}{\dot{U}_i}$；

对于深度并联负反馈有 $\dot{I}_i\approx\dot{I}_f$，可得 $\dot{U}_s\approx\dot{I}_iR_s\approx\dot{I}_fR_s$，则 $\dot{A}_{usf}=\dfrac{\dot{U}_o}{\dot{U}_s}$。

5. 负反馈放大电路的稳定性

没有输入信号时，也有输出信号，这种现象称为自激。自激的条件是 $\dot{A}\dot{F}=-1$。通常根据环路放大倍数波特图来判断电路的稳定性和自激的可能。消除自激振荡的方法是在放大电路合适的位置增设补偿网络，以破坏自激振荡的条件。

6. 本章记识要点及技巧

（1）掌握反馈的判断方法（局部电路示意图）。可通过表 5.1 加以对比理解。

（2）牢记负反馈放大电路框图 5.1.1，并会根据四种组态理解表 5.2.1 中各量的含义。

（3）掌握深度负反馈放大倍数的近似计算，其计算技巧如下：

电压串联负反馈：因 $\dot{U}_i\approx\dot{U}_f$，则 $\dot{A}_{uf}=\dfrac{\dot{U}_o}{\dot{U}_i}=\dfrac{\dot{U}_o}{\dot{U}_f}$（分压公式）；

电压并联负反馈：因 $\dot{U}_o\approx-\dot{I}_fR_f$，$\dot{U}_s\approx\dot{I}_fR_s$，则 $\dot{A}_{usf}=\dfrac{\dot{U}_o}{\dot{U}_s}=-\dfrac{R_f}{R_s}$；

电流串联负反馈：因 $\dot{U}_o\approx\pm\dot{I}_oR'_L$，$\dot{U}_i\approx\dot{U}_f$，则 $\dot{A}_{uf}=\dfrac{\dot{U}_o}{\dot{U}_i}=\dfrac{\pm\dot{I}_oR'_L}{\dot{U}_f}$（分流公式）；

电流并联负反馈：因 $\dot{U}_o\approx\pm\dot{I}_oR'_L$，$\dot{U}_s\approx\dot{I}_fR_s$，则 $\dot{A}_{usf}=\dfrac{\dot{U}_o}{\dot{U}_s}=\dfrac{\pm\dot{I}_oR'_L}{\dot{I}_fR_s}$（分流公式）。

(4) 在理解负反馈对放大电路性能影响的基础上，掌握相关的表达式。例如对于改变输出、输入电阻的记忆技巧是：从字面看，电“压”反馈和“并”联反馈存在 $X_f=\dfrac{X}{|1+\dot{A}\dot{F}|}$ 的关系，即 $R_{of}=\dfrac{R_o}{|1+\dot{A}\dot{F}|}$，$R_{if}=\dfrac{R_i}{|1+\dot{A}\dot{F}|}$；而电“流”反馈和“串”联反馈存在 $X_f=|1+\dot{A}\dot{F}|X$ 的关系，即 $R_{of}=|1+\dot{A}\dot{F}|R_o$，$R_{if}=|1+\dot{A}\dot{F}|R_i$。

参考答案

自测题

5.1 填空题

1. 一放大电路的电压放大倍数为 40 dB，加入负反馈后变为 6 dB，它的反馈深度为________dB。

2. 已知放大电路的输入电压为 1 mV，输出电压为 1 V。当引入电压串联负反馈以后，若要求输出电压维持不变，则输入电压必须增大到 10 mV，此时的反馈深度为________，反馈系数为________。

3. 在电压串联负反馈放大电路中，已知 $A_u=80$，负反馈系数 $F_u=1\%$，$U_o=15$ V，则 $U_{id}=$________，$U_f=$________，$U_i=$____。

4. 有一负反馈放大电路的开环放大倍数 $|\dot{A}|$ 为 100，若 $|\dot{A}|$ 变化 10%，则闭环放大倍数 $|\dot{A}_f|$ 变化 1%，这个放大电路的闭环放大倍数 $|\dot{A}_f|$ 为________，反馈系数 F 为________。

5. 某电压串联负反馈放大电路，开环放大倍数 $|\dot{A}_u|=10^4$，反馈系数 $|\dot{F}_u|=0.001$。则闭环放大倍数 $|\dot{A}_{uf}|$ 为________，若因温度降低，静态工作点 Q 下降，使 $|\dot{A}_u|$ 下降 10%，此时的闭环放大倍数 $|\dot{A}_{uf}|$ 为________。

6. 欲通过交流负反馈的方法将某放大电路的上限频率由 $f_H=0.5$ MHz 提高到不低于 5 MHz，则引入的反馈深度 $|1+\dot{A}\dot{F}|$ 至少为________；若要求引入上述反馈后，闭环增益不低于 60 dB，则基本放大电路的开环放大倍数至少为________。

7. 已知某直接耦合放大电路的中频放大倍数为 100，上限截止频率 $f_H=4$ kHz 处的放大倍数为________；若给该放大电路引入负反馈后的上限截止频率变为 $f_{Hf}=5$ kHz，则此放大电路的中频放大倍数变为________；引入的反馈系数 F 为________。

8. 某电压串联负反馈电路，当中频输入信号 $U_i=3$ mV 时，$U_o=150$ mV。而在无反馈的情况下，$U_i=3$ mV 时，$U_o=3$ V，则该负反馈电路的反馈系数为________，反馈深度为____；若无反馈时的通频带为 5 kHz，则引入反馈后的通频带变为________。

9. 在负反馈放大电路中，当环路放大倍数 $20\lg|\dot{A}\dot{F}|=0\text{dB}$ 时，相移 $\varphi_A+\varphi_F=-245°$。由此可知，该电路可能处于________状态。

5.2 选择题

1. 直流负反馈是指________。

A. 只存在于直接耦合电路中的负反馈　　B. 直流通路中的负反馈

C. 放大直流信号时才有的负反馈　　D. 只存在于阻容耦合电路中的负反馈

2. 如果放大电路在引入负反馈后，其输入和输出电阻都减小了，则所引入的是________负反馈。

A. 电压串联　　B. 电压并联　　C. 电流并联　　D. 电流串联

3. 射极跟随器是________负反馈。

A. 电压串联　　B. 电压并联　　C. 电流并联　　D. 电流串联

4. 某电流串联负反馈放大电路的输出电压为 2 V，输出电流为 4 mA，反馈电压为 50 mV。该放大电路的反馈系数等于________。

A. 0.025　　B. 0.085 S　　C. 12.5 Ω　　D. 0.5 kΩ

5. 设电流并联负反馈放大电路的净输入电流等于 2 μA，开环电流放大倍数等于 500，电流反馈系数等于 0.08。这个放大电路的输入电流等于________。

A. 1 mA　　B. 80 μA　　C. 82 μA　　D. 78 μA

6. 已知某负反馈放大电路的反馈深度为 10，开环时的上、下限截止频率分别为 100 kHz 和 100 Hz，该放大电路闭环时的通频带等于________。

A. 99.9 kHz　　B. 999.99 kHz　　C. 999 kHz　　D. 9.99 kHz

7. 如果希望减小放大电路从信号源获取的电流，同时希望增加该电路的带负载能力，则应引入________负反馈。

A. 电压串联　　B. 电压并联　　C. 电流并联　　D. 电流串联

8. 某负反馈放大电路的开环放大倍数 $A=10000$，反馈系数 $F=0.0004$，其闭环放大倍数 $A_f=$________。

A. 2500　　B. 2000　　C. 1000　　D. 1500

9. 在负反馈放大电路中，产生自激振荡的条件是________。

A. $\varphi_A+\varphi_F=2n\pi$，$|\dot{A}\dot{F}|\geqslant 1$　　B. $\varphi_A+\varphi_F=(2n+1)\pi$，$|\dot{A}\dot{F}|\geqslant 1$

C. $\varphi_A+\varphi_F=2n\pi$，$|\dot{A}\dot{F}|<1$　　D. $\varphi_A+\varphi_F=(2n+1)\pi$，$|\dot{A}\dot{F}|<1$

5.3 判断题

1. 共集（或共漏）放大电路由于 $A_u<1$，故没有反馈。　　（　）

2. 既然深度负反馈能稳定放大倍数，则电路所用的元件都不必考虑性能的稳定。　　（　）

3. 因为放大倍数 A 越大，引入负反馈越强，所以反馈通路跨过的级数越多越好。　　（　）

4. 负反馈只能改善反馈环路内的放大性能，对反馈环路之外无效。　　（　）

5. 串联负反馈不适用于理想电流信号源的情况。　　（　）

6. 若放大电路的负载固定，为使其电压放大倍数稳定，可引入电压负反馈，也可引入电流负反馈。　　（　）

7. 在深度负反馈条件下，由于 $\dot{A}_f \approx \dfrac{1}{\dot{F}}$，与管子参数无关，因此可以任意选用晶体管来组成放大电路。（ ）

8. 负反馈能展宽放大电路的通频带，即能使放大电路的上限截止频率和下限截止频率都得到提高。（ ）

9. 若负反馈放大电路产生了自激振荡，那么它一定发生在高频或低频区。（ ）

参考答案

习题

5.1 对于电压增益为 40 dB 的放大电路，施加反馈系数为 0.1 的负反馈。试求：(1) 反馈深度；(2) 闭环增益。

5.2 试判断习题 5.2 图所示各电路的本级和级间所引入的反馈，并指出交流负反馈类型。

5.3 试推导出 $\dfrac{dA_f}{A_f}=\dfrac{1}{1+AF}\cdot\dfrac{dA}{A}$ 的表达式。若一个负反馈放大电路的开环增益 $A=5000$，反馈系数 $F=0.05$，当温度变化使开环增益变化了 ±5%时，求闭环增益的相对变化量。

5.4 已知放大电路的正半周增益为 800，负半周增益为1000，现加入反馈系数为 0.5 的反馈网络后，该电路对正、负半周的增益各为多少？由此能得出什么结论？

5.5 某放大电路开环增益的波特图如习题 5.5 图所示，现引入电压串联负反馈，中频时的反馈深度为 20 dB，试求引入反馈后的闭环增益及上、下限截止频率。

5.6 电路如习题 5.6 图所示。(1) 分别说明由 R_3 和 R_{10} 引入的两路反馈的类型及各自的主要作用；(2) 这两路反馈在影响该放大电路性能方面可能出现的矛盾是什么？(3) 为了消除上述矛盾，有人提出将 R_{10} 断开，此办法是否可行？为什么？你认为怎样才能消除这一矛盾？

5.7 在习题 5.7 图所示电路中，试分别按下列要求将信号源 u_s、电阻 R_f 正确接入该电路。(1) 引入电压串联负反馈；(2) 引入电压并联负反馈；(3) 引入电流串联负反馈；(4) 引入电流并联负反馈。

5.8 在深度负反馈的条件下，估算习题 5.2 图(b)、(c)、(d)电路的闭环电压放大倍数。

5.9 反馈放大电路如习题 5.9 图所示。(1) 说明电路中有哪些反馈（包括本级和级间反馈），各有什么作用？(2) 在深度负反馈的条件下，写出电路的闭环电压放大倍数的表达式。(3) 若要稳定电路的输出电流，电路应做何改动？写出修改后的闭环电压放大倍数的表达式。

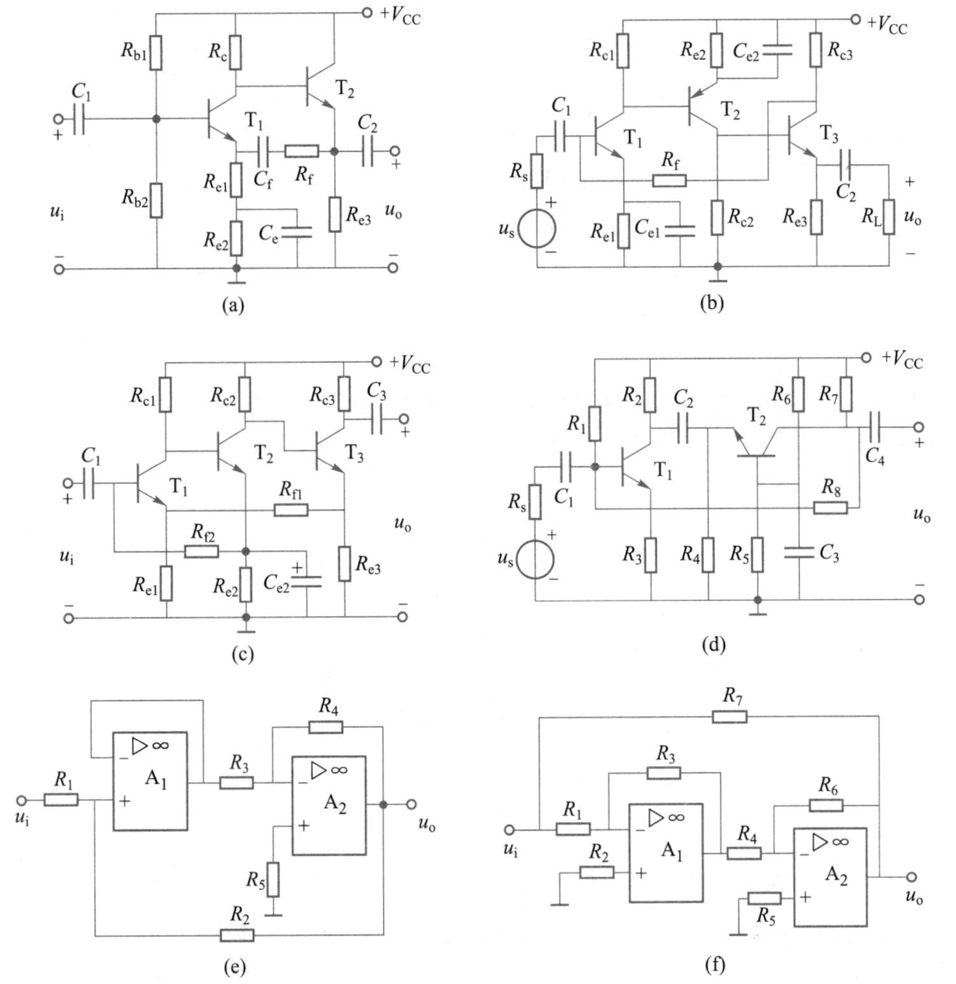

习题 5.2 图

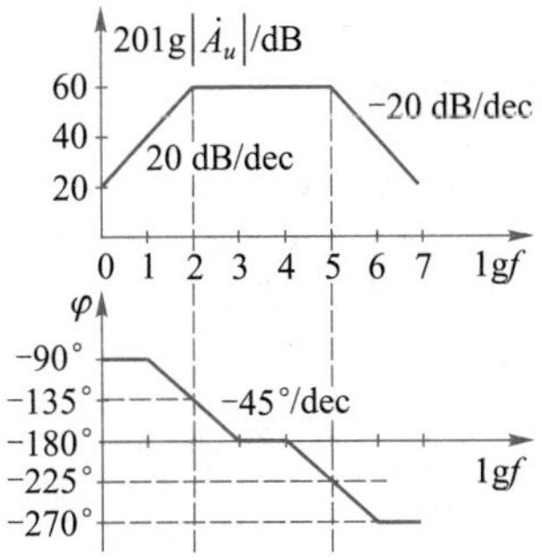

习题 5.5 图

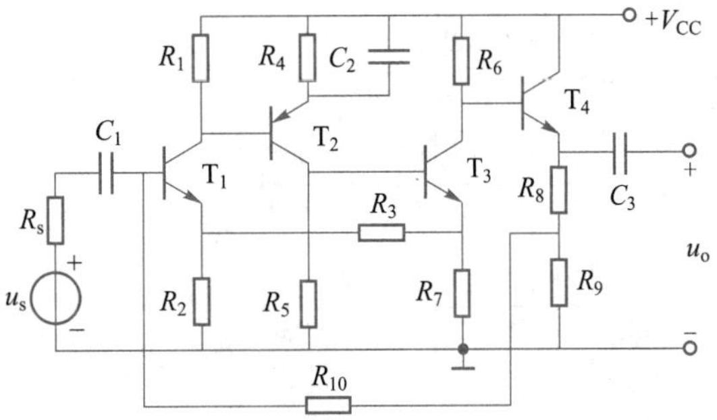

习题 5.6 图

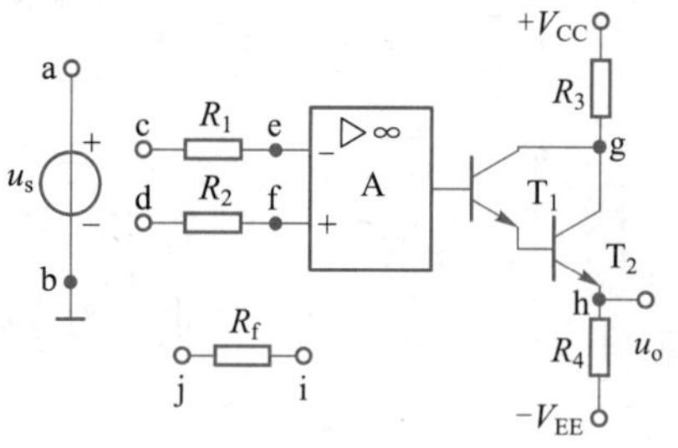

习题 5.7 图

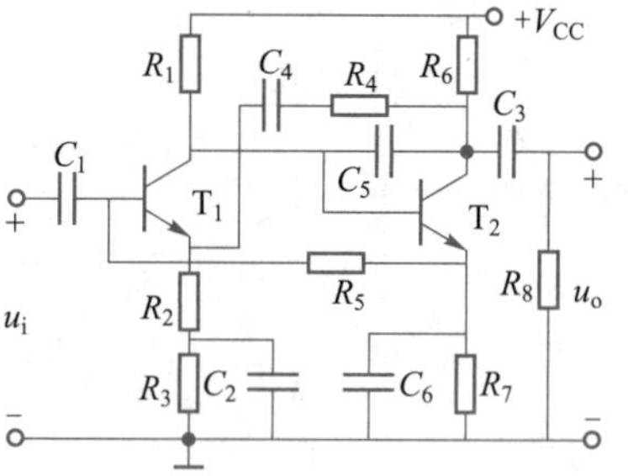

习题 5.9 图

5.10 放大电路如习题 5.10 图所示。试判断反馈的极性和组态；如果是交流负反馈，请按深度负反馈估算闭环电压放大倍数。

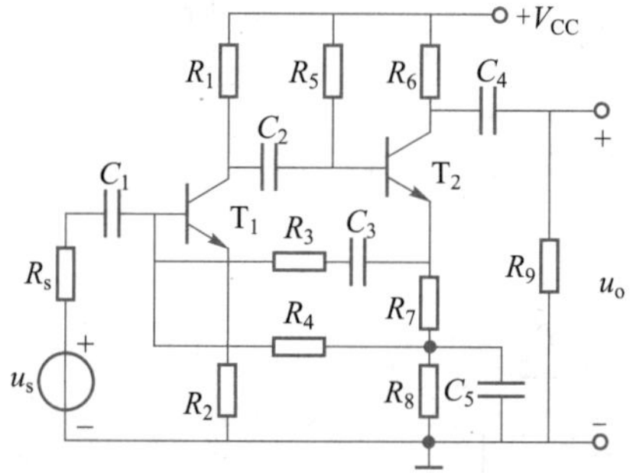

习题 5.10 图

5.11 反馈放大电路的频率特性曲线如习题 5.11 图所示。(1) 判断电路能否产生自激振荡；(2) 若反馈系数 $|\dot{F}|=0.1$，求电路的开环放大倍数 $|\dot{A}|$ 为多大。

5.12 已知某电压串联负反馈放大电路的开环频率特性曲线如习题 5.12 图所示。(1) 试问由几级电路组成？(2) 若反馈系数 $\dot{F}_u=0.01$，判断闭环后电路是否能稳定工作。如能稳定，求出相位裕度；如产生自激，求出在45° 相位裕度下的 $\dot{F}_u$。

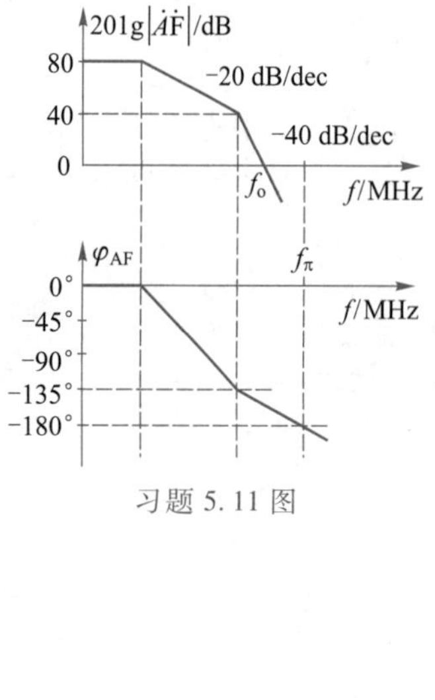

习题 5.11 图

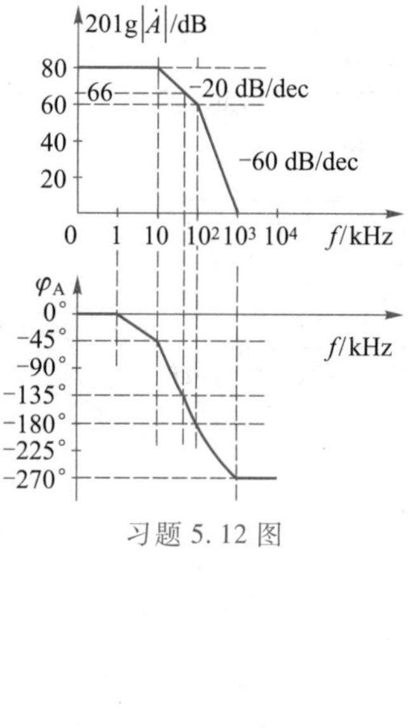

习题 5.12 图

第6章 功率放大电路

多级放大电路的最终目的是推动负载工作,例如使扬声器发声、使继电器动作、使仪表指针偏转等。因此,多级放大电路中除了电压放大级外,还有能输出一定功率的输出级。能够向负载提供功率的放大电路称为功率放大电路(power amplifier),简称功放电路。功率放大电路通常作为多级放大电路的输出级。

本章从功率放大电路的研究对象及其工作状态出发,设计和分析了便于集成的 OCL 和 OTL 互补对称功率放大电路,并在此基础上介绍集成功率放大电路。最后简述变压器推挽功率放大电路。

6.1 功率放大电路的要求与分类

导学

功率放大电路研究的主要对象。
低频功率放大电路的工作状态及其特点。
功率放大电路的分类。

1. 功率放大电路的研究对象

无论是前面介绍过的小信号放大电路还是本章将要涉及的功率放大电路,它们在负载上都输出一定的电压、电流和功率,然而两者所要完成的任务是不同的。其中,对小信号放大电路的主要要求是使负载得到不失真的电压信号,讨论的主要指标是 $\dot{A}_u$、R_i和 R_o等,输出的功率并不一定大;而对功率放大电路的要求则不同,这就使得功率放大电路的电路结构、分析计算方法、元器件的选用等都与小信号放大电路有着很大的不同。

(1) 输出功率

对于功率放大电路,要求其输出功率尽可能大。为了获得大的输出功率,功率放大电路的电压和电流都要有足够大的输出幅度,当输入信号为正弦信号时,输出功率可表示为

$$P_o = I_o U_o = \frac{1}{2} I_{om} U_{om} \tag{6.1.1}$$

式中,I_{om}表示最大输出电流,U_{om}表示最大输出电压。显然,功放管往往在接近极限运用状态下工作,即处于大信号工作状态。为此,微变等效电路不再适用于功率放大电路的分析,而常采用图解法。

(2) 效率

从能量的角度看,电源提供的直流功率 P_{VCC}等于交流输出功率 P_o与集电结损耗功率 P_T之和,即 $P_{VCC}=P_o+P_T$。对于功率放大电路,应尽可能提高其效率。效率定义为

$$\eta = \frac{P_o}{P_{VCC}} \times 100\% \tag{6.1.2}$$

这个比值越大,表明损耗功率 P_T越小,效率就越高。因此,在电源提供的直流功率一定的情况下,如何尽可能地减小损耗是提高功率放大电路效率的突破口。

(3) 非线性失真

功率放大电路是在大信号下工作的,输出电压和电流的幅度都很大,使得管子特性曲线的非线性问题充分暴露出来,这样将不可避免地产生非线性失真。因此,要求功率放大电路在输出最大功率的同时,必须尽可能减小非线性失真。

(4) 功放管的选取和保护

工作在大信号状态下的功放电路,将有相当大的功率损耗在管子的集电结上,使结温和管壳温度升高,一旦升高到一定程度管子就容易烧毁。从图 2.1.7 所示的安全工作区中可以看到,在选取功放管时,不能超过管子的三个极限参数,并应留有适当的余量。此外,为了有助于管子散热,常将其装在规定尺寸的散热器上(有关功率管散热的内容可参见相关文献)。

2. 功率放大电路的分类

(1) 按放大信号的频率分类

按放大信号的频率高、低不同分为高频和低频功率放大电路。高频功放电路用于放大的射频范围为几百千赫到几十兆赫;低频功放电路用于放大的音频范围为几十赫到几十千赫。本教材研究的是低频功放电路,至于高频功放电路将在“高频电子线路”课程中介绍。

(2) 按晶体管导通时间分类

提高功率放大电路的效率是设计功率放大电路的核心问题。根据静态工作点处于交流负载线的中点、截止区和近截止区的位置分为甲类、乙类和甲乙类三种状态的功率放大电路,如图 6.1.1 所示。

从图 6.1.1(a)看出,Q 点基本处于交流负载线的中点,在输入信号的整个周期内功放管都导通,导通角为 360°,习惯将其称为甲类工作状态。由于静态电流 I_{CQ}较大,管子不可避免地存在较大的静态功率损耗,可见甲类工作状态的特点是功耗大、效率低。为了降低静态功耗,可将 Q 点设在图 6.1.1(b)所示的截止区,此工作状态称为乙类工作状态。由于静态

电流 I_{CQ} 为零，则静态功耗也为零，这是我们所希望的，但是管子仅在半个周期内导通（导通角为 180°），这样势必造成波形失真严重，为此人们又提出了甲乙类工作状态的设想，如图 6.1.1(c) 所示。此时的 Q 点位于甲、乙类之间，靠近截止区（导通角为 180°～360°），半个周期以上有电流，静态电流较小，效率较高，失真也较大，同样不能直接使用。目前较多采用甲乙类互补对称功率放大电路，而且这类电路已发展成集成功率放大电路并被广泛应用。

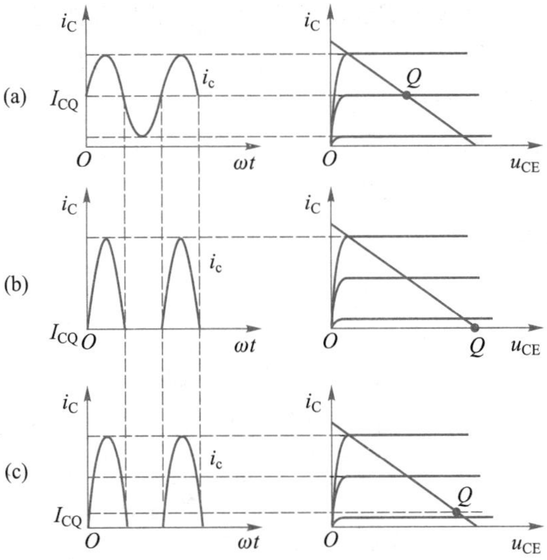

图 6.1.1 功率放大电路的三种工作状态
(a) 甲类工作状态 (b) 乙类工作状态
(c) 甲乙类工作状态

(3) 按电路形式分类

按电路形式不同，功率放大电路分为变压器耦合和无输出变压器两大类。早期的功率放大电路是变压器耦合推挽功率放大电路。为了适应集成电路的发展和应用，又设计出适于集成电路的互补对称功率放大电路，根据集成电路的需求和互补对称功率放大电路的结构特点，它又分为单电源（OTL）和双电源（OCL）两类互补对称功率放大电路。其中，OTL（output transformer less）是针对早期变压器耦合推挽功率放大电路命名的，意为无输出变压器耦合的功率放大电路；OCL（output capacitor less）是在 OTL 电路结构的基础上去掉输出电容而得名的，意为无输出耦合电容的功率放大电路。

(4) 按构成放大电路的器件分类

按构成放大电路器件的不同可分为分立和集成功率放大电路，超出 50 W 以上的放大电路很少采用集成电路方式。

6.2 OCL 互补对称功率放大电路

6.2.1 双电源功率放大电路的形成

导学

功放中晶体管采用的组态及原因。
乙类互补对称功率放大电路出现交越失真的原因。
解决交越失真的方案及其特点。

微视频

1. OCL 乙类互补对称功率放大电路的形成

在晶体管构成的基本放大电路的三种组态中，共集放大电路具有输出电阻很小、带负载能力强的特点，适用于作输出级。同时为了便于集成，应采用直接耦合方式。考虑到共集放大电路工作在甲类状态时效率较低，为提高效率 η，Q 点应设置在截止区，具体做法是将共集电路的偏置电阻 R_b 去掉，使其工作在乙类状态。

基于上述考虑，功率放大电路应由工作在乙类状态的直接耦合共集放大电路组成，如图 6.2.1所示。

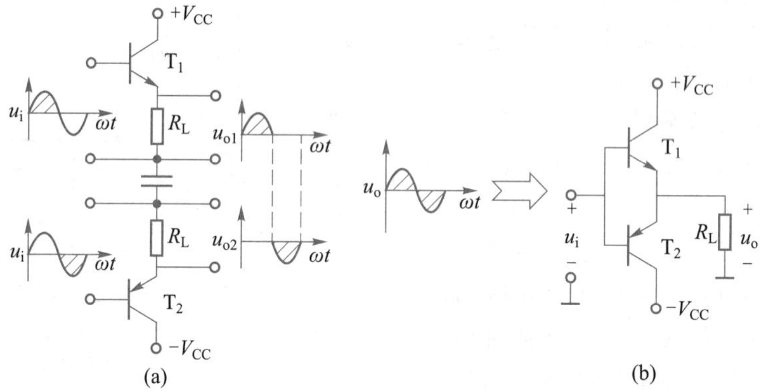

图 6.2.1 OCL 互补对称功率放大电路的形成
（a）电路形成过程 （b）习惯画法

对于图 6.2.1(a)中的 T_1 而言，当输入信号 u_i 为正半周时，T_1 发射结因正偏而导通，从发射极跟随输出，在 R_L 上获得正半周输出电压 u_{o1}；当输入信号 u_i 为负半周时，T_1 发射结因反偏而截止，无输出信号，显见失真过大。为了补上被截掉的负半周波形，可增设一个由 PNP 管 T_2 组成的共集电路，这样在 u_i 为负半周时，T_2 发射结因正偏而在 R_L 上得到负半周输出电压 u_{o2}。显然，在 u_i 的正、负半周内，T_1、T_2 两管交替工作，以补足对方不能导通的半个周期的波形。如果将图 6.2.1(a)中的上下两个电路合二为一，即两管的基极和发射极互相接在一起，信号从基极输入，从发射极输出，R_L 为负载，便可得到图 6.2.1(b)所示的电路形式。由于两管参数对称，波形互补，故称为 OCL 乙类互补对称功率放大电路；又因电路有正、负两个直流电源，故也称为双电源乙类互补对称功率放大电路。

2. OCL 甲乙类功率放大电路的产生

(1) OCL 乙类功率放大电路存在的问题

对于图 6.2.1 所示的乙类功率放大电路，由于没有直流偏置，当输入信号低于晶体管的死区电压时，两管截止，负载 R_L 上无电流通过；当输入信号大于死区电压时，虽有输出电流，但由于晶体管输入特性曲线存在非线性区域，实际上并不能使输出波形较好地反映输入信号的变化，而是在两管交替时出现波形失真——交越失真，如图 6.2.2(a)所示。

(2) 解决交越失真的方案

显然，如果能使 u_i 刚好摆脱死区和非线性区域的影响，就可以避免图 6.2.2(a)中的交越失真，解决的办法就是给两个互补功放管一个静态偏置，如图 6.2.2(b)所示。鉴于效率问题，基极偏流应以恰好消除交越失真为限，此时两个功放管分别处于“微导通状态”，也就

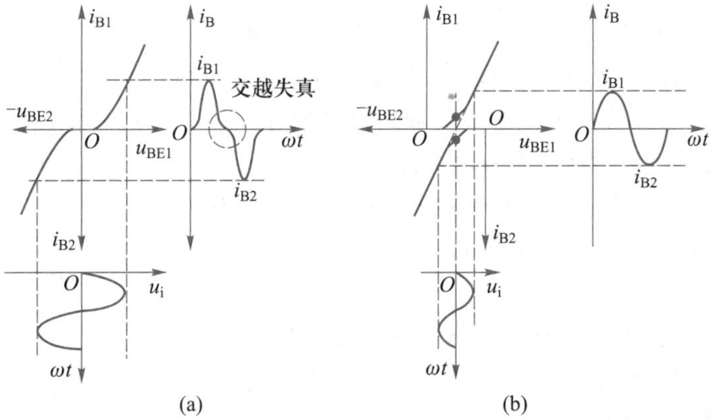

图 6.2.2 交越失真的产生与消除示意图
(a) 交越失真的产生 (b) 交越失真的消除

是使两个功放管工作在甲乙类状态。一般通过以下几种方式来实现。

① 二极管偏置电路

偏置电路由二极管 D_1、D_2和 R(阻值很小)构成,如图 6.2.3(a)所示。静态时,D_1、D_2的压降为 T_1、T_2提供了适当的偏压,如果仍出现交越失真,可使串联电阻 R 的阻值由零适当增大($U_{B1B2}=U_{D1}+U_{D2}+U_R$),使 U_{B1B2}略大于两功放管发射结死区电压之和,保证 T_1、T_2 处于“微导通状态”,以最终克服交越失真。动态时,由于二极管 D_1、D_2的动态电阻很小,且 R 的阻值也很小(几十到一百欧),使两功放管 T_1、T_2的基极得到的交流输入信号几乎相等。此外,二极管正向压降与功放管发射结具有几乎相同的负温度系数,从而实现了温度补偿。

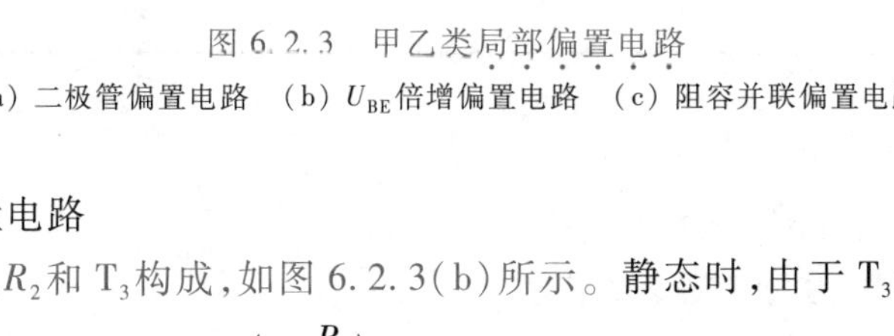

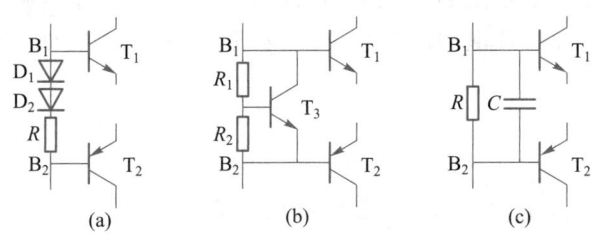

图 6.2.3 甲乙类局部偏置电路
(a) 二极管偏置电路 (b) U_{BE}倍增偏置电路 (c) 阻容并联偏置电路

② U_{BE}倍增偏置电路

偏置电路由 R_1、R_2和 T_3构成,如图 6.2.3(b)所示。静态时,由于 T_3基极电流很小,只要 $I_{R2} \gg I_{B3}$,则根据分压公式有 $U_{B1B2}=\left(1+\frac{R_1}{R_2}\right)U_{BE3}$。该式表明,由于 U_{BE3}基本不变,所以只要适当调整 R_1和 R_2的比值,就可得到 U_{BE3}的任意倍数的直流偏压,故将此偏置电路称为 U_{BE}倍增电路,以克服交越失真,且可实现温度补偿。动态时,该偏置电路引入了电压负反馈,使 T_3的 c-e 两端等效输出电阻极小,两功放管基极得到的交流输入信号基本相等。

③ 阻容并联偏置电路

偏置电路由 R 和 C 构成,如图 6.2.3(c)所示。静态时,R 的端电压为功放管提供静态偏置,以克服交越失真;动态时,C 使得加至 T_1、T_2两管基极上的交流输入信号相等。

3. OCL 甲乙类互补对称功率放大电路

电路形式如图 6.2.4 所示。此电路采用的是图 6.2.3(a)所示的二极管偏置形式,该电路具有以下特点。

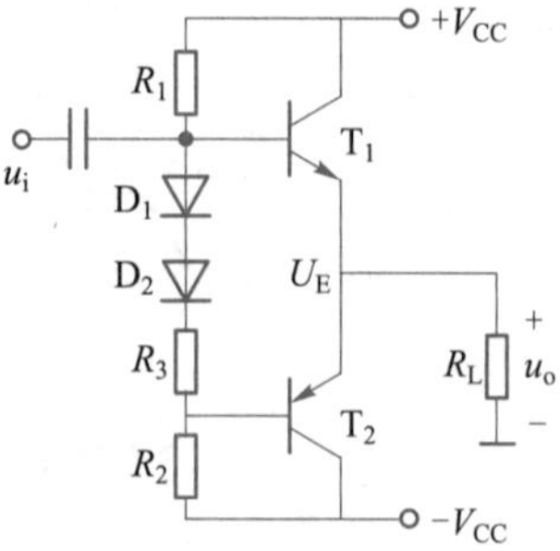

图 6.2.4 OCL 甲乙类互补对称功率放大电路

(1) 静态

① 正电源+V_{CC}经 R_1、D_1、D_2、R_3、R_2到负电源−V_{CC}形成偏置电流,必然在D_1、D_2和 R_3上产生一个压降,使 T_1、T_2管处于微导通状态,电路工作在甲乙类状态。

② 若D_1、D_2、R_3中任意一个元件开路或二极管接反,此时从+V_{CC}经 R_1、T_1的 b-e、T_2的 e-b、R_2到−V_{CC}形成基极电流。由于管子参数对称,则 $I_{B1}=I_{B2}=\dfrac{2V_{CC}-2U_{BE}}{R_1+R_2}$,$I_{C1}=I_{C2}=\beta I_{B1}$,集电极功耗 $P_{T1}=P_{T2}=I_{C1}U_{CE1}\approx I_{C1}V_{CC}$将很大,通常远大于管子的最大耗散功率 P_{CM},因此 T_1、T_2会因功耗过大而烧毁。

③ 静态时,调节 R_1或 R_2可使 $U_E=0$,此时流过 R_L上的电流 $I_L=0$,以保证零输入时零输出。

(2) 动态

① 因静态时 $U_E=0$,以保证输出信号 u_o的正负半周波形对称。

② 若输出波形出现交越失真,应适当增大 R_3,以刚好消除交越失真为限。需注意的是,电阻 R_3过大,将导致 T_1、T_2基流过大,甚至有可能烧坏功放管。

③ 从互补对称功率放大电路可知,晶体管的发射极电流等于负载电流,负载电阻上的最大电压应在 T_1或 T_2管出现饱和的时刻,可表示为 $V_{CC}-U_{CES}$,故负载 R_L上的最大电流为 $I_{Lmax}=\dfrac{V_{CC}-U_{CES}}{R_L}$。

6.2.2 OCL 功率放大电路主要参数的估算

导学

用图解法求 OCL 功放电路的 U_{om}。

功放电路 P_o、P_{VCC}、P_T 和 η 的计算。

选择功放管应考虑的极限参数值。

微视频

在实际应用中采用的是甲乙类功率放大电路。鉴于甲乙类功率放大电路主要参数的测试数据与乙类功率放大电路的理论分析结果相差不多,且甲乙类的静态工作点也十分接近乙类,因此为了避免甲乙类理论计算的烦琐,常从工程角度出发,用乙类工作状态的理论计算来估算甲乙类问题。在此以图 6.2.1(b)所示的 OCL 乙类功率放大电路为例进行分析。

1. 乙类互补对称功率放大电路的图解分析

由于功率放大电路工作在大信号状态，因此可采用图解法来分析其工作情况。图 6.2.5 中绘出了图 6.2.1(b) OCL 乙类互补对称功率放大电路中两管的合成输出特性曲线图，图中，i_{C1}、i_{C2}的参考方向都是电流的实际方向。

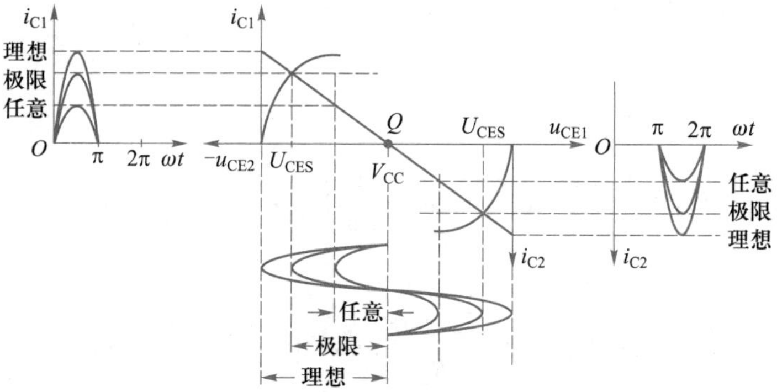

图 6.2.5 互补对称功率放大电路的组合特性

由图 6.2.1(a) 可知，静态时 $I_{CQ1}=I_{CQ2}=0$，$U_{CEQ1}=-U_{CEQ2}=V_{CC}$，由此在横轴上确定出 Q 点，通过 Q 点可画出一条斜率为$-\dfrac{1}{R_L}$的交流负载线。图 6.2.5 中分别画出了功率放大电路输出波形的三种情况。

(1) 任意状态：$U_{om}\approx U_{im}$(因共集电路 $A_u=\dfrac{U_{om}}{U_{im}}\approx 1$)；

(2) 极限状态：$U_{om}=V_{CC}-U_{CES}$(式中 U_{CES}为晶体管饱和管压降)；

(3) 理想状态：$U_{om}\approx V_{CC}$(即不考虑 U_{CES})。

上述三种情况是确定下述功率放大电路指标的依据。

2. 乙类互补对称功率放大电路的指标估算

(1) 输出功率

负载 R_L获得的平均功率即功率放大电路的输出功率为

$$P_o=\frac{1}{2}I_{om}U_{om}=\frac{U_{om}^2}{2R_L} \tag{6.2.1}$$

式中的 U_{om}可视上述三种情况而定。当 $U_{om}\approx V_{CC}$，即理想情况，此时的输出功率为最大

$$P_{om}=\frac{V_{CC}^2}{2R_L} \tag{6.2.2}$$

(2) 直流电源提供的平均功率

因两管轮流工作在半个周期内，每个管子集电极电流的平均值为

$$I_{C1(AV)}=I_{C2(AV)}=\frac{1}{2\pi}\int_0^{\pi}I_{om}\sin\omega t\mathrm{d}(\omega t)=\frac{1}{\pi}I_{om}$$

又因每个电源只提供半个周期的电流，所以两个电源所提供的总功率为

$$P_{VCC}=V_{CC}I_{C1(AV)}+V_{CC}I_{C2(AV)}=V_{CC}\cdot 2I_{C1(AV)}=V_{CC}I_{C(AV)}$$

式中

$$I_{C(AV)}=2I_{C1(AV)}=\frac{2}{\pi}I_{om} \tag{6.2.3}$$

此时直流电源提供的总的平均功率

$$P_{VCC}=V_{CC}\cdot I_{C(AV)}=V_{CC}\cdot\frac{2}{\pi}I_{om}=V_{CC}\cdot\frac{2}{\pi}\cdot\frac{U_{om}}{R_L} \tag{6.2.4}$$

(3) 管耗

① 单管管耗

$$P_{T1}=\frac{1}{2\pi}\int_0^{2\pi}u_{CE1}i_{C1}\mathrm{d}(\omega t)=\frac{1}{2\pi}\int_0^{\pi}(V_{CC}-u_o)\frac{u_o}{R_L}\mathrm{d}(\omega t)$$

设 $u_o=U_{om}\sin\omega t$，则

$$P_{T1}=\frac{1}{2\pi}\int_0^{\pi}(V_{CC}-U_{om}\sin\omega t)\frac{U_{om}\sin\omega t}{R_L}\mathrm{d}(\omega t)=\frac{1}{R_L}\left(\frac{V_{CC}U_{om}}{\pi}-\frac{U_{om}^2}{4}\right) \tag{6.2.5}$$

显然，当 $U_{om}=0$，即无信号输出时，管子损耗为零。下面计算最大管耗。

将 P_{T1} 对 U_{om} 求导并令其等于零，即 $\frac{\mathrm{d}P_{T1}}{\mathrm{d}U_{om}}=\frac{1}{R_L}\left(\frac{V_{CC}}{\pi}-\frac{U_{om}}{2}\right)=0$，得

$$U_{om}=\frac{2}{\pi}V_{CC} \tag{6.2.6}$$

可见，当输出电压幅值 $U_{om}=\frac{2}{\pi}V_{CC}$ 时，晶体管的管耗最大；而在输出电压幅值为最大时，管耗反而不是最大。

将式(6.2.6)、式(6.2.2)依次代入式(6.2.5)后得

$$P_{T1m}=\frac{1}{R_L}\left(\frac{2V_{CC}^2}{\pi^2}-\frac{V_{CC}^2}{\pi^2}\right)=\frac{1}{\pi^2}\cdot\frac{V_{CC}^2}{R_L}\approx 0.1\frac{V_{CC}^2}{R_L}=0.2P_{om} \tag{6.2.7}$$

② 双管管耗

双管管耗为单管管耗的2倍，即

$$P_T=2P_{T1}=\frac{2}{R_L}\left(\frac{V_{CC}U_{om}}{\pi}-\frac{U_{om}^2}{4}\right) \tag{6.2.8}$$

双管最大管耗

$$P_{Tm}=2P_{T1m}=0.4P_{om} \tag{6.2.9}$$

(4) 效率

$$\eta=\frac{P_o}{P_{VCC}}=\frac{U_{om}^2/2R_L}{2V_{CC}U_{om}/\pi R_L}=\frac{\pi U_{om}}{4V_{CC}} \tag{6.2.10}$$

在理想状态下($U_{om}\approx V_{CC}$)

$$\eta_m=\frac{\pi}{4}\approx 78.5\% \tag{6.2.11}$$

(5) 功放管的选择

由图2.1.7可知，晶体管的极限参数有 P_{CM}、$U_{(BR)CEO}$ 和 I_{CM}。在选择功放管参数时，应使

其极限参数留有余量，为此在下面的分析中假设 $U_{CES}\approx 0$（理想状态）。

① 功放管最大集电极的允许功耗

对于一个功放管而言，其最大管耗由式(6.2.7)可得

$$P_{CM}>0.2P_{om} \tag{6.2.12}$$

② 功放管的最大耐压

在图6.2.1(b)中，当 T_1 充分饱和导通（即 $U_{CE1}\approx 0$）时，T_2 管 c-e 间将承受 $2V_{CC}$ 的电压；反之，T_1 管 c-e 间将承受 $2V_{CC}$ 的电压。因此功放管的耐压必须满足

$$U_{(BR)CEO}>2V_{CC} \tag{6.2.13}$$

③ 功放管的最大集电极电流

在图6.2.1(b)中，当 T_1 饱和导通时 T_2 管将截止，此时 T_1 管的射极电位在理想状态下为 V_{CC}，故

$$I_{CM}>\frac{V_{CC}}{R_L} \tag{6.2.14}$$

例 6.2.1 电路如图6.2.4所示，已知 $V_{CC}=18\ \text{V}$，$R_L=8\ \Omega$。假设功放管的特性完全相同，管子的饱和压降 $|U_{CES}|=1\ \text{V}$，试求：(1) 该电路的 P_o 和 η；(2) 功放管耗散功率最大时的 P_o、P_{VCC} 和 η；(3) 当正弦输入电压 u_i 的有效值为 10 V 时，电路的 P_o、P_T、P_{VCC} 和 η。

解：(1) 当功放管饱和时，负载上得到的最大电压为 $U_{om}=V_{CC}-U_{CES}$（即图6.2.5中的极限状态），此时的输出功率为

$$P_o=\frac{U_{om}^2}{2R_L}=\frac{(18-1)^2}{2\times 8}\ \text{W}\approx 18.06\ \text{W}$$

因本问中没有要求计算 P_{VCC}，故可直接利用式(6.2.10)进行计算，即

$$\eta=\frac{\pi U_{om}}{4V_{CC}}=\frac{\pi}{4}\times\frac{18-1}{18}\approx 74.14\%$$

(2) 当功放管耗散功率最大时，输出电压的幅值为 $U_{om}=\frac{2}{\pi}V_{CC}\approx 0.64V_{CC}$。则

$$P_o=\frac{U_{om}^2}{2R_L}=\frac{(0.64V_{CC})^2}{2R_L}=\frac{(0.64\times 18)^2}{2\times 8}\ \text{W}\approx 8.29\ \text{W}$$

$$P_{VCC}=V_{CC}\cdot\frac{2}{\pi}\cdot\frac{U_{om}}{R_L}=18\times\frac{2}{\pi}\times\frac{0.64\times 18}{8}\ \text{W}\approx 16.51\ \text{W}$$

$$\eta=\frac{P_o}{P_{VCC}}\times 100\%=\frac{8.29}{16.51}\times 100\%\approx 50.21\%$$

(3) 由已知条件可知 $U_{im}=10\sqrt{2}\ \text{V}$，又因互补对称功率放大电路是射极跟随器结构 $(A_u\approx 1)$，则有 $U_{om}=U_{im}=10\sqrt{2}\ \text{V}$（即图6.2.5中的任意状态）。

$$P_o=\frac{U_{om}^2}{2R_L}=\frac{(10\sqrt{2})^2}{2\times 8}\ \text{W}=12.5\ \text{W}$$

$$P_{VCC}=V_{CC}\cdot\frac{2}{\pi}\cdot\frac{U_{om}}{R_L}=18\times\frac{2}{\pi}\times\frac{14.14}{8}\ \text{W}\approx 20.26\ \text{W}$$

$$P_T=P_{VCC}-P_o=(20.26-12.5)\ \text{W}=7.76\ \text{W}$$

$$\eta=\frac{P_o}{P_{VCC}}\times100\%=\frac{12.5}{20.26}\times100\%\approx61.7\%。$$

例 6.2.2　采用 U_{BE} 倍增偏置电路的甲乙类双电源功率放大电路如图 6.2.6 所示。已知 $V_{CC}=12\ V$，$R_5=R_6=0.5\ \Omega$，$R_L=8\ \Omega$。（1）静态时 A 点电位为多少？如不能达到要求，应调节哪个电阻？（2）电阻 R_5、R_6 的作用如何？（3）设 u_i 为正弦信号，且 T_3、T_4 的 $|U_{CES}|=1\ V$，试求电路的 P_o、P_{VCC}、η 以及负载 R_L 上的电流最大值。

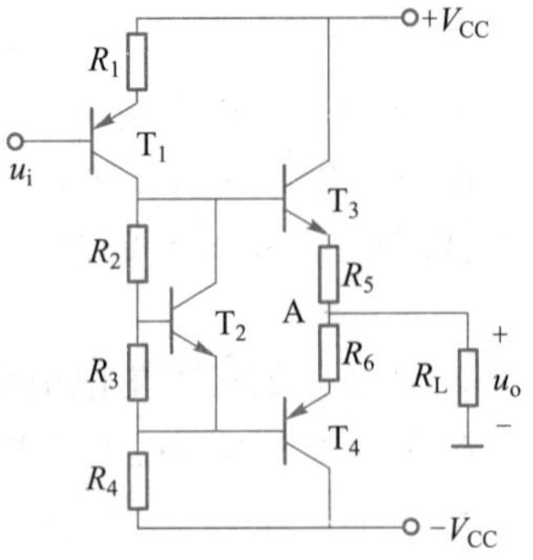

图 6.2.6　例 6.2.2

解：（1）静态时 A 点电位为零，一般可通过调节电阻 R_1 来实现。

（2）小阻值的电阻 R_5、R_6 主要起限流作用，保护功放管不致因负载短路而损坏。

（3）$U_{om}=\dfrac{R_L}{R_5+R_L}(V_{CC}-U_{CES})=\dfrac{8}{0.5+8}\times(12-1)\ V\approx10.35\ V$

$$P_o=\frac{U_{om}^2}{2R_L}=\frac{10.35^2}{2\times8}\ W\approx6.7\ W$$

$$P_{VCC}=V_{CC}\cdot\frac{2}{\pi}\cdot\frac{U_{om}}{R_L}=12\times2\times\frac{10.35}{\pi\times8}\ W\approx9.89\ W$$

$$\eta=\frac{P_o}{P_{VCC}}\times100\%=\frac{6.7}{9.89}\times100\%\approx67.75\%$$

$$I_{Lmax}=\frac{U_{om}}{R_L}=\frac{10.35}{8}\ A\approx1.29\ A。$$

6.3　OTL 互补对称功率放大电路

导学

OTL 功放电路与 OCL 功放电路的区别。

自举电路的作用。

OTL 功放电路 P_o、P_{VCC}、P_T 和 η 的估算。

OCL 电路是双电源供电，当需要用单电源供电时，可采用如图 6.3.1 所示的 OTL 功率放大电路。

1. 电路组成

图 6.3.1(a)示出了 OTL 甲乙类互补对称功率放大电路的一种形式。图中，T_3 组成前置

放大级；T_1和 T_2组成互补输出级，且两功放管的基极接有阻(R_4)容(C_2)并联偏置电路，使其工作在甲乙类状态。电阻 R_1引入了直流负反馈和交流电压并联负反馈，其中的交流电压负反馈用于稳定 u_o。而直流负反馈的作用有二：一是为 T_3提供偏置且稳定静态工作点；二是调节 R_1可使 A 点电位为 $V_{CC}/2$，大容值电容 C_4上静态电压也为 $V_{CC}/2$，这样在输入信号变化时，可在输出端得到较为对称的输出波形。

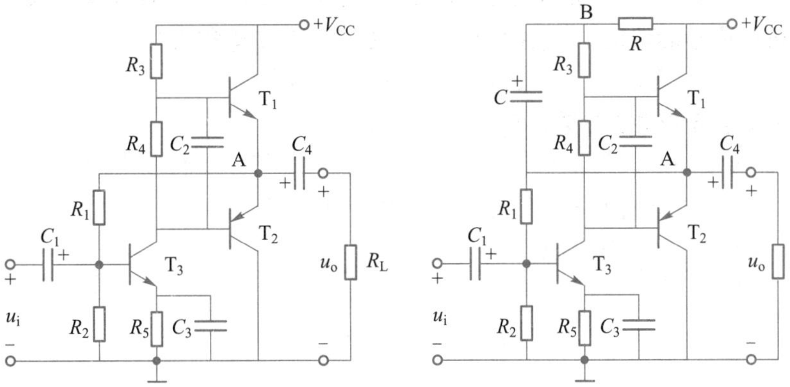

(a) (b)

图 6.3.1 OTL 甲乙类功率放大电路

(a) OTL 互补对称功放电路 (b) 带自举的互补对称功放电路

2. 工作原理

图 6.3.1(a)所示的 OTL 互补对称功率放大电路的工作原理与 OCL 电路相似。

当输入信号为负半周时，经 T_3倒相放大后的集电极为正半周，由于 C_2的交流短路使 T_1和 T_2的基极同时加入正半周信号，此时 T_1正偏导通、T_2反偏截止，被 T_1放大的正半周信号电流经 C_4送给负载 R_L，形成正半周输出电压；当输入信号为正半周时 T_3集电极为负半周，它一方面使 T_1截止导致电源$+V_{CC}$不供电，另一方面在 T_2导通的同时，电压为 $V_{CC}/2$ 的电容 C_4放电，经 T_2放大的电流由该管集电极经 R_L和 C_4流回发射极，负载 R_L上获得负半周输出电压，它与正半周输出电压合成一个较为完整的正弦波形。此时负载电流(即集电极或发射极电流)的最大值为 $I_{Lmax}=\dfrac{V_{CC}/2-U_{CES}}{R_L}$。

可见，电容 C_4起着 OCL 功率放大电路中$-V_{CC}$的作用。只要选择时间常数 R_LC_4足够大(远大于信号的周期)，就可以认为用单电源和电容 C_4可代替原来的双电源的作用。由于此电路的输出通过电容 C_4与负载 R_L相耦合，而不用变压器，因此称为 OTL 甲乙类互补对称功率放大电路，也称单电源甲乙类互补对称功率放大电路。

3. 电路存在的问题

在图 6.3.1(a)中，理想情况下，$U_{om}=V_{CC}/2$。但是，T_1管输入信号正半周幅值越大，T_1导通越充分，A 点电位上升就越高。为了保证 T_1管发射结正偏导通，T_1管基极电位必然要随着升高。当 A 点电位向 V_{CC}接近时，T_1管基极电位由于受到限制而不可能大于 V_{CC}，也就使得输出电压正半周的最大值明显小于 $V_{CC}/2$。为了解决这一问题，在图 6.3.1(a)电路的基础上，增设由 R、C(大电容)组成的自举电路，即构成带自举电路的功放电路，如图 6.3.1(b)所示。

4. 自举电路的工作原理

在电路中加上自举电容 C 后，若静态时忽略隔离电阻 R 上的压降，则自举电容 C 两端电压 $U_C=U_B-U_A\approx V_{CC}-V_{CC}/2=V_{CC}/2$。由于其容值较大，充放电时间常数足够大，$C$ 两端电压基本保持不变。由于自举电容 C 的加入，将使 B 点电位始终高于 A 点电位 $V_{CC}/2$。显然随着 A 点电位在 $V_{CC}/2$ 基础上升高，B 点电位也随之升高。在隔离电阻 R 对 B 点和 $+V_{CC}$ 的隔离下可使 $u_B>V_{CC}$，即 B 点电位的提升引起了 T_1 基极电位的升高，使 T_1 始终处于充分导通状态，从而使输出信号的幅度不会小于 $V_{CC}/2$。这种工作方式称为自举，意思是电路本身把动态电位 u_B 自动抬高，其作用是增大输出波形正半周的幅度。

5. OTL 功放电路的主要参数估算

OTL 功率放大电路与 OCL 功率放大电路相比，每个管子实际工作电源电压为 $V_{CC}/2$。因此，可将 OCL 乙类功率放大电路的主要技术指标表达式中的 V_{CC} 全部改为 $V_{CC}/2$，便可得到 OTL 甲乙类功率放大电路的表达式。

6.4 复合管及其准互补对称功率放大电路

导学

复合管的组成原则。
复合管的电流放大系数。
准互补对称功放与互补对称功放的区别。

当需要较大的输出功率时，必须选择大功率的 NPN、PNP 管，但是大功率管的电流放大系数 β 往往较小，且不同类型的大功率管很难做到两者的特性互补对称，而特性相同的同型号小功率管易挑选。为此人们不得不选择易配对的小功率管去推动大功率管工作，于是出现了下面将要介绍的复合管。

1. 复合管的组成原则

复合管是由两个或两个以上的三极管组成的一个等效三极管，如图 6.4.1 所示。

从图 6.4.1 前四种接法上看，皆为前一个管子 c-e 极（或场效应管的 d-s 极）跨接在后一个管子的 b-c 极间，但是前三种都有正确的电流通路，即电流的流向不冲突，而图(d)中 T_1 的发射极电流与 T_2 的基极电流的流向发生冲突。对于图(e)而言，不仅 T_1 的集电极电流与 T_2 的基极电流的流向发生冲突，而且由于 T_1 的管压降 U_{CE} 等于 T_2 的发射结电压 U_{BE}，进而使 T_1 处于饱和状态。因此，前三种接法是正确的，后两种接法是错误的。对于前三种接法形成的复合管类型分别为 NPN 型、PNP 型和 N 沟道增强型 MOS 型，与第一个管子的类型一致。据此可以得出无论由相同或不同类型的三极管组成复合管时，其构成原则是：

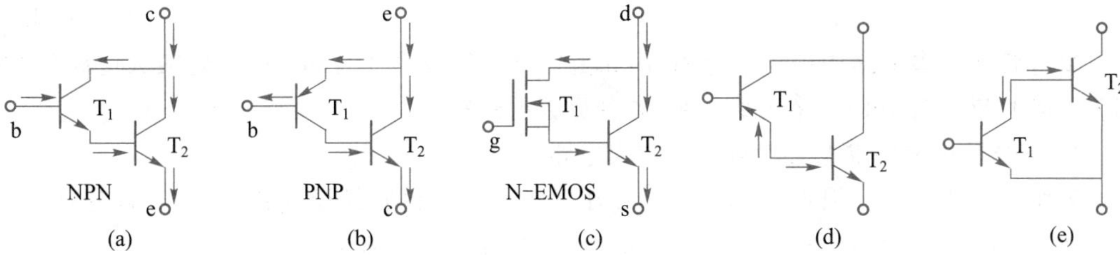

图 6.4.1 复合管的接法

(a)、(b)、(c) 正确接法 (d)、(e) 错误接法

从接法上看:前一个管子的 c-e 极(或场效应管的 d-s 极)跨接在后一个管子的 b-c 极间,并且有正确的电流通路。实际上就是保证每个管子既处于放大状态又有正确的电流通路。

从类型上看:等效后复合管的类型与第一个管子的类型一致。

2. 复合管的电流放大系数和输入电阻

(1) 由相同类型的晶体管组成的复合管

以两个 NPN 型晶体管组成的复合管为例,如图 6.4.2(a)所示。

① 电流放大系数

$$\beta=\frac{i_c}{i_b}=\frac{\beta_1 i_{b1}+\beta_2(1+\beta_1)i_{b1}}{i_{b1}}=\beta_1+\beta_2+\beta_1\beta_2\approx\beta_1\beta_2 \tag{6.4.1}$$

② 输入电阻

$$r_{be}=\frac{u_{be}}{i_b}=\frac{i_{b1}r_{be1}+(1+\beta_1)i_{b1}r_{be2}}{i_{b1}}=r_{be1}+(1+\beta_1)r_{be2} \tag{6.4.2}$$

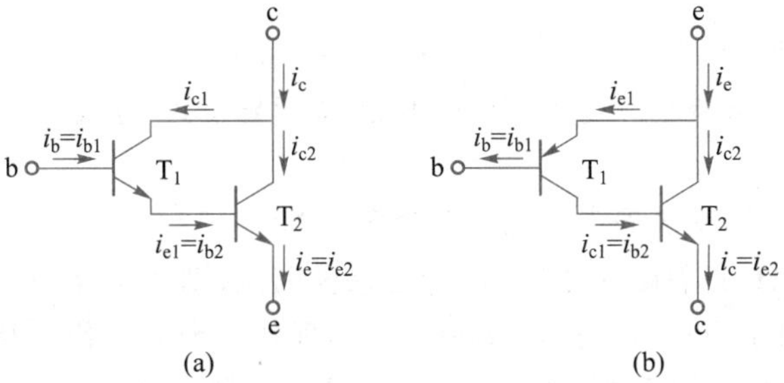

图 6.4.2 复合管的 β 和 r_{be} 的计算

(a) 由相同类型的晶体管组成 (b) 由不同类型的晶体管组成

(2) 由不同类型的晶体管组成的复合管

以 PNP 和 NPN 两个晶体管组成的复合管为例,如图 6.4.2(b)所示。

① 电流放大系数

$$\beta=\frac{i_c}{i_b}=\frac{(1+\beta_2)i_{c1}}{i_{b1}}=\frac{(1+\beta_2)\beta_1 i_{b1}}{i_{b1}}=\beta_1(1+\beta_2)\approx\beta_1\beta_2 \tag{6.4.3}$$

② 输入电阻

等效后复合管的输入电阻就是 T_1 管的输入电阻,即

$$r_{be}=r_{be1} \tag{6.4.4}$$

复合管在很多电路中得到了应用，例如由复合管组成晶体管和场效应管放大电路（参见相关文献）、准互补对称功率放大电路、差分放大电路等。

3. 复合管组成的准互补对称功率放大电路

如图 6.4.3 所示。因 T_4、T_5为同一类型的大功率管，较容易做到特性相同，且分别与 T_2和 T_3两个小功率管组成 NPN 和 PNP 型复合管，以实现大功率输出。

从电路结构上看，此功率放大电路的输出端接有两个同类型的 NPN 管。为了区别于前述的互补对称功率放大电路，常将输出管为同一类型的电路称为准互补对称功率放大电路。

图中，R_6、R_8是泄漏电阻，以减小复合管总的穿透电流。T_3的发射极电阻 R_7是 T_2、T_3管的平衡电阻，可保证 T_2、T_3管的输入电阻对称。R_9、R_{10}为负反馈电阻，具有稳定 Q 点、改善输出波形的作用，同时当负载 R_L突然短路时有一定的限流保护作用。其他元件与图 6.3.1(b)中的元件作用相似。

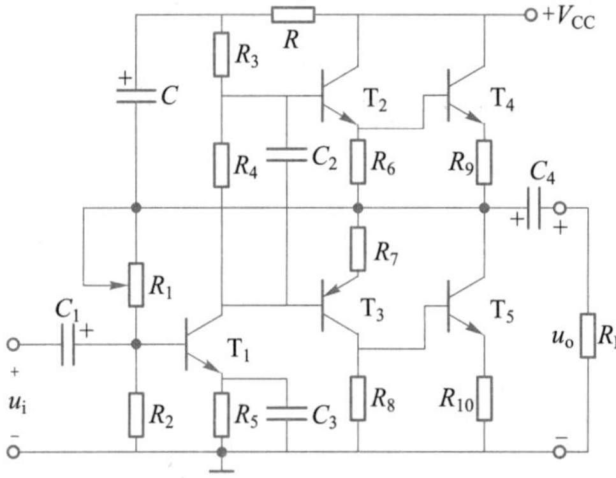

图 6.4.3 由复合管组成的准互补对称功率放大电路

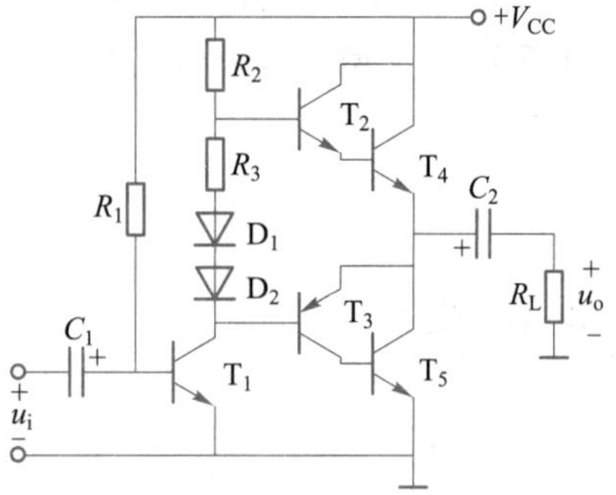

图 6.4.4 例 6.4.1

例 6.4.1 在图 6.4.4 所示电路中，已知晶体管导通时的 $|U_{BE}|=0.7$ V。$V_{CC}=24$ V，$R_L=16\ \Omega$。试问：

(1) T_1、T_2和 T_3管的基极静态电位分别为多少？

(2) 设 $R_2=10$ kΩ，且忽略 T_2、T_3管的静态基极电流，则 T_1管集电极静态电流为多少？

(3) R_3、D_1、D_2的作用是什么？若 R_3短路会出现什么现象？若D_1开路会出现什么现象？

(4) 设 T_2和 T_3管的饱和管压降$|U_{CES}|=0.3$ V，负载上可能获得的最大功率和效率各为多少？

(5) 设 T_4和 T_5管的管压降$|U_{CE}|\geqslant 2$ V，为使电路的最大输出功率不小于 2 W，则电源电压至少应为多少？

解：(1) T_1的 $U_{B1}=U_{BE}=0.7$ V。因为对于 OTL 功率放大电路而言，静态时输出端电压为 12 V，由此可得 T_2 的 $U_{B2}=12+U_{BE4}+U_{BE2}=13.4$ V，T_3的 $U_{B3}=12-|U_{BE3}|=11.3$ V。

(2) $I_{C1}\approx\dfrac{V_{CC}-U_{B2}}{R_2}=\dfrac{24-13.4}{10}$ mA $=1.06$ mA。

(3) R_3、D_1、D_2的作用是消除交越失真。若 R_3短路，可能会使 T_2、T_4和 T_3的发射结电压小于或位于死区电压附近，会稍有交越失真。若D_1开路，此时 T_2、T_3管的基极电流等于 T_1的集电极电流，T_4、T_5管集电极电流约为 $\beta_2\beta_4 I_{C1}$，管压降为 $V_{CC}/2$，功放管集电极静态功耗 $P_T\approx\beta_2\beta_4 I_{C1}(V_{CC}/2)$，可能远大于功放管的额定功耗，造成功放管因功耗过大而烧毁。

（4）欲使负载 R_L 得到最大功率，功率放大电路中的 T_2、T_3 将达到饱和，故 T_4 的最小管压降 $U_{CE4}=U_{CES2}+U_{BE4}=(0.3+0.7)\ V=1\ V$，同理 U_{CE5} 也为 1 V。则

$$P_{om}=\frac{(V_{CC}/2-U_{CE4})^2}{2R_L}=\frac{(12-1)^2}{2\times16}\ W\approx3.78\ W$$

$$\eta=\frac{\pi}{4}\cdot\frac{U_{om}}{V_{CC}/2}=\frac{\pi}{4}\cdot\frac{V_{CC}/2-U_{CE4}}{V_{CC}/2}=\frac{\pi}{4}\cdot\frac{(12-1)}{12}\approx71.96\%$$

（5）由 $P_{om}=\dfrac{(V_{CC}/2-U_{CE4})^2}{2R_L}=\dfrac{(V_{CC}/2-2)^2}{2\times16}>2\ W$ 可得 $V_{CC}>20\ V$。

6.5 其他类型的功率放大电路

导学

LM386 集成功效的内部电路组成及其特点。

LM386 选用的功放类型。

变压器耦合推挽功放电路中两个变压器的作用。

1. 集成功率放大电路

目前，利用集成电路工艺已经能够生产出品种繁多的集成功率放大器。从用途划分，有通用型和专用型功放，前者适用于各种不同的场合，用途比较广泛；后者专为某种特定的需要而设计。为了输出更大的功率，集成功放的输出级常常采用复合管组成。由于集成工艺的限制，集成功放中的某些元件要求外接，例如 OTL 电路中的大电容等。常用的低频集成功放有 LM386、LM380、TDA2003、TDA2006 等。

（1）LM386 的内部电路

LM386 是美国国家半导体公司生产的通用型集成音频功率放大电路，其内部组成原理图如图 6.5.1 所示。它具有自身功耗低、电压增益可调、电源电压范围大、外接元件少和总谐波失真小等优点，广泛应用于录音机和收音机之中。

与图 4.2.1(a) 通用型集成运放相似，该集成功放是由输入级、中间级和输出级组成的直接耦合三级放大电路。

输入级：为了消除直接耦合多级放大电路的“零点漂移”现象，常采用双端输入的差分放大电路（第 7 章介绍）。图中，复合管 T_1 和 T_3 与复合管 T_2 和 T_4 组成差分放大电路，信号从 T_3 和 T_4 管的基极输入，从 T_2 管的集电极输出。T_5 和 T_6 组成镜像电流源作为 T_1 和 T_2 的有源负载（第 7 章介绍），在提高差放电路增益的同时，还会把 T_1 管集电极电流的变化通过 T_5 传递到 T_6 集电极，与 T_2 管集电极电流的变化量一起传输到中间级，故该电路具有双端输出的增益。以后我们将会知道，该输入级属于双端输入、单端输出的复合管恒流源式差放电路。

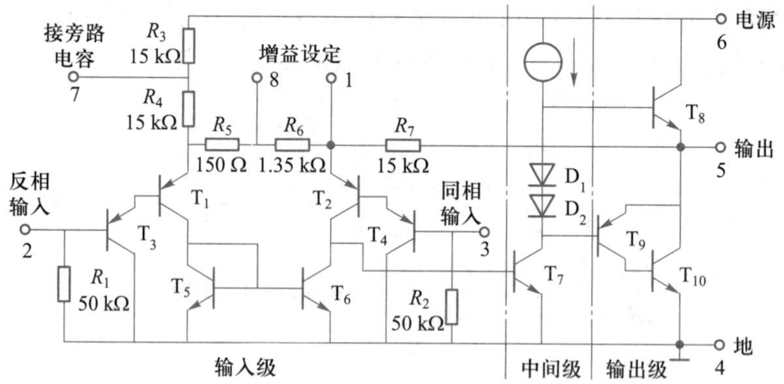

图 6.5.1 LM386 内部电路原理图

中间级：由 T_7组成共射放大电路，其集电极负载由一个恒流源充当，以获得更高的电压放大倍数。

输出级：由 NPN 型管 T_8和 PNP 型复合管 T_9、T_{10}组成准互补功放电路。二极管D_1、D_2为输出级提供合适的偏置电压，使互补管工作在甲乙类工作状态，以消除交越失真。

从输出端至 T_2的发射极之间连接一电阻 R_7，形成反馈通路，并与 R_5、R_6构成反馈网络，引入了深度电压串联负反馈，使整个电路具有稳定的电压增益。利用瞬时极性法不难判断出 LM386 的引脚 2 为反相输入端，3 为同相输入端。

(2) LM386 的引脚图及其应用

LM386 的外形和引脚排列如图 6.5.2(a) 所示。常用的封装形式有塑封 8 引脚双列直插式和贴片式。

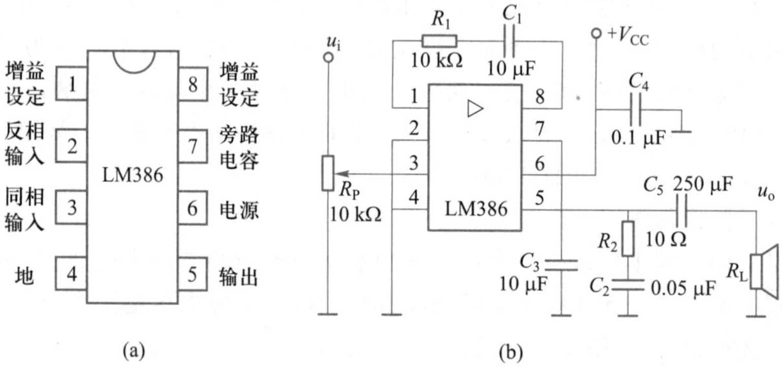

图 6.5.2 LM386 的引脚与典型应用电路

(a) 外形和引脚排列图 (b) 典型应用电路

LM386 在实际应用中，如果 1、8 脚之间开路，集成功放的电压增益约为 20；若 1、8 脚之间仅接一个大电容，则相当于交流短路，此时的电压增益约为 200；当 1、8 脚之间接如图 6.5.2(b)所示的阻容串联元件并改变电阻值时，则电压增益可在 20~200 之间任意选取，电容 C_1用于防止 1、8 脚间接入电阻而改变放大电路的直流通路。

在图 6.5.2(b)中，利用 R_P可调节扬声器的音量，选取不同阻值的 R_1可以改变电压增益，电容 C_3是为了防止电路自激振荡。C_4为去耦电容，用于滤除电源的高频交流成分。由于

图 6.5.1 电路为单电源供电，其输出端 5 脚通过一个 250 μF 的大电容接至负载（扬声器），此时 LM386 组成 OTL 准互补对称功放电路。输出端电阻 R_2 和电容 C_2 组成容性负载，抵消扬声器的一部分感性，以防止信号突变时扬声器上呈现较高的瞬时电压而导致损坏。

2. 变压器耦合推挽功率放大电路

虽然集成功放电路得到了广泛的应用，但需要大功率输出时仍沿用早期的变压器功率放大电路。

图 6.5.3 为变压器耦合甲乙类功率放大电路。图中 T_1 构成推动级放大电路，T_2 和 T_3 构成推挽功率放大电路输出级，且是特性相同的同类型管子。Tr_1 为输入变压器，其二次侧采用中心抽头式对称输出，起倒相作用，保证 T_2、T_3 两管输入信号大小相等、相位相反。Tr_2 为输出变压器，其一次侧中心抽头分别将两管集电极电流耦合至二次侧负载上，起合成输出电压的作用。R_4、R_5 和 C_3 为两功放管提供偏置，以减小交越失真。

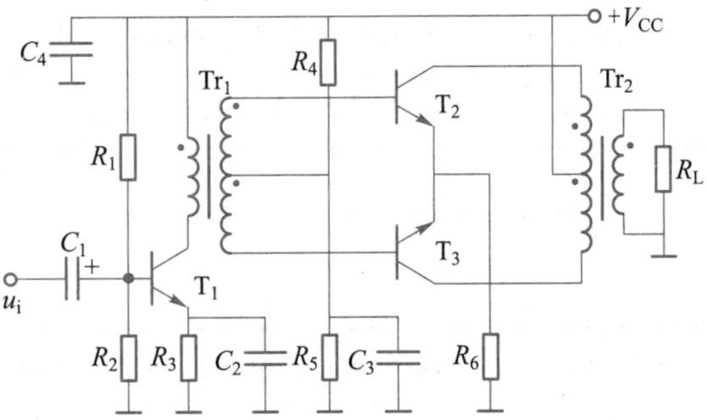

图 6.5.3　变压器耦合甲乙类功率放大电路

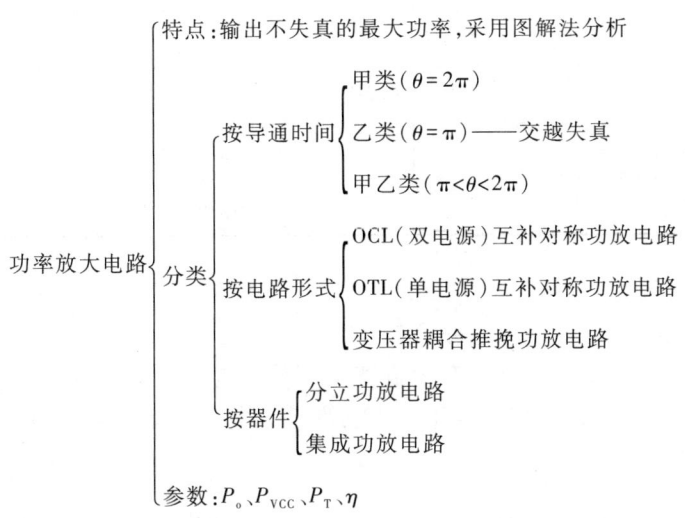

本章小结

本章知识结构

- 功率放大电路
  - 特点：输出不失真的最大功率，采用图解法分析
  - 分类
    - 按导通时间
      - 甲类（$\theta=2\pi$）
      - 乙类（$\theta=\pi$）——交越失真
      - 甲乙类（$\pi<\theta<2\pi$）
    - 按电路形式
      - OCL（双电源）互补对称功放电路
      - OTL（单电源）互补对称功放电路
      - 变压器耦合推挽功放电路
    - 按器件
      - 分立功放电路
      - 集成功放电路
  - 参数：P_o、P_{VCC}、P_T、η

1. 功率放大电路与电压放大电路的比较(表6.1)

表6.1 功率放大电路与电压放大电路的比较

比较内容	功率放大电路	电压放大电路
电路功能	向负载提供足够大的功率	有尽可能大的电压放大倍数
工作状态	乙类或甲乙类	甲类
电路形式	OCL、OTL、变压器推挽功放电路	单级、多级
分析方法	采用图解法计算 P_o、P_{VCC}、P_T 和 η	利用微变等效电路法计算 $\dot{A}_u$、R_i 和 R_o

2. 功率放大电路的计算公式

表6.2 功率放大电路计算公式的比较

<table>
<tr><th colspan="2">比较内容</th><th>单电源乙类功率放大电路（OTL）</th><th>双电源乙类功率放大电路（OCL）</th></tr>
<tr><td rowspan="2">输出功率</td><td>任意</td><td colspan="2">$P_o=U_{om}^2/2R_L$</td></tr>
<tr><td>理想</td><td>$P_{om}=V_{CC}^2/8R_L$</td><td>$P_{om}=V_{CC}^2/2R_L$</td></tr>
<tr><td rowspan="3">电源功率</td><td rowspan="2">任意</td><td>$P_{VCC}=(2I_{om}/\pi)(V_{CC}/2)=V_{CC}U_{om}/\pi R_L$</td><td>$P_{VCC}=(2I_{om}/\pi)V_{CC}=2V_{CC}U_{om}/\pi R_L$</td></tr>
<tr><td colspan="2">与交流信号幅度成正比。当 $u_i=0$ 时，$P_{VCC}=0$</td></tr>
<tr><td>理想</td><td>$P_{VCC}=V_{CC}^2/2\pi R_L$</td><td>$P_{VCC}=2V_{CC}^2/\pi R_L$</td></tr>
<tr><td rowspan="2">效率</td><td>任意</td><td>$\eta=\pi U_{om}/2V_{CC}$</td><td>$\eta=\pi U_{om}/4V_{CC}$</td></tr>
<tr><td>理想</td><td colspan="2">$\eta=78.5\%$</td></tr>
<tr><td rowspan="2">管耗</td><td>一般</td><td>双管 $P_T=(2/R_L)(V_{CC}U_{om}/2\pi-U_{om}^2/4)$</td><td>双管 $P_T=(2/R_L)(V_{CC}U_{om}/\pi-U_{om}^2/4)$</td></tr>
<tr><td>最大</td><td colspan="2">单管 $P_{T1m}=0.2P_{om}$</td></tr>
<tr><td colspan="2" rowspan="3">功放管的选择</td><td colspan="2">$P_{CM}\geqslant 0.2P_{om}$</td></tr>
<tr><td>$U_{(BR)CEO}\geqslant V_{CC}$</td><td>$U_{(BR)CEO}\geqslant 2V_{CC}$</td></tr>
<tr><td>$I_{CM}\geqslant V_{CC}/2R_L$</td><td>$I_{CM}\geqslant V_{CC}/R_L$</td></tr>
</table>

3. 本章记识要点及技巧

(1) 理解图6.2.5中的任意、极限和理想三种状态。

(2) 掌握甲乙类功率放大电路的特点,主要区别在于局部偏置电路。计算功放时可用乙类功率放大电路的公式(参见表6.2)近似计算甲乙类功率放大电路的动态指标,并注意OCL和OTL电路的区别。

(3) 从表6.2中看计算公式虽然很多,但只要牢记 $I_{C(AV)}=\dfrac{2}{\pi}I_{om}$ 和 $P_{T1m}=0.2P_{om}$,就可根据OCL和OTL功率放大电路的特点推出其他公式。

参考答案

自测题

6.1 填空题

1. 甲类功率放大电路放大管的导通角为________，乙类功率放大电路放大管的导通角为________，而甲乙类功率放大电路放大管的导通角为________。

2. 产生交越失真的原因是因为没有设置________________________，信号进入了晶体管特性曲线的__________。

3. 由于功率放大电路中的功放管工作于大信号状态，因此通常采用________法分析电路。

4. 乙类功率放大电路的________较高，在理想情况下其数值可达________，但这种电路会产生被称为________失真的特有的非线性失真现象。为消除这种失真，应使功率放大电路工作在________类状态。

5. 一个 OCL 电路，其正负电源电压为 12 V，功放管的饱和压降 $U_{CES}=2$ V，负载电阻 $R_L=8\ \Omega$，则其输出功率 P_o 为________，相应的效率 η 为________。

6. 一理想 OTL 电路，$V_{CC}=9$ V，$R_L=4\ \Omega$，则其最大输出功率为________，相应的电源供给功率为________。

7. 设计一个输出功率为 20 W 的扩音机电路，若用乙类推挽功率放大电路，则至少应选两个________W 的功放管。

8. 功率放大电路负载上所获得的功率来源于________。

9. 采用晶体管设计功率放大电路时要特别注意功放管的________、________和________三个极限参数的选择。

6.2 选择题

1. 在多级放大电路中，经常采用功率放大电路作为________。

A. 输入级　　B. 中间级　　C. 输出级　　D. 偏置电路

2. 互补输出级采用共集放大电路是因为________。

A. 电压放大倍数大　　B. 电流放大倍数大

C. 不失真输出电压大　　D. 带负载能力强

3. 与甲类功率放大电路相比，乙类功率放大电路的主要优点是________；与乙类功率放大电路相比，甲乙类功率放大电路的主要优点是________。

A. 放大倍数大　　B. 效率高　　C. 交越失真小　　D. 输出功率大

4. 已知某理想乙类功率放大电路晶体管的 P_{T1m} 等于 2 W，则该放大电路的最大输出功率可达________。

A. 0.2 W　　B. 0.4 W　　C. 5 W　　D. 10 W

5. 一般互补对称功率放大电路，其电压增益为________。

A. $A_u \ll 1$　　B. $A_u < 1$　　C. $A_u \approx 1$　　D. $A_u > 1$

6. 实际上,乙类互补功率放大电路中的交越失真就是________。

A. 幅频失真　　B. 相频失真　　C. 饱和失真　　D. 截止失真

7. 在乙类互补推挽功率放大电路中,当输出电压幅值等于________时,管子的功耗最小。

A. 0　　B. V_{CC}/π　　C. $2V_{CC}/\pi$　　D. $V_{CC}-U_{CES}$

8. 功放电路的效率主要与________有关。

A. 电源供给的直流功率　　B. 电路输出的最大功率

C. 电路的工作状态　　D. 功放管的损耗

9. 在自测题 6.2.9 图中,因连接不合理而不能成为复合管的有________。

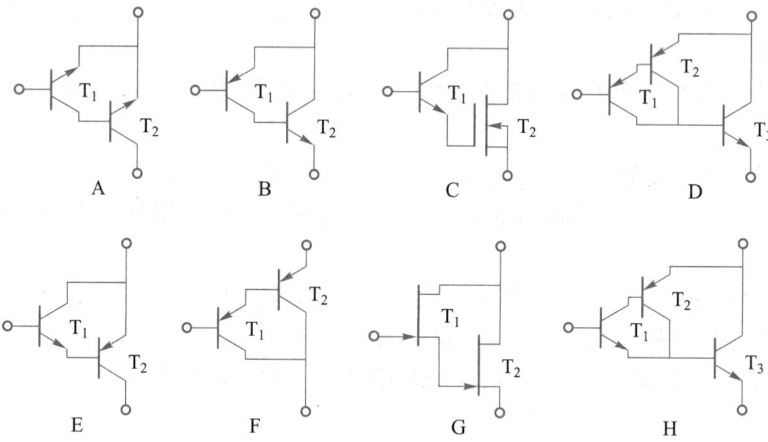

自测题 6.2.9 图

6.3 判断题

1. 功放电路中的晶体管处于大信号工作状态,微变等效电路不再适用。 (　)

2. 功率放大电路有功率放大而无电压放大作用,电压放大电路只有电压放大而没有功率放大作用。 (　)

3. OTL 乙类互补功率放大电路的最大输出电压幅值为 $V_{CC}/2-U_{CES}$。 (　)

4. 在功率放大电路中,负载上得到的功率和功放管的损耗功率皆为交流功率。 (　)

5. 乙类功率放大电路的能量转换效率最高为 87.5%。 (　)

6. 乙类功率放大电路在输出电压最大时,管子消耗的功率最大。 (　)

7. 在乙类功率放大电路中,当电路的输出为零时,功放管的损耗也为零。 (　)

8. 在 OCL 功率放大电路中,若在输出端串接两个 8 Ω 的扬声器,则输出功率将比只接一个 8 Ω 的扬声器时少一半。 (　)

9. 两个同类型晶体管复合,由于两管的 U_{BE} 叠加,受温度的影响增大,所以它产生的漂移电压比单管大。 (　)

参考答案

习题

6.1 在图 6.2.1(b)所示的 OCL 乙类功率放大电路中,已知 u_i 为正弦波,$R_L=8\ \Omega$,要求最大输出功率为 16 W,设 T_1、T_2 的特性完全对称,且 $|U_{CES}|\approx 0$。求:(1) 电源 V_{CC} 的最小值(取整数);(2) 当输出功率最大时,电源供给的功率 P_{VCC};(3) 当输出功率最大时的输入电压有效值。

6.2 在图 6.2.1(b)所示的 OCL 乙类功率放大电路中,设 T_1、T_2 的特性完全对称,且 $|U_{CES}|\approx 0$。已知 u_i 为正弦波,$V_{CC}=20\ \text{V}$,$R_L=8\ \Omega$。试求:(1) 在输入信号 $U_i=10\ \text{V}$(有效值)时,电路的输出功率 P_o、管耗 P_c、电源供给的功率 P_{VCC} 和能量转换效率 η;(2) 在输入信号 u_i 的幅值为 $U_{im}=V_{CC}=20\ \text{V}$ 时,电路的输出功率 P_o、每个功放管的管耗 P_{T1} 和 P_{T2}、电源供给的功率 P_{VCC} 和能量转换效率 η。

6.3 OCL 甲乙类功率放大电路如图 6.2.4 所示,T_1、T_2 的特性完全对称。请回答下列问题:(1) 静态时,输出电压 U_o 应为多少?调整哪个电阻能满足这一要求?(2) 动态时,若输出电压波形出现交越失真,应调整哪个电阻?如何调整?(3) 设 $V_{CC}=10\ \text{V}$,$R_1=R_2=2\ \text{k}\Omega$,晶体管 $|U_{BE}|=0.7\text{V}$,$\beta=50$,$P_{CM}=200\ \text{mW}$,静态时 $U_o=0$,若 D_1、D_2 和 R_2 三个元件中任意一个开路,将会产生什么后果?

6.4 OCL 甲乙类功率放大电路如习题 6.4 图所示。已知 u_i 为正弦波,$V_{CC}=26\ \text{V}$,$R_L=8\ \Omega$。设 T_1、T_2 的特性完全对称,$|U_{BE}|=0.55\ \text{V}$,$|U_{CES}|=1\ \text{V}$;二极管的正向压降 $U_D=0.55\ \text{V}$。(1) 求静态时 U_A、U_{B1} 和 U_{B2} 的值;(2) 求该电路的最大输出功率 P_o 和能量转换效率 η;(3) 求功放管耗散功率最大时的电路输出功率 P_o、电源功率 P_{VCC} 和能量转换效率 η。

6.5 OCL 甲乙类功率放大电路如习题 6.5 图所示,已知 $V_{CC}=15\ \text{V}$,$R_4=R_5=0.5\ \Omega$,$R_L=8\ \Omega$,设 T_1、T_2 的特性完全对称,$|U_{CES}|=2\ \text{V}$。(1) 求最大不失真输出电压的有效值;(2) 求负载电阻 R_L 上的电流值;(3) 求最大输出功率 P_o 和效率 η;(4) R_4、R_5 起什么作用?当输出因故障而短路时,功放管的最大集电极电流和功耗各为多少?

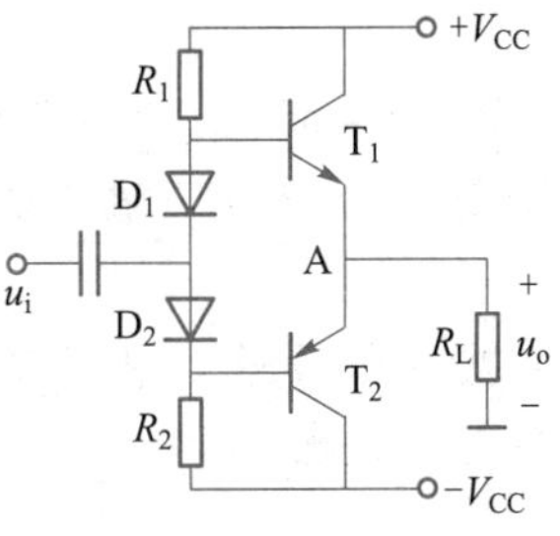

习题 6.4 图

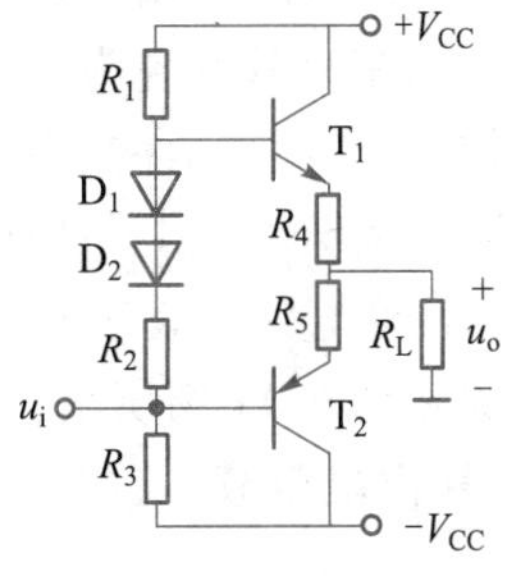

习题 6.5 图

6.6 OTL甲乙类功率放大电路如习题6.6图所示，T_1、T_2的特性完全对称，$V_{CC}=10$ V，$R_L=16$ Ω。回答下列问题：(1) 静态时，电容C_2两端电压应为多少？调整哪个电阻能满足这一要求，负载电流是多少？(2) 动态时，若输出电压波形出现交越失真，应调整哪个电阻？如何调整？(3) 若$R_1=R_3=1.2$ kΩ，晶体管$|U_{BE}|=0.7$ V，$\beta=50$，$P_{CM}=200$ mW，假设D_1、D_2和R_2三个元件中任意一个开路，将会产生什么后果？

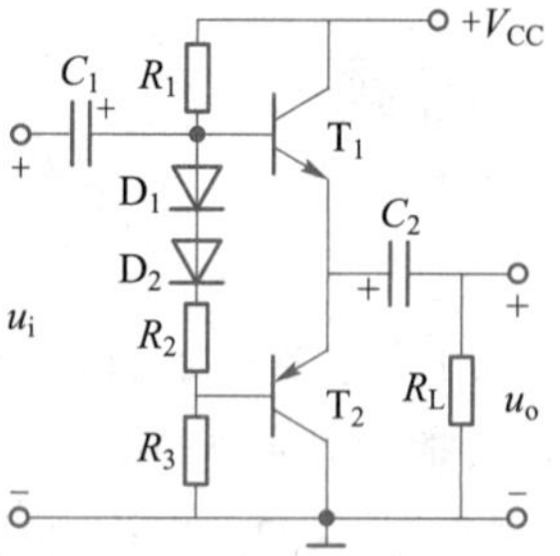

习题6.6图

6.7 OTL甲乙类功率放大电路如习题6.6图所示，T_1、T_2的特性完全对称，$|U_{CES}|=1$ V，$\beta=50$，$V_{CC}=32$ V，$R_L=16$ Ω。求：(1) 电路的最大不失真输出功率P_o和效率η；(2) T_1的最大管耗P_{T1}及管耗最大时的输出功率P_o和效率η；(3) 当输出电压幅值达到最大时，功放管的输入激励电流的大小；(4) 晶体管极限参数。

6.8 功率放大电路如习题6.8图所示，已知$V_{CC}=18$ V，$R_4=R_6=300$ Ω，$R_5=R_7=0.5$ Ω，$R_L=8$ Ω。(1) 该电路属于哪种互补对称电路？该电路的工作状态如何？(2) 电阻R_4和R_6起什么作用？R_5和R_7起什么作用？(3) 设$U_{CES1}=1.3$ V，$U_{BE2}=0.7$ V，计算电路的最大不失真输出功率P_o和效率η。

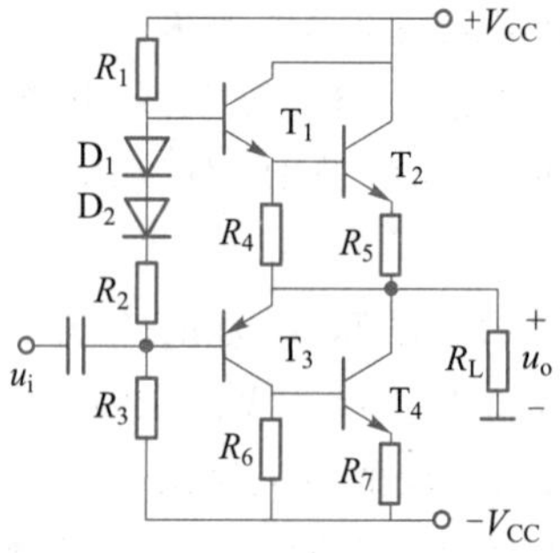

习题6.8图

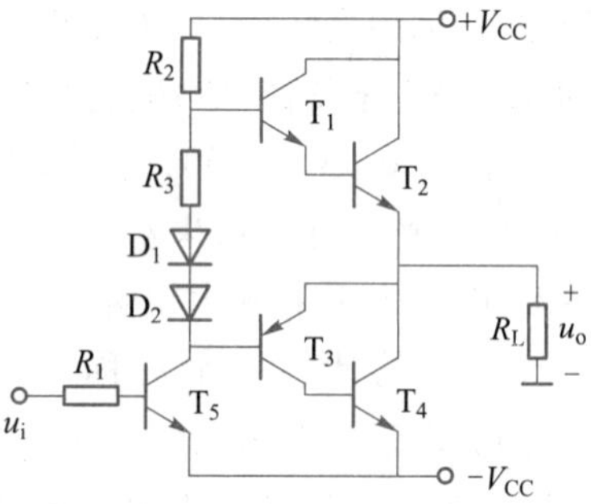

习题6.9图

6.9 在习题6.9图所示电路中，已知二极管的导通电压为0.55 V，晶体管导通时的$|U_{BE}|=0.55$ V，并且T_2和T_4管的饱和管压降$U_{CES}=2$V。$V_{CC}=15$ V，$R_L=16$ Ω。试问：(1) T_1、T_3和T_5管的基极静态电位分别为多少？(2) 设$R_2=10$ kΩ，且忽略T_1、T_3管的静态电流，则T_5管集电极静态电流为多少？R_2开路或短路时会出现什么现象？(3) R_3、D_1、D_2的作用是什么？若R_3短路，会出现什么现象？若D_1开路，会出现什么现象？(4) 负载上可能获得的最大输出功率和效率各为多少？

6.10 在习题6.10图所示的电路中，已知晶体管的$\beta=50$，$U_{BE}=0.7$ V，$U_{CES}=0.5$ V，$I_{CEO}=0$，$V_{CC}=12$ V，$R_L=8$ Ω。(1) 试计算电路可能达到的最大不失真输出功率P_o；(2) 估算偏置电阻R_b；(3) 计算电路的效率η。

6.11 电路如习题6.11图所示。(1) 合理连线，接入信号源u_I和反馈电阻R_f，使电路的输入电阻增大，输出电阻减小；(2) 估算电路的电压放大倍数。

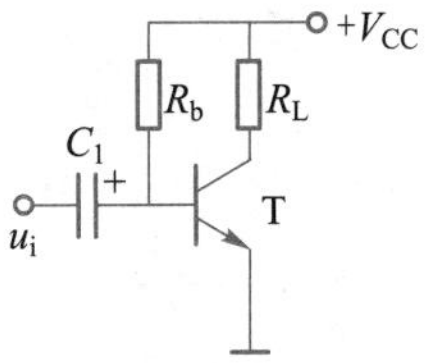

习题 6.10 图

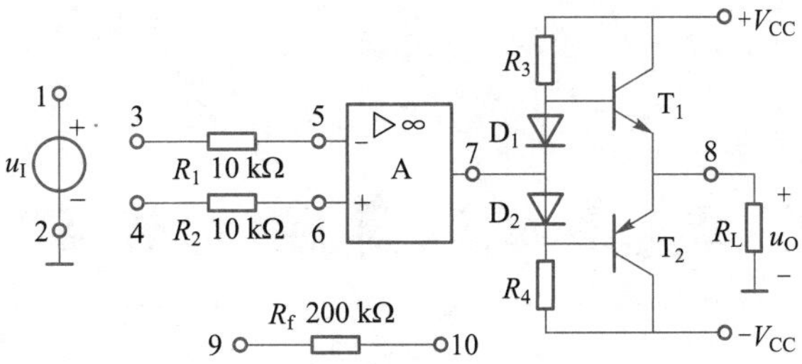

习题 6.11 图

第7章 集成运算放大电路

集成运放是一个高增益的直接耦合多级放大电路，其组成框图和图形符号如图4.2.1所示。由于集成电路在电路的选择及结构形式上要受到集成工艺条件的严格限制，因此与分立电路相比，集成运放在设计理念、电路结构、设计方法上都具有许多特点。

本章从集成运放的电路特点出发，针对组成集成运放的电流源电路、差分放大电路等单元电路展开讨论；然后以F007为例对集成运放进行分析，使读者进一步了解集成运放的电路特点、参数及其等效电路。

7.1 集成运放的电路特点

导学

F007的内部结构。

F007内部采用的耦合方式及原因。

集成运放的特点。

集成电路的制造从切片开始，即将单晶体硅棒用切片机切成很薄的片，经磨片、腐蚀、清洗、测试等工艺，得到厚度均匀的硅片。然后反复应用氧化、光刻、扩散、外延等工艺技术制造出管芯，再经划片、压焊引出线、测试、封装等工序，才能制成集成电路。其外型一般为金属圆壳或双列直插式结构。为了更有针对性地说明集成运放的电路特点，在此不妨以图7.1.1所示的F007集成电路内部原理图为例加以说明。

从图中不难看出，该电路划分为输入级、中间级、输出级和偏置电路四个部分，与图4.2.1(a)相一致。模拟集成电路与分立元件电路相比，具有以下特点。

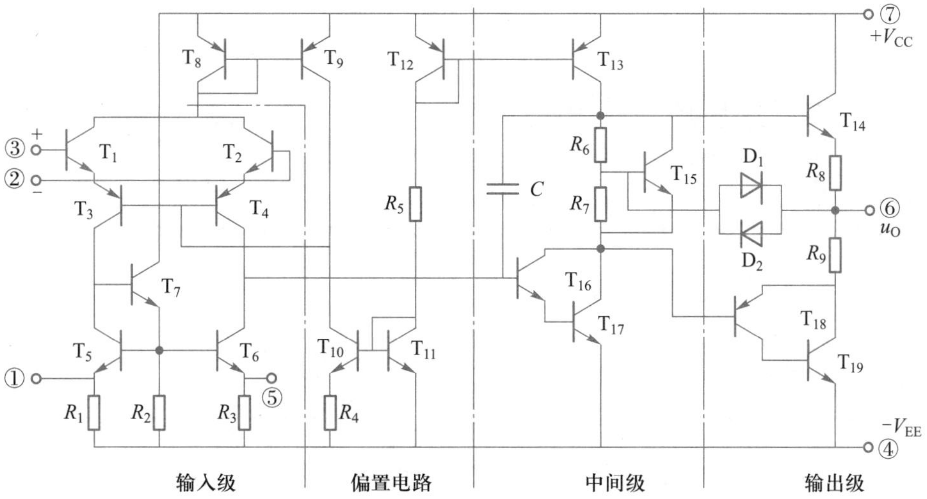

图 7.1.1 F007 集成电路内部原理图

1. 级间采用直接耦合方式

目前,采用集成电路工艺还不能制作大电容和电感。因此,集成电路中各级间的耦合只能选择直接耦合方式。

2. 三极管是集成电路中采用最多的器件

由于在集成工艺中制作一个 5 kΩ 电阻所占硅片面积可以制作三个三极管,一个 10 pF 的电容所占硅片面积可以制作十个三极管,而且误差较大。为此集成电路中阻值范围约为 10 Ω~30 kΩ,电容容量约在 100 pF以下,超过这一范围,所占硅片面积太大,很不经济,不宜采用。因此,在集成电路中尽可能采用三极管,例如三极管除了放大作用外,还用三极管组成的有源负载代替大电阻,用晶体管的发射结构成二极管,稳压管一般用 PNP 管的发射结代替。

3. 电路结构与元件参数具有对称性

因电路元件是在同一基片上通过相同的工艺过程制造出来的,这样就使同一片内的元件参数绝对值有相同的偏差,温度均一性好,容易制成特性相同的管子或阻值相等的电阻,特别适合制作对称性要求高的电路。如大量采用各种差分放大电路(作输入级)、恒流源电路(作偏置电路或有源负载)和互补对称功放电路(作输出级)。

4. 采用复合结构的电路

由于复合结构电路的性能较好,而制作又不增加多少困难,因此在集成电路中多采用复合管、共集-共基、共射-共基等组合电路。

模拟集成电路种类繁多,电路功能也千差万别,但从组成结构上看,一般是由输入级、中间级、输出级和偏置电路四部分组成。其中输出级已在第 6 章进行了介绍,因此,本章将重点介绍电流源偏置电路和差分放大电路。

7.2 集成电路中的电流源电路

导学

电流源电路在集成运放中的作用。

各种电流源输出电流表达式及适用范围。

有源负载具有的特点及其应用。

在电子电路特别是模拟集成电路中，广泛地使用一种单元电路——电流源。例如图7.1.1所示的F007原理图中的偏置电路，采用的就是电流源电路。它不仅可以为各级提供合适的偏置电流，而且可作为放大电路的有源负载，以提高电路的增益。因此，如何获得满足各种不同要求的电流源，就成为模拟集成电路设计制造中一个十分重要的问题。

常用的电流源电路有基本镜像电流源、加射极输出器的电流源、比例电流源、微电流源、威尔逊电流源、多路电流源等。本节仅介绍其中几种。

1. 基本镜像电流源电路

(1) 电路组成

如图7.2.1所示。因T、T_1制作在同一硅片上，故T、T_1特性相同：$U_{BE}=U_{BE1}$，$I_B=I_{B1}$，$I_C=I_{C1}$。

(2) 电路分析

图中，I_R为基准电流或参考电流，并且$I_R=\dfrac{V_{CC}-U_{BE}}{R}$；$I_O$为提供给各级的偏置电流或工作电流，且$I_{C1}=I_O$。

因为$I_C=I_R-2I_B=I_R-\dfrac{2I_{C1}}{\beta}$，所以$I_{C1}=\dfrac{I_R}{1+2/\beta}$。若满足$\beta\gg 2$，则有

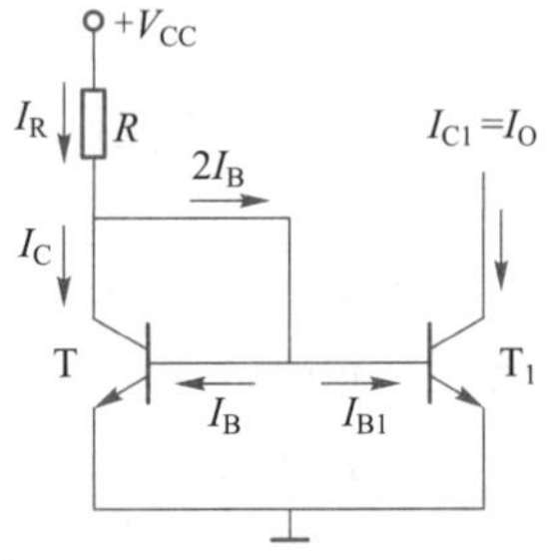

图7.2.1 基本镜像电流源电路

$$I_O=I_{C1}\approx I_R=\frac{V_{CC}-U_{BE}}{R} \tag{7.2.1}$$

可见，由于电路的特殊接法，使I_R与I_{C1}(或I_O)呈镜像关系，故称为镜像电流源。

(3) 适用范围

基本镜像电流源适用于工作电流I_O较大(毫安级)的场合。若$I_O=I_R=10\ \mu A$(微安级)，$V_{CC}=15$ V，则$R=1.5$ MΩ，则难以集成。

2. 微电流源电路

(1) 电路组成

为了用小电阻实现微电流，可在基本镜像电流源中T_1的发射极上接入电阻R_e，引入电流负反馈，使I_O更加稳定。如图7.2.2所示。

（2）电路分析

从电路看出，$I_O = I_{C1}$，且由 $U_{BE} = U_{BE1} + I_{E1}R_e$ 可得

$$I_{C1} \approx I_{E1} = \frac{U_{BE} - U_{BE1}}{R_e} \tag{7.2.2}$$

由于 $U_{BE} - U_{BE1}$ 只有几十毫伏，甚至更小，因此只要几千欧的 R_e，就可得到几十微安的 I_{C1}，故称微电流源。

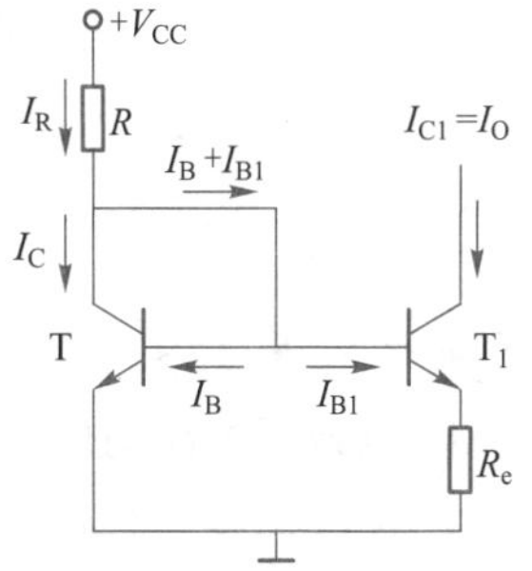

图 7.2.2 微电流源电路

（3）适用范围

由于 R_e 的作用，$I_O << I_R$，适用于 I_O 较小（微安级）的场合。

3. 比例电流源与多路电流源电路

（1）比例电流源电路

在基本镜像电流源的发射极上，分别接入两个电阻即可构成如图 7.2.3 所示的比例电流源。

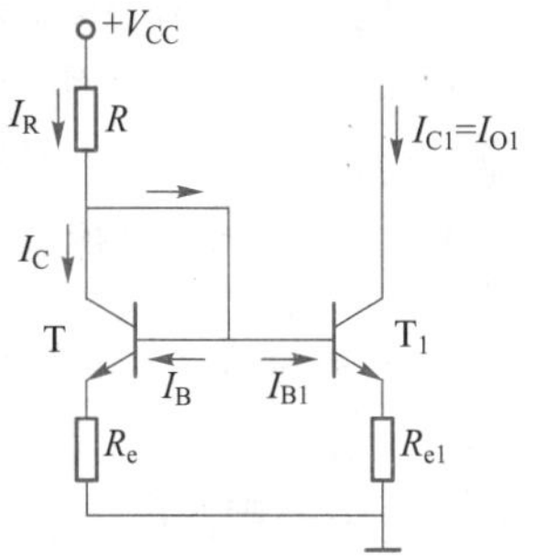

图 7.2.3 比例电流源

由图可知，基准电流

$$I_R \approx \frac{V_{CC} - U_{BE}}{R + R_e} \tag{7.2.3}$$

并且

$$U_{BE} + I_E R_e = U_{BE1} + I_{E1} R_{e1}$$

当考虑到两个管子的 U_{BE} 之差远小于 R_e、R_{e1} 上的电压降时，将有

$$I_E R_e \approx I_{E1} R_{e1}$$

进而可得输出电流

$$I_{C1} \approx I_{E1} \approx \frac{R_e}{R_{e1}} I_E \approx \frac{R_e}{R_{e1}} I_R \tag{7.2.4}$$

可见，输出电流 I_{C1}（即 I_{O1}）与基准电流 I_R 的关系可由射极电阻 R_e 与 R_{e1} 的比值确定，故将该电路称为比例电流源电路。由于引入了电流负反馈，提高了 I_{O1} 的温度稳定性。

（2）多路比例电流源电路

有时在电路中，可以用一个基准电流来获得多个不同的电流输出，如图 7.2.4 所示，称为多路输出比例电流源。

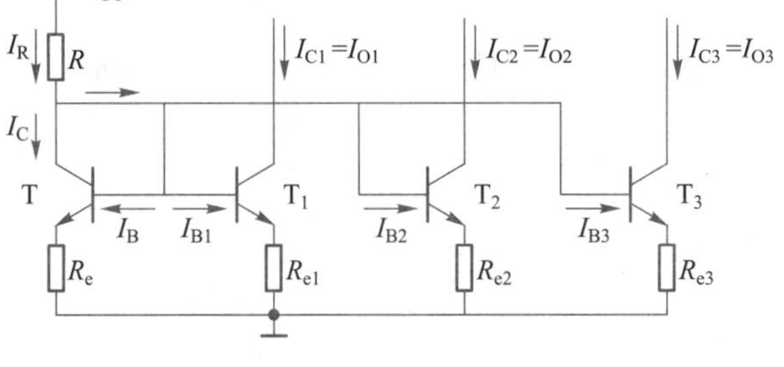

图 7.2.4 多路比例电流源电路

图中,I_{C1}、I_{C2}、I_{C3}为三路输出电流。与比例电流源的分析类似,不难得出其他各路电流

$$I_{C2} \approx I_{E2} = \frac{R_e}{R_{e2}} I_R, I_{C3} \approx I_{E3} = \frac{R_e}{R_{e3}} I_R \tag{7.2.5}$$

可见,当 I_R 确定后,只要选择合适的各路射极电阻 R_{e1}、R_{e2}、R_{e3},就可得到所需的各级静态电流 I_{O1}、I_{O2}、I_{O3}。

4. 电流源电路的应用——有源负载

集成运放要有极高的电压增益,可通过多级放大电路来实现。在电压放大倍数一定时,为了减少级数,就必须提高单级放大电路的电压放大倍数。对于共射(或共源)放大电路而言,提高电压放大倍数行之有效的方法是增大集电极电阻 R_c(或漏极电阻 R_d),如果在维持放大管静态电流不变的情况下增大 R_c(或 R_d)就必须提高电源电压,而电源电压增大到一定程度时将使电路的设计趋于不合理。解决上述问题的方法是采用电流源电路。

图 7.2.5(a)为晶体管的输出特性曲线示意图。从图中可以看到,Q 点处的直流电阻 $R_{CE} = \frac{U_{CE}}{I_C}$,数量级为千欧;考虑到基极宽度调制效应引起的曲线上翘 Δi_C 很小,其交流电阻 $r_{ce} = \frac{\Delta u_{ce}}{\Delta i_c} \to \infty$,因此晶体管具有恒流特性。

如果用电流源来代替共射放大电路中的集电极电阻 R_c,如图 7.2.5(b)所示,那么这个特殊的"集电极电阻"在电路中将表现为两重性:一是晶体管 T_2对直流呈现较小的电阻 R_{CE},可使电源电压维持不变;二是 T_2对交流呈现很大的电阻 r_{ce},此时共射放大管 T_1的集电极相当于接了一个很大的电阻,从而大大提高了 T_1的电压放大倍数。图中,T_2与 T_3组成镜像电流源,电流 I_{C2}等于基准电流 I_R。由于晶体管(或场效应管)是有源器件,所以 T_2是 T_1的有源负载。在实际集成电路中,中间级常采用有源负载。

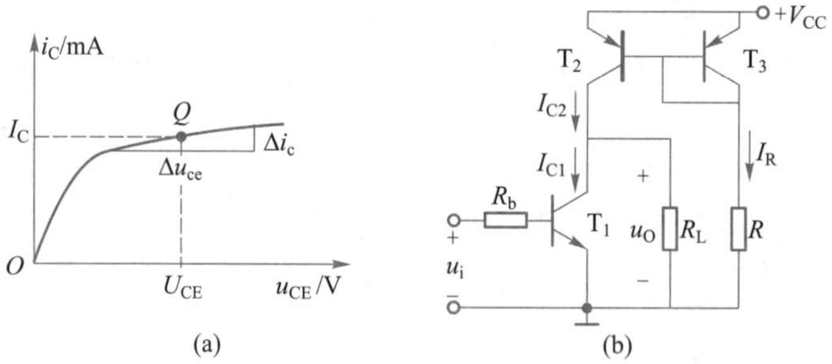

图 7.2.5 有源负载及其放大电路

(a) 晶体管输出特性曲线 (b) 有源负载共射放大电路

7.3 基本差分放大电路及其特性

导学

差模和共模信号的定义。

基本差放电路单端和双端输出时的主要区别。

差放电路 A_{ud}、A_{uc} 和 K_{CMR} 的数学表达式。

微视频

鉴于差分放大电路(也称差动放大电路,简称差放电路)能够较好地抑制零点漂移,因此它不仅是构成多级直接耦合放大电路的基本单元电路,而且也作为集成运放的输入级,例如图 7.1.1 所示的 F007 电路。

1. 电路组成

为了更好地抑制零点漂移,可人为地将两个电路参数和管子特性理想对称的单管直接耦合固定偏置共射放大电路结合在一起,就构成了如图 7.3.1(a)所示的基本差分放大电路。信号从两管的基极输入,从两管的集电极输出。

2. 差分放大电路的输入

(1) 差模信号与共模信号的概念

在图 7.3.1(a)所示的差分放大电路中,两个输入端的电压分别为 u_{i1} 和 u_{i2}。定义:

差分放大电路的差模(differential-mode)输入信号为

$$u_{id}=u_{i1}-u_{i2} \tag{7.3.1}$$

差分放大电路的共模(common-mode)输入信号为

$$u_{ic}=\frac{u_{i1}+u_{i2}}{2} \tag{7.3.2}$$

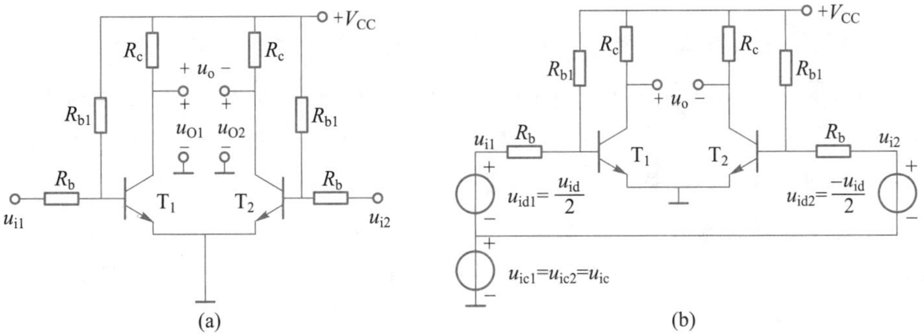

图 7.3.1 基本差分放大电路与双端输入方式

(a) 基本差放电路形式 (b) 双端输入方式

当用差模和共模电压表示两输入电压时,由以上两式可得

$$u_{i1}=u_{id1}+u_{ic1}=\frac{u_{id}}{2}+u_{ic} \tag{7.3.3a}$$

$$u_{i2}=u_{id2}+u_{ic2}=-\frac{u_{id}}{2}+u_{ic} \tag{7.3.3b}$$

即差分放大电路任意两个输入信号均可表示为差模和共模信号的组合,如图 7.3.1(b)所示。由此看出,具有"大小相等、极性相反"特点的称为差模输入信号,可表示为 u_{id1}、$u_{id2}=-u_{id1}$;具有"大小相等、极性相同"特点的称为共模输入信号,用 u_{ic} 表示。其实,无论是温度变化、电源电压波动所引起的漂移信号,还是伴随有用信号一起进入放大电路的干扰信号,它们都会使两管集电极电流向相同方向变化,其效果相当于在两个输入端加上了共模信号。因此,共模输入电压反映了漂移或干扰信号,是需要通过电路加以抑制的;而差模输入电压反映的是有用(有效)信号,是需要通过电路进行放大的。

(2) 差分放大电路的单端输入方式

由于差分放大电路有两个输入端,因此就有双端输入和单端输入之分。对于双端输入,可用式(7.3.3)加以描述。对于单端输入,如图 7.3.2(a)所示,它是将两个输入端中的一端接信号,另一端接地的情况。

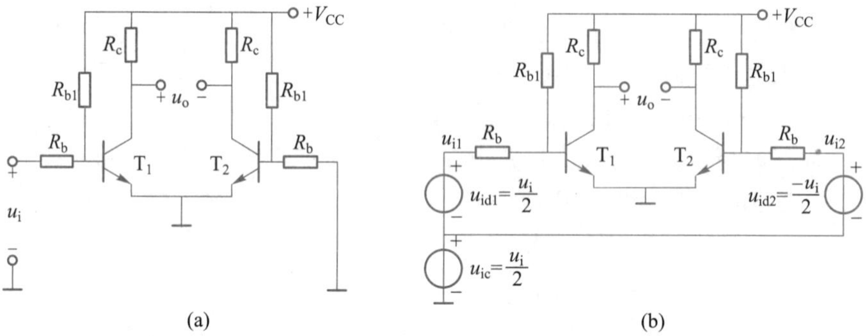

图 7.3.2 单端输入方式的基本差放电路

(a) 单端输入 (b) 单端输入方式的等效电路

为了说明单端输入方式的特点,不妨将差放电路的两个输入端进行如图 7.3.2(b)所示的等效变换,即将输入端的信号分为两个串联的信号源。在加信号的一端,是两个极性相同的信号源的串联,在接地一端是两个极性相反的信号源的串联。不难看出,此时的情形与图 7.3.1(b)的双端输入时一样。可见,单端输入等效于双端输入。

3. 差分放大电路的输出

为了衡量差放电路放大差模信号、抑制共模信号的能力,定义差模电压放大倍数

$$A_{ud}=\frac{u_{od}}{u_{id}} \tag{7.3.4}$$

共模电压放大倍数

$$A_{uc}=\frac{u_{oc}}{u_{ic}} \tag{7.3.5}$$

由图 7.3.1(b)可得每半边电路的集电极输出电压(总瞬时值=直流量+交流量)分别为

$$\dot{u}_{O1}=\dot{U}_{C1}+\dot{u}_{o1}=\dot{U}_{C1}+\dot{u}_{oc1}+\dot{u}_{od1}=\dot{U}_{C1}+\dot{A}_{uc1}\dot{u}_{ic}+\dot{A}_{ud1}\dot{u}_{id1} \tag{7.3.6a}$$

$$\dot{u}_{O2}=\dot{U}_{C2}+\dot{u}_{o2}=\dot{U}_{C2}+\dot{u}_{oc2}+\dot{u}_{od2}=\dot{U}_{C2}+\dot{A}_{uc2}\dot{u}_{ic}+\dot{A}_{ud2}\dot{u}_{id2} \tag{7.3.6b}$$

上两式中,U_{C1}、U_{C2}分别为 T_1、T_2 管的集电极静态电位(即零点),u_{oc1}、u_{oc2}是 u_{ic}经共射放大后在两管集电极产生的共模输出电压(即漂移),u_{od1}和 u_{od2}分别是 u_{id1}($u_{id}/2$)和 u_{id2}($-u_{id}/2$)经共射放大后在两管输出端产生的差模输出电压(即有效信号)。

(1) 双端输出

在电路参数理想对称的条件下,$A_{ud1}=A_{ud2}$,$A_{uc1}=A_{uc2}$。如果输出电压取自两管的集电极之间,由式(7.3.6)可知,$u_{O1}-u_{O2}=A_{ud1}u_{id1}-A_{ud2}u_{id2}=A_{ud1}u_{id}=u_{od}$。可见双端输出时只放大差模信号,抑制了零点漂移。差模电压放大倍数为

$$A_{ud}=\frac{u_{od}}{u_{id}}=A_{ud1} \tag{7.3.7}$$

上式表明,差分放大电路双端输出时的差模电压放大倍数 A_{ud}等于单管放大电路的电压放大倍数。它是用成倍的元器件来换取对共模信号(即零点漂移等干扰信号)的抑制作用。由于这种放大电路只有在两输入端之间有差别($u_{i1}=-u_{i2}$)时才放大,输出端才有变动,故也形象地称为差动放大电路。

共模电压放大倍数为

$$A_{uc}=\frac{u_{oc}}{u_{ic}}=\frac{u_{oc1}-u_{oc2}}{u_{ic}}=0 \tag{7.3.8}$$

即对 u_{ic}起绝对抑制作用。

(2) 单端输出(假设从 T_1 管集电极输出)

假设电路参数理想对称,在差模信号 $u_{id}=u_{i1}-u_{i2}=u_{id1}-u_{id2}=2u_{id1}$作用下,差模电压放大倍数为

$$A_{ud}=\frac{u_{od1}}{u_{id}}=\frac{u_{od1}}{2u_{id1}}=\frac{1}{2}A_{ud1} \tag{7.3.9}$$

在共模信号 u_{ic}作用下,共模电压放大倍数为

$$A_{uc}=\frac{u_{oc1}}{u_{ic}}=A_{uc1} \tag{7.3.10}$$

显见,欲抑制零点漂移,应使 A_{ud1}远大于 A_{uc1},这是设计差放电路的指导思想。

4. 差分放大电路的共模抑制比

差分放大电路的任务是放大有用的差模信号,抑制无用且有害的共模信号。故常采用"共模抑制比"来作为衡量差分放大电路的一个技术指标。共模抑制比用 K_{CMR}表示,即

$$K_{CMR}=\left|\frac{A_{ud}}{A_{uc}}\right| \tag{7.3.11}$$

上式表明,K_{CMR}越大,电路放大差模信号、抑制共模干扰(零漂)的能力越强。

7.4 长尾式差分放大电路

7.4.1 长尾式差放电路的形成与静态分析

导学

引出长尾式差放电路的目的。
长尾式差放电路的形成。
从局部电路出发估算长尾式差放电路的静态工作点。

微视频

1. 电路的演进及其组成

前已述及，基本差放电路是靠电路的完全对称、双端输出来抑制零漂。其实，由于实际电阻的阻值误差各不相同，再加上晶体管特性的分散性，使得实际差放电路参数不可能理想对称；若采用单端输出，零漂根本无法抑制。因此，为了限制各管单端输出的漂移电压，可以借助工作点稳定电路中采用的方法，即在晶体管的发射极上接入电阻 R_e，如图7.4.1所示。

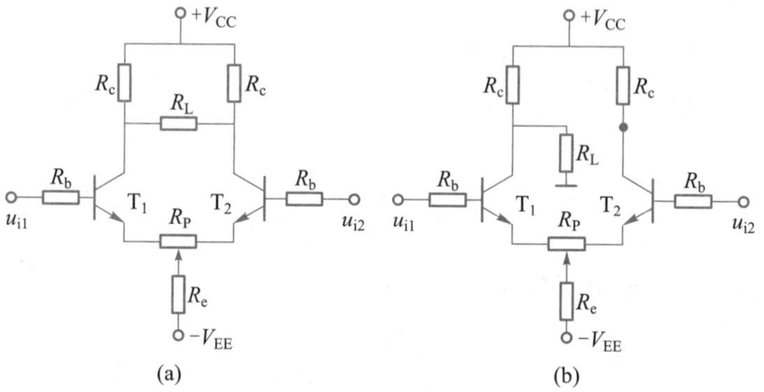

图 7.4.1 长尾式差分放大电路
(a) 双端输出 (b) 单端输出

该电路是在图7.3.1(a)所示的基本差放电路基础上增删了以下几个元件：

(1) 增设调零电位器 R_P：在实际中欲使电路理想对称是很难实现的，为此在两管发射极之间接入一个电位器 R_P，调节电位器滑动端的位置可使差放在 $u_{i1}=u_{i2}=0$ 时 $u_o=0$，所以常称 R_P 为调零电位器。其实，调零电位器 R_P 就好似天平游码，在天平称重且近乎水平的情况下，只要微动游码即可实现平衡。

(2) 增设共模反馈电阻 R_e：以负反馈的形式分别抑制每一个管子的零漂。

(3) 增设负电源 V_{EE}：因 R_e 越大抑制零漂的效果越好，而随着 R_e 的增大必将使其直流压降增大，为此引入一个负电源 V_{EE} 来抵偿 R_e 上的直流压降，以保持T_1、T_2原有的静态管压降基本不变。

(4) 删除两个基极偏置电阻 R_{b1}：由于增设的负电源 V_{EE} 可以为差放管 T_1、T_2 提供静态基极电流 I_B，为此去掉两个基极偏置电阻 R_{b1}。

2. 抑制零点漂移的过程

当 $T\uparrow \rightarrow i_{C1}、i_{C2}\uparrow \rightarrow i_{E1}、i_{E2}\uparrow \rightarrow u_E\uparrow \rightarrow u_{BE1}、u_{BE2}\downarrow \rightarrow i_{B1}、i_{B2}\downarrow \rightarrow i_{C1}、i_{C2}\downarrow$。

可见，R_e 对温度漂移及各种共模信号有强烈的抑制作用——抑制各管的零漂，且 R_e 越大，抑制零漂的作用越强。因此 R_e 被称为"共模反馈电阻"。

图 7.4.1 所示的电路形如"风筝"，且尾巴（指 R_e）越长，风筝在空中越稳定。正因如此，该电路形象地命名为"长尾式差分放大电路"。

3. 长尾式差分放大电路的静态分析

为了便于分析，假设电路参数对称，且调零电位器 R_P 的滑动头置中间。由于 $U_{BQ}=-I_{BQ}R_b\approx 0$，故可忽略 R_b 的影响。令 u_{i1} 和 u_{i2} 为零，可画出图 7.4.1 的局部直流通路，如图 7.4.2所示。

静态分析主要是计算出两个差放管的 I_{CQ} 及 U_{CEQ} 的大小。设 T_1 和 T_2 均为硅管，$U_{BEQ}=0.7$ V。

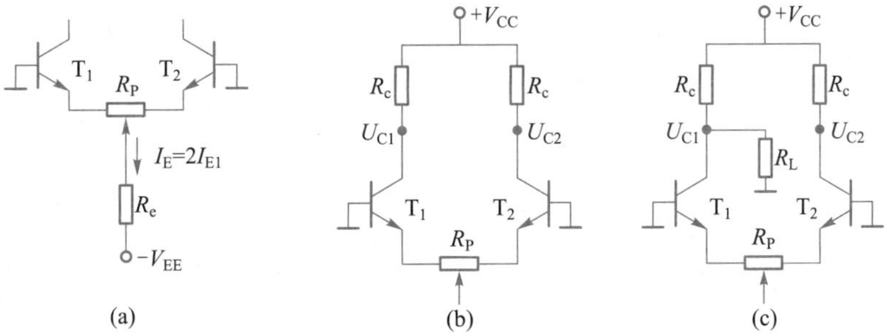

图 7.4.2 长尾式差放静态分析的局部电路

(a) 计算两差放管的 I_{CQ} (b)、(c) 计算两种输出方式的 U_{CEQ}

(1) 计算差放电路的 I_{CQ}

由局部直流通路图 7.4.2(a) 可列出 T_1（或 T_2）输入回路方程：

$$U_{BEQ}+\frac{R_P}{2}I_{EQ1}+2I_{EQ1}R_e=V_{EE}$$

由于 T_1 和 T_2 的工作电流相等，进而得到两差放管的 I_{CQ} 为

$$I_{CQ1}=I_{CQ2}\approx I_{EQ1}=\frac{V_{EE}-U_{BEQ}}{\frac{R_P}{2}+2R_e}=\frac{V_{EE}-0.7}{\frac{R_P}{2}+2R_e}$$

(2) 计算差放电路的 U_{CEQ}

差放电路的输出方式有双端输出和单端输出，如图 7.4.2(b)、7.4.2(c) 示出的两种输出方式的局部直流通路。在已知 I_{CQ1} 和 I_{CQ2}，且 $U_{BQ}\approx 0$ 时 $U_{EQ}=U_{BQ}-U_{BEQ}\approx -0.7$ V的条件下：

① 在图 7.4.2(b) 所示的双端输出时（因 $U_{CQ1}=U_{CQ2}$，故 R_L 视为开路）

$$U_{CEQ1}=U_{CEQ2}=U_{CQ}-U_{EQ}=V_{CC}-I_{CQ}R_c-(-0.7)=V_{CC}-I_{CQ}R_c+0.7$$

② 在图 7.4.2(c)所示的单端输出时(设T_1集电极接 R_L)

对于T_1:$\frac{V_{CC}-U_{CQ1}}{R_c}=I_{CQ1}+\frac{U_{CQ1}}{R_L}$,可得 U_{CQ1},故 $U_{CEQ1}=U_{CQ1}-U_{EQ}=U_{CQ1}+0.7$;

对于T_2:$U_{CQ2}=V_{CC}-I_{CQ2}R_c$,$U_{CEQ2}=U_{CQ2}-U_{EQ}=V_{CC}-I_{CQ2}R_c+0.7$。

7.4.2 长尾式差放电路的差模动态分析

导学

在差模信号作用下公共电阻 R_L、R_e、R_p 的处理方式。

差放电路在双端、单端输出时半边差模交流通路。

差放电路在双端、单端输出时差模动态指标的计算。

微视频

差放电路有两个输入端和两个输出端,因此根据实际需要,通常有双端输入双端输出、双端输入单端输出、单端输入双端输出、单端输入单端输出四种组合状态。且从输入方式上看,单端输入等效于双端输入。为此对于差放电路而言,讨论的焦点将落在差放电路的输出方式上。

下面以图 7.4.1 为例,从差模信号的角度来分析长尾差放电路两种输出方式的动态工作情况。为了分析问题方便,假设电路对称,调零电位器 R_P 的滑动头置中央,相当于每管各带$\frac{R_P}{2}$的电阻。

1. 差模交流通路

所谓差模交流通路,就是当差放电路的两个输入端各加一个“大小相等、极性相反”的差模输入电压信号,即 $u_{id1}=-u_{id2}=\frac{u_{id}}{2}$时所对应的交流通路。

为了便于理解,在图 7.4.3 中画出了差模信号作用下相关位置电压变化和支路电流变化的示意波形。

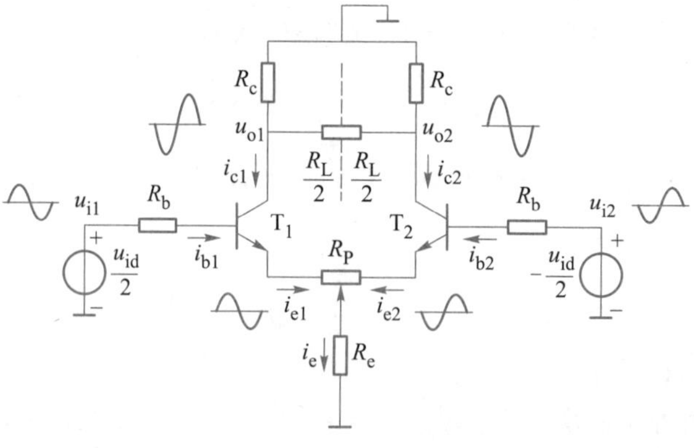

图 7.4.3 差模信号作用下的工作情况

对于负载电阻 R_L而言,如果是图 7.4.3 所示的双端输出,在差模输入信号 $u_{id1}=-u_{id2}$作用下，由于负载电阻 R_L 跨接在两管的集电极之间，势必造成 R_L 的中点是交流地电位，相当于 T_1、T_2 集电极分别带有 $R_L/2$ 的负载，此时两管的交流等效负载电阻 $R'_L=R_c /\!/ R_L/2$。若是图 7.4.1(b)所示的单端输出（假设从 T_1 集电极接负载），$R'_L=R_c /\!/ R_L$。

对于长尾电阻 R_e 而言，由于差模信号使两管集电极电流一增一减，其变化量相等，$i_{e1}=-i_{e2}$，这样流过长尾电阻 R_e 上的总电流 $i_e=i_{e1}+i_{e2}=0$，即 R_e 上无压降，此时射极公共支路（这里指 R_e）相当于短路。这是差分放大电路差模放大倍数大的根本原因。

鉴于差放电路两边电路对称，只需对半边电路进行动态分析，并由以上分析可画出图 7.4.4所示的半边差模交流通路。可见，确定电路中的负载电阻 R_L、长尾电阻 R_e、调零电位器 R_P 在差模情况下各自的状态至关重要，它是正确分析差放电路的基础。

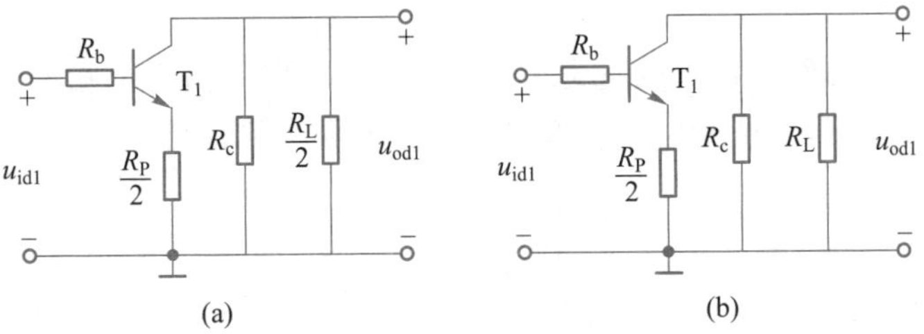

图 7.4.4 半边电路差模交流通路

(a) 双端输出 (b) 单端输出

2. 主要技术指标的计算

(1) 差模电压放大倍数

① 双端输出

图 7.4.1(a)的半边差模交流通路如图 7.4.4(a)所示，$u_{id1}=i_{b1}[R_b+r_{be}+(1+\beta)(R_p/2)]$，$u_{od1}$ 分以下两种情况：

当未接 R_L（空载）时，$u_{od1}=-i_{c1}R_c=-\beta i_{b1}R_c$，代入式(7.3.7)可得

$$A_{ud}=A_{ud1}=\frac{u_{od1}}{u_{id1}}=-\frac{\beta R_c}{R_b+r_{be}+(1+\beta)(R_p/2)} \tag{7.4.1a}$$

当两管接 R_L 时，$u_{od1}=-i_{c1}[R_c/\!/(R_L/2)]$，则差模电压放大倍数

$$A_{ud}=\frac{u_{od1}}{u_{id1}}=-\frac{\beta[R_c/\!/(R_L/2)]}{R_b+r_{be}+(1+\beta)(R_p/2)} \tag{7.4.1b}$$

在记忆方法上可与单管共射电压放大倍数 $A_u=-\dfrac{\beta R'_L}{r_{be}+(1+\beta)R_e}$ 加以对照。所不同的是空载时 $R'_L=R_c$，有载时 $R'_L=R_c/\!/(R_L/2)$，输入端要考虑 R_b 的影响，射极电阻 $R_e=R_p/2$。

② 单端输出

图 7.4.1(b)的半边差模交流通路如图 7.4.4(b)所示。同样分以下情况：

当负载开路时，即假设图 7.4.4(b)中的 R_L 开路，根据式(7.3.9)可得单端输出差模电压放大倍数

$$A_{ud}=\frac{1}{2}A_{ud1}=\frac{1}{2}\cdot\frac{u_{od1}}{u_{id1}}=\frac{1}{2}\cdot\frac{-\beta R_c}{R_b+r_{be}+(1+\beta)(R_p/2)} \tag{7.4.2a}$$

与式(7.4.1a)相比，空载时单端输出的差模电压放大倍数只有双端输出时的一半。

当接有负载 R_L，且假设从 T_1 管集电极输出时，由图 7.4.4(b)可得

$$A_{ud}=\frac{1}{2}\cdot\frac{u_{od1}}{u_{id1}}=\frac{1}{2}\cdot\frac{-\beta(R_c/\!/R_L)}{R_b+r_{be}+(1+\beta)(R_p/2)} \tag{7.4.2b}$$

同理，若从 T_2 管单端输出，则

$$A_{ud}=\frac{1}{2}\cdot\frac{u_{od2}}{u_{id1}}=\frac{1}{2}\cdot\frac{\beta(R_c/\!/R_L)}{R_b+r_{be}+(1+\beta)(R_p/2)} \tag{7.4.2c}$$

可见，单端输出时，可以根据电路设计的需要选择从不同的晶体管输出，从而使输出电压与输入电压反相或同相。

(2) 差模输入电阻

它是从差放电路的两个输入端看进去的交流等效电阻。由于单端输入和双端输入的效果相同，故差模输入电阻为两个半边等效电路输入电阻之和，即

$$R_{id}=2\left[R_b+r_{be}+(1+\beta)\frac{R_P}{2}\right] \tag{7.4.3}$$

(3) 差模输出电阻

它是从差放电路的输出端看进去的交流等效电阻。

① 双端输出

$$R_o\approx 2R_c \tag{7.4.4a}$$

② 单端输出

$$R_{o1}\approx R_c \tag{7.4.4b}$$

7.4.3 长尾式差放电路的共模动态分析

导学

在共模信号作用下公共电阻 R_L、R_e、R_p 的处理方式。

差放电路双端、单端输出时半边共模交流通路。

差放电路双端、单端输出时共模动态指标的计算。

微视频

仍以图 7.4.1 为例，从共模信号的角度来分析。仍假设电路对称，且调零电位器 R_p 的滑动头置中央。

1. 共模交流通路

所谓共模交流通路，就是当差放电路的两个输入端各加一个“极性相同、大小相等”的共模输入电压信号，即 $u_{i1}=u_{i2}=u_{ic}$ 时所对应的交流通路。

为了直观起见，在图 7.4.5 中画出了共模信号作用下相关位置电压变化和支路电流变化的示意波形。

对于负载电阻 R_L 而言，如果是图 7.4.1(a)所示的双端输出，当输入共模信号时，由图 7.4.5 看出，T_1 和 T_2 管的集电极电位相等，此时 R_L 中的共模信号电流等于零，R_L 可视为开

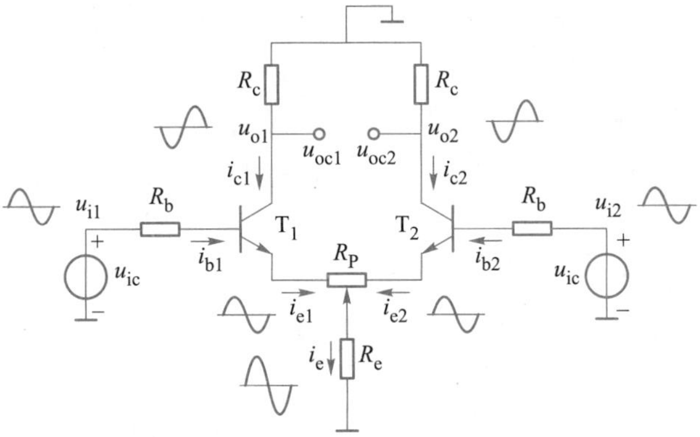

图 7.4.5　共模信号作用下的工作情况

路。对于图 7.4.1(b)所示的单端输出(假设负载接在T_1的集电极上),$R'_L=R_c /\!/ R_L$。

对于长尾电阻 R_e而言,由图 7.4.5 看出,共模信号使两管射极电流变化趋势相同($i_{e1}=i_{e2}$),且都流过发射极公共支路,此时 $i_e=i_{e1}+i_{e2}=2i_{e1}$,$u_{Re}=2i_{e1}\cdot R_e=i_{e1}\cdot(2R_e)$,在画半边交流通路时,射极公共支路电阻相当于单边射极支路电阻的两倍,即对每管来说相当于射极串接了 $2R_e$的电阻。这是造成共模放大倍数很小的根本原因。

综合上述分析,可画出图 7.4.6 所示的半边电路共模交流通路。

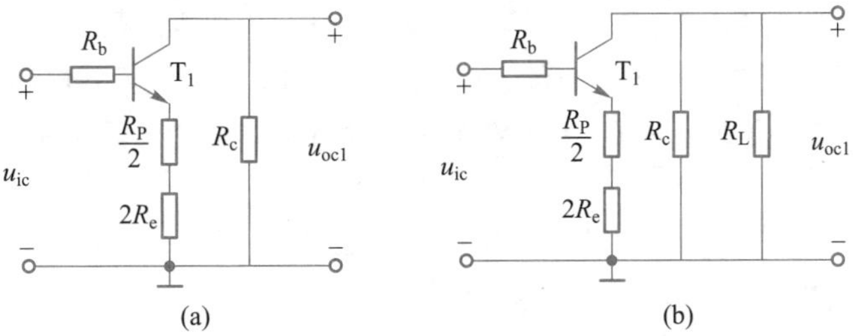

图 7.4.6　半边电路共模交流通路
(a) 双端输出　(b) 单端输出

2. 主要技术指标的计算

(1) 共模电压放大倍数

① 双端输出

在电路理想对称的条件下,由图 7.4.5 看出,共模输入信号使两管集电极电位 $u_{oc1}=u_{oc2}$。据式(7.3.8)可得

$$A_{uc}=\frac{u_{oc}}{u_{ic}}=\frac{u_{oc1}-u_{oc2}}{u_{ic}}=0 \tag{7.4.5}$$

上式表明,双端输出的长尾差放电路对共模信号基本不放大,即对共模干扰信号有极强的抑制作用。

② 单端输出

由图 7.4.6(b)所示半边交流电路和式(7.3.10)可得

$$A_{uc}=\frac{u_{oc1}}{u_{ic}}=\frac{u_{oc2}}{u_{ic}}=-\frac{\beta(R_c/\!/R_L)}{R_b+r_{be}+(1+\beta)(R_P/2+2R_e)} \tag{7.4.6}$$

可见,单端输出的差放电路对共模干扰信号的抑制能力虽然不如双端输出的差放电路,但由于共模负反馈电阻 R_e 的作用,使 A_{uc} 很小;且 R_e 越大,电路对共模干扰信号的抑制能力越强。

(2) 共模输入电阻

由图 7.4.5 可知,T_1、T_2 两管基极电位相等,两输入端是并联的,则

$$R_{ic}=\frac{1}{2}\left[R_b+r_{be}+(1+\beta)\left(\frac{R_P}{2}+2R_e\right)\right] \tag{7.4.7}$$

3. 关于调零电位器

(1) 差分放大电路中不设置发射极调零电位器 R_P

无论是对差模信号还是共模信号,只要将上述静态和动态各式中的 $R_P=0$ 即可。

(2) 差分放大电路中设置集电极调零电位器 R'_P

如图 7.4.7 所示。在将差分放大电路静态和动态各式中的 $R_P=0$ 的基础上,再用 $\left(R_c+\frac{R'_P}{2}\right)$ 代替上述静态和动态各式中的 R_c 即可。

例 7.4.1 某长尾差放电路如图 7.4.8 所示。设晶体管 $\beta=50$, $U_{BE}=0.7\ \text{V}$, $r_{bb'}=300\ \Omega$。$R_b=1\ \text{k}\Omega$, $R_c=R_e=R_L=5\ \text{k}\Omega$, $V_{CC}=V_{EE}=12\ \text{V}$。试求:(1) T_1 和 T_2 的静态工作点;(2) 差模电压放大倍数 A_{ud} 和共模电压放大倍数 A_{uc};(3) 差模输入电阻 R_{id}、共模输入电阻 R_{ic} 和输出电阻 R_o。

解:(1)【方法一】设静态时 $U_{BQ}=0\ \text{V}$,其基-射回路方程为 $U_{BEQ}+2I_{EQ1}R_e=V_{EE}$,则

$$I_{CQ1}=I_{CQ2}\approx I_{EQ1}=\frac{V_{EE}-U_{BEQ}}{2R_e}=\frac{12-0.7}{2\times5}\ \text{mA}=1.13\ \text{mA}$$

又因电路对称,则 $U_{CQ1}=U_{CQ2}$, R_L 开路,故

$$U_{CEQ1}=U_{CEQ2}=U_{CQ}-U_{EQ}=V_{CC}-I_{CQ}R_c-(-0.7)=(12-1.13\times5+0.7)\ \text{V}=7.05\ \text{V}$$

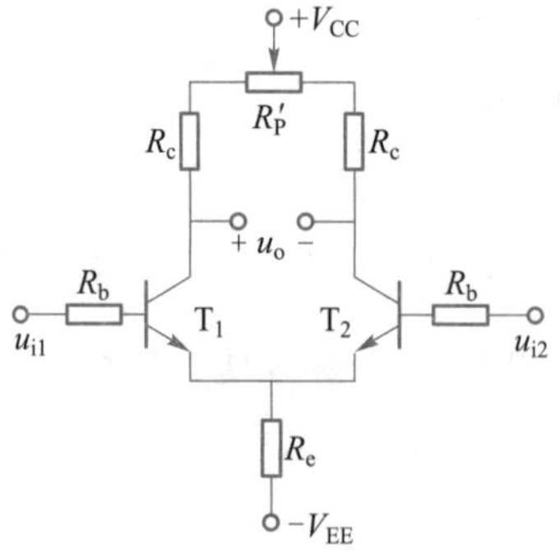

图 7.4.7 集电极带调零电位器的差放电路

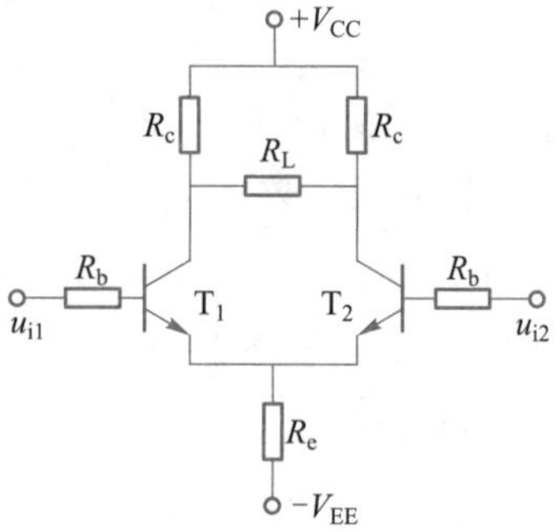

图 7.4.8 例 7.4.1

【方法二】由基极回路方程 $I_{BQ}R_b+U_{BEQ}+2(1+\beta)I_{BQ}R_e=V_{EE}$ 得

$$I_{BQ}=\frac{V_{EE}-U_{BEQ}}{R_b+2(1+\beta)R_e}=\frac{12-0.7}{1+2\times51\times5}\ \text{mA}\approx22.11\ \mu\text{A}$$

$$I_{CQ1}=I_{CQ2}=\beta I_{BQ}=50\times22.11\times10^{-3}\ \text{mA}\approx1.11\ \text{mA}$$

$$U_{CEQ1}=U_{CEQ2}=V_{CC}-(-V_{EE})-I_{CQ}R_c-2I_{EQ}R_e=(12+12-1.11\times5-2\times1.11\times5)\ \text{V}=7.35\ \text{V}$$

显然,两种方法计算出的结果稍有误差,误差的原因是假设 $U_{BQ}=-I_{BQ}R_b\approx0$ 的缘故。虽然第一种方法有些近似,但对于计算下面将要介绍的恒流源差放电路来说却很方便。因此,本教材统一采用方法一进行计算。

(2) 用【方法一】的结果计算。

$$r_{be}=r_{bb'}+(1+\beta)\frac{26\ \text{mV}}{I_{EQ1}}=300\ \Omega+51\times\frac{26}{1.13}\ \Omega\approx1.47\ \text{k}\Omega$$

$$A_{ud}=-\beta\frac{R_c/\!/(R_L/2)}{R_b+r_{be}}=-50\times\frac{5/\!/(5/2)}{1+1.47}\approx-33.74$$

$$A_{uc}=0$$

(3) $R_{id}=2(R_b+r_{be})=2\times(1+1.47)\ \text{k}\Omega=4.94\ \text{k}\Omega$

$$R_{ic}=\frac{1}{2}[R_b+r_{be}+2(1+\beta)R_e]=\frac{1+1.47+2\times51\times5}{2}\ \text{k}\Omega\approx256.24\ \text{k}\Omega$$

$$R_o=2R_c=2\times5\ \text{k}\Omega=10\ \text{k}\Omega$$

例 7.4.2 某双入单出长尾差放电路如图 7.4.1(b)所示。$V_{CC}=V_{EE}=12\ \text{V}$,$R_c=50\ \text{k}\Omega$,$R_b=5\ \text{k}\Omega$,$R_e=57\ \text{k}\Omega$,$R_P=200\ \Omega$,$R_L=50\ \text{k}\Omega$。已知晶体管 $\beta=80$,$U_{BE}=0.6\ \text{V}$,$r_{bb'}=100\ \Omega$。(1) 求静态电流 I_{C1}、I_{C2}和管压降 U_{CE1}、U_{CE2};(2) 求差模输入电阻 R_{id}和输出电阻 R_o;(3) 求 A_{ud}、A_{uc}及 K_{CMR};(4) 若 $u_{i1}=40\ \text{mV}$,$u_{i2}=20\ \text{mV}$,电路输出电压 u_o和 u_{C1}各为何值?

解:(1) 设静态时 $U_{BQ}\approx0\ \text{V}$,且 R_P的滑动头置中央,由电路可写出 $U_{BEQ}+\frac{R_P}{2}I_{EQ1}+2I_{EQ1}R_e=V_{EE}$,则

$$I_{CQ1}=I_{CQ2}\approx I_{EQ1}=\frac{V_{EE}-U_{BEQ}}{(R_P/2)+2R_e}=\frac{12-0.6}{0.1+2\times57}\ \text{mA}\approx0.1\ \text{mA}$$

对于T_1管:$\frac{V_{CC}-U_{CQ1}}{R_c}=I_{CQ1}+\frac{U_{CQ1}}{R_L}$,即$\frac{12-U_{CQ1}}{50}=\frac{U_{CQ1}}{50}+0.1$,得 $U_{CQ1}=3.5\ \text{V}$

$$U_{CEQ1}=U_{CQ1}-U_{EQ1}=(3.5+0.6)\ \text{V}=4.1\ \text{V}$$

对于T_2管:$U_{CQ2}=V_{CC}-I_{CQ2}R_c=(12-0.1\times50)\ \text{V}=7\ \text{V}$,则

$$U_{CEQ2}=U_{CQ2}-U_{EQ2}=(7+0.6)\ \text{V}=7.6\ \text{V}$$

(2) $r_{be}=r_{bb'}+(1+\beta)\frac{26\ \text{mV}}{I_{EQ1}}=\left(100+81\times\frac{26}{0.1}\right)\ \Omega=21.16\ \text{k}\Omega$

$$R_{id}=2[R_b+r_{be}+(1+\beta)(R_P/2)]=2\times(5+21.16+81\times0.1)\ \text{k}\Omega=68.52\ \text{k}\Omega$$

$$R_{od}\approx R_c=50\ \text{k}\Omega$$

(3) $A_{ud}=\frac{1}{2}\left[-\frac{\beta(R_c/\!/R_L)}{R_b+r_{be}+(1+\beta)(R_P/2)}\right]=-\frac{1}{2}\times\frac{80\times\frac{50\times50}{50+50}}{5+21.16+81\times0.1}\approx-29.19$

$$A_{uc}=-\frac{\beta(R_c/\!/R_L)}{R_b+r_{be}+(1+\beta)(R_P/2+2R_e)}=-\frac{80\times(50/\!/50)}{5+21.16+81\times(0.1+2\times57)}\approx-0.22$$

$$K_{CMR}=\left|\frac{A_{ud}}{A_{uc}}\right|=\left|\frac{-29.19}{-0.22}\right|\approx 132.68$$

(4) $u_{id}=u_{i1}-u_{i2}=(40-20)\ \text{mV}=20\ \text{mV}$，$u_{ic}=\dfrac{u_{i1}+u_{i2}}{2}=\dfrac{40+20}{2}\ \text{mV}=30\ \text{mV}$

$$u_o=u_{oc}+u_{od}=A_{uc}u_{ic}+A_{ud}u_{id}=(-0.22\times30-29.19\times20)\,\text{mV}\approx-0.59\text{V}$$

$$u_{C1}=U_{CQ1}+u_o=(3.5-0.59)\,\text{V}=2.91\text{V}$$

可见，u_{C1}的计算结果表明差放单端输出时，电路中零点（直流）、漂移（共模）和有效（差模）信号是同时存在的，是式（7.3.6a）的数值体现。只不过利用长尾差放电路把漂移信号抑制到很小的程度，并对有效信号进行应有的放大而已。

7.5　恒流源式差分放大电路

导学

恒流源式差放电路的优点。

常见恒流源式差放电路的类型。

从局部电路出发估算恒流源式差放电路的静态工作点。

微视频

1. 电路的演进及其组成

由长尾式差放电路可知，R_e越大，抑制零漂的作用就越强，为保证合适的I_{EQ}，负电源V_{EE}需随之增大，这显然不现实，解决的方案是用恒流源代替R_e，如图7.5.1所示。由7.2节可知，工作在放大区的晶体管具有恒流特性，如果利用晶体管直流电阻小的特点替代长尾电阻R_e，可使V_{EE}基本不变，利用动态电阻很大的特点可以更好地抑制各管的零漂，得到较高的K_{CMR}。为此，人们常将其称为恒流源式差分放大电路。

构成图7.5.1中的恒流源电路形式有很多，常见的几种电路如图7.5.2所示。

2. 静态分析

(1) 计算差放电路I_{CQ}的方法

思路是从恒流源电路入手设法求出I_{CQ3}，（在电路参数对称，且调零电位器R_P的滑动头置中央的条件下）进而得到$I_{CQ1}=I_{CQ2}\approx\frac{1}{2}I_{CQ3}$。下面以图7.5.2所示的几种形式的恒流源电路为例简述I_{CQ3}的求法。

① 电阻分压式恒流源电路

如图7.5.2(a)所示。当忽略T_3的I_{BQ3}时，由分压公式可得

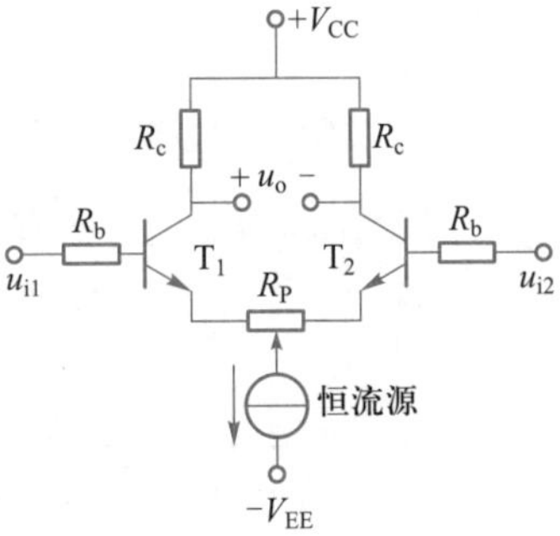

图7.5.1　恒流源式差分放大电路

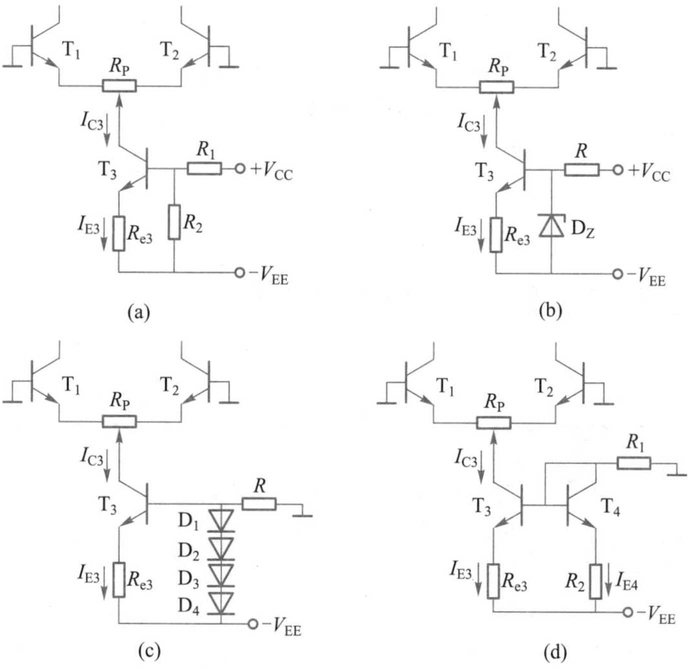

图 7.5.2 几种恒流源差放的局部电路

(a) 电阻分压式 (b) 稳压管式 (c) 二极管式 (d) 电流源式

$$U_{R2} \approx \frac{R_2}{R_1+R_2}(V_{CC}+V_{EE}), I_{CQ3} \approx I_{EQ3} \approx \frac{U_{R2}-U_{BEQ3}}{R_{e3}}$$

② 稳压管偏置式恒流源电路

如图 7.5.2(b)所示。该电路可直接利用稳压管两端的电压 U_Z 计算,即

$$I_{CQ3} \approx I_{EQ3} \approx \frac{U_Z-U_{BEQ3}}{R_{e3}}$$

③ 二极管偏置式恒流源电路

如图 7.5.2(c)所示。对电路的计算可仿照稳压管式恒流源电路的分析方法。若假设四个二极管的导通电压 U_D 相等,则

$$I_{CQ3} \approx I_{EQ3} \approx \frac{4U_D-U_{BEQ3}}{R_{e3}}$$

④ 电流源式恒流源电路

电流源的电路形式很多,图 7.5.2(d)仅示出了比例电流源电路。该电路与图 7.2.3 所示的比例电流源相似,可模仿其计算方法进行分析。

根据 $I_{EQ3}R_{e3}=I_{EQ4}R_2$ 得出 $I_{CQ3} \approx I_{EQ3} = \frac{R_2}{R_{e3}}I_{EQ4}$,式中,$I_{EQ4} \approx \frac{V_{EE}-U_{BEQ4}}{R_1+R_2}$。

(2) 计算差放电路 U_{CEQ} 的方法

应视双端输出和单端输出而定,与长尾式差放电路的计算方法完全一样。

3. 动态分析

与长尾式差放电路的计算方法基本一致。所不同的是在分析共模输入信号工作状态时，用恒流源（如图 7.5.1 所示）的交流电阻 r_o代替 R_e即可。

7.6 其他类型的差分放大电路

导学

复合管差放电路与长尾式差放电路的动态指标的区别。

计算场效应管差放电路的动态指标。

分析差分放大电路中的反馈。

为了提高差放电路的性能，可以采用复合管差放电路和场效应管差放电路。

1. 复合管差分放大电路

图 7.6.1(a)示出了复合管差放电路。由于复合管 $\beta\approx\beta_1\beta_2$，在 I_{Re}相同的条件下，减小了输入偏置电流；同时提高了两差放管的输入电阻 $r_{be}\approx r_{be1}+(1+\beta_1)r_{be2}$。

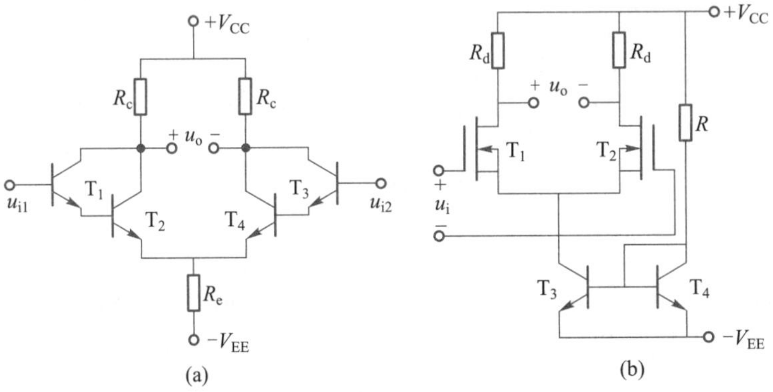

图 7.6.1 其他类型的差放电路

(a) 复合管差放电路 (b) 场效应管差放电路

(1) 双端输出

$$A_{ud}=-\frac{\beta_1\beta_2R_c}{r_{be1}+(1+\beta_1)r_{be2}},A_{uc}=0,R_{id}=2[r_{be1}+(1+\beta_1)r_{be2}],R_o\approx 2R_c。$$

(2) 单端输出

从T_1输出，$A_{ud}=-\dfrac{1}{2}\cdot\dfrac{\beta_1\beta_2R_c}{r_{be1}+(1+\beta_1)r_{be2}}$；从$T_2$输出，$A_{ud}=\dfrac{1}{2}\cdot\dfrac{\beta_1\beta_2R_c}{r_{be1}+(1+\beta_1)r_{be2}}$。

$$A_{uc}=-\frac{\beta_1\beta_2R_c}{r_{be1}+(1+\beta_1)[r_{be2}+(1+\beta_2)2R_e]},R_{id}=2[r_{be1}+(1+\beta_1)r_{be2}],R_o\approx R_c。$$

2. 场效应管差分放大电路

图 7.6.1(b)示出了场效应管差放电路。其优点是输入电阻高(对于 MOS 管构成的差放而言,其差模或共模输入电阻都约等于无穷大),输入偏置电流极小(仅为几个纳安)。缺点是差放管的参数在工艺上难以一致,导致输入失调电压较大。

例 7.6.1 放大电路如图 7.6.2 所示。差放电路由场效应管组成,T_1和T_2管的互导 $g_m=2\ \text{mS}$,T_3和T_4管为硅管,T_5管为锗管,$\beta=80$,$r_{be}=2\ \text{k}\Omega$。$R_d=10\ \text{k}\Omega$,$R_g=1\ \text{M}\Omega$,$R_1=18\ \text{k}\Omega$,$R_2=100\ \Omega$,$R_3=3.9\ \text{k}\Omega$,$R_4=3.6\ \text{k}\Omega$,$R_{e5}=3.9\ \text{k}\Omega$,$R_L=10\ \text{k}\Omega$,$V_{DD}=V_{EE}=12\ \text{V}$。

(1) 在输入电压为零时,若保证输出端的静态电压 $U_O=0\ \text{V}$,R_{c5}应为何值?

(2) 求电压放大倍数 A_u。

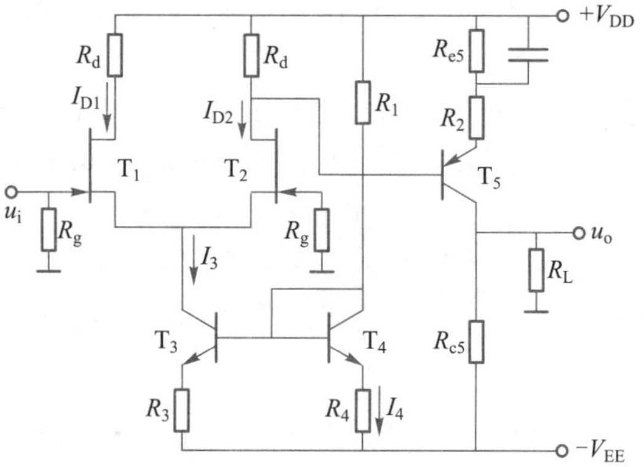

图 7.6.2 例 7.6.1

解:(1) $I_4=\dfrac{V_{CC}+V_{EE}-U_{BEQ4}}{R_1+R_4}=\dfrac{12+12-0.7}{18+3.6}\ \text{mA}\approx1.08\ \text{mA}$

由 $I_{EQ3}R_3=I_4R_4$ 得 $I_3\approx I_{EQ3}=\dfrac{R_4}{R_3}I_4=\dfrac{3.6}{3.9}\times1.08\ \text{mA}\approx1\ \text{mA}$

故 $I_{DQ1}=I_{DQ2}=\dfrac{1}{2}I_3=\dfrac{1}{2}\times1\ \text{mA}=0.5\ \text{mA}$

【方法一】当考虑 I_{BQ5}时,由$\left(I_{DQ2}-\dfrac{I_{EQ5}}{1+\beta_5}\right)R_d=I_{EQ5}(R_{e5}+R_2)+U_{EBQ5}$得 $I_{EQ5}=1.16\text{mA}$

【方法二】当不考虑 I_{BQ5}时,由 $I_{DQ2}R_d\approx I_{EQ5}(R_{e5}+R_2)+U_{EBQ5}$得 $I_{EQ5}=1.2\text{mA}$

可见,计算误差不大,因为 I_{BQ5}很小。下面按 $I_{EQ5}=1.2\text{mA}$ 计算。

为保证静态时 $U_O=0\ \text{V}$,则应使 $I_{CQ5}R_{c5}=V_{EE}$,即

$$R_{c5}\approx\frac{V_{EE}}{I_{EQ5}}=\frac{12}{1.2}\ \text{k}\Omega=10\ \text{k}\Omega$$

(2) $R_{i2}=r_{be}+(1+\beta)R_2=(2+81\times0.1)\ \text{k}\Omega=10.1\ \text{k}\Omega$

因差放电路为单端输出,所以 $A_{ud1}=\dfrac{1}{2}g_m(R_d/\!/R_{i2})=\dfrac{1}{2}\times2\times\dfrac{10\times10.1}{10+10.1}\approx5.02$

后级的电压放大倍数

$$A_{u2}=-\beta\frac{R_{c5}/\!/R_L}{r_{be}+(1+\beta)R_2}=-80\times\frac{10\times10}{(10+10)(2+81\times0.1)}\approx-39.6$$

故总的电压放大倍数

$$A_u=A_{ud1}\cdot A_{u2}=-5.02\times39.6\approx-198.79$$

3. 差分放大电路的反馈分析

在第 5 章曾经介绍过反馈的概念、组态及其闭环放大倍数的估算，如果遇到由差分放大电路组成的反馈电路又该如何分析呢？

其实，对于差放电路的反馈分析与第 5 章基本相同，关键是要理解差放电路输出信号与输入信号的相位关系。由前面对差放电路的分析可知，对于差模信号，若信号从同一管的基极输入，集电极输出，则输出与输入反相；若信号从一管的基极输入，而从另一管的集电极输出，则输出与输入同相。

例 7.6.2 放大电路如图 7.6.3 所示。已知 $\beta_1=\beta_2=50$，$r_{be1}=r_{be2}=2\ \text{k}\Omega$，$U_{BE1}=U_{BE2}=0.7\ \text{V}$。$V_{CC}=V_{EE}=12\ \text{V}$，$R_1=3\ \text{k}\Omega$，$R_2=20\ \text{k}\Omega$，恒流源电流 $I=0.5\ \text{mA}$。

（1）在未接入T_3且 $u_i=0$ 时，求T_1管的 U_{C1}、U_{E1}；

（2）在（1）的情况下，当 $u_i=5\ \text{mV}$时，u_{C1}、u_{C2}各为多少？

（3）若接入T_3并使 R_3与 b_2 相连引入反馈，试说明 b_3 是与 c_1 还是 c_2 相连才能实现负反馈；

（4）在（3）的情况下，若$|\dot{A}\dot{F}|\gg1$，试计算 R_3应为多少才能使引入负反馈后的电压放大倍数 $\dot{A}_{uf}=10$。

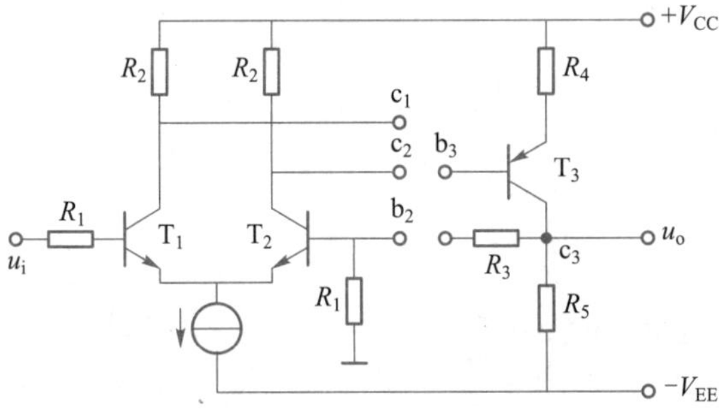

图 7.6.3 例 7.6.2

解：（1）由恒流源电流 $I=0.5\ \text{mA}$可知 $I_{C1}=0.25\ \text{mA}$，则 $U_{C1}=V_{CC}-I_{C1}R_2=(12-0.25\times20)\ \text{V}=7\ \text{V}$，在假设静态时 $U_{BQ}\approx0\ \text{V}$ 的条件下，$U_{E1}\approx-0.7\ \text{V}$。

（2）差放单端输出时 $A_{ud}=-\dfrac{1}{2}\cdot\dfrac{\beta_1R_2}{R_1+r_{be1}}=-\dfrac{50\times20}{2\times(3+2)}=-100$，则差放两输出端电压 $u_{c1}=-u_{c2}=A_{ud}\cdot u_i=-100\times5\ \text{mV}=-0.5\ \text{V}$。则

$$u_{C1}=U_{C1}+u_{c1}=7\ \text{V}-0.5\ \text{V}=6.5\ \text{V}$$

$$u_{C2}=U_{C2}+u_{c2}=7\ \text{V}+0.5\ \text{V}=7.5\ \text{V}$$

（3）若 b_3与 c_1相连，根据“瞬时极性大小法”，电路中各点电位变化如下：

$$\underbrace{\text{假设 } u_{B1} \text{ 为} \oplus \rightarrow u_{C1}(u_{B3}) \ominus\ominus \rightarrow u_{C3} \oplus\oplus\oplus \rightarrow}_{\text{基本放大电路(正向传输,两级放大)}} \underbrace{\text{经 } R_3 \rightarrow u_{B2}(u_{R_1}) \oplus\oplus\oplus}_{\text{反馈网络(反向传输)}}$$

将使差放净输入电压 $u_{ID}=u_{B1\oplus}-u_{B2\oplus\oplus\oplus}$ 明显减小,表明引入级间较深的串联(以电压形式相叠加)负反馈。若假设将输出端短路,即 R_3 右端所接 T_3 集电极接地,反馈信号为零,引入电压负反馈。由于 R_3、R_1 存在于直流和交流通路中,为此反馈网络 R_3、R_1 引入了级间直流负反馈和交流电压串联负反馈。

若 b_3 与 c_2 相连,根据“瞬时极性大小法”,电路中各点电位变化如下:

$$\underbrace{\text{假设 } u_{B1} \text{ 为} \oplus \rightarrow u_{C2}(u_{B3}) \oplus\oplus \rightarrow u_{C3} \ominus\ominus\ominus \rightarrow}_{\text{基本放大电路(正向传输,两级放大)}} \underbrace{\text{经 } R_3 \rightarrow u_{B2}(u_{R_1}) \ominus\ominus\ominus}_{\text{反馈网络(反向传输)}}$$

将使差放净输入电压 $u_{ID}=u_{B1\oplus}-u_{B2\ominus\ominus\ominus}$ 明显增大,表明 R_3、R_1 引入级间正反馈。

综上所述,T_3 管的 c_3 经 R_3 与 T_2 管的 b_2 相接时,T_3 管的 b_3 应与 T_1 管的 c_1 相连才能实现负反馈。

(4) 若 $|\dot{A}\dot{F}|\gg 1$,且(3)中 R_3、R_1 引入的是深度电压串联负反馈,由于级间反馈远大于本级反馈,故可忽略 T_2 的基极电流,此时可近似认为 R_3 与 T_2 的基极电阻 R_1 串联。再由分压公式可得 $\dot{U}_f \approx \dfrac{R_1}{R_1+R_3}\dot{U}_o$,且 $\dot{A}_{uf}=\dfrac{\dot{U}_o}{\dot{U}_i}\approx\dfrac{\dot{U}_o}{\dot{U}_f}=\dfrac{R_1+R_3}{R_1}=10$,则 $R_3=27\ \text{k}\Omega$。

7.7 集成运算放大电路简介

虽然集成运放的种类繁多,内部结构也各不相同,但是它们的基本组成部分、结构形式和组成原则还是基本一致的。本节仅介绍双极型集成运放,至于单极型集成运放可参见相关文献。

本节先以通用型 F007 为例简述其工作原理,然后介绍集成运放的主要参数,理想集成运放的条件、低频等效电路及其选用等。

7.7.1 集成运放 F007 的电路分析

导学

集成运放 F007 各部分的组成。
集成运放 F007 各部分的特点。
用瞬时极性法判断两个输入端分别与输出端的相位关系。

1. F007 通用型集成运放的电路分析

从 1964 年第一个可供实用的集成运放诞生以来,已经历了四代发展,F007 为第二代产品。根据图7.1.1所示的F007内部原理图,对其进行如下分析。

(1) 偏置电路

偏置电路是由$T_8 \sim T_{13}$、R_4和R_5构成的电流源组。其中,T_{12}、R_5和T_{11}构成主偏置电路,产生整个电路的基准电流I_R,可表示为$I_R = \dfrac{V_{CC}+V_{EE}-U_{EB12}-U_{BE11}}{R_5}$。首先$I_R$作为$T_{10}$、$T_{11}$和$R_4$组成微电流源的基准电流,该电流源一方面为输入级提供偏流,即由I_{C10}提供T_9的集电极电流I_{C9}和T_3、T_4的基极电流I_{B3}、I_{B4},此时$I_{C10}=I_{C9}+I_{B3}+I_{B4}$,$R_4$的负反馈作用不仅使$I_{C10}$比$I_{C11}$小得多,而且使其稳定。其次$I_R$作为横向PNP管$T_8$、$T_9$组成的镜像电流源的基准电流,该电流源为输入级$T_1$、$T_2$提供集电极电流。最后$I_R$也为横向PNP管$T_{12}$和$T_{13}$组成的镜像电流源提供基准电流。该电流源所产生的$I_{C13}$为中间级和输出级提供偏置电流。同时$T_{12}$和$T_{13}$组成的镜像电流源还作为中间级的有源负载。

(2) 输入级

输入级由$T_1 \sim T_7$组成。$T_1 \sim T_4$组成共集—共基差分放大电路,提高了电路的输入电阻,改善了频率响应。其中,T_1、T_2为纵向管,β较大;T_3、T_4为横向管,β小但耐高压。T_5、T_6、T_7构成的电流源电路,不仅作为差放电路的有源负载,使输入级具有较强的放大能力,而且将T_3管集电极电流的变化量通过T_5传递到T_6集电极,与T_4管集电极电流的变化量一起传递给中间级。此时的输出电流为单边电流的2倍,等效于双端输出时的效果。此外,输入级不可能做到完全对称,有可能使集成运放输入电压为零时输出电压不为零,这时需要在1脚和5脚处外接调零电路来补偿输入级的不对称性。可见,输入级是一个输入电阻大,输入端耐压高,有较大的差模电压放大倍数的双端输入、单端输出的差放电路。

(3) 中间级

中间级由复合管T_{16}、T_{17}组成共射放大级。复合管的接法使r_{be}很高,从而提高了中间级的输入电阻,减小对前一级电压放大倍数的影响。T_{12}及T_{13}为集电极有源负载,其交流电阻很大,可获得很高的放大倍数。同时,为保证该级稳定工作,接有30 pF的补偿电容。

(4) 输出级

① 互补对称电路

T_{15}、R_6、R_7组成U_{BE}倍增偏置电路,使NPN管T_{14}和PNP复合管T_{18}、T_{19}组成的互补射随器工作在甲乙类状态,以克服交越失真。

② 过载保护电路

过载保护电路由D_1、D_2、R_8、R_9组成。其工作原理如下:当正向输出电流过大时,流过T_{14}和R_8的电流增大,使U_{R8}增大(因$U_{R6}+U_{D1}=U_{BE14}+U_{R8}$,故$U_{D1}=U_{BE14}-U_{R6}+U_{R8}$),$D_1$导通,将有一部分电流经$D_1$分流,使$i_{B14}$减小,起到了保护作用。同理,当负向输出电流过大时,U_{R9}增大,使D_2导通,减小了T_{18}的基极电流,起到了保护作用。

2. F007的主要引脚

图7.7.1是实际集成运放F007的主要引脚示意图,显然集成块的引出端很多(它除了输入、输出端外,还有电源端、公共(地)端、调零端、相位补偿端、外接偏流电阻端及其他附加端等)。但是,从信号传输的角度而言,在众多的引出端中,人们最关注的还是两个输

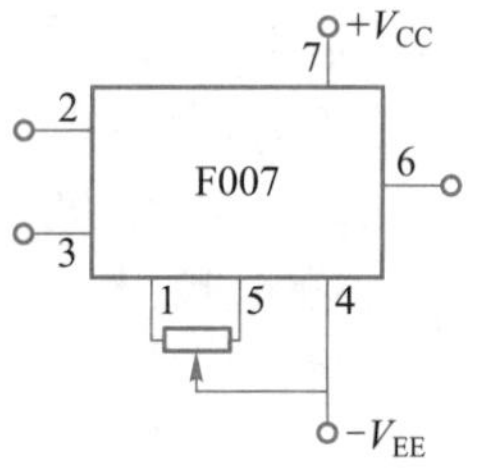

图7.7.1 集成运放F007的主要引脚

入端(2、3 脚)和一个输出端(6 脚)。利用“瞬时极性法”不难判断,图 7.1.1 的 3 脚与 6 脚同相位,2 脚与 6 脚反相位,表明 3 脚为同相输入端,2 脚为反相输入端。其实,图 4.2.1(b)所示集成运放的图形符号正体现了这一点。

7.7.2 集成运放的特性与选用

导学

从集成运放主要技术指标理解理想集成运放应满足的条件。
简化的集成运放低频等效电路。
集成运放保护电路的特点。

1. 集成运放的主要技术指标

集成运放的技术指标描述了它的各种性能,也是正确使用集成运放的依据。集成运放的技术指标很多,均可在相关手册中查得。下面仅介绍几个主要的技术指标。

(1) 开环差模电压放大倍数 A_{od}

在集成运放无外加反馈时的差模电压放大倍数,记作 A_{od}。通用型集成运放的 A_{od} 约为 10^5,即 100 dB,F007 的 $A_{od} \geqslant 94$ dB。

(2) 差模输入电阻 r_{id}

集成运放输入差模信号时的输入电阻。r_{id} 越大,从信号源索取的电流越小。F007 的输入电阻 $r_{id} \geqslant 2$ MΩ。

(3) 输出电阻 r_o

r_o 的大小反映了集成运放在小信号输出时的带负载能力。有时只用最大输出电流 I_{omax} 表示它的极限负载能力。F007 的 r_{od} 约为 75 Ω。

(4) 共模抑制比 K_{CMR}

共模抑制比反映了集成运放对共模输入信号的抑制能力,K_{CMR} 越大越好,F007 的 $K_{CMR} \geqslant$ 80 dB。

(5) 输入偏置电流 I_{IB}

集成电路的两个输入端一般必须有一定的直流电流 I_{B1} 和 I_{B2} 才能工作,通常定义 $I_{IB} = \dfrac{I_{B1}+I_{B2}}{2}$。$I_{IB}$ 一般为 10 nA～1 μA。I_{IB} 大,对差放电路的静态工作点影响大。F007 的 $I_{IB} \leqslant 0.5$ μA。

(6) 输入失调电压 U_{IO} 和输入失调电流 I_{IO}

由于晶体管的参数和电阻阻值不可能完全匹配,因此通常在零输入时对应的输出不为零,这种现象称为失调。一般来说,放大电路的失调都可以通过适当的调零装置来补偿。输入失调主要反映集成运放输入级差放电路的对称性。欲使静态时输出电压为零,集成运放两输入端之间必须外加的直流补偿电压,称为输入失调电压,用 U_{IO} 表示;必须外加的直流补偿电流,称为输入失调电流,用 I_{IO} 表示。U_{IO} 和 I_{IO} 越小、电路参数的对称性越好,集成运放的质量越高。F007 的 $U_{IO} \leqslant 5$ mV,I_{IO} 约为 20 nA。

此外,还有失调温漂、最大共模输入电压、最大差模输入电压、-3dB 带宽 f_H、单位增益带宽、转换速率等技术指标。

2. 集成运放的理想化条件

从集成运放的技术指标中可以看到集成运放具有以下特点：差模电压增益极高，差模输入电阻极大，共模抑制比极大，输出电阻非常小，U_{IO}、I_{IO}、I_{IB}都非常小。基于这样一些特点，在分析由集成运放组成的系统时，就可以将其理想化。并且，通过查阅相关器件应用手册不难发现，随着集成运放的更新换代，其目标是向理想集成运放方向发展。

所谓理想集成运放是将实际集成运放理想化，使分析过程大为简化，而这种近似分析所引入的误差又在工程允许范围之内，这就是集成运放理想化的目的。

理想集成运放具有以下特征：

(1) 开环差模电压放大倍数 $A_{od}\to\infty$；

(2) 差模输入电阻 $r_{id}\to\infty$；

(3) 输出电阻 $r_o\to0$；

(4) 共模抑制比 $K_{CMR}\to\infty$；

(5) 开环通频带 $BW\to\infty$；

(6) 失调电压、失调电流、温漂均为零，且无任何内部噪声。

3. 集成运放的低频等效电路

在分析由集成运放构成的各种应用电路时，如果直接对集成运放内部电路及整个应用电路进行分析，是不够简明方便的。因此，首先根据集成运放的特点建立模型，然后在模型的基础上进一步对应用电路进行分析。

(1) 集成运放的低频等效电路

当集成运放构成的应用电路精度要求比较高的时候，需要考虑集成运放的误差参数，建立相应的集成运放模型。如图 7.7.2(a)所示。

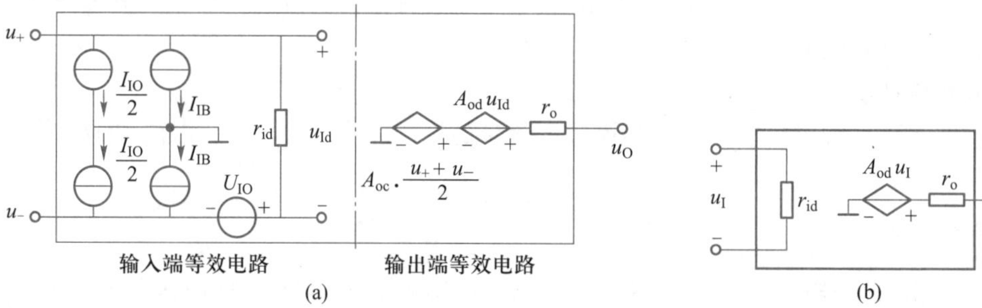

图 7.7.2 集成运放的低频等效电路

(a) 考虑误差的集成运放低频等效电路 (b) 简化的集成运放低频等效电路

对于输入回路，考虑了差模输入电阻 r_{id}、偏置电流 I_{IB}、失调电压 U_{IO}、失调电流 I_{IO} 等四个参数；对于输出回路，同时考虑了集成运放的差模输出电压、共模输出电压和输出电阻 r_o 等三个参数。由于是低频等效电路，因此电路中没有考虑管子的结电容及分布电容、寄生电容等的影响。

图 7.7.2(a)是一个较为全面的误差模型，考虑的误差因素较多，使用起来较为复杂。在对实际的集成运放进行误差分析时，一般要结合具体电路，对图 7.7.2(a)中的参数再做进一步的取舍，建立相应的集成运放误差电路，进行具体的误差分析。

(2) 简化的集成运放低频等效电路

当只考虑差模输入信号的放大作用,而忽略共模信号、失调因素等对电路的影响时,集成运放可等效为简化的低频等效电路,如图 7.7.2(b)所示。

在集成运放的简化电路中,从输入端看进去等效为一个较大的差模输入电阻 r_{id};从输出端看进去等效为一个电压 u_I控制的电压源 $A_{od}u_I$与一个很小的内阻 r_o的串联。

4. 集成运放的类型和使用

集成运放在实际应用中,为了使电路能正常、安全地工作,充分发挥组件的性能,常常需要注意一些实际问题。如器件的选用、零点的调整、自激振荡的消除、对集成运放采取的保护措施等,这类问题将是下面讨论的重点。

(1) 集成运放的类型

集成运放的产品种类很多,按其特性大致可分为通用型和专用型两大类。

通用型集成运放适用于无特殊要求的场合,其产量最大。通用型集成运放按照技术指标要求,由低到高分成通用Ⅰ、Ⅱ、Ⅲ型。

专用型集成运放是为适应不同需要而专门设计的,往往对某些单项技术指标有较高的要求,根据用途和特性的不同,专用型集成运放有高精度型、低功耗型、高阻型、高速型、高压型和大功率型等。

在选择集成运放时,必须要注意并不是档次越高的产品性能越好。仔细观察可以发现有不少指标是互相矛盾又互相制约的,在实际应用时一定要从整机或系统的技术要求出发考虑。一般首先考虑选择通用型,其价格便宜、易于购买;如果某些性能不能满足特殊要求,可选用专用型。各种集成运放的特点及应用场合列于表 7.7.1 中,仅供参考。

表 7.7.1 各种集成运放的特点及应用场合

类型		特点	应用场合
通用型		种类多,价格便宜,易于购买	一般测量、运算电路
专用型	高精度型	测量精度高、零漂小	毫伏级或更低微弱信号测量
	低功耗型	功耗低($V_{CC}=15$ V 时,$P_{CM}<6$ mW)	遥感、遥测电路
	高输入阻抗型	$R_{id}>10^9\sim10^{12}$ Ω,对被测信号影响小	生物医学电信号提取、放大
	高速宽带型	带宽宽($BW>10$ MHz) 转换速率高($S_R>30$ V/μs)	视频放大或高频振荡电路
	高压型	电源电压可达 48~300 V	高输出电压和大输出功率

(2) 集成运放的使用

① 调零

由于集成运放存在失调电压和失调电流,它将引起集成运放的输出误差,即达不到零输入、零输出的要求,为此必须进行调零。

调零方法视集成运放组件而定。有的组件有调零端,则可在调零端接入规定阻值的调零电位器进行调零,如图 7.7.1 所示的 F007 的调零电位器。有些组件无调零端,则可用外电路来实现调零,利用调零电位器在集成运放输入端施加一个补偿电压,以抵消失调电压达到调零之目的。

② 消除自激振荡

集成运放是高电压增益的多级直接耦合放大电路。由于内部晶体管极间电容和分布电容的存在,信号传输过程中会产生附加相移形成正反馈,从而引起自激振荡。

消除自激振荡的方法是利用集成运放所提供的频率补偿端子,引入某种 *RC* 网络,改变其固有的频率特性,人为地破坏自激振荡的相位平衡条件。目前,由于集成工艺水平的提高,一些集成运放产品,如 F007、F3193 等在设计时已把消振网络集成在内部,故外部不需要再接校正网络。此外,在制作印制电路板时,合理的元件排列和布线也有助于消除自激振荡。

③ 保护电路

a. 输入保护

一般情况下,集成运放工作在开环时,因差模电压过大而易损坏;在闭环状态时,因共模电压超过极限值而易损坏。

图 7.7.3(a)是防止差模电压过大的保护电路。由于集成运放两个输入端之间接入的两个二极管,使集成运放两个输入端之间的电压不会超过二极管的导通电压,从而起到保护作用。图 7.7.3(b)是防止共模电压过大的保护电路。当输入电压过大时,两个二极管中必有一个导通,使加至集成运放的共模电压限制在一定值上。

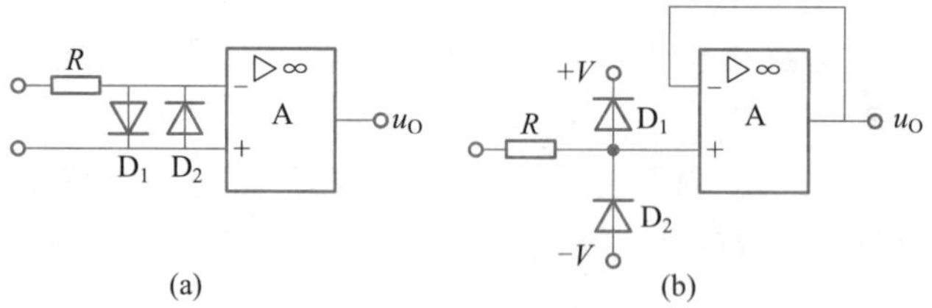

图 7.7.3 输入保护电路

(a) 防止差模电压过大 (b) 防止共模电压过大

b. 输出限幅保护

为了防止集成运放的输出电压过大,可利用限流电阻与双向限幅稳压管构成限幅电路,使集成运放的输出电压被限制在$\pm(U_Z+U_D)$以内,如图 7.7.4 所示。它一方面将负载与集成运放输出端隔离开来,限制了集成运放的输出电流;另一方面也限制了输出电压的幅值。

c. 电源极性接错保护

为了防止电源极性接反,可利用二极管的单向导电性在电源端串联二极管来实现保护,如图 7.7.5 所示。当电源极性接反时,二极管不导通,相当于电源断开。

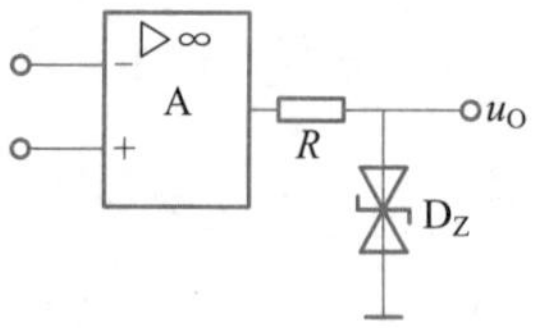

图 7.7.4 输出限幅保护电路

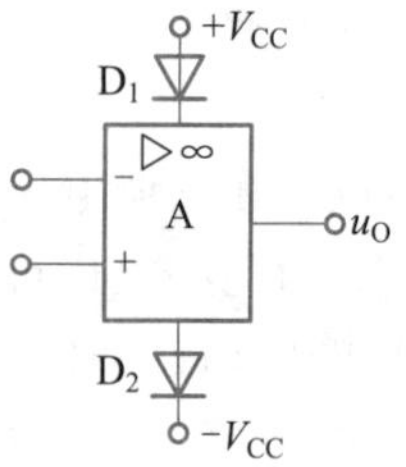

图 7.7.5 电源极性接错保护电路

本章小结

本章知识结构

- 集成运算放大电路
  - 电流源电路:镜像电流源、微电流源、比例电流源、多路电流源
  - 差分放大电路
    - 电路结构:由两个参数相同的共射电路组成
    - 作用:抑制零漂
    - 输入/输出方式:单入/单出,双入/单出,单入/双出,双入/双出
    - 电路类型:基本形式、长尾形式、恒流源形式
    - 电路分析
      - 静态
      - 动态:A_{ud}、A_{uc}、K_{CMR}、R_i、R_o
  - 集成运放简介

1. 集成运放的特点和组成

集成运放是一种高增益直接耦合的多级放大电路。它通常由(差放电路)输入级、(复合管共射放大电路)中间级、(互补射极跟随器)输出级和电流源偏置电路组成。

2. 电流源电路

电流源电路是集成运放的基本单元电路,其特点是直流电阻小、交流电阻大、具有温度补偿作用。其作用一方面可为集成运放各级提供小而稳定的偏置电流,另一方面可作为各级的有源负载,提高电压增益。电路形式有镜像电流源、微电流源、比例电流源以及多路电流源等。

3. 差分放大电路

掌握长尾、恒流源式差分放大电路。为了便于比较和记忆,表 7.1 示出了由双极型晶体管组成的长尾式差放电路的动态计算公式。表中未考虑调零电位器的影响,单端输出时T_1集电极接 R_L。

表 7.1　长尾差分放大电路动态计算的比较

	双端输出	单端输出
差模电压放大倍数 A_{ud}	$A_{ud}=-\beta(R_c /\!/ R_L/2)/(R_b+r_{be})$	T_1 输出:$A_{ud}=-\beta(R_c /\!/ R_L)/2(R_b+r_{be})$
共模电压放大倍数 A_{uc}	$A_{uc}=0$	$A_{uc}=-\beta(R_c /\!/ R_L)/[R_b+r_{be}+(1+\beta)\times 2R_e]$
共模抑制比 K_{CMR}	$K_{CMR}=\infty$	$K_{CMR}\approx\beta R_e/(R_b+r_{be})$
差模输入电阻 R_{id}	$R_{id}=2(R_b+r_{be})$	
共模输入电阻 R_{ic}	$R_{ic}=(1/2)[R_b+r_{be}+(1+\beta)\times 2R_e]$	
输出电阻 R_o	$R_o\approx 2R_c$	$R_o\approx R_c$

补充说明:

(1) 若是恒流源式差分放大电路,长尾 R_e 换为恒流源的 r_o。

(2) 对于带有调零电位器 R_P 的差分放大电路(设 R_P 滑动端置中点)

发射极调零电位器 R_P:用 $\left[r_{be}+(1+\beta)\dfrac{R_P}{2}\right]$ 代替上述各式中的 r_{be} 即可。

集电极调零电位器 R_P:用 $\left(R_c+\dfrac{R_P}{2}\right)$ 代替上述各式中的 R_c 即可。

4. 集成运放性能参数及其模型

通过对 F007 实用集成运放的分析,使初学者加深对集成运放组成框图及其工艺结构的认识,理解集成运放图形符号的表示方法,并根据集成运放的参数特点建立模型。

5. 本章记识要点及技巧

(1) 掌握集成运放组成及其各部分的特点。

(2) 掌握电流源电路的分析方法。

(3) 差分放大电路具有抑制共模信号的作用。在双端输出时,它依靠电路的对称性和 R_e 的负反馈来实现;在单端输出时,仅靠 R_e 的负反馈来实现。

由于差放电路的形式很多,为了寻求其规律,不妨将差放电路视为上、下两部分局部电路的组合,其中本教材介绍的上半部分有晶体管、复合管和场效应管组成的双出、单出差放管电路(如图 7.4.1 和图 7.6.1 所示),下半部分有长尾和恒流源(如图 7.4.1 和图 7.5.2 所示)电路,如果再考虑调零电位器的位置(发射极或集电极)和去掉调零电位器三种情况的话,显然可以组合成几十种差放电路。因此掌握局部电路的分析和计算至关重要。体现出"模块化"的教学思想。

在分析和计算差放电路时,确定公共电阻(如 R_e、R_P 和双端输出时的 R_L)在差模或共模情况下所呈现的状态是前提。计算静态一般从 R_e 或恒流源入手,得到两个差放管的 I_{CQ},然后根据双出和单出的具体电路计算 U_{CEQ}。计算动态参数采用半电路分析法,其中 A_{ud}、A_{uc} 和 R_o 仅与输出方式有关,且 A_{ud} 和 A_{uc} 与单级共射(共源)表达式相似;R_i 无论是单入还是双入均相等。

(4) 从抑制零点漂移的设计思想理解差放电路由基本形式演变到长尾、恒流源实用电路的过程,以强化设计意识。其中,由于基本形式差放电路在单端输出时对零漂毫无抑制作用,所以在实际电路中很少被采用。

自测题

参考答案

7.1 填空题

1. 集成工艺无法制作________、________和________。

2. 电流源电路的特点是输出电流________,直流等效电阻________,交流等效电阻

________。由于电流源的________大，若将其作为放大电路的________，将会提高电路的电压增益。

3. 差分放大电路对________信号有放大作用，对________信号有抑制作用。

4. 差分放大电路有________个信号输入端和________个信号输出端，因此有________种不同的连接方式。单端输入和双端输入方式的差模输入电阻________。双端输出时，差模电压增益等于________，共模电压增益近似为________，共模抑制比趋于________。

5. 共模抑制比定义为________，其值________，表明差分放大电路的质量越好。

6. 集成运放由________、________、________和________组成。对输入级的主要要求是________；对中间级的主要要求是________；对输出级的主要要求是________。

7. 理想集成运放的放大倍数 A_{od} = ________，差模输入电阻 r_{id} = ________，输出电阻 r_o = ________。

8. 集成运放是一种直接耦合的多级放大电路，因此其下限截止频率为________。

9. 集成运放的产品种类很多，按其特性大致可分为________型和________型两大类。一般应用时首先考虑选择________型，其价格________，易于购买。如果某些性能不能满足特殊要求，可选用________型。

7.2 选择题

1. 集成工艺可使半导体管和电阻器的参数________，因此性能较高。

A. 很准确　B. 一致性较好　C. 范围很广　D. 任意设置

2. 电流源常用于放大电路的________，使得电压放大倍数________。

A. 有源负载　B. 电源　C. 信号源　D. 提高

3. 选用差分放大电路的原因是________。

A. 稳定放大倍数　B. 提高输入电阻　C. 扩展频带　D. 克服温漂

4. 差分放大电路抑制零点漂移的效果取决于________。

A. 两个差放管的对称程度　B. 两个差放管的电流放大系数

C. 每个晶体管的零点漂移　D. 两个差放管的类型

5. 差分放大电路由双端输入改为单端输入时，差模电压放大倍数________。

A. 增大一倍　B. 不变　C. 减小一倍　D. 按指数规律变化

6. 差分放大电路由双端输出改为单端输出时，共模抑制比减小的原因是________。

A. A_{ud}不变，A_{uc}增大　B. A_{ud}减小，A_{uc}不变

C. A_{ud}减小，A_{uc}增大　D. A_{ud}增大，A_{uc}减小

7. 在单端输出的差分放大电路中，已知 $A_{ud}=100$，$A_{uc}=-0.5$，若输入电压 $u_{I1}=60\text{mV}$，$u_{I2}=40\text{mV}$，则输出电压为________。

A. 2.025V　B. 2V　C. 1.975V　D. −2.025V

8. 差分放大电路改用电流源偏置后，可以增大________。

A. 差模电压放大倍数　B. 输出电阻

C. 共模电压放大倍数　D. 共模抑制比

9. 集成运放的输入失调电压越大，表明集成运放的________。

A. 放大倍数越大　B. 质量越差

C. 输出电阻越大　D. 电路参数的对称性越好

7.3　判断题

1. 一个理想的差分放大电路，只能放大差模信号，不能放大共模信号。（　）

2. 差分放大电路的零点漂移对输入端来说相当于加了一对差模信号。（　）

3. 共模信号都是直流信号，差模信号都是交流信号。（　）

4. 差分放大电路由双端输出改为单端输出，其共模电压放大倍数变小。（　）

5. 差分放大电路有四种接法，放大倍数取决于输出端的接法，而与输入端的接法无关。（　）

6. 在差分放大电路中，调零电位器的作用是保证零输入时零输出。（　）

7. 对于长尾式差放，发射极电阻 R_e 在差模交流通路中一概可视为短路，与信号的输入方式无关。（　）

8. 某差分放大电路，若双端输出时的输出电阻为 R_o，则改为单端输出时的输出电阻为 $R_o/2$。（　）

9. 集成运放内部电路的第一级是差分放大电路，因此它具有两个输入端。（　）

参考答案

习题

7.1　某集成电路的单元电路如习题7.1图所示。若T、T_1 特性相同，且 β 足够大。(1) T、T_1 和 R 组成什么电路？在电路中起什么作用？(2) 写出 I_R 和 I_{C1} 的表达式，设 U_{BE}、V_{CC} 和 R 均为已知。

7.2　差分放大电路如习题7.2图所示，晶体管的 $\beta=100$，$r_{be}=2.5\ \text{k}\Omega$，$U_{BE}=0.7\ \text{V}$，图中 R_p 为调零电阻，假定滑动端在 R_p 中点，$R_c=R_e=R_L=10\ \text{k}\Omega$，$R_p=100\ \Omega$，$V_{CC}=V_{EE}=12\ \text{V}$。(1) 求静态工作点的 I_C 和 U_{CE}；(2) 若 $u_{i1}=7\ \text{mV}$，$u_{i2}=-1\ \text{mV}$，双端输出时 u_o 为何值？

7.3　差分放大电路如习题7.3图所示，结型场效应管的 $g_m=2\ \text{mS}$，$r_{ds}=20\ \text{k}\Omega$，$R_d=R_s=10\ \text{k}\Omega$，$V_{DD}=V_{SS}=20\ \text{V}$。(1) 求双端输出时的 A_{ud}；(2) 电路改为单端输出时，求 A_{ud}、A_{uc} 和 K_{CMR}。

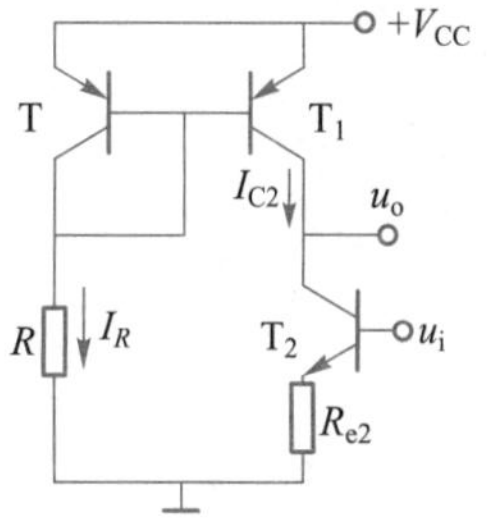

习题7.1图

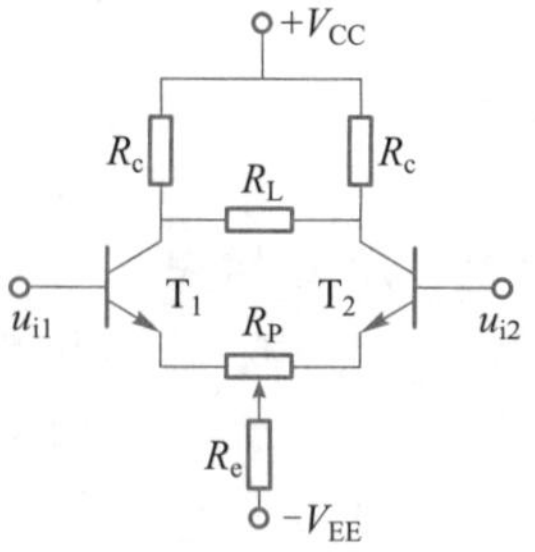

习题7.2图

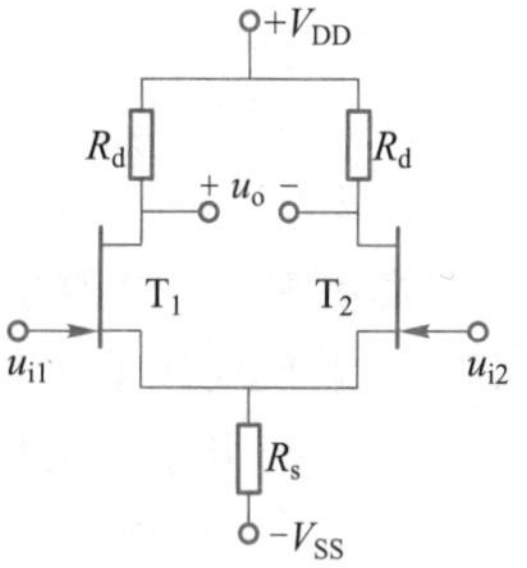

习题7.3图

7.4 差分放大电路如习题 7.4 图所示，已知晶体管的 $\beta_1=\beta_2=50$，$\beta_3=80$，$r_{bb'}=100\ \Omega$，$U_{BE1}=U_{BE2}=0.7\ V$，$U_{BE3}=-0.2\ V$；$V_{CC}=V_{EE}=12\ V$，$R_b=1\ k\Omega$，$R_{c1}=R_{c2}=10\ k\Omega$，$R_{e3}=3\ k\Omega$，$R_{c3}=12\ k\Omega$。当输入信号 $u_I=0$ 时，测得输出 $u_O=0$。(1)估算 T_1、T_2 管的工作电流 I_{C1}、I_{C2} 和电阻 R_e 的大小；(2)当 $u_I=10mV$ 时，计算 u_O 的值。

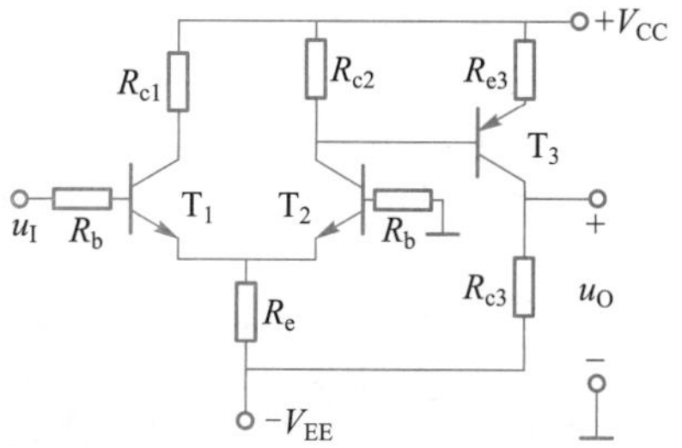

习题 7.4 图

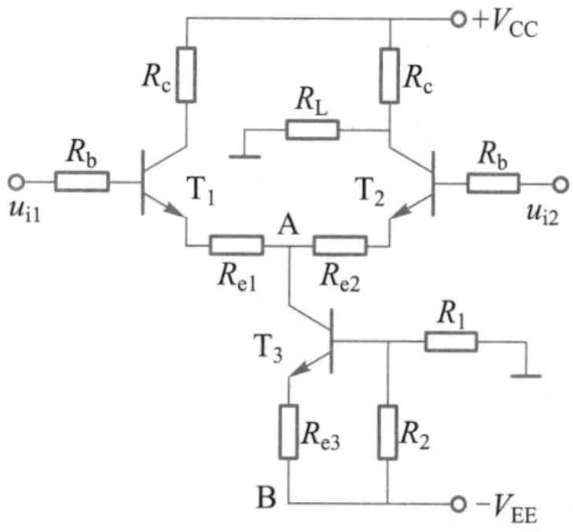

习题 7.5 图

7.5 某双入单出长尾差分放大电路如习题 7.5 图所示。$V_{CC}=V_{EE}=9\ V$，$R_c=4.7k\Omega$，$R_b=100\Omega$，$R_{e1}=R_{e2}=100\Omega$，$R_{e3}=1.2k\Omega$，$R_1=5.6k\Omega$，$R_2=3k\Omega$，$R_L=10k\Omega$。已知晶体管 $\beta=50$，$U_{BEQ}=0.7V$，$r_{bb'}=200\Omega$，且 $r_{AB}=3.2M\Omega$。试求：(1) A_{ud}；(2) K_{CMR}；(3)差模输入电阻 R_{id} 和输出电阻 R_o。

7.6 已知习题 7.6 图的差分放大电路的 T_1、T_2 特性相同，$I_{DSS}=1.2mA$，夹断电压 $U_P=-2.4V$，稳压管的 $U_Z=6V$，晶体管 T_3 的 $U_{BE}=0.6V$，$R_d=80k\Omega$，$R_e=54k\Omega$，$R_L=240k\Omega$。试求：(1) T_1 管的工作电流 I_{D1} 和电压 U_{GS}；(2)差模电压放大倍数 A_{ud}。

7.7 差分放大电路如习题 7.7 图所示。$V_{DD}=V_{EE}=15V$，T_1 和 T_2 管的互导 $g_m=5mS$；$R_d=10k\Omega$。(1)求 A_{ud}；(2)若要求 $I_D=0.5mA$，则 R_1 为多少？

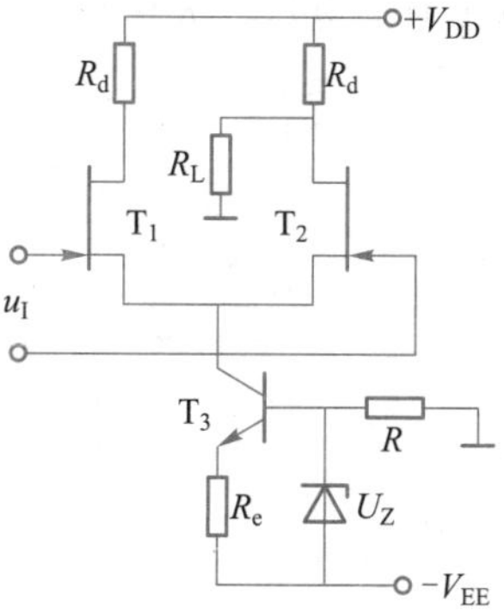

习题 7.6 图

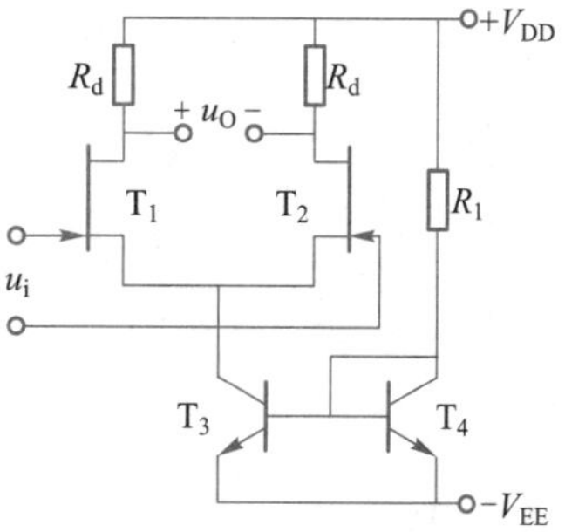

习题 7.7 图

7.8 两级差分放大电路如习题 7.8 图所示。已知场效应管的 $g_m=1.5\ mS$，$R=240k\Omega$，$R_d=100k\Omega$，$R_c=12k\Omega$，$R_L=240k\Omega$，$R_e=18k\Omega$，$R_p=390\Omega$，$V_{DD}=V_{EE}=12V$。晶体管的 $\beta=100$，$U_{BE}=0.7V$，$r_{bb'}=300\Omega$。试求：(1)第 1 级静态工作电流 I_{D1} 和第 2 级静态工作电流 I_{C3}；

(2)差模电压放大倍数 A_{ud}。

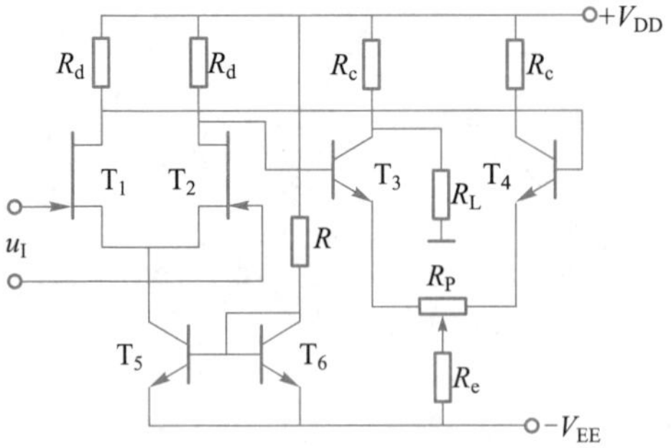

习题 7.8 图

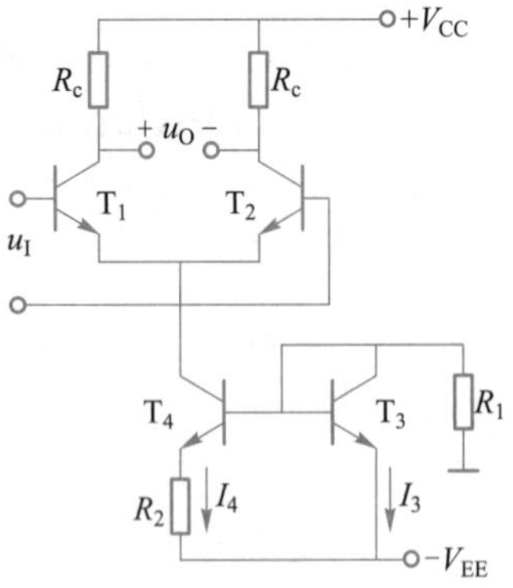

习题 7.9 图

7.9 差分放大电路如习题 7.9 图所示，已知各晶体管的 $\beta=200$，$T_1 \sim T_3$ 的 $U_{BE}=0.65V$，$r_{bb'}=300\Omega$，$I_3=1mA$，$I_4=0.2mA$，$V_{CC}=V_{EE}=15V$。希望信号最大输出电压 U_{om} 为 12V，试求：(1) R_1、R_2 和 R_c 的值；(2)差模电压放大倍数和差模输入电阻。

7.10 习题 7.10 图是某集成运放的输入级，图中虚线连接部分是外接元件。假设调零电位器 $R_P=10k\Omega$，且滑动端调至中间。已知 $V_{CC}=V_{EE}=15V$，$R_e=R_1=1k\Omega$，$R_b=100k\Omega$，$R_c=50k\Omega$，各管的 $U_{BEQ}=0.7V$，$\beta_1=\beta_2=30$，$\beta_3=\beta_4=\beta_5=\beta_6=50$，$r_{be1}=r_{be2}=2.7k\Omega$，$r_{be3}=r_{be4}=9.1k\Omega$，该输入级的负载电阻 $R_L=23.2k\Omega$（即第二级的输入电阻）。试求：(1)该放大级的静态工作点；(2)差模电压放大倍数、差模输入和输出电阻。

7.11 习题 7.11 图所示为大型电流计用的附加放大电路，晶体管采用 3DG12，$r_{bb'}=300\Omega$，$\beta_1=\beta_2=\beta_3=100$，$U_{BE}=0.65V$。二极管的 $U_D=0.65V$。$V_{CC}=V_{EE}=4.5V$，$R=1.2k\Omega$ $R_{P1}=R_{P2}=R_e=100\Omega$，$R_c=150\Omega$。当 $u_I=0$ 时，$U_{B1}=U_{B2}=0$，$u_O=0$。(1)说明 R_{P1}、R_{P2}、D_1、D_2 的作用；(2)计算各管的静态工作点；(3)估算双端输出时的电压放大倍数。

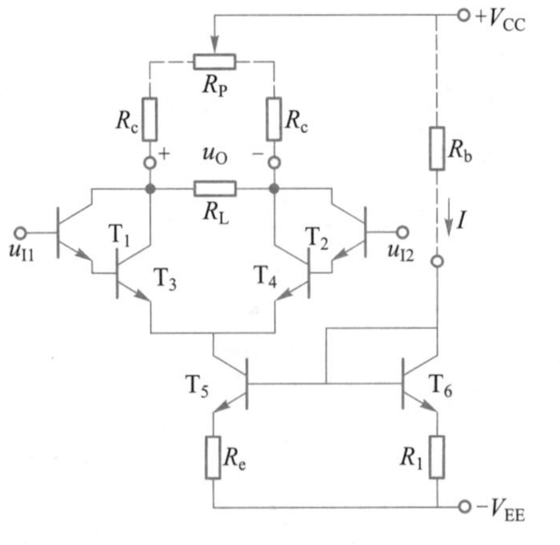

习题 7.10 图

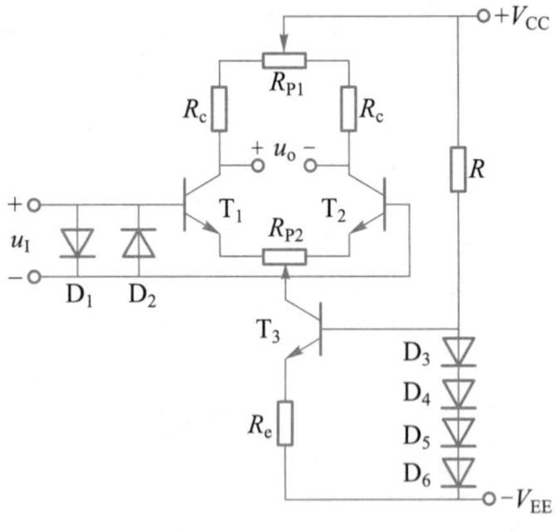

习题 7.11 图

7.12　电路如习题 7.12 图所示。$R_1=30\text{k}\Omega$，$R_2=R_3=4.5\text{k}\Omega$，$R_L=2\text{k}\Omega$，$V_{CC}=15\text{V}$。设 $\beta>>1$，$|U_{BE}|=0.6\text{V}$，静态时 $U_o=0\text{V}$，试回答下列问题：(1) T_2、T_3、R_1 构成什么电路？R_2、R_3 和 T_4 构成什么电路？其作用分别是什么？(2) 求 I_{C3} 和 U_{CE1}；(3) 设 T_5、T_6 的饱和压降 $U_{CES}=0\text{V}$，估算最大不失真输出功率。

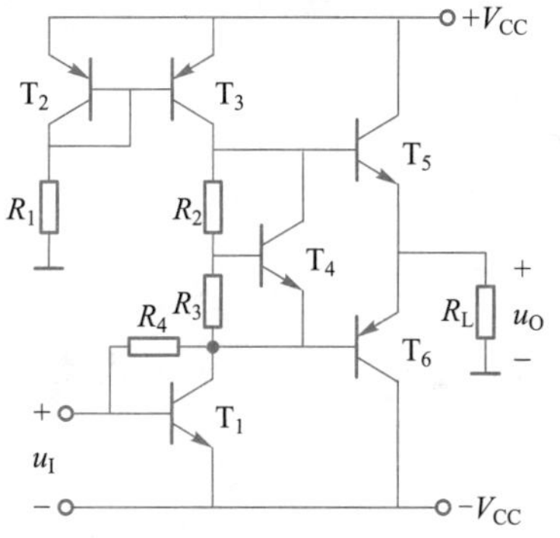

习题 7.12 图

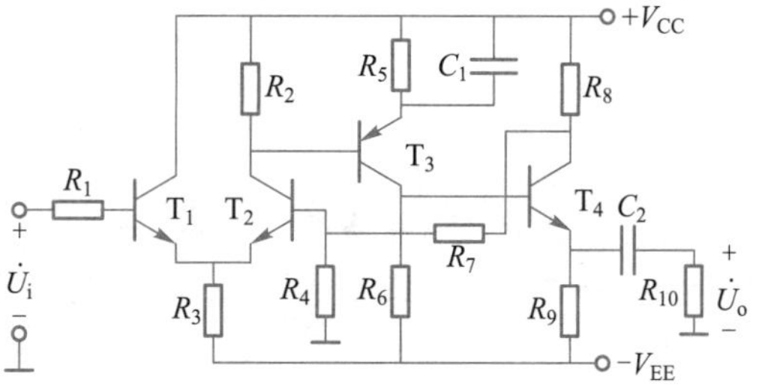

习题 7.13 图

7.13　指出习题 7.13 图电路中的级间反馈元件，并判断反馈极性。

7.14　在习题 7.14 图所示的电路中，按照下列要求分别接成所需的多级反馈放大电路：(1) 具有稳定的源电压放大倍数；(2) 具有较低的输入电阻和稳定的输出电流；(3) 具有较高的输出电阻和输入电阻；(4) 具有稳定的输出电压和较低的输入电阻。

7.15　放大电路如习题 7.15 图所示，其中晶体管 T_1、T_2、T_3 均为硅管，且 $\beta_1=\beta_2=\beta_3$。$R_b=3\text{k}\Omega$，$R_c=10\text{k}\Omega$，$R_f=12\text{k}\Omega$，$R_{c3}=7.5\text{k}\Omega$。(1) 设开关 S 打开，写出电压放大倍数的表达式；(2) 若闭合开关 S，引入了何种反馈？假设电路满足深度负反馈条件，估算闭环电压放大倍数 $\dot{A}_{uf}$。

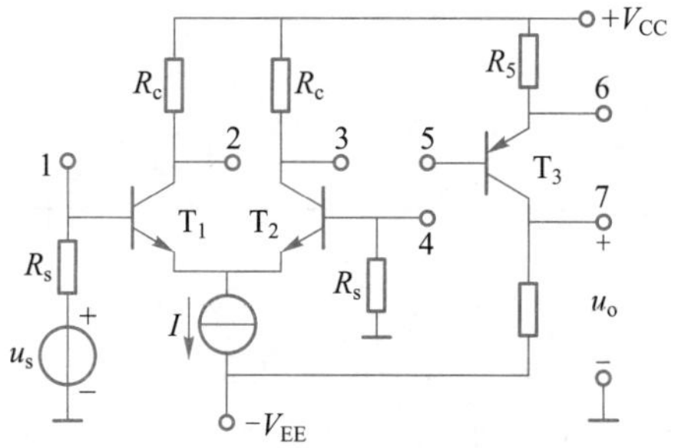

习题 7.14 图

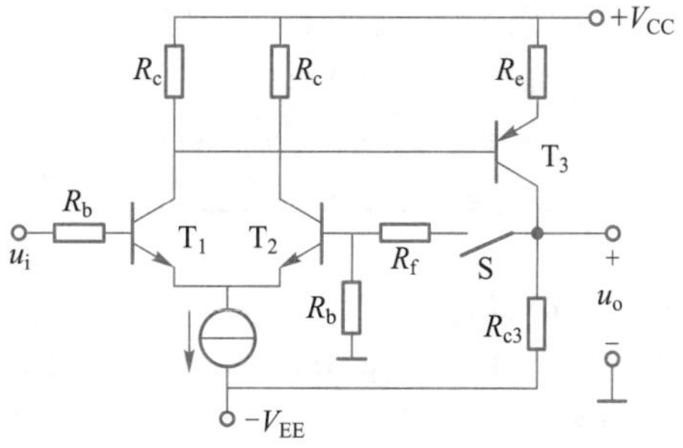

习题 7.15 图

第 8 章 集成运算放大电路的基本应用

利用集成运放可以构成形式多样、种类繁多的应用电路，它已经远远超出初期做数学运算的范围。为了突出基本概念，减少烦琐的计算，在分析各种应用电路时，常将集成运放视为理想器件。

本章首先介绍理想集成运放工作在线性和非线性状态的条件，并以此为依据，分别讨论工作在线性状态的信号运算电路、有源滤波电路和工作在非线性状态的电压比较器。其中，有源滤波电路和电压比较器为信号处理电路。

8.1 理想集成运放的分析方法

导学

集成运放的电压传输特性。

理想集成运放工作在线性和非线性区的特点。

分析理想集成运放应用电路的思路。

1. 集成运放的电压传输特性

集成运放的输出电压与输入电压之间的关系称为集成运放的电压传输特性。对于正、负两路电源供电的集成运放，其电压传输特性如图 8.1.1 所示。

(1) 线性区

从图 8.1.1(a)可看出，在线性区，曲线的斜率为电压放大倍数。当 u_I 在 $+U_{Im}$ 与 $-U_{Im}$ 之间变化，输出电压与输入电压呈线性放大关系，这时集成运放工作在线性区，有

$$u_O = A_{od}(u_+ - u_-) \tag{8.1.1}$$

式中，A_{od} 为集成运放开环差模电压放大倍数，u_+ 为集成运放同相输入电压，u_- 为集成运放反相输入电压，u_O 为集成运放输出电压。

由于 A_{od} 很大，而集成运放的输出电压又为有限值，所以线性区内输入信号的变化范围

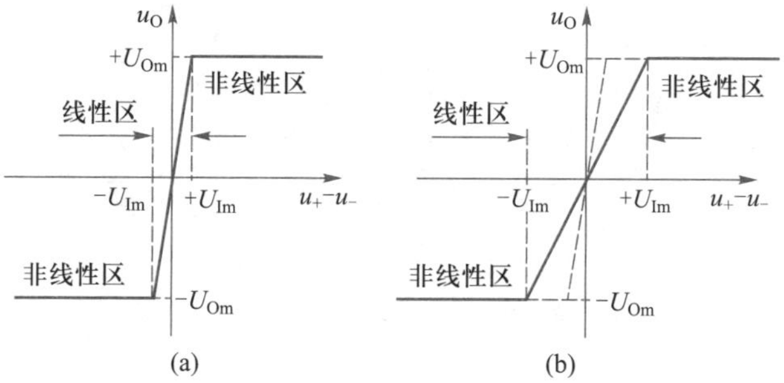

图 8.1.1 集成运放的电压传输特性
（a）开环或引入正反馈状态 （b）引入负反馈状态

很窄。例如，集成运放 F007 的最大输出电压 $\pm U_{Om}=\pm 14\ V$，$A_{od}\approx 2\times 10^5$，那么只有当 $|u_+-u_-|<70\ \mu V$ 时，电路才工作在线性区。显然，这样小的线性范围无法实现线性放大等任务。

为了使集成运放在较宽的输入电压变化范围内正常工作在线性区，实现图 8.1.1(b)所示的情况，可在集成运放中引入深度负反馈。

(2) 非线性区

当输入信号超过上述线性范围时，集成运放输出电压只有两种可能的情况，分别为正向饱和电压 $+U_{Om}$ 和负向饱和电压 $-U_{Om}$（注意 $|\pm U_{Om}|$ 小于或接近于集成运放的电源电压）。此时处于非线性放大，即 $u_O\neq A_{od}(u_+-u_-)$。由于 A_{od} 很大，输入端只要有很微小的变化量，其输出电压不是正向饱和电压就是负向饱和电压。

2. 理想集成运放的应用及其特点

(1) 理想集成运放的线性应用及其特点

① 电路特征——引入深度负反馈

如图 8.1.2(a)所示，目的是利用负反馈扩展线性范围。如果电路为了改善某种性能需要引入正反馈时，也必须保证以负反馈为主。

② 电路特点——“虚断”和“虚短”

a. 虚断

根据理想集成运放的条件 $r_{id}\to\infty$ 可知，理想集成运放的输入端几乎不取电流，即

$$i_+=i_-\approx 0 \tag{8.1.2}$$

此式表明理想集成运放的输入电流近似为零，相当于断路，但不是真正的断开，故形象地称为“虚断”。

b. 虚短

根据理想集成运放的条件 $A_{od}\to\infty$，而 u_O 是有限值，则由式(8.1.1)可得 $u_+-u_-=\dfrac{u_O}{A_{od}}\to 0$，即

$$u_+\approx u_- \tag{8.1.3}$$

此式表明理想集成运放两输入端电位近似相等，好像两个输入端之间短路一样，但不是真正的短路，故形象地称为“虚短”。

“虚断”和“虚短”两个特点是分析理想集成运放线性应用（如运算电路和有源滤波电

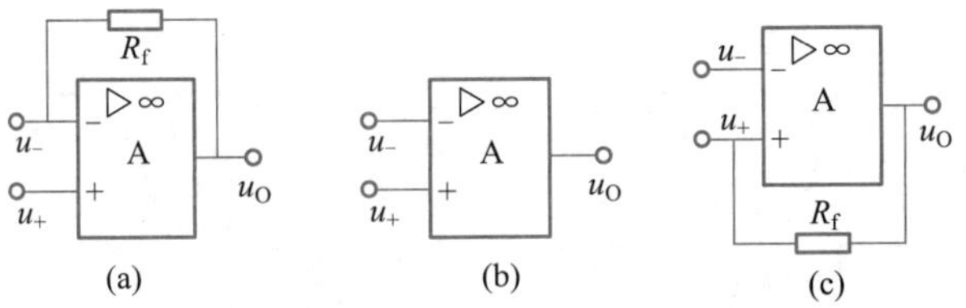

图 8.1.2 集成运放的工作状态

(a) 引入负反馈 (b) 开环状态 (c) 引入正反馈

路)的重要依据。

(2) 理想集成运放的非线性应用及其特点

① 电路特征——开环或引入正反馈

理想集成运放处于开环和引入正反馈状态的电路结构如图 8.1.2(b)、(c)所示。由于 $A_{od}\to\infty$,此时无论加多么微小的输入信号,其输出电压都将超出线性范围,工作在非线性区。引入正反馈的目的是进一步加快高、低电平即 $+U_{Om}$ 和 $-U_{Om}$ 之间的转换速率。

② 电路特点——"虚断"和"运放输出电压跳变的临界条件"

a. 两输入端的输入电流为零

由于理想集成运放 $r_{id}\to\infty$,故集成运放两输入端净输入电流近似为零,即

$$i_+=i_-\approx 0 \tag{8.1.4}$$

此式表明理想集成运放工作在非线性区也具有"虚断"的特点。

b. 输出电压的两种状态及其跳变的临界条件

由于 $A_{od}\to\infty$,输出电压不是正向饱和值就是负向饱和值,接近正、负电源电压。即

$$\text{当 } u_+>u_- \text{ 时}, u_O=+U_{OM} \tag{8.1.5a}$$

$$\text{当 } u_+<u_- \text{ 时}, u_O=-U_{OM} \tag{8.1.5b}$$

其中

$$u_+=u_- \tag{8.1.6}$$

是理想集成运放输出电压发生跳变的临界条件。值得注意的是,此时"虚短"现象不复存在。

"虚断"和"输出电压发生跳变的临界条件"是分析理想集成运放非线性应用(如电压比较器)的出发点。

3. 理想集成运放线性和非线性应用的规律

在分析集成运放组成的各种功能电路时,首先应根据电路特征或电路功能确定集成运放的工作状态;其次,依据线性或非线性的两个特点对电路进行具体分析。表 8.1.1 中揭示了集成运放线性和非线性应用的规律。

表 8.1.1 集成运放线性和非线性应用的规律

线性特点	非线性特点	应用(三个方程)
"虚断"	"虚断"	两个方程:$u_+=\cdots$,$u_-=\cdots$
"虚短"	运放输出电压发生跳变的临界条件	一个方程:$u_+=u_-$

从表中看出，无论是线性应用还是非线性应用，其规律皆是由“虚断”分别列出运放同相输入端和反相输入端的两个方程，并推导出 u_+ 和 u_- 的关系式；再由线性应用时的“虚短”和非线性应用时的“运放输出电压发生跳变的临界条件” $u_+=u_-$ 将上述两式联立，便可得到线性应用时运算电路的函数关系或非线性应用时电压比较器的阈值电压。体现了三个方程的解题思路。

在此不妨打个比喻：“虚断”的两个方程好比两条铁轨，“虚短”或“运放输出电压发生跳变的临界条件”如同枕木，是联系两条铁轨的“桥梁”。希望读者在理解上述关系的基础上能够有意识地指导自己去分析问题，解决问题。

8.2 比例运算电路

导学

反相与同相比例运算电路在电路组成上的异同点。

依据“虚断”“虚短”列出三个方程。

反相与同相比例运算电路的运算关系。

微视频

对于运算(operational)电路，其指导思想是电路引入深度负反馈，使集成运放工作在线性区；分析“工具”是“虚断”和“虚短”两个概念所列出的三个方程。至于实际集成运放构成的运算电路的误差分析，有兴趣的读者可参阅相关文献。

1. 反相比例运算电路

(1) 电路组成

如图 8.2.1(a)所示。图中，R_f 为反馈电阻，R_1 为输入回路电阻，R_2 为补偿电阻。为使集成运放两输入端对地的电阻尽量保持一致，应选择 $R_2=R_1 /\!/ R_f$，以减小集成运放的输入失调电压。

从图中各点的瞬时极性(假设电路电压放大倍数的数值大于 1)可看出，集成运放输入端反馈电流将通过 R_f 流向输出端，使流入集成运放的净输入电流减小，且反馈元件 R_f 与输出端直接相连，表明 R_f 引入了深度电压并联负反馈，目的是保证集成运放工作在线性区。

(2) 运算关系

在图 8.2.1(a)中，根据“虚断”的特点，在集成运放反相输入端有 $i_{R1}=i_{Rf}$；在同相输入端有 $i_{R2}=0$。于是可分别写出理想集成运放反相输入端和同相输入端的两个方程：

$$\frac{u_I-u_-}{R_1}=\frac{u_--u_O}{R_f} \Rightarrow u_-=\frac{R_f u_I+R_1 u_O}{R_1+R_f}$$

$$u_+=0$$

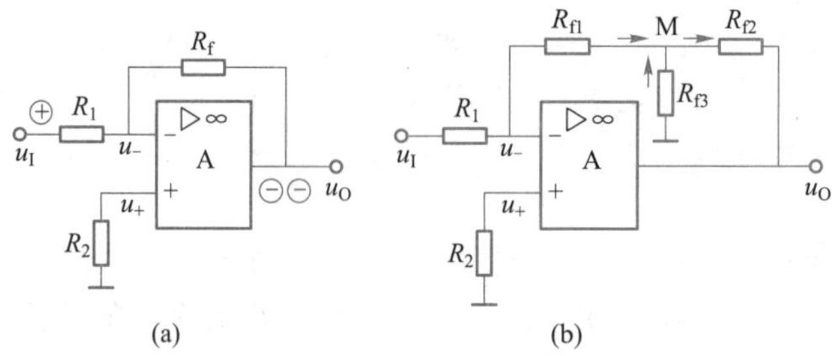

图 8.2.1 反相比例运算电路
(a) 基本电路 (b) T 型反馈网络电路

根据"虚短"的特点写出第三个方程：

$$u_+ = u_-$$

求解上述三个方程，可得出该电路的运算关系：

$$u_O = -\frac{R_f}{R_1}u_I \tag{8.2.1}$$

如果写成电压放大倍数，则 $A_{uf}=\frac{u_O}{u_I}=-\frac{R_f}{R_1}$。显然 u_O 与 u_I 呈比例运算关系且反相，故取名为反相比例运算电路。

由 $u_+=0$ 与 $u_+=u_-$ 可知 $u_-=0$，表明反相输入端电位为零，但并未实际接地，故形象地称为"虚地"。为此，对于信号从反相输入端输入，且同相输入端的电位等于零时，"虚短"可引申为反相输入端"虚地"的结论，即直接用"虚地"进行计算。

因为集成运放"-"端虚地，所以电路的输入电阻 $R_{if}=R_1$。若要求输入电阻大，比如选择 $R_1=200\ \text{k}\Omega$，要求 $A_{uf}=-100$，则需选用阻值为 $R_f=100\times200\ \text{k}\Omega=20\ \text{M}\Omega$ 的电阻。这样大的电阻要做得很精密是不可能的。为了同时满足 A_{uf} 和 R_{if} 都大，常采用 R_{f1}、R_{f2}、R_{f3} 组成 T 型反馈网络来代替图 8.2.1(a)中的 R_f，如图 8.2.1(b)的电路形式。利用"虚断""虚地"和 M 点的电流关系分别得

$$\frac{u_I}{R_1}=\frac{-u_M}{R_{f1}}$$

$$\frac{-u_M}{R_{f1}}+\frac{-u_M}{R_{f3}}=\frac{u_M-u_O}{R_{f2}}$$

解上述两个方程得

$$u_O=-\frac{R_{f1}+R_{f2}+R_{f1}R_{f2}/R_{f3}}{R_1}u_I=-\frac{R_f}{R_1}u_I \tag{8.2.2}$$

式中，$R_f=R_{f1}+R_{f2}+R_{f1}R_{f2}/R_{f3}$。若在保持很大的输入电阻 $R_1=200\ \text{k}\Omega$ 的条件下，取 $R_{f1}=100\ \text{k}\Omega$、$R_{f2}=200\ \text{k}\Omega$、$R_{f3}=1\ \text{k}\Omega$ 时，则 $R_f\approx20\ \text{M}\Omega$。显然，采用 T 型反馈网络作为反馈电阻 R_f，在大输入电阻的条件下，各电阻阻值的精度是容易达到的。

(3) 主要特点

① 引入深度电压并联负反馈，其中负反馈使集成运放工作在线性区。并联负反馈使输

入电阻减小($R_{if}=R_1$),电压负反馈使输出电阻 R_o 减小,带负载能力增强。

② 由于 $u_-=u_+\approx 0$,即输入端存在虚地点,故加在集成运放的共模输入电压很低,近似为零,可见该电路对集成运放本身的共模抑制比要求不高。

③ 当 $R_1=R_f$ 时 $u_O=-u_I$,称为单位增益倒相器。

2. 同相比例运算电路

(1) 电路组成

将图 8.2.1(a)所示电路中的输入端和接地端互换,就得到如图 8.2.2(a)所示的电路。为使集成运放两输入端对地的电阻平衡,通常要求 $R_2=R_1 /\!/ R_f$。

从图中各点的瞬时极性(假设电路电压放大倍数的数值大于 1)可看出,R_f 引入了深度电压串联负反馈,目的是保证集成运放工作在线性区。

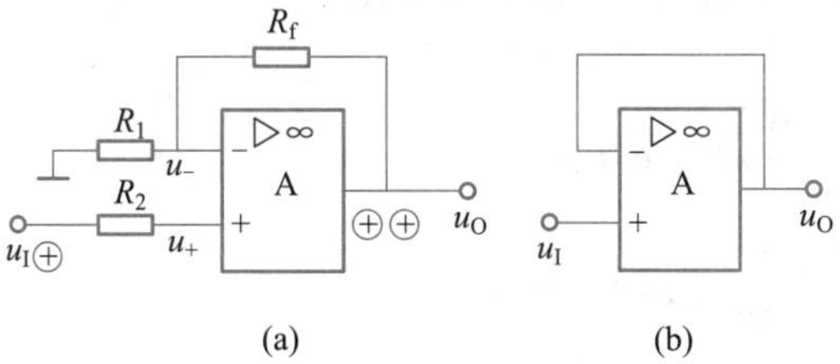

图 8.2.2 同相比例运算电路

(a) 基本电路 (b) 电压跟随器

(2) 运算关系

根据理想集成运放"虚断"和"虚短"的特点可列出以下三个方程:

$$\frac{-u_-}{R_1}=\frac{u_--u_O}{R_f}\Rightarrow u_-=\frac{R_1}{R_1+R_f}u_O$$

$$u_+=u_I$$

$$u_+=u_-$$

将第三式代入第一式,可得出该电路的运算关系为

$$u_O=\left(1+\frac{R_f}{R_1}\right)u_+ \tag{8.2.3}$$

根据第二式 $u_+=u_I$,则有

$$u_O=\left(1+\frac{R_f}{R_1}\right)u_I \tag{8.2.4}$$

若用电压放大倍数来表示,则 $A_{uf}=\frac{u_O}{u_I}=1+\frac{R_f}{R_1}$。可见 u_O 与 u_I 呈比例运算关系且同相,故该电路取名为同相比例运算电路。注意,运算关系式(8.2.3)应用更灵活。

(3) 主要特点

① 引入深度电压串联负反馈,使集成运放工作在线性区。串联负反馈使输入电阻 R_i 增大;电压负反馈使输出电阻 R_o 减小,带负载能力增强。

② 因 $u_+=u_-=u_I$,表明电路不存在虚地点。由于电路存在共模输入电压,因此为了提高运算精度,应选用具有高共模抑制比的集成运放。

③ 当 $R_f=0$ 或 $R_1\to\infty$时，$u_O=u_I$，此时的电路称为电压跟随器，如图 8.2.2(b)所示。

例 8.2.1 试用集成运放实现 $u_O=0.5u_I$ 的运算关系。要求画出电路原理图，并估算电阻元件的参数值(设反馈电阻为 10 kΩ)。

解：因同相比例运算电路的比例系数总是大于 1，显然不能采用此电路。而反相比例运算电路的比例系数虽为负值，但可采用两级电路来实现。根据反相比例运算电路：

使 $u_{O1}=-0.5u_I$，得$-\dfrac{R_{f1}}{R_1}=-0.5$，$R_1=\dfrac{R_{f1}}{0.5}=\dfrac{10}{0.5}\ \text{k}\Omega=20\ \text{k}\Omega$

再使 $u_O=-\dfrac{R_{f2}}{R_2}=-u_{O1}$，则有 $R_2=R_{f2}=10\ \text{k}\Omega$

故 $u_O=-u_{O1}=0.5u_I$，从而实现了设计要求，如图 8.2.3 所示。为保持各集成运放两输入端对地电阻相等，应有

$$R_3=R_1/\!/R_{f1}=\frac{20\times10}{20+10}\ \text{k}\Omega\approx6.67\ \text{k}\Omega$$

$$R_4=R_2/\!/R_{f2}=\frac{10\times10}{10+10}\ \text{k}\Omega=5\ \text{k}\Omega$$

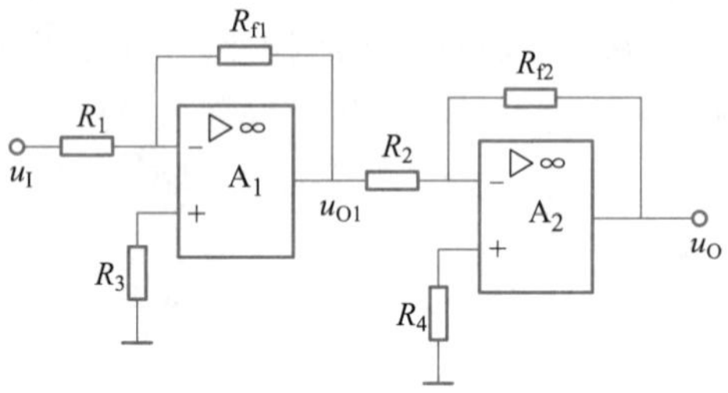

图 8.2.3 例 8.2.1 电路

8.3 加法与减法运算电路

导学

反相与同相求和运算电路在电路组成上的异同点。

加减运算电路的组成及其运算关系。

求和运算电路与加减运算电路的特点。

1. 求和运算电路

(1) 反相求和运算电路

① 电路组成

电路如图 8.3.1 所示。它实际上是在反相比例运算电路的基础上加以扩展得到的。R_f 引入了深度电压并联负反馈，使集成运放工作在线性区。且平衡电阻 $R_4=R_1/\!/R_2/\!/R_3/\!/R_f$。

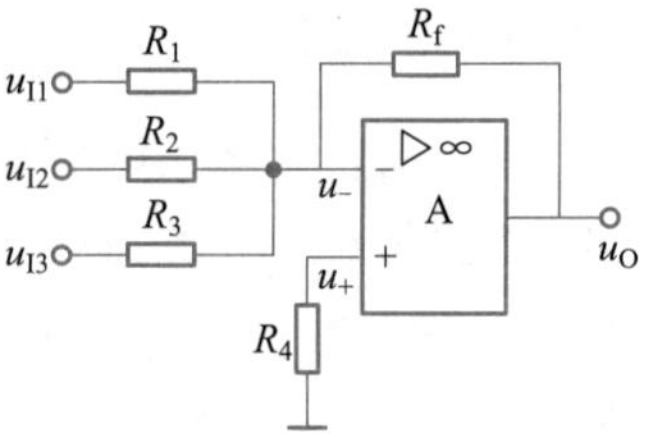

图 8.3.1 反相求和运算电路

② 运算关系

【方法一】前已述及，对于反相输入且同相输入端电位为零的运算电路，可以直接利用理想集成运放“虚

断”和“虚地”的特点列出方程：

$$\frac{u_{I1}}{R_1}+\frac{u_{I2}}{R_2}+\frac{u_{I3}}{R_3}=\frac{-u_O}{R_f}$$

经整理得出该电路的运算关系为

$$u_O=-R_f\left(\frac{u_{I1}}{R_1}+\frac{u_{I2}}{R_2}+\frac{u_{I3}}{R_3}\right) \tag{8.3.1}$$

显然，实现了三个输入信号的反相求和运算，同理可实现 n 个信号的反相求和运算。

【方法二】利用叠加原理：首先设 u_{I1} 单独作用，$u_{I2}=u_{I3}=0$。因为“虚地”，则 R_2 和 R_3 两端都是地电位，可视为短路。此时的电路是一个典型的反相比例运算电路，有

$$u_{O1}=-\frac{R_f}{R_1}u_{I1}$$

同理，分别求出 u_{I2} 和 u_{I3} 单独作用时的输出电压 u_{O2} 和 u_{O3}，即

$$u_{O2}=-\frac{R_f}{R_2}u_{I2}$$

$$u_{O3}=-\frac{R_f}{R_3}u_{I3}$$

所以，当 u_{I1}、u_{I2} 和 u_{I3} 同时作用时的输出电压 u_O 为

$$u_O=-R_f\left(\frac{u_{I1}}{R_1}+\frac{u_{I2}}{R_2}+\frac{u_{I3}}{R_3}\right)$$

显见，其结果与式(8.3.1)相同。

③ 主要特点

在反相求和运算电路中，由式(8.3.1)不难看出，如果改变某一路的电阻值，并不影响其他各路的输出电压与输入电压的比例关系，因此调节方便。另外，集成运放输入端“虚地”，也使共模输入电压近似为零，因此反相求和运算电路应用比较广泛。

(2) 同相求和运算电路

① 电路组成

电路如图 8.3.2 所示。R_f、R_5 引入电压串联负反馈，旨在使集成运放工作在线性区。并且电路参数仍需满足平衡条件：$R_1 /\!/ R_2 /\!/ R_3 /\!/ R_4=R_f /\!/ R_5$。

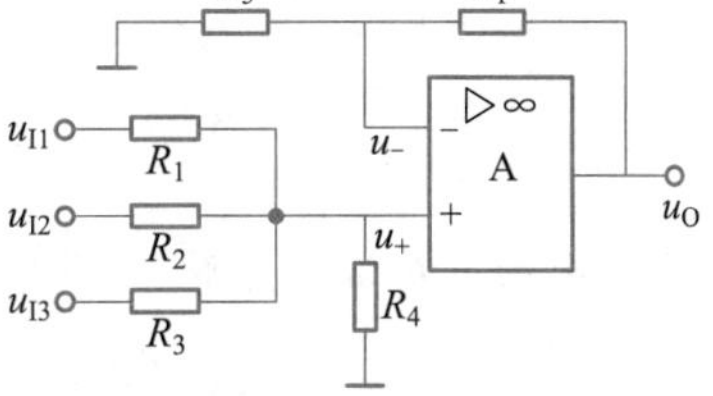

图 8.3.2 同相求和运算电路

② 运算关系

根据理想集成运放“虚断”和“虚短”的特点可列出以下三个方程：

$$\frac{-u_-}{R_5}=\frac{u_--u_O}{R_f}\Rightarrow u_-=\frac{R_5}{R_5+R_f}u_O$$

$$\frac{u_{I1}-u_+}{R_1}+\frac{u_{I2}-u_+}{R_2}+\frac{u_{I3}-u_+}{R_3}=\frac{u_+}{R_4}\Rightarrow u_+=R_+\left(\frac{u_{I1}}{R_1}+\frac{u_{I2}}{R_2}+\frac{u_{I3}}{R_3}\right)$$

$$u_+=u_-$$

式中，$R_+=R_1 /\!/ R_2 /\!/ R_3 /\!/ R_4$。求解上述三个方程，可得该电路的运算关系为

$$u_O=\left(1+\frac{R_f}{R_5}\right)\left(\frac{R_+}{R_1}u_{I1}+\frac{R_+}{R_2}u_{I2}+\frac{R_+}{R_3}u_{I3}\right) \tag{8.3.2}$$

其实，由式(8.2.3) $u_O=\left(1+\frac{R_f}{R_1}\right)u_+$ 和方程组中的第二式 $u_+=R_+\left(\frac{u_{I1}}{R_1}+\frac{u_{I2}}{R_2}+\frac{u_{I3}}{R_3}\right)$ 可直接得到式(8.3.2)。当 $R_-=R_5/\!/R_f$，且 $R_+=R_-$ 时，式(8.3.2)可简化为

$$u_O=R_f\left(\frac{u_{I1}}{R_1}+\frac{u_{I2}}{R_2}+\frac{u_{I3}}{R_3}\right) \tag{8.3.3}$$

可见，实现了三个输入信号的同相求和运算。同理也可实现 n 个信号的同相求和运算。

③ 主要特点

在式(8.3.2)中，欲调节单个输入电压与输出电压之间的关系，将涉及包括 R_+ 在内的所有关系，显见电路的调节不方便，而且其共模输入电压较高。因此该电路的应用不如反相求和运算电路广泛。

2. 加减运算电路

(1) 电路组成

电路如图 8.3.3 所示。深度负反馈使集成运放工作在线性区。

(2) 运算关系

根据理想集成运放“虚断”和“虚短”的特点可列出以下三个方程：

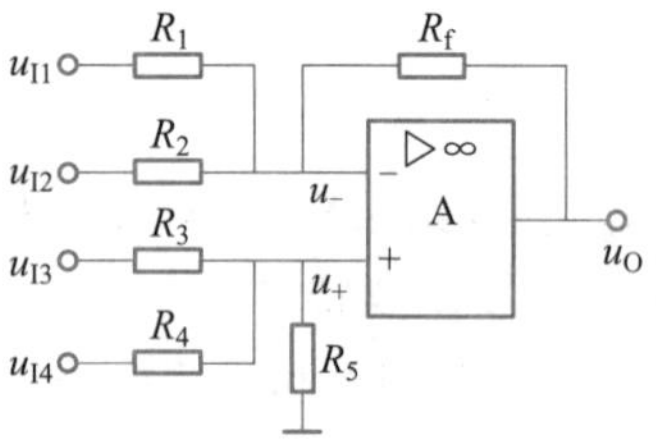

图 8.3.3 加减运算电路

$$\frac{u_{I1}-u_-}{R_1}+\frac{u_{I2}-u_-}{R_2}=\frac{u_--u_O}{R_f}\Rightarrow\frac{u_{I1}}{R_1}+\frac{u_{I2}}{R_2}+\frac{u_O}{R_f}=\left(\frac{1}{R_1}+\frac{1}{R_2}+\frac{1}{R_f}\right)u_-=\frac{1}{R_-}u_-$$

$$\frac{u_{I3}-u_+}{R_3}+\frac{u_{I4}-u_+}{R_4}=\frac{u_+}{R_5}\Rightarrow\frac{u_{I3}}{R_3}+\frac{u_{I4}}{R_4}=\left(\frac{1}{R_3}+\frac{1}{R_4}+\frac{1}{R_5}\right)u_+=\frac{1}{R_+}u_+$$

$$u_+=u_-$$

其中，$R_-=R_1/\!/R_2/\!/R_f$，$R_+=R_3/\!/R_4/\!/R_5$。

求解上述三个方程，可得该电路的运算关系为

$$u_O=\frac{R_f}{R_-}\left(\frac{R_+}{R_3}u_{I3}+\frac{R_+}{R_4}u_{I4}-\frac{R_-}{R_1}u_{I1}-\frac{R_-}{R_2}u_{I2}\right) \tag{8.3.4}$$

再根据集成运放输入端外接电阻的平衡条件 $R_+=R_-$，可得

$$u_O=R_f\left(\frac{u_{I3}}{R_3}+\frac{u_{I4}}{R_4}-\frac{u_{I1}}{R_1}-\frac{u_{I2}}{R_2}\right) \tag{8.3.5}$$

上两式实现了输入信号的加减运算，同理也可实现 n 个信号的加减运算。

(3) 主要特点

在式(8.3.4)中，由于 R_+ 与 R_- 分别为多个电阻的并联，可见单独调节输入电压与输出电压之间的关系不太方便。因此，在实际应用中，宁可多用一个集成运放构成两级电路来实现加减运算。

例 8.3.1 试设计一个加减运算电路，使 $u_O=10u_{I1}+8u_{I2}-20u_{I3}$，并设 $R_f=240\ \text{k}\Omega$。

解：(1) 首先是设计方案的选择

① 采用单级集成运放实现。由于输入电压 u_{I1}、u_{I2} 的系数为正数，应从同相端输入，而输

入电压 u_{I3} 的系数为负数，应从反相端输入。电路形式如图 8.3.4(a)所示。

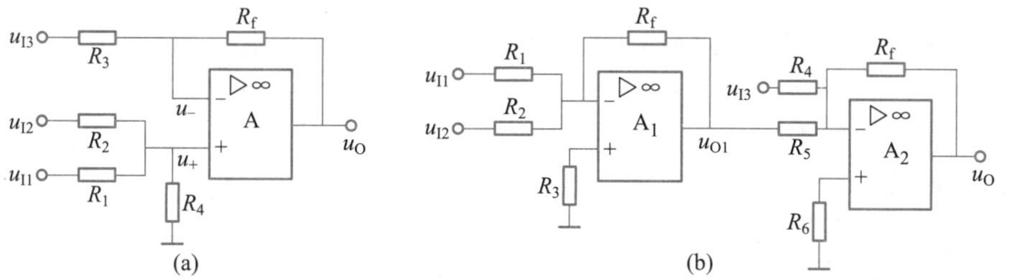

图 8.3.4 例 8.3.1

(a) 采用单级集成运放实现 (b) 采用两级集成运放实现

② 采用两个反相求和运算电路实现。根据输入电压 u_{I1}、u_{I2} 和 u_{I3} 系数的正、负，可选定如图 8.3.4(b)所示的电路形式。由于各级电路的输出电阻近似为零，具有恒压源的特性。因此，后级电路基本上不影响前级电路的运算关系，所以对电路的分析与单级电路完全相同。

(2) 其次是电路参数的计算

① 在如图 8.3.4(a)所示的电路形式中，由式(8.3.5)和题意设 $u_O=R_f\left(\frac{u_{I1}}{R_1}+\frac{u_{I2}}{R_2}-\frac{u_{I3}}{R_3}\right)$，若使 $u_O=10u_{I1}+8u_{I2}-20u_{I3}$，有 $\frac{R_f}{R_1}=10$，$\frac{R_f}{R_2}=8$，$\frac{R_f}{R_3}=20$，故

$$R_1=\frac{R_f}{10}=\frac{240}{10}\ \text{k}\Omega=24\ \text{k}\Omega,R_2=\frac{R_f}{8}=\frac{240}{8}\ \text{k}\Omega=30\ \text{k}\Omega,R_3=\frac{R_f}{20}=\frac{240}{20}\ \text{k}\Omega=12\ \text{k}\Omega$$

根据集成运放输入端外接电阻的平衡条件：$R_f /\!/ R_3=R_1 /\!/ R_2 /\!/ R_4$

可得

$$R_4=80\ \text{k}\Omega$$

② 在如图 8.3.4(b)所示的电路形式中，根据式(8.3.1)可得 $u_{O1}=-R_f\left(\frac{u_{I1}}{R_1}+\frac{u_{I2}}{R_2}\right)$，$u_O=-R_f\left(\frac{u_{I3}}{R_4}+\frac{u_{O1}}{R_5}\right)$，所以

$$u_O=\frac{R_f^2}{R_1R_5}u_{I1}+\frac{R_f^2}{R_2R_5}u_{I2}-\frac{R_f}{R_4}u_{I3}$$

设 $R_5=120\ \text{k}\Omega$，并由题目要求得 $\frac{R_f^2}{R_1R_5}=10$，$\frac{R_f^2}{R_2R_5}=8$，$\frac{R_f}{R_4}=20$，故

$$R_1=\frac{R_f^2}{10R_5}=\frac{240^2}{10\times120}\ \text{k}\Omega=48\ \text{k}\Omega,R_2=\frac{R_f^2}{8R_5}=\frac{240^2}{8\times120}\ \text{k}\Omega=60\ \text{k}\Omega,R_4=\frac{R_f}{20}=\frac{240}{20}\ \text{k}\Omega=12\ \text{k}\Omega$$

$$R_3=R_1 /\!/ R_2 /\!/ R_f=24\ \text{k}\Omega$$

$$R_6=R_4 /\!/ R_5 /\!/ R_f\approx10.4\ \text{k}\Omega$$

例 8.3.2 如图 8.3.5 所示的是由三个集成运放组成的测量放大电路。试导出输出电压与输入电压的关系。

解：根据式(8.3.5)和理想集成运放“虚断”和“虚短”的特点，可得下列关系式：

$$u_O=\frac{R_{f2}}{R}(u_{O2}-u_{O1})$$

$$u_{O2}-u_{O1}=i_O(R_{f1}+R_P+R_{f1})$$

$$i_O=\frac{u_{I2}-u_{I1}}{R_P}$$

将后两式分别代入第一式得

$$u_O=\frac{R_{f2}}{R}(2R_{f1}+R_P)\frac{u_{I2}-u_{I1}}{R_P}$$

$$=\left(1+\frac{2R_{f1}}{R_P}\right)\frac{R_{f2}}{R}(u_{I2}-u_{I1})$$

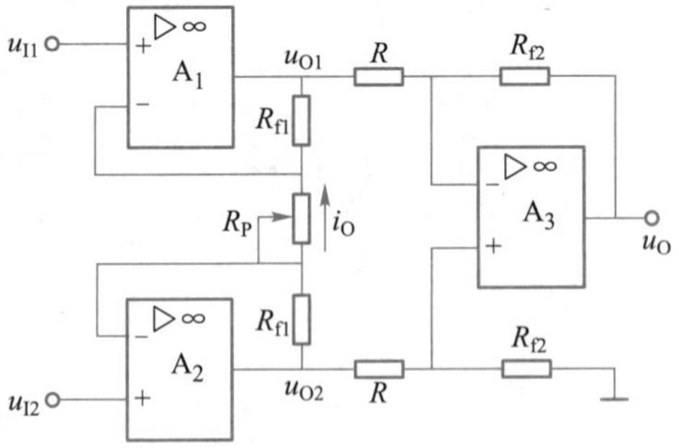

图 8.3.5　例 8.3.2

上式说明，输出电压与输入电压的差模分量有关，只要保证外电路元件严格对称，就能实现只放大差模信号，抑制温漂等共模信号。改变 R_P 可以调节放大倍数。

8.4　积分与微分运算电路

导学

积分与微分运算电路在电路结构上的区别。

积分运算与微分运算电路的运算关系。

积分运算与微分运算电路实现的波形变换。

微视频

1. 积分运算电路

(1) 电路组成

为了组成积分运算电路，希望找到一种元件，其电压和电流之间存在积分关系。我们知道电容两端的电压与流过其上的电流之间存在积分关系。若将反相比例运算电路中的反馈

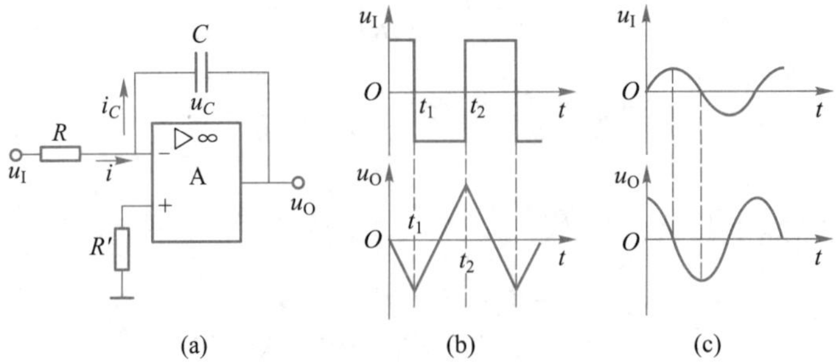

图 8.4.1　基本积分运算电路及其输入、输出波形

(a) 基本积分运算电路　(b) 输入方波　(c) 输入正弦波

电阻 R_f 换成电容，则可实现积分运算，如图 8.4.1(a)所示。图中，电容 C 引入了深度电压并联负反馈，使集成运放工作在线性区。

(2) 运算关系

根据理想集成运放"虚断"和"虚地"的特点，有 $\dfrac{u_I}{R}=i_C=-C\dfrac{du_O}{dt}$，则 $u_O=-\dfrac{1}{RC}\int u_I dt$。若积分起始时刻的输出电压为 $u_O(t_0)$，则 t 时刻的输出电压

$$u_O=-\frac{1}{RC}\int_{t_0}^{t}u_I dt+u_O(t_0) \tag{8.4.1}$$

上式实现了输出电压与输入电压的反相积分运算。当输入电压为方波(或矩形波)和正弦波时，输出电压的波形如图 8.4.1(b)、图 8.4.1(c)所示。同理也可实现反相积分求和运算。

在实际电路中，为了防止低频信号增益过大，常在电容两端并联一个电阻加以限制。

例 8.4.1 在图 8.4.2(a)所示电路中，$R_1=200\ \text{k}\Omega$，$R_2=100\ \text{k}\Omega$，$C=1\ \mu\text{F}$，并且假设 $t=0$ 时刻电容两端的电压为 0。(1) 试求输出电压 u_O 的表达式；(2) 设两输入信号 u_{I1} 和 u_{I2} 皆为阶跃信号，波形如图 8.4.2(b)所示，在同样的时间坐标轴上画出 u_O 的波形。

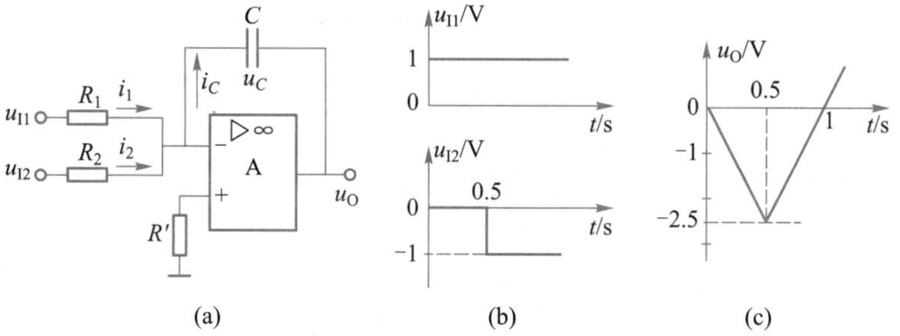

图 8.4.2 例 8.4.1

(a) 电路 (b) 输入电压波形 (c) 输出电压波形

解：(1) 根据理想集成运放的"虚断"和"虚地"，有 $i_C=i_1+i_2=\dfrac{u_{I1}}{R_1}+\dfrac{u_{I2}}{R_2}=-C\dfrac{du_O}{dt}$，所以

$$u_O=-\frac{1}{C}\int_{t_0}^{t}\left(\frac{u_{I1}}{R_1}+\frac{u_{I2}}{R_2}\right)dt+u_O(t_0)$$

(2) 由于两个输入信号的变化规律不同，因此常采用分段分析法。

① 在 $t=0\sim0.5$ s 期间，$u_{I1}=1$ V，$u_{I2}=0$ V，则有

$$u_O=-\frac{1}{C}\int_{0}^{t}\left(\frac{1}{R_1}+\frac{0}{R_2}\right)dt=-\frac{1}{R_1C}t=-\frac{1}{2\times10^5\times1\times10^{-6}}t=-5t$$

当 $t=0.5$ s 时，$u_O(0.5)=-5\times0.5$ V $=-2.5$ V。因此在 $t=0\sim0.5$ s 期间，u_O 的变化规律是由(0 s，0 V)和(0.5 s，−2.5 V)两点决定的线段，如图 8.4.2(c)所示。

② 在 $t\geqslant0.5$ s 后，$u_{I1}=1$ V，$u_{I2}=-1$ V，则有

$$\begin{aligned}u_O&=-\frac{1}{C}\int_{0.5}^{t}\left(\frac{1}{R_1}+\frac{-1}{R_2}\right)dt+u_O(0.5)=-\left(\frac{1}{R_1C}-\frac{1}{R_2C}\right)(t-0.5)-2.5\\&=-\left(\frac{1}{2\times10^5\times1\times10^{-6}}-\frac{1}{10^5\times1\times10^{-6}}\right)(t-0.5)-2.5=5t-5\end{aligned}$$

当 $t=1$ s 时，$u_O(1)=(5\times1-5)$ V=0 V。因此当 $t\geqslant0.5$ s 后，u_O 的变化规律是(0.5 s，−2.5 V)和(1 s，0 V)两点决定的射线，如图 8.4.2(c)所示。

例 8.4.2 试求图 8.4.3 所示电路的输出与输入电压之间的运算关系。

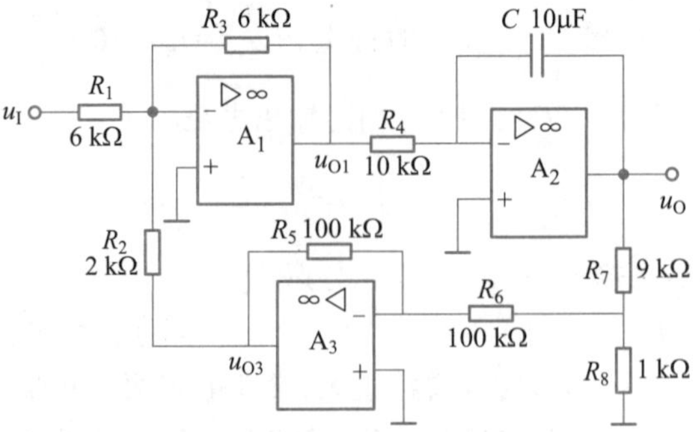

图 8.4.3 例 8.4.2

解：A_1 组成反相求和运算电路：

$$u_{O1}=-\left(\frac{R_3}{R_1}u_I+\frac{R_3}{R_2}u_{O3}\right)=\left(\frac{6}{6}u_I+\frac{6}{2}u_{O3}\right)=-(u_I+3u_{O3})$$

A_2 组成反相积分运算电路：

$$u_O=u_{O2}=-\frac{1}{R_4C}\int u_{O1}\mathrm{d}t=-\frac{1}{10\times10^3\times10\times10^{-6}}\int u_{O1}\mathrm{d}t=-10\int u_{O1}\mathrm{d}t，即\frac{\mathrm{d}u_O}{\mathrm{d}t}=-10u_{O1}$$

A_3 组成反相比例运算电路：

$$u_{O3}=-\frac{R_5}{R_6}\frac{R_6/\!/R_8}{R_7+R_6/\!/R_8}u_O\approx-\frac{100}{100}\times\frac{1}{9+1}u_O=-\frac{1}{10}u_O$$

联立以上三式得

$$\frac{\mathrm{d}u_O}{\mathrm{d}t}+3u_O=10u_I$$

2. 微分运算电路

(1) 电路组成

鉴于微分运算是积分运算的逆运算，为此只要将基本积分电路中的 R 和 C 的位置互换即可，如图 8.4.4(a)所示。图中的反馈电阻 R 引入了深度电压并联负反馈，使集成运放工作在线性区。

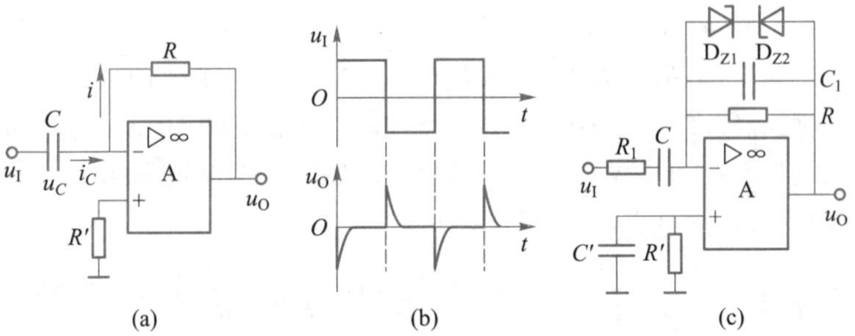

图 8.4.4 微分运算电路

(a) 基本微分电路 (b) 输入输出电压波形 (c) 实用微分电路

(2) 运算关系

根据理想集成运放“虚断”和“虚地”有 $C\dfrac{\mathrm{d}u_I}{\mathrm{d}t}=-\dfrac{u_O}{R}$,则

$$u_O=-RC\frac{\mathrm{d}u_I}{\mathrm{d}t} \tag{8.4.2}$$

显见,式(8.4.2)实现了输出电压与输入电压的反相微分运算。若输入电压为方波,且 $RC\ll\dfrac{T}{2}$(T 为方波周期),则输出电压为尖顶脉冲波形,如图 8.4.4(b)所示。

在实际电路中,常采用如图 8.4.4(c)所示的改进电路。在输入端串一小阻值电阻 R_1,用于限制输入电流;在反馈电阻 R 上并联小容量电容 C_1,起相位补偿的作用,提高电路的稳定性;稳压二极管用来限制输出电压幅值,避免幅值过大对集成运放及其电路的不利影响。此外,集成运放同相输入端并联的电容 C' 也起相位补偿作用,进一步提高电路工作的稳定性。

3. 混合运算电路

在实现信号运算中,有时不是一种单一的运算,同时会含有比例运算、积分运算、微分运算等。对于含有电容和电感的复杂运算电路,可运用拉普拉斯变换,先求出电路的传递函数,再进行拉氏反变换后得到输出信号与输入信号的运算关系。在此,以图 8.4.5 为例,介绍其分析方法。

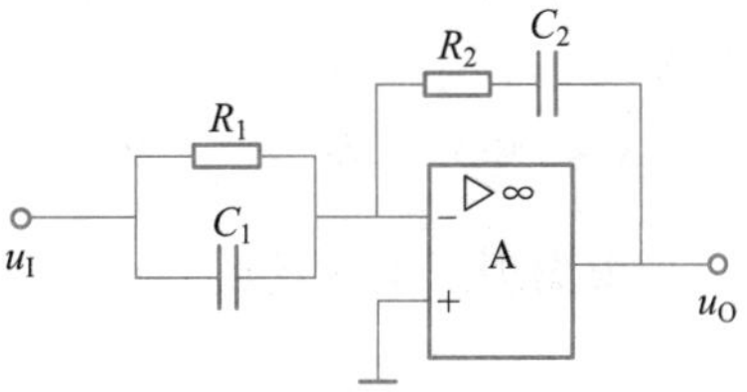

图 8.4.5 混合运算电路

首先在拉氏域中,电容的复阻抗为$\dfrac{1}{sC}$,故由图 8.4.5 可得该电路的传递函数为

$$U_O(s)=-\frac{R_2+1/sC_2}{R_1/\!/1/sC_1}U_I(s)$$

经整理得

$$U_O(s)=-\left(\frac{R_2}{R_1}+\frac{C_1}{C_2}+sR_2C_1+\frac{1}{sR_1C_2}\right)U_I(s)$$

从传递函数的构成形式可以看出:前两项$\dfrac{R_2}{R_1}$和$\dfrac{C_1}{C_2}$是比例运算;第三项 sR_2C_1 是微分运算;第四项$\dfrac{1}{sR_1C_2}$是积分运算。

其次,经拉氏反变换得

$$u_O=-\left(\frac{R_2}{R_1}u_I+\frac{C_1}{C_2}u_I+R_2C_1\frac{\mathrm{d}u_I}{\mathrm{d}t}+\frac{1}{R_1C_2}\int u_I\mathrm{d}t\right)$$

概括起来,这个电路是一种比例-微分-积分电路,在自动控制系统中经常用作有源校正网络。

8.5 对数与反对数(指数)运算电路

导学

对数与反对数运算电路在电路结构上的区别。
对数与反对数运算电路的运算关系。

1. 对数运算电路

(1) 电路构成

已知二极管的正向电流与它两端的电压在一定的条件下呈指数关系,若将反相比例运算电路中的反馈电阻换成二极管,即可实现对数运算,图 8.5.1(a)示出了基本的对数运算电路。

(2) 运算关系

根据理想集成运放“虚断”和“虚地”有$\frac{u_I}{R}=i_D\approx I_S e^{u_D/U_T}=I_S e^{-u_O/U_T}$,则

$$u_O\approx -U_T\ln\frac{u_I}{RI_S} \tag{8.5.1}$$

可见,只有在 $u_I>0$ 的条件下,才能实现上述对数运算;若 $u_I<0$,则二极管截止,电路处于开环状态,无法实现对数运算。

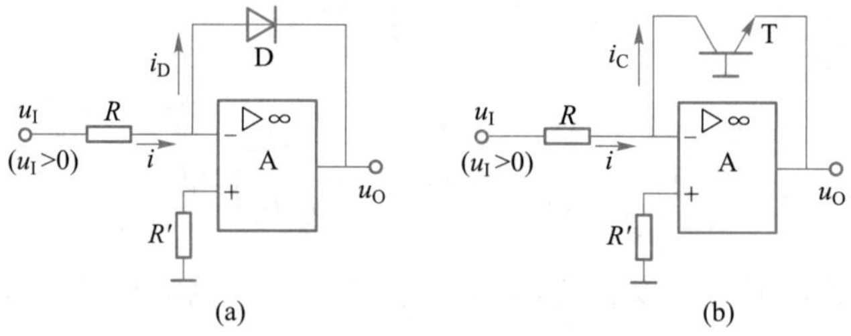

图 8.5.1 基本对数运算电路

(a) 二极管对数运算电路 (b) 晶体管对数运算电路

(3) 电路存在的问题及其解决方案

二极管 D 的电流 i_D 与其两端电压 u_D 只在一定范围内才能呈指数关系。当 u_D 太小时,e^{u_D/U_T}与 1 相比差别不是很大,此时 $i_D=I_S(e^{u_D/U_T}-1)$ 与指数关系差别较大。当通过二极管的电流较大时,其伏安特性与指数曲线相差也较大。为了解决这一问题,可用晶体管的发射结来代替二极管,以扩大输入电压的范围,如图 8.5.1(b)所示。

因为式(8.5.1)中的 U_T、I_S 是温度的函数,故运算的精度受温度影响。所以在实际应用

中，常采用两个对数运算电路输出相减消去 I_S、接入热敏电阻补偿 U_T 变化的方法。有兴趣的读者可参阅文献。

2. 反对数（指数）运算电路

(1) 电路组成

鉴于指数运算是对数运算的逆运算，为此只要将基本对数运算电路中的晶体管和电阻的位置互换即可，如图 8.5.2 所示。图中的反馈电阻 R 引入了深度电压并联负反馈，使集成运放工作在线性区。

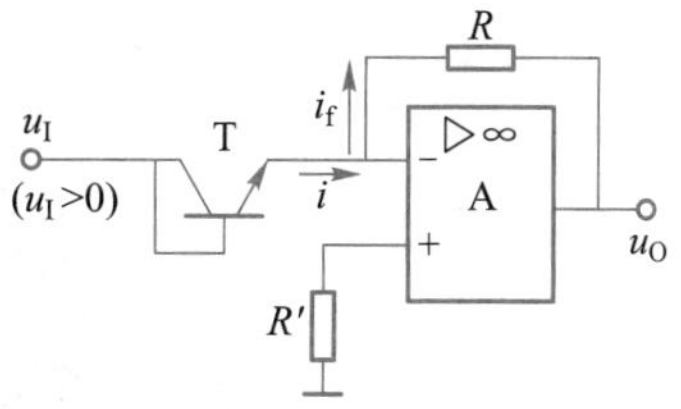

图 8.5.2 反对数运算电路

为使晶体管导通，u_I 应大于零。

(2) 运算关系

根据理想集成运放"虚断"和"虚地"有 $I_S e^{u_{BE}/U_T} = I_S e^{u_I/U_T} = -\dfrac{u_O}{R}$，则

$$u_O = -RI_S e^{u_I/U_T} \text{或} \ u_O = -RI_S \ln^{-1}\frac{u_I}{U_T} \tag{8.5.2}$$

可见，此电路实现了输出电压与输入电压之间的指数或反对数运算，且负号表示反相位。

8.6 模拟乘法电路及其应用

导学

用加减、对数和指数运算电路实现乘法和除法的运算。

用乘法器和集成运放构成除法运算电路。

用平方运算电路和集成运放构成平方根运算电路。

微视频

乘法运算电路一般有同相和反相两种，即 $u_O = ku_Xu_Y$ 和 $u_O = -ku_Xu_Y$，式中 k 为正值。相应的图形符号如图 8.6.1 所示。

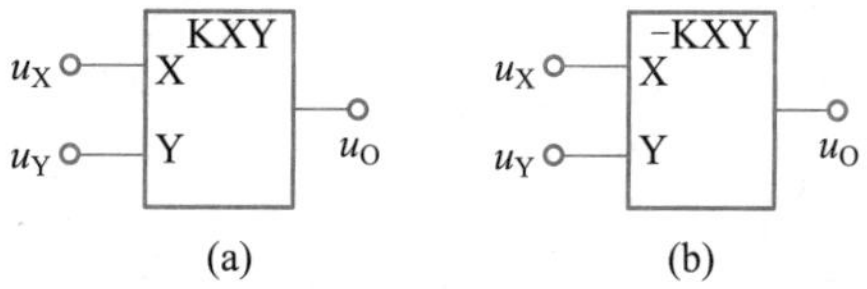

图 8.6.1 乘法器的两种图形符号

(a) 同相乘法器 (b) 反相乘法器

实现乘法运算的方法很多,其中主要有利用对数和指数运算实现的乘法运算以及变跨导式模拟乘法器。本节仅介绍前者,至于变跨导式模拟乘法器的工作原理,有兴趣的读者可参阅相关文献。

1. 利用对数和指数运算实现乘法运算

从乘法运算 $Z=X\cdot Y$ 可化为 $Z=\ln^{-1}(\ln X+\ln Y)$ 的表示式中不难看出,乘法器完全可以由对数、求和及指数运算电路组成。其实现框图如图 8.6.2 所示。

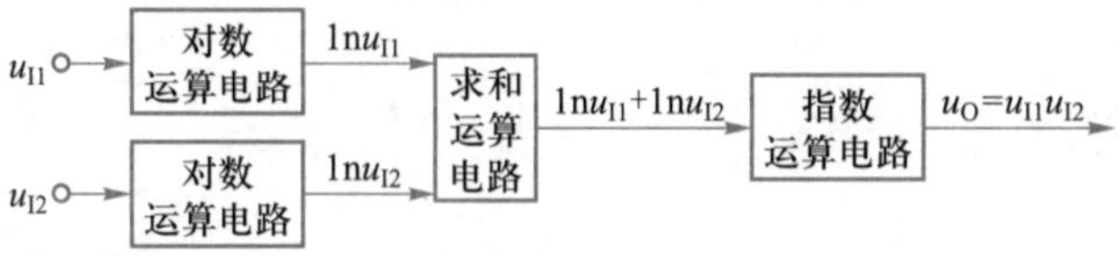

图 8.6.2 由对数和反对数运算电路组成的乘法运算框图

如果将图 8.6.2 中的求和运算电路用减法运算电路取代,则可得到除法运算电路。

2. 乘法器的应用

(1) 除法运算电路

① 电路组成

乘法器与集成运放结合,且乘法器作为集成运放的反馈元件,如图 8.6.3 所示。

② 运算关系

根据理想集成运放的"虚断"和"虚地"有 $\dfrac{u_I}{R}=-\dfrac{u_Z}{R}=-\dfrac{ku_Ou_Y}{R}$,则

$$u_O=-\frac{u_I}{ku_Y} \tag{8.6.1}$$

式(8.6.1)中 u_I 和 u_Y 为输入量,只有当集成运放工作在线性区,即集成运放的反馈支路必须为负反馈时,上述的除法运算才能实现,否则不能实现。现对电路进行讨论。

当 $u_I>0$,由集成运放反相输入可知 $u_O<0$。若 $u_Y>0$,由同相乘法器可知 $u_Z<0$,即 u_I 与 u_Z 的瞬时极性相反,为负反馈;若 $u_Y<0\rightarrow u_Z>0$,即 u_I 与 u_Z 的瞬时极性相同,形成正反馈,将导致集成运放不能正常工作在线性区。

同理,当 $u_I<0$,则 $u_O>0$。若 $u_Y>0\rightarrow u_Z>0$,形成负反馈;若 $u_Y<0\rightarrow u_Z<0$,形成正反馈。

结论:u_I 可正可负,而 u_Y 必须为正。

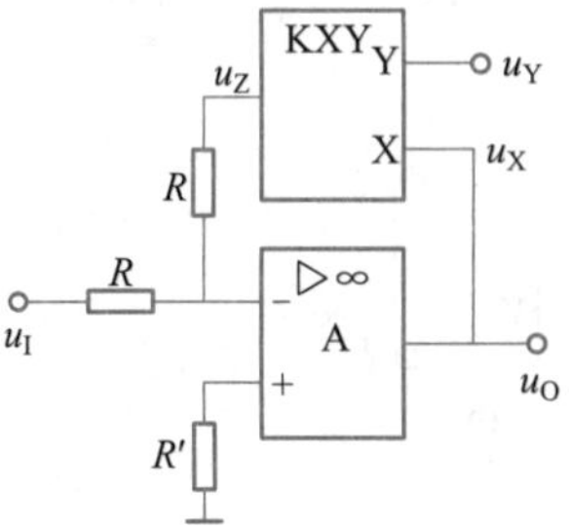

图 8.6.3 除法运算电路

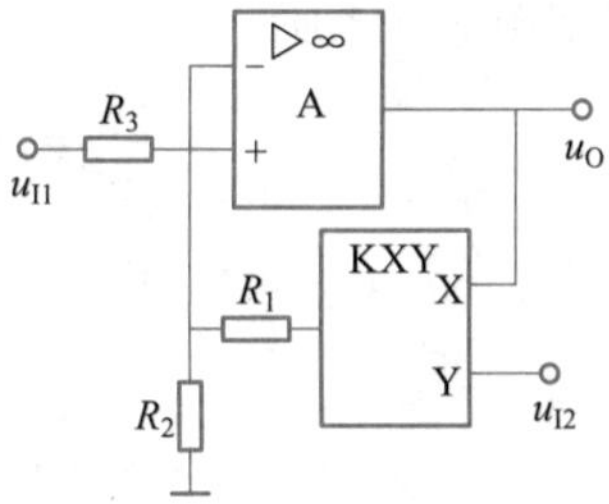

图 8.6.4 例 8.6.1

例 8.6.1 分析图 8.6.4 所示电路的正常工作条件，导出 u_O 与 u_{I1}、u_{I2}的关系式。

解：集成运放反相输入端 $u_-=\dfrac{R_2}{R_1+R_2}(ku_Ou_{I2})$，根据 $u_-=u_+=u_{I1}$得

$$u_O=\left(1+\frac{R_1}{R_2}\right)\frac{1}{k}\cdot\frac{u_{I1}}{u_{I2}}$$

可见该电路实现的是除法运算，下面讨论其运算条件。

当 $u_{I1}>0$ 时，$u_O>0$，只有 $u_{I2}>0$ 时才能形成负反馈；同理，当 $u_{I1}<0$ 时，$u_O<0$，只有 $u_{I2}>0$ 才为负反馈。故正常工作条件为 u_{I1}可正可负，u_{I2}必须为正。

(2) 平方根运算电路

① 平方运算符号

由乘法器运算符号可推之，平方运算符号如图 8.6.5(a)所示。

② 电路组成

把平方运算器接在集成运放的反馈支路中，如图 8.6.5(b)所示。

③ 运算关系

根据理想集成运放的“虚断”和“虚地”有$\dfrac{u_I}{R}=-\dfrac{u_Z}{R}=-\dfrac{ku_O^2}{R}$，则

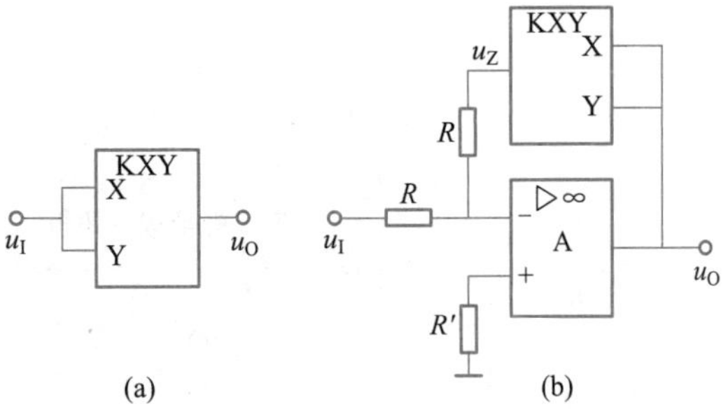

图 8.6.5 平方运算符号及平方根运算电路

(a) 平方运算符号 (b) 平方根运算电路

$$u_O=\sqrt{-\frac{u_I}{k}} \tag{8.6.2}$$

可见，只有当 $u_I<0$ 时才能实现平方根运算，故该电路为负电压开方电路。

8.7 有源滤波电路

8.7.1 滤波电路概述

导学

滤波电路的分类及其幅频特性曲线。

幅频特性曲线表现出的参数。

实际幅频特性曲线过渡带的斜率。

1. 概念

所谓滤波电路就是一种选频电路，简称滤波器(filter)。它允许特定频率范围内的信号

通过，而对这一特定频率范围以外的信号加以抑制，阻止其通过。

2. 分类

通常，按照工作信号的频率范围，滤波电路可分为低通滤波电路、高通滤波电路、带通滤波电路、带阻滤波电路和全通滤波电路。其中前四种滤波电路的幅频特性如图8.7.1所示。把能够通过的信号频率范围定义为通带，把阻止通过或衰减的信号频率范围定义为阻带。而通带与阻带分界点的频率f_H或f_L称为截止频率或转折频率，$|\dot{A}_{up}|$称为通带电压放大倍数。

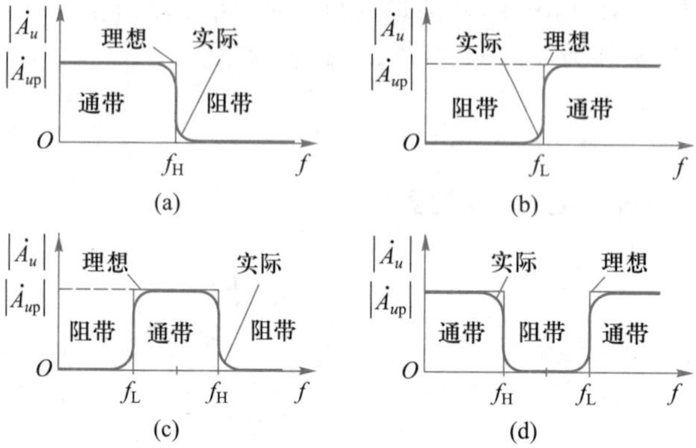

图8.7.1 四种滤波电路的理想和实际幅频特性

(a) 低通 (b) 高通 (c) 带通 (d) 带阻

(1) 低通滤波电路(low-pass filter, LPF)：频率低于f_H的信号可以通过，而高于f_H的信号被衰减的滤波电路。幅频特性如图8.7.1(a)所示。

(2) 高通滤波电路(high-pass filter, HPF)：频率高于f_L的信号可以通过，而低于f_L的信号被衰减的滤波电路。幅频特性如图8.7.1(b)所示。

(3) 带通滤波电路(band-pass filter, BPF)：频率在f_L与f_H之间的信号可以通过，而低于f_L或高于f_H的信号被衰减的滤波电路。幅频特性如图8.7.1(c)所示。

(4) 带阻滤波电路(band-elimination filter, BEF)：频率低于f_H或高于f_L的信号可以通过，而在f_H与f_L之间的信号被衰减的滤波电路。幅频特性如图8.7.1(d)所示。

可见，实际的幅频曲线从通带到阻带或从阻带到通带总有一个逐渐过渡的过程，因此，在设计滤波电路的时候就应力求使其向理想特性逼近。

滤波电路如果只由电阻、电容、电感等无源元件组成，则称为无源滤波电路(passive filter circuit)；如果滤波电路由无源元件和有源器件(如晶体管、场效应管、集成运放)共同组成，则称为有源滤波电路(active filter circuit)。本节重点介绍有源滤波电路。

3. 分析方法

由集成运放构成的有源滤波电路与运算电路相同，必须引入深度负反馈。分析滤波电路就是求解电路的频率特性，对于上述四种滤波电路就是求解A_{up}、截止频率(f_H或f_L)和过渡带的斜率。

(1) 导出传递函数，确定滤波电路的阶数

在分析有源滤波电路时，一般都是通过"拉氏变换"将电压或电流变换成"象函数"$U(s)$或$I(s)$，此时电阻$R(s)=R$，电容的复阻抗$Z_C(s)=\frac{1}{sC}$，电感的复阻抗$Z_L(s)=sL$。再根据理

想集成运放工作在线性区的“虚断”和“虚短”的特点推导出输出量与输入量象函数之比的传递函数。

有源滤波电路传递函数分母中“s”的最高指数称为滤波电路的“阶数”。一般说来，阶数越高，滤波电路的幅频特性曲线上的过渡带越陡直，越接近理想情况。

(2) 确定通带截止频率，画出滤波电路的幅频特性曲线

将 $s=j\omega$ 代入电路的传递函数中，得到频率特性方程，进而解出滤波电路的通带截止频率，画出滤波电路的幅频特性曲线。一阶滤波电路过渡带的斜率为±20 dB/dec，二阶滤波电路过渡带的斜率为±40 dB/dec。

8.7.2 一阶低通有源滤波电路

导学

低通有源滤波电路的组成及特点。

依据电路组成求解传递函数，画对数幅频曲线。

一阶有源滤波电路对数幅频曲线过渡带的斜率。

1. 电路形成

图 8.7.2(a)示出了一阶低通无源滤波电路，其优点是电路简单、不需要电源，使用方便、不会产生自激；缺点是负载影响了通带增益和截止频率的变化。为了使负载不影响滤波特性，可采用图 8.7.2(b)所示的电路形式，它由 R_f 和 R_1 引入深度电压串联负反馈，保证集成运放工作在线性区，获得大于 1 的通带增益；并利用集成运放输入阻抗高、输出阻抗低的特点，使负载与滤波网络之间得到良好隔离。由于集成运放属于有源器件，它与 RC 低通网络组成的滤波器称为低通有源滤波电路。组成电路时应选用带宽合适的集成运放。

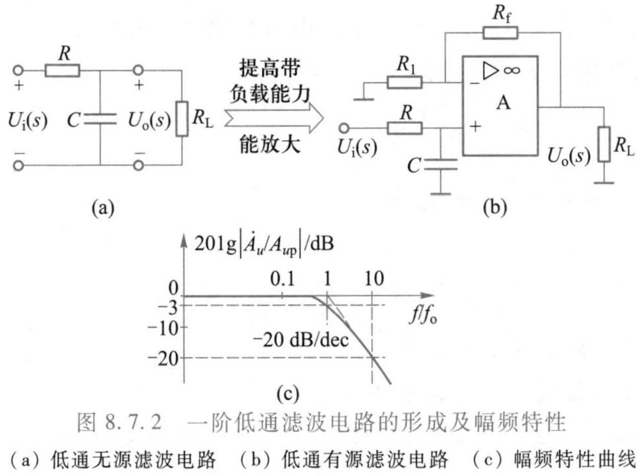

图 8.7.2 一阶低通滤波电路的形成及幅频特性

(a) 低通无源滤波电路 (b) 低通有源滤波电路 (c) 幅频特性曲线

2. 传递函数

由于集成运放工作在线性区，因此可以利用“虚断”和“虚短”的特点进行分析。具体到

图 8.7.2(b)所示的电路，可根据同相比例运算关系式(8.2.3)和 $I_+=0$ 写出下列方程：

$$U_o(s)=\left(1+\frac{R_f}{R_1}\right)U_+(s)$$

$$\frac{U_i(s)-U_+(s)}{R}=U_+(s)sC,\text{即 } U_+(s)=\frac{U_i(s)}{1+sRC}$$

由以上两式可得传递函数为

$$A_u(s)=\frac{U_o(s)}{U_i(s)}=\frac{1+R_f/R_1}{1+sRC}$$

令 $A_{up}=1+\dfrac{R_f}{R_1}$，并称为通带电压放大倍数(即 $f=0$ 时的增益)。则

$$A_u(s)=\frac{A_{up}}{1+sRC} \tag{8.7.1}$$

由于式(8.7.1)分母中 s 的指数为 1，故称为一阶低通有源滤波电路。

3. 对数幅频特性曲线

在式(8.7.1)中，若用 $j\omega$ 取代 s，且令特征频率 $\omega_o=\dfrac{1}{RC}=2\pi f_o$。则频率特性为

$$\dot{A}_u(j\omega)=\frac{A_{uP}}{1+j\omega/\omega_o}=\frac{A_{uP}}{1+jf/f_o} \tag{8.7.2}$$

其幅值为 $|\dot{A}_u(j\omega)|=\dfrac{A_{up}}{\sqrt{1+(f/f_o)^2}}$，当 $f=f_o$ 时，$|\dot{A}_u(j\omega)|=\dfrac{A_{up}}{\sqrt{2}}$，故通带上限截止频率 $f_H=f_o$。

因为 $20\lg\left|\dfrac{\dot{A}_u(j\omega)}{A_{uP}}\right|=20\lg\dfrac{1}{\sqrt{1+(f/f_o)^2}}$，所以，当 $f\ll f_o$ 时，$20\lg\left|\dfrac{\dot{A}_u(j\omega)}{A_{uP}}\right|\approx 0$；当 $f=f_o$ 时，$20\lg\left|\dfrac{\dot{A}_u(j\omega)}{A_{uP}}\right|=-20\lg\sqrt{2}=-3\ \text{dB}$；当 $f\gg f_o$ 时，$20\lg\left|\dfrac{\dot{A}_u(j\omega)}{A_{uP}}\right|\approx -20\lg\dfrac{f}{f_o}$，此时的衰减斜率为 -20 dB/dec。由此可画出如图 8.7.2(c)所示的对数幅频特性曲线。

显然，此形状与理想矩形相差很远。为了改善滤波效果，使 $f>f_o$ 时信号衰减得更快，常将两节 RC 电路串接起来，形成二阶低通有源滤波电路。

8.7.3 二阶低通有源滤波电路

导学

简单二阶低通有源滤波电路的缺点。
压控电压源二阶低通有源滤波电路的优点。
压控电压源二阶低通有源滤波电路引入的主要反馈类型。

1. 简单的二阶低通有源滤波电路

(1) 电路组成

为了分析简便，设两阶 RC 低通网络的参数相同，如图 8.7.3(a)所示。由 R_f 和 R_1 引入深度电压串联负反馈，保证集成运放工作在线性区。

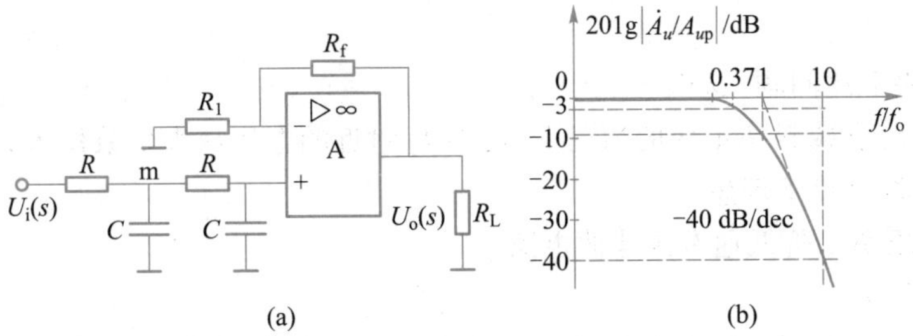

图 8.7.3　二阶低通有源滤波电路及幅频特性

(a) 低通有源滤波电路　(b) 幅频特性曲线

(2) 传递函数

根据同相比例运算关系式(8.2.3)、$I_+=0$ 和节点电流方程，由图 8.7.3(a)可写出下列方程：

$$U_o(s)=\left(1+\frac{R_f}{R_1}\right)U_+(s)=A_{up}U_+(s)$$

$$U_+(s)=\frac{1/sC}{R+1/sC}U_m(s)=\frac{1}{1+sRC}U_m(s)$$

$$\frac{U_i(s)-U_m(s)}{R}-sCU_m(s)-\frac{U_m(s)-U_+(s)}{R}=0$$

由以上三式可得传递函数

$$A_u(s)=\frac{U_o(s)}{U_i(s)}=\frac{A_{up}}{1+3sRC+(sRC)^2} \tag{8.7.3}$$

因为分母 s 的最高指数是 2，所以称为二阶低通有源滤波电路。

(3) 对数幅频特性曲线

在式(8.7.3)中，若用 $j\omega$ 取代 s，且令特征频率 $\omega_o=\frac{1}{RC}=2\pi f_o$。则频率特性为

$$\dot{A}_u(j\omega)=\frac{A_{up}}{[1-(f/f_o)^2]+3j(f/f_o)} \tag{8.7.4}$$

其幅值为 $|\dot{A}_u(j\omega)|=\frac{A_{up}}{\sqrt{[1-(f/f_o)^2]^2+(3f/f_o)^2}}$，当式中分母为 $\sqrt{2}$ 时，可得通带的上限截止频率 $f_H\approx 0.37f_o$。

因为 $20\lg\left|\frac{\dot{A}_u(j\omega)}{A_{up}}\right|=20\lg\frac{1}{\sqrt{[1-(f/f_o)^2]^2+(3f/f_o)^2}}$，所以，当 $f\ll f_o$ 时，$20\lg\left|\frac{\dot{A}_u(j\omega)}{A_{up}}\right|\approx 0$；当 $f=f_o$ 时，$20\lg\left|\frac{\dot{A}_u(j\omega)}{A_{up}}\right|=-20\lg 3\approx -9.5\ \text{dB}$；当 $f\gg f_o$ 时，$20\lg\left|\frac{\dot{A}_u(j\omega)}{A_{up}}\right|\approx -20\lg\left(\frac{f}{f_o}\right)^2=$

$-40\lg\frac{f}{f_o}$，此时的斜率为-40 dB/dec。由此画出图 8.7.3(b)所示的对数幅频曲线。

显见，二阶低通滤波电路在 $f \gg f_o$ 时的斜率可达-40 dB/dec，比一阶低通滤波电路理想得多。但不足的是在 $f=f_o$ 处，放大倍数已急剧下降，对应的值为-9.5 dB，比一阶时的-3 dB小得多。要解决上述问题，这就需要合理地引入正反馈，构成压控电压源二阶低通滤波电路，即在滤波电路衰减斜率不变的情况下，使 $f=f_o$ 附近的电压放大倍数增大，则可使 f_H 接近于 f_o，滤波特性将更趋于理想。

2. 压控电压源二阶低通有源滤波电路

(1) 电路组成

与图 8.7.3(a)不同之处在于将第一阶低通电路的电容 C 的接地端改接在集成运放输出端，如图 8.7.4(a)所示，以形成一个在 f_o 附近带有正反馈而又不自激的电路，目的在于提高 $f=f_o$ 附近的幅值。由于集成运放和电阻 R_1、R_f 一起组成了由同相输入端电压 U_+ 控制的电压源，故称之为压控电压源滤波电路。该电路虽然引入了正反馈，但是以负反馈为主，此时仍使集成运放工作在线性区。

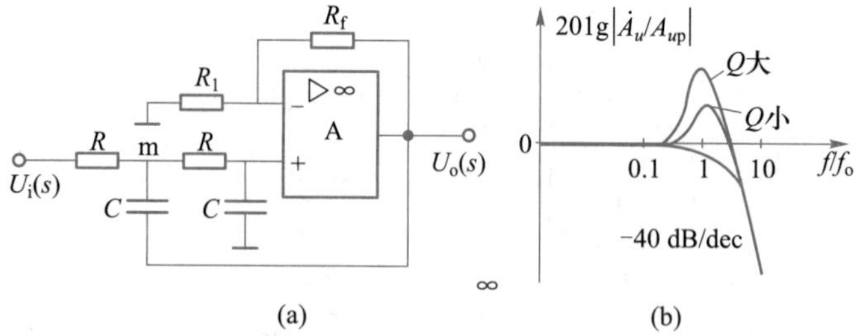

图 8.7.4 压控电压源二阶低通有源滤波电路及幅频特性

(a) 压控电压源二阶低通有源滤波电路 (b) 幅频特性曲线

(2) 传递函数

根据同相比例运算关系式(8.2.3)、$I_+=0$ 和节点电流方程，由图 8.7.4(a)可写出下列方程：

$$U_o(s)=\left(1+\frac{R_f}{R_1}\right)U_+(s)=A_{up}U_+(s)$$

$$U_+(s)=\frac{1/sC}{R+1/sC}U_m(s)=\frac{1}{1+sRC}U_m(s)$$

$$\frac{U_i(s)-U_m(s)}{R}-sC[U_m(s)-U_o(s)]-\frac{U_m(s)-U_+(s)}{R}=0$$

由上述三式得传递函数

$$A_u(s)=\frac{U_o(s)}{U_i(s)}=\frac{A_{up}}{1+(3-A_{up})sRC+(sRC)^2} \tag{8.7.5}$$

因为分母 s 的最高指数是 2，所以称为压控电压源二阶低通有源滤波电路。

(3) 对数幅频特性曲线

在式(8.7.5)中,若用 $j\omega$ 取代 s,且令特征频率 $\omega_o=\frac{1}{RC}=2\pi f_o$,则频率特性为

$$\dot{A}_u(j\omega)=\frac{A_{up}}{1-(f/f_o)^2+j(3-A_{up})f/f_o} \tag{8.7.6}$$

设等效品质因数 $Q=\frac{1}{3-A_{up}}$,则

$$\dot{A}_u(j\omega)=\frac{A_{up}}{1-(f/f_o)^2+jf/Qf_o} \tag{8.7.7}$$

因为 $20\lg\left|\frac{\dot{A}_u(j\omega)}{A_{up}}\right|=20\lg\frac{1}{\sqrt{[1-(f/f_o)^2]^2+[(3-A_{up})f/f_o]^2}}$,所以,当 $f\ll f_o$ 时,$20\lg\left|\frac{\dot{A}_u(j\omega)}{A_{up}}\right|\approx 0$。当 $f=f_o$ 时,$20\lg\left|\frac{\dot{A}_u(j\omega)}{A_{up}}\right|=-20\lg(3-A_{up})$:若 $2<A_{up}<3$,$20\lg\left|\frac{\dot{A}_u(j\omega)}{A_{up}}\right|>0$,出现凸峰;若 $A_{up}=3$,$\dot{A}_u(j\omega)=\infty$ 出现自激。当 $f>>f_o$ 时,$20\lg\left|\frac{\dot{A}_u(j\omega)}{A_{up}}\right|\approx-20\lg\left(\frac{f}{f_o}\right)^2=-40\lg\frac{f}{f_o}$,表明斜率为 −40 dB/dec。由此可画出如图 8.7.4(b)所示的对数幅频曲线,且取不同的 Q 值,将画出不同的对数幅频特性曲线;适当选取 Q 值,可使其幅频特性曲线更接近于理想的形状。

8.7.4 其他形式的有源滤波电路

导学

高通和低通滤波电路存在的对偶关系。
根据带通幅频特性组成带通滤波电路。
根据带阻幅频特性组成带阻滤波电路。

1. 高通有源滤波电路

(1) 低通与高通 RC 网络的比较

低通与高通 RC 网络如图 8.7.5 所示。

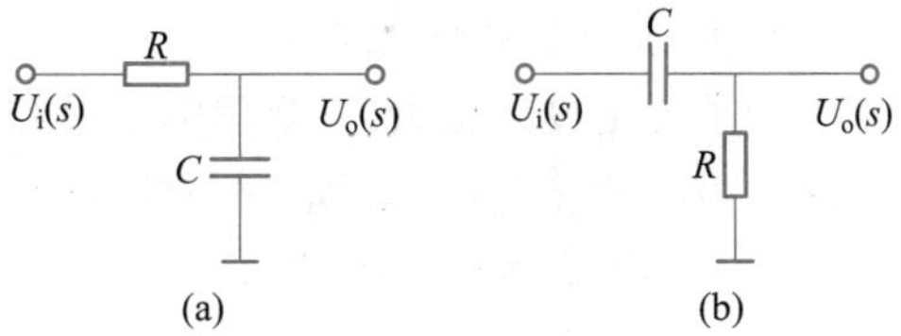

图 8.7.5 低通和高通网络比较
(a) 低通 (b) 高通

低通 RC 网络的传递函数:

$$A_{uL}(s)=\frac{1/sC}{R+1/sC}=\frac{1}{1+sRC}$$

高通 RC 网络的传递函数:

$$A_{uH}(s)=\frac{R}{R+1/sC}=\frac{sRC}{1+sRC}$$

由此得出:

① 低通传递函数的分子中不含 s 因子,而高通传递函数的分子中包含 s 因子。

② 在两个传递函数式中,欲由低通得到高通的传递函数,只要将低通传递函数中的 sRC

用 $1/sRC$ 代替即可；反之亦然。

③ 两种滤波网络具有对偶关系。

(2) 压控电压源二阶高通有源滤波电路

① 电路组成

如图 8.7.6(a)所示。由 R_f 和 R_1 引入深度负反馈，保证集成运放工作在线性区。高通滤波电路中的电阻一端与输出端连接的目的是引入正反馈，以提高 $f=f_o$ 附近的幅值来改善幅频曲线。

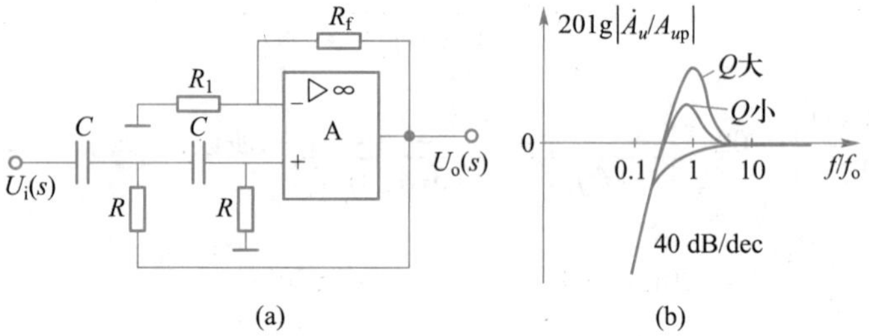

图 8.7.6 压控电压源二阶高通有源滤波电路及其幅频特性
(a) 压控电压源二阶高通有源滤波电路 (b) 幅频特性曲线

② 传递函数

若将低通滤波电路的传递函数式(8.7.5)中的 sRC 换为 $1/sRC$，则得高通滤波电路的传递函数

$$A_u(s)=\frac{A_{up}}{1+(3-A_{up})/sRC+(1/sRC)^2}$$

令 $\omega_o=\dfrac{1}{RC}=2\pi f_o$，且 s 用 $j\omega$ 代替，再令 $Q=\dfrac{1}{3-A_{up}}$，则频率特性可写为

$$\dot{A}_u(j\omega)=\frac{A_{up}}{1-(f_o/f)^2-j(f_o/Qf)} \tag{8.7.8}$$

式(8.7.8)对应的幅频特性曲线如图 8.7.6(b)所示。注意 $A_{up}<3$，否则将引起自激振荡。

2. 带通和带阻滤波电路

为了突出设计思想，直观理解带通和带阻滤波电路的电路组成和幅频特性，在此不再对带通和带阻滤波电路进行定量分析，感兴趣的读者可参见相关文献。

(1) 带通有源滤波电路

实现带通滤波电路的指导思想是低通和高通滤波电路串联，条件是低通滤波电路的通带截止频率 f_H 大于高通滤波电路的截止频率 f_L，只有 $f_L<f<f_H$ 的信号才能通过，即形成一个带通频段，由此可画出图 8.7.7(a)所示的带通幅频特性，其相应的电路组成如图 8.7.7(b)所示。

(2) 带阻有源滤波电路

带阻滤波电路由低通与高通滤波电路并联来实现，当要求低通滤波电路的截止频率 f_H 小于高通滤波电路的截止频率 f_L，便可形成图 8.7.8(a)所示的带阻幅频特性。为了便于电

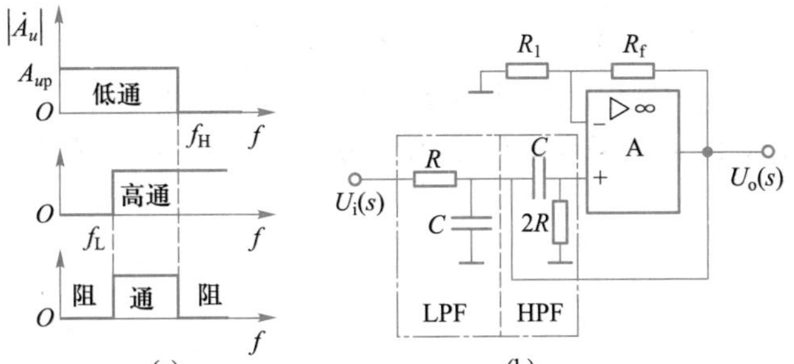

图 8.7.7 带通有源滤波电路的幅频特性及其电路组成
（a）幅频特性示意图 （b）电路组成

路连接，低通和高通滤波电路常采用 T 型接法，因此得到了如图 8.7.8(b)所示的双 T 型带阻有源滤波电路。

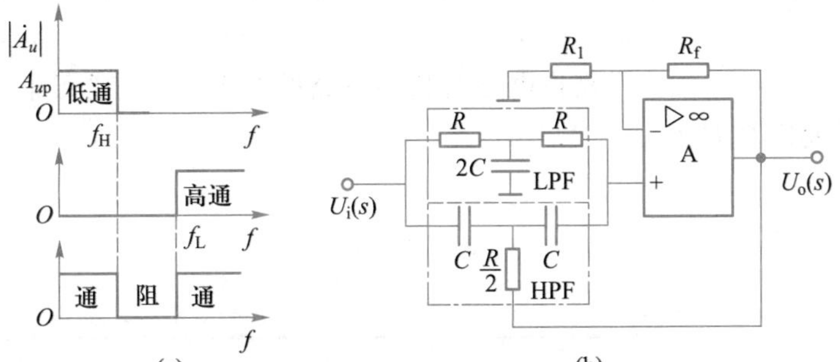

图 8.7.8 带阻有源滤波电路的幅频特性及其电路组成
（a）幅频特性示意图 （b）电路组成

显然，无论是带通滤波电路还是带阻滤波电路，输入信号都是通过低通和高通组成的输入网络后加至集成运放的同相输入端，为了提高 $f=f_0$ 附近的幅值以改善幅频曲线，需要从低通和高通组成的输入网络中引出一端与集成运放输出端连接，构成正反馈。可见，带通或带阻滤波电路分别引入了负反馈（保证集成运放工作在线性区）和正反馈（为了改善幅频曲线），但以负反馈为主，确保集成运放工作在线性区。

例 8.7.1 电路如图 8.7.9 所示。试导出$\frac{U_o(s)}{U_i(s)}$的表达式，并指出它属于哪种类型的滤波电路。

解：由输入网络中的 m 和 n（为虚地点）两个节点，可分别列出方程：

$$\frac{U_i(s)-U_m(s)}{1/sC_1}-\frac{U_m(s)}{R_1}-\frac{U_m(s)}{1/sC_3}-\frac{U_m(s)-U_o(s)}{1/sC_2}=0$$

$$\frac{U_m(s)}{1/sC_3}=-\frac{U_o(s)}{R_2}$$

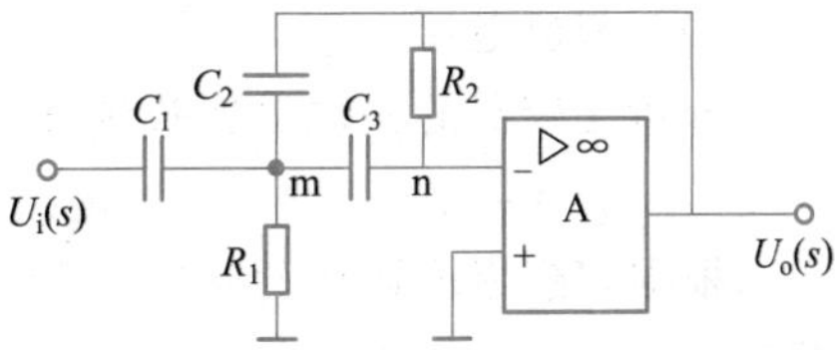

图 8.7.9 例 8.7.1

将第二式中的 $U_m(s)$ 代入第一式，整理得

$$\frac{U_o(s)}{U_i(s)}=\frac{-s^2C_1C_3R_1R_2}{s^2C_2C_3R_1R_2+s(C_1+C_2+C_3)R_1+1}$$

从上式可知，分母中“s”的最高指数是2，且分子中含有“s”因子，所以此电路为二阶高通滤波电路。

8.8　电压比较器

前面介绍的信号运算电路和有源滤波电路皆属于集成运放工作在线性区的应用，本节将要介绍一种集成运放工作在非线性区的应用——电压比较器（voltage comparator）。

电压比较器是对送至集成运放的两个输入端电压进行比较，并在输出端给出用高电平或低电平表示的比较结果。它是模拟电路与数字电路的“接口”，主要用于自动控制、测量、波形产生和波形变换等方面。

8.8.1　单限比较器

导学

电压比较器中的集成运放所处的工作状态。

电压比较器阈值电压的计算方法。

单限比较器与过零比较器的区别。

微视频

1. 电路组成

如图8.8.1(a)所示。参考（reference）电压 U_R 加在集成运放的同相输入端，信号电压 u_I 加在集成运放的反相输入端。如果希望减小比较器的输出电压幅值，可在集成运放的输出端外加由电阻 R_2 和双向稳压管组成的限幅电路。集成运放处于开环状态，工作在非线性区，并且当 $u_->u_+$ 时，$u_{O1}=-U_{OM}$，$u_O=-(U_Z+U_D)\approx-U_Z$；当 $u_-<u_+$ 时，$u_{O1}=+U_{OM}$，$u_O=U_Z+U_D\approx U_Z$。

2. 性能分析

(1) 阈值电压

分析比较器的关键是要找到比较器的门限电压或阈值（threshold）电压 U_{TH}。它是比较器在满足 $u_-=u_+$ 的临界条件下，输出电压发生跳变时相应的输入电压值。

根据理想集成运放“虚断”的特点，可分别写出图8.8.1(a)中集成运放反相输入端和同相输入端的两个方程：

$$u_-=u_I$$

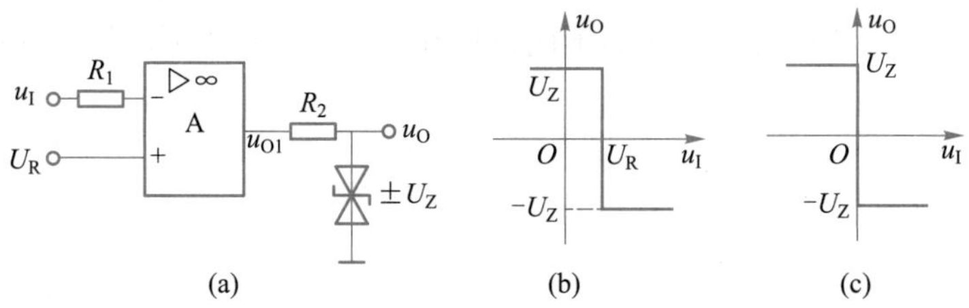

图 8.8.1 单限比较器及其电压传输特性曲线

(a) 单限比较器 (b) 单限比较器电压传输特性 (c) 过零比较器电压传输特性

$$u_+ = U_R$$

再根据理想集成运放"输出电压发生跳变的临界条件"写出第三个方程:

$$u_- = u_+$$

由上述三个方程以及阈值电压的定义,可得出电压比较器的阈值电压

$$U_{TH} = u_I = U_R \tag{8.8.1}$$

可见,寻求阈值电压的方法是先根据理想集成运放"虚断"的特点,分别写出 u_- 和 u_+ 的表达式,再由"输出电压发生跳变的临界条件" $u_- = u_+$,将上述两式联立起来,进而推导出 u_I 的表达式,此时的 u_I 就是阈值电压 U_{TH}。显见,分析思路与运算电路"虚断"和"虚短"完全一样。

(2) 电压传输特性

电压传输特性是指输出电压与输入电压的函数关系。

根据图 8.8.1(a)和阈值电压可知,当 $u_I < U_R$, $u_O = U_Z$; $u_I > U_R$, $u_O = -U_Z$,由此可分别画出 $U_R > 0$ 和 $U_R = 0$ 时的传输特性曲线,如图 8.8.1(b)和图 8.8.1(c)所示。其中 $U_R \neq 0$ 时称为单限比较器,$U_R = 0$ 时称为过零比较器。

(3) 输出波形

就单限比较器的电压传输特性图 8.8.1(b)而言,当 u_I 是正弦波时,由图 8.8.2(a)可知,如果 $u_I < U_R$, $u_O = U_Z$; $u_I > U_R$, $u_O = -U_Z$。可画出相应的输出电压波形。

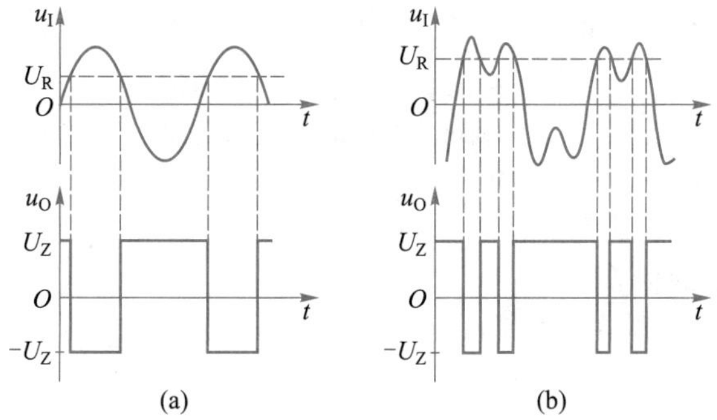

图 8.8.2 单限比较器的输入、输出波形

(a) 输入正弦信号 (b) 带有干扰的输入信号

(4) 电路特点

若输入信号中含有图 8.8.2(b)所示的噪声或干扰,当受干扰的输入波形在 $U_{TH} = U_R$ 附近变化时,由单限比较器的电压传输特性图 8.8.1(b)可知,$u_I < U_R$ 时为高电平,$u_I > U_R$ 时为

低电平，此时比较器的输出电压必然会发生不应有的跳变。原因是输入信号无论是从小于变到大于阈值电压，还是从大于变到小于阈值电压，输出都会出现误跳。可见，单限比较器虽电路简单、灵敏度高，但抗干扰性差。

8.8.2 滞回比较器

导学

滞回比较器与单限比较器的区别。

滞回比较器阈值电压的计算。

滞回比较器具有较强的抗干扰能力的原因。

微视频

为了克服单限比较器抗干扰能力差的缺点，又设计出一种具有滞回特性的比较器，常称为滞回（或迟滞）比较器，又称为施密特触发器。

1. 电路组成

如图 8.8.3(a)所示。输入电压 u_I 经 R 接在集成运放反相输入端，参考电压 U_R 和输出电压 u_O 分别通过 R_1 和 R_2 接在同相输入端，所引入的正反馈不仅使理想集成运放工作在非线性区，而且使电路的输出电压跳变更快。限流电阻 R_3 与背靠背的双向限幅稳压管构成限幅电路，将输出电压幅度限制在 $\pm(U_Z+U_D)\approx\pm U_Z$ 以内。

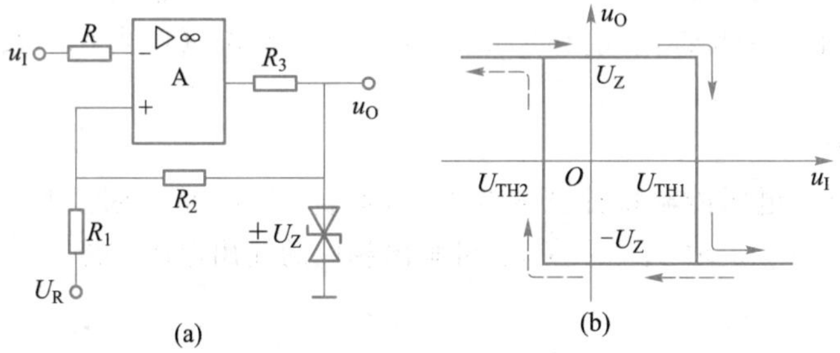

图 8.8.3 滞回比较器及其电压传输特性

(a) 滞回比较器 (b) 电压传输特性

2. 性能分析

(1) 阈值电压 U_{TH} 的估算

在图 8.8.3(a)中，根据理想集成运放"虚断"和"输出电压发生跳变的临界条件"可分别列出以下三个方程：

$$u_- = u_I$$

$$u_+ = \frac{R_2}{R_1+R_2}U_R + \frac{R_1}{R_1+R_2}u_O = \frac{1}{R_1+R_2}(R_2U_R + R_1u_O)$$

$$u_- = u_+$$

由上述三个方程可得到比较器阈值电压的表达式为

$$U_{TH}=u_I=\frac{1}{R_1+R_2}(R_2U_R+R_1u_O) \tag{8.8.2}$$

由于 u_O 的取值极性不同($+U_Z$ 或$-U_Z$),于是阈值电压分别为

当 $u_O=+U_Z$ 时,阈值电压

$$U_{TH1}=\frac{1}{R_1+R_2}(R_2U_R+R_1U_Z) \tag{8.8.3a}$$

当 $u_O=-U_Z$ 时,阈值电压

$$U_{TH2}=\frac{1}{R_1+R_2}(R_2U_R-R_1U_Z) \tag{8.8.3b}$$

(2) 工作原理与电压传输特性

若假设图 8.8.3(a)中集成运放 A 的输出电压 u_O 为$+U_Z$,此时对应的阈值电压为 U_{TH1}。当 u_I 增大到略大于 U_{TH1}时,输出电压发生跳变,u_O 由$+U_Z$ 变为$-U_Z$,其电压传输过程可用图 8.8.3(b)中"实箭头"的指向来表示,此时对应的阈值电压为 U_{TH2}。由于 $U_{TH1}>U_{TH2}$,显然只有当 u_I 减小到略小于 U_{TH2}时,输出电压才再次发生跳变,u_O 又变为$+U_Z$,其电压传输过程可用图 8.8.3(b)中"虚箭头"的指向来表示,此时对应的阈值电压又回到 U_{TH1}。综上可得到完整的图 8.8.3(b)所示的电压传输特性,并由此看出描述电压传输特性的三要素:高低电平(如$\pm U_Z$)、阈值电压(如 U_{TH1}和 U_{TH2})和传输走向(如箭头方向)。

由于图 8.8.3(b)所示的电压传输特性曲线与"磁滞回线"的形状相似,故形象地将这种比较器称为滞回比较器。

由于 U_R 的取值不同,U_{TH1}和 U_{TH2}的值可正可负。若一正一负,滞回曲线分布在纵坐标两侧,如图 8.8.3(b)所示;若两值皆正,滞回曲线全部移至纵坐标的右侧,反之在左侧。

(3) 输出波形

若输入信号 u_I 是正弦波,根据上述的电压传输特性可画出图 8.8.4(a)所示的输出波形。

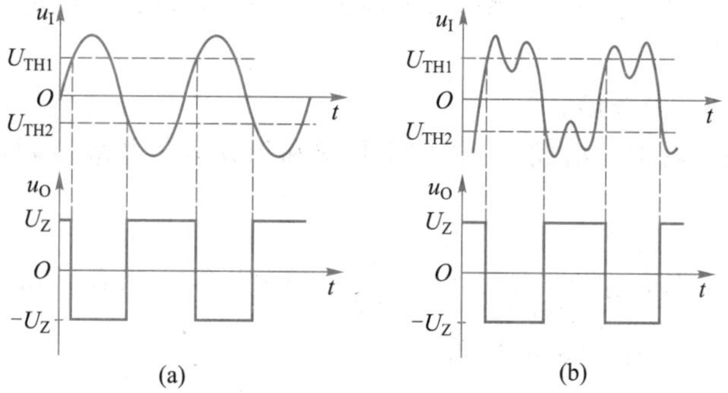

图 8.8.4 滞回比较器的输入、输出波形
(a) 输入正弦信号 (b) 带有干扰的输入信号

(4) 电路特点

在此不妨仍以图 8.8.2(b)所示的受干扰的输入波形为例加以说明。

当图 8.8.4(b)中 $t=0$ 时,$u_I<U_{TH1}$,由图 8.8.3(b)可知 $u_O=+U_Z$,对应图 8.8.4(b)中的

$u_O=+U_Z$；只要 $u_I<U_{TH1}$，u_O 始终为 $+U_Z$。当图 8.8.4(b)中所给的 u_I 增大到略大于 U_{TH1} 时，由图 8.8.3(b)可知 u_O 跳变到 $-U_Z$，对应图 8.8.4(b)中的 $u_O=-U_Z$；此时阈值电压变为 U_{TH2}，只要 u_I 大于 U_{TH2}，u_O 始终为 $-U_Z$。当图 8.8.4(b)中所给的 u_I 减小到略小于 U_{TH2} 时，由图 8.8.3(b)可知 u_O 再次跳变到 $+U_Z$，对应图 8.8.4(b)中的 $u_O=+U_Z$；此时阈值电压又变成 U_{TH1}。之后将重复上述过程。

可见，滞回比较器可将受干扰的输入波形整形为矩形波，也就是说滞回比较器有两个不同的阈值电压，只要阈值宽度大于干扰电压的变化幅度，就能有效地抑制干扰信号。因此，滞回比较器在控制系统、波形发生器等方面有着非常广泛的应用。

例 8.8.1 电路如图 8.8.5 所示，其中稳压管双向限幅电压为±9 V。

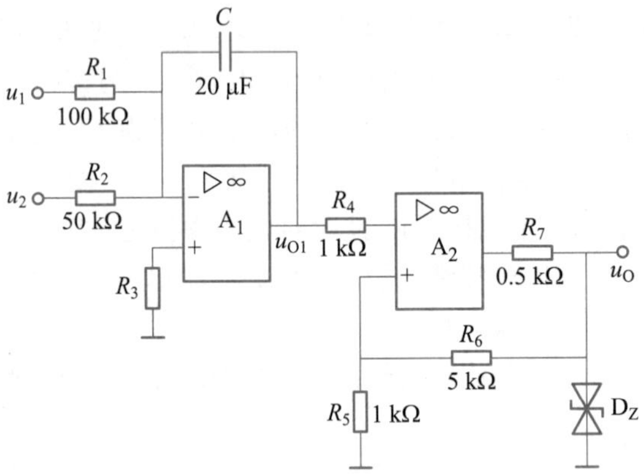

图 8.8.5 例 8.8.1

(1) 电路由哪几部分组成？

(2) 设 $u_1=u_2=0$ 时，$u_O=+9$ V。若输入电压 $u_1=-2$ V，$u_2=0$ 后，经过多长时间 u_O 由 +9 V变为 −9 V？

(3) 在 u_O 由 +9 V 变为 −9 V 的瞬间，再接入 $u_2=+2$ V，问此后经过多长时间 u_O 由 −9 V 变为 +9 V？

(4) 画出 u_{O1} 和 u_O 的波形。

解：(1) 该电路由两部分组成：A_1 构成反相求和积分运算电路，A_2 构成反相输入滞回电压比较器。

(2) 当 $u_O=+9$ V 时，$u_{+2}=\dfrac{R_5}{R_5+R_6}\cdot u_O=\dfrac{1}{1+5}\times 9\ \text{V}=1.5\ \text{V}$，只有当 $u_{O1}=u_{+2}=1.5$ V 时，u_O 才能由 +9 V 变为 −9 V。由式(8.4.1)得

$$u_{O1}=-\frac{1}{R_1C}\int_{t_0}^{t}u_1\mathrm{d}t+u_{O1}(t_0)=-\frac{1}{100\times10^3\times20\times10^{-6}}\int_0^t(-2)\mathrm{d}t=t$$

当 $u_{O1}=1.5$ V 时，解得 $t=1.5$ s

(3) $u_{+2}=\dfrac{R_5}{R_5+R_6}\cdot u_O=\dfrac{1}{1+5}\times(-9)\ \text{V}=-1.5\ \text{V}$，只有当 $u_{O1}=u_{+2}=-1.5$ V 时，u_O 才能由 −9 V变为 +9 V。

$$u_{O1}=-\frac{1}{R_1C}\int_{t_0}^{t}u_1\mathrm{d}t-\frac{1}{R_2C}\int_{t_0}^{t}u_2\mathrm{d}t+u_{O1}(t_0)$$

$$=-\frac{1}{100\times10^3\times20\times10^{-6}}\int_0^t(-2)\mathrm{d}t-\frac{1}{50\times10^3\times20\times10^{-6}}\int_0^t2\mathrm{d}t+1.5=-t+1.5$$

当 $u_{O1}=-1.5$ V 时，解得 $t=3$ s

（4）u_{O1}和 u_O 的波形如图 8.8.6 所示。

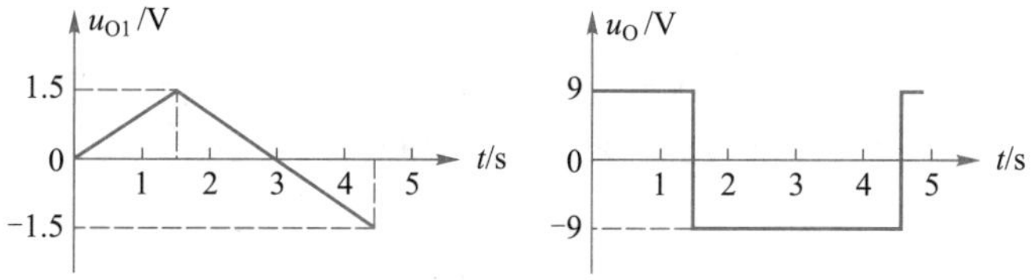

图 8.8.6　例 8.8.1　u_{O1}、u_O 的波形

8.8.3　窗口与集成电压比较器

导学

窗口电压比较器中集成运放所处的状态。

窗口电压比较器的输出电压。

窗口电压比较器的特点及应用。

单限比较器和滞回比较器有一个共同特点，即输入信号 u_I 单方向变化时，输出电压 u_O 只能跳变一次，而窗口比较器（window comparator）可使输出电压 u_O 跳变两次，它可以用来检测输入信号是否位于两个阈值电压之间。这种电路常用于工业控制系统，当被测量（如温度、压力、液面等）的值超出规定范围时，便发出指示信号。

1. 窗口电压比较器

（1）电路组成

图 8.8.7(a)所示是一种常用的窗口电压比较器（也称双限比较器），电路中有两个开环集成运放 A_1 和 A_2，输入电压 u_I 各通过一个电阻 R 分别接至 A_1 的同相输入端和 A_2 的反相输入端，而两个参考电压 U_{R1}和 U_{R2}分别加至 A_1 的反相输入端和 A_2 的同相输入端，且假设 $U_{R1}>U_{R2}$。集成运放 A_1 和 A_2 的输出端各通过一个二极管后连接在一起，作为窗口电压比较器的输出端。电阻 R_1、R_2 和稳压管 D_Z 构成限幅电路。

（2）工作原理

当输入信号 $u_I>U_{R1}$，必然有 $u_I>U_{R2}$，此时集成运放 A_1 的输出电压 $u_{O1}=+U_{OM}$，A_2 的输出电压 $u_{O2}=-U_{OM}$，使得二极管 D_1 导通，D_2 截止，稳压管 D_Z 工作在稳压状态，输出电压 $u_O=+U_Z$。

同理，当 $u_I<U_{R2}$时，$u_{O1}=-U_{OM}$，$u_{O2}=+U_{OM}$，使 D_1 截止，D_2 导通，稳压管 D_Z 工作在稳压状态，输出电压 $u_O=+U_Z$。

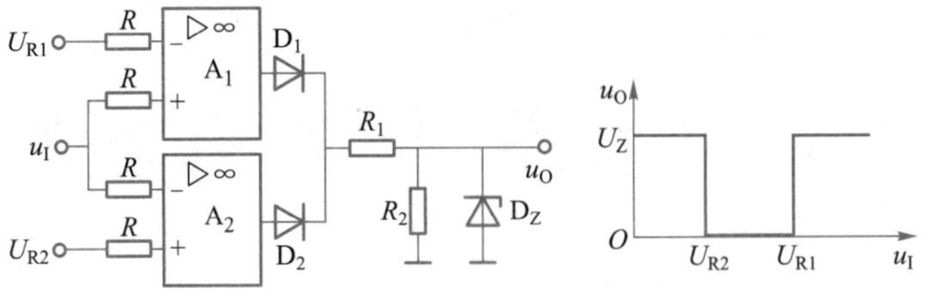

(a) (b)

图 8.8.7 窗口电压比较器及其电压传输特性曲线

(a) 窗口电压比较器 (b) 电压传输特性曲线

当 $U_{R2}<u_I<U_{R1}$时，$u_{O1}=u_{O2}=-U_{OM}$，使 D_1、D_2 都截止，$u_O=0$ V。

U_{R1}和 U_{R2}分别为比较器的两个阈值电压，若 U_{R1}和 U_{R2}均大于零，则由上述分析可画出此电路的电压传输特性曲线，如图 8.8.7(b)所示。由于电压传输特性曲线的形状像一个窗口，故得此名。

2. 集成电压比较器

当通用集成运放的响应速度、传输延迟时间等指标难以达到要求时，通常采用高精度的集成电压比较器来构成，它不但响应速度快、传输延迟时间短，而且一般不需要外加限幅电路就可直接驱动 TTL、CMOS 和 ECL 等集成数字电路；有些芯片带负载能力还很强，可直接驱动继电器和指示灯。

下面简介 AD790 型集成电压比较器。用 AD790 替换前面各种比较器中的集成运放，就可以组成单限比较器、滞回比较器和窗口电压比较器。

(1) AD790 型集成电压比较器的引脚

双列直插式 AD790 单集成电压比较器的引脚图如图 8.8.8(a)所示。与集成运放相同，也有同相和反相两个输入端，分别是引脚 2 和 3。正、负两个外接电源$\pm V_S$，分别为引脚 1 和 4，当单电源供电时，$-V_S$ 应接地；此外，引脚 8 接逻辑电源，其数值取决于负载所需高电平，若驱动 TTL 电路，应接+5 V，此时比较器输出高电平为 4.3 V。引脚 5 为锁存控制端，当它为低电平时，锁存输出信号。

(2) AD790 型集成电压比较器的基本接法

图 8.8.8(b)~8.8.8(d)示出了 AD790 外接电源的三种基本接法。图中电容均为去耦电容，用于滤除比较器输出产生变化时电源电压的波动。图 8.8.8(b)接法中的 510 Ω 电阻是输出高电平时的上拉电阻。

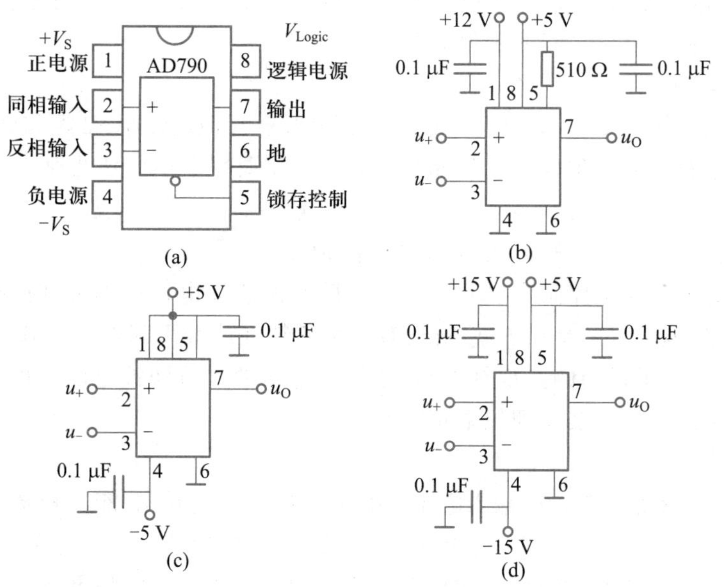

图 8.8.8 AD790 型集成电压比较器引脚图及其基本接法

(a) 引脚图 (b) 单电源供电 (c) ±5 V 双电源供电,逻辑电源为 5 V (d) ±15 V 双电源供电,逻辑电源为 5 V

本章小结

本章知识结构

- 集成运算放大电路的基本应用
  - 线性应用
    - 识别方法:引入负反馈
    - 分析方法:“虚断”和“虚短”
    - 应用电路
      - 信号运算电路
      - 有源滤波电路
  - 非线性应用
    - 识别方法:开环或引入正反馈
    - 分析方法:
      - “虚断”和“输出电压发生跳变的临界条件”
      - $u_+>u_-$时,$u=+U_{OM}$;$u_+<u_-$时,$u=-U_{OM}$
    - 应用电路:电压比较器

1. 信号运算方面

在信号运算方面,有比例、加减、积分、微分、对数、指数、乘法等运算电路。为了实现上述运算,运算电路中的集成运放应工作在线性区,特征是引入深度负反馈。分析运算电路的依据是“虚断”和“虚短”;当信号从反相输入端输入,且同相输入端的电位为零时,“虚短”的结论可引申为反相输入端“虚地”。

对于简单运算电路,利用“虚断”和“虚短”的结论直接求解输出电压与输入电压之间的关系;对于混合运算电路,可以运用拉氏变换,先求出电路的传递函数,再进行拉氏反变换后得出输出电压与输入电压之间的函数关系。

2. 信号处理方面

按照工作信号的频率范围不同,滤波器可分为低通、高通、带通、带阻和全通滤波器。

有源滤波电路一般由集成运放和 RC 网络组成,主要用于小信号处理。对于有源滤波电路,集成运放引入深度负反馈,有时为提高滤波性能同时引入负、正反馈,但以负反馈为主。

(1) 传递函数方程的求解方法是"虚断"和 KCL。

(2) 一阶有源滤波电路阻带区衰减慢。二阶有源滤波电路在 $f>>f_0$ 时的衰减斜率比一阶低通理想得多,但不足的是在 $f=f_0$ 附近对数幅频特性曲线下降约 10 dB。为了提高 $f=f_0$ 附近处的幅值,引入了适当的正反馈,形成了压控电压源二阶滤波电路。可见,电路演变的设计思想始终围绕着如何实现理想幅频特性展开。

3. 电压比较器

电压比较器是用来比较两个输入电压大小的电路,可分为单限、滞回和窗口比较器。比较器中的集成运放工作在开环或正反馈状态,是集成运放的非线性应用,其输出电压只有正、负两种饱和值。分析比较器的依据是"虚断"和"输出电压发生跳变的临界条件($u_+=u_-$)",与理想集成运放工作在线性状态时的"虚断"和"虚短"相对应。

分析电压比较器,首先是根据阈值电压的定义及具体电路,求出阈值电压 U_{TH};然后根据具体电路分析出输入信号由低到高和由高到低变化时输出信号的变化规律,画出电压传输特性和输出波形。

4. 本章记识要点及技巧

(1) 掌握理想集成运放工作在线性区和非线性区的特点。理想集成运放工作在不同状态时,其表现出的特点也不相同。为此,在分析各种应用电路时,判断出其中的理想集成运放究竟工作在哪种状态是关键。

(2) 熟练掌握信号运算电路和电压比较器的分析方法。

无论是运算电路,还是电压比较器,其分析技巧是:由"虚断"分别列出理想集成运放两输入端的方程,再由运算电路的"虚短"或电压比较器的"输出电压发生跳变的临界条件"列出第三个方程 $u_+=u_-$,最后由上述三个方程得到运算电路的函数关系,或电压比较器的阈值电压。可见,列三个方程的解题思路就如同三基色使彩色电视屏幕呈现多彩画面一样,揭示了理想集成运放应用的规律。

(3) 理解有源滤波电路传递函数方程的求解方法和电路演变的设计思想。

参考答案

自测题

8.1 填空题

1. 集成运算放大电路的输入方式有________、________和________。

2. 反相比例运算电路的主要特点是输入电阻________，运放共模输入信号约为________；同相比例运算电路的主要特点是输入电阻________，运放共模输入信号________。

3. 设自测题 8.1.3 图为理想集成运放，$u_I=0.5$ V，负载电阻 R_L 上的电压 $u_O=$________，电流 $i_L=$________，集成运放的输出电流 $i_O=$________。

4. 欲用反相加法器实现 $u_O=-(u_{I1}+2u_{I2}+3u_{I3})$ 的运算。若取 $R_f=100$ kΩ，且 $R_+=R_-$ 时，三个输入信号相连的输入电阻 R_1 为________，R_2 为________，R_3 为________。

5. 如果用二极管代替反相比例运算电路中 R_f，此电路称为________电路，输出电压为________。该电路的缺陷是________对电路的运算精度影响较大。

6. 在下列几种情况中，应分别采用哪些类型的滤波电路？有用信号频率为 20Hz～1kHz，应选________；有用信号频率低于 4kHz，应选________；希望抑制频率为 50Hz 交流电源的干扰，应选________；希望抑制频率为 1MHz 以下的信号，应选________。

7. 在理想情况下，________滤波电路在 $f\to\infty$ 时的电压放大倍数就是它的通带电压放大倍数。

8. 在自测题 8.1.8 图所示电路中，设在理想运放条件下其最大输出电压为电源电压。(1) A 悬空，构成________电路；当 $u_I=1$V 时，$u_O=$________。(2) A 与 B 连接，构成________电路；当 $u_I=1$V 时，$u_O=$________。(3) A 与 C 连接，构成________电路；u_O 原为 +15V，现 u_I 增至 6V，则 $u_O=$________。

9. 在自测题 8.1.9 图所示的电压传输特性中，比较器的阈值电压是________，输出电压是________，输入信号加在集成运放的________。当输入电压 $u_I=2$V 时，输出电压 $u_O=$________。

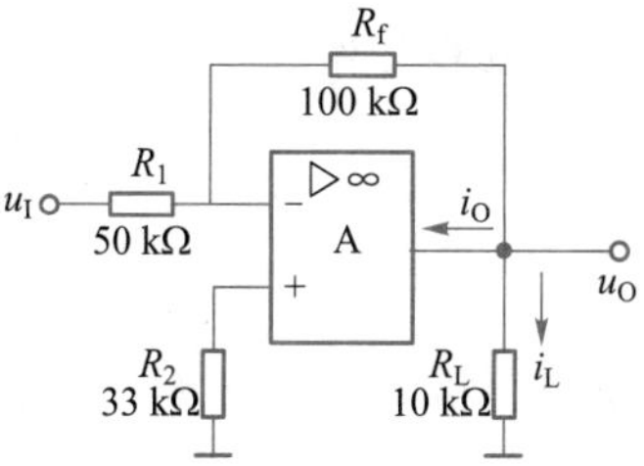

自测题 8.1.3 图

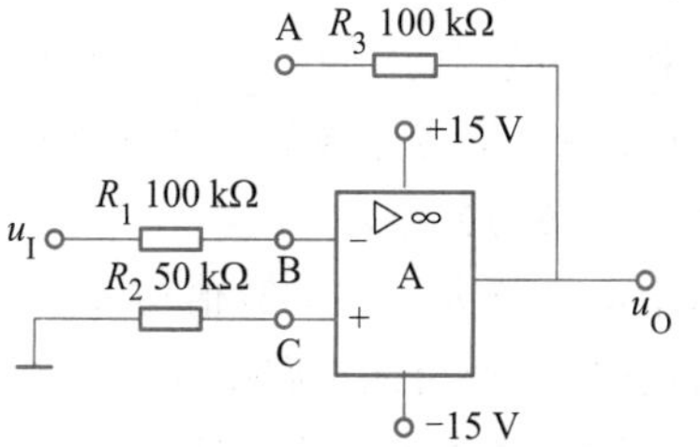

自测题 8.1.8 图

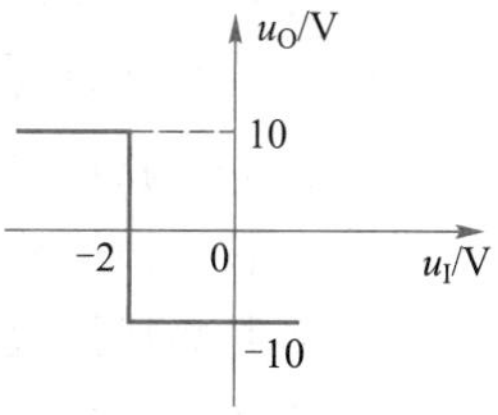

自测题 8.1.9 图

8.2 选择题

1. 集成运算放大电路一般分为________两个工作区。

A. 线性与非线性　　B. 正反馈与负反馈

C. 开环与闭环　　D. 虚断与虚短

2. 集成运算放大电路在线性应用时，“虚短”和“虚断”的概念是根据理想运算放大电路满足________条件推出的。

A. $K_{CMR}=\infty$ 和 $r_o=0$　　B. $A_{ud}=\infty$ 和 $r_{id}=\infty$

C. $r_o=0$ 和 $r_{id}=\infty$　　D. $A_{ud}=\infty$ 和 $r_{id}=0$

3. 由理想集成运放构成的反相比例运算电路，其电压放大倍数________。

A. 大于 1　　B. 等于 1　　C. 小于 1　　D. 不确定

4. 在自测题 8.2.4 图所示的电路中,若输入电压 $u_I=-10V$,则 u_O 约为________V。

A. −15　　B. 15

C. −30　　D. 30

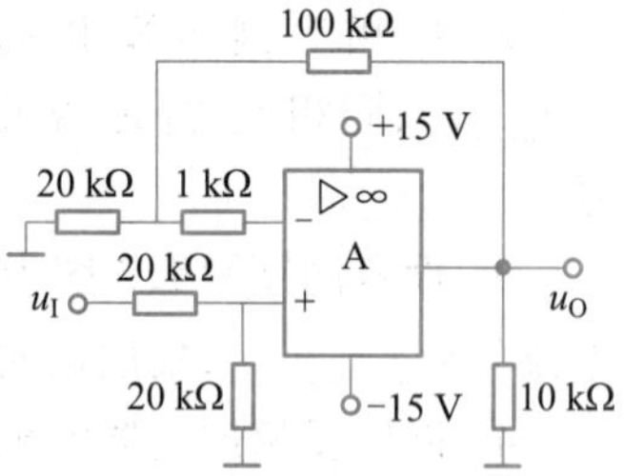

自测题 8.2.4 图

5. 能将方波变成三角波的电路为________。

A. 比例运算电路　　B. 微分电路

C. 积分电路　　D. 加法电路

6. ________滤波电路在 $f=0$ 和 $f=\infty$ 时的电压放大倍数都等于零。

A. 低通　　B. 高通　　C. 带通　　D. 带阻

7. 收音机用于选台的滤波电路应为________滤波电路。

A. 低通　　B. 高通　　C. 带通　　D. 带阻

8. 下列关于电压比较器的说法,不正确的是________。

A. 电压比较器完成两个电压大小的比较,将模拟量转换为数字量

B. 构成电压比较器的集成运放工作在非线性区

C. 电压比较器的输出电压只有两种可能,即正的最大值或负的最大值

D. 电压比较器一定外加正反馈

9. ________引入了正反馈。

A. 过零比较器 B.滞回比较器　　C. 单限比较器　　D. 窗口比较器

8.3 判断题

1. 运算电路中一般均引入负反馈。（　）
2. 在运算电路中,集成运放的反相输入端均为虚地。（　）
3. 反相和同相比例运算电路分别引入电压串联负反馈和电压并联负反馈。（　）
4. 在指数和对数运算电路中,集成运放处于非线性运用状态。（　）
5. 微分电路可将三角波变换为方波。（　）
6. 各种滤波电路的通带电压放大倍数的数值均大于1。（　）
7. 凡是集成运放构成的电路,都可用“虚断”和“虚短”概念加以分析。（　）
8. 电压比较器的输出电压与输入电压成正比。（　）
9. 滞回比较器的回差电压的大小与参考电压无关。（　）

参考答案

习题

8.1 由理想运放组成的运算电路如习题 8.1 图所示,试求电压增益 $A_{uf}=\dfrac{u_O}{u_I}$ 的表达式。

8.2 求习题 8.2 图所示电路 u_O 与 u_I 的运算关系式。

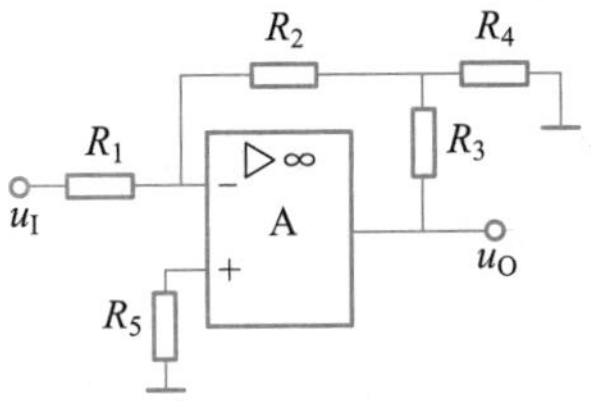

习题 8.1 图

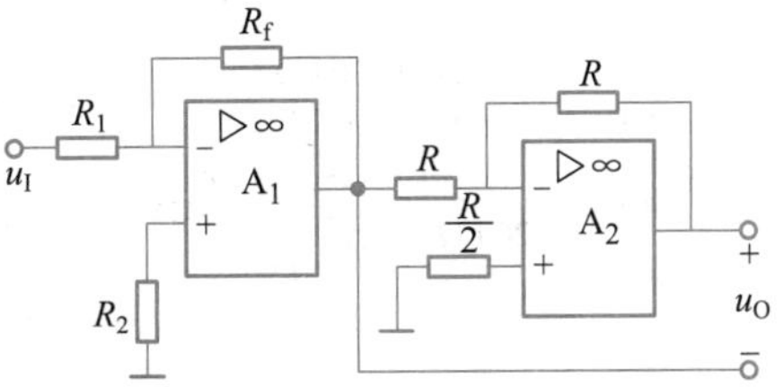

习题 8.2 图

8.3　求习题 8.3 图所示电路 u_O 与 u_I 的运算关系式。

8.4　由集成运放组成的晶体管电流放大系数 β 的测试电路如习题 8.4 图所示，设晶体管的 $U_{BE}=0.7$ V。(1)求晶体管的 c、b、e 各极的电位值；(2)若电压表读数为 200 mV，试求晶体管的 β 值。

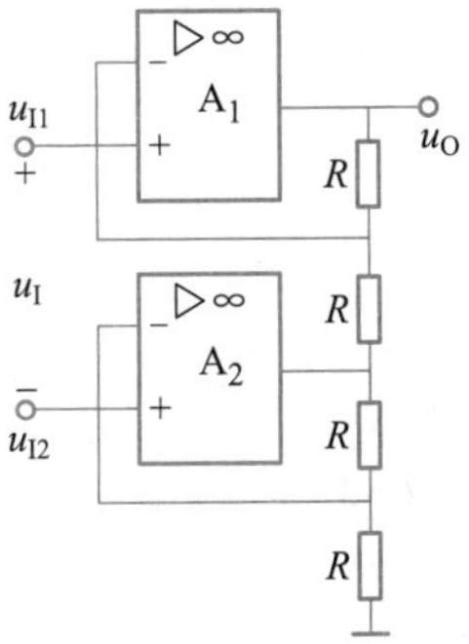

习题 8.3 图

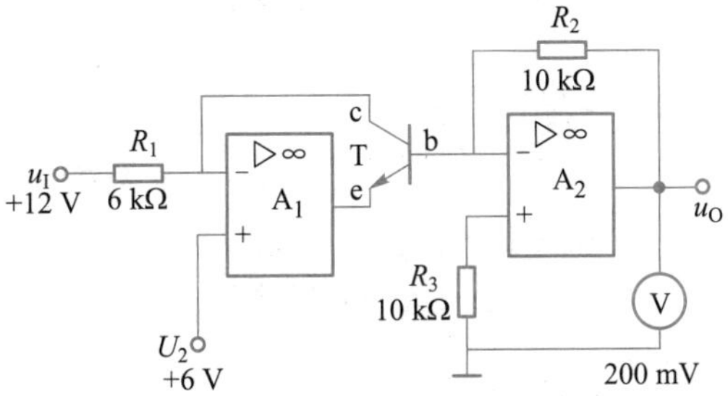

习题 8.4 图

8.5　电路如习题 8.5 图所示，试求输出电压 u_O 的值。

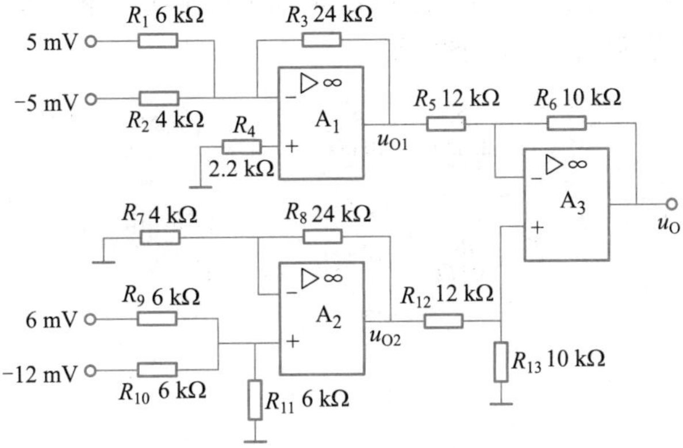

习题 8.5 图

8.6　电路如习题 8.6 图(a)所示。(1)求 u_{O1} 与 u_{I1}、u_{I2} 的关系式；(2)写出 u_O 与 u_{I1}、u_{I2} 的关系式；(3)若 u_{I1}、u_{I2} 为习题 8.6 图(b)的阶跃信号，并设 $t=0$ 时 $u_C(0)=0$，画出 u_O 在 0~5s 期间的波形图。

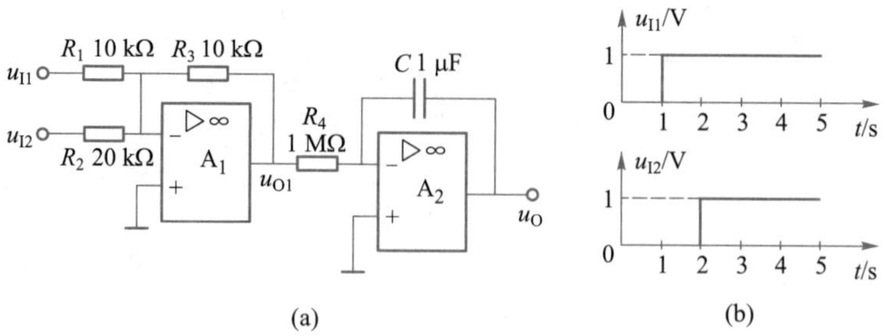

习题 8.6 图

8.7 电路如习题 8.7 图(a)所示,设 $u_C(0)=0$。(1)写出 u_{O1}、u_{O2}与 u_O 的关系式;(2)当 u_{I1}、u_{I2}为习题 8.7 图(b)的信号时,画出 u_O 的波形图。

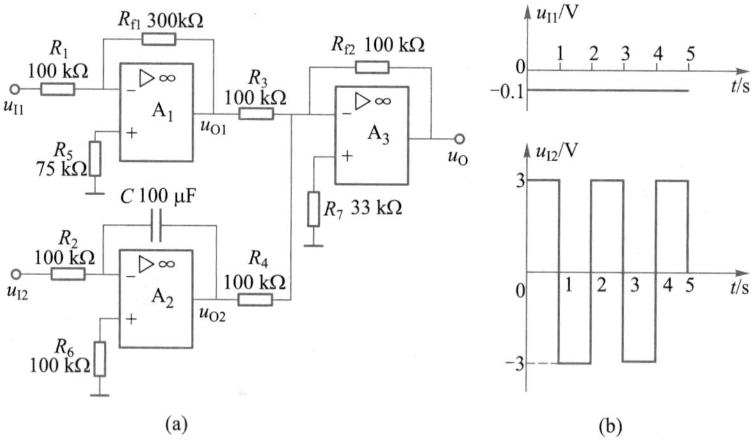

习题 8.7 图

8.8 电路如习题 8.8 图(a)所示,已知 u_1 的输入波形为习题 8.8 图(b),且 $u_2=-1$ V,并设 $u_C(0)=0$。试分别画出 u_{O1}、u_O 的波形。

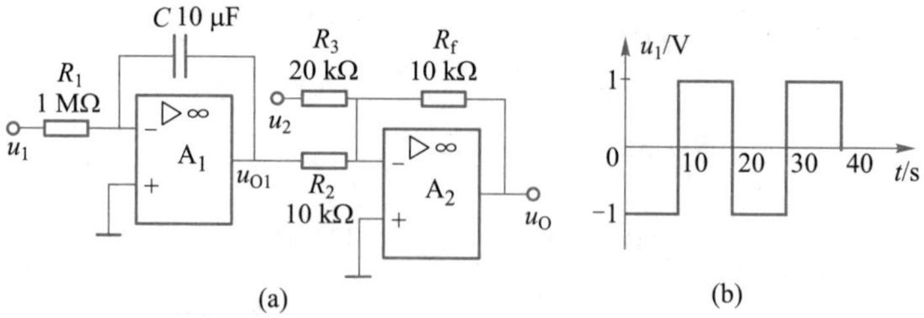

习题 8.8 图

8.9 试求习题 8.9 图所示的电路运算关系。

8.10 设习题 8.10 图电路中的电阻均为 100 kΩ,$C=1$ μF。若输入电压在 $t=0$ 时刻由零跳变到-1 V,试求输出电压由零上升到+6 V 所需要的时间(设 $t=0$ 时 $u_C(0)=0$)。

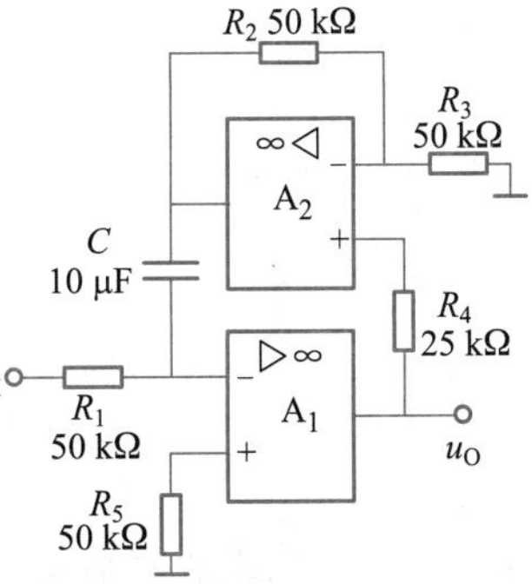

习题 8.9 图

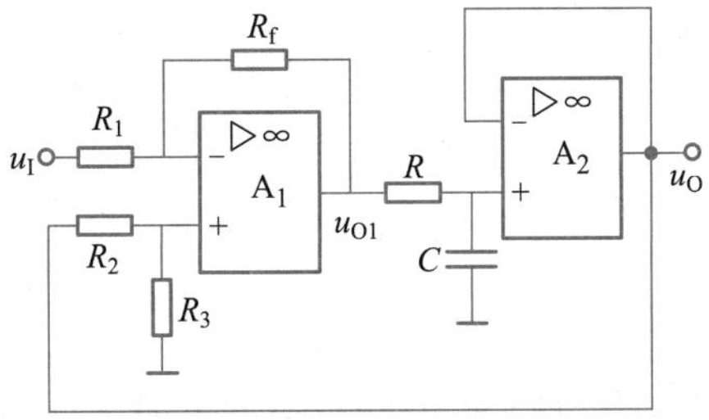

习题 8.10 图

8.11 用对数、反对数、加法或减法运算电路，设计出 $u_{O1}=u_Xu_Y$、$u_{O2}=\dfrac{u_X}{u_Y}$、$u_{O3}=\dfrac{u_Xu_Y}{u_Z}$的原理框图。

8.12 在习题 8.12 图所示电路中，已知乘法器的 k 值为-0.1。试写出电路输出信号与输入信号的关系式，并说明电路功能。

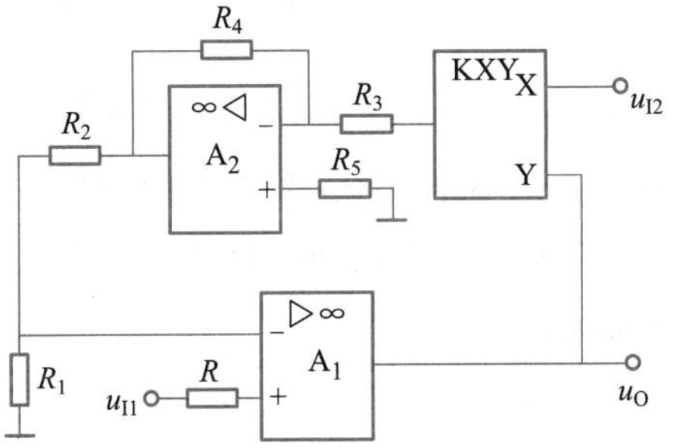

习题 8.12 图

8.13 试写出习题 8.13 图所示电路的输出信号与输入信号的关系式，并说明电路功能。

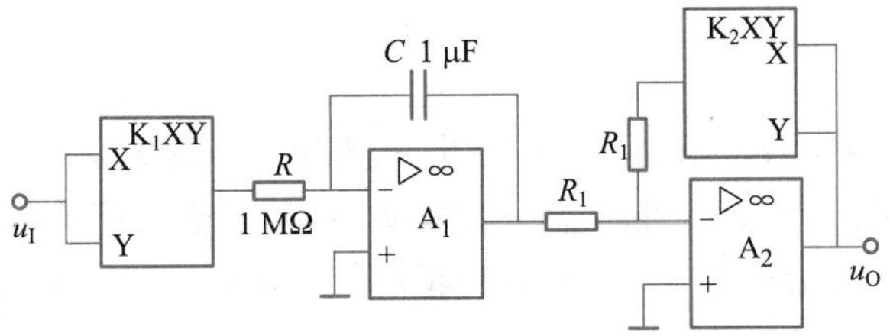

习题 8.13 图

8.14 设一阶 LPF 和二阶 HPF 的通带放大倍数均为 2，通带截止频率分别为 2kHz 和 100Hz。试用它们构成一个带通滤波电路，并画出幅频特性。

8.15 同相输入滞回比较器的电路如习题 8.15 图所示。设理想集成运放工作的电源电压为±12V，$R_1=10\text{k}\Omega$，$R_2=20\text{k}\Omega$，$R_3=2\text{k}\Omega$，$R_4=6.8\text{k}\Omega$。试分别画出两电路的电压传输特性，要求 u_I 的变化幅度足够大，并在图中标明有关数值。

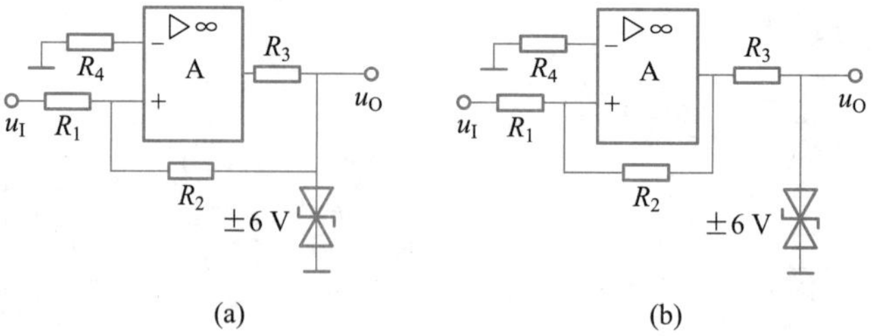

习题 8.15 图

8.16 在习题 8.16 图所示的电路中，已知 $u_I=2\sin\pi t\text{V}$。(1)试问理想集成运放 A_1、A_2、A_3各组成何种电路？(2)设 $t=0$ 时刻 $u_C(0)=0$，分别画出 u_{O1}、u_{O2}、u_{O3}的波形，并在波形图中标明有关数值。

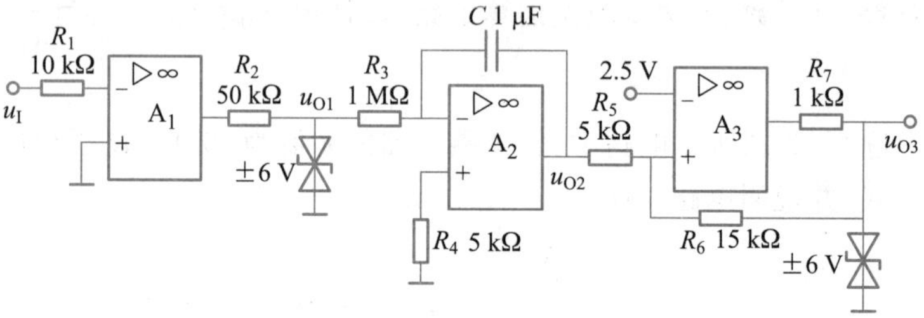

习题 8.16 图

8.17 在习题 8.17 图所示的电路中，设电容 C 上的初始电压为零。若 u_I 为 0.11V 的阶跃信号，求信号加上 1s 后，u_{O1}、u_{O2}、u_{O3}所达到的数值。

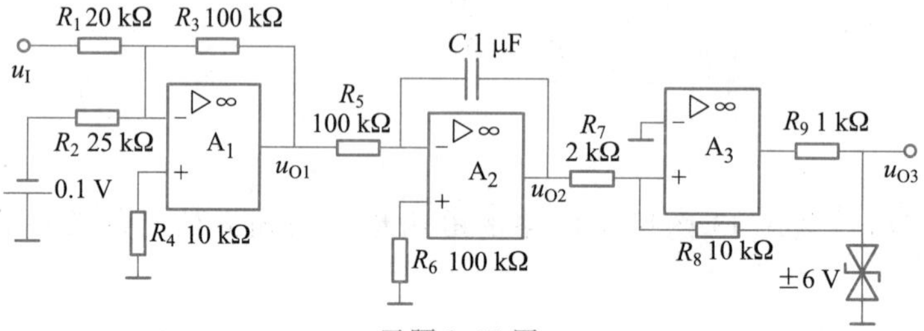

习题 8.17 图

8.18 电路如习题 8.18 图所示。(1)写出 u_{O1}与 u_{I1}、u_{I2}的关系式；(2)设 $t=0$ 时，电容器的初始电压 $u_C(0)=0$，$u_O=12\text{V}$。接 $u_{I1}=-10\text{V}$，$u_{I2}=0\text{V}$ 的输入信号后，求经过多长时间 u_O 翻转到-12V。(3)从 u_O 翻转到-12V 的时刻起，$u_{I1}=-10\text{V}$，$u_{I2}=15\text{V}$，求又经过多长时间 u_O 再次翻回到 12V。

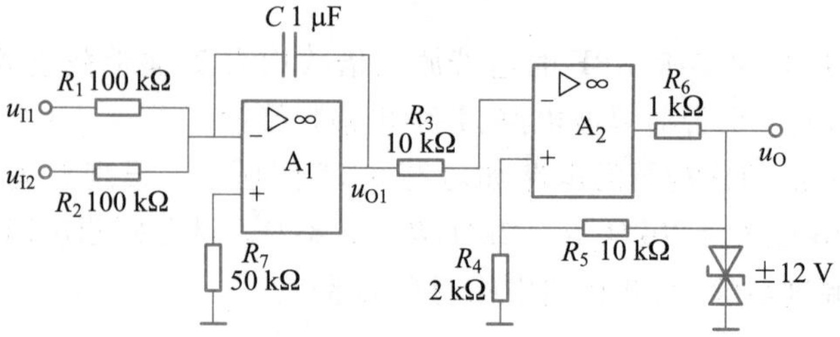

习题 8.18 图

第 9 章 信号发生电路

信号发生电路可产生各种波形的电压信号，它不需要外界输入信号，只要接通电源便可自动产生。信号发生电路又称为振荡电路。它在测量、自控、通信、生物医学等许多领域中都有广泛的应用。

信号发生电路就其产生的波形来说可分为正弦波和非正弦波两大类，下面首先介绍 *RC*、*LC*、石英晶体三种正弦波振荡电路，然后再讨论方波、矩形波、三角波和锯齿波四种非正弦波信号发生电路。

9.1 正弦波振荡电路的基本概念

导学

正弦波振荡电路从起振到稳定振荡的过程和条件。

正弦波振荡电路的组成及分类。

分析正弦波振荡电路的方法。

1. 产生正弦波振荡的平衡条件

在 5.5 节曾讨论过放大电路的稳定问题，如果负反馈引用不当，就会引起自激，其原因是在高频段或低频段的某一频率上由于附加相移形成正反馈所致，放大电路引入负反馈的本意是改善电路的性能而不希望振荡。但是本节将要讨论的正弦波振荡电路，正是要利用自激振荡产生一定频率和幅度的正弦波。两者相比不同的是，正弦波振荡电路不是利用附加相移产生自激振荡，而是直接引入正反馈来实现，并使振荡频率可控可调。因为附加相移所产生的自激振荡，其振荡频率除了取决于电路的耦合，旁路电容、极间电容外，还与分布电容、寄生电容等不可预知的电容参数有关，致使振荡频率不可控。

采用正反馈方法产生正弦波振荡信号的组成框图如图 9.1.1 所示。图中，$\dot{A}$ 表示放大电路，$\dot{F}$ 表示反馈网络。

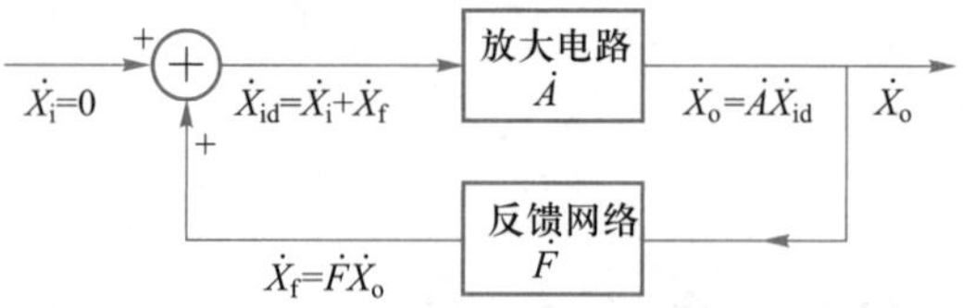

图 9.1.1 正弦波振荡电路组成框图

与图 5.1.1 所示的负反馈放大电路组成框图不同之处是直接引入了正反馈，即 $\dot{X}_{id}=\dot{X}_i+\dot{X}_f$，于是 $\dot{X}_o=\dot{A}\dot{X}_{id}=\dot{A}\dot{X}_i+\dot{A}\dot{F}\dot{X}_o$，进而可导出正反馈条件下的闭环表达式

$$\dot{A}_f=\frac{\dot{X}_o}{\dot{X}_i}=\frac{\dot{A}}{1-\dot{A}\dot{F}}$$

当分母 $1-\dot{A}\dot{F}=0$ 时，$\dot{A}_f\to\infty$，表明 $\dot{X}_i=0$ 时 $\dot{X}_o\neq0$，此时称电路产生了自激振荡。故把 $1-\dot{A}\dot{F}=0$，即

$$\dot{A}\dot{F}=1 \tag{9.1.1}$$

称为自激振荡的平衡条件。其振幅和相位平衡条件分别为

$$|\dot{A}\dot{F}|=1 \tag{9.1.2a}$$

$$\varphi_{AF}=\varphi_A+\varphi_F=2n\pi(n\text{ 为整数}) \tag{9.1.2b}$$

式(9.1.2a)意为要有足够的反馈量；式(9.1.2b)说明输出与输入要同相，也就是必须是正反馈。当然为了得到所需要的单一频率的正弦波，正弦波振荡电路除了图 9.1.1 所示的放大电路和正反馈网络外，还必须有选频电路。

2. 振荡的建立与稳定

正弦波振荡电路虽然没有外接输入信号，但是当振荡电路接通电源瞬间会在电路中产生一个含有丰富频率且微弱的扰动信号，其中包含所需要的特定频率成分。如果振荡电路仅满足 $|\dot{A}\dot{F}|=1$ 的条件，那么微弱信号是无法从小到大地建立起来，为此必须要有一个环路放大倍数大于 1 的起振条件，即

$$|\dot{A}\dot{F}|>1 \tag{9.1.3}$$

一旦振荡电路满足起振条件，在接通电源瞬间最初的扰动才有可能经过放大、选频、正反馈、再放大……，使特定的单频信号逐渐由小到大地建立起来。然而这一过程不会无限增大下去，由于晶体管非线性特性的限制，使放大电路的 $|\dot{A}|$ 逐渐减小，最终使 $|\dot{A}\dot{F}|=1$ 达到振幅平衡条件，形成等幅振荡。

3. 正弦波振荡电路的组成和分类

通过上述分析可知，正弦波振荡电路一般由放大电路、正反馈网络、选频网络和稳幅环节四部分组成。

(1) 放大电路：保证电路中的微弱扰动信号能够从起振到稳定，使电路获得一定幅值的输出信号，实现能量的控制。

(2) 正反馈网络：其作用是引入正反馈，使放大电路的输入信号等于反馈信号。它与放大电路共同满足振荡条件 $\dot{A}\dot{F}=1$。

(3) 选频网络：其作用是从众多扰动信号中选出某一特定频率，使电路产生单一频率的

正弦波振荡。

选频网络本身可以是反馈网络,也可以设置在放大电路中。在不少实用电路中,常将选频网络与正反馈网络“合二为一”。

(4) 稳幅环节:其作用是使振荡电路的输出信号幅度达到稳定。对于分立放大电路,不需要单独设置稳幅环节,而是依靠晶体管特性的非线性来起到稳幅作用。

正弦波振荡电路常以组成选频网络的元件来命名。选频网络常由 *RC*、*LC*、石英晶体等组成,相应的振荡电路分别称为 *RC* 振荡电路、*LC* 振荡电路、石英晶体振荡电路。其中,*RC* 振荡电路的振荡频率较低,一般在 1 MHz 以下;*LC* 振荡电路的振荡频率多在 1 MHz 以上;石英晶体振荡电路的振荡频率高而且稳定。

4. 正弦波振荡电路的分析方法

(1) 分析电路组成

一看组成:观察电路是否包含振荡电路的基本组成部分。注意,选频网络与正反馈网络有时会“合二为一”。

二查静、动态:对于分立电路,首先查看电路的静态工作点是否合理,即放大元件是否处于放大状态;其次查看动态时信号能否正常传递,即是否存在开路或短路现象。对于集成运放,检查输入端是否有直流通路。

三找反馈电压:寻找反馈电压取自何处,加在何方。

(2) 判断振荡条件

包括相位平衡条件和振幅条件。其中,判断相位平衡条件,一般采用“断回路、引输入、看相位”的“三步曲法”,方法是采用前面介绍过的“瞬时极性大小法”。至于振幅条件的判断,往往需要通过电路参数求解 $\dot{A}$ 和 $\dot{F}$,然后判断 $|\dot{A}\dot{F}|$ 是否大于 1。

(3) 估算振荡频率

振荡频率由相位平衡条件决定,它取决于选频网络的参数。

9.2 *RC* 正弦波振荡电路

导学

RC 串并联选频网络和 *RC* 移相网络的特点。

依据“分析方法”对 *RC* 振荡电路进行分析。

RC 串并联振荡电路的振幅条件及稳幅环节。

微视频

RC 正弦波振荡电路可以分为 *RC* 串并联正弦波振荡电路、移相式正弦波振荡电路和双 T 网络正弦波振荡电路,本节只介绍前两种电路。

1. *RC* 串并联正弦波振荡电路

RC 串并联正弦波振荡电路，因为它具有波形好、振荡稳定，频率调节方便等优点，所以应用十分广泛。

RC 串并联正弦波振荡电路如图 9.2.1(a) 所示。图中，集成运放 A 作为放大电路；RC 串并联网络既是反馈网络，又是选频网络；R_f 和 R_3 引入了电压串联负反馈，其中，R_f 作为稳幅环节，选择具有负温度系数的热敏电阻。由于 R_1、C_1，R_2、C_2，R_f，以及 R_3 正好形成一个四臂电桥，如图 9.2.1(b) 所示，因此该电路又称为文氏电桥振荡电路(Wien bridge oscillator)。

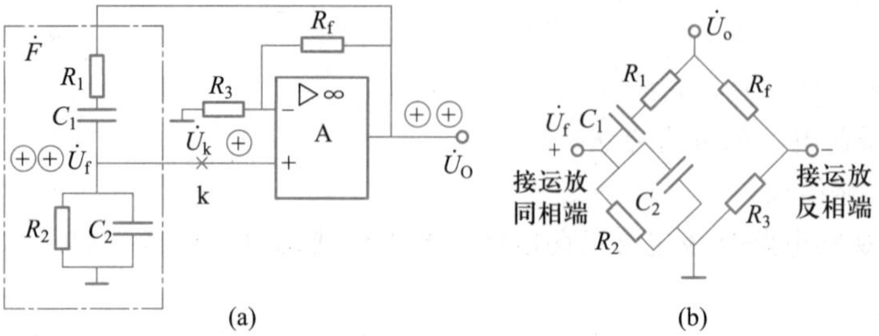

(a) (b)

图 9.2.1 RC 串并联正弦波振荡电路
(a) 文氏电桥振荡电路 (b) RC 串并联网络电桥结构

(1) RC 串并联网络的选频特性

在图 9.2.1(a) 的点画线框内，RC 串并联网络的反馈系数

$$\dot{F}=\frac{\dot{U}_f}{\dot{U}_o}=\frac{R_2/\!/(1/j\omega C_2)}{R_1+(1/j\omega C_1)+R_2/\!/(1/j\omega C_2)}=\frac{R_2/(1+j\omega R_2C_2)}{R_1+(1/j\omega C_1)+R_2/(1+j\omega R_2C_2)}$$

$$=\frac{1}{(1+R_1/R_2+C_2/C_1)+j(\omega R_1C_2-1/\omega R_2C_1)} \tag{9.2.1}$$

通常取 $R_1=R_2=R$，$C_1=C_2=C$，于是

$$\dot{F}=\frac{1}{3+j(\omega/\omega_o-\omega_o/\omega)} \tag{9.2.2}$$

式中

$$\omega_o=\frac{1}{RC} \tag{9.2.3}$$

由此可得幅频特性和相频特性的表达式分别为

$$|\dot{F}|=\frac{1}{\sqrt{3^2+(\omega/\omega_o-\omega_o/\omega)^2}} \tag{9.2.4a}$$

$$\varphi_F=-\arctan\frac{(\omega/\omega_o-\omega_o/\omega)}{3} \tag{9.2.4b}$$

由式(9.2.4)可分别画出 RC 串并联网络的幅频和相频特性曲线，如图 9.2.2 所示。

由图 9.2.2(a) 可知，当 $\omega=\omega_o=\frac{1}{RC}$ 时，$|\dot{F}|_{max}=\frac{1}{3}$；而当 ω 偏离 ω_o 时，$|\dot{F}|$ 急剧下降，表明 RC 串并联网络具有选频特性。由图 9.2.2(b) 可知，当 $\omega=\omega_o$ 时 $\varphi_F=0°$，电路呈纯阻性，即 $\dot{U}_f$ 与 $\dot{U}_o$ 同相。可见，当 $\omega=\omega_o=\frac{1}{RC}$ 时，电压 $\dot{U}_f$ 幅值最大，是 $\dot{U}_o$ 幅值的 $\frac{1}{3}$，且 $\dot{U}_f$ 与 $\dot{U}_o$ 同相。

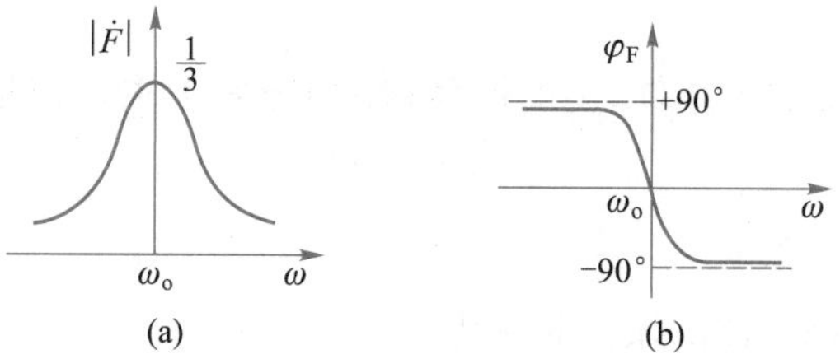

图 9.2.2 *RC* 串并联网络的频率特性

(a) 幅频特性曲线 (b) 相频特性曲线

(2) 文氏电桥振荡电路分析

① 电路组成

应从"一看、二查、三找"三方面入手进行分析。其中,看到该电路具备振荡电路的基本组成;查到集成运放处于放大状态,交流信号传输正常;找到反馈电压 $\dot{U}_f$ 取自 R_2C_2 两端,加在运放同相输入端。

② 振荡条件

a. 相位平衡条件

判断是否满足相位平衡条件,一般采用"断回路、引输入、看相位"的"三步曲法",其具体方法是:首先假想把反馈网络的输出端与放大电路输入端之间的连线断开,即图 9.2.1(a) 中 k 点断开;其次是在断开处加频率为 f_o 的输入电压 $\dot{U}_k$,并设 $\dot{U}_k$ 为⊕;然后用第 5 章介绍的"瞬时极性大小法"判断反馈电压 $\dot{U}_f$ 与 $\dot{U}_k$ 两者的瞬时极性和大小。

假设同相比例运算电路的电压放大倍数大于 1,则图中各点信号的瞬时极性和大小可表示为:

$\dot{U}_k$⊕→因同相输入,则 $\dot{U}_o$⊕⊕→经过 *RC* 串并联网络,$\dot{U}_f$⊕⊕→$\dot{U}_k$⊕⊕

可见,经过一个放大和反馈环路后,$\dot{U}_k$ 的瞬时极性和大小由原来的⊕变为⊕⊕,表明此电路引入了净输入量增加的正反馈,不仅满足相位平衡条件,而且还体现出振荡电路起振以及振荡初期阶段信号由小到大逐渐建立起来的过程。因为随着输入、输出信号的增大,$|\dot{A}|$ 却越来越小,从而使 $|\dot{A}\dot{F}|$ 也越来越小,直至 $|\dot{A}\dot{F}|=1$。

对于是否满足相位平衡条件,有下述两种表述方法:

一是,对于同相输入运放 $\varphi_A=0°$;并且当 $\omega=\omega_o$ 时,$\varphi_F=0°$,此时回路总相移 $\varphi_{AF}=0°$,表明 $\dot{U}_f$ 与 $\dot{U}_k$ 同相,形成了正反馈,满足相位平衡条件。

二是,对于同相输入运放 $\varphi_A=0°$;由图 9.2.2(b) 可知 $\varphi_F=-90°\sim90°$,此时回路总相移 $\varphi_{AF}=\varphi_A+\varphi_F=-90°\sim90°$,其中必有一特定频率满足 $\varphi_{AF}=0°$的相位平衡条件。

b. 振幅条件

当 $\omega=\omega_o$ 时,$|\dot{F}|=\dfrac{1}{3}$。由起振条件 $|\dot{A}\dot{F}|>1$ 可得该电路的 $|\dot{A}|>3$。再根据同相比例运算电路的表达式(8.2.4)可得 $1+\dfrac{R_f}{R_3}>3$,即$\dfrac{R_f}{R_3}>2$,显然,只要选取合适的电阻值,上述关

系就很容易满足。

若 $1+\frac{R_f}{R_3}<3$，将不满足起振条件，不能振荡；若 $1+\frac{R_f}{R_3}\gg 3$，振荡波形将有严重失真，正弦波的上下两边可能被削平。

③ 振荡频率

由式(9.2.3)可知，该电路的振荡频率为

$$f_o=\frac{\omega_o}{2\pi}=\frac{1}{2\pi RC} \tag{9.2.5}$$

若 $R_1\neq R_2$、$C_1\neq C_2$，则 $f_o=\frac{1}{2\pi\sqrt{R_1R_2C_1C_2}}$，此时 $|\dot{F}|=\frac{1}{1+\frac{R_1}{R_2}+\frac{C_2}{C_1}}$。

④ 稳幅环节

为了稳定输出电压的幅值，可以在负反馈支路中采用热敏电阻来实现自动稳幅。在图9.2.1(a)中，若 R_f 选用具有负温度系数的热敏电阻，当输出幅度增大时，流过 R_f 的电流增大，使其温度升高，R_f 阻值减小。由同相比例运算电路电压放大倍数 $1+\frac{R_f}{R_3}$ 可知，负反馈加强，将使输出幅度下降，从而保持了输出幅度的稳定。当然，也可以选用 R_3 为正温度系数的热敏电阻。

2. *RC* 移相式正弦波振荡电路

图9.2.3示出的是由一个反相输入集成运放和三节 *RC* 滞后移相网络组成的 *RC* 正弦波振荡电路。其中，三节 *RC* 滞后移相网络不仅是反馈网络兼选频网络，而且网络中的电容 *C* 对谐波还有滤波作用。

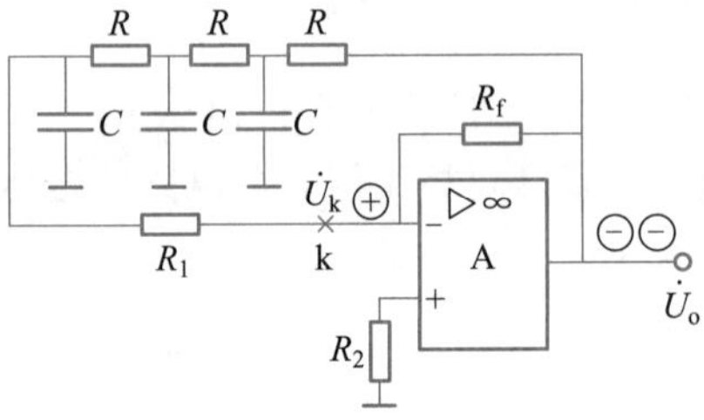

图 9.2.3 *RC* 移相式正弦波振荡电路

在图9.2.3振荡电路中，由于集成运放为反相输入，其相移 $\varphi_A=-180°$。对于每节 *RC* 低通电路，根据第4章一阶 *RC* 电路的频响特点可知，当相移接近 $-90°$ 时，由表4.3.2看出其频率很高，这会使图4.3.5中的 *RC* 低通电路的输出电压接近于零。据此推知，二节 *RC* 低通电路最大相移接近 $-180°$，不满足相位条件；而三节 *RC* 移相网络其最大相移可接近 $-270°$，有可能在某一特定频率下移相为 $-180°$。以满足 $\varphi_{AF}=\varphi_A+\varphi_F=-360°$ 的相位平衡条件。

判断相位平衡条件仍然采用“断回路、引输入、看相位”的“三步曲法”。即假想在图中 k 点处断开，同时加入频率为 f_o 的输入电压 $\dot{U}_k$，经一级反相输入集成运放，$\varphi_A=-180°$；再经三节滞后移相网络，相移范围 $\varphi_F=-270°\sim0°$。故电路总相移 $\varphi_{AF}=\varphi_A+\varphi_F=-450°\sim-180°$，其中必有一频率满足自激振荡的相位平衡条件 $\varphi_{AF}=-360°$。只要适当调节 R_f 的数值，可使电路满足振荡的振幅条件，产生正弦振荡。

例 9.2.1 试用相位平衡条件判断图9.2.4所示电路(假设电路电压放大倍数的数值大于1)是否可能产生振荡，并简述理由。

解：对于图(a)，因是反相输入运放，$\varphi_A=-180°$；反馈选频网络由三节超前移相网络和一节滞后移相网络组成，$\varphi_F=0\sim180°$。则电路总相移 $\varphi_{AF}=-180°\sim0°$，显然此范围不包含 $\varphi_{AF}=0°$

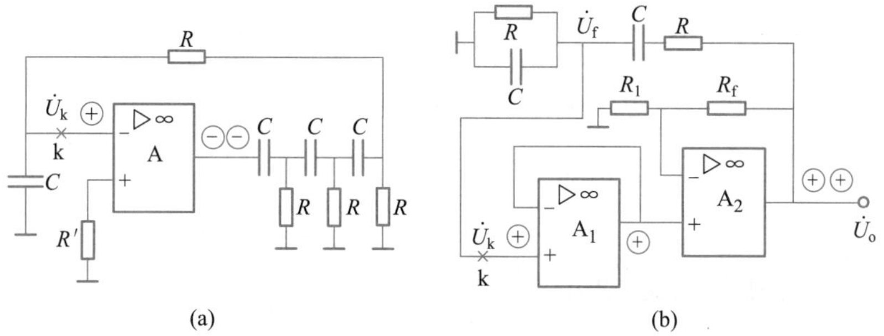

图 9.2.4 例 9.2.1

的情形,即不满足相位平衡条件,故不能产生振荡。

对于图(b),因为是两级同相输入集成运放,$\varphi_A=0°$;反馈选频网络由 RC 串并联网络组成,$\varphi_F=-90°\sim90°$(或者说当 $f_o=\dfrac{1}{2\pi RC}$时 $\varphi_F=0°$)。则回路总相移 $\varphi_{AF}=-90°\sim90°$(或者 $\varphi_{AF}=0°$),可见满足相位平衡条件,故可能产生振荡。

例 9.2.2 电路(假设电路电压放大倍数的数值大于 1)如图 9.2.5 所示,试问 (1) 电路是否满足振荡的相位平衡条件? (2) R_2 为何值时,才能满足振幅平衡条件? (3) 为使电路起振和稳幅,R_1 应该选用正温度系数还是负温度系数的热敏电阻? (4) 该电路的振荡频率是多少? (5) 若输出电压 $u_o=12\sin\omega t$V,则电路的输出功率 P_o 是多少?

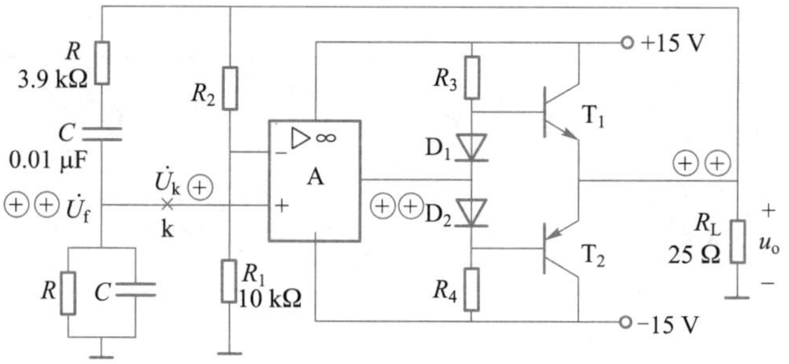

图 9.2.5 例 9.2.2

解:(1) 因为同相输入和由射随器组成的功放电路不改变瞬时极性,所以 $\varphi_A=0°$;当 $\omega=\omega_0$ 时,$\varphi_F=0°$,故 $\varphi_{AF}=0°$,满足振荡的相位平衡条件。

(2) 由于 RC 串并联网络谐振时的反馈系数 $F=\dfrac{1}{3}$,故由振幅平衡条件 $|\dot{A}\dot{F}|=1$ 可知 $A=3$。根据集成运放同相输入表达式 $A=1+\dfrac{R_2}{R_1}=1+\dfrac{R_2}{10}=3$ 可得 $R_2=20\ \text{k}\Omega$

(3) R_1 应选用正温度系数的热敏电阻。因为当 $u_o\uparrow\rightarrow R_1$ 的功耗$\uparrow\rightarrow R_1$ 的温度$\uparrow\rightarrow R_1$ 的阻值$\uparrow\rightarrow A\downarrow\rightarrow u_o\downarrow$

(4) 该电路的振荡频率

$$f_o=\frac{1}{2\pi RC}=\frac{1}{2\pi\times3.9\times10^3\times0.01\times10^{-6}}\ \text{Hz}\approx4.08\ \text{kHz}$$

(5) 因 $U_{om}=12\ \text{V}$，故 $P_o=\dfrac{U_{om}^2}{2R_L}=\dfrac{12^2}{2\times 25}\ \text{W}=2.88\ \text{W}$

9.3 *LC* 正弦波振荡电路

RC 正弦波振荡电路的振荡频率与 *R*、*C* 的乘积成反比，要想得到较高的振荡频率就必须选择较小的 *R* 和 *C* 的数值，这在制造上和电路实现上存在较大的困难，为此，*RC* 正弦波振荡电路一般用来产生几赫至几百千赫的低频信号。欲得到更高频率的信号，可考虑采用 *LC* 正弦波振荡电路。由于 *LC* 正弦波振荡电路的振荡频率较高，所以放大电路多采用分立元件电路，必要时采用共基电路，也可采用宽频带集成运放。

下面首先介绍组成 *LC* 正弦波振荡电路的基础——*LC* 选频网络，然后讨论 *LC* 振荡电路的三种形式：变压器反馈式、电感三点式和电容三点式。

9.3.1 *LC* 并联谐振回路

导学

LC 并联谐振回路的谐振频率。

LC 并联谐振回路的特点。

LC 并联谐振回路谐振时的回路电流与输入电流之间的关系。

1. 电路组成

图 9.3.1(a)示出了 *LC* 并联回路，其中 *R* 是回路的等效损耗电阻，$\dot{I}_s$ 为电流源。

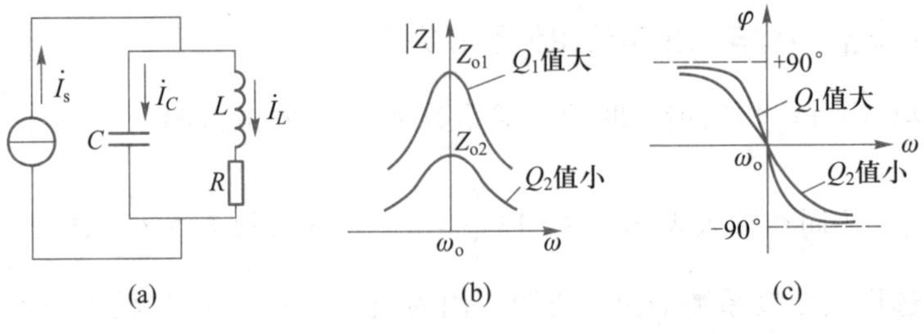

图 9.3.1 *LC* 并联回路及其选频特性

(a) *LC* 并联回路 (b) 幅频特性曲线 (c) 相频特性曲线

2. 频率特性

由图 9.3.1(a)可得并联回路的等效阻抗

$$Z=\frac{(1/\mathrm{j}\omega C)(R+\mathrm{j}\omega L)}{1/\mathrm{j}\omega C+R+\mathrm{j}\omega L}\xrightarrow{R\ll\omega L}Z=\frac{L/C}{R+\mathrm{j}(\omega L-1/\omega C)} \tag{9.3.1}$$

(1) 回路的谐振频率

若改变信号源的频率或元件参数 L、C，使 $\omega L-\frac{1}{\omega C}=0$，此时回路呈纯阻性，阻抗最大，此时称回路产生了谐振，对应的频率称为谐振角频率或谐振频率，用 ω_o 或 f_o 表示，即

$$\omega_o=\frac{1}{\sqrt{LC}}\text{或}f_o=\frac{1}{2\pi\sqrt{LC}} \tag{9.3.2}$$

(2) 回路的谐振电阻

回路谐振时的阻抗称为谐振电阻，用 Z_o 表示，即

$$Z_o=\frac{L}{RC}=Q\omega_o L=\frac{Q}{\omega_o C} \tag{9.3.3}$$

式中，

$$Q=\frac{\omega_o L}{R}=\frac{1}{R\omega_o C}=\frac{1}{R}\sqrt{\frac{L}{C}} \tag{9.3.4}$$

称为回路的品质因数。其值一般在几十至几百范围内。

(3) 回路的频率特性

根据式(9.3.4)，式(9.3.1)又可写成

$$Z=\frac{\dfrac{L}{RC}}{1+\mathrm{j}\dfrac{1}{R}\sqrt{\dfrac{L}{C}}\left(\omega L\cdot\sqrt{\dfrac{C}{L}}-\dfrac{1}{\omega C}\sqrt{\dfrac{C}{L}}\right)}=\frac{Z_o}{1+\mathrm{j}Q\left(\dfrac{\omega}{\omega_o}-\dfrac{\omega_o}{\omega}\right)} \tag{9.3.5}$$

由式(9.3.5)可画出不同 Q 值时，LC 并联电路的幅频特性曲线和相频特性曲线，如图 9.3.1(b)、9.3.1(c)所示。

从图 9.3.1(b)可以看出，当 $\omega=\omega_o$ 时，回路等效阻抗达到最大值 $\dot{Z}_o=\frac{L}{RC}$，呈现纯阻性；并且 Q 值越大，Z_o 随之增大，幅频曲线越尖锐，表明选频性能越好。

从图 9.3.1(c)可以看出，当 $\omega=\omega_o$ 时，$\varphi=0°$，此时回路呈纯阻性；当 $\omega<\omega_o$ 时，回路呈感性；当 $\omega>\omega_o$ 时，回路呈容性。

(4) 输入电流 $|\dot{I}_s|$ 与回路电流 $|\dot{I}_L|$ 或 $|\dot{I}_C|$ 之间的关系

由图 9.3.1(a)和式(9.3.3)可得谐振回路两端电压 $\dot{U}_o=\dot{I}_s Z_o=\frac{\dot{I}_s Q}{\omega_o C}$，故

$$|\dot{I}_C|=\omega_o C|\dot{U}_o|=Q|\dot{I}_s| \tag{9.3.6}$$

通常 $Q\gg1$，所以 $|\dot{I}_C|\approx|\dot{I}_L|\gg|\dot{I}_s|$。显然谐振时回路电流远大于输入电流，即 $\dot{I}_s$ 的影响可忽略。

9.3.2 变压器反馈式 *LC* 振荡电路

导学

寻找反馈电压。

判断变压器反馈式振荡电路的相位平衡条件。

决定振荡频率的参数及其数学表达式。

微视频

1. 电路组成

由图 9.3.2 不难看出，该电路由放大、反馈和选频等部分组成。其中，晶体管起放大和稳幅（由晶体管的非线性实现）作用，变压器（线圈 N_2）实现反馈，*LC* 并联谐振电路用于选频，因此称为变压器反馈式 *LC* 振荡电路。

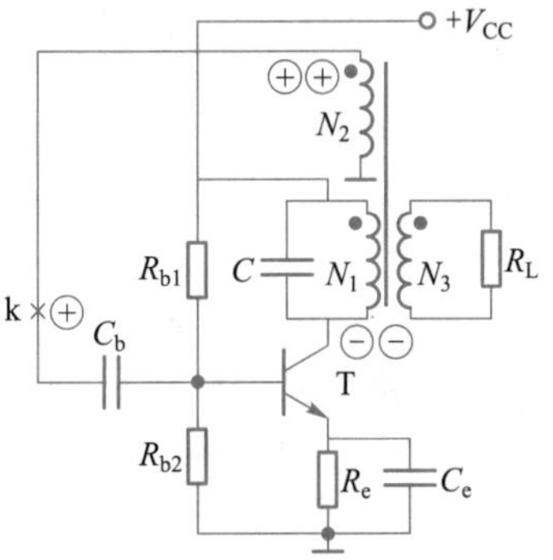

图 9.3.2 变压器反馈式 *LC* 振荡电路

在正弦波振荡电路中，反馈电压 $\dot{U}_f$ 取自何处对初学者来说是个难点。确定反馈电压 $\dot{U}_f$ 一般有以下两个条件，一是将输出量引回到放大电路的输入回路，二是反馈电压 $\dot{U}_f$ 必须是针对地点而言。由图 9.3.2 不难看出，N_2 的一端接晶体管的基极，另一端接“地”，即 $\dot{U}_f$ 取自 N_2，加在基极，放大电路为共射组态。

2. 振荡条件

（1）相位平衡条件

判断是否满足相位平衡条件，一般采用“断回路、引输入、看相位”的“三步曲法”。对于图 9.3.2 所示的电路，假想断开 k 点，在断开处加上频率为 f_o 的输入信号 $\dot{U}_k$，并设 $\dot{U}_k$ 为⊕，则图中各点信号的瞬时极性及大小的变化为：

$\dot{U}_k$⊕→T 的集电极 $\dot{U}_c$ 为⊖⊖→由同名端可知 N_2 的上端为⊕⊕，即 $\dot{U}_f$ 为⊕⊕→$\dot{U}_k$ 为⊕⊕

可见，$\dot{U}_k$ 由原来的⊕经过放大、选频和反馈后，变为⊕⊕，不仅引入了正反馈，满足相位平衡条件，而且还体现了起振初期信号增幅的过程。

（2）振幅条件

振幅条件包括振幅起振条件和振幅平衡条件。对于起振条件，只要变压器变比和晶体管选择适当，一般该电路容易起振。对于振幅平衡条件，是利用放大器件的非线性来实现的。

3. 振荡频率

从分析相位平衡条件的过程中看出，只有在 *LC* 并联回路的谐振频率处，电路才满足正弦波振荡的相位平衡条件，所以，振荡电路的振荡频率就是 *LC* 并联回路的谐振频率 f_o。

设 N_1 的电感量为 L_1，则振荡频率

$$f_o = \frac{1}{2\pi\sqrt{L_1 C}} \tag{9.3.7}$$

4. 电路特点

变压器反馈式振荡电路一般情况下容易起振，且频率调节方便。但由于输出电压与反馈电压是通过磁路耦合，如果耦合不够紧密，损耗较大，且振荡频率的稳定性不高。

例 9.3.1 图 9.3.3 示出了变压器耦合的三种类型振荡电路。(1) 试判断图(a)能否振荡，如果不能振荡，修改该电路。(2) 试判断图(b)是否满足相位平衡条件。(3) 标出图(c)电路中的同名端，使其满足相位平衡条件。

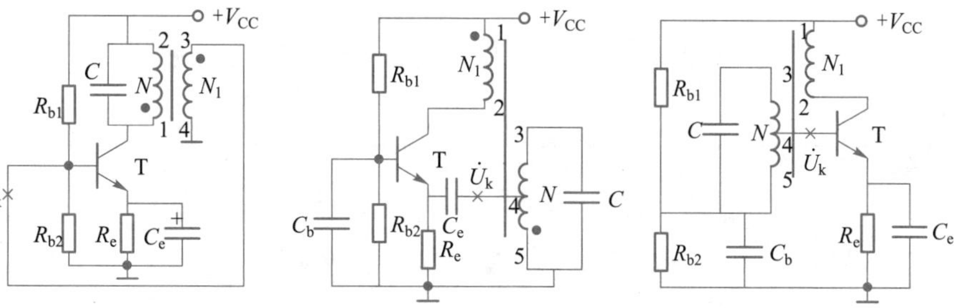

(a) (b) (c)

图 9.3.3 例 9.3.1

解：根据 *LC* 回路的端点接到晶体管电极的不同方式，变压器耦合式 *LC* 振荡电路可分为图 9.3.3 所示的集电极调谐、发射极调谐和基极调谐三种类型。

(1) 首先由于 N_1 在直流通路中可视为短路，而使晶体管的基极直流电位 $U_B = 0$，晶体管处于截止状态，不能正常放大；其次，它是以 N_1 两端的电压作为反馈电压 $\dot{U}_f$。假设断开反馈输入点(基极画×处)，并加上频率为 f_o 的输入信号 $\dot{U}_k$，且 $\dot{U}_k$ 为⊕，则电路中各点信号的瞬时极性及大小的变化为：

$\dot{U}_k$⊕→由共射反相电压放大可知 T 的集电极 $\dot{U}_c$⊖⊖→由同名端可知 N_1 的上端为⊖⊖，即 $\dot{U}_f$ 为⊖⊖→$\dot{U}_k$⊖⊖

可见，$\dot{U}_k$ 由原来的⊕经过放大选频和反馈后变成了⊖⊖，此电路引入了负反馈，不满足相位平衡条件。

基于上述分析可知，欲使电路产生振荡，对电路应做如下修改：① 在反馈线上加隔直电容；② 将同名端由 *N* 的下端改为上端。

(2) 由于线圈 5 端接地，线圈抽头 4 端接至发射极，则反馈电压 $\dot{U}_f$ 取自 L_{45} 两端，加在 T 的发射极，放大电路中 T 的基极经 C_b 接地为共基组态。假想断开反馈输入点(发射极画×处)，并加入一个瞬时极性为⊕的信号，则电路中各点信号的瞬时极性及大小的关系为：

$\dot{U}_k$⊕→由共基同相电压放大可知集电极 $\dot{U}_c$⊕⊕→由图中同名端可知反馈线圈的 5 端为⊖⊖，N_{45}的上端为⊕⊕，即 $\dot{U}_f$ 为⊕⊕→$\dot{U}_k$⊕⊕

可见，$\dot{U}_k$ 由原来的⊕经过放大、选频和反馈后变成了⊕⊕，不仅满足相位平衡条件，而且体现了起振初期信号的增幅过程。

(3) 仿照图(b)的分析方法可知 $\dot{U}_f$ 取自 N_{45} 两端,加在基极,且放大电路中的 R_e 通过 C_e 接地为共射组态。假想断开反馈输入点 k,并引入 $\dot{U}_k$ 为⊕的信号,则

$\dot{U}_k$⊕→由共射反相电压放大可知集电极 $\dot{U}_c$⊖⊖→为了满足正反馈,N_{45} 的上端应为⊕⊕,即 $\dot{U}_f$ 为⊕⊕→才能使 $\dot{U}_k$⊕⊕

可见,欲满足相位平衡条件,必须使 N_{45} 的上端与 k 点处信号瞬时极性相同,由此推知 2、5 两端或 1、3 两端为同名端。

9.3.3　三点式振荡电路的组成原则与电感三点式振荡电路

导学

三点式 LC 振荡电路结构特点。
用“射同基反”和“三步曲法”判断电路的相位平衡条件。
电感三点式振荡电路的缺点。

在实际工作中,为了避免确定变压器同名端的麻烦,克服变压器反馈式振荡电路中变压器一次绕组和二次绕组耦合不紧密的缺点,采用了自耦形式的接法。并在此基础上,把 *LC* 并联回路中的 *L* 或 *C* 变为两个,此时 *LC* 回路将有三个端点。如果在电路中晶体管或集成运放(两个输入端和一个输出端)的三个端分别与振荡回路的三个端点相连接,就形成了 *LC* 三点式振荡电路。

1. 构成三点式振荡电路的原则

三点式振荡电路的基本结构如图 9.3.4 所示。其中,$Z_1=R_1+\mathrm{j}X_1$,$Z_2=R_2+\mathrm{j}X_2$,$Z_3=R_3+\mathrm{j}X_3$。当回路元件的电阻与电抗相比可以忽略不计时,可得振荡回路的反馈系数为

$$\dot{F}=\frac{\dot{U}_f}{\dot{U}_o}=\frac{-\mathrm{j}Z_2\dot{I}}{\mathrm{j}Z_1\dot{I}}\approx\frac{-\mathrm{j}X_2\dot{I}}{\mathrm{j}X_1\dot{I}}=-\frac{X_2}{X_1}$$

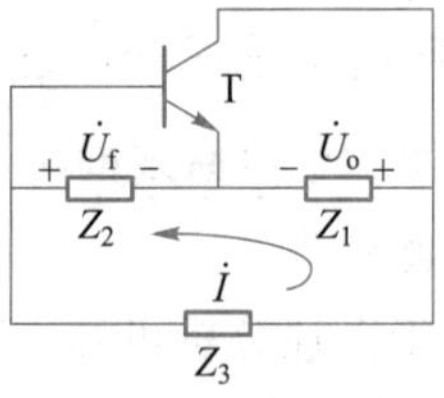

图 9.3.4　三点式 *LC* 振荡电路

因为 $\varphi_A=180°$,为了满足相位平衡条件,应使 $\varphi_F=180°$,显见电抗元件 X_1 与 X_2 必须性质相同。

考虑到谐振时回路总电抗为零,则有

$$X_1+X_2+X_3=0,\text{即 } X_3=-(X_1+X_2)$$

此式表明 X_3 必须是与 X_1、X_2 性质相反的电抗元件。

综上可知,与发射极相连的两电抗元件性质相同,与基极相连的两电抗元件性质相反,简称“射同基反”,进而可推知,对于场效应管为“源同栅反”。对于集成运放,同性质电抗的中间点接同相输入端(依据可参见相关文献)。这就是三点式振荡电路的基本组成原则。

2. 电感三点式振荡电路(哈特莱电路)

(1) 电路组成

电感三点式 *LC* 正弦波振荡电路是将图 9.3.2 中的 N_1、N_2 合并为一个线圈,即把线圈

N_1 接电源的一端和 N_2 接地的一端相连作为中间抽头；电容 C 跨接在整个线圈的两端，借以加强谐振效果。由此可得到图 9.3.5(a)所示的电路。图 9.3.5(b)是图 9.3.5(a)的改画形式。同样，仍然从“一看、二查、三找”三方面入手进行分析。该电路包括放大电路(共射组态)、反馈网络(N_2)、选频网络(并联谐振回路)和稳幅环节(晶体管的非线性特性实现)。放大电路静态偏置正常，在交流信号传递过程中没有短路和断路现象。对于交流信号，理想直流电源短路，线圈 3 端接地，且 N_2 的 4 端经 C_b 接至晶体管的基极，显见反馈电压 $\dot{U}_f$ 取自 N_{34} 两端，加在 T 的基极。因此该电路常称为电感反馈式振荡电路。

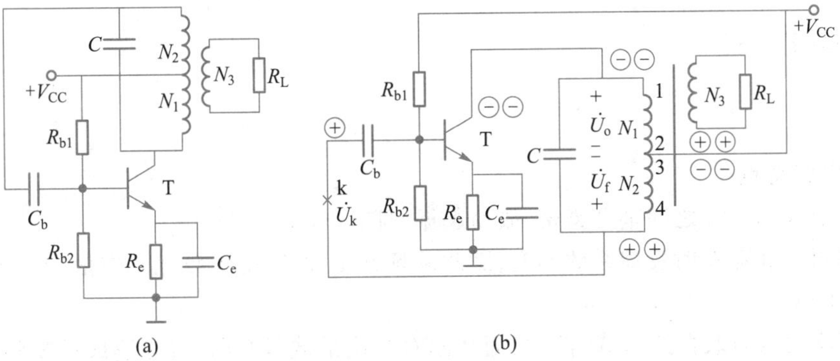

图 9.3.5 电感三点式振荡电路

(a) 由图 9.3.2 演变而来 (b) 图(a)的改画形式

(2) 振荡条件

① 相位平衡条件

相位平衡条件的判断一般有两种方法。

【方法一】根据“射同基反”来判断

对于交流信号，理想直流电源交流接地，且晶体管发射极通过 C_e 也接地，相当于发射极接至变压器一次绕组的中心抽头，显然抽头两侧皆为线圈，即所谓“射同”；晶体管的基极经 C_b 接至线圈 N_2 和电容 C 的连接点处，因为线圈和电容是两种性质不同的电抗元件，即所谓“基反”。符合三点式振荡电路的组成原则，满足相位平衡条件。

【方法二】根据“三步曲法”来判断

假想从反馈线的 k 点断开，并引入输入信号为⊕的 $\dot{U}_k$，则电路中各点信号的瞬时极性和大小变化如下：

$\dot{U}_k$⊕→T 的集电极 $\dot{U}_c$⊖⊖→N_2 的 4 端为⊕⊕，即 $\dot{U}_f$⊕⊕→$\dot{U}_k$⊕⊕

可见，此电路引入了正反馈，满足相位平衡条件。

由于发射极上、下接的是两个电感线圈，故此电路为电感三点式振荡电路。

② 振幅条件

设 N_1 的电感量为 L_1，N_2 的电感量为 L_2，N_1 与 N_2 之间的互感系数为 M，且品质因数远大于 1。则由图 9.3.5(b)可知反馈系数的大小

$$|\dot{F}|=\left|\frac{\dot{U}_{\rm f}}{\dot{U}_{\rm o}}\right|=\left|-\frac{\dot{I}_{\rm o}\cdot {\rm j}\omega(L_2+M)}{\dot{I}_{\rm o}\cdot {\rm j}\omega(L_1+M)}\right|=\frac{L_2+M}{L_1+M} \tag{9.3.8}$$

式中，$\dot{I}_{\rm o}$为谐振回路的电流。可以证明，当满足起振条件时，要求

$$\beta>\frac{L_1+M}{L_2+M}\cdot\frac{r_{\rm be}}{R'} \tag{9.3.9}$$

式中，R'为折合到晶体管c-e之间的等效并联总电阻。

根据经验，通常选取反馈线圈N_2的匝数为整个线圈匝数的$\frac{1}{8}\sim\frac{1}{4}$。

（3）谐振频率

$$f_{\rm o}=\frac{1}{2\pi\sqrt{LC}}=\frac{1}{2\pi\sqrt{(L_1+L_2+2M)C}} \tag{9.3.10}$$

（4）电路特点

① 由于N_1和N_2之间耦合紧密，故易起振，且输出电压幅度大。

② 因调节电容C时反馈系数不变，因此调频方便，调频范围较宽。在信号发生器中，常将此电路用作频率可调的振荡电路。

③ 因反馈电压取自线圈N_2两端，而线圈对高次谐波呈高阻，势必造成反馈到输入端的高次谐波分量较大，输出波形较差。

9.3.4 电容三点式振荡电路

导学

仿照电感三点式振荡电路分析法分析电容三点式振荡电路。

对电容三点式振荡电路进行改进的原因。

两种改进型电容三点式振荡电路的特点。

微视频

1. 电容三点式振荡电路（考毕兹电路）

（1）电路组成

为了得到较好的输出波形，可采用如图9.3.6(a)所示的振荡电路。它仍然包括放大电路、反馈网络、选频网络和非线性元件——晶体管四部分，且放大电路能够正常工作，交流信号无短路和断路现象。

由于C_2的一端通过$C_{\rm b}$接晶体管的基极，另一端交流接地，则C_2两端电压为反馈电压$\dot{U}_{\rm f}$，因此该电路常称为电容反馈式振荡电路。

（2）振荡条件

① 相位平衡条件

【方法一】根据“射同基反”来判断。

对于交流信号，晶体管发射极通过$C_{\rm e}$接至C_1和C_2之间的抽头，显然抽头两侧皆为

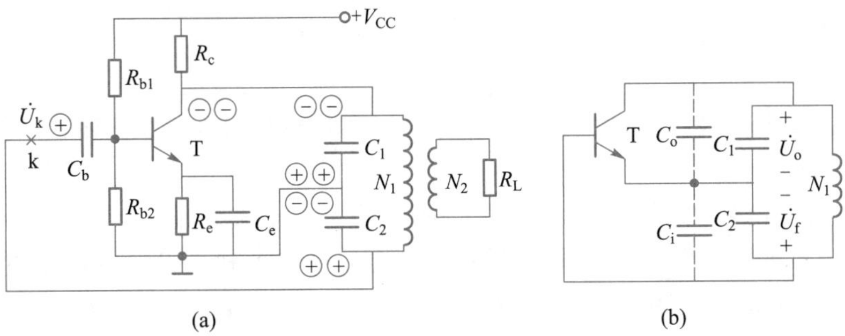

图 9.3.6 电容三点式振荡电路
（a）振荡电路 （b）等效电路

电容，即所谓"射同"；晶体管基极经 C_b 至 C_2 与 N_1 之间的连接点，由于 C_2 与 N_1 是两种不同性质的电抗元件，即所谓"基反"。符合三点式振荡电路的组成原则，即满足相位平衡条件。

【方法二】根据"三步曲法"来判断。

反馈信号从晶体管的基极输入。假想从反馈线的 k 点断开，并引入瞬时极性为⊕的 $\dot{U}_k$，则电路中各点信号的瞬时极性和大小变化如下：

$\dot{U}_k$⊕→T 的集电极 $\dot{U}_c$⊖⊖→C_1 和 C_2 的上端为⊖⊖，下端为⊕⊕，即 $\dot{U}_f$⊕⊕→$\dot{U}_k$⊕⊕
可见，此电路引入了正反馈，满足相位平衡条件。

由于发射极上、下接的是两个电容，故此电路为电容三点式振荡电路。

② 振幅条件

当由 C_1、C_2 和 N_1 所构成的选频网络的品质因数远大于 1 时，流过 C_1 和 C_2 的电流近似相等，用 $\dot{I}_o$ 表示。则反馈系数

$$|\dot{F}|=\left|\frac{\dot{U}_f}{\dot{U}_o}\right|=\left|-\frac{\dot{I}_o/j\omega C_2}{\dot{I}_o/j\omega C_1}\right|=\frac{C_1}{C_2} \tag{9.3.11}$$

可以证明，当满足起振条件时，应使晶体管的 β 满足

$$\beta>\frac{C_2}{C_1}\cdot\frac{r_{be}}{R'} \tag{9.3.12}$$

式中，R' 为集电极等效负载电阻。与电感三点式振荡电路相似，C_1/C_2 的具体数值通过实验来确定。

（3）振荡频率

若线圈 N_1 的电感量为 L，振荡频率近似表示为

$$f_o\approx\frac{1}{2\pi\sqrt{L\dfrac{C_1C_2}{C_1+C_2}}} \tag{9.3.13}$$

由式(9.3.13)可以看出，若想进一步提高振荡频率，就必须减小 C_1、C_2 的电容量和 N_1 的电感量。实际上，当 C_1、C_2 减小到可以与晶体管的极间电容和电路中的杂散电容相比拟的程度时，图 9.3.6(a)可以等效为图 9.3.6(b)。显然，谐振回路的电容分别等效为晶体管

的输出电容 C_o 与 C_1 的并联和晶体管的输入电容 C_i 与 C_2 的并联。由于极间电容的大小受温度的影响,杂散电容又难于确定,必将导致振荡频率的不稳定。

(4) 电路特点

① 因振荡频率受到电容 C_i、C_o 的影响,且 C_1、C_2 的取值过大将使振荡频率降低,故在高频时频率稳定性较差。

② 若用改变电容器的方法来调节振荡频率,需要调节 C_1 或 C_2 的值,此时由式(9.3.11)可知会影响电路的反馈系数,进而影响电路的起振和输出电压幅度的改变。若用改变电感量 L 的方法调节频率很困难,因此这种电路常用作固定频率振荡电路。

③ 因电容对高次谐波呈现低阻,使取自电容 C_2 两端的反馈电压中的谐波成分少,振荡波形较好。

2. 改进型电容三点式振荡电路

为了克服电容三点式振荡电路的缺点,提出了改进型的电容三点式振荡电路。

(1) 串联改进型电容三点式振荡电路(克拉泼振荡电路)

该电路特点是把电容三点式电路中的集电极—基极之间的电感支路用 L、C_3 串联来代替,如图 9.3.7(a)所示。这正是此电路"名称"的由来。

在选择电路参数时,如果所选 C_1、C_2 的容值远大于晶体管的极间电容和杂散电容,由电路可得回路总电容 $\frac{1}{C_\Sigma}\approx\frac{1}{C_1}+\frac{1}{C_2}+\frac{1}{C_3}$。若使 $C_3 \ll C_1$、$C_3 \ll C_2$,则 $C_\Sigma \approx C_3$。故回路振荡频率可近似为

$$f_o=\frac{1}{2\pi\sqrt{LC_\Sigma}}\approx\frac{1}{2\pi\sqrt{LC_3}} \tag{9.3.14}$$

可见,振荡频率基本上由 L 和 C_3 决定,而与 C_1、C_2 几乎无关,其电路的频率稳定度可达 $10^{-4}\sim10^{-5}$,且振荡频率可以通过调整 C_3 来改变而不影响反馈系数。

在实际电路中,常将图 9.3.7(a)中的 C_3 用变容二极管代替组成压控振荡电路(VCO),此时电路可通过变容二极管的反偏电压来改变结电容,从而改变振荡频率。

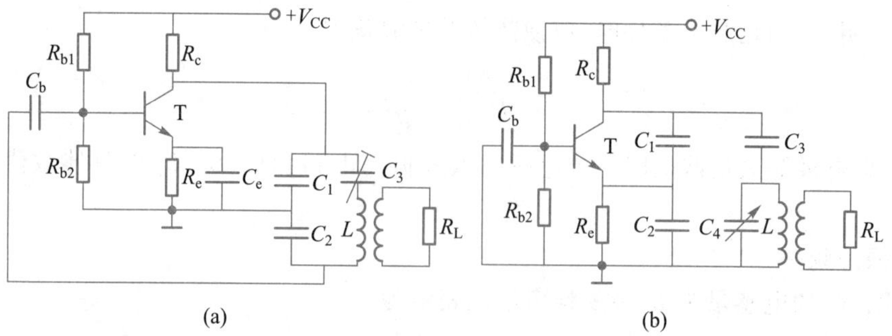

图 9.3.7 改进型电容三点式振荡电路
(a) 克拉泼振荡电路 (b) 西勒振荡电路

(2) 并联改进型电容三点式振荡电路(西勒振荡电路)

它与克拉泼振荡电路的选频网络相比,仅在电感 L 两端并联了一个可调电容 C_4,而将 C_3 改为固定电容,如图 9.3.7(b)所示。由于 C_4 与 L 并联,故又形象地称之为并联改进型电

容三点式振荡电路。

若所选 C_1、C_2 的容值远大于晶体管的极间电容和杂散电容，由电路可得回路总电容 $C_\Sigma=C'_\Sigma+C_4$，其中 $\frac{1}{C'_\Sigma}=\frac{1}{C_1}+\frac{1}{C_2}+\frac{1}{C_3}$，若 $C_3\ll C_1$、$C_3\ll C_2$，则 $C'_\Sigma\approx C_3$。故回路振荡频率可近似为

$$f_o=\frac{1}{2\pi\sqrt{LC_\Sigma}}\approx\frac{1}{2\pi\sqrt{L(C_3+C_4)}} \qquad (9.3.15)$$

可以证明，调节 C_4 对放大电路增益的影响不大，因此该电路适用于对波形和频率要求较高的场合，比如在短波、超短波通信机、电视接收机等高频设备中得到广泛应用。

例 9.3.2 图 9.3.8 示出了三个 LC 振荡电路。试分别判断它们能否振荡？说明理由，若不能振荡提出修改方案。

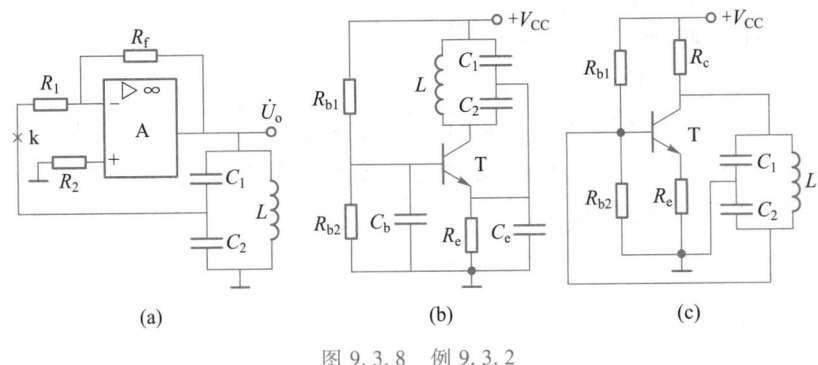

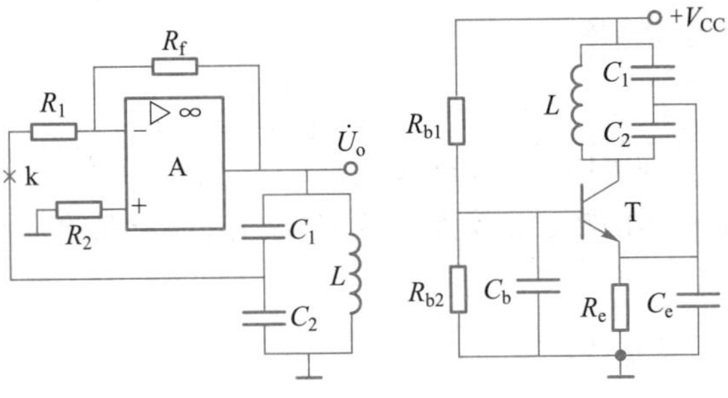

图 9.3.8 例 9.3.2

解：分析要点是："一看、二查、三找"。

(1) 图 9.3.8(a)不能振荡。因为此电路是集成运放反相输入端通过电阻 R_1 接至电容 C_1 和 C_2 的中心抽头上，不符合"同性质电抗的中间连接点接同相输入端"的三点式振荡电路的组成原则，即不满足相位平衡条件。当然也可以通过瞬时极性法来判断。它以 C_2 两端的电压作为反馈电压 $\dot U_f$，反馈信号从集成运放反相输入端输入。假想从反馈线的 k 点断开，并引入瞬时极性为⊕的 $\dot U_k$，则电路（假设电压放大倍数的数值大于 1）中各点信号的瞬时极性和大小变化如下：

$\dot U_k$⊕→集成运放 $\dot U_o$⊖⊖→C_2 上端为⊖⊖，即 $\dot U_f$⊖⊖→$\dot U_k$⊖⊖

可见，此电路引入的是负反馈，不满足相位平衡条件，不能振荡。解决的方法是 R_1 和 R_2 左侧对调一下，即 R_1 的左侧接地，R_2 的左侧接 C_1 和 C_2 的中心抽头。

(2) 图 9.3.8(b)不能振荡。因 C_e 起旁路作用，使反馈信号短路，即 $\dot F=0$，不满足振幅条件。解决的方法是去掉 C_e。

(3) 图 9.3.8(c)不能振荡。因 L 对直流短路，使晶体管的集电结零偏而无法放大，即 $\dot A=0$，不满足振幅条件。解决的方法是在集电极（或基极）和 LC 回路之间接入隔直电容。

例 9.3.3 振荡电路如图 9.3.9 所示。(1) 该电路能否产生正弦波振荡？若能，则它属于哪种类型的振荡电路，振荡频率是多少？若不能，应如何改动使之有可能振荡起来。

(2) 如果把 C_3 短路或 C_4 断开,分别会对电路产生怎样的影响?

解:(1) “瞬时极性大小法”和“射同基反”是判断相位平衡条件的双刃剑,应该熟练掌握。就此电路而言,直接采用“瞬时极性大小法”有些困难,因为组成选频网络的谐振元件比较分散。此时,“射同基反”就凸显其优势。具体地说,晶体管发射极经旁路电容 C_4 交流接地,且发射极两侧分别接有 C_2 与 C_1,即所谓“射同”;晶体管基极经耦合电容 C_3 后一端接有 C_2,另一端接有 L,即所谓“基反”。符合三点式振荡电路的组成原则,即满足相位平衡条件,有可能振荡。若再满足振幅条件将产生振荡。由于发射极两侧接有电容,故此电路为电容三点式正弦波振荡电路。

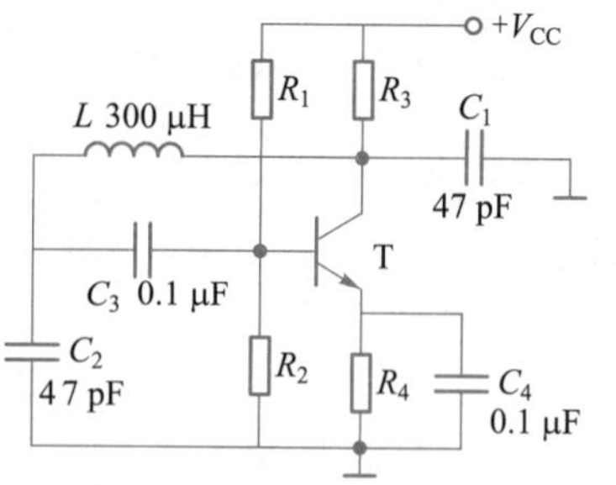

图 9.3.9　例 9.3.3

因 $C_\Sigma \approx \dfrac{C_1C_2}{C_1+C_2}=\dfrac{47\times47}{47+47}\ \text{pF}=23.5\ \text{pF}$,故

$$f_o=\frac{1}{2\pi\sqrt{LC_\Sigma}}=\frac{1}{2\pi\sqrt{300\times10^{-6}\times23.5\times10^{-12}}}\ \text{Hz}\approx1.89\ \text{MHz}$$

(2) 若 C_3 短路,$U_B\approx U_C$,使晶体管不能正常放大。若 C_4 断开,信号在 R_4 上产生损耗,使电压放大倍数降低,甚至难以起振。

9.4　石英晶体正弦波振荡电路

导学

石英晶体的图形符号及等效电路

石英晶体的频率特性。

并联和串联型石英晶体振荡电路的特点。

微视频

在工程实际应用中,常常要求振荡电路的频率有一定的稳定度,频率稳定度一般用频率的相对变化量 $\Delta f/f_o$ 来表示。从图 9.3.1 所示的 LC 并联回路的频率特性可以看出,Q 值越大,选频性能越好,频率的相对变化量越小,即频率稳定度越高,但是一般来说 LC 振荡电路的 Q 值只有几百,$\Delta f/f_o$ 值一般只能达到 10^{-4} 数量级。而石英晶体振荡电路(crystal oscillator)的 Q 值可达 $10^4\sim10^6$,$\Delta f/f_o$ 值可达 $10^{-9}\sim10^{-11}$,因此,在频率稳定度要求较高的场合下,应选用石英晶体作选频网络。

1. 石英晶体的特性

(1) 结构与压电特性

① 结构与符号

石英晶体是矿物质硅石的一种，其化学成分为二氧化硅。将一块石英晶体按一定方位角切成的薄片称为晶片，在石英晶片的两个对应表面进行抛光和涂敷银层，引出两个电极后用外壳封装，就构成了石英晶体产品，简称石英晶体。其结构与图形符号如图 9.4.1(a)和(b)所示。

② 压电特性

当晶片受到机械力作用时，晶片将在相应方向上产生一定的电场；反之，当在晶片的两个电极间加一交变电场时，它将会产生一定频率的机械形变，这种物理现象称压电效应。一般情况下，无论是机械振动的振幅，还是交变电场的振幅都比较小，但是当外加交变电场的频率与晶片的固有频率相等时，振幅会骤然增大，产生共振，称之为压电振荡，相应的频率称为谐振频率。

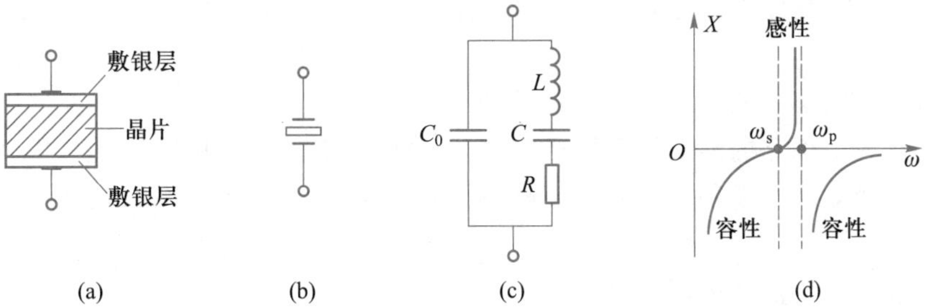

图 9.4.1 石英晶体
(a) 结构示意图 (b) 图形符号 (c) 等效电路 (d) 电抗频率特性

(2) 等效电路与频率特性

① 等效电路

当石英晶体不振动时，可等效为一个平板电容 C_0，称为静态电容，一般约为几到几十皮法。当晶片产生振动时，机械振动的惯性等效为电感 L，其值为几毫亨到几十毫亨；晶片的弹性等效为电容 C，其值仅为 0.01～0.1 pF，显然 $C \ll C_0$；晶片的摩擦损耗等效为电阻 R，其值约为 100 Ω。其等效电路如图 9.4.1(c)所示。由于等效电路中的 L 与 C 的比值很大，R 的值很小，由式(9.3.4)可知晶体的品质因数 Q 值很高，一般可达10^4～10^6。

② 频率特性

当忽略 R 时，图 9.4.1(c)所示的等效阻抗为

$$Z=\frac{(1/\mathrm{j}\omega C_0)(\mathrm{j}\omega L+1/\mathrm{j}\omega C)}{1/\mathrm{j}\omega C_0+\mathrm{j}\omega L+1/\mathrm{j}\omega C}=-\mathrm{j}\frac{1}{\omega C_0}\cdot\frac{1-1/\omega^2 LC}{1-1/\omega^2 L[C_0C/(C_0+C)]}$$

令 $\omega_s=\dfrac{1}{\sqrt{LC}}$，$\omega_p=\dfrac{1}{\sqrt{L[C_0C/(C_0+C)]}}$，并将其代入上式得：

$$Z=\mathrm{j}\left[-\frac{1}{\omega C_0}\cdot\frac{(1-\omega_s^2/\omega^2)}{(1-\omega_p^2/\omega^2)}\right]=\mathrm{j}X \tag{9.4.1}$$

根据上式可画出石英晶体的电抗频率响应曲线，如图 9.4.1(d)所示。下面从图 9.4.1(c)和式(9.4.1)出发，分析图 9.4.1(d)的频率特性。

a. 当 $\omega=\omega_s$ 时，L、C、R 支路产生串联谐振，$X=0$，此时回路的串联谐振频率为

$$f_s=\frac{\omega_s}{2\pi}=\frac{1}{2\pi\sqrt{LC}} \tag{9.4.2}$$

b. 当 $\omega=\omega_p$ 时，晶体产生并联谐振，$X\to\infty$。此时回路的并联谐振频率为

$$f_p=\frac{\omega_p}{2\pi}=\frac{1}{2\pi\sqrt{L[C_0C/(C_0+C)]}}=\frac{1}{2\pi\sqrt{LC}}\sqrt{1+\frac{C}{C_0}} \tag{9.4.3}$$

c. 当 $\omega<\omega_s$ 或 $\omega>\omega_p$ 时，$X<0$。其物理意义是在该频率范围内晶体等效电路呈容性。

d. 当 $\omega_s<\omega<\omega_p$ 时，$X>0$。由于 $C\ll C_0$，ω_s 与 ω_p 非常接近，即在 $\omega_s\sim\omega_p$ 很窄的区域内，晶体等效为一个电感。

可见，当 $\omega_s<\omega<\omega_p$ 时，等效电路呈电感性，曲线很陡，有利于稳定频率；其余频率范围呈电容性，且电抗曲线变化缓慢，不利于稳频，因此晶体在振荡回路中可作为电感元件使用。此外，当 $\omega=\omega_s$ 时，晶体电抗近似为零，此时晶体可作为阻抗很小的纯电阻使用，相当于选频短路线。

2. 石英晶体振荡电路

石英晶体振荡电路的形式是多种多样的，但根据晶体在振荡电路中的作用，可分为并联型和串联型两类。无论哪种类型的石英晶体振荡电路，所产生的正弦波的频率皆为石英晶体的固有频率。

(1) 并联型石英晶体振荡电路

并联型石英晶体振荡电路是利用石英晶体作为一个电感元件来组成选频网络，晶体工作在 f_s 和 f_p 之间。其电路可以直接用石英晶体取代图 9.3.6(a)所示电路中的线圈 N_1 得到，如图 9.4.2(a)所示，此时晶体作为一个电感元件和两个外接电容 C_1 和 C_2 构成电容三点式正弦波振荡电路。

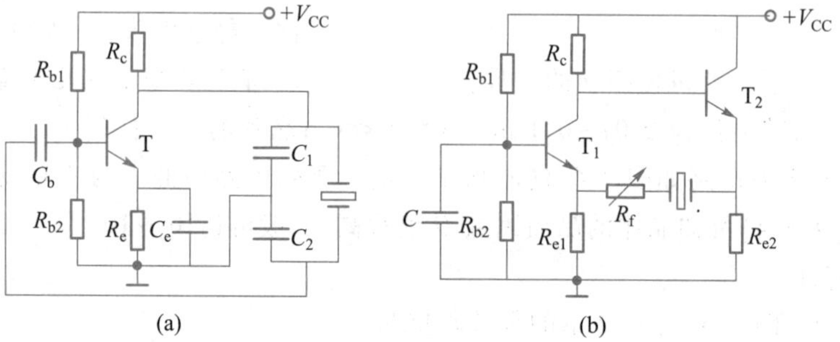

图 9.4.2 石英晶体振荡电路

(a) 并联型石英晶体振荡电路 (b) 串联型石英晶体振荡电路

(2) 串联型石英晶体振荡电路

串联型石英晶体振荡电路是利用石英晶体串联谐振时所呈现的小电阻作为选频元件组成振荡电路，晶体工作在 f_s 处，电路形式如图 9.4.2(b)所示。

该电路有共基-共集两级直耦放大电路，$\varphi_A=0°$。当 $f=f_s$ 时，石英晶体相当于一个很小的纯电阻元件，接在放大电路的输出端和输入端之间，此时 $\varphi_F=0°$，满足相位平衡条件。因此，电路可能产生 $f=f_s$ 的正弦波振荡。电阻 R_f 的大小将影响正反馈的强弱，若 R_f 太大，则正反馈过小，电路的振幅条件可能不满足；反之，若 R_f 太小，则正反馈过大，可能导致振荡输

出波形明显失真。电路的振荡频率为晶体的串联谐振频率 f_s。

例 9.4.1 在图 9.4.3 所示的电路中，已知石英晶体的标称频率为 1 MHz，试判断该电路是否可能产生正弦波振荡。为什么？如可能振荡，它属于串联还是并联型晶体振荡电路？振荡频率是多少？

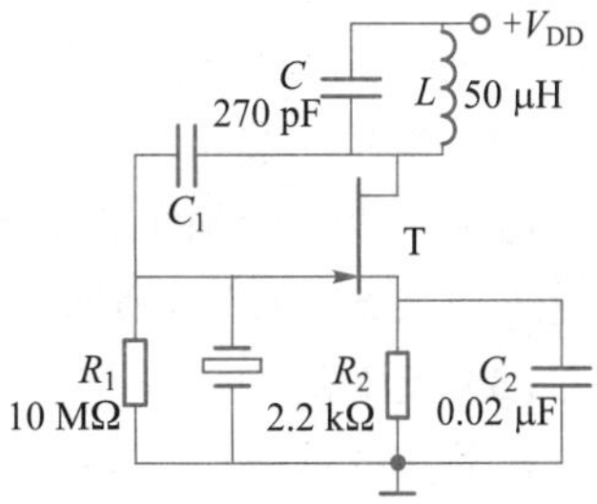

图 9.4.3 例 9.4.1

解：(1) *LC* 并联回路的谐振频率为

$$f=\frac{1}{2\pi\sqrt{LC}}=\frac{1}{2\pi\sqrt{50\times10^{-6}\times270\times10^{-12}}}\ \text{Hz}\approx1.37\ \text{MHz}$$

大于晶体谐振频率 1 MHz。如果电路能够振荡，则振荡频率为石英晶体的固有频率 1 MHz，在频率为 1 MHz 的情况下 *LC* 并联回路呈感性。

此电路的判据是“源同栅反”。具体地说，结型场效应管的源极经旁路电容 C_2 交流接地，直流电源交流接地，则源极两侧接有等效为电感的石英晶体及呈现感性的 *LC* 并联回路，即所谓“源同”；栅极一方面接等效为电感的石英晶体，同时又接有电容 C_1，即所谓“栅反”。符合三点式振荡电路的组成原则，即满足相位条件，有可能振荡，若再满足振幅条件将产生振荡。

(2) 该电路是电感三点式并联型石英晶体振荡电路。电路的振荡频率即为石英晶体的固有频率 1 MHz。

9.5 非正弦波发生电路

非正弦波发生电路有方波、矩形波、三角波和锯齿波发生电路等。由于非正弦波发生电路所产生的波形不是单一频率的正弦波，因此它的电路组成和分析方法都与正弦波振荡电路不同。

9.5.1 基本概念

导学

非正弦波发生电路与正弦波振荡电路的区别。

非正弦波发生电路的振荡条件。

非正弦波发生电路的分析方法。

1. 非正弦波发生电路的组成

非正弦波发生电路是由具有开关特性的器件、延迟环节和反馈网络三部分组成。

(1) 具有开关特性的器件

具有开关特性的器件有电压比较器、集成模拟开关、具有开关特性的双极型晶体管、TTL **与非**门等，本节采用具有抗干扰能力强的滞回比较器作为开关器件来组成非正弦波发生电路。

(2) 延迟环节

可利用 *RC* 电路的充、放电特性来实现延迟。有了延迟环节，才有可能使电路周期性地改变工作状态，以获得所需的振荡频率。如果要求产生三角波或锯齿波，还应加积分环节。

(3) 反馈网络

在非正弦波发生电路中，必须设法将输出电压恰当地反馈到具有开关特性器件的输入端，才能使具有开关特性的器件改变状态。在一些电路中，延迟环节与反馈网络合二为一。

2. 非正弦波发生电路的振荡条件

与正弦波振荡电路相比，非正弦信号发生电路的振荡条件比较简单，只要经过一定延迟时间后的反馈信号能使电压比较器的输出状态发生改变，就能产生周期性的振荡。否则不能振荡。

可见，非正弦波发生电路的组成和振荡条件可用"反馈延迟，比较跳变"加以概述。

3. 非正弦波发生电路的分析方法

(1) 检查电路组成

检查电路是否具有电压比较器、延迟环节(三角波或锯齿波发生电路还应包括积分环节)和反馈网络。

(2) 分析振荡条件

首先是计算阈值电压，因为它是判断比较器输出状态发生跳变的依据。计算方法可参见8.8节中的相关内容。

其次是分析电路的工作原理。假设电路输出电压为高电平，通过具有延迟作用的反馈网络后，看它能否使比较器的输出电压由高电平跳变为低电平；同理，当输出电压为低电平，看它经过相同的环节之后能否使比较器的输出电压又跳变为高电平。如果两种情况都能出现，电路就能产生非正弦波振荡。

(3) 估算波形参数

非正弦波的参数包括信号的峰峰值和振荡周期。

9.5.2　方波和矩形波发生电路

导学

方波发生电路的组成。

方波发生电路阈值电压及波形参数的计算。

矩形波发生电路在组成、波形参数上与方波发生电路的区别。

微视频

1. 方波发生电路

(1) 电路组成

方波发生电路是由反相输入滞回比较器和 *RC* 反馈延迟网络构成，如图9.5.1(a)所示。

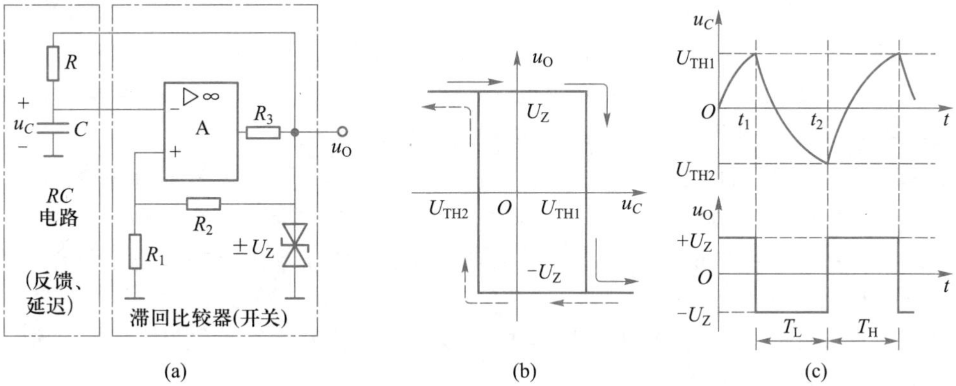

图 9.5.1 方波发生电路及其电压传输特性和波形

(a) 电路组成 (b) 电压传输特性 (c) 波形分析

电路中的滞回比较器起开关作用，其输出电压仅有高、低电平两种状态。RC 电路既作为延迟环节，又作为反馈网络，它能把输出电压恰当地反馈到滞回比较器的反相输入端，即电容充、放电时产生的端电压 u_C 作为反相输入信号，使比较器的输出电压(高、低电平)发生跳变。改变 RC 的大小，可以改变方波的周期，从而获得所需要的振荡频率。

(2) 振荡条件

① 阈值电压 U_{TH} 的估算

在图 9.5.1(a)中，根据理想集成运放“虚断”和“输出电压发生跳变的临界条件”可列出以下三个方程：

$$u_- = u_C$$

$$u_+ = \frac{R_1}{R_1+R_2}u_O$$

$$u_- = u_+$$

由上述三个方程可得到比较器阈值电压的表达式

$$U_{TH} = u_C = \frac{R_1}{R_1+R_2}u_O \tag{9.5.1}$$

由于 $u_O = \pm U_Z$，所以将分别得到两个阈值电压：

当 $u_O = +U_Z$ 时

$$U_{TH1} = \frac{R_1}{R_1+R_2}U_Z \tag{9.5.2a}$$

当 $u_O = -U_Z$ 时

$$U_{TH2} = -\frac{R_1}{R_1+R_2}U_Z \tag{9.5.2b}$$

由两个阈值电压并借鉴图 8.8.3(b)可得到反相输入滞回比较器的电压传输特性，如图 9.5.1(b)所示。

② 工作原理

下面，以图 9.5.1 所示方波发生电路和电压传输特性三要素说明产生方波的工作过程。

假设 $t=0$ 时电路接通电源，电容初始电压 $u_C=0$，比较器输出电压 $u_O=+U_Z$，此时对应的

阈值电压为 U_{TH1}。在图(a)中,$u_O(+U_Z)$通过 R 对电容 C 充电,u_C 随之增大。图(b)示出滞回比较器电压传输特性随 u_C 增大 u_O 保持($+U_Z$)不变;当 u_C 增加到略大于 U_{TH1}时,u_O 跳变到$-U_Z$,实线箭头走向表示了电容的充电过程。图(c)示出 $0\sim t_1$ 期间,u_C 从零按指数规律上升和比较器 u_O 由高电平($+U_Z$)跳变到低电平($-U_Z$)的波形。

当 $u_O=-U_Z$,此时阈值电压变为 U_{TH2}。由于 $u_O(-U_Z)$迫使图(a)中的电容 C 通过 R 放电,u_C 随之减小。图(b)示出随 u_C 减小 u_O 保持($-U_Z$)不变;当 u_C 减小到略小于 U_{TH2}时,u_O 从$-U_Z$ 又跳变到$+U_Z$,虚线箭头走向表示了电容的放电过程。图(c)示出 $t_1\sim t_2$ 期间,u_C 按指数规律下降和比较器 u_O 由$-U_Z$ 跳变到$+U_Z$ 的波形。

以后重复进行电容的充、放电过程,这样便形成了周期性方波,如图 9.5.1(c)所示。

(3) 波形参数

① 方波的峰峰值

R_3 与双向限幅稳压管对输出电压实行限幅,使方波的峰峰值

$$U_{Op\sim p}=2U_Z \tag{9.5.3}$$

② 方波的振荡周期

根据 RC 充放电的一般表达式 $u_C(t)=u_C(\infty)-[u_C(\infty)-u_C(0_+)]e^{-\frac{t}{RC}}$可得暂态过程中,电容充放电时间的通式为

$$t=RC\ln\frac{u_C(\infty)-u_C(0_+)}{u_C(\infty)-u_C(t)}$$

现以 u_O 为低电平,电容 C 放电为例,计算放电时间。由图 9.5.1(c)所示 u_C 波形可知,电容放电时间 $T_L=t_2-t_1$,放电初始时刻 $u_C(t_1)=u_C(0_+)=\frac{R_1}{R_1+R_2}U_Z$,放电暂态终止值 $u_C(t_2)=u_C(t)=-\frac{R_1}{R_1+R_2}U_Z$,放电稳态值 $u_C(\infty)=-U_Z$。将这些参数代入上面通式中,可得方波低电平持续时间为

$$T_L=t_2-t_1=RC\ln\left(1+\frac{2R_1}{R_2}\right) \tag{9.5.4}$$

由于充电时间常数也为 RC,故 $T_H=T_L$。则方波振荡周期

$$T=T_L+T_H=2RC\ln\left(1+\frac{2R_1}{R_2}\right) \tag{9.5.5}$$

可见,方波的幅度由稳压管的参数决定,其周期则取决于电容充放电时间常数 RC 及电阻 R_1、R_2 的大小。

2. 矩形波发生电路

(1) 电路组成

矩形波发生电路如图 9.5.2(a)所示。它与方波发生电路的区别仅在于电容的充、放电回路不同,从而导致充、放电的时间常数不等。

(2) 波形参数

① 矩形波的峰峰值

R_3 与双向限幅稳压管对输出电压实行限幅,使矩形波的峰峰值 $U_{Op\sim p}=2U_Z$。

② 矩形波的振荡周期

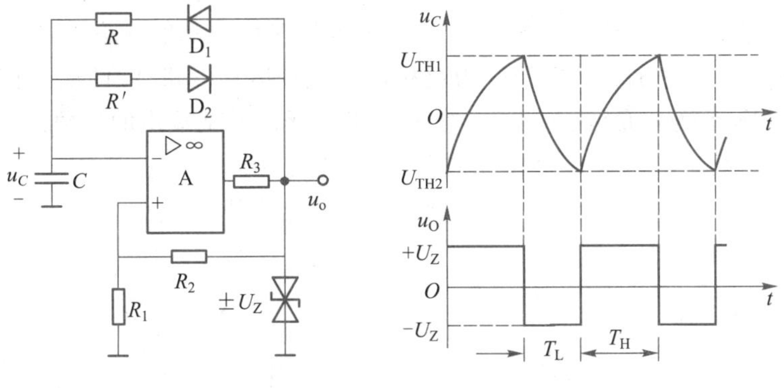

(a) (b)

图 9.5.2 矩形波发生电路及其波形

(a) 电路组成 (b) 波形分析

当 $u_O=-U_Z$ 时，D_1 截止，D_2 导通，此时电容 C 通过电阻 R' 放电，依据式(9.5.4)可知输出电压处于低电平的时间

$$T_L=R'C\ln\left(1+\frac{2R_1}{R_2}\right)$$

当 $u_O=+U_Z$ 时，D_1 导通，D_2 截止，此时电容 C 通过电阻 R 充电，同理可得输出电压处于高电平的时间

$$T_H=RC\ln\left(1+\frac{2R_1}{R_2}\right)$$

所以输出波形的周期

$$T=T_L+T_H=(R'+R)C\ln\left(1+\frac{2R_1}{R_2}\right) \tag{9.5.6}$$

矩形波的占空比(通常为高电平的持续时间与振荡周期之比，用 δ 表示)为

$$\delta=\frac{T_H}{T}=\frac{R}{R+R'}=\frac{1}{1+R'/R} \tag{9.5.7}$$

可见，当 $R>R'$ 时，输出波形如图 9.5.2(b)所示。

9.5.3 三角波和锯齿波发生电路

导学

三角波发生电路的组成。

三角波发生电路阈值电压及波形参数的计算。

锯齿波发生电路在组成、波形参数上与三角波发生电路的区别。

微视频

1. 三角波发生电路

(1) 电路组成

由图 8.4.1(a)的积分电路可以知道,当一个方波经过积分运算电路后可变为一个三角波。基于这一构想,人们设计出如图 9.5.3(a)所示的三角波发生电路。图中,A_1 组成同相输入滞回比较器,其输出的方波电压作为反相输入积分运算电路 A_2 的输入信号,通过对电容充、放电,将方波变为三角波;A_1 与 A_2 之间的级间反馈是把输出的三角波电压反馈到 A_1 的同相输入端,显然,滞回比较器和积分电路的输出互为另一个电路的输入,使比较器的输出状态发生改变。

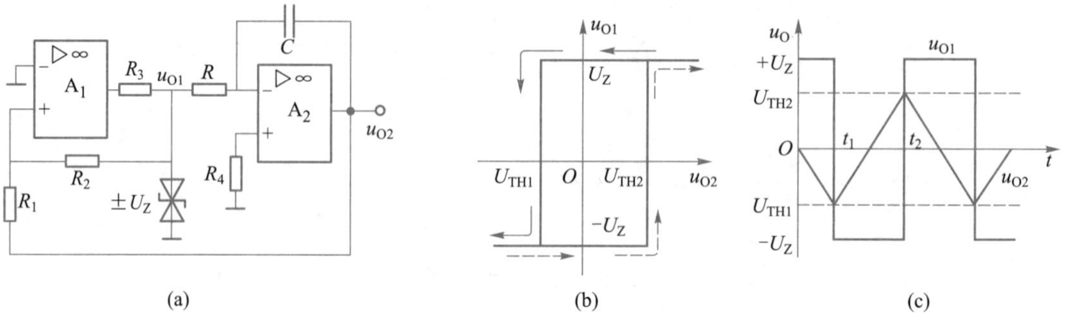

图 9.5.3 三角波发生电路及其电压传输特性和波形

(a)电路组成 (b)电压传输特性 (c)波形分析

(2)振荡条件

① 阈值电压 U_{TH}的估算

在图 9.5.3(a)中,对于滞回比较器 A_1 而言,根据理想集成运放"虚断"和"输出电压发生跳变的临界条件"可列出以下三个方程:

$$u_{-1}=0$$

$$u_{+1}=\frac{R_2}{R_1+R_2}u_{O2}+\frac{R_1}{R_1+R_2}u_{O1}$$

$$u_{-1}=u_{+1}$$

由上述三个方程可得比较器阈值电压的表达式

$$U_{TH}=u_{O2}=-\frac{R_1}{R_2}u_{O1} \tag{9.5.8}$$

由于 $u_{O1}=\pm U_Z$,将分别求出两个阈值电压:

当 $u_{O1}=+U_Z$ 时

$$U_{TH1}=-\frac{R_1}{R_2}U_Z \tag{9.5.9a}$$

当 $u_{O1}=-U_Z$ 时

$$U_{TH2}=\frac{R_1}{R_2}U_Z \tag{9.5.9b}$$

由两个阈值电压可画出图 9.5.3(b)所示的同相输入滞回比较器的电压传输特性,图中的横坐标 u_{O2}是比较器的同相输入信号。

② 工作原理

下面,以图 9.5.3 说明信号发生电路的工作过程。

在电路接通电源($t=0$)瞬间,假设电容 $u_C=0$,滞回比较器 $u_{O1}=+U_Z$,此时对应的阈值电压为 U_{TH1}。在图(a)中,$u_{O1}(+U_Z)$经过 R 对电容 C 充电,由图 8.4.1(b)可知反相积分电路 u_{O2}负向线性增长,即 u_{O2}减小。图(b)示出滞回比较器电压传输特性随 u_{O2}减小 u_{O1}保持($+U_Z$)不变;当 u_{O2}减小到略小于 U_{TH1}时,u_{O1}将跳变到$-U_Z$,实线箭头走向表示了电容的充电过程。图(c)示出了在 $0\sim t_1$ 期间,u_{O2}负向线性增长和比较器 u_{O1}由$+U_Z$ 跳变到$-U_Z$ 的波形。

当 $u_{O1}=-U_Z$ 时,阈值电压变为 U_{TH2}。在图(a)中,$u_{O1}(-U_Z)$使电容 C 通过电阻 R 放电,由图 8.4.1(b)可知反相积分电路 u_{O2}正向线性增长,即 u_{O2}增大。图(b)示出随 u_{O2}增大 u_{O1}保持($-U_Z$)不变;当 u_{O2}增大到略大于 U_{TH2}时,u_{O1}又跳变到$+U_Z$,虚线箭头走向表示了电容的放电过程。图(c)示出了在 $t_1\sim t_2$ 期间,u_{O2}正向线性增长和比较器 u_{O1}由$-U_Z$ 跳变到$+U_Z$ 的波形。

以后重复上述过程,于是滞回比较器的输出电压 u_{O1}成为周而复始的方波,而积分电路的输出电压 u_{O2}也成为周期性重复的三角波,如图 9.5.3(c)所示。由此可见,图 9.5.3(a)所示电路为方波—三角波发生电路。

(3) 波形参数

① 三角波的峰峰值

三角波的幅值由滞回比较器的阈值电压决定,故峰峰值

$$U_{Op\sim p}=2\frac{R_1}{R_2}U_Z \tag{9.5.10}$$

② 三角波的振荡周期

由图 9.5.3(c)可知,$u_{O1}=U_Z$ 时,u_{O2}从 0 负向线性增长到$-\frac{R_1}{R_2}U_Z$ 的时间 t_1 恰好是输出信号周期 T 的四分之一。当 $t=t_1$ 时,$u_{O2}(t)$为

$$u_{O2}(t_1)=-\frac{1}{RC}\int_0^{t_1}u_{O1}\mathrm{d}t=-\frac{U_Z}{RC}t_1=U_{TH1}=-\frac{R_1}{R_2}U_Z$$

进而求得

$$t_1=\frac{T}{4}=RC\frac{R_1}{R_2}$$

则输出信号的振荡周期为

$$T=4t_1=4RC\frac{R_1}{R_2} \tag{9.5.11}$$

可见,调节电路中的 R_1 和 R_2 的阻值可以改变三角波的幅值;调节 R、R_1、R_2 的阻值和 C 的容量,可以改变三角波的振荡周期和频率。

2. 锯齿波发生电路

(1) 电路组成

电路如图 9.5.4(a)所示。它与图 9.5.3(a)的区别主要在于积分电路充、放电支路的电阻不等,则可使比较器输出的矩形波变为积分器输出的锯齿波。锯齿波发生电路被广泛地应用在各种屏幕的扫描系统中。

(2) 波形参数

① 峰峰值

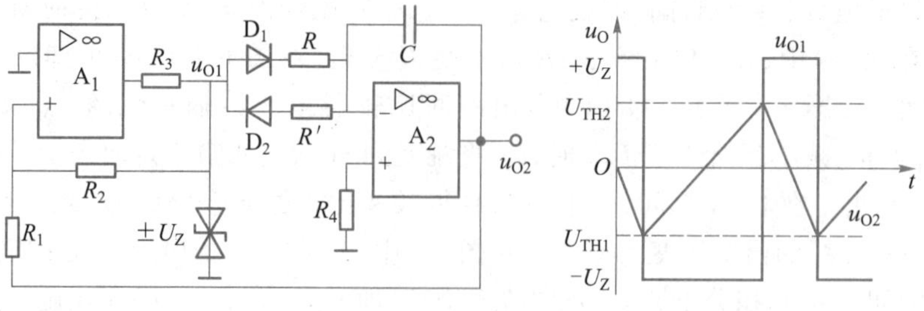

(a) (b)

图 9.5.4 锯齿波发生电路及其波形

(a) 电路组成 (b) 波形分析

与三角波的幅值一样，峰峰值为

$$U_{\mathrm{Op-p}}=2\frac{R_1}{R_2}U_Z$$

② 振荡周期

由三角波的振荡周期 $T=4RC\dfrac{R_1}{R_2}$不难看出，锯齿波振荡周期应由充电时间 $T_H=2RC\dfrac{R_1}{R_2}$和放电时间 $T_L=2R'C\dfrac{R_1}{R_2}$组成，故锯齿波的振荡周期

$$T=T_H+T_L=2(R+R')C\frac{R_1}{R_2} \tag{9.5.12}$$

若 $R'>R$，其输出波形如图 9.5.4(b)所示。

例 9.5.1 理想集成运放组成的电路如图 9.5.5 所示。

(1) A_1、A_2 分别组成什么电路？整个电路具有什么功能？简单说明 $R_1\sim R_5$ 及二极管的作用。

(2) 若$\pm U_Z=\pm 6$ V，$R_2=R_4=20$ kΩ，$R_5=10$ kΩ，$R_3=150$ kΩ，$R_1=3.9$ kΩ，$C=0.1$ μF，计算振荡波形的周期和频率。

(3) 画出 u_{O1}、u_{O2}的波形，并标明幅值。

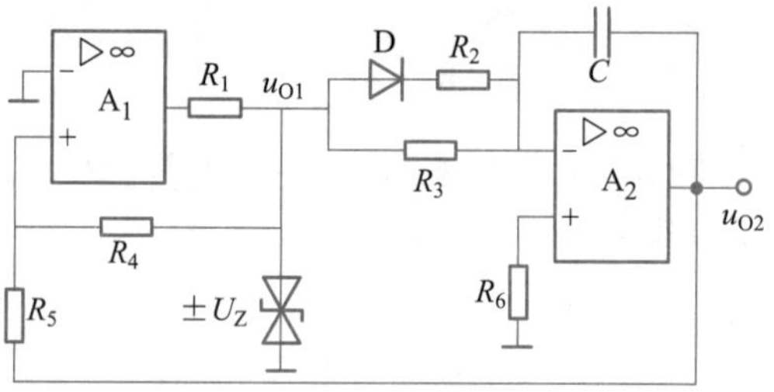

图 9.5.5 例 9.5.1

解：(1) A_1 组成同相输入滞回比较器，其中 R_4、R_5 分别将 u_{O1}、u_{O2}反馈到 A_1 的同相输入端，与零电位比较，使比较器的输出状态发生变化；R_1 作为限流电阻与双向限幅稳压管组成 A_1 的输出限幅电路。A_2 组成反相积分运算电路。由于二极管 D 的单向导电作用，使电容 C

的充、放电时间常数不相等，其中 R_2、R_3 共同组成充电电阻，R_3 作为放电电阻。整个电路是一个矩形波—锯齿波发生电路。

(2) 因为 R_2、R_3 共同组成充电电阻，R_3 为放电电阻，所以充电和放电时间分别为

$$T_{充}=2(R_2 /\!/ R_3)C\frac{R_5}{R_4}=2\times\frac{20\times150}{20+150}\times10^3\times0.1\times10^{-6}\times\frac{10}{20}\ \text{s}\approx1.76\ \text{ms}$$

$$T_{放}=2R_3C\frac{R_5}{R_4}=2\times150\times10^3\times0.1\times10^{-6}\times\frac{10}{20}\ \text{s}=15\ \text{ms}$$

故

$$T=T_{充}+T_{放}=(1.76+15)\ \text{ms}=16.76\ \text{ms}$$

$$f=\frac{1}{T}=\frac{1}{16.76\times10^{-3}\ \text{s}}\approx59.67\ \text{Hz}$$

(3) 因为 u_{O1}的波形为矩形波，其幅值约为 $\pm U_Z=\pm6$ V。锯齿波 u_{O2}的幅值取决于滞回比较器的阈值电压，由 $u_{+1}=\dfrac{R_4}{R_4+R_5}u_{O2}+\dfrac{R_5}{R_4+R_5}u_{O1}=u_{-1}=0$ 得

$$U_{TH}=u_{O2}=-\frac{R_5}{R_4}u_{O1}$$

由于 $u_{O1}=\pm U_Z$，将求出两个阈值电压

$$U_{TH}=\pm\frac{R_5}{R_4}U_Z=\pm\frac{10}{20}\times6\ \text{V}=\pm3\ \text{V}$$

u_{O1}和 u_{O2}的波形如图 9.5.4(b)所示，其纵轴坐标数值从上到下分别为 6 V、3 V、-3 V、-6 V。

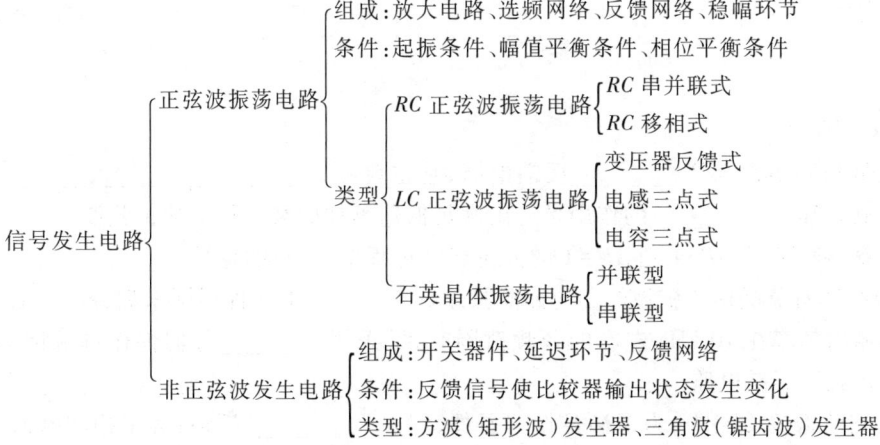

本章小结

本章知识结构

- 信号发生电路
  - 正弦波振荡电路
    - 组成：放大电路、选频网络、反馈网络、稳幅环节
    - 条件：起振条件、幅值平衡条件、相位平衡条件
    - 类型
      - *RC* 正弦波振荡电路
        - *RC* 串并联式
        - *RC* 移相式
      - *LC* 正弦波振荡电路
        - 变压器反馈式
        - 电感三点式
        - 电容三点式
      - 石英晶体振荡电路
        - 并联型
        - 串联型
  - 非正弦波发生电路
    - 组成：开关器件、延迟环节、反馈网络
    - 条件：反馈信号使比较器输出状态发生变化
    - 类型：方波（矩形波）发生器、三角波（锯齿波）发生器

1. 正弦波振荡电路

正弦波振荡电路主要有 RC 和 LC 两大类型，它们的基本组成包括：放大电路、正反馈网络、选频网络和稳幅环节四部分。一般从相位和振幅条件来计算振荡频率和放大电路所需的增益。“一看、二查、三找”是分析振荡电路组成的要点；“断回路、引输入、看相位”是判断相位条件的“三步曲”；对于幅值条件，文氏电桥振荡器的计算要熟练掌握，而 LC 振荡器因 AF 计算相对较复杂，本课程不做要求。石英晶体等效谐振电路的 Q 值很高，振荡频率有很高的稳定性。

2. 非正弦波发生电路

非正弦波发生电路中没有选频网络，它通常由比较器、反馈网络和延迟环节组成。“反馈延迟，比较跳变”是对非正弦波发生电路的组成和振荡条件的高度概括。衡量方波、矩形波、三角波和锯齿波的参数是振荡幅值和振荡周期（或频率），其中方波和矩形波的幅值取决于比较电路的输出电压；三角波和锯齿波的幅值取决于比较电路的阈值电压。阈值电压的计算方法在8.8节中有过讨论。

3. 本章记识要点及技巧

（1）对于正弦波振荡电路，熟练掌握用“瞬时极性大小法”来判断相位平衡条件；会计算振荡频率和 RC 串并联谐振电路的起振条件。

（2）对于非正弦波发生电路，熟练计算非正弦波发生电路的阈值电压、振荡频率、输出幅值，会画电路输出波形。

对于四种非正弦波发生电路的振荡周期公式，牢记方波的计算公式和电阻 R_1、R_2 在电路中的位置至关重要。因为方波的振荡周期为 $T=2RC\ln\left(1+\dfrac{2R_1}{R_2}\right)$：将其中的 $2R$ 写成 $(R+R')$ 即为矩形波的振荡周期公式；若将方波周期公式中的“$\ln(1+)$”去掉，可得三角波周期公式 $T=4RC\dfrac{R_1}{R_2}$，将其中的 $4R$ 写成 $2(R+R')$ 又可得锯齿波的振荡周期公式。

自测题

参考答案

9.1 填空题

1. 正弦波振荡电路属于________反馈电路，它主要由________、________、________和________组成。其中，________的作用是选出满足振荡条件的某一频率的正弦波。

2. 自激振荡电路从 $AF>1$ 到 $AF=1$ 的振荡建立过程中，减小的量是________。

3. RC、LC 和石英晶体正弦波振荡电路是按组成________的元件不同来划分的。若要求振荡电路的输出频率在 10 kHz 左右的音频范围时，常采用________元器件作选频网络，组成________正弦波振荡电路。

4. 在正弦波振荡电路中，为了满足振荡条件，应引入________反馈；为了稳幅和减小非线性失真,可适当引入________反馈,若其太强,则________,若其太弱,则________。

5. 在________型晶体振荡电路中,晶体可等效为电阻;在________型晶体振荡电路中,晶体可等效为电感。石英晶体振荡电路的振荡频率基本上取决于________。

6. 当石英晶体作为正弦波振荡电路的一部分时,其工作频率范围是________。

7. 集成运放组成的非正弦信号发生电路,一般由________、________和________几个基本部分组成。

8. 非正弦波发生电路产生振荡的条件比较简单,只要反馈信号能使________的状态发生跳变,即能产生周期性的振荡。

9. 方波和矩形波输出电压的幅值取决于比较器的________;三角波和锯齿波输出电压的幅值取决于比较器的________。

9.2 选择题

1. 为了满足振荡的相位平衡条件,反馈信号与输入信号的相位差应该等于________。

A. 90° B. 180° C. 270° D. 360°

2. 为了满足振荡的相位条件,*RC* 文氏电桥振荡电路中放大电路的输出信号与输入信号之间的相位差,合适的值是________。

A. 90° B. 180° C. 270° D. 360°

3. 已知某正弦波振荡电路,其正反馈网络的反馈系数为 0.02,为保证电路起振且可获得良好的输出波形,最合适的放大倍数是________。

A. 0 B. 5 C. 20 D. 50

4. 若依靠晶体管本身来稳幅,则从起振到输出幅度稳定,晶体管的工作状态是________。

A. 一直处于线性区 B. 从线性区过渡到非线性区

C. 一直处于非线性区 D. 从非线性区过渡到线性区

5. 已知某 *LC* 振荡电路的振荡频率在 $50\sim10^4$ Hz 之间,通过电容 *C* 来调节,因此可知电容量的最大值与最小值之比等于________。

A. 2.5×10^{-5} B. $10\sqrt{2}$ C. 2×10^2 D. 4×10^4

6. 变压器反馈式正弦波振荡电路的相位平衡条件是通过合理地选择________来满足的。

A. 电流放大倍数 B. 互感极性

C. 回路失谐 D. 都不是。

7. *LC* 正弦波振荡电路没有专门的稳幅电路,它是利用放大电路的非线性来自动稳幅的,但输出波形一般失真并不大,这是因为________。

A. 谐振频率高 B. 谐振回路选择特性好

C. 输出幅度小 D. 反馈信号弱

8. 在自测题 9.2.8 图所示的电路中,输出信号的周期为________。

A. $T=2(2R_1+R_p)C\ln\left(1+\frac{2R_2}{R_3}\right)$ B. $T=\frac{4R_2}{R_3}(2R_1+R_p)C$

C. $T=(2R_1+R_p)C\ln\left(1+\frac{2R_2}{R_3}\right)$ D. $T=\frac{2R_2}{R_3}(2R_1+R_p)C$

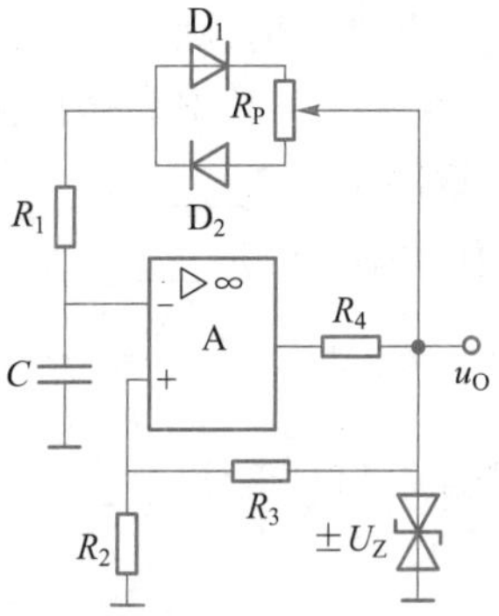

自测题 9.2.8 图

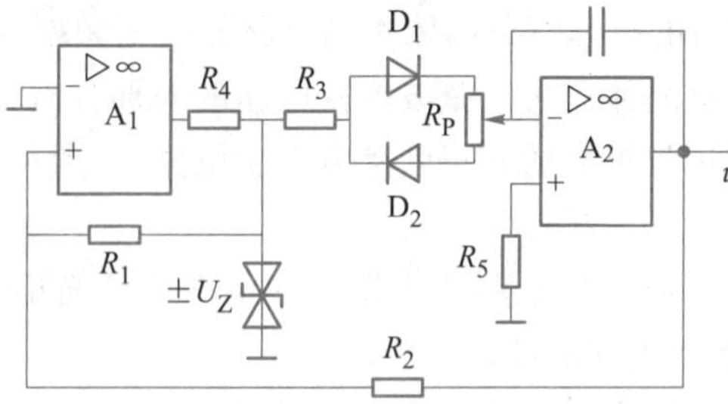

自测题 9.2.9 图

9. 在自测题 9.2.9 图所示的电路中,输出信号的周期为________。

A. $T=(2R_3+R_p)C\ln\left(1+\dfrac{2R_2}{R_1}\right)$　　B. $T=\dfrac{2R_2}{R_1}(2R_3+R_p)C$

C. $T=(2R_3+R_p)C\ln\left(1+\dfrac{2R_1}{R_4}\right)$　　D. $T=\dfrac{2R_1}{R_4}(2R_3+R_p)C$。

9.3 判断题

1. 正弦波振荡电路中,如没有选频网络,就不能引起自激振荡。 (　)
2. 正弦波振荡电路中的晶体管仍需要一个合适的静态工作点。 (　)
3. 如果放大电路的输出与输入信号倒相,至少要有三节 RC 移相网络才能构成 RC 移相式振荡电路。 (　)
4. 在正弦波振荡电路中,只允许存在正反馈,不允许有负反馈。 (　)
5. 在 LC 正弦波振荡电路中,不用通用型集成运放作放大电路的原因是其上限截止频率太低。 (　)
6. 电容三点式正弦波振荡电路输出的谐波比电感三点式大,因此波形较差。 (　)
7. 制作频率稳定度很高,且频率可调的正弦波振荡电路,可采用晶体振荡电路。 (　)
8. 三角波信号发生电路由反相输入滞回比较器和反相输入积分电路组成。 (　)
9. 在自测题 9.2.8 图中,若电容充放电时间常数不等,则输出的矩形波会变成方波。 (　)

参考答案

习题

9.1 连接习题 9.1 图中的电路。(1)组成一个正弦波振荡电路;(2)当 $R_1=15\ \text{k}\Omega$,$R_2=10\ \text{k}\Omega$,$C_1=0.01\ \mu\text{F}$,$C_2=0.015\ \mu\text{F}$,$R_4=1\ \text{k}\Omega$ 时,振荡频率为多少?(3)R_3 为何值时电路起振?(4)R_3 应选用正还是负温度系数的热敏电阻?说明原因;(5)若 R_3 短路,用示波器观

察输出波形将看到什么现象？（6）当 $R=R_1=R_2=10\ \text{k}\Omega$，$R_4=1\ \text{k}\Omega$，$C=C_1=C_2=0.02\ \mu\text{F}$ 时，若 $R_3=10\ \text{k}\Omega$，电路又将可能出现什么现象？说明原因。

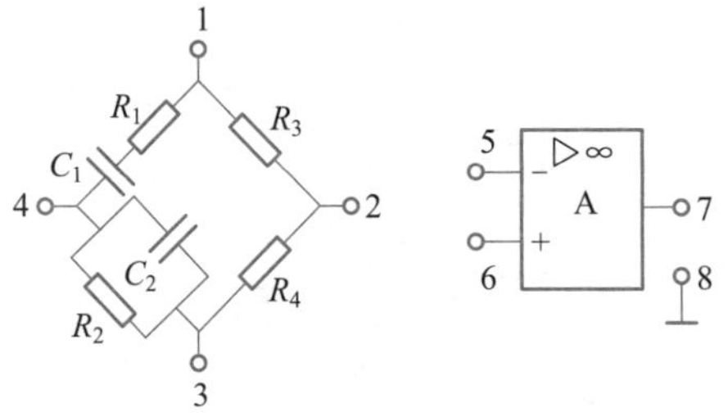

习题 9.1 图

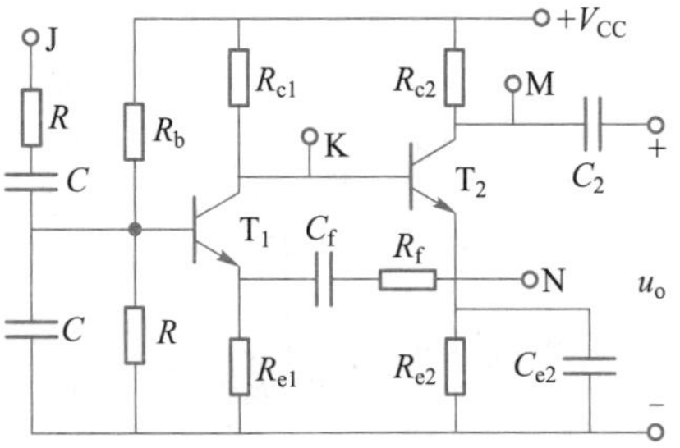

习题 9.2 图

9.2　电路如习题 9.2 图所示。（1）M、N、J、K 四点如何连接才能产生振荡？（2）满足起振条件时，R_f 和 R_{e1} 的大小有何关系？（3）若希望输出电压幅度基本稳定，应采取什么措施？

9.3　电路如习题 9.3 图所示，A 为理想集成运放。（1）为满足相位条件，请在图中标出集成运放输入端中哪个是同相端、哪个是反相端；（2）输出信号频率 f_o 的值是多少？（3）R_t 具有正温度系数还是负温度系数？（4）理想情况下，输出最大功率 P_{om} 是多少？（5）晶体管 T_1 的 P_{CM} 至少是多少？

9.4　在习题 9.4 图所示的振荡电路中，$V_{CC}=V_{EE}=12\text{V}$。（1）判断此电路能否产生正弦波振荡。若能，简述理由；若不能，则在不增减元件的情况下对原图加以改正，使之有可能振荡起来。（2）若要使电路起振，对电阻 R_2 应有何要求？（3）试估算振荡频率 f_o。

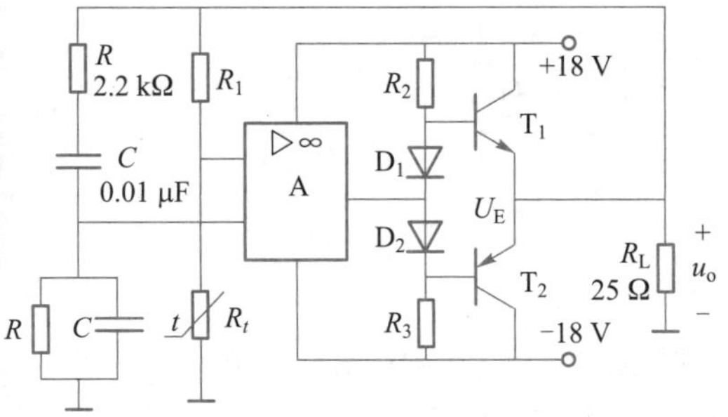

习题 9.3 图

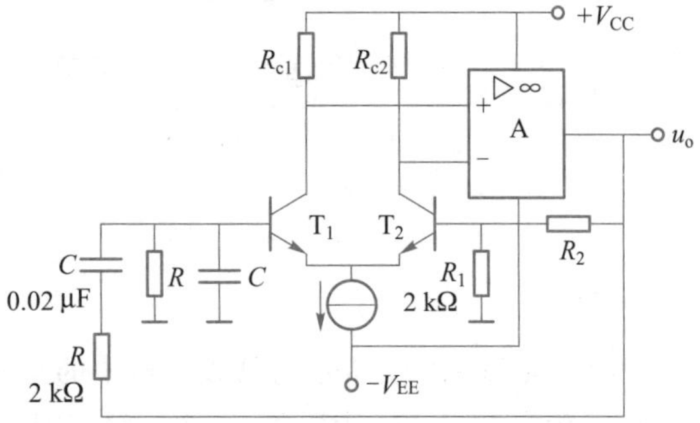

习题 9.4 图

9.5　分别标出习题 9.5 图所示电路中的变压器的同名端，使之满足正弦波的相位平衡条件。

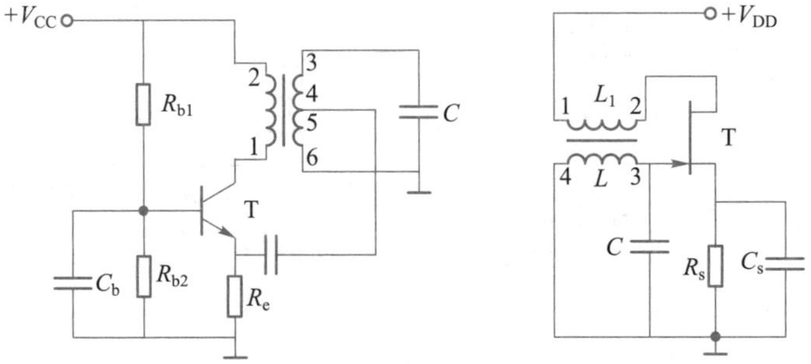

(a)　　(b)

习题 9.5 图

9.6 电路如习题9.6图所示，试用相位平衡条件判断哪个可能振荡，哪个不能振荡，说明理由。

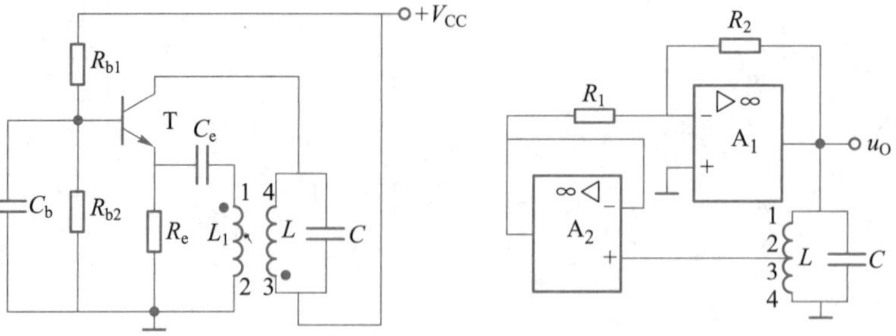

(a) (b)

习题9.6图

9.7 检查习题9.7图所示的正弦波振荡电路是否有错，若有则指出错误并加以改正，并说出改正后的电路名称。

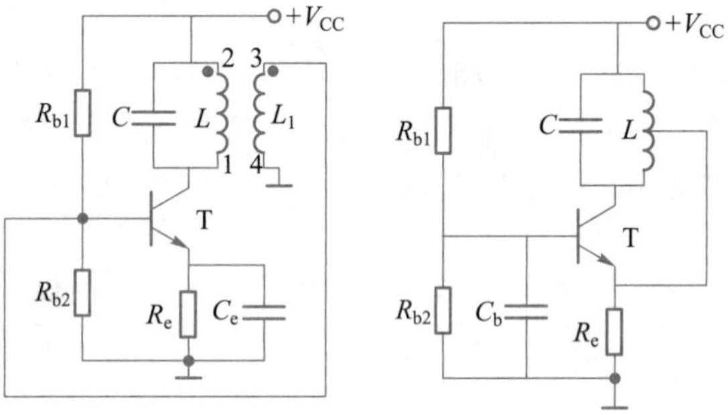

(a) (b)

习题9.7图

9.8 习题9.8图所示为某收音机中的本机振荡电路。(1)在图中标出振荡线圈一次、二次绕组的同名端；(2)计算在 C_5 的变化范围内，振荡频率的可调范围。

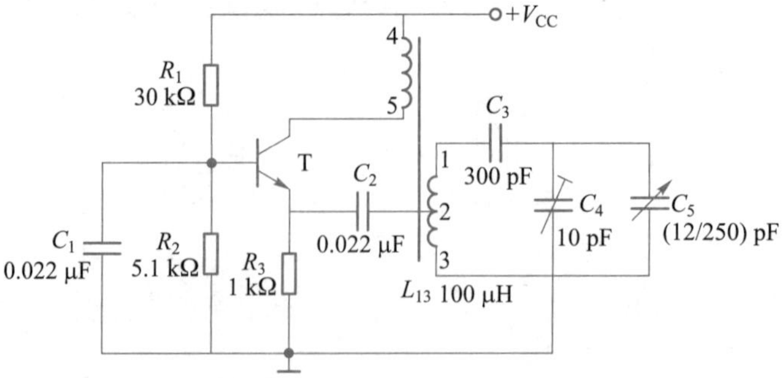

习题9.8图

9.9 三点式振荡电路如习题9.9图所示。(1)试用相位平衡条件分析此电路能否振荡；

(2)设电路总的电感 $L=500\ \mu\text{H}$，$C_1=12\sim365\ \text{pF}$，$C_2=6.6\ \text{pF}$，$C_3=36\ \text{pF}$，试计算振荡频率的变化范围。

9.10 振荡电路如习题 9.10 图所示。(1)它是什么类型的振荡电路？(2)设电路 $L=50\ \mu\text{H}$，$C_1=C_2=1\ 000\ \text{pF}$，$C_3=100\ \text{pF}$，$C_e$ 足够大，计算它的振荡频率。

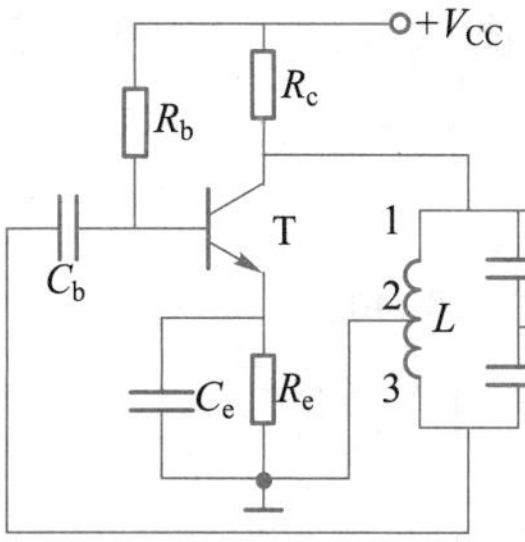

习题 9.9 图

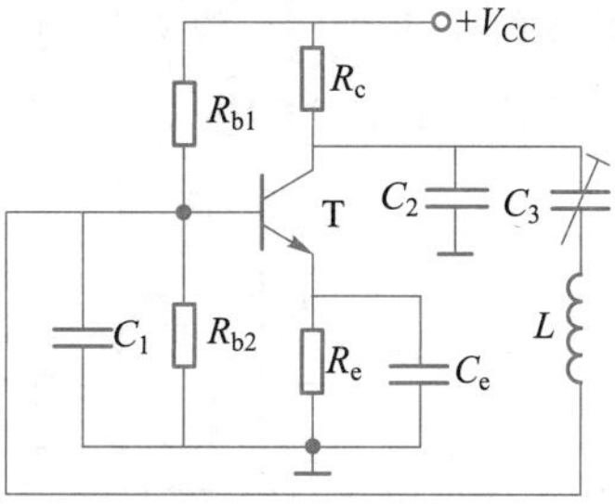

习题 9.10 图

9.11 习题 9.11 图所示为石英晶体振荡电路，试说明它们各属于哪种类型的晶体振荡电路，并说明晶体在电路中的作用。

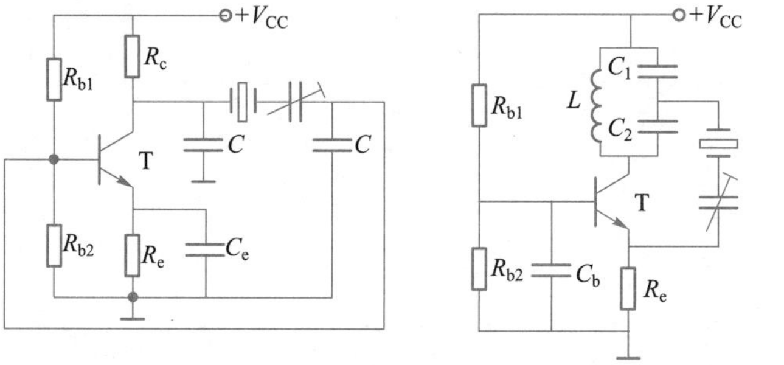

(a) (b)

习题 9.11 图

9.12 电路如习题 9.12 图所示，设集成运放为理想器件。试分析电路能否产生方波、三角波信号，若不能产生请说明理由，并提出改正方案。

9.13 电路如习题 9.13 图所示，设集成运放为理想器件。在一个周期 T 内 $u_{O1}=U_Z$ 的时间为 T_1，占空比为 T_1/T。说出一种措施，分别达到下列目的：(1) 增大幅度；(2) 提高振荡频率 f；(3) 减小占空比；(4) 减小 u_{O1} 的幅值。

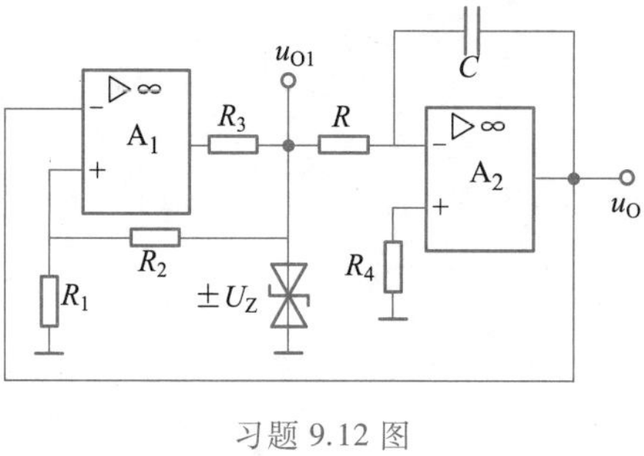

习题 9.12 图

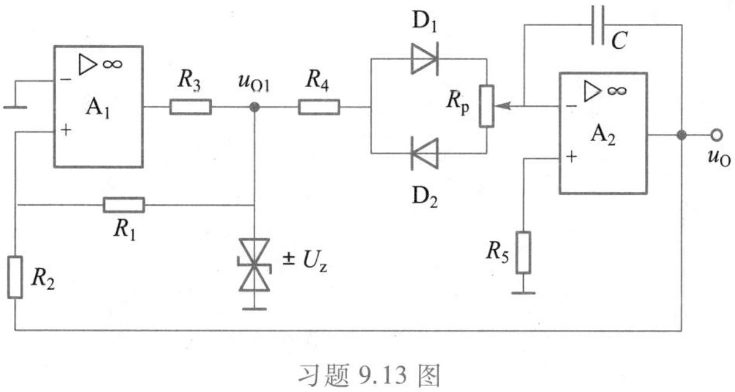

习题 9.13 图

9.14 电路如图 9.5.3(a)所示。$R_1=R_2=20\ \text{k}\Omega$，$R=50\ \text{k}\Omega$，$C=0.01\ \mu\text{F}$，$\pm U_Z=\pm8\ \text{V}$。各集成运放为理想器件。(1) 分别说明 A_1、A_2 各构成哪种基本电路；(2) 求出 u_{O1} 与 u_{O2} 的关系曲线；(3) 求出 u_{O2} 与 u_{O1} 的运算关系；(4) 定性画出 u_{O1} 与 u_{O2} 的波形；(5) 说明若要提高

振荡频率,可以改变哪些电路参数,如何改变?

9.15 方波-三角波发生电路如习题 9.15 图所示。其中,$R_1 = 39\ \text{k}\Omega$,$R_2 = 20\ \text{k}\Omega$,$R_3 = 10\ \text{k}\Omega$,$R_p = 10\ \text{k}\Omega$,$R_4 = 150\ \text{k}\Omega$,$C = 0.1\ \mu\text{F}$,各集成运放为理想器件。(1) 求出调节 R_p 时所能获得的 f_{max}。(2) 画出 u_{O1} 和 u_O 的波形,标明峰峰值;如果 A_1 的反相端改接 U_{REF},方波和三角波的波形有何变化?(3) 要求三角波和方波的峰峰值相同,R_3 应为多少?(4) 不改变三角波原来的幅值而要使 $f = 10f_{max}$,电路元件的参数应如何调整?

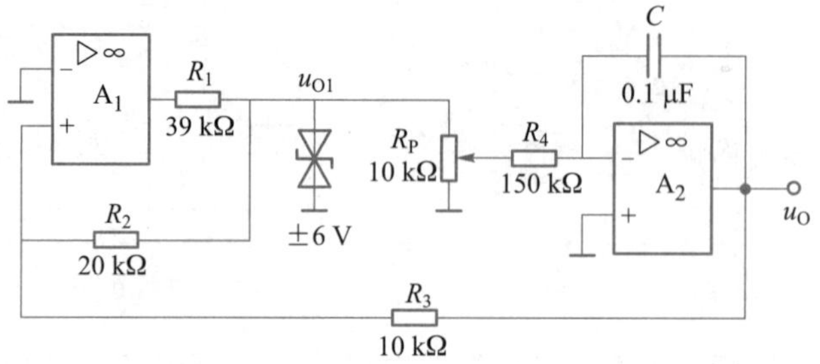

习题 9.15 图

第 10 章 直流电源

前面介绍的各种电子线路,例如放大电路、振荡电路等,都需用直流电源来供电。它们可以采用干电池、蓄电池或其他直流电源,但是这些电源成本高、容量有限,比较经济实用的是利用交流市电经变换而成的直流电源。

本章从直流电源的组成框图出发,按照其组成的各部分单元电路展开讨论。

10.1 直流电源的组成

导学

直流电源的组成。

将交流电压变换为直流电压所需要的电路。

稳压电路在直流电源中的作用。

直流电源的组成方框图如图 10.1.1 所示,它展示了交流市电变换为直流电的过程。

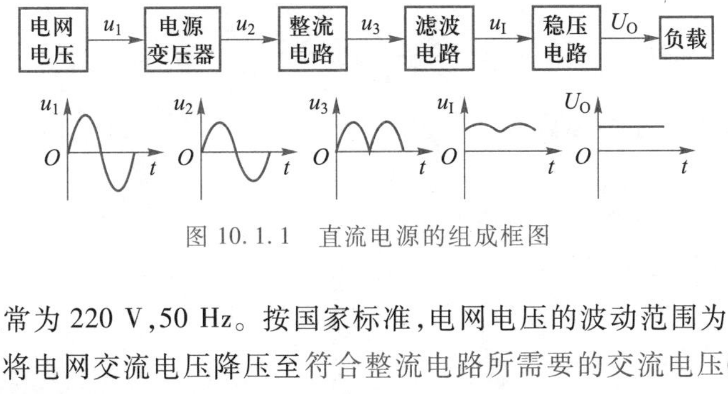

图 10.1.1 直流电源的组成框图

电网电压:通常为 220 V,50 Hz。按国家标准,电网电压的波动范围为 10%。

电源变压器:将电网交流电压降压至符合整流电路所需要的交流电压(通常是低压),并满足一定的功率输出指标。

整流电路:利用整流元件的单向导电性,将正负交替的交流电压整流成为单方向的脉动电压。

滤波电路：它由电容、电感等储能元件组成。其作用是减小整流电压的脉动程度，将其中的交流成分滤掉，使输出电压成为比较平滑的直流电压。

稳压电路：当交流市电、负载波动和温度变化时，能自动保持负载电压的稳定。

10.2 单相整流电路

导学

半波整流电路的工作原理及基本参数的计算。

全波整流电路的工作原理及基本参数的计算。

桥式整流电路的组成及优点。

整流电路有单相整流、三相整流和多相整流。其中，前者属于小功率整流，后两者属于大功率整流，本节只讨论小功率整流的单相整流电路。小功率整流电路是利用半导体二极管单向导电性实现的，它主要是把交流电压变换成单向脉动电压。

1. 整流电路的基本参数

(1) 衡量整流电路性能的基本参数

① 输出电压的平均值 $U_{O(AV)}$

定义为输出电压在一个周期内的平均值。它是衡量整流电路把交流电压转换成直流电压的能力。可表示为

$$U_{O(AV)}=\frac{1}{2\pi}\int_{0}^{2\pi}u_{O}\mathrm{d}\omega t$$

② 输出电压的脉动系数 S

定义为输出电压最低次谐波的最大值与平均值之比。它是衡量整流电路输出电压平滑程度的指标。表示为

$$S=\frac{U_{O1M}}{U_{O(AV)}}$$

(2) 选择整流管的基本参数

① 正向平均电流 $I_{D(AV)}$

在一个周期内通过二极管的平均电流。

② 最大反向峰值电压 U_{RM}

整流二极管不导通时，它两端所承受的最大反向电压。

2. 单相半波整流电路

(1) 电路组成

如图 10.2.1(a)所示电路，它是由电源变压器 Tr、整流二极管 D 和负载 R_L 组成。

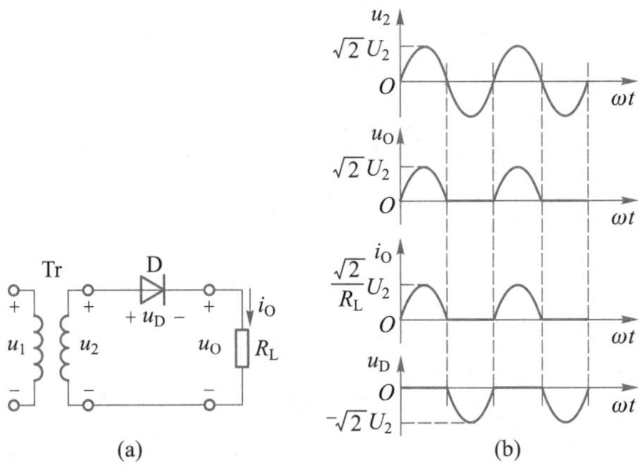

图 10.2.1 单相半波整流电路及其波形图

（a）单相半波整流电路 （b）波形图

（2）工作原理

设变压器二次电压 $u_2=\sqrt{2}U_2\sin\omega t$，$u_2$ 为有效值。且二极管为理想二极管。

当 u_2 为正半周(上正下负)时，D 正偏导通，则 $u_D=0$，$u_O=u_2$，$i_O=i_D=\dfrac{u_2}{R_L}$。

当 u_2 为负半周(下正上负)时，D 反偏截止，则 $u_D=u_2$，$u_O=0$，$i_O=i_D=0$。

相应的 u_O、i_O 和 u_D 的波形如图 10.2.1(b)所示，结果，负载上得到了单方向脉动(直流)电压。

因为在输入正弦电压的一个周期内，负载上只是半个周期有电流和电压，因此这种电路被形象地称为“半波整流电路”。

（3）基本参数

① 输出电压的平均值 $U_{O(AV)}$

【方法一】若将图 10.2.1(b)所示的单向半波脉动输出电压用傅里叶级数展开，则

$$u_O=\sqrt{2}U_2\left(\frac{1}{\pi}+\frac{1}{2}\sin\omega t-\frac{2}{3\pi}\cos 2\omega t-\cdots\right)$$

式中，第一项为输出电压的直流分量，所以

$$U_{O(AV)}=\frac{\sqrt{2}}{\pi}U_2\approx 0.45U_2 \tag{10.2.1}$$

【方法二】从波形图中不难看出，当 $\omega t=0\sim\pi$ 时，$u_O=\sqrt{2}U_2\sin\omega t$；当 $\omega t=\pi\sim2\pi$ 时，$u_O=0$。所以求解的平均值，就是将 $0\sim\pi$ 的电压平均在 $0\sim2\pi$ 时间间隔之中，其表达式为

$$U_{O(AV)}=\frac{1}{2\pi}\int_0^{\pi}\sqrt{2}U_2\sin\omega t\mathrm{d}\omega t=\frac{\sqrt{2}}{\pi}U_2\approx 0.45U_2$$

② 输出电压的脉动系数 S

由傅里叶级数展开式看出，第二项为输出电压最低次谐波，其最大值 $U_{O1m}=\dfrac{\sqrt{2}U_2}{2}$，则

$$S=\frac{U_{\mathrm{O1m}}}{U_{\mathrm{O(AV)}}}=\frac{\sqrt{2}U_2/2}{\sqrt{2}U_2/\pi}=\frac{\pi}{2}\approx 1.57 \tag{10.2.2}$$

③ 正向平均电流 $I_{\mathrm{D(AV)}}$

由图 10.2.1(a)可看出,通过整流二极管的电流与负载电流相等,所以

$$I_{\mathrm{D(AV)}}=I_{\mathrm{O(AV)}}=\frac{U_{\mathrm{O(AV)}}}{R_{\mathrm{L}}}\approx 0.45\frac{U_2}{R_{\mathrm{L}}} \tag{10.2.3}$$

④ 最大反向电压 U_{RM}

当 u_2 为负半周时,电路中的 $u_{\mathrm{O}}=0$,整流管承受的最高反向电压就是 u_2 的最大值。即

$$U_{\mathrm{RM}}=\sqrt{2}U_2 \tag{10.2.4}$$

可见,半波整流电路结构简单,只用了一个整流二极管;但输出电压脉动系数大,直流成分低,变压器利用率低。

3. 单相全波整流电路

(1) 电路组成

如图 10.2.2(a)所示。单相全波整流电路实际上是由两个单相半波整流电路组合而成。

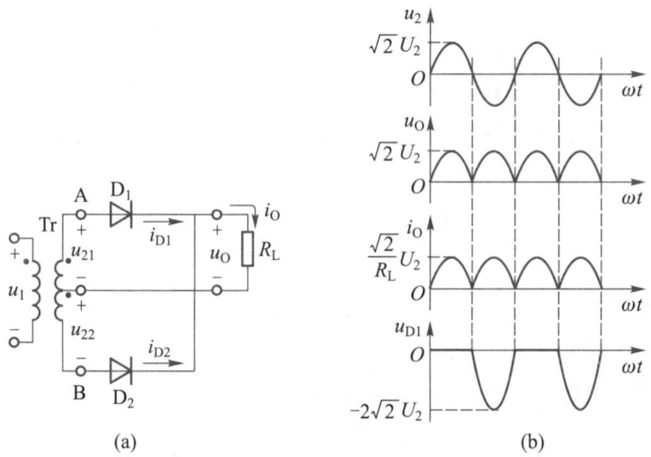

图 10.2.2 单相全波整流电路及其波形图

(a) 单相全波整流电路 (b) 波形图

(2) 工作原理

图中,变压器二次侧上下两部分的电压相等($u_{21}=u_{22}=u_2$,U_2 是 u_{21}、u_{22}的有效值),同名端如图所示。

当变压器二次电压为正半周(上正下负)时,D_1 导通,D_2 截止,此时 i_{D1}的流通路径为

A→D_1→R_{L}→中心抽头→N_{21}绕组→A,此时 $u_{\mathrm{O}}=i_{\mathrm{D1}}R_{\mathrm{L}}=u_{21}$。

当变压器二次电压为负半周(下正上负)时,D_1 截止,D_2 导通,此时 i_{D2}的流通路径为

B→D_2→R_{L}→中心抽头→N_{22}绕组→B,此时 $u_{\mathrm{O}}=i_{\mathrm{D2}}R_{\mathrm{L}}=u_{22}$。

这样,在输入正弦电压的一个周期内,负载 R_{L} 上都有同方向(自上而下)的电流通过,从而实现了全波整流。相应的电压和电流波形如图 10.2.2(b)所示。

(3) 基本参数

① 输出电压的平均值 $U_{O(AV)}$

【方法一】若将图 10.2.2(b)所示的全波整流输出电压用傅里叶级数展开，则

$$u_O=\sqrt{2}U_2\left(\frac{2}{\pi}-\frac{4}{3\pi}\cos 2\omega t-\frac{4}{15\pi}\cos 4\omega t-\cdots\right)$$

进而可得

$$U_{O(AV)}=\frac{2\sqrt{2}}{\pi}U_2\approx 0.9U_2 \qquad (10.2.5)$$

【方法二】$U_{O(AV)}=\dfrac{1}{\pi}\displaystyle\int_0^{\pi}\sqrt{2}U_2\sin\omega t\mathrm{d}\omega t=\dfrac{2\sqrt{2}}{\pi}U_2\approx 0.9U_2$

② 输出电压的脉动系数 S

$$S=\frac{U_{O1M}}{U_{O(AV)}}=\frac{4\sqrt{2}U_2/3\pi}{2\sqrt{2}U_2/\pi}=\frac{2}{3}\approx 0.67 \qquad (10.2.6)$$

③ 正向平均电流 $I_{D(AV)}$

$$I_{D(AV)}=\frac{I_{O(AV)}}{2}=\frac{U_{O(AV)}}{2R_L}\approx 0.45\frac{U_2}{R_L} \qquad (10.2.7)$$

④ 最大反向电压 U_{RM}

$$U_{RM1}=U_{RM2}=2\sqrt{2}U_2 \qquad (10.2.8)$$

可见，全波整流电路输出波形脉动系数减小，直流分量增大；但二极管承受的反向电压却增大了，且变压器利用率低的问题仍未得到解决。

4. 单相桥式整流电路

(1) 电路组成

鉴于全波整流电路中变压器的利用率较低和二极管承受的反向电压较高的不足，提出了如图 10.2.3(a)所示的改进电路。它的结构特点是，一方面，去掉了变压器中心抽头，以提高变压器的利用率；另一方面，多加了 2 只二极管，使 4 只二极管接成电桥形式，以减小二极管承受的反向电压，并将此电路称为桥式整流电路。图 10.2.3(b)是桥式整流电路的简化画法。

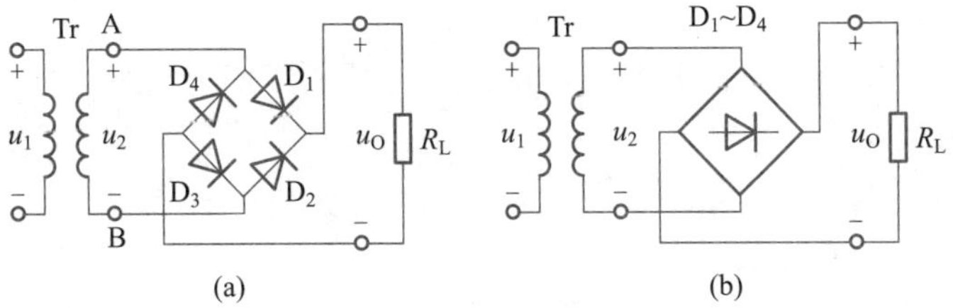

图 10.2.3 单相桥式整流电路

(a) 原理电路 (b) 简化画法

(2) 工作原理

当 u_2 为正半周时，D_1、D_3 导通，D_2、D_4 截止。电流流通的路径为：A→D_1→R_L(电流由上

至下)→D_3→B→A

当 u_2 为负半周时,D_2、D_4 导通,D_1、D_3 截止。电流流通的路径为:B→D_2→R_L(电流由上至下)→D_4→A→B

可见,在交流电压 u_2 的整个周期中,始终有同方向的电流流过负载 R_L,并且 $u_O=|u_2|$。显然,u_O 和 i_O 的波形图与全波整流一致;u_D 的波形图与半波整流一致。

(3) 基本参数

$U_{O(AV)}$、S、$I_{D(AV)}$ 与全波整流电路相同,U_{RM} 与半波整流电路相同。可见,它吸取了半波和全波整流电路两者的优点,克服了它们的缺点,是一种比较理想的整流电路。

10.3 滤波电路

导学

半波、全波、桥式整流电容滤波电路 $U_{O(AV)}$ 的大小。

桥式整流电容滤波电路适用的场合。

电感滤波和 π 形滤波电路的特点。

由半波整流电路演变到桥式整流电路,虽然输出电压脉动系数减小了很多,但仍是直流脉动电压,这种脉动电压中含有较大的交流成分,因而不能保证电子设备的正常工作,即使较小的交流成分在音响设备中也会出现严重的交流噪声,使电视机的图像产生扭曲等。因此需要进一步减小输出电压的脉动系数,使其更加平滑。于是常采用电容、电感等储能元件来完成此功能,这种电路被称作滤波电路。滤波电路的种类有电容滤波、电感滤波、阻容滤波、感容滤波,其中后两种属于复式滤波。

1. 电容滤波电路

(1) 电路组成

如图 10.3.1(a)所示。由于电容的特点是其两端电压不能突变,故在滤波电路中电容与负载电阻应采用并联方式。

(2) 滤波原理

① S_1 断开、S_2 闭合的状态

此时,该电路就是桥式整流电路,负载将得到 $U_{O(AV)}=0.9U_2$ 的脉动电压,如图 10.3.1(b)所示。

② S_1 闭合、S_2 断开的状态(空载)

设初始时刻 $u_C=0$,当接通电源后,u_C 被充电到 u_2 的峰值电压 $\sqrt{2}U_2$,此时将使电桥中的二极管截止,电容 C 无放电通路,只能保持峰值电压不变,使得 $U_{O(AV)}=\sqrt{2}U_2$,这是理想状

态，如图 10.3.1(b)所示。

③ S_1、S_2 闭合的状态

当 u_2 为正半周时，D_1、D_3 导通，D_2、D_4 截止。电流一路流经负载电阻，另一路对电容 C 充电，电压极性为上正下负。在理想情况下认为电容两端电压 $u_C=u_2$。随着 u_2 按正弦规律从峰值开始下降，电容 C 通过负载 R_L 按指数规律放电，其电压 u_C 也开始下降。由于 u_C 的下降速度小于 u_2 的正弦规律下降速度，使 u_C 大于 u_2，从而导致 D_1 和 D_3 反偏而截止。于是 u_C 以一定的时间常数按指数规律缓慢下降，只有待到 u_2 负半周输入信号 $|u_2|>u_C$ 时，D_2 和 D_4 导通，再次向电容 C 充电，当 u_C 充至最大值之后又随着 $|u_2|$ 的减小电容再次放电。如此循环，输出电压 u_O 变成了比较平滑的直流电压，如图 10.3.1(b)所示，达到滤波的目的。

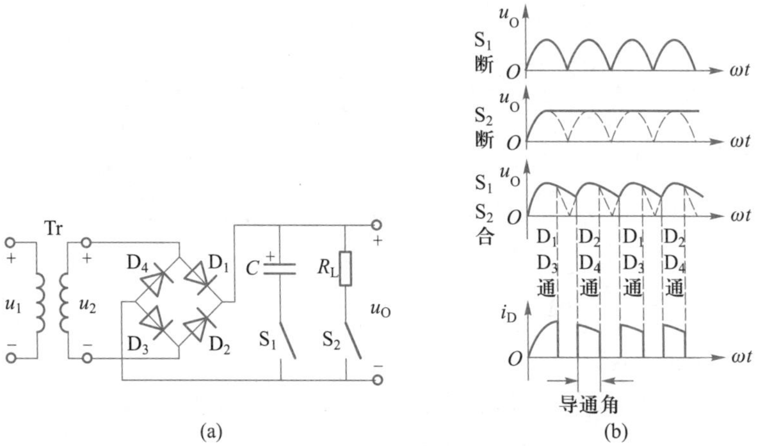

图 10.3.1 单相桥式整流电容滤波电路

(a) 电路图 (b) 波形图

(3) 电容滤波电路的效果及其参数估算

① 放电时间常数对输出电压的影响

为了更好地说明问题，将 S_1、S_2 闭合时的电容滤波电路的输出电压波形图 10.3.1(b)改画为图 10.3.2(a)。

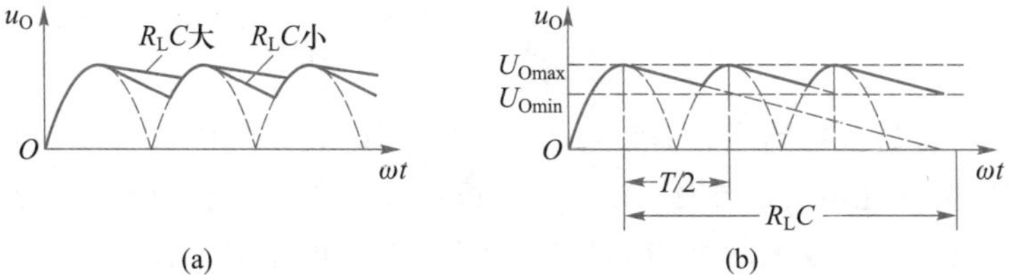

图 10.3.2 单相桥式整流电容滤波电路输出电压波形

(a) R_LC 对 u_O 的影响 (b) 用锯齿波估算参数

此图表明，当 R_LC 较大时，u_C 放电缓慢，这将使输出电压波纹起伏较小，直流分量较高；反之，放电较快，直流分量降低。显然，为了获得较好的滤波效果，总是希望 R_LC 越大越好，在工程实践中，一般选择

$$R_LC \geqslant (3 \sim 5)\frac{T}{2} \tag{10.3.1}$$

式中,T为电网交流电压的周期。由于电容值较大,一般为几十至几千微法,通常选用电解电容器。

② 参数估算

a. 输出电压的平均值 $U_{O(AV)}$

为了便于估算,常用图10.3.2(b)所示的锯齿波近似描述图10.3.2(a)的波形特点。根据三角形相似的关系得

$$\frac{U_{Omax}-U_{Omin}}{U_{Omax}}=\frac{T/2}{R_LC}$$

所以

$$U_{O(AV)}=\frac{U_{Omax}+U_{Omin}}{2}=U_{Omax}-\frac{U_{Omax}-U_{Omin}}{2}=\left(1-\frac{T}{4R_LC}\right)U_{Omax} \tag{10.3.2}$$

将 $U_{Omax}=\sqrt{2}U_2$ 和式(10.3.1)代入上式得

$$U_{O(AV)}=\sqrt{2}U_2\left(1-\frac{1}{6\sim10}\right)\approx(1.18\sim1.27)U_2$$

进一步近似为

$$U_{O(AV)}\approx1.2U_2 \tag{10.3.3}$$

b. 输出电压的脉动系数 S

在图10.3.2(b)所示的近似波形中,交流分量的基波峰峰值为 $U_{Omax}-U_{Omin}$。由式(10.3.2)可得基波峰值为$\frac{U_{Omax}-U_{Omin}}{2}=\frac{T}{4R_LC}U_{Omax}$,故由$S$的定义得

$$S=\frac{(T/4R_LC)U_{Omax}}{(1-T/4R_LC)U_{Omax}}=\frac{1}{4R_LC/T-1} \tag{10.3.4}$$

应当指出,由于锯齿波所含的交流分量大于滤波电路输出电压实际的交流分量,因此根据上式计算出的脉动系数大于实际数据。实际中的脉动系数约为10%~20%。

c. 整流二极管的平均电流 $I_{D(AV)}$

在桥式整流电路中,流过每个二极管的平均电流是负载电流的一半,即

$$I_{D(AV)}=\frac{I_{O(AV)}}{2}=\frac{U_{O(AV)}}{2R_L}\approx\frac{1.2U_2}{2R_L}=0.6\frac{U_2}{R_L} \tag{10.3.5}$$

在桥式整流电容滤波电路中,二极管导通电流的波形如图10.3.1(b)所示。由图不难看出,二极管仅在电容充电时才导通,其导通角随着R_LC的增大而减小,此时二极管将在较短的导通时间内流过一个较大的冲击电流。为保证安全可靠地工作,所选二极管的最大整流电流应留有充分的裕量,一般大于$I_{D(AV)}$的2~3倍。

d. 整流二极管的最大反向电压 U_{RM}

桥式整流电容滤波电路中,二极管截止时承受的最大反向电压与没有电容滤波时一样,仍为 $U_{RM}=\sqrt{2}U_2$。

(4) 输出特性

输出电压与输出电流之间的关系称为输出特性或外特性。特性曲线如图10.3.3所示。

当电容 C 减小时,输出电压也会下降;当 $C=0$ 时,即带纯电阻负载时的直流输出电压最小,为 $0.9U_2$。可见,该电路的输出电压随着输出电流的增大(即 R_L 减小)而明显降低(因放电速度加快),外特性较软,带负载能力差。所以,电容滤波电路适合于负载电压较高或负载电流变化小的场合。

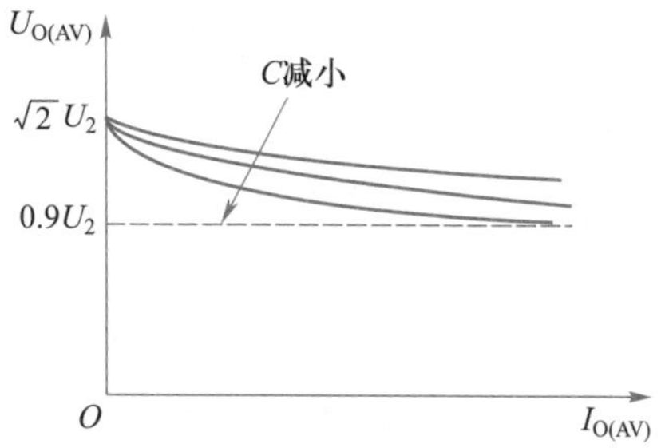

图 10.3.3 桥式整流电容滤波电路的输出特性

总之,电容滤波电路简单,输出直流电压较高,纹波也较小,它的缺点是输出电压受负载影响大,外特性软。适合于高电压、小电流,负载变化小的场合。

(5) 三种单相整流电容滤波电路的比较

由于整流电路有三种形式,再加上电容滤波,将涉及较多的参数计算公式。为了加以区别和比较,给出表 10.3.1(表中,半波整流电容滤波的输出电压平均值为 U_2,其结论可仿照图 10.3.2 导出)。

表 10.3.1 三种单相整流电容滤波电路的比较

电路名称	输出电压平均值 $U_{O(AV)}$			每个整流管的最大反向电压 U_{RM}		每个整流管的平均电流 $I_{D(AV)}$
	整流电路	电容滤波				
		R_L开路	带有 R_L	整流电路	电容滤波	
半波	$0.45U_2$	$\sqrt{2}U_2$	U_2	$\sqrt{2}U_2$	$2\sqrt{2}U_2$	$I_{O(AV)}$
全波	$0.9U_2$	$\sqrt{2}U_2$	$1.2U_2$	$2\sqrt{2}U_2$	$2\sqrt{2}U_2$	$I_{O(AV)}/2$
桥式	$0.9U_2$	$\sqrt{2}U_2$	$1.2U_2$	$\sqrt{2}U_2$	$\sqrt{2}U_2$	$I_{O(AV)}/2$

例 10.3.1 在图 10.3.1(a)电路中(S_1、S_2 闭合),$U_2=20$ V(有效值),若用直流电压表测得输出电压分别为下列五种情况:(1)28 V,(2)24 V,(3)20 V,(4)18 V,(5)9 V。讨论哪种是正常工作情况,哪种已发生故障以及何种故障。

解:桥式整流电容滤波电路有三种可能:正常时 $U_{O(AV)}=1.2U_2=24$ V,R_L 开路时 $U_{O(AV)}=\sqrt{2}U_2=28$ V,C 开路时 $U_{O(AV)}=0.9U_2=18$ V。

半波整流电路也有三种可能,正常时 $U_{O(AV)}=U_2=20$ V,R_L 开路时 $U_{O(AV)}=\sqrt{2}U_2=28$ V,C 开路时 $U_{O(AV)}=0.45U_2=9$ V。

根据上述分析不难区分题中所给的五种现象。

28 V 为 R_L 开路的故障,24 V 为正常工作情况,18 V 为 C 开路的故障,20 V 为桥式整流电路四只整流管中有一只开路变成半波整流滤波的故障,9 V 为桥式整流电路四只整流管中有一只开路变成半波整流,并且 C 开路的故障。

2. 电感滤波电路

(1) 电路组成

电感滤波主要利用电感中的电流不能突变的特点,使输出电流波形比较平滑,从而使输出电压的波形也比较平滑,故电感应与负载串联。图 10.3.4(a)为桥式整流电感滤波电路。

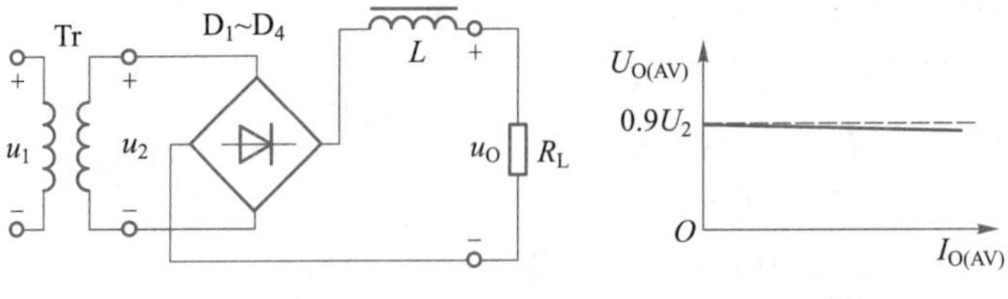

(a)　　(b)

图 10.3.4 单相桥式整流电感滤波电路及其输出特性

(a) 电路图 (b) 输出特性

(2) 工作原理

由图 10.3.4(a)可知,u_2 经桥式整流后的脉动直流电压为 $0.9U_2$。由于电感线圈的直流电阻很小,而交流阻抗很大,所以该电路的输出电压

$$U_{O(AV)} \approx 0.9U_2 \tag{10.3.6}$$

可见,对于桥式整流电感滤波电路来说,电感的作用就是抑制纹波,当 $\omega L \gg R_L$ 时,脉动系数 $S \approx 0$。

(3) 输出特性

输出特性曲线如图 10.3.4(b)所示。可见,该电路的输出电压并未随着输出电流的增大有明显的下降,即输出电压受负载变化影响小,表明外特性较硬,带负载能力强。所以,电感滤波电路适用于负载电流较大、负载变化大的场合。

3. π 形滤波电路

当单独使用电容或电感进行滤波,效果仍不理想时,可采用复式滤波电路,图 10.3.5 示出了两种常见的复式滤波电路。由于滤波电路像"π",故称为 π 形滤波电路。

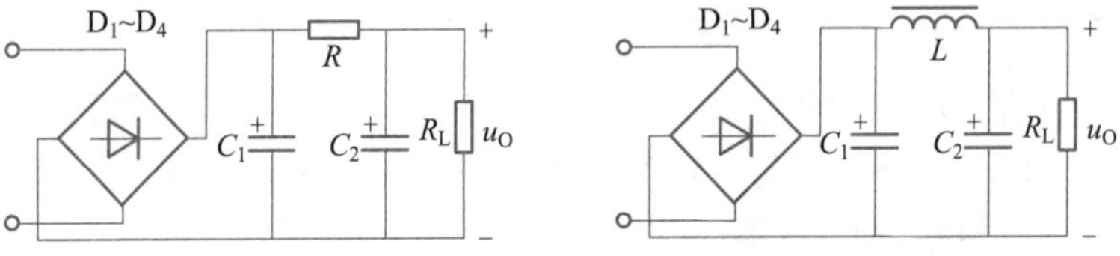

(a)　　(b)

图 10.3.5 π 形滤波电路

(a) $RC\pi$ 形滤波电路 (b) $LC\pi$ 形滤波电路

(1) $RC\pi$ 形滤波电路

如图 10.3.5(a)所示。对于交流,因 $X_{C2} \ll R$,使交流分量电压绝大部分降至 R 上;对于直流,因 $R_L \gg R$,使直流电压分量绝大部分降至 R_L 上,因 $U_{C1} \approx 1.2U_2$,经 R_L 分压得

$$U_O = \frac{R_L}{R+R_L}U_{C1} \approx \frac{1.2R_L}{R+R_L}U_2$$

(2) $LC\pi$ 形滤波电路

如图 10.3.5(b)所示。对于交流,因为 $\omega L \gg \frac{1}{\omega C_2}$,使交流分量电压更多地降在 L 上;对于直流,L 的直流电阻很小,使更多的直流电压分量降在 R_L 上,$U_O \approx U_{C1} \approx 1.2U_2$。

4. 倍压整流电路

利用滤波电容的储能作用，由多个电容和二极管可以获得几倍于变压器二次侧的输出电压，故称为倍压整流电路。

(1) 电路组成

如图 10.3.6 所示。

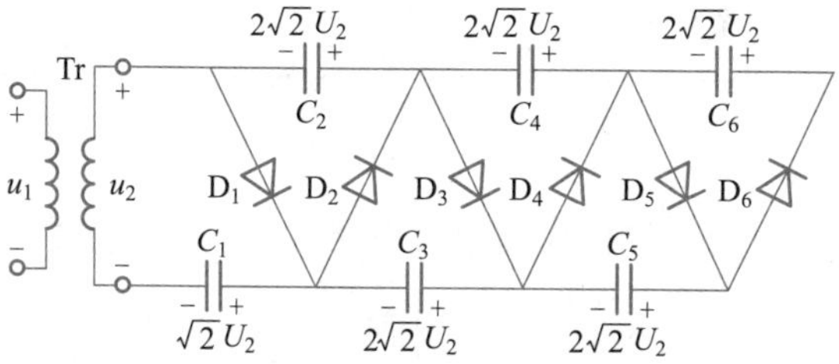

图 10.3.6　多倍压整流电路

(2) 工作原理

设电容两端初始电压为零。

① 当 u_2 为正半周时，D_1 正偏导通。u_2 通过 D_1 对电容 C_1 充电，在理想情况下，充电至 $U_{C1}\approx\sqrt{2}U_2$，极性左负右正。

② 当 u_2 为负半周时，D_1 反偏截止，D_2 正偏导通，电容 C_2 充电。由于 U_{C1} 和 u_2 极性相同，则 $U_{C2}=U_{C1}+\sqrt{2}U_2=\sqrt{2}U_2+\sqrt{2}U_2=2\sqrt{2}U_2$，极性左负右正。

③ 当 u_2 再次为正半周时，D_1、D_2 反偏截止，D_3 正偏导通，电容 C_3 充电。则 $U_{C3}=\sqrt{2}U_2+U_{C2}-U_{C1}=\sqrt{2}U_2+2\sqrt{2}U_2-\sqrt{2}U_2=2\sqrt{2}U_2$，极性左负右正。

……

由于 C_1、C_3、C_5 或 C_2、C_4、C_6 是串联接法，为此可根据实际要求将负载 R_L 接到电容组的两端，就可得到相应的直流输出电压。可见倍压整流的原理是二极管导引，电容充、放电。上述分析是在电路空载且已处于稳态的情况下进行的，实际上由于电容存在放电回路，电容上的电压达不到理想最大值，且在充放电过程中电容电压上下波动，仍含有脉动成分。

10.4　稳压电路

稳压电路的作用是采取措施使输出电压在电网电压或负载电流发生变化时保持稳定。稳压电路的种类很多，本章只介绍并联型稳压电路、串联型稳压电路、集成稳压电路和开关型稳压电路。

10.4.1 并联型稳压电路

导学

并联型稳压电路的稳压原理。

计算并联型稳压电路中限流电阻的大小。

在1.5节已经介绍过由稳压管构成的稳压电路，为了讨论方便，在此给出一个完整的并联型直流稳压电源电路，如图10.4.1所示。

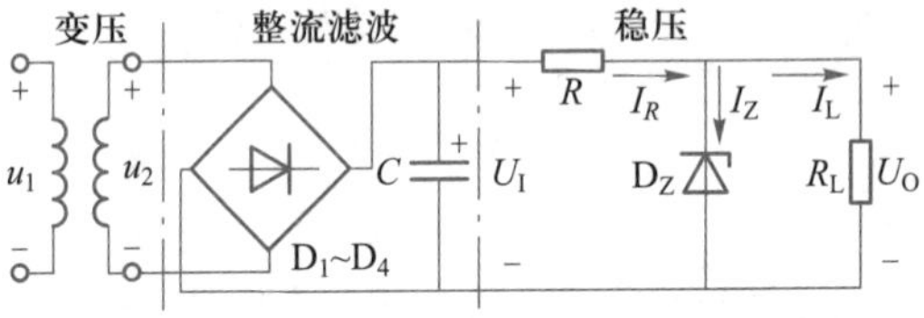

图10.4.1 并联型直流稳压电源电路

1. 稳压电路及其工作原理

该电路由变压、整流、滤波和稳压四个功能电路组成，反映了直流电源电路的基本组成，图中 U_I 为来自整流滤波电路的直流输出电压。在稳压部分，R 起限流作用，由于负载 R_L 与起稳压作用的稳压管 D_Z 相并联，故称为并联型稳压电路。

从10.4.1中可得到两个基本关系式：

$$U_I=U_R+U_O$$

$$I_R=I_Z+I_L$$

下面依据上两式分析电路的稳压原理。

(1) 假设负载 R_L 保持不变，由于电网电压的升高而使 U_I 也随之升高，则输出电压 U_O 也随之按比例上升。由稳压管的伏安特性图1.5.1(b)可见，此时稳压管的电流 I_Z 将急剧增加，必然导致 I_R 随 I_Z 急剧增大，于是限流电阻 R 上的压降 U_R 增大，以此来抵消 U_I 的升高，从而使输出电压 U_O 基本保持不变。

(2) 假设输入电压不变，U_I 保持不变，当负载电阻 R_L 减小，负载电流 I_L 增大时，引起 I_R 增加，U_R 也随之增大，此时 U_O 必然下降，即 U_Z 下降。由稳压管的伏安特性图1.5.1(b)可知，I_Z 急剧减小，从而 I_R 也随之急剧减小。实际上利用 I_Z 的减小来补偿 I_L 的增大，使 I_R 基本保持不变，从而使输出电压 U_O 基本保持不变。

可见，电路的稳压是由 I_Z 的调节作用和限流电阻电压 U_R 的补偿作用来实现的。一般情况下，在电路中如果有稳压管存在，就必然有与之匹配的限流电阻。

2. 电路参数的计算

(1) 稳压管的选择

一般选用稳压管的主要依据是 U_Z、I_{ZM} 和 r_Z。常取 $U_Z=U_O$，$I_{ZM}=(1.5\sim3)I_{Omax}$；由于稳压

电路的输出电阻 $R_o=R/\!/r_Z\approx r_Z$，因此所选择的稳压管，其 r_Z 应小于所要求的 R_o。

(2) 输入电压的确定

一般取 $U_I=(2\sim3)U_O$。

(3) 限流电阻 R 的计算

R 的作用是限流和调压，选用原则是 $I_{Zmin}<I_Z<I_{Zmax}$。

由图 10.4.1 可知，稳压管的电流 $I_Z=\dfrac{U_I-U_Z}{R}-I_L$。依据 $\dfrac{U_{Imax}-U_Z}{R}-I_{Lmin}<I_{Zmax}$ 得 $R>\dfrac{U_{Imax}-U_Z}{I_{Zmax}+I_{Lmin}}$，同理据 $I_{Zmin}<\dfrac{U_{Imin}-U_Z}{R}-I_{Lmax}$ 得 $R<\dfrac{U_{Imin}-U_Z}{I_{Zmin}+I_{Lmax}}$。显见，$R$ 的范围：

$$\frac{U_{Imax}-U_Z}{I_{Zmax}+I_{Lmin}}<R<\frac{U_{Imin}-U_Z}{I_{Zmin}+I_{Lmax}} \tag{10.4.1}$$

10.4.2 串联型稳压电路

导学

串联型稳压电路的设计思想。

串联型稳压电路的组成及其工作原理。

计算串联型稳压电路的 U_O。

微视频

1. 简单串联型稳压电路

(1) 设计思想

① 从串联电路的分压想起

如果设想有一可调电阻 R 和负载电阻 R_L 串联，可达到稳压的目的，如图 10.4.2(a)所示。但是，由于电网电压和负载的变化都是十分复杂的，而且往往带有很大的偶然性，所以人工去调整可调电阻 R 使 U_O 维持不变的做法是不现实的。因此，想到了用晶体管代替可调电阻 R，如图 10.4.2(b)所示。

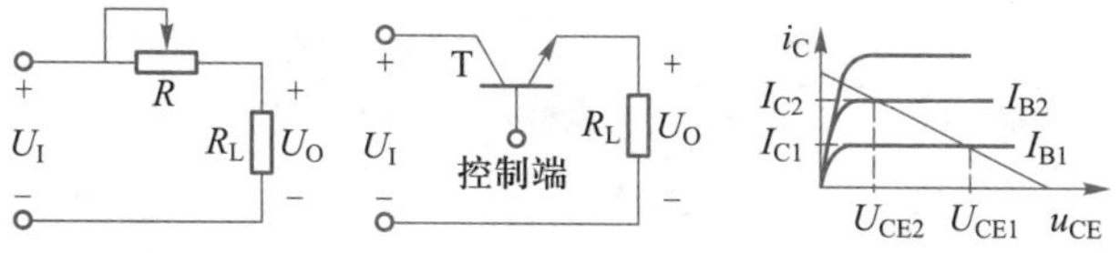

(a) (b) (c)

图 10.4.2 串联型稳压电路的设计思想

(a) 滑动变阻器控制输出 (b) 晶体管充当可调电阻 (c) 晶体管输出特性曲线

② 晶体管起到可调电阻的作用

从图 10.4.2(c)不难看出，当基极电流为较小的 I_{B1} 时，此时的管压降 U_{CE1} 却较大；当基极电流增大到 I_{B2} 时，管压降减小到 U_{CE2}。由此可见，工作在放大区的晶体管可视为一个可调电阻，并且它的等效直流电阻 $R_{CE}=\dfrac{U_{CE}}{\beta I_B}$ 的大小是受基极电流 I_B 控制的。

（2）电路构成

控制基极电流 I_B 的简单方法如图 10.4.3 所示。它是由限流电阻和稳压管组成的并联型稳压电路，接到调整管 T 的基极，使基极电位 $U_B=U_Z$。由图可知，$U_O=U_I-U_{CE}$，$U_{BE}=U_Z-U_O$。电路的稳压过程是 $U_O\uparrow\rightarrow U_{BE}\downarrow\rightarrow I_B\downarrow\rightarrow I_C\downarrow\rightarrow U_{CE}\uparrow\rightarrow U_O\downarrow$，从而维持 U_O 基本不变。该稳压过程是用输出电压直接去控制调整管的 U_{BE}，控制作用不明显，即稳压效果较差。为了提高控制的效果，可增加一个放大环节。

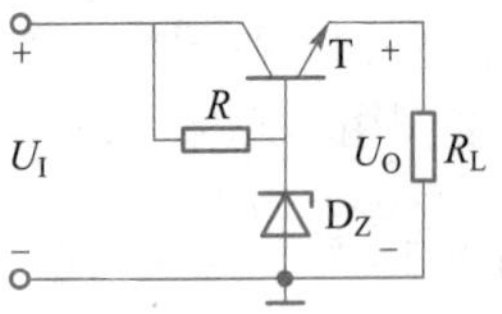

图 10.4.3 简单串联型稳压电路

2. 具有放大环节的串联型稳压电路

（1）电路构成

如图 10.4.4 所示，它是在图 10.4.3 的基础上设计而成的。U_I 是整流滤波电路输出电压，晶体管 T 为调整元件，电阻 R 与稳压管 D_Z 组成基准电压电路，电阻 R_1、电位器 R_P 和 R_2 构成取样电路，集成运放 A 作为比较放大电路。因负载 R_L 与调整元件 T 串联，且取样后的信号通过运放 A 放大以加大控制效果，故称为具有放大环节的串联型稳压电路。

图 10.4.4 中的比较放大环节也可以由单管放大电路或差分放大电路等实现；调整元件一般由大功率管或复合管来完成。就图中晶体管 T 而言，为了保证 T 工作在放大状态，通常取 $U_{CE}=(3\sim8)\,\text{V}$，由于 $U_{CE}=U_I-U_O$，则有 $U_I=U_{Omax}+(3\sim8)\,\text{V}$。如果采用桥式整流电容滤波电路，则 $U_I=1.2U_2$，考虑电网电压可能有 10% 的波动，因此要求变压器二次电压为 $U_2\approx 1.1\times\dfrac{U_I}{1.2}$。

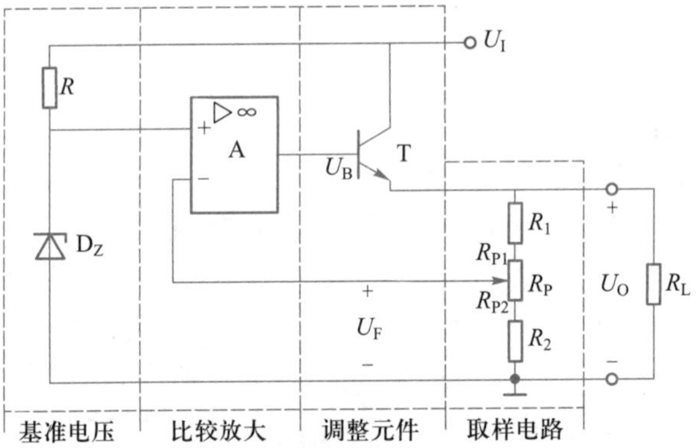

图 10.4.4 具有放大环节的串联反馈式稳压电路

（2）稳压原理

在图 10.4.4 电路中，当电路 U_O 波动时，电压 U_F 通过 R_1、电位器 R_P 和 R_2 对 U_O 的变化进行取样，与基准电压比较（U_Z-U_F），并由运放 A 放大后的电压 U_B 来控制接在 U_I 和 U_O 之间的调整元件电压 U_{CE}，最后使 U_O 保持基本不变。其稳压过程（假设输入电压增加或负载电流减小）可简述为

$$U_I\uparrow(I_L\downarrow)\rightarrow U_O\uparrow\xrightarrow{\text{取样}}U_F\uparrow\xrightarrow{\text{比较}}U_{Id}(=U_Z-U_F)\downarrow\rightarrow U_B\downarrow$$

$$U_O\downarrow\xleftarrow{\text{调整}}U_{CE}\uparrow\leftarrow I_C\downarrow\xleftarrow{\text{放大}}U_{BE}\downarrow\ \hookleftarrow$$

其实，图 10.4.4 中的调整管 T 接成射极跟随器，通过电压负反馈电路进行自动调整，从

而使输出电压保持基本稳定。

(3) 输出电压的调节范围

串联型稳压电路的一个优点是允许输出电压在一定范围内进行调节。在图 10.4.4 中，由于电路引入了深度负反馈，理想运放工作在线性区，为此依据"虚断""虚短"可列出以下三个方程：

$$U_- = \frac{R_{P2}+R_2}{R_1+R_P+R_2}U_O$$

$$U_+ = U_Z$$

$$U_+ = U_-$$

电路的输出电压

$$U_O = \frac{R_1+R_P+R_2}{R_{P2}+R_2}U_Z$$

当 R_P 滑动到最上端时，$U_{Omin} = \dfrac{R_1+R_P+R_2}{R_P+R_2}U_Z$

当 R_2 滑动到最下端时，$U_{Omax} = \dfrac{R_1+R_P+R_2}{R_2}U_Z$

所以，输出电压的调节范围为

$$\frac{R_1+R_P+R_2}{R_{P2}+R_2}U_Z \leqslant U_O \leqslant \frac{R_1+R_P+R_2}{R_2}U_Z \qquad (10.4.2)$$

(4) 调整管的选择

调整管 T 是串联型稳压电路中的核心元件，选用原则与功率放大电路中的功放管相同，主要考虑极限参数 I_{CM}、$U_{(BR)CEO}$ 和 P_{CM}。

为了便于理解，以图 10.4.4 为例加以说明。

① $I_{CM} \geqslant I_{Lmax}+I_R$。式中 I_{Lmax} 为最大负载电流，I_R 为流过取样电阻的电流。

② $U_{(BR)CEO} > U_{CEmax} = U_{Imax} - U_{Omin}$。

③ $P_{CM} \geqslant I_{Cmax}(U_{Imax}-U_{Omin}) = (I_{Lmax}+I_R)(U_{Imax}-U_{Omin})$。

在实际选用中，既要考虑一定的余量，还要采取手册上规定的散热措施。

(5) 调整管的保护电路

保护电路有很多，下面介绍一种最简单的过流保护电路，如图 10.4.5 所示。

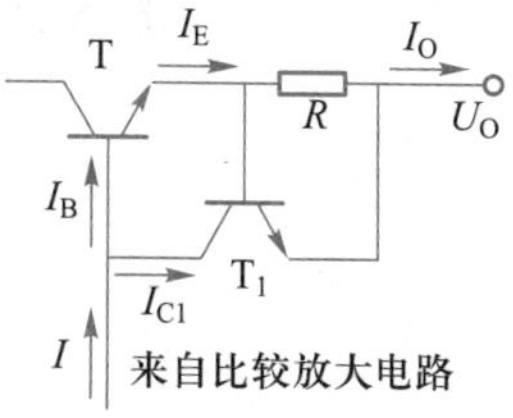

图 10.4.5 过流保护电路

图中，T 为调整管，电阻 R 和 T_1 构成过流保护电路。在正常情况下，调整管输出电流在额定范围内，电阻 R 上压降不足以使 T_1 的发射结导通，T_1 处于截止状态。当输出电流超过额定值时，$U_R \approx I_E R$ 增大，使 T_1 导通，I_{C1} 对 I 分流，使 I_B 减小，I_C 也随之减小，由此限制了 I_E，对调整管起到了保护作用。

例 10.4.1 用集成运放作比较放大电路的串联型稳压电路如图 10.4.6 所示。已知变压器二次电压 u_2 的有效值为 25 V，复合调整管 $\beta=900$，$U_{BE}=0.7$ V；稳压管的 $U_Z=6$ V，$I_{Zmax}=40$ mA，$I_{Zmin} \geqslant 10$ mA，$R_1=2$ kΩ，$R_2=1$ kΩ，$R_3=1$ kΩ。

(1) 试说明集成运放两个输入端相对于输出端的极性如何，并简述稳压过程。从反馈放大电路的角度来看,此电路属于哪种反馈类型?

(2) 在电路正常工作时,输出电压 U_O 的可调范围为多少?

(3) 当电位器 R_2 滑动头置中央位置,且不接 R_L 时,计算 a、b、c、d、e 各点电位;

(4) 限流电阻 R 的范围是多少?

(5) 若 R_L 的变化范围是 100~300 Ω,限流电阻 $R=0.5$ kΩ,调整管 T_1 在何时功耗最大,其值是多少?

(6) 当 $U_O=20$ V,$R_L=200$ Ω,限流电阻 $R=0.5$ kΩ 时,集成运放 A 的输出电流 I_{AO} 是多少?

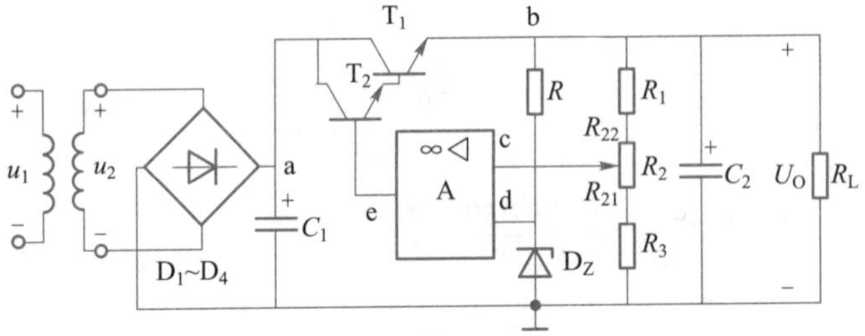

图 10.4.6 例 10.4.1

解:(1) 与滑动变阻器相连的集成运放输入端 c 为反相输入端,在图中标上"-";与稳压管相连的集成运放输入端 d 为同相输入端,在图中标上"+"。只有这样才能实现稳压功能。假如由于某种原因使 U_O 升高,其稳压过程如下:

$$U_O\uparrow\to U_-\uparrow\to U_e\downarrow\to U_{BE}\downarrow\to I_B\downarrow\to U_{CE}\uparrow\to U_O\downarrow$$

从反馈放大电路的角度来看,电路属于电压串联负反馈。此时复合调整管连接成射极跟随器。

(2) 由于集成运放工作在线性区,则根据"虚断"可得两个输入端的电位分别为

$$U_-=\frac{R_{21}+R_3}{R_1+R_2+R_3}U_O$$

$$U_+=U_Z$$

再根据"虚短"得电路的输出电压

$$U_O=\frac{R_1+R_2+R_3}{R_{21}+R_3}U_Z$$

当 R_2 滑动到最上端时,$U_{Omin}=\dfrac{R_1+R_2+R_3}{R_2+R_3}U_Z=\dfrac{2+1+1}{1+1}\times 6\text{ V}=12\text{ V}$

当 R_2 滑动到最下端时,$U_{Omax}=\dfrac{R_1+R_2+R_3}{R_3}U_Z=\dfrac{2+1+1}{1}\times 6\text{ V}=24\text{ V}$

因此,输出电压的可调范围为 12~24V。

(3) 电路中 a、b、c、d、e 各点电位分别为

$$U_a=U_I=1.2U_2=1.2\times 25\text{ V}=30\text{ V}$$

$$U_b=U_O=\frac{R_1+R_2+R_3}{(R_2/2)+R_3}U_Z=\frac{2+1+1}{0.5+1}\times 6\text{V}=16\text{V}$$

$$U_c = U_d = U_Z = 6\text{V}$$

$$U_e = U_b - 2U_{BE} = (16-1.4)\text{ V} = 14.6\text{V}$$

(4) 为了保证稳压管可靠安全工作，应使 $I_{Z\min} < I_Z < I_{Z\max}$，即 $I_{Z\min} < \dfrac{U_O - U_Z}{R} < I_{Z\max}$，所以，

$$R_{\min} > \frac{U_{O\max} - U_Z}{I_{Z\max}} = \frac{24-6}{40\times10^{-3}}\ \Omega = 450\ \Omega$$

$$R_{\max} < \frac{U_{O\min} - U_Z}{I_{Z\min}} = \frac{12-6}{10\times10^{-3}}\ \Omega = 600\ \Omega$$

(5) 当输出电压处于最小值 $U_{O\min}$ 时，调整管 T_1 上有最大的管压降 $U_{CE\max}$。此时若 R_L 为 100 Ω，负载电流 I_L 最大，$I_{L\max} = \dfrac{U_{O\min}}{R_{L\min}} = \dfrac{12}{0.1}$ mA = 120 mA。

限流电阻 R 与采样电阻上的电流分别为

$$I_R = \frac{U_{O\min} - U_Z}{R} = \frac{12-6}{0.5}\ \text{mA} = 12\ \text{mA}$$

$$I_{R1} = \frac{U_{O\min}}{R_1 + R_2 + R_3} = \frac{12}{2+1+1}\ \text{mA} = 3\ \text{mA}$$

调整管 T_1 发射极电流 $I_{E1} = I_R + I_{R1} + I_{L\max} = (12+3+120)$ mA = 135 mA

整流滤波电路输出电压 $U_1 = 1.2U_2 = 1.2\times25$ V = 30 V

调整管最大功耗

$$P_{Tm} = U_{CE\max} I_{C\max} \approx (U_1 - U_{O\min}) I_{C\max} = (30-12)\times0.135\ \text{W} = 2.43\ \text{W}$$

(6)

$$I_{AO} = I_B = \frac{I_E}{1+\beta} = \frac{1}{1+\beta}\left(\frac{U_O - U_Z}{R} + \frac{U_O}{R_1+R_2+R_3} + \frac{U_O}{R_L}\right)$$

$$= \frac{1}{901}\left(\frac{20-6}{0.5} + \frac{20}{2+1+1} + \frac{20}{0.2}\right)\ \text{mA} \approx 0.15\ \text{mA}$$

10.4.3 三端集成稳压器

导学

三端固定式和可调式集成稳压电路型号的命名方法。

能够输出正电压和负电压的集成稳压器所属的系列。

集成稳压器应用电路的特点。

微视频

目前，分立元件的稳压电路已基本上被集成稳压电路所代替。例如，W78××系列就是将串联型稳压电路外加启动电路和保护电路等并制作在同一块硅片上所构成的集成稳压电路。

集成稳压电路的种类很多，本节主要介绍三端固定和三端可调集成稳压器的主要参数及其应用，关于集成稳压器内部电路的分析可参见相关文献。

1. 三端固定式集成稳压电路

(1) 三端固定式集成稳压器简介

该稳压器外部只有输入、输出和公共三个引线端，因有固定的输出稳压值而得名。三端固定式集成稳压器的型号由五部分组成，表示为

"国标(C)"+"稳压器 W"+"正/负电源"+"输出电流"+"输出电压值"

说明：

① "正/负电源"：78××系列输出正电压；79××系列输出负电压。

② "输出电流"：字母 L 表示 0.1 A，字母 M 表示 0.5 A，无字母表示 1.5 A。

③ "输出电压值"：型号中最后两位表示输出的稳压值，它们分别为：±5 V、±6 V、±9 V、±12 V、±15 V、±18 V、±24 V。

例如，W78M05 表示输出电压为 5 V，最大输出电流为 0.5 A。

(2) 三端固定式集成稳压器的应用

图 10.4.7(a)是 W78××系列接成的基本应用电路。由于输出电压取决于集成稳压器，为使电路正常工作，要求输入电压 U_I 与输出电压 U_O 之差为 2~3V。图中输入电容 C_1 用来抵消输入线较长时的电感效应，实现频率补偿以防产生自激振荡；输出电容 C_2 用来消除电路的高频噪声；C_3 是电解电容，用来消除 U_I引入的低频干扰。D 是保护二极管，防止输入端短路时，C_3 上存储的电荷通过稳压器放电而损害器件。

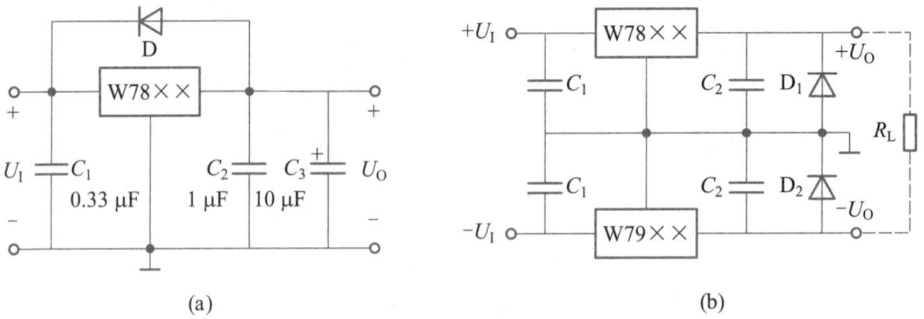

图 10.4.7 三端固定式集成稳压器应用电路

(a) 固定电压输出电路 (b) 正、负电压输出电路

如果将 W78××系列和 W79××系列相配合，便可得到如图 10.4.7(b)所示的正、负输出的稳压电路。图中，D_1、D_2 是保护二极管，正常工作时处于截止状态。当 W79××的输入端未接入输入电压时，W78××的输出电压将通过负载电阻 R_L 接到 W79××的输出端，使 D_2导通，从而使 W79××的输出端钳位在 0.7 V 左右，使其输出端得到保护。同理，D_1保护 W78××的输出端。

W78××和 W79××系列均为固定输出的三端集成稳压器。当需要输出的电压可调时，可采用图 10.4.8 所示的电路。在图 10.4.8(a)中，设三端式稳压器的标称输出电压为 $U_{O××}$，公共端电流为 I_W(通常为几毫安)。则由电路可得输出电压

$$U_O = U_{O××} + (I_W + I_R) R_P = U_{O××} + \left(I_W + \frac{U_{O××}}{R}\right) R_P = \left(1 + \frac{R_P}{R}\right) U_{O××} + I_W R_P \qquad (10.4.3)$$

当改变 R_P 时将可调节 U_O 的大小。

为了减小公共端电流 I_W 的变化对输出电压的影响，实用电路中常加集成运放将稳压器

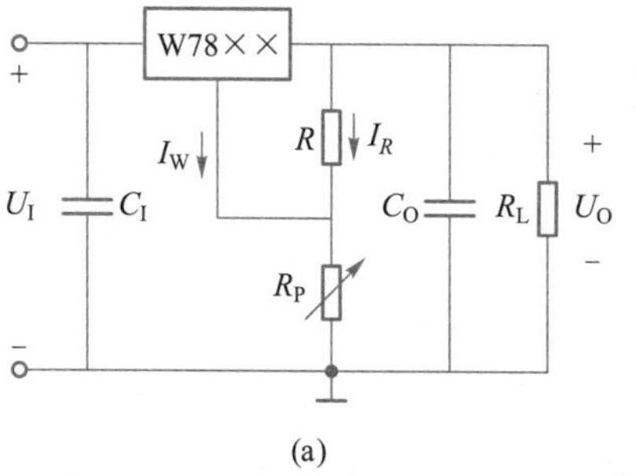

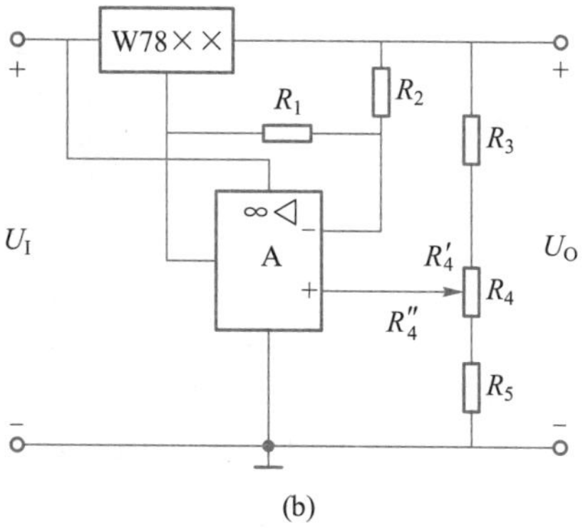

图 10.4.8 三端稳压器输出电压的扩展

(a)输出电压可调稳压电路 (b)可调实用稳压电路

与采样电阻隔离,如图 10.4.8(b)所示。由于集成运放由 R_1 引入了负反馈,具有“虚断”和“虚短”的特点。由此可得

$$\frac{R_2}{R_1+R_2}U_{O\times\times}=\frac{R_3+R_4'}{R_3+R_4+R_5}U_O$$

式中,$U_{O\times\times}$是三端稳压器的输出电压。由此得到输出电压

$$U_O=\frac{R_2(R_3+R_4+R_5)}{(R_1+R_2)(R_3+R_4')}U_{O\times\times}$$

所以电路输出电压的变化范围为

$$\frac{R_2(R_3+R_4+R_5)}{(R_1+R_2)(R_3+R_4)}U_{O\times\times}\leqslant U_O\leqslant\frac{R_2(R_3+R_4+R_5)}{R_3(R_1+R_2)}U_{O\times\times} \tag{10.4.4}$$

2. 三端可调式集成稳压电路

(1) 三端可调式集成稳压器简介

三端可调式集成稳压器是指输出电压可调节的稳压器,它是相对于三端固定式集成稳压器而提出的。其外部只有输入、输出和调整三个引线端。输出电压可调范围为 1.2~37 V。三端可调式集成稳压器的型号也由五部分组成,表示为

“国标(C)”+“稳压器 W”+“用途”+“正/负电源”+“输出电流”

说明:

① “用途”:1 表示军工,2 表示工业,3 表示民用。

② “正/负电源”:17 表示正电源稳压;37 表示负电源稳压。

③ “输出电流”:字母 L 表示 0.1 A,字母 M 表示 0.5 A,无字母表示 1.5 A。

(2) 三端可调式集成稳压器的应用

图 10.4.9 是一个三端可调式集成稳压器的典型电路。图中,为了减小 R_P 上的纹波电压,可在 R_P 两端并联一个 10 μF 的电容 C_2。当电路的输出端开路时,C_2 将向稳压器的调整端放电,为了保护稳压器,可加一个二极管 D_2,为电容 C_2 提供一个放电回路。C_3 用来消除输出电压中的高频噪声。

三端可调式集成稳压器在输出端与调整端之间存在一个恒定的基准电压 U_{REF} =

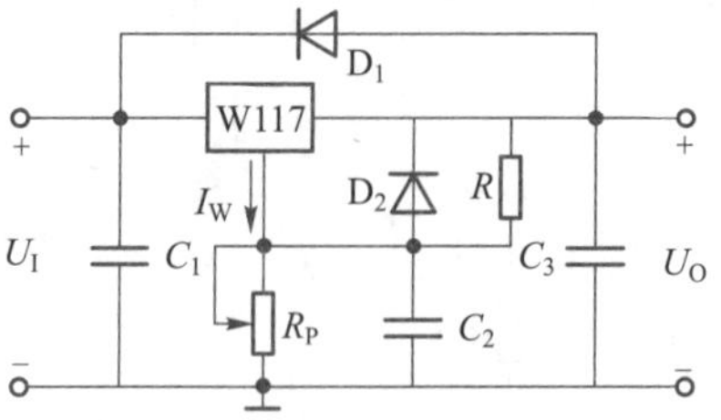

图 10.4.9 三端可调式集成稳压器的基本应用电路

1.25 V,从调整端流出的恒定电流 I_W 很小(50 μA)。为了保证稳压器在空载时也能正常工作,要求流过电阻 R 的电流不能太小,一般取 $I_R=5\sim10$ mA,故 $R=\dfrac{U_{REF}}{I_R}=125\sim250\ \Omega$。

再由电路 $U_O=U_{REF}+U_{RP}$ 得输出电压为

$$U_O=1.25+(I_W+I_R)R_P=1.25\left(1+\frac{R_P}{R}\right)+I_W R_P \tag{10.4.5}$$

显见,调节 R_P 可改变输出电压的大小。当 $R=240\ \Omega$,$R_P=0\sim6.8\ \text{k}\Omega$,并忽略 I_W 时,输出电压可在 1.25~37 V 的范围内连续可调。

10.4.4 开关型稳压电路

导学

采用开关型稳压电路的原因及电路特点。
决定开关型稳压电路输出电压的参数。
开关型稳压电路的稳压原理。

前面介绍的串联反馈型稳压电路中的调整管工作在放大区,集电极损耗大,故效率一般仅为 30%左右;而且为了解决调整管的散热问题,需安装散热片。可以设想,如果调整管工作在开关状态,那么当其截止时,因电流极小而管耗很小;当其饱和时,因管压降很小而管耗也很小,这将大大提高电路的效率。由于调整管工作在开关状态,故称为开关型稳压电路,其效率可达 70%~95%。

开关型稳压电路按开关管的连接方式可分为:串联型、并联型和脉冲变压器耦合型。本节仅介绍串联开关型稳压电路。

1. 串联开关型稳压电路的基本组成

串联开关型稳压电路的原理框图如图 10.4.10 所示。它和图 10.4.4 所示的串联反馈型稳压电路相比,只是在取样电路、比较放大和基准电路的基础上增加了 LC 滤波器、三角波发生器、由电压比较器组成的信号驱动电路和二极管 D。在该电路中,调整管 T 工作在开关状态。

2. 串联开关型稳压电路的工作原理

在图 10.4.10 中，A_1 为比较放大器，它将与输出电压 U_O 成正比的取样电压 u_F 和基准电压 u_R 之间的偏差放大后，输出 u_{O1} 加至电压比较器 A_2 的同相端；随后 A_2 把 u_{O1} 与来自三角波发生器的信号 u_T 进行比较：当 $u_T<u_{O1}$ 时，比较器输出高电平，即 $u_B=+U_{OM}$；当 $u_T>u_{O1}$ 时，比较器输出低电平，即 $u_B=-U_{OM}$。显见，调整管 T 的基极电压 u_B 成为高、低电平交替的矩形波。如图 10.4.11 所示。

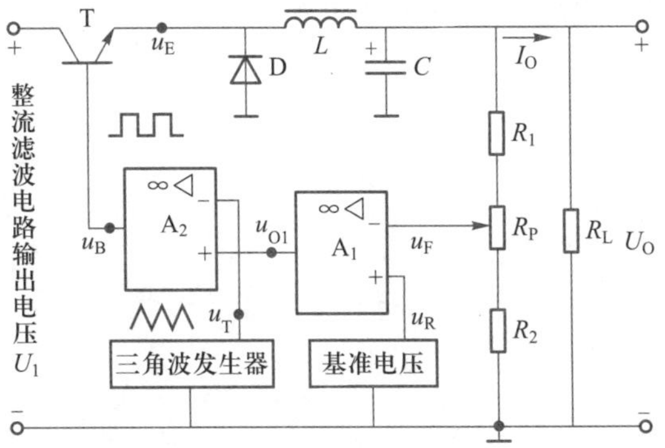

图 10.4.10 串联开关型稳压电路原理框图

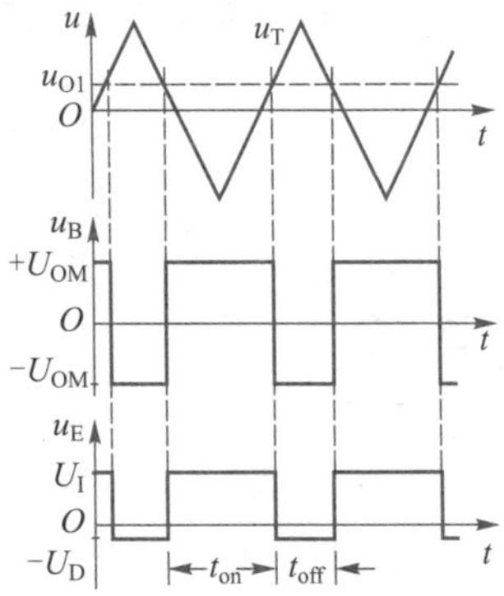

图 10.4.11 $u_{O1}>0$ 时，u_T、u_B、u_E 的波形

当电压比较器输出 u_B 为高电平时，调整管 T 饱和导通，T 发射极电位 $u_E=U_I-U_{CES}\approx U_I$，如图 10.4.11 所示。并经电感 L 加在滤波电容 C 和负载 R_L 两端；同时发射极电流 i_E 对电感 L 充电。二极管 D 反偏截止。

当 u_B 为低电平时，调整管 T 截止。电感上产生的感应电动势极性相反，一方面，二极管 D 处于导通状态，使电流不能突变的电感电流 i_L 经 R_L 和二极管 D 释放能量，同时滤波电容 C 也向 R_L 放电，因而 R_L 两端仍能获得连续的输出电压。另一方面，由于 D 的导通而使 T 发射极电位 $u_E=-U_D\approx 0$，如图 10.4.11 所示。

由图 10.4.11 可见，u_E 也是随着调整管工作的开关状态呈现高、低电平交替的矩形波。当矩形波 u_E 经过 LC 滤波电路后，在负载上可得到比较平滑的输出电压 U_O。由 u_E 波形可求得

$$U_O=\frac{t_{on}}{T}(U_I-U_{CES})+\frac{t_{off}}{T}(-U_D)\approx\frac{t_{on}}{T}U_I=\delta U_I \qquad (10.4.6)$$

式中，$T=t_{on}+t_{off}$ 为调整管开关转换周期，$\delta=\frac{t_{on}}{T}$ 为矩形波的占空比。上式表明，当 U_I 一定时，占空比 δ 值越大，则输出电压越高。

3. 串联开关型稳压电路的稳压过程

当输出电压发生波动时，稳压电路要自动进行闭环调整，使输出电压保持稳定。

假设由于电网电压或负载电流的变化使输出电压 U_O 增大，则经过取样电阻得到的取样电压 u_F 也随之增大，此电压与基准电压 u_R 比较后再放大得到的电压 u_{O1} 将减小，并加至电压比较器 A_2 的同相输入端。由图 10.4.11 的波形可见，当 u_{O1} 减小时，将使控制调整管的基极电压 u_B 波形中的高电平持续的时间缩短，而低电平时间增长，表明调整管在一个周期中饱和导通时间减少，截止时间增大，则其发射极电压 u_E 波形的占空比 δ 减小，从而使输出电

压的平均值减小，最终保持输出电压基本不变。稳定过程如下：

$$U_{O}\uparrow \rightarrow u_{F}\uparrow \xrightarrow{\text{基准电压一定}} u_{O1}\downarrow \xrightarrow{\text{三角波一定}} t_{on}\downarrow \rightarrow \delta\downarrow \rightarrow U_{O}\downarrow$$

如果输出电压因某种原因减小，则会向相反的方向调整，以保持输出电压基本稳定。

这种类型的稳压电路是通过控制开关管的脉冲宽度，即占空比来调节输出电压的大小，因此又称为脉宽调制型开关稳压电路。随着微电子技术的发展，开关型稳压电源已经实现了集成化，外部只需接为数不多的元器件，即可构成开关型稳压电源。

本章小结

本章知识结构

- 直流电源
  - 整流电路
    - 半波整流：$U_{O(AV)}=0.45U_2$
    - 全波整流：$U_{O(AV)}=0.9U_2$
    - 桥式整流：$U_{O(AV)}=0.9U_2$
  - 滤波电路
    - 电容滤波
    - 电感滤波
    - π 形滤波
      - *RC*π 形滤波
      - *LC*π 形滤波
  - 稳压电路
    - 并联型
      - 组成：稳压管与负载并联
      - 原理：通过限流电阻实现稳压
    - 串联型
      - 组成：调整管与负载串联
      - 原理：利用电压负反馈实现稳压
    - 三端集成稳压器
      - 固定输出：W78××系列、W79××系列
      - 可调输出：W317 系列、W337 系列
    - 开关型
      - 组成：调整管、*LC* 滤波、取样电路、比较放大、基准电路、三角波发生器、电压比较器
      - 原理：通过控制开关管的脉冲宽度实现稳压

1. 整流、滤波电路

利用二极管的单向导电性可以构成半波、全波和桥式整流电路，其中，桥式整流电路集中了前两者的优点，因而得到了广泛应用。整流电路虽然降低输出电压中脉动成分，但若要尽量保留其中的直流成分，使输出电压平滑而近于理想的直流电压，还需要在整流电路的输出端接上各种滤波电路，以大大减小输出电压的脉动成分，提高直流电压输出。滤波电路有电容滤波和电感滤波两大类，使用较多的是电容滤波电路。

2. 稳压电路

为了保证输出电压不发生波动，需要在整流滤波电路之后再接上稳压电路。

最常用的稳压电路是串联型稳压电路，它的调整管工作在线性放大状态，通过控制调整管的压降来调整输出电压的大小。串联型稳压电路早已实现了集成化，三端式稳压器得到

了大量使用。

为了提高效率、节约能源，可以使调整管工作在开关状态，组成开关型稳压电路。它是通过控制调整管导通和截止的时间来稳定输出电压。

3. 本章记识要点及技巧

① 熟练掌握整流、滤波电路的主要电路参数，可参见表 10.3.1 所示的内容。比较半波与全波整流电路可知，平均输出电压分别为 $0.45U_2$、$(0.45\times2=)0.9U_2$；脉动系数分别为 1.57、(将 1.57 中的 1 后移得) 0.67。

② 掌握稳压电路的稳压原理及三端集成稳压器的应用，并会估算输出电压的调节范围。了解开关型稳压电路。

参考答案

自测题

10.1　填空题

1. 单相半波整流与桥式整流电路相比，输出波形脉动比较大的是______。

2. 电容滤波电路的滤波电容越大，整流二极管的导通角越______，流过二极管的冲击电流越______，输出纹波电压越______，输出电压值越______。

3. 电容滤波电路中的电容器与负载______联，电感滤波电路中的电感器与负载______联。电容滤波和电感滤波电路相比，带负载能力强的是______，输出电压高的是______。

4. 并联型稳压电路主要是利用______工作在______状态时，电流在较大范围内变化，管子两端的______基本保持不变来达到稳压的目的。

5. 串联型稳压电路正常时，调整管工作在______状态，比较放大电路工作在______状态，提供基准电压的稳压二极管工作在______状态。

6. 在图 10.4.4 所示的串联型稳压电路中，要改变输出直流电压应调节______电路的______电阻，输出电压最大时应将______电阻调至______。

7. 在自测题 10.1.7 图所示的电路，已知 $R_1=240\ \Omega$，$R_2=480\ \Omega$。

(1) U_{R_1} 为______ V，U_{R_2} 为______ V。

(2) 输出电压为______ V，

输入电压最小应为______ V。

(3) 电容 C_1 的作用是______，

电容 C_2 的作用是______。

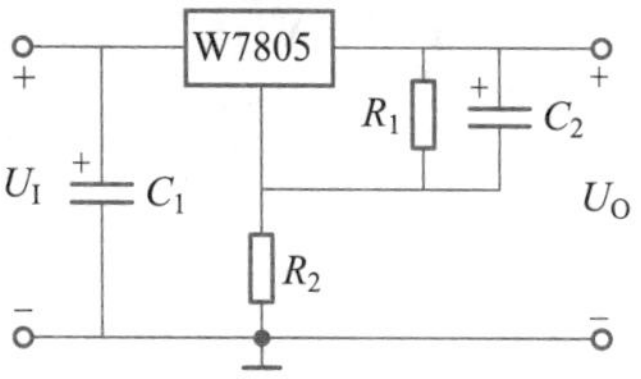

自测题 10.1.7 图

8. 串联型稳压电路的控制对象是调整管的______，而开关型稳压电路是控制调整管的______。

9. 串联型稳压电路与开关型稳压电路相比效率高的是______，主要原因是______。

10.2 选择题

1. 理想二极管在单相半波整流、电阻性负载中，其导通角为________。

A. 小于180° B. 等于180° C. 大于180° D. 等于360°

2. 电感滤波电路常用在________的场合。

A. 平均电压低，负载电流大 B. 平均电压高，负载电流大

C. 平均电压低，负载电流小 D. 平均电压高，负载电流小，负载变动小

3. 在单相桥式整流电容滤波电路中，设 U_2（有效值）= 10 V，则输出电压 $U_{O(AV)}$ = ________；若电容 C 脱焊，则 $U_{O(AV)}$ = ________。

A. 4.5 V B. 9 V C. 12 V D. 14V

4. 在单相桥式整流电容滤波电路中，若其中一个二极管接反，则________；若其中一个二极管脱焊，则________。

A. 稳压管因过流而损坏 B. 变为半波整流

C. 电容 C 将过压击穿 D. 变压器有半周被短路，会引起元器件损坏

5. 有两只稳压管串联后接在稳压电路中，已知这两只稳压管的参数相同，稳压值都是8V，用万用表电压挡测得它们的端电压分别为0.7V和8V，这种情况表明这两只稳压管________。

A. 工作正常 B. 有一只已经损坏

C. 只需要用一只 D. 两只都已损坏

6. 在图10.4.1所示电路中，若电阻 R 被短接，则________。

A. U_O 降为0 B. 变为半波整流

C. 电容 C 因过压而击穿 D. 稳压二极管过流而烧坏

7. 在串联型线性稳压电路中，若要求输出电压为18 V，调整管压降为6 V，桥式整流滤波电路采用电容滤波，则电源变压器二次电压的有效值应选为________。

A. 6 V B. 18 V C. 20 V D. 24 V

8. 下列三端集成稳压电源中，输出正电压的是________；输出负电压的是________。

A. W78××和W317 B. W78××和W337

C. W79××和W317 D. W79××和W337

9. 由LM317组成的输出电压可调的典型电路如自测题10.2.9所示。已知 U_{REF} = 1.25 V，R_1 = 200 Ω，R_2 = 2 kΩ，流过 R_1 的最小电流为5～10 mA。若忽略调整端的输出电流，则电路的输出电压为________。

A. 11.25 V B. 12.5 V C. 13.75 V D. 21.25 V

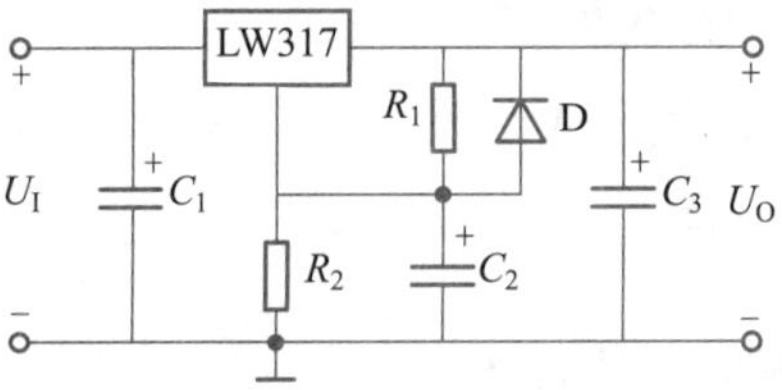

自测题10.2.9图

10.3 判断题

1. 直流电源是一种能量转换电路，它将交流能量转换为直流能量。 （ ）

2. 当全波整流和桥式整流的输入电压相同时,它们的输出电压波形相同,每个二极管承受的反向电压也相同。 ( )

3. 在单相桥式整流电容滤波电路中,若有一个整流管断开,输出电压平均值变为原来的一半。 ( )

4. 硅稳压管稳压电路的输出电流任意变化,稳压管都能起到很好的稳压作用。 ( )

5. 串联型稳压电路实际上是利用电压串联负反馈使输出电压保持稳定。 ( )

6. 集成三端稳压器实质上就是串联稳压电路。 ( )

7. 集成三端稳压器在正常工作时,它的合适压降是在 1 V 以上。 ( )

8. 开关型稳压电路的调整管工作在放大和饱和状态。 ( )

9. 开关型稳压电路是通过控制调整管的截止和饱和时间比(脉冲占空比)来实现稳压的。 ( )

参考答案

习题

10.1 电路参数如习题 10.1 图所示。图中标出了变压器二次电压(有效值)和负载电阻值,若忽略二极管的正向压降和变压器内阻,试求:(1) R_{L1}、R_{L2}两端的电压 U_{O1}、U_{O2}和电流 I_{L1}、I_{L2};(2) 通过整流二极管 D_1、D_2、D_3 的平均电流和二极管承受的最大反向电压。

10.2 在习题 10.2 图所示的桥式整流电路中,已知变压器二次电压 $U_{21}=U_{22}=100$ V,$R_{L1}=R_{L2}=100\ \Omega$。若忽略二极管的正向电压和反向电流。(1) 标出直流输出电压 U_{O1}、U_{O2}的实际正负极性;(2) 计算 U_{O1}、U_{O2}的值;(3) 计算流过 D_1 的平均整流电流 I_{D1}的值;(4) 计算二极管承受的最高反向电压 U_{RM}。

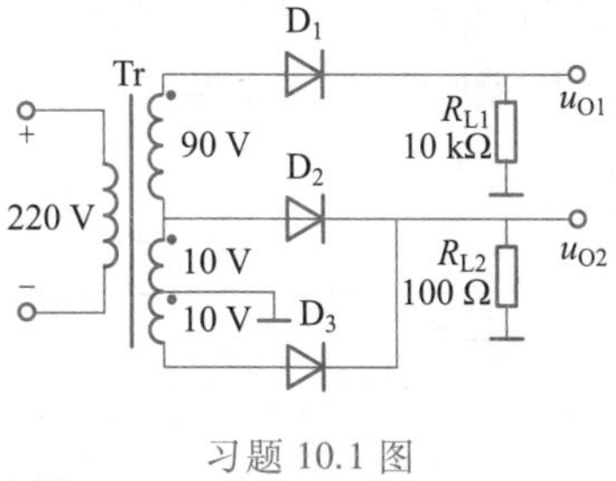

习题 10.1 图

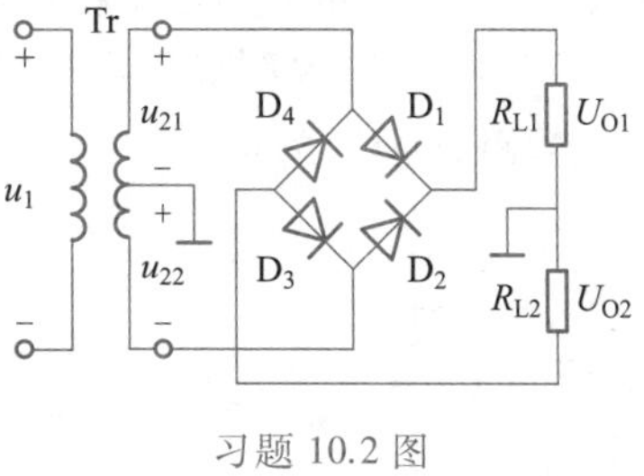

习题 10.2 图

10.3 某并联型稳压电源电路如习题 10.3 图所示,已知电容器 $C=20\ \mu$F,电阻 $R=2.4$ kΩ,稳压管的 $U_Z=15$ V。(1)输出电压的极性和大小如何?(2)电容器 C 的极性如何?(3)负载电阻的最小值约为多少?(4)如果稳压管接反,后果如何?

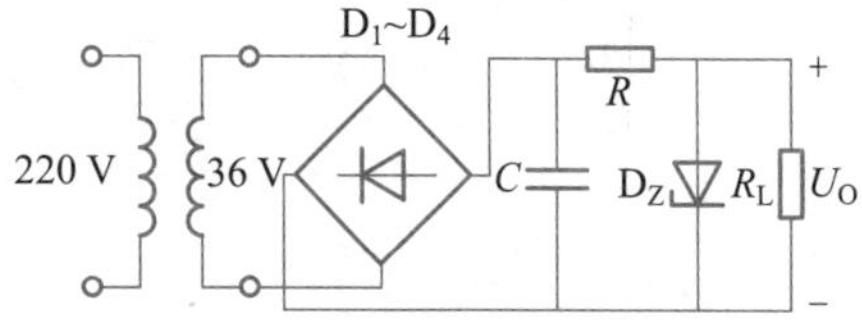

习题 10.3 图

10.4 在习题 10.4 图电路中,变压器二次电压有效值为 15 V,$R_3=300\ \Omega$,$R_p=400\ \Omega$,$R_4=500\ \Omega$,稳压管的 $U_Z=5.3$ V,晶体管的 $U_{BE}=0.7$ V,滤波电容足够大。(1)试说明电路由几

部分组成,各部分由哪些元器件组成;(2)求电位器滑至最上端和最下端时,A、B、C、D、E 各点电位;(3)求出输出电压的调节范围;(4)电阻 R_1 和 R_2 的作用是什么?

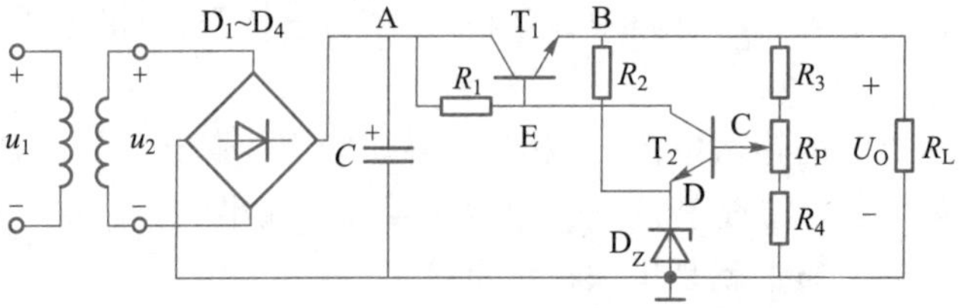

习题 10.4 图

10.5 改正习题 10.5 图所示稳压电路中的错误,使之能正常工作。要求不得改变 U_I 和 U_O 的极性。

10.6 习题 10.6 图所示电路是由集成运放构成的串联型稳压电路。已知 $U_I=30$ V,$U_Z=6$ V,$R_1=2$ kΩ,$R_p=1$ kΩ,$R_2=1$ kΩ。(1)说明各元件的作用;(2)计算输出电压 U_O 的变化范围;(3)若 $R_L=100\sim300$ Ω,$R_3=0.4$ kΩ,则 T_1 在什么时刻功耗最大?其值为多少?(4)写出运放 A 的输出电流表达式。

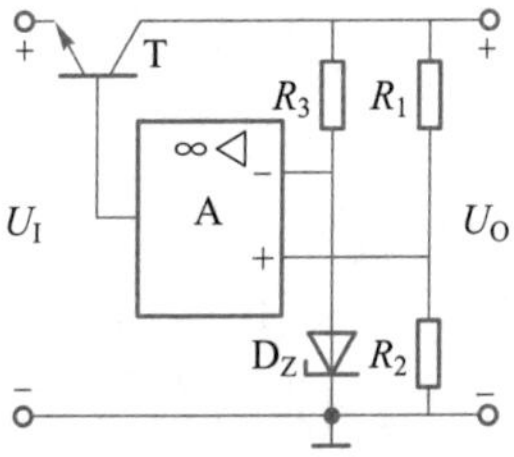

习题 10.5 图

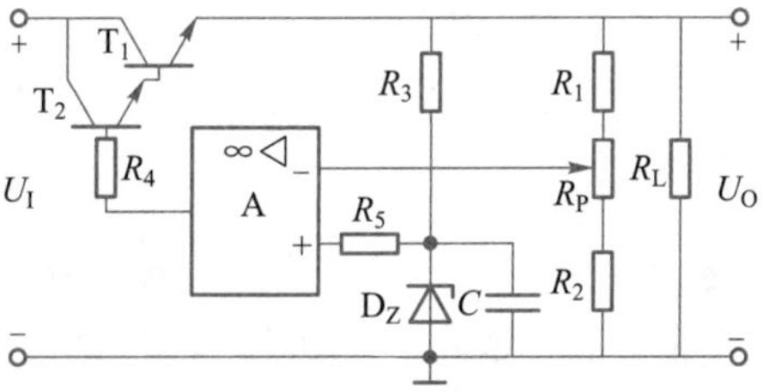

习题 10.6 图

10.7 如习题 10.7 图所示的稳压电路。已知晶体管的 $U_{BE}=0.7$ V,$U_I=25$ V,$U_Z=10$ V,$R_2=R_3=1$ kΩ。(1)说明该电路的名称;(2)U_O 为多少?(3)当 R_3 短路时,U_O 为多少?(4)当R_2 开路时,U_O 为多少?

10.8 习题 10.8 图所示为串联型稳压电路。已知 $U_I=25$ V,$U_Z=6$ V,$R_1=R_2=R_3$,所有晶体管的 $U_{BE}=0.7$ V。(1)说明稳压电路四部分的组成元件;(2)计算输出电压 U_O 的变化范围;(3)若 R_2 短路,则 U_O 为多少?

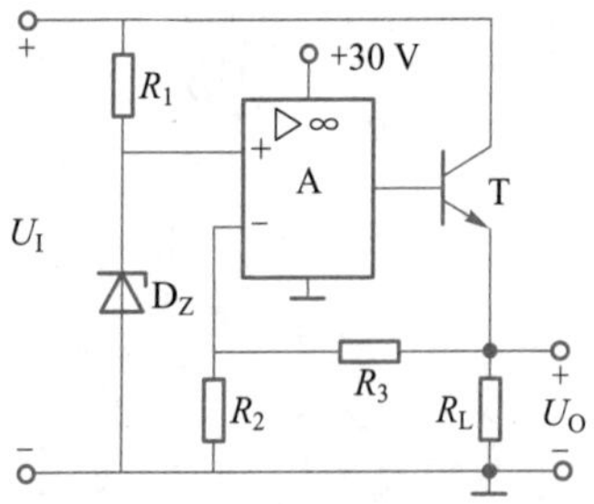

习题 10.7 图

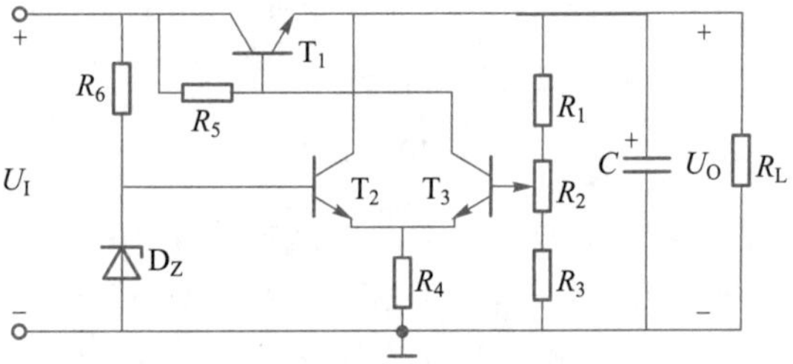

习题 10.8 图

10.9 习题 10.9 图所示的是一个带有过流保护的串联型稳压电路。已知 $R=0.5$ Ω,$R_1=R_3=2$ kΩ,$R_2=R_P=5$ kΩ,稳压管的 $U_Z=6$ V,晶体管的 $U_{BE}=0.7$ V,整流滤波后的输入电压$U_I=20$ V，集成运放 A 的性能理想。(1) 说出集成运放两个输入端相对于输出端的极性如何；(2) 计算 U_O 的可调范围；(3) 说明晶体管 T_2 和电阻 R 的作用，并求调整管 T_1 发射极允许的最大电流 I_{E1max}；(4) 调整管 T_1 的最大允许集电极耗散功率 P_{CM} 至少应多大？

10.10　如习题 10.10 图所示的三端集成稳压器，设其额定输出电压为 $U_{O××}$。(1) 在 $R_2R_3<R_1R_4$ 的条件下，写出输出电压的表达式；(2) 设 R_3 短路，写出输出电压的表达式。

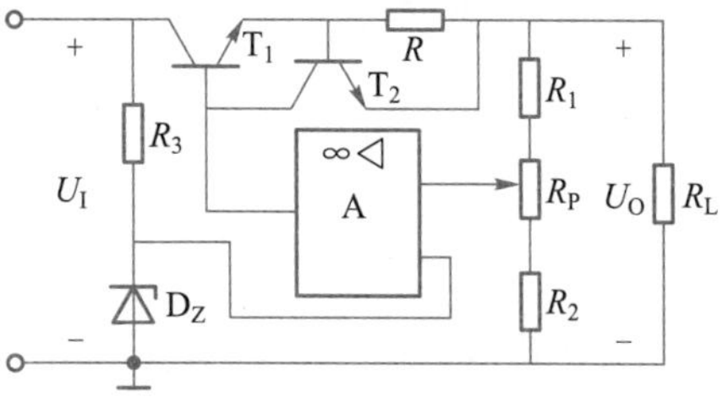

习题 10.9 图

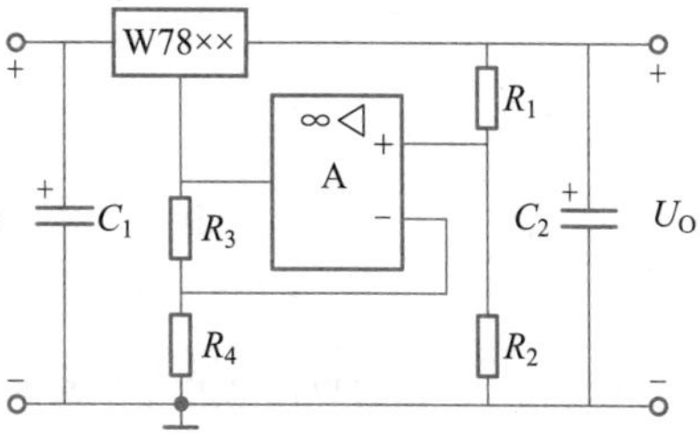

习题 10.10 图

10.11　电路如习题 10.11 图所示。已知 W317 输出端和调整端之间电压为 1.25V。(1) 已知输入电压与输出电压之差最小为 3V 才能稳压，当 $I_W=0$、$U_O=37$ V、$R_1=210$ Ω 时，求 R_2 和 W317 的最小输入电压 U_{Imin}；(2) 当 $I_W=50$ μA，$R_1=200$ Ω，$R_2=500$ Ω 时，求输出电压 U_O 的值；若 R_2 改为 3 kΩ 的电位器，则 U_O 的可调范围有多大？

10.12　电路如习题 10.12 图所示。已知 W317 输出端和调整端之间电压为 1.25 V。该电路能根据不同的控制信号输出不同的直流电压。设 $U_I=10$ V，$R_1=200$ Ω，$R_2=R_3=800$ Ω，$R_4=1$ kΩ，控制信号为低电平时 T 截止，高电平时饱和导通（$U_{CES}\approx 0$），求控制信号分别为高、低电平时对应的 U_O 值。

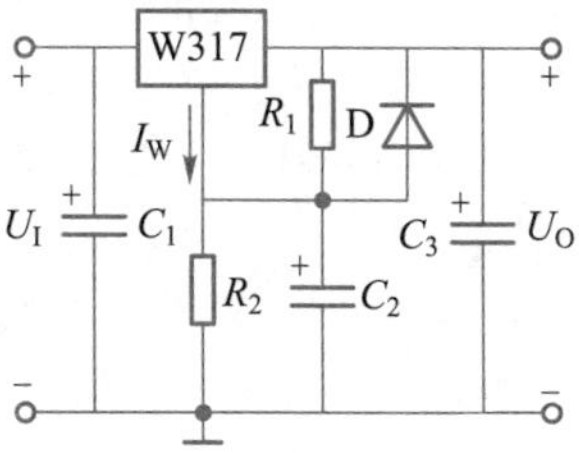

习题 10.11 图

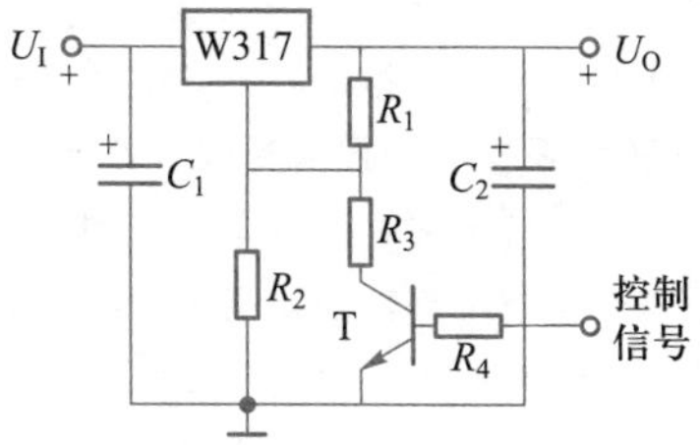

习题 10.12 图

主要参考文献

[1] 康华光.电子技术基础模拟部分[M].6版.北京:高等教育出版社,2013.
[2] 华成英.模拟电子技术基础[M].5版.北京:高等教育出版社,2015.
[3] 杨素行.模拟电子技术基础简明教程[M].3版.北京:高等教育出版社,2006.
[4] 张林,陈大钦.模拟电子技术基础[M].3版.北京:高等教育出版社,2014.
[5] 刘波粒,刘彩霞.模拟电子技术基础[M].2版.北京:高等教育出版社,2016.
[6] 王淑娟,蔡惟铮,齐明.模拟电子技术基础[M].北京:高等教育出版社,2009.
[7] 孙肖子.模拟电子线路及技术基础[M].北京:高等教育出版社,2012.
[8] 杨栓科.模拟电子技术基础[M].2版.北京:高等教育出版社,2010.
[9] 胡宴如,耿苏燕.模拟电子技术基础[M].2版.北京:高等教育出版社,2010.
[10] 华成英.模拟电子技术基础(第五版)学习辅导与习题解答[M].北京:高等教育出版社,2015.
[11] 杨素行.模拟电子技术基础简明教程第三版教学指导书[M].北京:高等教育出版社,2006.
[12] 张林,陈大钦.模拟电子技术基础第三版习题解答[M].北京:高等教育出版社,2014.
[13] 王淑娟,蔡惟铮.模拟电子技术基础学习指导与考研指南[M].北京:高等教育出版社,2008.
[14] 陈大钦.电子技术基础模拟部分第6版学习辅导与习题解答[M].北京:高等教育出版社,2014.
[15] 杨拴科,赵进全.模拟电子技术基础学习指导与解题指南[M].北京:高等教育出版社,2004.
[16] 管美莹.模拟电子技术习题与解答[M].北京:机械工业出版社,2005.
[17] 唐竞新.模拟电子技术基础解题指南[M].北京:清华大学出版社,1998.
[18] 朱定华,吴建新,饶志强.模拟电子技术学习指导与习题精解[M].北京:清华大学出版社,2006.
[19] 教育部高等学校电子电气基础课程教学指导分委员会.电子电气基础课程教学基本要求[M].北京:高等教育出版社,2011.

郑重声明

读者意见反馈

为收集对教材的意见建议，进一步完善教材编写并做好服务工作，读者可将对本教材的意见建议通过如下渠道反馈至我社。

咨询电话　400-810-0598

反馈邮箱　gjdzfwb@pub.hep.cn

通信地址　北京市朝阳区惠新东街4号富盛大厦1座

高等教育出版社总编辑办公室

邮政编码　100029

防伪查询说明

用户购书后刮开封底防伪涂层，使用手机微信等软件扫描二维码，会跳转至防伪查询网页，获得所购图书详细信息。

防伪客服电话　(010) 58582300